空调维修工程师全能学习手册

李志锋 等 编著

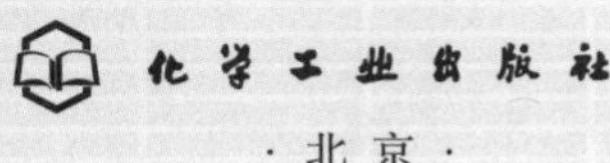

·北京·

本书采用全彩色印刷和维修过程完全图解的方式，将内容划分为空调器维修基础入门、定频空调器维修、变频空调器维修共三篇，全面系统地介绍了空调维修基础知识、定频和变频空调器主要元器件及测量方式、制冷系统基础知识、单相供电空调器电控系统、三相供电柜式空调器电控系统、定频空调器故障检测流程和维修实例、挂式及柜式空调器的主板安装和代换、典型变频空调器室内机和室外机单元电路、格力直流变频空调器室内机主板和室外机电控盒更换以及变频空调器维修实例等内容，完全再现了空调器维修实际，引导读者快速掌握空调器维修技能。

同时，本书还附赠20个空调器维修操作视频，读者扫描书后二维码即可观看，跟维修高手进入维修现场学习维修技能。

本书可供从事空调器维修的技术人员学习使用，也可供职业院校、培训学校相关专业的师生参考。

图书在版编目（CIP）数据

空调维修工程师全能学习手册 / 李志锋等编著. —北京：化学工业出版社，2020.6（2023.8 重印）

ISBN 978-7-122-36229-2

Ⅰ. ①空… Ⅱ. ①李… Ⅲ. ①空气调节器 - 维修 - 技术手册 Ⅳ. ① TM925.120.7-62

中国版本图书馆 CIP 数据核字（2020）第 028590 号

责任编辑：李军亮　徐卿华

责任校对：王素芹　　装帧设计：李子姮

出版发行：化学工业出版社（北京市东城区青年湖南街 13 号　邮政编码 100011）

印　　装：北京尚唐印刷包装有限公司

787mm × 1092mm　1/16　印张 $25^1/_4$　字数 580 千字　2023 年 8 月北京第 1 版第 11 次印刷

购书咨询：010-64518888　　售后服务：010-64518899

网　　址：http://www.cip.com.cn

凡购买本书，如有缺损质量问题，本社销售中心负责调换。

定　价：108.00 元

前言

随着空调产业的发展和人民生活水平的逐步提高，空调器作为家用电器中的一员，逐渐由城市普及到农村市场，产品类型也由定频空调器过渡到变频空调器。空调器的使用季节性很明显，特别是夏季，使用频率非常高，因此相对应维修量也直线上升，这就要求维修人员必须熟练掌握定频和变频空调器的维修技能，以便迅速检查出故障原因并解决。为此笔者结合多年空调器维修经验而编写了本书，帮助广大维修人员快速掌握空调器的维修技能。

本书内容具有以下特点。

1. 全彩印刷 为了能更加清楚地表达空调器维修实际情况，使读者对书中所讲的维修过程一目了然，本书采用了彩色印刷的方式，使内容表达更清楚，层次性更强，使读者学习更加迅速和快捷。

2. 全面系统 内容涵盖了空调器基础知识、定频空调器维修知识和技能、变频空调器维修知识和技能，循序渐进引导读者学习空调器维修。

3. 全程图解 采用大量实物图和现场维修图的编写方式，真实还原维修现场，以达到手把手教您维修空调器的目的。

4. 附赠视频 本书附赠有20个视频资料，包含空调器维修实际操作视频，将读者带入实际的维修现场，跟维修高手一起学维修。

本书主要由李志锋编著，在编写过程中周涛、李献勇、李明相、班艳、王丽、殷将、刘提、刘均、刘提醒、金坡、金科技、金记纪等也参与了资料的整理工作。

笔者长期从事空调器一线维修工作，由于编写时间仓促，书中难免有不妥之处，希望广大读者提出宝贵意见。

编著者

目录

/ 第一篇 空调器维修基础入门

第一章 / 定频空调器维修基础知识 002

第二章 / 变频空调器维修基础知识 017

第三章 / 定频空调器元器件

第四章 / 变频空调器元器件 073

第五章 / 空调器制冷系统维修基础知识 103

/ 第二篇 定频空调器维修

第六章 / 单相供电定频空调器电控系统维修 134

第七章 / 三相供电柜式空调器电控系统维修 167

第八章 / 空调器常见故障现象检修流程 193

第九章 / 219 定频挂式空调器主板安装和代换

第十章 / 235 定频柜式空调器主板安装和代换

第十一章 / 定频空调器故障维修实例

/ 第三篇 变频空调器维修

第十二章 / 变频空调器室内机单元电路检修

272

第十三章 变频空调器室外机单元电路检修 / 295

第十四章 空调器主板和电控盒更换 / 323

第十五章 变频空调器故障维修实例 / 344

01

第一篇 空调器维修基础入门

第一章
定频空调器维修基础知识

对密闭空间、房间或区域里空气的温度、湿度、洁净度及空气流动速度（简称“空气四度”）参数进行调节和控制等处理，以满足一定要求的设备，称为房间空气调节器，简称为空调器。

第一节　型号命名方法和匹数含义

一、空调器型号命名方法

执行国家标准 GB/T 7725—1996，基本格式见图 1-1。期间又增加 GB 12021.3—2004 和 GB 12021.3—2010 两个标准，主要内容是增加“中国能效标识”图标。

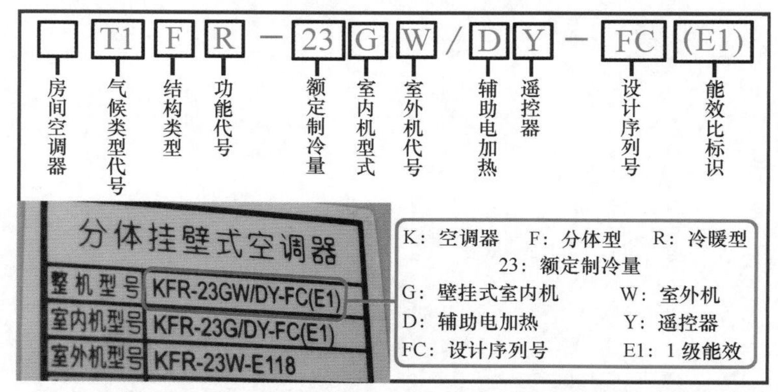

图 1-1　空调器型号基本格式

1. 房间空调器代号

“空调器”汉语拼音为“kong tiao qi”，因此选用第 1 个字母“k”表示，并且在使用时为大写字母“K”。

2. 气候类型

表示空调器所工作的环境，分 T1、T2、T3 三种工况，具体内容见表 1-1。我国使用的空调器工作环境均为 T1 类型，因此在空调器标号中省略不再标注。

表 1-1　气候类型工况

类型	T1（温带气候）	T2（低温气候）	T3（高温气候）
单冷型	18 ～ 43℃	10 ～ 35℃	21 ～ 52℃
冷暖型	–7 ～ 43℃	–7 ～ 35℃	–7 ～ 52℃

3. 结构类型

家用空调器按结构类型可分为两种：整体式和分体式。

整体式即窗式空调器，实物外形见图 1-2，英文代号为“C”，多见于早期使用；由于运行时整机噪声太大，目前已淘汰不再使用。

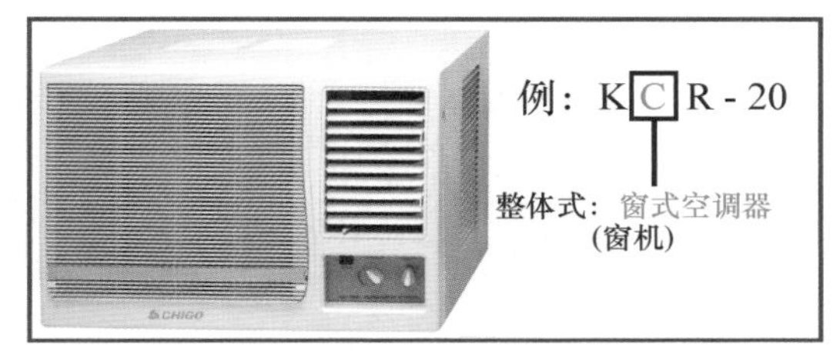

图 1-2　窗式空调器

分体式英文代号为“F”，由室内机和室外机组成，也是目前最常见的结构形式，实物外形见图 1-5 和图 1-6。

4. 功能代号

见图 1-3，表示空调器所具有的功能，分为单冷型、冷暖型（热泵）、电热型。

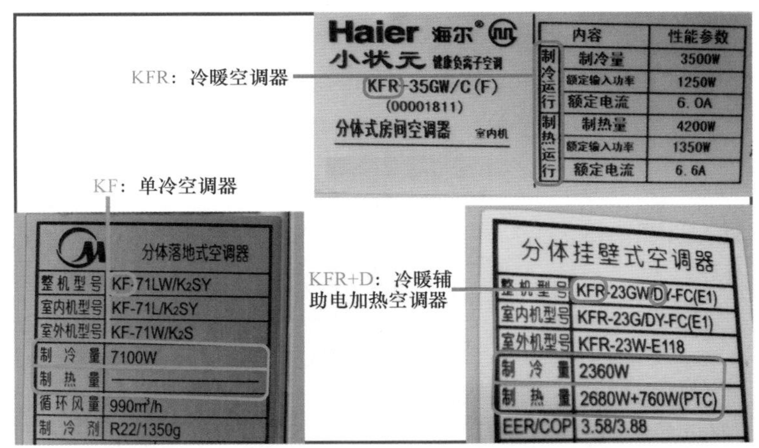

图 1-3　功能代号标识

单冷型只能制冷不能制热，所以只能在夏天使用，多见于南方使用的空调器，其英文代号省略不再标注。

冷暖型即可制冷又可制热，所以夏天和冬天均可使用，多见于北方使用的空调器。制热按工作原理可分为热泵式和电加热式，其中热泵式在室外机的制冷系统中加装四通阀等部件，通过吸收室外空气的热量进行制热，也是目前最常见的形式，英文代号为“R”；电热型不改变制冷系统，只是在室内机加装大功率的电加热丝用来产生热量，相当于将“电暖气”安装在室内机，其英文代号为“D”（整机型号为 KFD 开头），多见于早期使用的空调器，由于制热时耗电量太大，目前已淘汰不再使用。

5. 额定制冷量

见图 1-4，用阿拉伯数字表示，单位为 100W，即标注数字再乘以 100，得出的数字为空调器的额定制冷量，我们常说的“匹”也是由额定制冷量换算得出的。

说明

由于制冷模式和制热模式的标准工况不同，因此同一空调器的额定制冷量和额定制热量也不相同，空调器的工作能力以制冷模式为准。

图 1-4 额定制冷量标识

6. 室内机结构形式

D：吊顶式；G：壁挂式（即挂机）；L：落地式（即柜机）；K：嵌入式；T：台式。家用空调器常见形式为挂机和柜机，分别见图 1-5 和图 1-6。

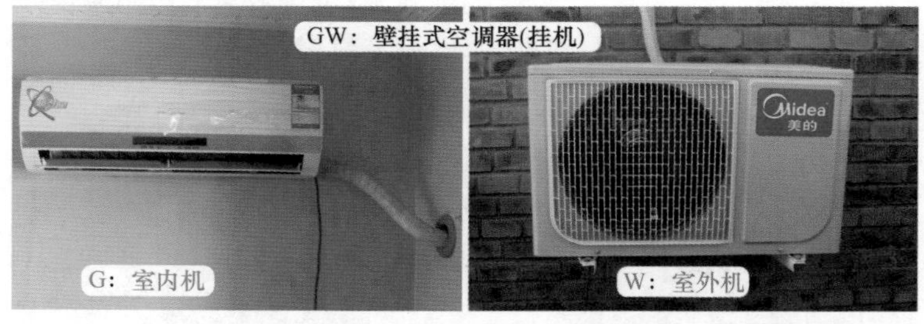

图 1-5 壁挂式空调器

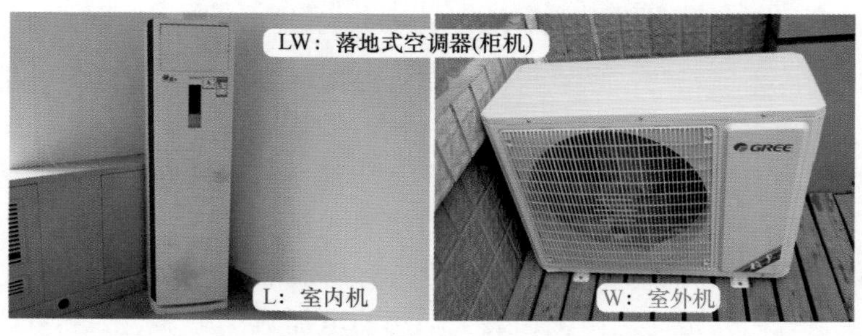

图 1-6 落地式空调器

7. 室外机代号

室外机代号为大写英文字母“W”。

8. 斜杠“/”后面标号表示设计序列号或特殊功能代号

见图 1-7，允许用汉语拼音或阿拉伯数字表示。常见有：Y：遥控器；BP：变频；ZBP：直流变频；S：三相电源；D（d）：辅助电加热；F：负离子。

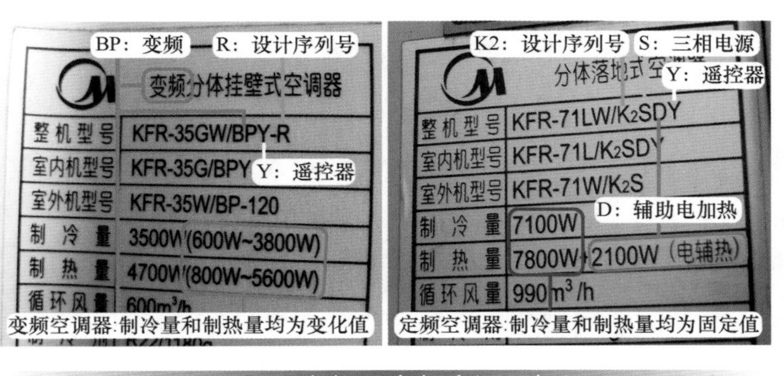

图 1-7 变频和定频空调器标识

说明

同一英文字母对于不同空调器厂家所表示的含义是不一样的，例如“F”，在海尔空调器中表示为负离子，在海信空调器中则表示为使用无氟制冷剂 R410A。

9. 能效比标识

见图 1-8，能效比即 EER（名义制冷量 / 额定输入功率）和 COP（名义制热量 / 额定输入功率）。例如海尔 KFR-32GW/Z2 定频空调器，额定制冷量为 3200W，额定输入功率为 1180W，EER=3200÷1180=2.71；格力 KFR-23GW/（23570）Aa-3 定频空调器，额定制冷量为 2350W，额定输入功率为 716W，EER=2350÷716=3.28。

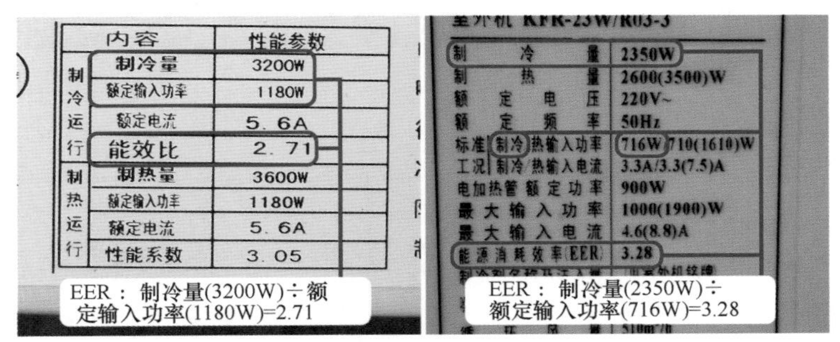

图 1-8 能效比计算方法

见图 1-9，能效比标识分为旧能效标准（GB 12021.3—2004）和新能效标准（GB 12021.3—2010）。

旧能效标准于 2005 年 3 月 1 日开始实施，分体式共分为 5 个等级，5 级最费电，1 级最省电，详见表 1-2。

海尔 KFR-32GW/Z2 空调器能效比为 2.71，根据表 1-2 可知此空调器为 5 级能效，也就是最耗电的一类；格力 KFR-23GW/（23570）Aa-3 空调器能效比为 3.28，按旧能效标准为 2 级能效。

表 1-2 旧能效标准

制冷量	1 级	2 级	3 级	4 级	5 级
制冷量≤ 4500W	3.4 及以上	3.39 ～ 3.2	3.19 ～ 3.0	2.99 ～ 2.8	2.79 ～ 2.6
4500W ＜制冷量≤ 7100W	3.3 及以上	3.29 ～ 3.1	3.09 ～ 2.9	2.89 ～ 2.7	2.69 ～ 2.5
7100W ＜制冷量≤ 14000W	3.2 及以上	3.19 ～ 3.0	2.99 ～ 2.8	2.79 ～ 2.6	2.59 ～ 2.4

图 1-9 能效比标识

新能效标准于 2010 年 6 月 1 日正式实施，旧能效标准也随之结束。新能效标准共分 3 级，相对于旧标准，级别提高了能效比，旧标准 1 级为新标准的 2 级，旧标准 2 级为新标准的 3 级，见表 1-3。

海尔 KFR-32GW/Z2 空调器能效比为 2.71，根据新能效标准 3 级最低为 3.2，所以此空调器不能上市销售；格力 KFR-23GW/（23570）Aa-3 空调器能效比为 3.28，按新能效标准为 3 级能效。

表 1-3 新能效标准

制冷量	1 级	2 级	3 级
制冷量≤ 4500W	3.6 及以上	3.59 ～ 3.4	3.39 ～ 3.2
4500W ＜制冷量≤ 7100W	3.5 及以上	3.49 ～ 3.3	3.29 ～ 3.1
7100W ＜制冷量≤ 14000W	3.4 及以上	3.39 ～ 3.2	3.19 ～ 3.0

10. 空调器型号举例说明

例 1：海信 KF-23GW/58：表示为 T1 气候类型、分体（F）壁挂式（GW 即挂机）、单冷（KF 后面不带 R）定频空调器，58 为设计序列号，每小时制冷量为 2300W。

例 2：美的 KFR-23GW/DY-FC（E1）：表示为 T1 气候类型、带遥控器（Y）和辅助电加热功能（D）、分体（F）壁挂式（GW）、冷暖（R）定频空调器，FC 为设计序列号，每小时制冷量为 2300W，1 级能效（E1）。

例 3：美的 KFR-71LW/K2SDY：表示为 T1 气候类型、带遥控器（Y）和辅助电加热功能（D）、分体（F）落地式（LW 即柜机）、冷暖（R）定频空调器，使用三相（S）电源供电，K2 为序列号，每小时制冷量为 7100W。

例 4：科龙 KFR-26GW/VGFDBP-3：表示为 T1 气候类型、分体（F）壁挂式（GW）、冷暖（R）变频（BP）空调器，带有辅助电加热功能（D），制冷系统使用 R410A 无氟（F）制冷剂，VG 为设计序列号，每小时制冷量为 2600W，3 级能效。

例 5：海信 KT3FR-70GW/01T：表示为 T3 气候类型、分体（F）壁挂式（GW）、冷暖（R）定频特种（T 表示专供移动或联通等通信基站使用的空调器）空调器，01 为设计序列号，每小时制冷量为 7000W。

二、匹数（P）的含义及对应关系

1. 空调器匹数的含义

空调器匹数是一种不规范的民间叫法。这里的匹数（P）代表的是耗电量，因早期生产的空调器种类相对较少，技术也基本相似，因此使用耗电量代表制冷能力，1 匹（P）约等于 735W。现在，国家标准不再使用“匹（P）”作为单位，而是使用每小时制冷量作为空调器能力标准。

2. 制冷量与匹（P）对应关系

制冷量为 2400W 约等于正 1 匹，以此类推，制冷量 4800W 等于正 2 匹，对应关系见表 1-4。

表 1-4　制冷量与匹（P）对应关系

制冷量	俗称
2300W 以下	小 1P 空调器
2400W 或 2500W	正 1P 空调器
2600W 至 2800W	大 1P 空调器
3200W	小 1.5P 空调器
3500W 或 3600W	正 1.5P 空调器
4500W 或 4600W	小 2P 空调器
4800W 或 5000W	正 2P 空调器
5100W 或 5200W	大 2P 空调器
6000W 或 6100W	2.5P 空调器
7000W、7100W 或 7200W	正 3P 空调器
12000W	正 5P 空调器

注：1 ～ 1.5P 空调器常见形式为挂机，2 ～ 5P 空调器常见形式为柜机。

挂式空调器制冷量常见有 1P 和 1.5P 共 2 种，见图 1-10，1P 制冷量为 2400W（或 2300W、2500W、2600W），1.5P 制冷量为 3500W（或 3200W、3300W、3600W）。挂式空调器的制冷量还有 2P（5000W）和 3P（7200W），但比例较小。

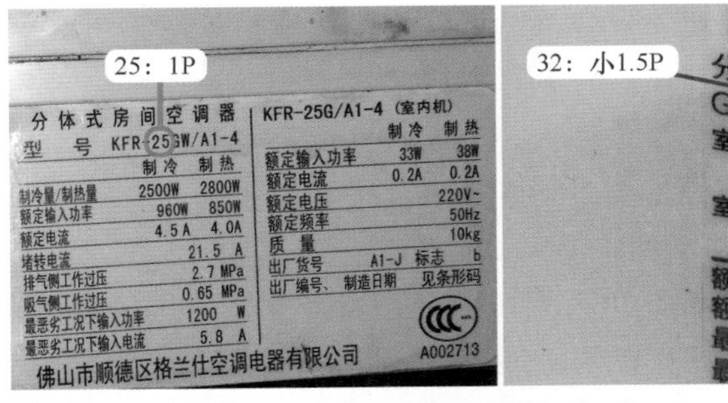

图 1-10　1P 和 1.5P 额定制冷量

柜式空调器制冷量常见有 2P、2.5P、3P、5P 共 4 种，见图 1-11 和图 1-12，2P 制冷量为 5000W（或 4800W、5100W）、2.5P 制冷量为 6000W（或 6100W）、3P 制冷量为 7200W（或 7000W、7100W）、5P 制冷量为 12000W。

示例：KFR-60LW/（BPF），数字 60×100=6000，空调器每小时额定制冷量为 6000W，换算为 2.5P 空调器，斜杠“/”后面 BP 含义为变频。

图 1-11　2P 和 2.5P 额定制冷量

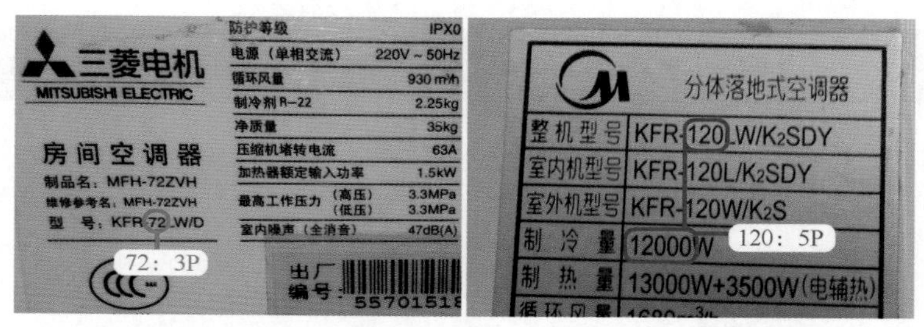

图 1-12　3P 和 5P 额定制冷量

第二节　挂式空调器结构

一、外部结构

空调器整机从结构上包括室内机、室外机、连接管道、遥控器四部分组成。室内机组包括蒸发器、贯流风扇、室内风机、电控部分等，室外机组包括压缩机、冷凝器、毛细管、室外风扇、室外风机、电气元件等。

1. 室内机的外部结构

壁挂式空调器室内机外部结构见图 1-13 和图 1-14。

① 进风口：房间的空气由进风格栅吸入，并通过过滤网除尘。说明：早期空调器进风口通常由进风格栅（或称为前面板）进入室内机，而目前空调器进风格栅通常设计为镜面或平板样式，因此进风口部位设计在室内机顶部。

② 过滤网：过滤房间中的灰尘。

③ 出风口：降温或加热的空气经上下导风板和左右导风板调节方位后吹向房间。

④ 上下导风板（上下风门叶片）：调节出风口上下气流方向（一般为自动调节）。

⑤ 左右导风板（左右风门叶片）：调节出风口左右气流方向（一般为手动调节）。

⑥ 应急开关按键：无遥控器时使用应急开关可以开启或关闭空调器的按键。

⑦ 指示灯：显示空调器工作状态的窗口。

⑧ 接收窗：接收遥控器发射的红外线信号。

⑨ 蒸发器接口：与来自室外机组的管道连接（粗管为气管，细管为液管）。

⑩ 保温水管：一端连接接水盘，另一端通过加长水管将制冷时蒸发器产生的冷凝水排至室外。

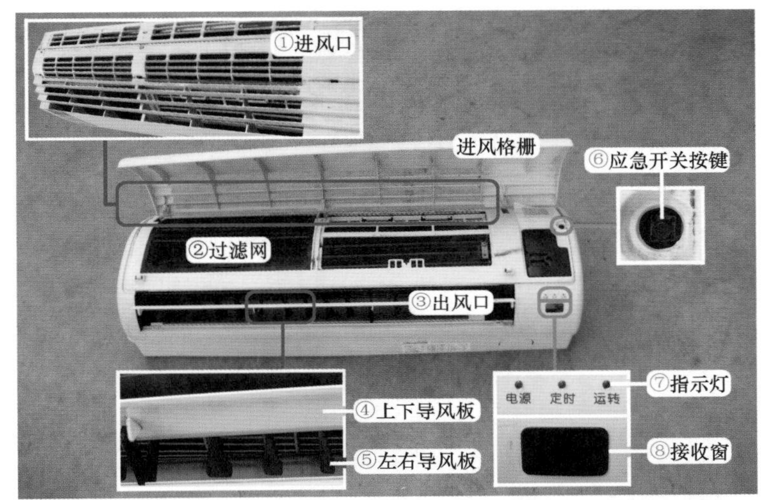

图 1-13　室内机正面外部结构

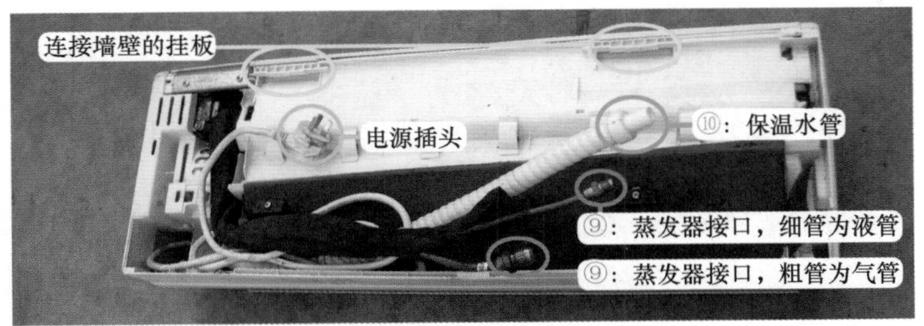

图 1-14　室内机反面外部结构

2. 室外机的外部结构

室外机外部结构见图 1-15。

① 进风口：吸入室外空气（即吸入空调器周围的空气）。

② 出风口：吹出为冷凝器降温的室外空气（制冷时为热风）。

③ 管道接口：连接室内机组管道（粗管为气管，接三通阀，细管为液管，接二通阀）。

④ 检修口（即加氟口）：用于测量系统压力，系统缺氟时可以加氟使用。

⑤ 接线端子：连接室内机组的电源线。

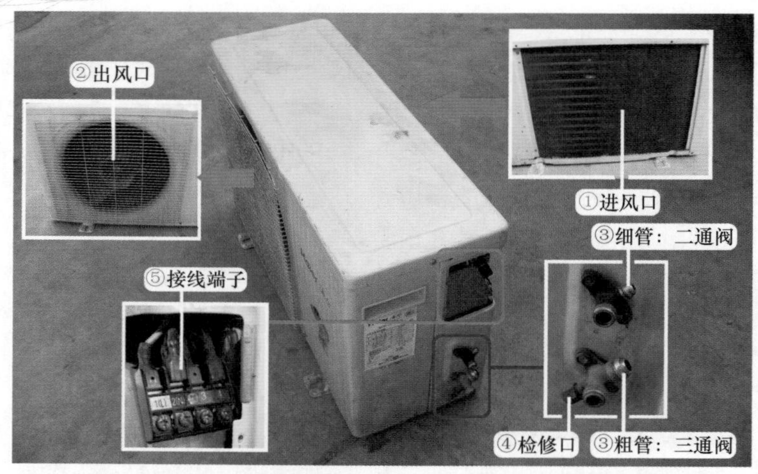

图 1-15　室外机外部结构

3. 连接管道

见图 1-16 左图，用于连接室内机和室外机的制冷系统，完成制冷（制热）循环，其为制冷系统的一部分；粗管连接室内机蒸发器出口和室外机三通阀，细管连接室内机蒸发器进口和室外机二通阀；由于细管流通的制冷剂为液体，粗管流通的制冷剂为气体，所以细管也称为液管或高压管，粗管也称为气管或低压管；材质早期多为铜管，现在多使用铝塑管。

4. 遥控器

见图 1-16 右图，用来控制空调器的运行与停止，使之按用户的意愿运行，其为电控系统中的一部分。

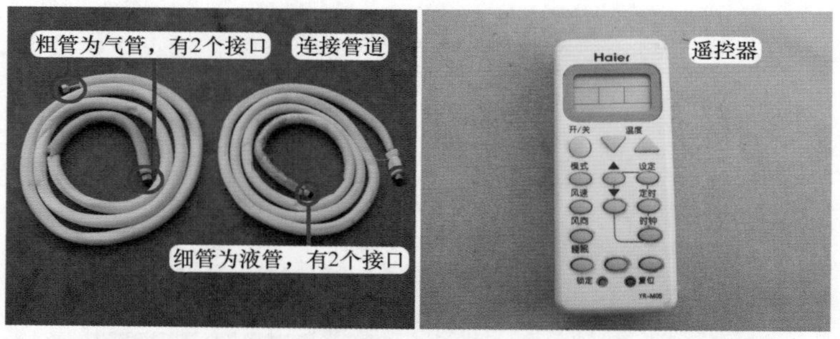

图 1-16　连接管道和遥控器

二、内部结构

家用空调器无论是挂机还是柜机，均由四部分组成：制冷系统、电控系统、通风系统、箱体系统。制冷系统由于知识点较多，因此单设第五章进行说明。

1. 主要部件安装位置

（1）室内机主要部件（见图 1-17）

制冷系统：蒸发器；电控系统：电控盒（包括主板、变压器、环温和管温传感器等）、显示板组件、步进电机；通风系统：室内风机（一般为 PG 电机）、室内风扇（也称为贯流风扇）、轴套、上下和左右导风板；辅助部件：接水盘。

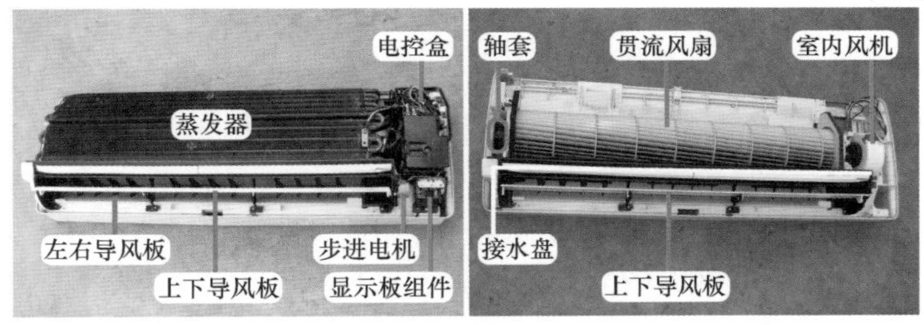

图 1-17　室内机主要部件

（2）室外机主要部件（见图 1-18）

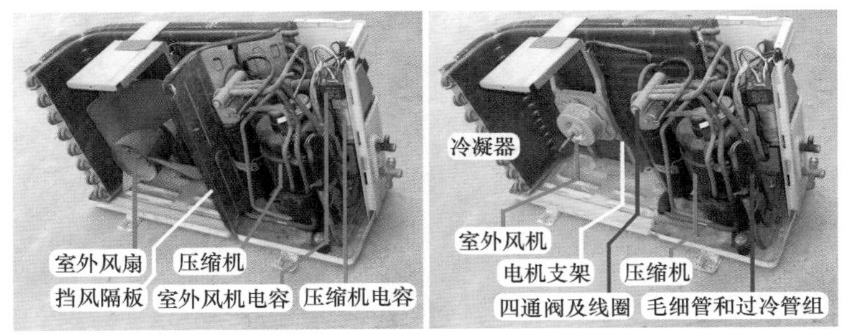

图 1-18　室外机主要部件

制冷系统：压缩机、冷凝器、四通阀、毛细管、过冷管组（单向阀和辅助毛细管）；电控系统：室外风机电容、压缩机电容、四通阀线圈；通风系统：室外风机（也称为轴流电机）、室外风扇（也称为轴流风扇）；辅助部件：电机支架、挡风隔板。

2. 电控系统

电控系统相当于“大脑”，用来控制空调器的运行，一般使用微电脑（MCU）控制方式，具有遥控、正常自动控制、自动安全保护、故障自诊断和显示、自动恢复等功能。

图 1-19 为电控系统主要部件，通常由主板、遥控器、变压器、环温和管温传感器、室内风机、步进电机、压缩机、室外风机、四通阀线圈等组成。

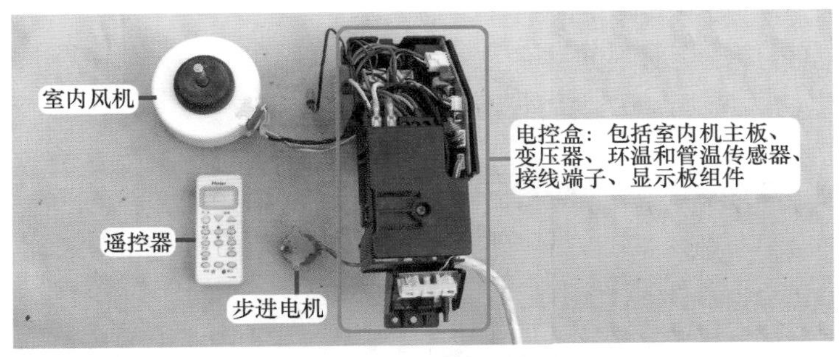

图 1-19　电控系统主要部件

3. 通风系统

通风系统是为了保证制冷系统的正常运行而设计，作用是强制使空气流过冷凝器或蒸发器，加速热交换的进行。

（1）室内机通风系统

室内机通风系统的作用是将蒸发器产生的冷量（或热量）及时输送到室内，降低或加热房间温度，使用贯流式通风系统，包括贯流风扇和室内风机。

贯流风扇由叶轮、叶片、轴承等组成，轴向尺寸很宽，风扇叶轮直径小，呈细长圆筒状，特点是转速高、噪声小；左侧使用轴套固定，右侧连接室内风机。

室内风机产生动力驱动贯流风扇旋转，早期多为2速或3速的抽头电机，目前通常使用带霍尔转速反馈的PG电机，只有部分高档的定频和变频空调器使用直流电机。

见图1-20，贯流风扇叶片采用向前倾斜式，气流沿叶轮径向流入，贯穿叶轮内部，然后沿径向从另一端排出，房间空气从室内机顶部和前部的进风口吸入，由贯流风扇产生一定的流量和压力，经过蒸发器降温或加热后，从出风口吹出。

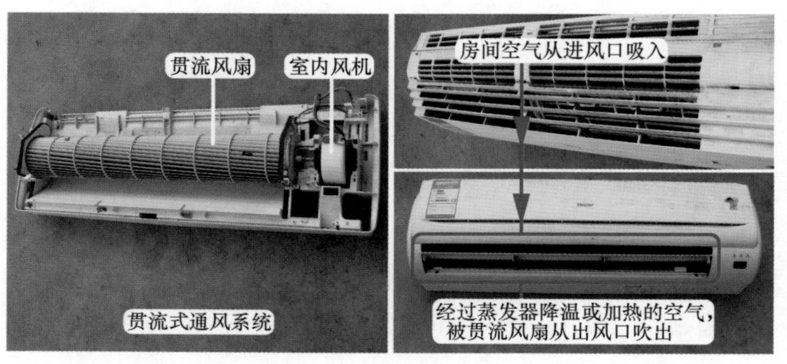

图1-20　贯流式通风系统

（2）室外机通风系统

室外机通风系统的作用是为冷凝器散热，使用轴流式通风系统，包括室外风扇和室外风机。

室外风扇结构简单，叶片一般为2片、3片、4片、5片，使用ABS塑料注塑成形，特点是效率高、风量大、价格低、省电，缺点是风压较低、噪声较大。

定频空调器室外风机通常使用单速电机，变频空调器通常使用2速、3速的抽头电机，只有部分高档的定频和变频空调器使用直流电机。

见图1-21，室外风扇运行时进风侧压力低，出风侧压力高，空气始终沿轴向流动，制冷时将冷凝器产生的热量强制吹到室外。

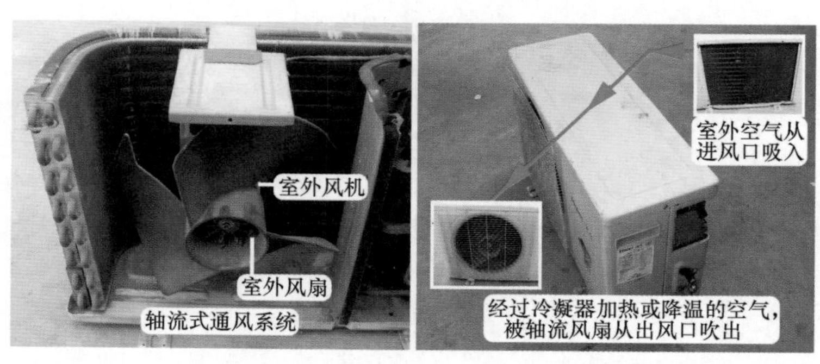

图1-21　轴流式通风系统

4. 箱体系统

箱体系统是空调器的骨骼。

图 1-22 为挂式空调器室内机组的箱体系统（即底座），所有部件均放置在箱体系统上，根据空调器设计不同外观会有所变化。

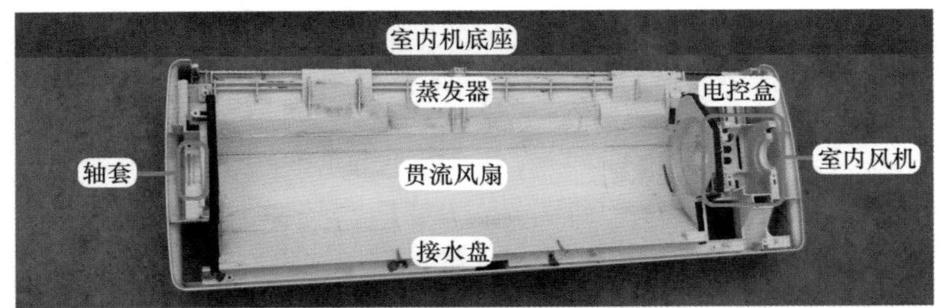

图 1-22 室内机底座

图 1-23 为室外机底座，冷凝器、室外风机固定支架、压缩机等部件均安装在室外机底座上面。

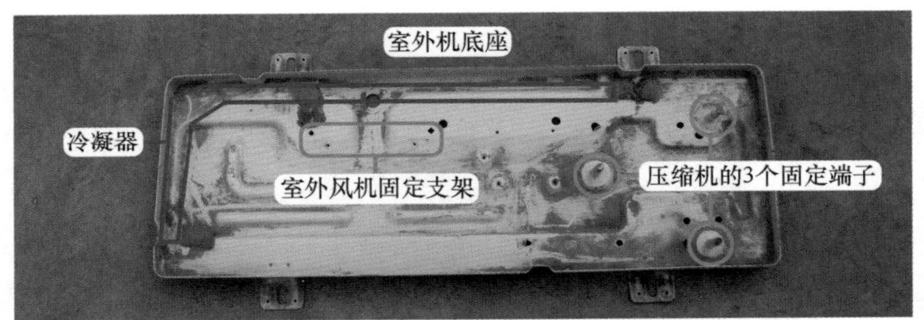

图 1-23 室外机底座

第三节 柜式空调器结构

一、室内机结构

1. 外观

目前柜式空调器室内机从正面看，通常分为上下两段，见图 1-24，上段可称为前面板，下段可称为进风格栅，其中前面板主要包括出风口和显示屏，取下进风格栅后可见室内机下方设有室内风扇（离心风扇）即进风口，其上方为电控系统。

说明

早期空调器从正面看通常分为三段，最上方为出风口，中间为前面板（包括显示屏），最下方为进风格栅，目前的空调器将出风口和前面板合为一体。

进风格栅顾名思义，就是房间内空气由此进入的部件，见图 1-25 左图，目前空调器进风口设置在左侧、右侧、下方位置，从正面看为镜面外观，内部设有过滤网卡槽，过滤网就是安装在进风格栅内部，过滤后的房间空气再由离心风扇吸入，送至蒸发器降温或加热，再由出风口吹出。

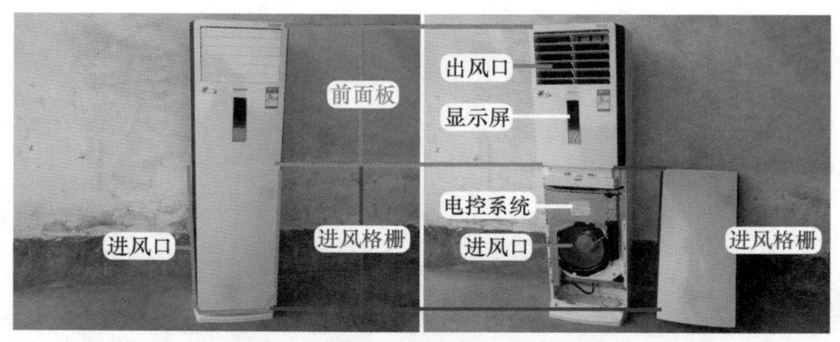

图 1-24　室内机外观

见图 1-25 右图，将前面板翻到后面，取下泡沫盖板后，可看到安装有显示板（从正面看为显示屏）、上下摆风电机、左右摆风电机。

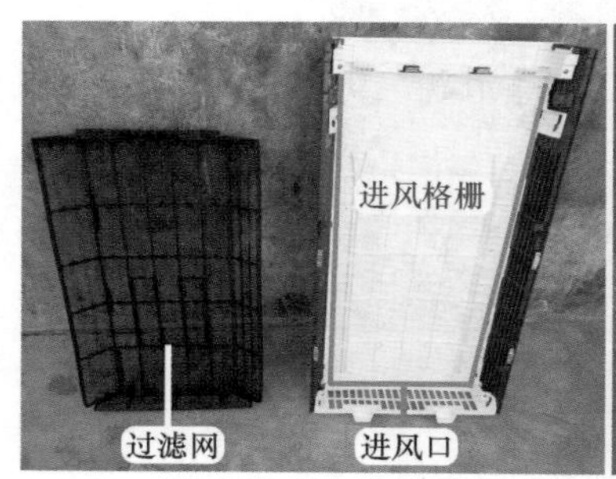

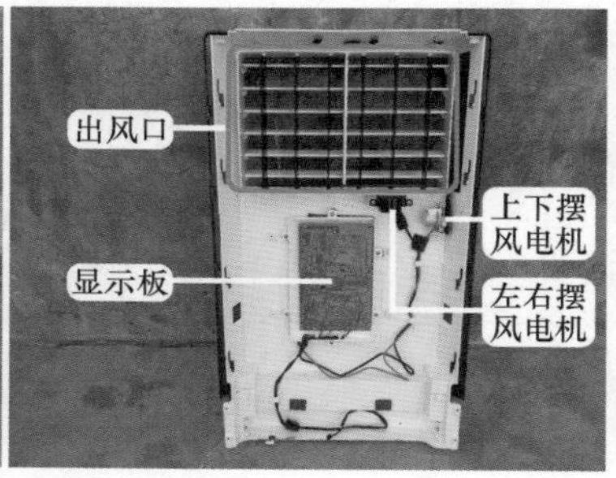

图 1-25　进风格栅和前面板

说明

早期空调器进风口通常设计在进风格栅正面，并且由于出风口上下导风板为手动调节，未设计上下摆风电机。

2. 挡风隔板和电控系统

取下前面板后，见图 1-26 左图，可见室内机中间部位安装有挡风隔板，其作用是将蒸发器下半段的冷量（或热量）向上聚集，从出风口排出。为防止异物进入室内机，在出风口部位设有防护罩。

取下电控盒盖板后，见图 1-26 右图，电控系统主要由主板、变压器、室内风机电容、接线端子等组成。

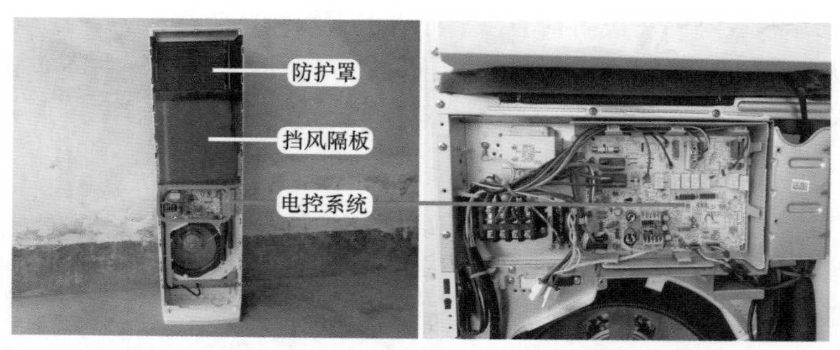

图 1-26　挡风隔板和电控系统

3. 辅助电加热和蒸发器

取下挡风隔板后，见图1-27，可见蒸发器为直板式。蒸发器中间部位装有两组PTC式辅助电加热，在冬季制热时提高出风口温度；蒸发器下方为接水盘，通过连接排水软管（保温水管）和加长水管将制冷时产生的冷凝水排至室外；蒸发器共有两个接头，其中粗管为气管，细管为液管，经连接管道和室外机二通阀、三通阀相连。

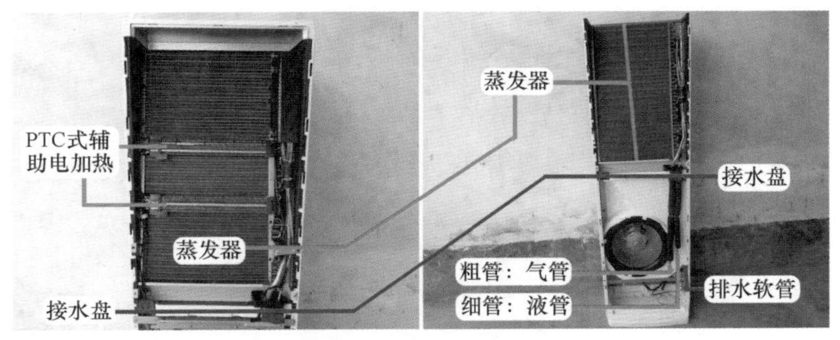

图1-27 辅助电加热和蒸发器

4. 通风系统

取下蒸发器、顶部挡板、电控系统等部件后，见图1-28左图，此时室内机只剩下外壳和通风系统。

通风系统包括室内风机（离心电机）、室内风扇（离心风扇）、蜗壳，图1-28右图为取下离心风扇后离心电机的安装位置。

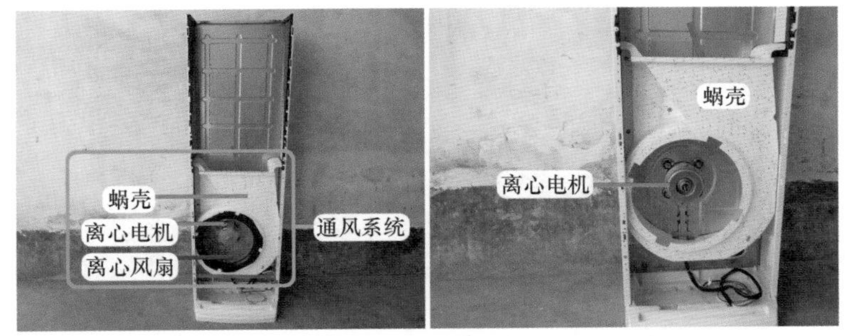

图1-28 通风系统

5. 外壳

见图1-29左图，取下离心电机后，通风系统的部件只有蜗壳。

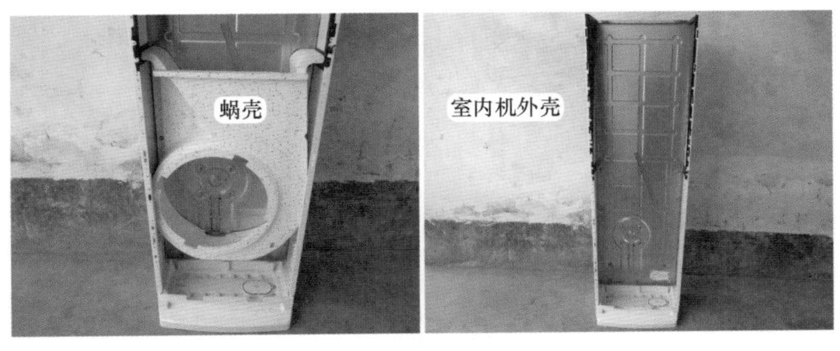

图1-29 蜗壳和外壳

再将蜗壳取下，见图 1-29 右图，此时室内机只剩下外壳，由左侧板、右侧板、背板、底座等组成。

二、室外机结构

1. 外观

室外机外观见图 1-30，通风系统设有进风口和出风口，进风口设计在后部和侧面，出风口在前面，吹出的风不是直吹，而是朝四周扩散。其中接线端子连接室内机电控系统，管道接口连接室内机制冷系统（蒸发器）。

图 1-30　室外机外观

2. 主要部件

取下室外机顶盖和前盖，见图 1-31，可发现和挂式空调器室外机基本相同，主要由电控系统、压缩机、室外风机和室外风扇、冷凝器等组成。

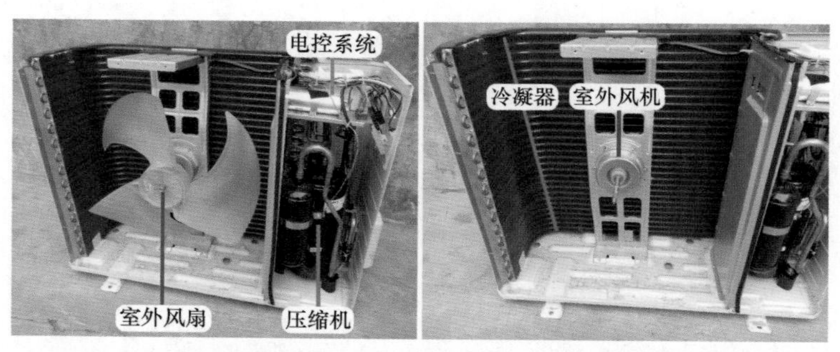

图 1-31　主要部件

第二章

变频空调器维修基础知识

第一节　变频空调器和定频空调器硬件区别

本节选用格力定频和变频空调器的两款机型，比较两类空调器硬件之间的相同点和不同点，使读者对变频空调器有初步的了解。

定频空调器选用典型机型 KFR-23GW/（23570）Aa-3，变频空调器选用 KFR-32GW/（32556）FNDe-3，是一款普通的直流变频空调器。

一、室内机

1. 外观

外观见图 2-1，两类空调器的进风格栅、进风口、出风口、导风板、显示板组件设计形状或作用基本相同，部分部件甚至可以通用。

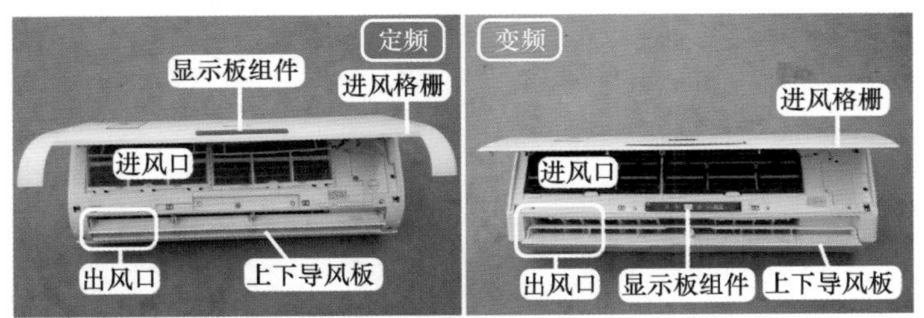

图 2-1　室内机外观

2. 主要部件设计位置

主要部件设计位置见图 2-2，两类空调器的主要部件设计位置基本相同，包括蒸发器、电控盒、接水盘、步进电机、导风板、贯流风扇、室内风机等。

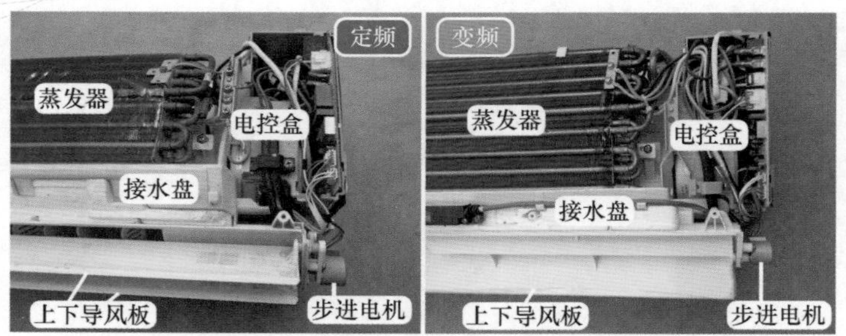

图 2-2 主要部件设计位置

3. 制冷系统部件

制冷系统部件见图 2-3，两类空调器中设计相同，只有蒸发器。

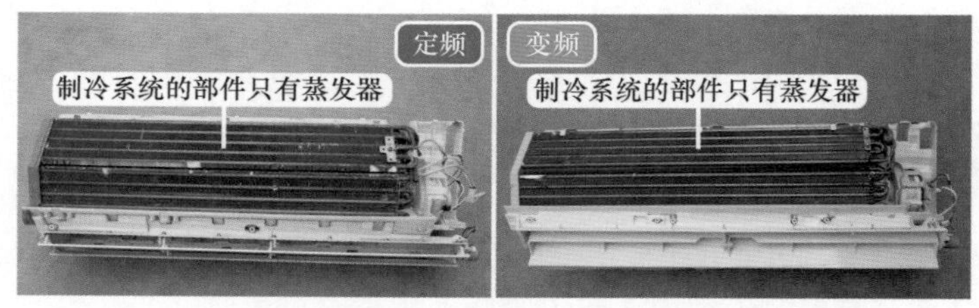

图 2-3 室内机制冷系统部件

4. 通风系统

通风系统见图 2-4，两类空调器通风系统使用相同形式的贯流风扇，均由带有霍尔反馈功能的 PG 电机驱动，贯流风扇和 PG 电机在两类空调器中可以相互通用。

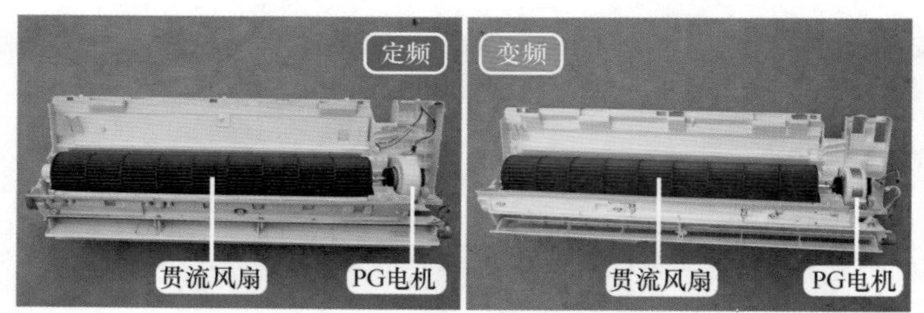

图 2-4 室内机通风系统

5. 辅助系统

接水盘和导风板在两类空调器的设计位置和作用相同。

6. 电控系统

两类空调器的室内机主板，在控制原理方面最大的区别在于，定频空调器的室内机主板是整个电控系统的控制中心，对空调器整机进行控制，室外机不再设置电路板；变频空调器的室内机主板只是电控系统的一部分，工作时处理输入的信号，处理后传送至室外机主板，才能对空调器整机进行控制，也就是说室内机主板和室外机主板一起才能构成一套完整的电控系统。

（1）室内机主板

由于两类空调器的室内机主板单元电路相似，在硬件方面有许多相同的地方。见图

2-5，其中不同之处在于定频空调器室内机主板使用 3 个继电器为室外机压缩机、室外风机、四通阀线圈供电；变频空调器的室内机主板只使用 1 个继电器为室外机供电，并增加通信电路与室外机主板传递信息。

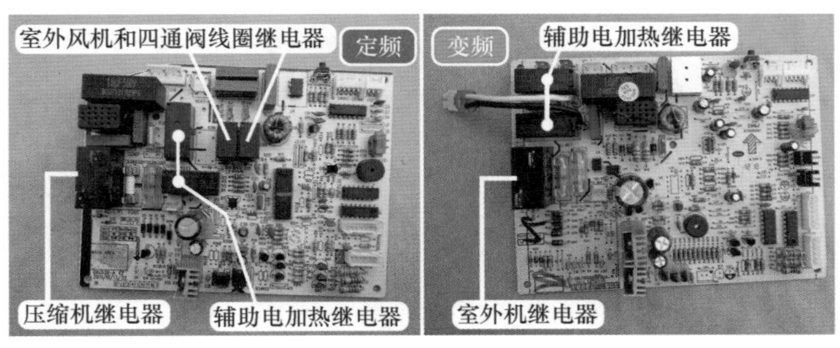

图 2-5　室内机主板

（2）接线端子

从两类空调器接线端子上也能看出控制原理的区别，见图 2-6，定频空调器的室内外机连接线端子上共有 5 根引线，分别是零线、压缩机引线、四通阀线圈引线、室外风机引线、地线；而变频空调器则只有 4 根引线，分别是零线、通信线、相线、地线。

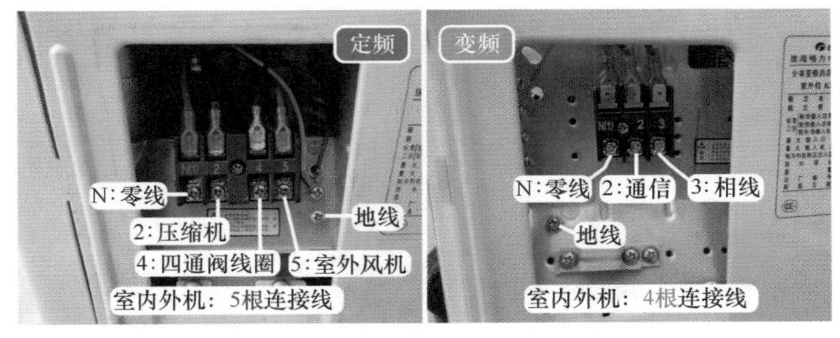

图 2-6　室外机接线端子

二、室外机

1. 外观

室外机外观见图 2-7，从外观上看，两类空调器进风口、出风口、管道接口、接线端子等部件的位置和形状基本相同，没有明显的区别。

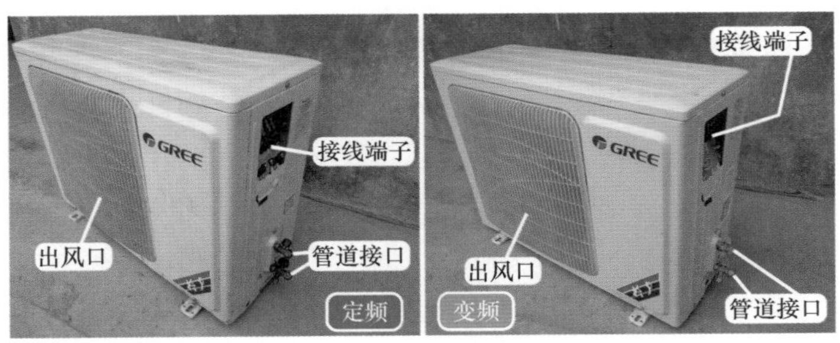

图 2-7　室外机外观

2. 主要部件设计位置

主要部件设计位置见图2-8，室外机的主要部件如冷凝器、室外风扇（轴流风扇）、室外风机（轴流电机）、压缩机、毛细管、四通阀、电控盒的设计位置也基本相同。

图2-8 室外机主要部件设计位置

3. 制冷系统

在制冷系统方面，两类空调器中的冷凝器、毛细管、四通阀、单向阀和辅助毛细管等部件，设计的位置和工作原理基本相同，有些部件可以通用，见图2-9。

两类空调器最大的区别在于压缩机，其设计位置和作用相同，但工作原理（或称为方式）不同，定频空调器供电为输入的市电交流220V，由室内机主板提供，转速、制冷量、耗电量均为额定值，而变频空调器压缩机的供电由室外机主板上的模块提供，运行时转速、制冷量、耗电量均可连续变化。

图2-9 室外机制冷系统主要部件

4. 节流方式

节流方式见图2-10，定频空调器通常使用毛细管作用为节流方式，交流变频空调器和直流变频空调器也通常使用毛细管作为节流方式，只有部分全直流变频空调器或高档空调

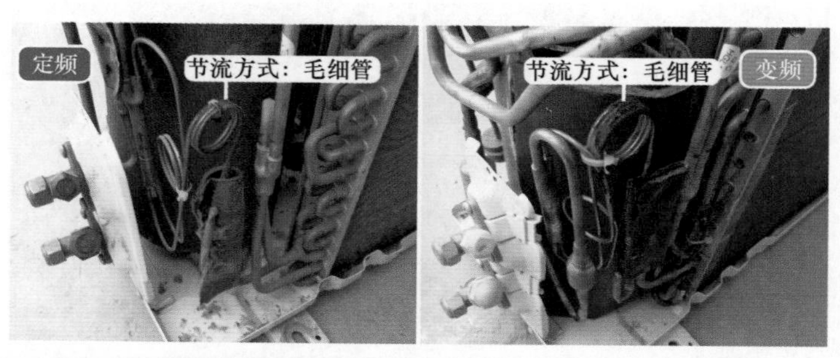

图2-10 节流方式

器使用电子膨胀阀作为节流方式。

5. 通风系统

通风系统见图 2-11，两类空调器的室外机通风系统部件为室外风机和室外风扇，工作原理和外观基本相同，室外风机均使用交流 220V 供电，不同的地方是，定频空调器由室内机主板供电，变频空调器由室外机主板供电。

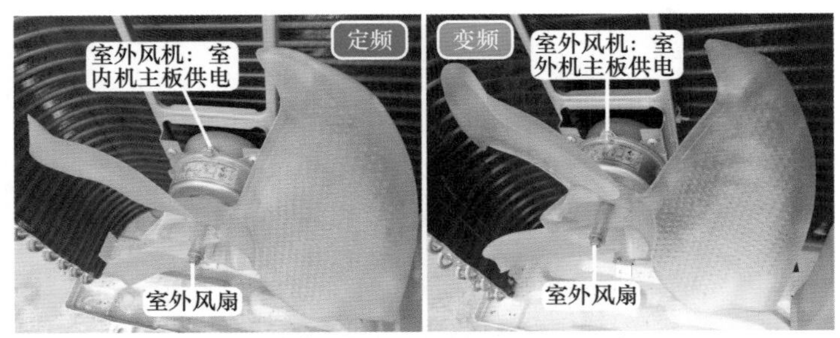

图 2-11 室外机通风系统

6. 制冷 / 制热状态转换

两类空调器的制冷 / 制热模式转换部件均为四通阀，见图 2-12，工作原理和设计位置相同，四通阀在两类空调器中也可以通用，四通阀线圈供电均为交流 220V，不同的地方是，定频空调器由室内机主板供电，变频空调器由室外机主板供电。

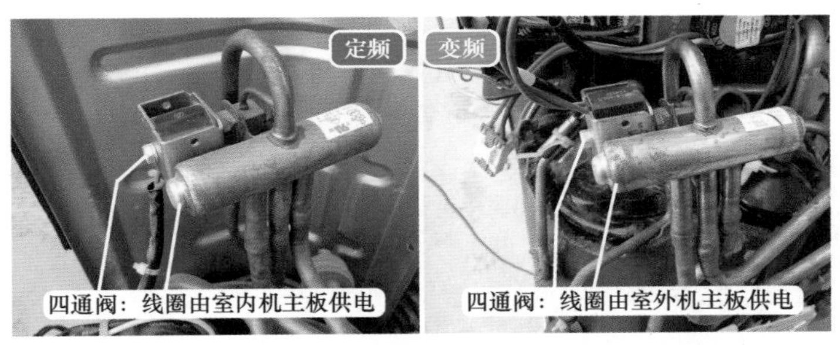

图 2-12 四通阀

7. 电控系统

两类空调器硬件方面最大的区别是室外机电控系统，区别如下。

（1）室外机主板和模块

见图 2-13，定频空调器室外机未设置电控系统，只有压缩机电容和室外风机电容，而

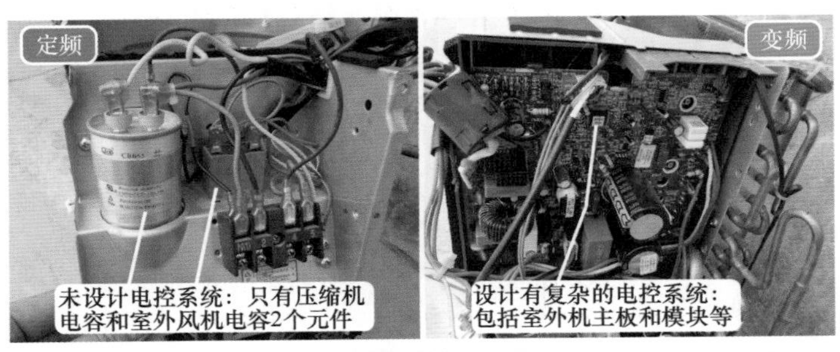

图 2-13 室外机电控系统

变频空调器则设计有复杂的电控系统，主要部件是室外机主板和模块（本机室外机主板和模块为一体化设计）等。

（2）压缩机工作方式

压缩机工作方式见图 2-14。

定频空调器压缩机由电容直接启动运行，工作电压为交流 220V、频率 50Hz、转速 2950r/min。

变频空调器压缩机由模块供电，工作电压为交流 30 ～ 220V、频率 15 ～ 120Hz、转速约 1500 ～ 9000r/min。

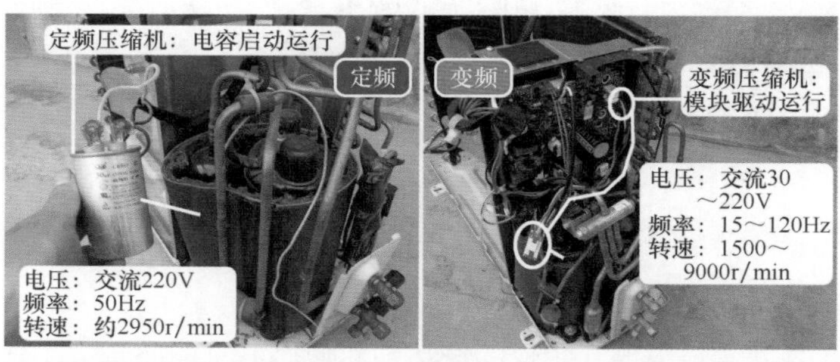

图 2-14 压缩机工作方式

（3）电磁干扰保护

电磁干扰保护见图 2-15。

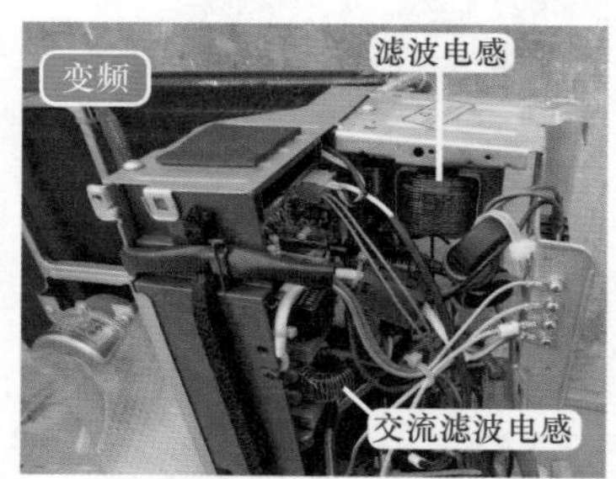

图 2-15 变频空调器电磁干扰保护

变频空调器由于模块等部件工作在开关状态，使得电路中电流谐波成分增加，降低功率因数，因此增加滤波电感等部件，定频空调器则不需要设计此类部件。

（4）温度检测

温度检测见图 2-16。

变频空调器为了对压缩机运行时进行最好的控制，设计了室外环温传感器、室外管温传感器、压缩机排气传感器，定频空调器一般没有设计此类器件（只有部分机型设置有室外管温传感器）。

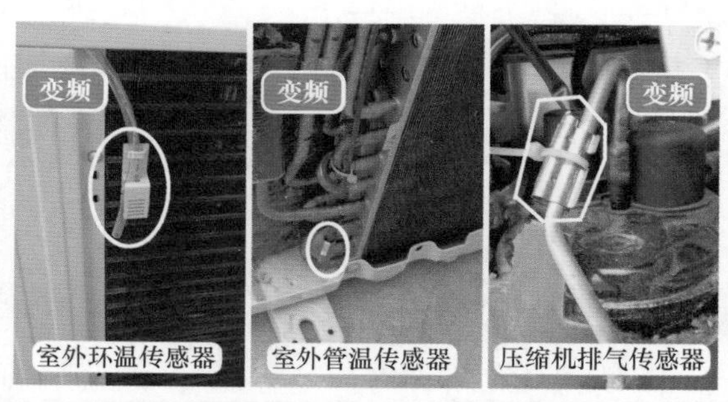

图 2-16 变频空调器温度检测

三、结论

1. 通风系统

室内机均使用贯流式通风系统，室外机均使用轴流式通风系统，两类空调器相同。

2. 制冷系统

均由压缩机、冷凝器、毛细管、蒸发器四大部件组成，区别是压缩机工作原理不同。

3. 主要部件设计位置

两类空调器基本相同。

4. 电控系统

两类空调器电控系统工作原理不同，硬件方面室内机有相同之处，最主要的区别是室外机电控系统。

5. 压缩机

压缩机是定频空调器和变频空调器最根本的区别，变频空调器的室外机电控系统就是为控制变频压缩机而设计。

也可以简单地理解为，将定频空调器的压缩机换成变频压缩机，并配备与之配套的电控系统（方法是增加室外机电控系统，更换室内机主板部分元件），那么这台定频空调器就可以改称为变频空调器。

第二节 变频空调器工作原理和分类

一、变频空调器的节电和工作原理

1. 节电原理

最普通的交流变频空调器和典型的定频空调器相比，只是压缩机的运行方式不同，定频空调器压缩机供电由市电直接提供，电压为交流 220V，频率为 50Hz，理论转速为 3000 r/min，运行时由于阻力等原因，实际转速约为 2950r/min，因此制冷量也是固定不变的。

变频空调器压缩机的供电由模块提供，模块输出的模拟三相交流电，频率可以在 15 ～ 120Hz 变化，电压可以在 30 ～ 220V 之间变化，因而压缩机转速可以在 1500 ～ 9000r/min 的范围内运行。

压缩机转速升高时，制冷量随之加大，制冷效果加快，制冷模式下房间温度迅速下降，相对应此时空调器耗电量也随之上升；当房间内温度下降到设定温度附近时，电控系统控制压缩机转速降低，制冷量下降，维持房间温度，相对应的此时耗电量也随之下降，从而达到节电的目的。

2. 工作原理

图 2-17 为变频空调器工作原理方框图，图 2-18 为实物图。

室内机主板 CPU 接收遥控器发送的设定模式和设定温度，与室内环温传感器温度相比较，如达到开机条件，控制室内机主板主控继电器触点闭合，向室外机供电；室内机主板CPU同时根据室内管温传感器温度信号，结合内置的运行程序计算出压缩机的目标运行频率，通过通信电路传送至室外机主板CPU，室外机主板CPU再根据室外环温传感器、室外管温传感器、压缩机排气传感器、市电电压等信号，综合室内机主板CPU传送的信息，得出压缩机的实际运行频率，输出控制信号至IPM模块。

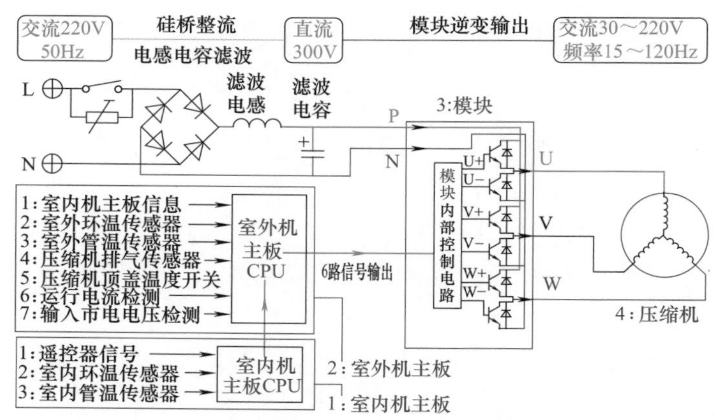

图2-17 变频空调器工作原理方框图

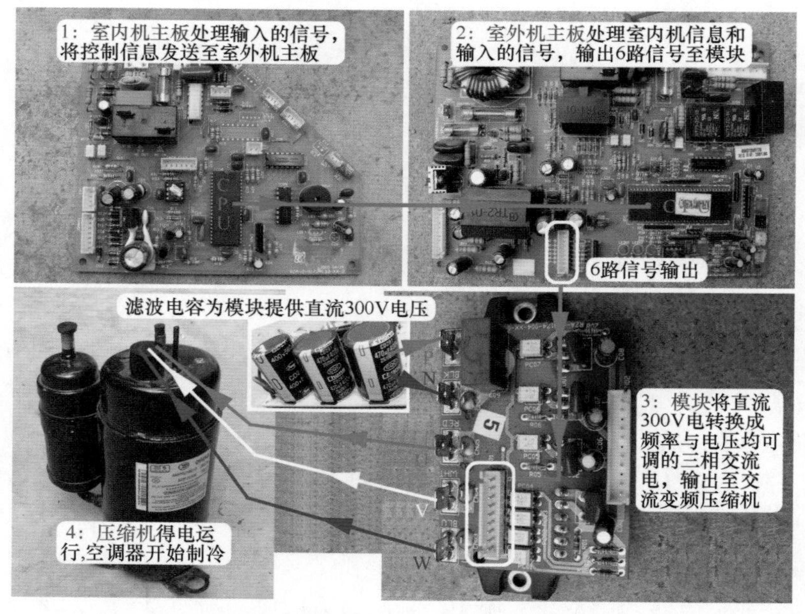

图2-18 变频空调器工作原理实物图

IPM模块是将直流300V转换为频率和电压均可调的三相变频装置，内含6个大功率IGBT开关管，构成三相上下桥式驱动电路，室外机主板CPU输出的控制信号使每只IGBT导通180°，且同一桥臂的两只IGBT一只导通时，另一只必须关断，否则会造成直流300V直接短路。且相邻两相的IGBT导通相位差在120°，在任意360°内都有三只IGBT开关管导通以接通三相负载。在IGBT导通与截止的过程中，输出的三相模拟交流电中带有可以变化的频率，且在一个周期内，如IGBT导通时间长而截止时间短，则输出的三相交流电的电压相对应就会升高，从而达到频率和电压均可调的目的。

IPM模块输出的三相模拟交流电，加在压缩机的三相感应电机，压缩机运行，系统工作在制冷或制热模式。如果室内温度与设定温度的差值较大，室内机主板CPU处理后送至室外机主板CPU，输出控制信号使IPM模块内部的IGBT导通时间长而截止时间短，从而输出频率和电压均相对较高的三相模拟交流电加至压缩机，压缩机转速加快，单位制冷量也随之加大，达到快速制冷的目的；反之，当房间温度与设定温度的差值变小时，室外机主板CPU输出的控制信号，使得IPM模块输出较低的频率和电压，压缩机转速变慢，降低制冷量。

二、变频空调器的分类

变频空调器根据压缩机工作原理和室内外风机的供电状况可分为三种类型，即交流变频空调器、直流变频空调器、全直流变频空调器。

1. 交流变频空调器

交流变频空调器见图2-19，是最早的变频空调器，也是目前市场上拥有量最大的类型，现在一般已经进入维修期或淘汰期。

室内风机和室外风机与普通定频空调器相同，均为交流异步电机，由市电交流220V直接启动运行。只是压缩机转速可以变化，供电为IPM模块提供的模拟三相交流电。

制冷剂通常使用和普通定频空调器相同的R22，一般使用常见的毛细管作节流部件。

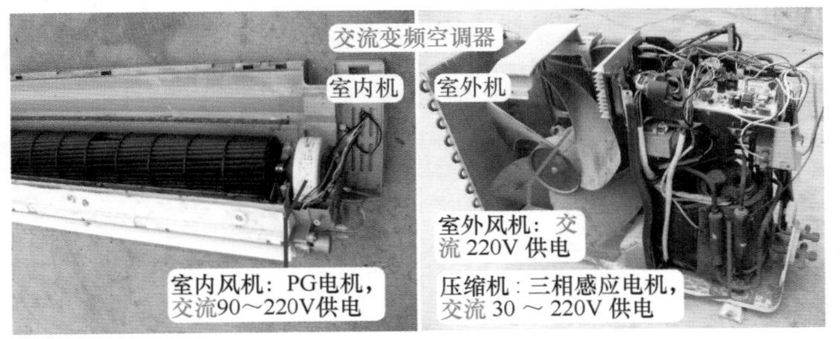

图2-19 交流变频空调器

2. 直流变频空调器

把普通直流电机由永磁铁组成的定子变为转子，将普通直流电机需要换向器和电刷提供电源的线圈绕组（转子）变成定子，这样省掉普通直流电机所必需的电刷，称为无刷直流电机。

使用无刷直流电机作为压缩机的空调器称为直流变频空调器，其是在交流变频空调器基础上发展而来，整机的控制原理和交流变频空调器基本相同，只是在室外机电路板上增加了位置检测电路。

直流变频空调器见图2-20，室内风机和室外风机与普通定频空调器相同，均为交流异步电机，由市电交流220V直接启动运行。

制冷剂早期机型使用R22，目前生产的机型多使用新型环保制冷剂R410A，节流部件同样使用常见且价格低廉但性能稳定的毛细管。

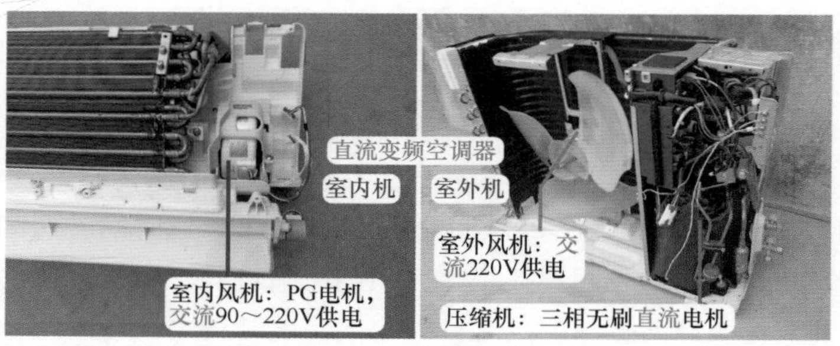

图 2-20 直流变频空调器

3. 全直流变频空调器

全直流变频空调器见图 2-21，目前属于高档空调器，在直流变频空调器基础上发展而来，与之相比最主要的区别是，室内风机和室外风机均使用直流无刷电机，供电为直流 300V 电压，而不是交流 220V，同时压缩机也使用无刷直流电机。

制冷剂通常使用新型环保的 R410A，节流部件也大多使用毛细管，只有少数品牌的机型使用电子膨胀阀，或电子膨胀阀和毛细管相结合的方式。

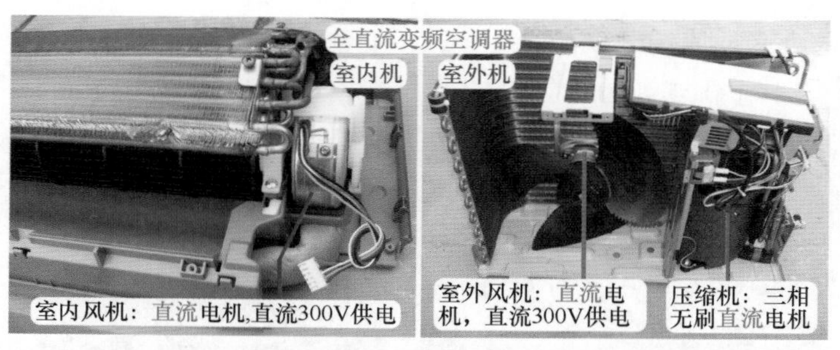

图 2-21 全直流变频空调器

三、交流和直流变频空调器的区别

1. 相同之处

① 制冷系统：定频空调器、交流变频空调器、直流变频空调器的工作原理和实物基本相同，区别是压缩机工作原理和内部结构不同。

② 电控系统：交流变频空调器和直流变频空调器的控制原理、单元电路、硬件实物基本相同，区别是室外机主控 CPU 对模块的控制原理不同（即脉冲宽度调制方式 PWM 或脉冲幅度调制方式 PAM），但控制程序内置在室外机 CPU 或存储器之中，实物看不到。

③ 模块输出电压（此处指万用表实测电压）：交流变频空调器 IPM 模块输出频率和电压均可调的模拟三相交流电，频率和电压越高，压缩机转速就越快。直流变频空调器的 IPM 模块同样输出频率和电压均可调的模拟三相交流电，频率和电压越高，压缩机转速就越快。

2. 整机不同之处

① 压缩机：交流变频空调器使用三相感应式电机，直流变频空调器使用无刷直流电机，两者的内部结构不同。

② 位置检测电路：直流变频空调器设有位置检测电路，交流变频空调器则没有。

3. 交流变频和直流变频空调器模块的不同之处

在实际应用中，同一个型号的模块既能驱动交流变频空调器的压缩机，也能驱动直流变频空调器的压缩机，所不同的是由模块组成的控制电路板不同。驱动交流变频压缩机的模块板通过改动程序（即修改 CPU 或存储器的内部数据），即可驱动直流变频压缩机。模块板硬件方面有以下几种区别。

（1）模块板增加位置检测电路

仙童 FSBB15CH60 模块应用在海信 KFR-28GW/39MBP 交流变频空调器中，见图 2-22，驱动交流变频压缩机。

海信 KFR-33GW/25MZBP 直流变频空调器中，见图 2-23，基板上增加位置检测电路，驱动直流变频压缩机。

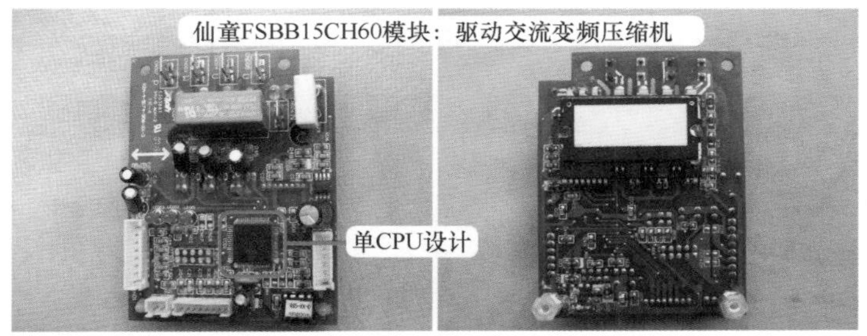

图 2-22　海信 KFR-28GW/39MBP 模块板

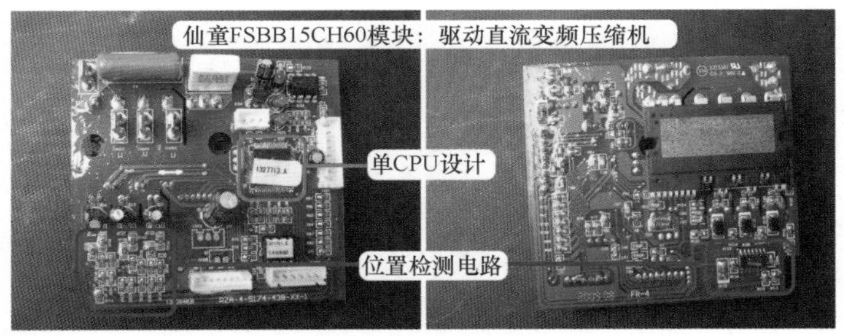

图 2-23　海信 KFR-33GW/25MZBP 模块板

（2）模块板双 CPU 控制电路

三洋 STK621-031（041）模块应用在海信 KFR-26GW/18BP 交流变频空调器中，见图 2-24，驱动交流变频压缩机。

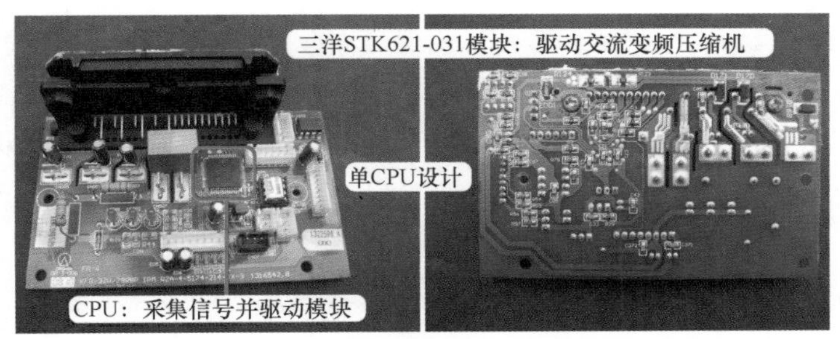

图 2-24　海信 KFR-26GW/18BP 模块板

海信 KFR-32GW/27ZBP 中，见图 2-25，模块板使用双 CPU 设计，其中一个 CPU 的作用是和室内机通信、采集温度信号并驱动继电器等，另外一个 CPU 专门控制模块，驱动直流变频压缩机。

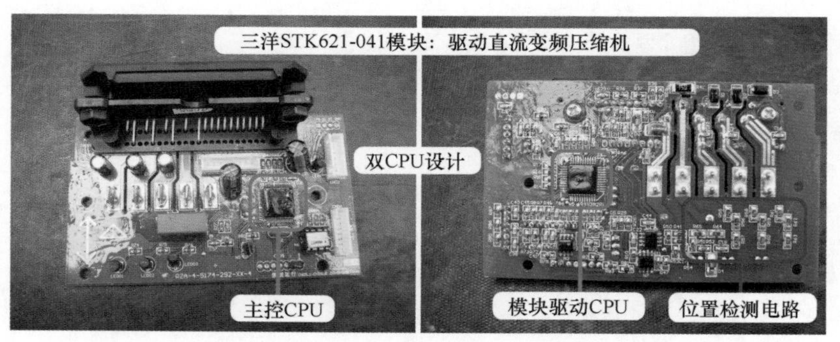

图 2-25 海信 KFR-32GW/27ZBP 模块板

（3）双主板双 CPU 设计电路

目前常用的一种设计型式为设有室外机主板和模块板，见图 2-26、图 2-27，每块电路板上面均设计有 CPU，室外机主板为主控 CPU，作用是采集信号和驱动继电器等，模块板为模块驱动 CPU，专门用于驱动变频模块和 PFC 模块。

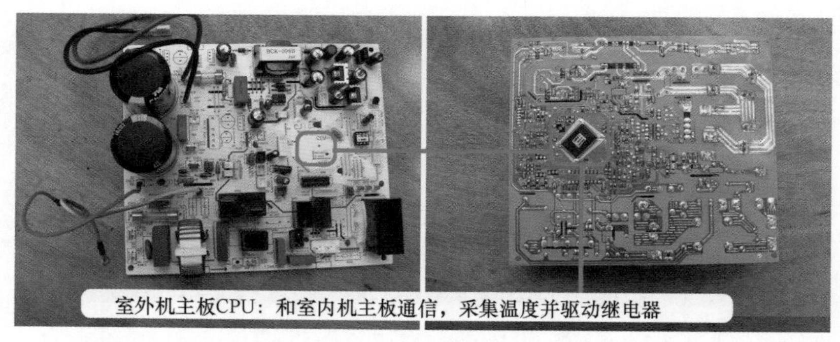

图 2-26 室外机主板

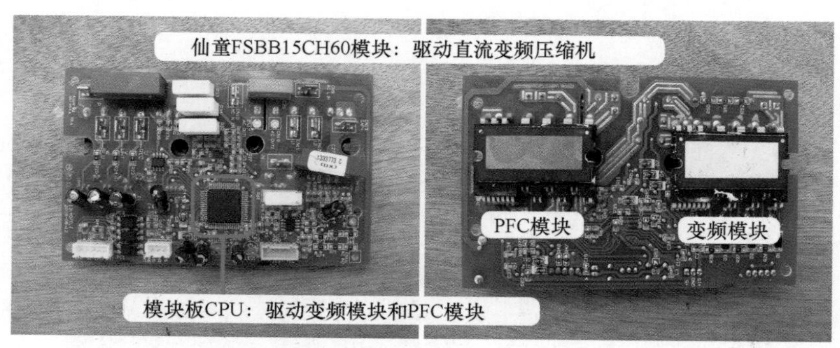

图 2-27 模块板

第三节 电控系统基础

一、室内机电控系统组成和主要元件

图 2-28 为室内机电控系统电气接线图，图 2-29 为室内机电控系统实物外形和作用（不含辅助电加热等）。

从图 2-28 中可以看出，室内机电控系统由主板（AP1）、室内环温传感器（室内环境感温包）、室内管温传感器（室内管温感温包）、显示板组件（显示接收板）、室内风机（风扇电机）、步进电机（上下扫风电机）、变压器、辅助电加热（电加热器）等组成。

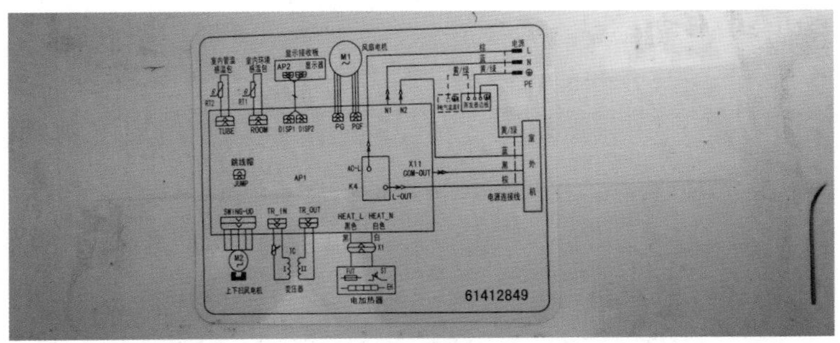

图 2-28 室内机电控系统电气接线图

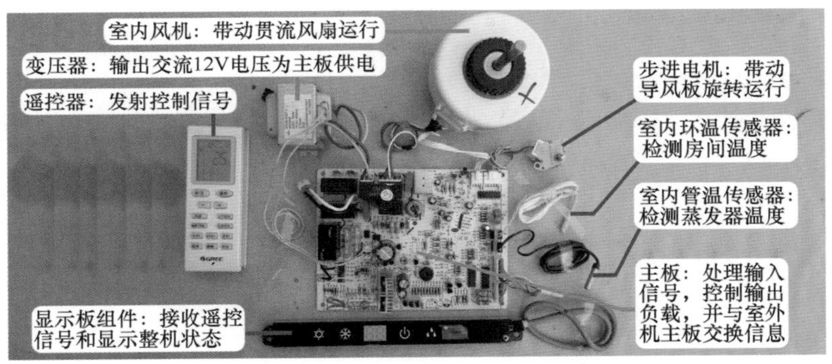

图 2-29 室内机电控系统实物图

二、主板插座和电子元件

1. 插座和电子元件

表 2-1 为室内机主板与显示板组件的插座和电子元件明细，图 2-30 为室内机主板实物图，图 2-31 为显示板组件实物图。在图 2-30 和图 2-31 中，插座和接线端子的代号以英文字母表示，电子元件以阿拉伯数字表示。

主板有供电才能工作，为主板供电有电源 L 端输入和电源 N 端输入 2 个端子；由于室内机主板还为室外机供电和与室外机交换信息，因此还设有室外机供电端子和通信线；输入部分设有变压器、室内环温和管温传感器，主板上设有变压器一次绕组和二次绕组插座、室内环温和管温传感器插座；输出负载有显示板组件、步进电机、室内风机（PG 电机），相对应的在主板上有显示板组件插座、步进电机插座、室内风机线圈供电插座、霍尔反馈插座。

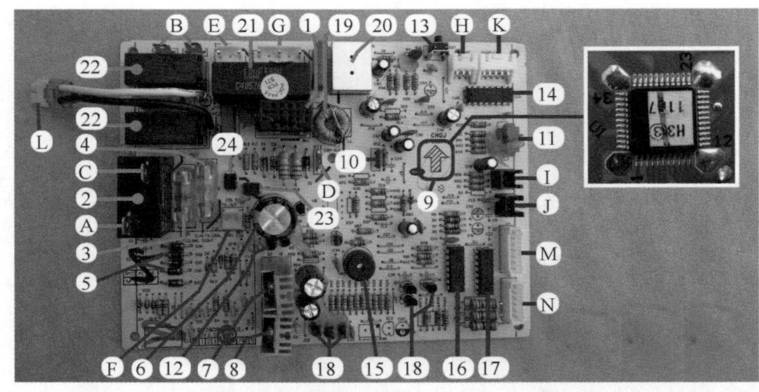

图 2-30　室内机主板插座和电子元件

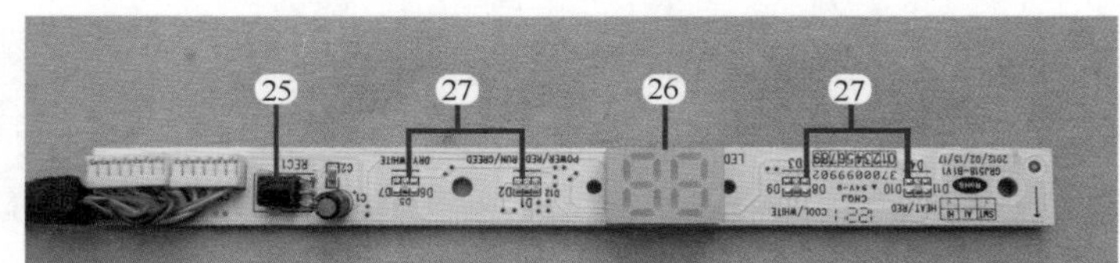

图 2-31　显示板组件电子元件

表 2-1　室内机主板与显示板组件的插座和电子元件明细

标号	名称	标号	名称	标号	名称
A	电源相线输入	1	压敏电阻	15	蜂鸣器
B	电源零线输入和输出	2	主控继电器	16	串行移位集成电路
C	电源相线输出	3	12.5A 熔丝管	17	反相驱动器
D	通信端子	4	3.15A 熔丝管	18	晶体管
E	变压器一次绕组	5	整流二极管	19	扼流圈
F	变压器二次绕组	6	主滤波电容	20	光耦晶闸管
G	室内风机	7	12V 稳压块 7812	21	室内风机电容
H	霍尔反馈	8	5V 稳压块 7805	22	辅助电加热继电器
I	室内环温	9	CPU（贴片型）	23	发送光耦
J	室内管温	10	晶振	24	接收光耦
K	步进电机	11	跳线帽	25	接收器
L	辅助电加热	12	过零检测晶体管	26	2 位数码管
M	显示板组件 1	13	应急开关	27	指示灯（发光二极管）
N	显示板组件 2	14	反相驱动器		

2. 单元电路作用

图 2-32 为室内机主板电路方框图，由方框图可知，主板主要由 5 部分电路组成，即电

源电路、CPU 三要素电路、输入部分电路、输出部分电路、通信电路。

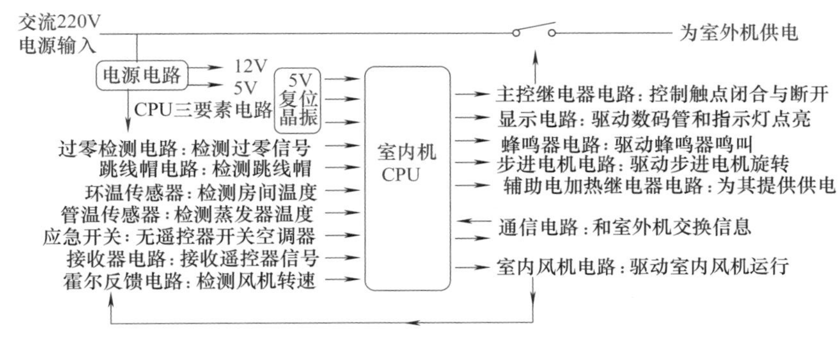

图 2-32　室内机主板电路方框图

① 电源电路　电源电路的作用是向主板提供直流 12V 和 5V 电压，由熔丝管（4，熔丝管俗称保险管）、压敏电阻（1）、变压器、整流二极管（5）、主滤波电容（6）、7812 稳压块（7）、7805 稳压块（8）等元件组成。

② CPU 和其三要素电路　CPU（9）是室内机电控系统的控制中心，处理输入部分电路的信号，对负载进行控制；CPU 三要素电路是 CPU 正常工作的前提，由复位电路、晶振（10）等元件组成。

③ 通信电路　通信电路的作用是和室外机 CPU 交换信息，主要元件为接收光耦（24）和发送光耦（23）。

④ 应急开关电路　应急开关电路的作用是在无遥控器时用其开启或关闭空调器，主要元件为应急开关（13）。

⑤ 接收器电路　接收器电路的作用是接收遥控器发射的信号，主要元件为接收器（25）。

⑥ 传感器电路　传感器电路的作用是向 CPU 提供温度信号。室内环温传感器（I）提供房间温度，室内管温传感器（J）提供蒸发器温度。

⑦ 过零检测电路　过零检测电路的作用是向 CPU 提供交流电源的零点信号，主要元件为过零检测晶体管（12，晶体管俗称三极管）。

⑧ 霍尔反馈电路　霍尔反馈电路的作用是向 CPU 提供转速信号，室内风机输出的霍尔反馈（H）信号直接送至 CPU 引脚。

⑨ 指示灯电路　指示灯电路的作用是显示空调器的运行状态，主要元件为串行移位集成电路（16）、反相驱动器（17）、晶体管（18）、2 位数码管（26）、发光二极管（27）。

⑩ 蜂鸣器电路　蜂鸣器电路的作用是提示已接收到遥控器信号并且已处理，主要元件为反相驱动器（14）和蜂鸣器（15）。

⑪ 步进电机电路　步进电机电路的作用是驱动步进电机运行，从而带动导风板上下旋转运行，主要元件为反相驱动器和步进电机（K）。

⑫ 主控继电器电路　主控继电器电路的作用是向室外机提供电源，主要元件为反相驱动器和主控继电器（2）。

⑬ 室内风机电路　室内风机电路的作用是驱动 PG 电机运行，主要元件为扼流圈（19）、光耦晶闸管（20，光耦晶闸管俗称光耦可控硅）、室内风机电容（21）、室内风

机（G）。

⑭ 辅助电加热电路　辅助电加热电路的作用是控制电加热器供电的接通和断开，主要元件为反相驱动器、12.5A 熔丝管（3）、继电器（22）、辅助电加热（L）。

三、室外机电控系统组成和主要元件

图 2-33 为室外机电控系统电气接线图，图 2-34 为室外机电控系统实物图（不含压缩机、室外风机、端子排等）。

从图 2-33 上可以看出，室外机电控系统由主板（AP1）、滤波电感（L）、压缩机、压缩机顶盖温度开关（压缩机过载）、室外风机（风机）、四通阀线圈（4YV）、室外环温传感器（环境感温包）、室外管温传感器（管温感温包）、压缩机排气传感器（排气感温包）、端子排（XT）组成。

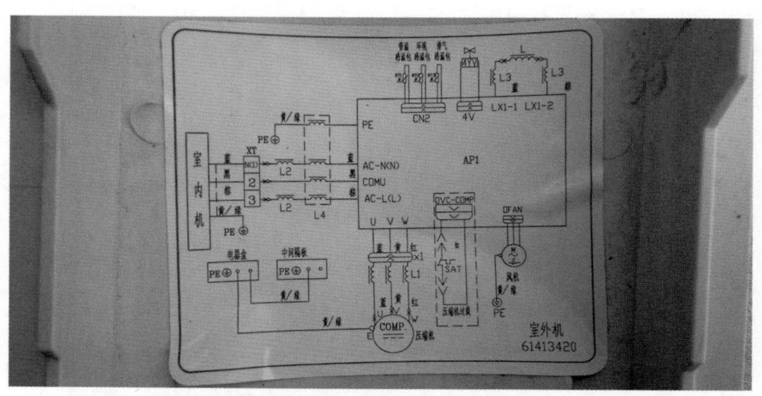

图 2-33　室外机电控系统电气接线图

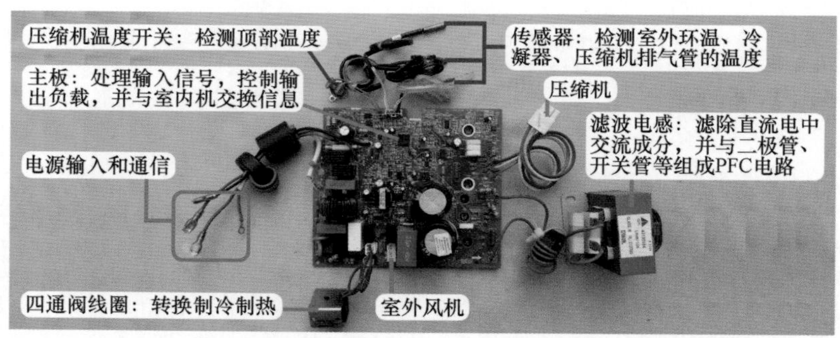

图 2-34　室外机电控系统实物图

四、主板插座和电子元件

1. 主板插座

表 2-2 为室外机主板插座明细，图 2-35 为室外机主板插座实物图，插座引线的代号以英文字母表示。由于将室外机 CPU 和弱电信号电路及模块等所有电路均集成在一块主板，因此主板的插座较少。

室外机主板有供电才能工作，为其供电有电源 L 端输入、电源 N 端输入、地线 3 个端子；为了和室内机主板通信，设有通信线；输入部分设有室外环温传感器、室外管温传感器、压缩机排气传感器、压缩机顶盖温度开关，设有室外环温 - 室外管温 - 压缩机排气传感器插座、压缩机顶盖温度开关插座；直流 300V 供电电路中设有外置滤波电感，外接有滤波电感的 2 个插头；输出负载有压缩机、室外风机、四通阀线圈，相对应设有压缩机对接插头、室外风机插座、四通阀线圈插座。

表 2-2 室外机主板插座明细

标号	名称	标号	名称	标号	名称
A	棕线：相线 L 端输入	E	滤波电感输入	I	室外风机
B	蓝线：零线 N 端输入	F	滤波电感输出	J	压缩机温度开关
C	黑线：通信 COM	G	压缩机	K	室外环温 - 管温 - 压缩机排气传感器
D	黄绿色：地线	H	四通阀线圈		

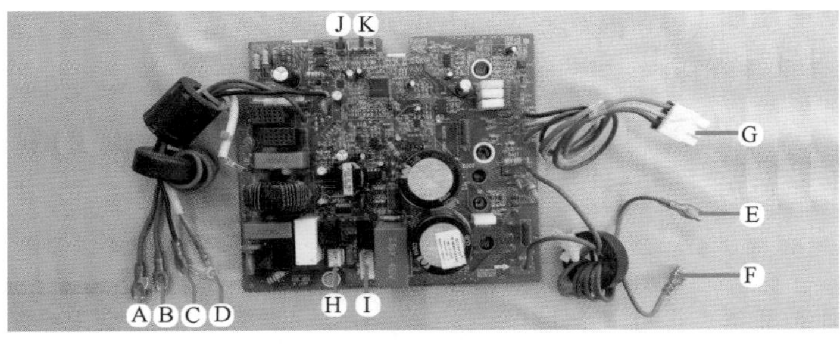

图 2-35 室外机主板插座实物图

2. 主板电子元件

表 2-3 为室外机主板电子元件明细，图 2-36 为室外机主板电子元件实物图，电子元件以阿拉伯数字表示。

表 2-3 室外机主板电子元件明细

标号	名称	标号	名称	标号	名称
1	15A 熔丝管	13	室外风机电容	25	模块保护集成电路
2	压敏电阻	14	四通阀线圈继电器	26	PFC 取样电阻
3	放电管	15	3.15A 熔丝管	27	模块电流取样电阻
4	滤波电感（扼流圈）	16	开关变压器	28	电压取样电阻
5	PTC 电阻	17	开关电源集成电路	29	PFC 驱动集成电路
6	主控继电器	18	TL431	30	反相驱动器
7	整流硅桥	19	稳压光耦	31	发光二极管
8	快恢复二极管	20	3.3V 稳压电路	32	通信电源降压电阻
9	IGBT 开关管	21	CPU	33	通信电源滤波电容
10	滤波电容（2 个）	22	存储器	34	通信电源稳压二极管
11	模块	23	相电流放大集成电路	35	发送光耦
12	室外风机继电器	24	PFC 取样集成电路	36	接收光耦

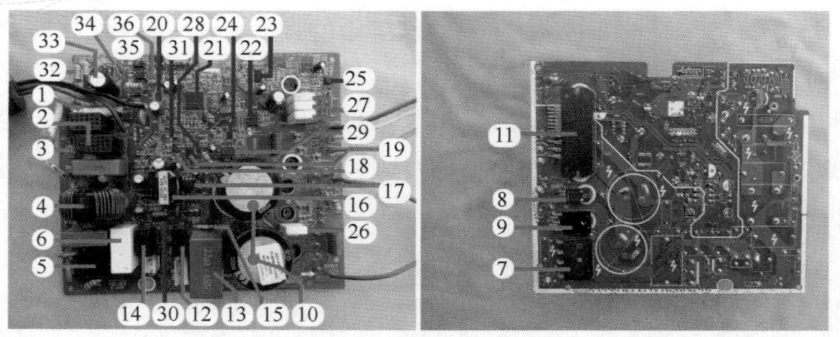

图 2-36　室外机主板电子元件实物图

3. 单元电路作用

图 2-37 为室外机主板电路方框图，由方框图可知，主板主要由 5 部分电路组成，即电源电路、输入部分电路、输出部分电路、模块电路、通信电路。

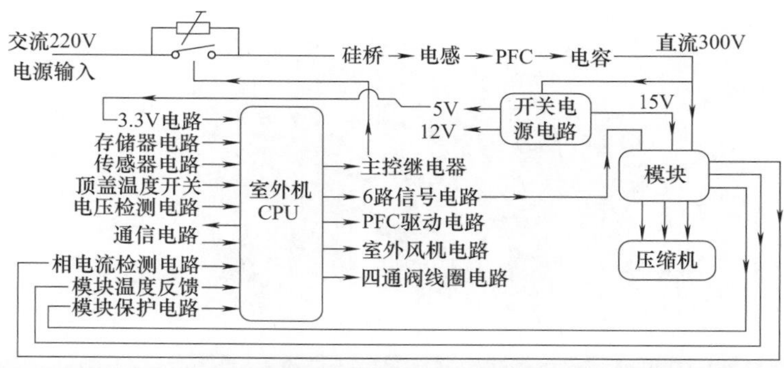

图 2-37　室外机主板电路方框图

① 交流 220V 输入电压电路　该电路的作用是过滤电网带来的干扰，以及在输入电压过高时保护后级电路。其由 15A 熔丝管（1，熔丝管俗称保险管）、压敏电阻（2）、扼流圈（4）等元件组成。

② 直流 300V 电压形成电路　该电路的作用是将交流 220V 电压变为纯净的直流 300V 电压。由 PTC 电阻（5）、主控继电器（6）、硅桥（7）、滤波电感、快恢复二极管（8）、IGBT 开关管（9）、滤波电容（10）等元件组成。

③ 开关电源电路　该电路的作用是将直流 300V 电压转换成直流 15V、直流 12V、直流 5V 电压，其中直流 15V 为模块内部控制电路供电，直流 12V 为继电器和反相驱动器供电，直流 5V 为弱电信号电路和 3.3V 稳压集成电路（20）供电，3.3V 为 CPU 和弱电信号电路供电。

开关电源电路由 3.15A 熔丝管（15）、开关变压器（16）、开关电源集成电路（17）、TL431（18）、光耦（19）、二极管等组成。

④ CPU 电路　CPU（21）是室外机电控系统的控制中心，处理输入电路的信号和对室内机进行通信，并对负载进行控制。

⑤ 存储器电路　该电路的作用是存储相关参数和数据，供 CPU 运行时调取使用。其主要元件为存储器（22）。

⑥ 传感器电路　该电路的作用是为 CPU 提供温度信号。室外环温传感器检测室外环

境温度，室外管温传感器检测冷凝器温度，压缩机排气传感器检测压缩机排气管温度。

⑦ 压缩机顶盖温度开关电路　该电路的作用是检测压缩机顶部温度是否过高，主要由顶盖温度开关组成。

⑧ 电压检测电路　该电路的作用是向 CPU 提供输入市电电压的参考信号，主要元件为取样电阻（28）。

⑨ 相电流检测电路　该电路的作用是向 CPU 提供压缩机运行电流和位置信号，主要元件为电流取样电阻（27）和相电流放大集成电路（23）。

⑩ PFC 电路　该电路的作用是提高电源的功率因数以及直流 300V 电压数值，主要由 PFC 取样电阻（26）、PFC 取样集成电路（24）、PFC 电路（29）、快恢复二极管（8）、IGBT 开关管（9）、滤波电容（10）等组成。

⑪ 通信电路　电路的作用是与室内机主板交换信息，主要元件为降压电阻（32）、滤波电容（33）、稳压二极管（34）、发送光耦（35）和接收光耦（36）。

⑫ 指示灯电路　该电路的作用是指示室外机的状态，主要由发光二极管（31）和晶体管组成。

⑬ 主控继电器电路　该电路的作用是待滤波电容充电完成后主控继电器触点闭合，短路 PTC 电阻。驱动主控继电器线圈的元件为 2003 反相驱动器（30）和主控继电器（6）。

⑭ 室外风机电路　该电路的作用是控制室外风机运行，主要由反相驱动器、风机电容（13）、继电器（12）和室外风机等元件组成。

⑮ 四通阀线圈电路　该电路的作用是控制四通阀线圈的供电与失电，主要由反相驱动器、继电器（14）、四通阀线圈等元件组成。

⑯ 6 路信号电路　6 路信号控制模块内部 6 个 IGBT 开关管的导通与截止，使模块输出频率与电压均可调的模拟三相交流电，6 路信号由室外机 CPU 输出。该电路主要由 CPU 和模块（11）等元件组成。

⑰ 模块保护电路　模块保护信号由模块输出，送至室外机 CPU，该电路主要由模块和 CPU 组成。

⑱ 模块电流保护电路　该电路的作用是在压缩机相电流过大时，控制模块停止工作，主要由模块保护集成电路（25）组成。

⑲ 模块温度反馈电路　该电路的作用是使 CPU 实时检测模块温度，信号由模块输出至 CPU。

第四节　单元电路对比

本节早期机型选用海信 KFR-26GW/11BP 交流变频空调器，目前机型选用格力 KFR-32GW/（32556）FNDe-3 直流变频空调器，对比介绍室内机和室外机主板的单元电路。

一、室内机主板单元电路对比

1. 电源电路

电源电路的作用是为室内机主板提供直流 12V 和 5V 电压。常见有两种形式，即使用变压器降压和使用开关电源电路。

交流变频空调器或直流变频空调器室内风机使用 PG 电机（供电为交流 220V），见图 2-38 右图，普遍使用变压器降压形式的电源电路，也是目前最常见的设计形式。

只有少数机型使用开关电源电路，见图 2-38 左图。

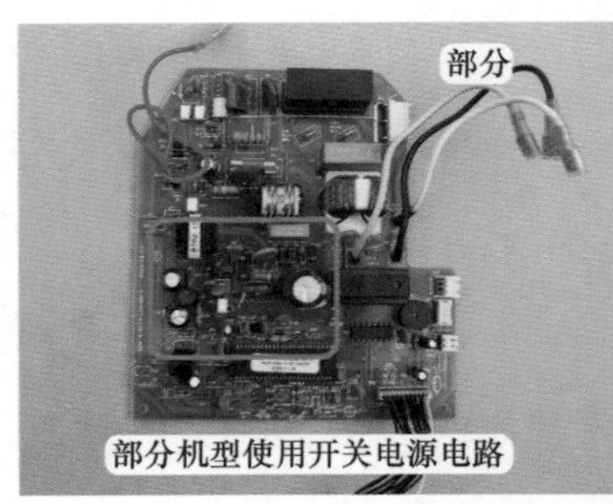

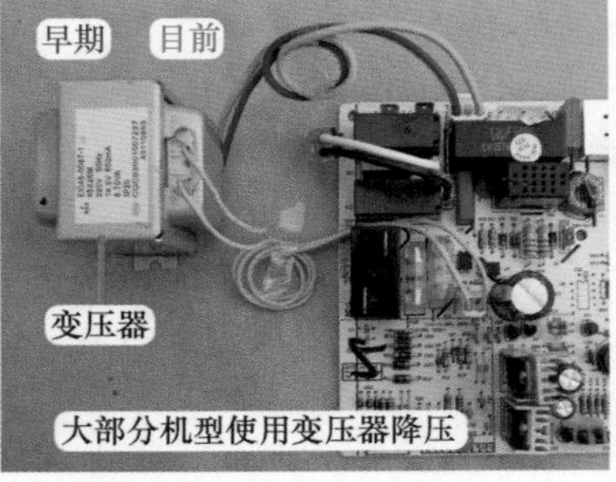

图 2-38 电源电路

> **说明**
> 全直流变频空调器室内风机为直流电机（供电为直流 300V），普遍使用开关电源电路。

2. CPU 三要素电路

CPU 三要素电路是 CPU 正常工作的必备电路，包含直流 5V 供电电路、复位电路、晶振电路。

无论是早期还是目前的室内机主板，见图 2-39，三要素电路工作原理完全相同，即使不同也只限于使用元件的型号。

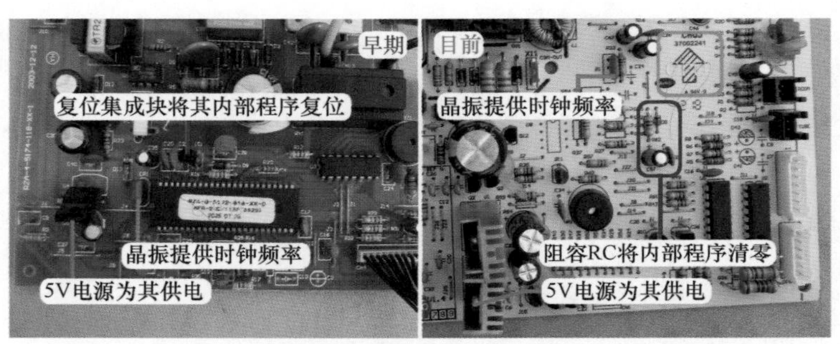

图 2-39 室内机 CPU 三要素电路

3. 传感器电路

传感器电路的作用是为 CPU 提供温度信号，室内环温传感器检测房间温度，室内管温传感器检测蒸发器温度。

早期和目前的室内机主板传感器电路相同，见图 2-40，均由环温传感器和管温传感器组成。

4. 接收器电路、应急开关电路

接收器电路将遥控器发射的信号传送至 CPU，应急开关电路在无遥控器时可以操作空调器的运行。

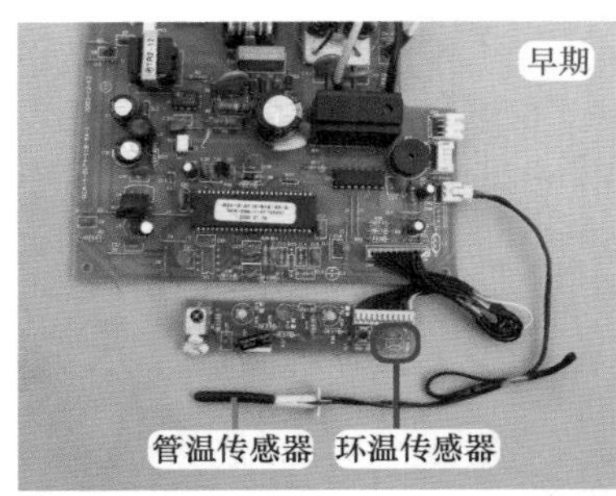

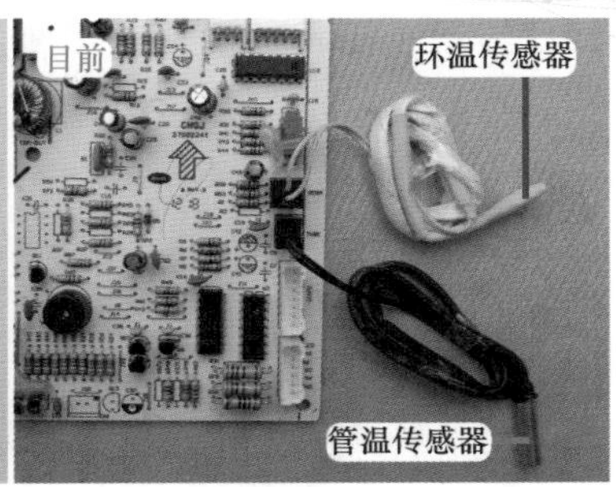

图 2-40 传感器电路

早期和目前的室内机主板两者电路基本相同，见图 2-41，即使不同也只限于应急开关的设计位置或型号。

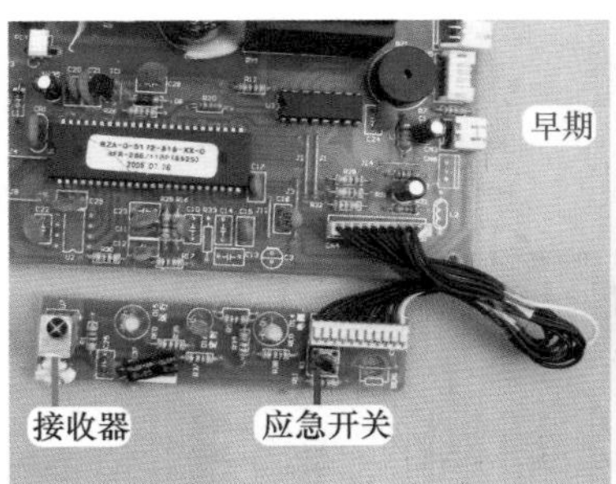

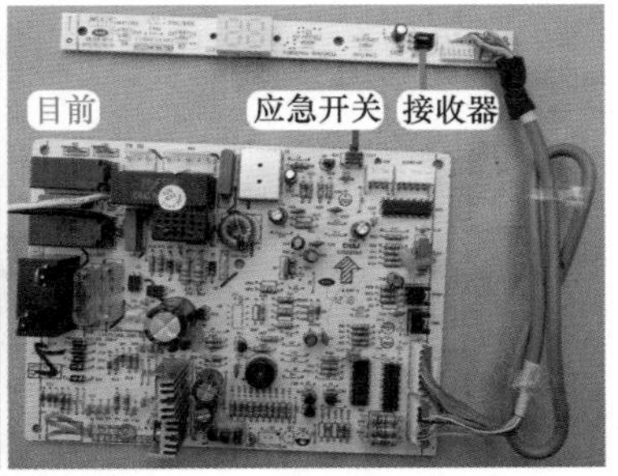

图 2-41 接收器和应急开关电路

5. 过零检测电路

过零检测电路的作用是为 CPU 提供过零信号，以便 CPU 驱动光耦晶闸管（俗称光耦可控硅）。

使用开关电源电路供电的主板，见图 2-42 左图，检测元件为光耦，取样电压为交流 220V 输入电源。

使用变压器供电的主板，见图 2-42 右图，检测元件为 NPN 型晶体管（俗称三极管），取样电压为变压器二次绕组整流电路。

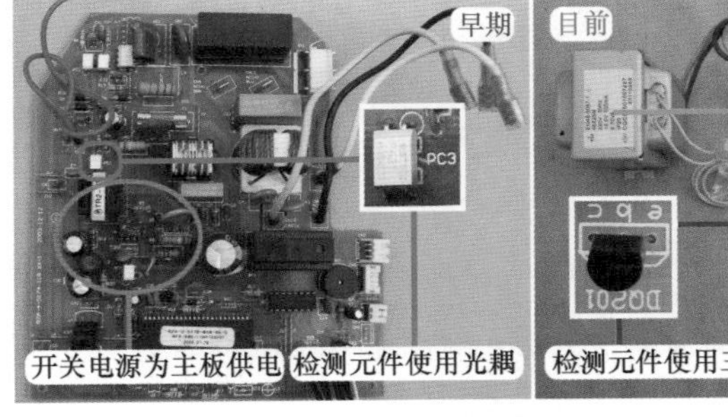

图 2-42 过零检测电路

6. 显示电路

显示电路的作用是显示空调器的运行状态。

早期多使用单色或双色的发光二极管，见图2-43左图；目前多使用双色的发光二极管，或者使用指示灯＋数码管组合的方式，见图2-43右图。

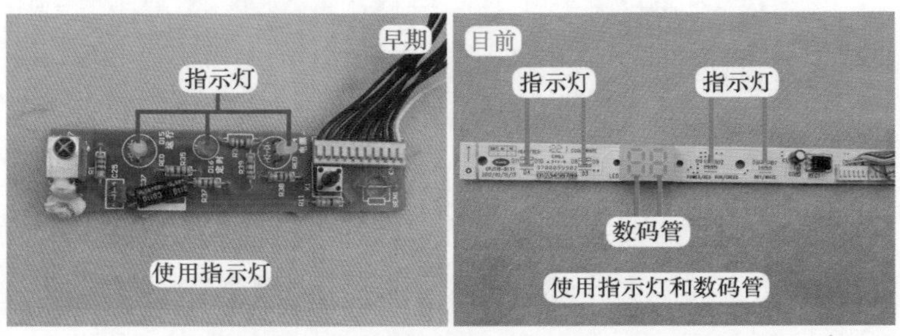

图2-43 显示电路

7. 蜂鸣器电路、主控继电器电路

蜂鸣器电路提示已接收到遥控器信号或应急开关信号，并且已处理；主控继电器电路为室外机供电。

见图2-44，早期和目前的主板两者电路相同。

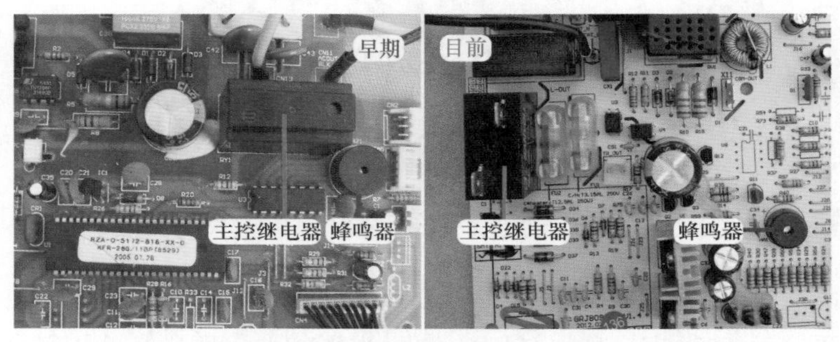

图2-44 蜂鸣器和主控继电器电路

说明

有些室内机主板蜂鸣器发出响声为和弦音。

8. 步进电机电路

步进电机电路的作用是带动导风板上下旋转运行。

见图2-45，早期和目前的主板电路相同。

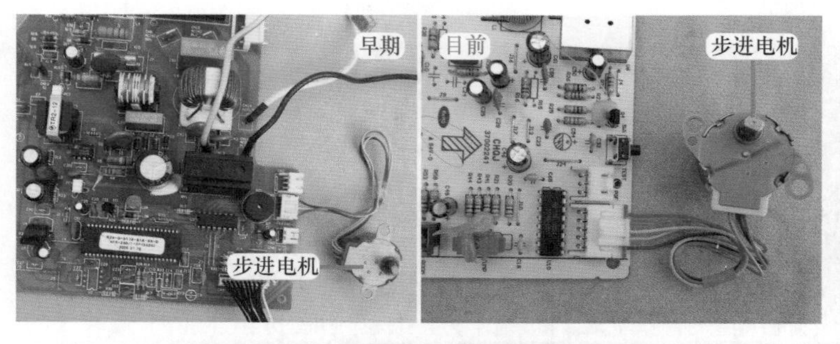

图2-45 步进电机电路

说明

有些空调器也使用步进电机驱动左右导风板。

9. 室内风机（PG电机）电路、霍尔反馈电路

室内风机电路改变PG电机的转速，霍尔反馈电路向CPU输入代表PG电机实际转速的霍尔信号。

见图 2-46，早期和目前的主板两者电路相同。

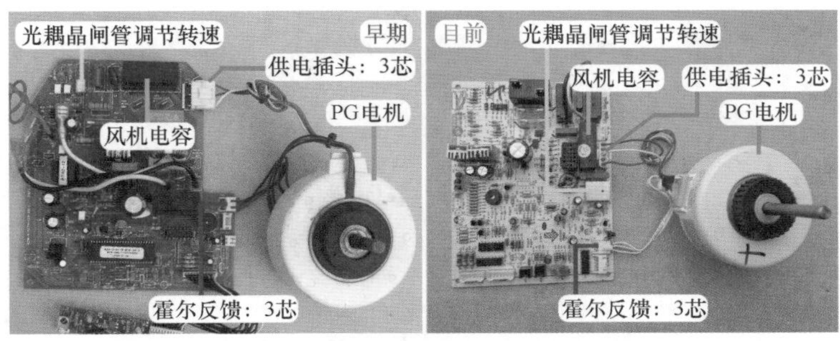

图 2-46　室内风机电路和霍尔反馈电路

二、室外机主板单元电路对比

1. 直流 300V 电压形成电路

直流 300V 电压形成电路的作用是将输入的交流 220V 电压转换为平滑的直流 300V 电压，为模块和开关电源电路供电。

见图 2-47，早期和目前的电控系统均由 PTC 电阻、主控继电器、硅桥、滤波电感、滤波电容 5 个主要元器件组成。

不同之处在于滤波电容的结构形式，最早期的电控系统通常由一个容量较大的电容组成（位于电控系统内专用位置），目前电控系统通常由 2 ～ 4 个容量较小的电容并联组成（焊接在室外机主板）。

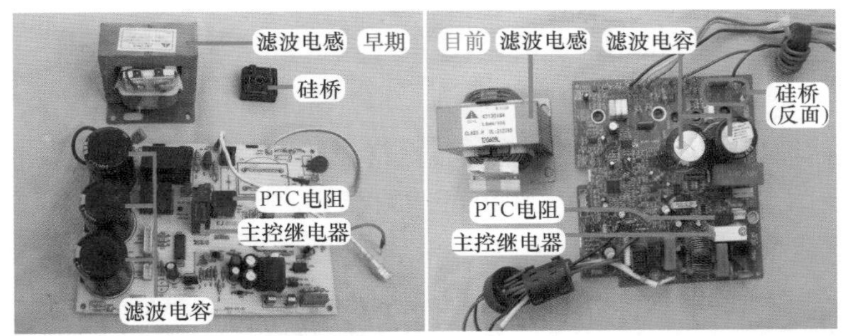

图 2-47　直流 300V 电压形成电路

2. PFC 电路

PFC 含义为功率因数校正，该电路的作用是提高功率因数，减少电网干扰和污染。

早期空调器通常使用无源 PFC 电路，见图 2-48 左图，在整流电路中增加滤波电感，通过 LC（滤波电感和电容）来提高功率因数。

目前空调器通常使用有源 PFC 电路，见图 2-48 右图，在无源 PFC 电路基础上主要增加了 IGBT 开关管、快恢复二极管等元件，通过室外机 CPU 计算和处理，驱动 IGBT 开关管来提高功率因数和直流 300V 电压数值。

3. 开关电源电路

变频空调器的室外机电源电路全部使用开关电源电路，为室外机主板提供直流 12V 和 5V 电压，为模块内部控制电路提供直流 15V 电压。

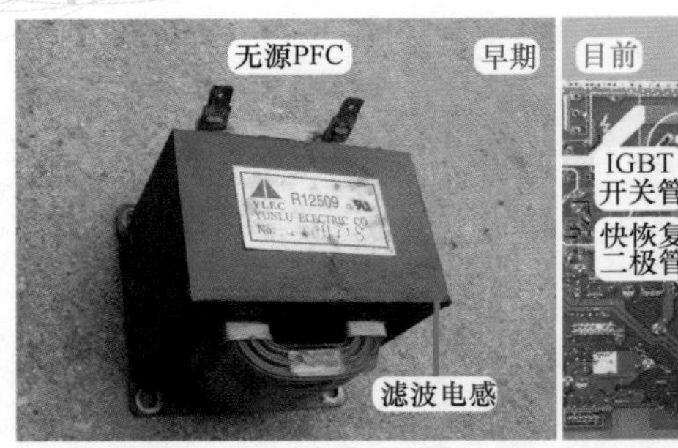

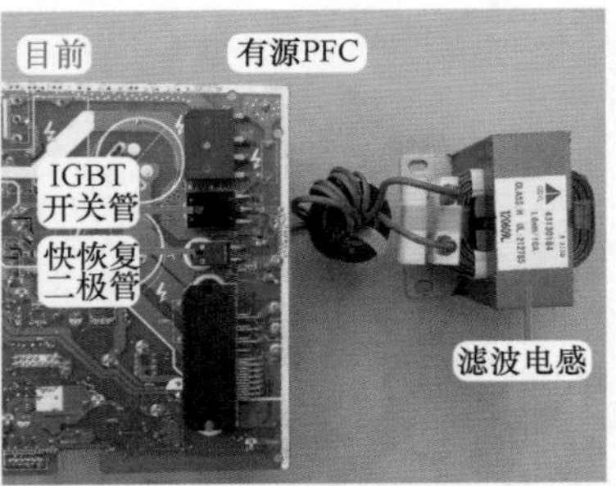

图 2-48 PFC 电路

最早期主板通常由分离元件组成，以开关管和开关变压器为核心，输出的直流 15V 电压通常为 4 路。

早期和目前主板通常使用集成电路的形式，见图 2-49，以集成电路和开关变压器为核心，直流 15V 电压通常为单路输出。

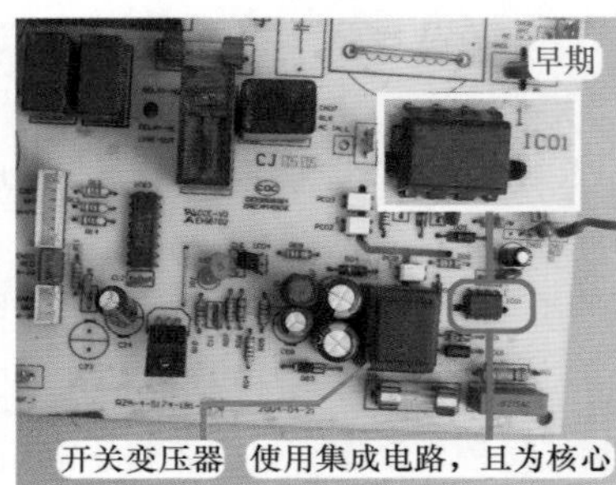

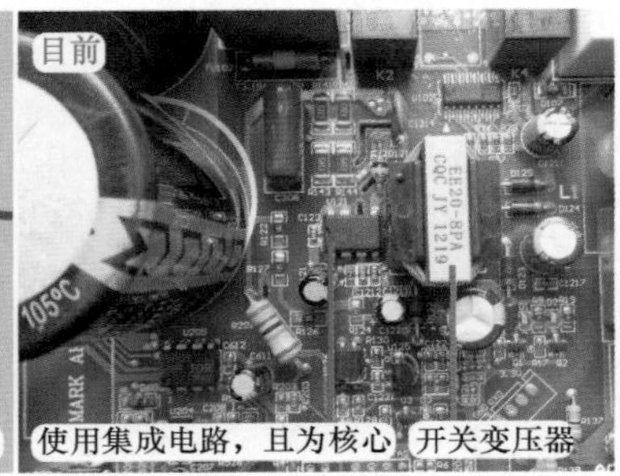

图 2-49 开关电源电路

4. CPU 三要素电路

CPU 三要素电路是 CPU 正常工作的必备电路，具体内容参见室内机 CPU。

早期和目前大多数空调器主板的 CPU 三要素电路原理均相同，见图 2-50 左图，供电为直流 5V，设有外置晶振和复位电路。

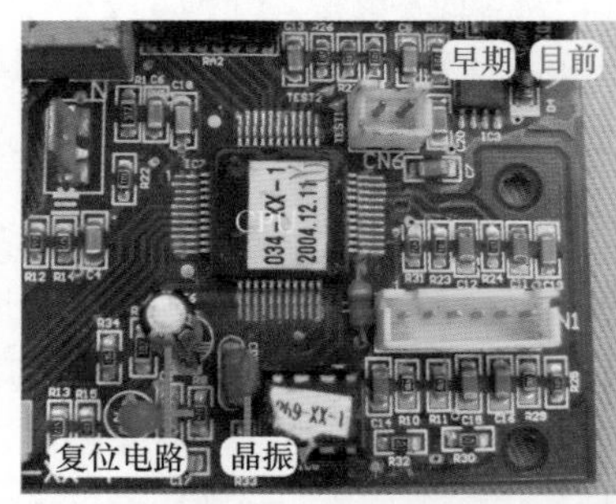

图 2-50 室外机 CPU 三要素电路

格力变频空调器室外机主板 CPU 使用 DSP 芯片，见图 2-50 右图，供电为直流 3.3V，无外置晶振。

5. 存储器电路

存储器电路的作用是存储相关参数和数据，供 CPU 运行时调取使用。

早期主板存储器型号多使用 93C46，见图 2-51 左图；目前主板多使用 24CXX 系列（24C01、24C02、24C04 等），见图 2-51 右图。

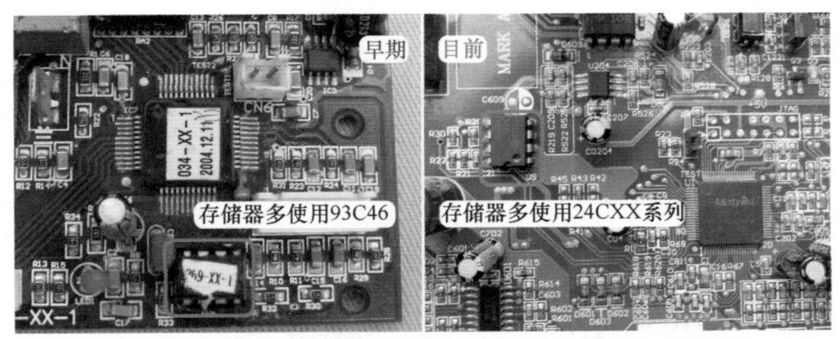

图 2-51 存储器电路

6. 传感器电路、压缩机顶盖温度开关电路

传感器和压缩机顶盖温度开关电路的作用是为 CPU 提供温度信号，室外环温传感器检测室外环境温度，室外管温传感器检测冷凝器温度，压缩机排气传感器检测压缩机排气管温度，压缩机顶盖温度开关检测压缩机顶部温度是否过高。

早期和目前的主板两者电路相同，见图 2-52。

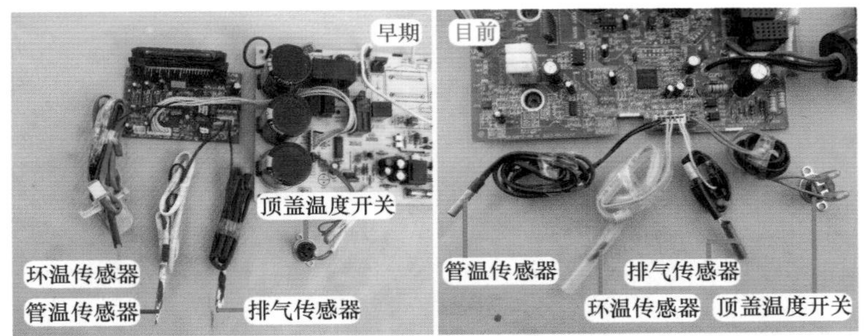

图 2-52 室外机温度检测电路

7. 电压检测电路

电压检测电路的作用是向 CPU 提供输入市电电压的参考信号。

最早期主板多使用电压检测变压器，向 CPU 提供随市电变化而变化的电压，CPU 内部电路根据软件计算出相应的市电电压值。

见图 2-53，早期和目前主板 CPU 通过电阻检测直流 300V 电压，由软件计算出相应的交流市电电压值，起到间接检测市电电压的目的。

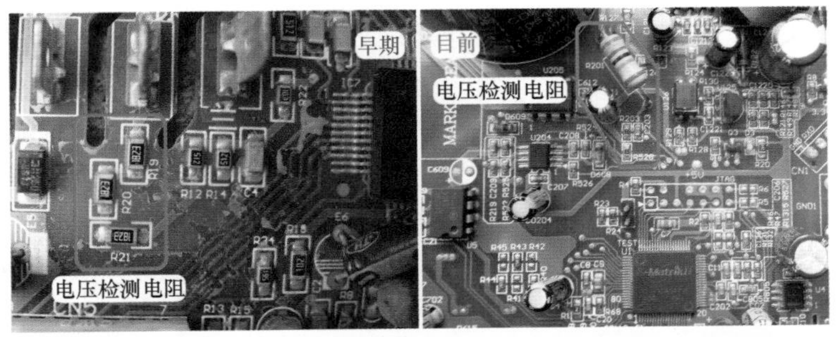

图 2-53 电压检测电路

8. 电流检测电路

电流检测电路的作用是提供室外机运行电流信号或压缩机运行电流信号，由 CPU 通过软件计算出实际的运行电流值，以便更好地控制压缩机。

最早期的主板通常使用电流检测变压器，向 CPU 提供室外机运行的电流参考信号。

见图 2-54 左图和中图，早期和目前主板由模块其中的一个引脚或模块电流取样电阻，输出代表压缩机运行的电流参考信号，由外部电路将电流信号放大后提供给 CPU，通过软件计算出压缩机实际运行电流值。

图 2-54 电流检测电路

说明

早期和目前的主板还有另外一种常见形式，见图 2-54 右图，就是使用穿线式电流互感器。

9. 模块保护电路

模块保护信号由模块输出，送至室外机 CPU。

最早期的主板模块输出的信号经光耦耦合送至室外机 CPU；早期和目前主板模块输出的信号直接送至室外机 CPU，见图 2-55。

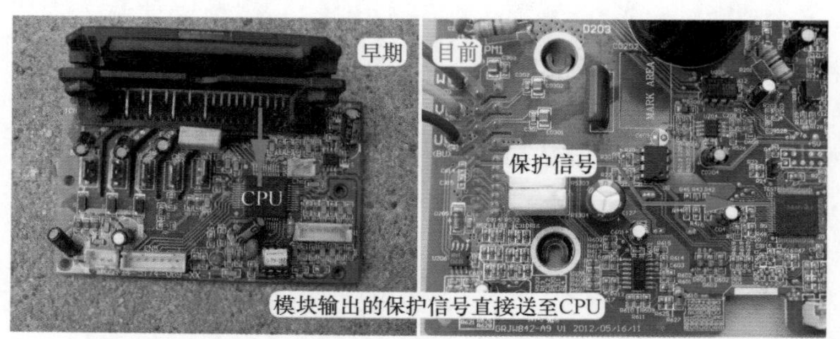

图 2-55 模块保护电路

10. 主控继电器电路、四通阀线圈电路

主控继电器电路控制主控继电器触点的闭合与断开，四通阀线圈电路控制四通阀线圈供电与失电。

见图 2-56，早期和目前主板两者电路相同。

11. 室外风机电路

室外风机电路的作用是控制室外风机运行。

最早期部分空调器室外风机一般为 2 挡风速或 3 挡风速，室外机主板有 2 个或 3 个继电器；早期和目前空调器室外风机转速一般只有 1 个挡位，见图 2-57，室外机主板只设有 1 个继电器。

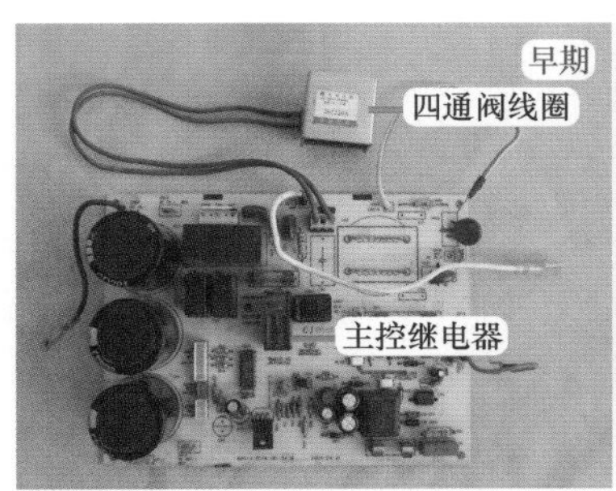

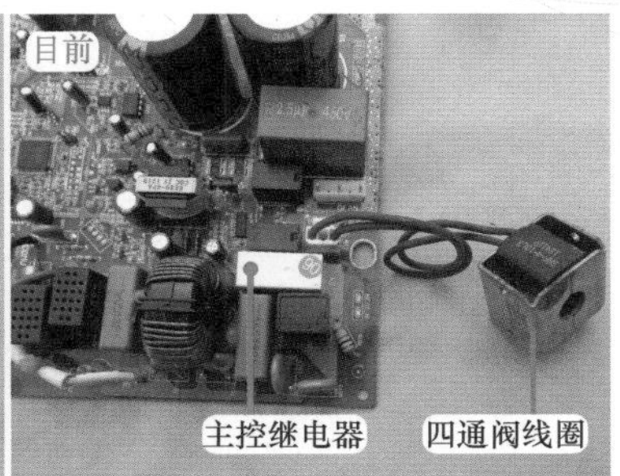

图 2-56　主控继电器和四通阀线圈电路

说明

早期和目前空调器部分品牌的机型，也有使用 2 挡或 3 挡风速的室外风机；如果为全直流变频空调器，室外风机供电为直流 300V，不再使用继电器。

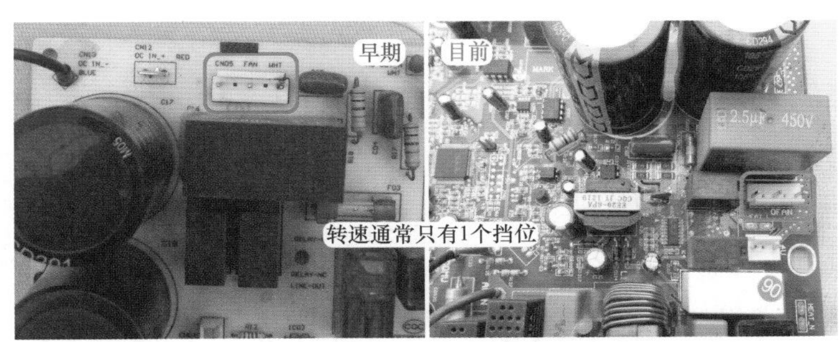

图 2-57　室外风机电路

12. 6 路信号电路

6 路信号由室外机 CPU 输出，通过控制模块内部 6 个 IGBT 开关管的导通与截止，将直流 300V 电压转换为频率与电压均可调的模拟三相交流电，驱动压缩机运行。

最早期的主板 CPU 输出的 6 路信号不能直接驱动模块，需要使用光耦传递，因此模块与室外机 CPU 通常设计在 2 块电路板上，中间通过连接线连接。

见图 2-58，早期和目前主板 CPU 输出的 6 路信号可以直接驱动模块，通常将室外机 CPU 和模块设计在一块电路板上，不再使用连接线和光耦。

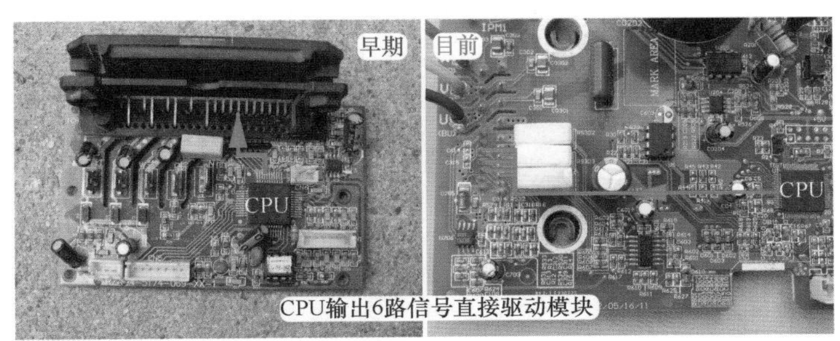

图 2-58　6 路信号电路

第三章
定频空调器元器件

第一节 主板和显示板电子元件

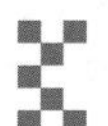

一、电控系统组成

图 3-1 为格力 KFR-23GW/（23570）Aa-3 挂式空调器电控系统主要部件，图 3-2 为美的 KFR-26GW/DY-B（E5）空调器电控系统主要部件。由图 3-1 和图 3-2 可知，一个完整的电控系统由主板和外围负载组成，包括室内机主板、变压器、室内环温和管温传感器、室

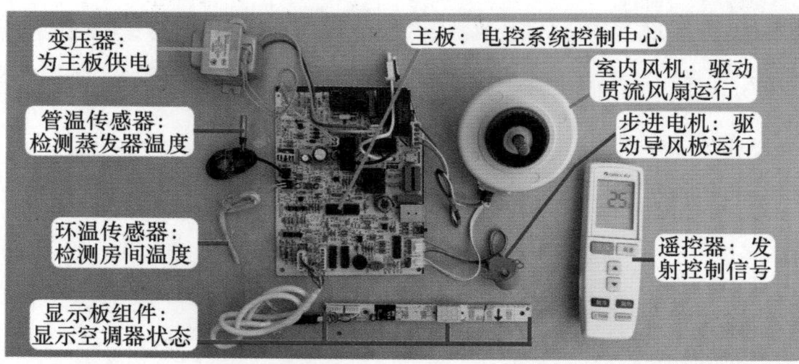

图 3-1 格力 KFR-23GW/（23570）Aa-3 空调器电控系统主要部件

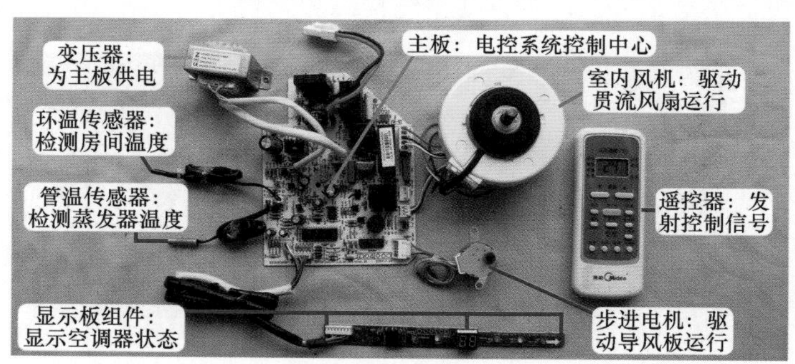

图 3-2 美的 KFR-26GW/DY-B（E5）空调器电控系统主要部件

内风机、显示板组件、步进电机、遥控器等。

二、主板电子元件

图3-3为格力KFR-23GW/（23570）Aa-3挂式空调器室内机主板主要电子元件，图3-4为美的KFR-26GW/DY-B（E5）挂式空调器室内机主板主要电子元件。由图3-3和图3-4可知，室内机主板主要由CPU、晶振、2003反相驱动器、继电器（压缩机继电器、室外风机和四通阀线圈继电器、辅助电加热继电器）、二极管（整流二极管、续流二极管、稳压二极管）、电容（电解电容、瓷片电容、独石电容）、电阻（普通四环电阻、精密五环电阻）、晶体管（俗称三极管，PNP型、NPN型）、压敏电阻、熔丝管（俗称保险管）、室内风机电容、阻容元件、按键开关、蜂鸣器、电感等组成。

说明

① 空调器品牌或型号不同，使用的室内机主板也不相同，相对应电子元件也不相同，比如跳帽通常用在格力空调器主板，其他品牌的主板则通常不用。因此电子元件应根据主板实物判断，本小节只以常见空调器的典型主板为例，对主要电子元件进行说明。

② 主滤波电容为电解电容。

③ 阻容元件将电阻和电容封装为一体。

④ 图中红线连接的电子元件工作在交流220V强电区域，蓝线连接的电子元件工作在直流12V和5V弱电区域。

图3-3 格力KFR-23GW/(23570) Aa-3空调器室内机主板主要电子元件

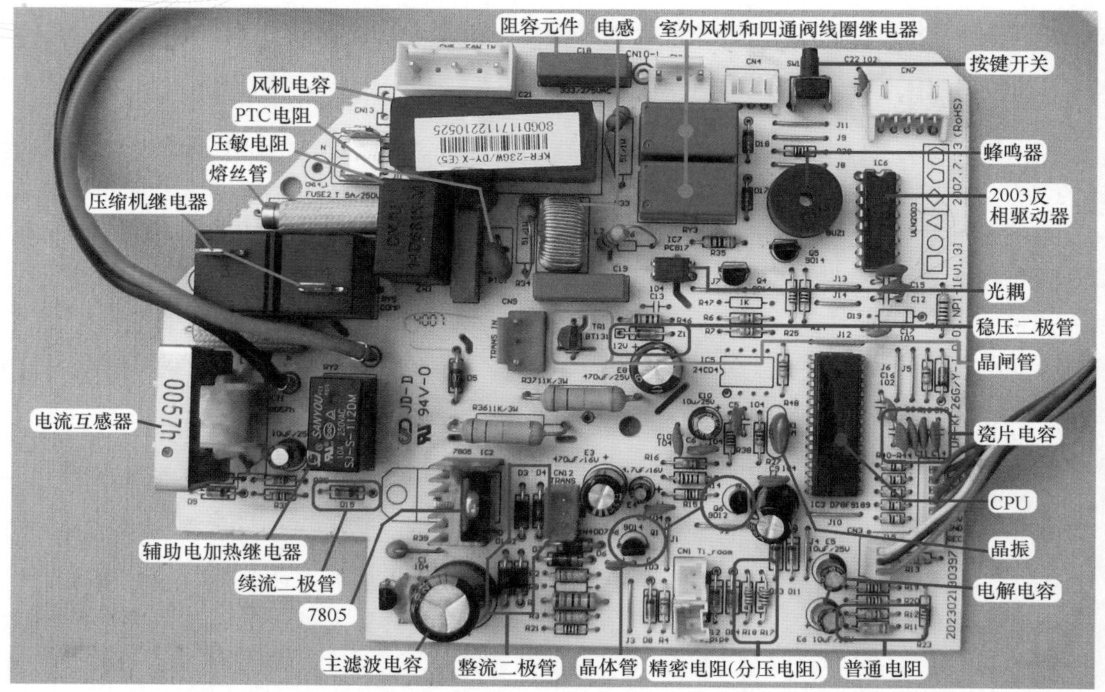

图 3-4 美的 KFR-26GW/DY-B（E5）空调器室内机主板主要电子元件

三、显示板组件电子元件

图 3-5 为格力 KFR-23GW/（23570）Aa-3 挂式空调器的显示板组件主要电子元件，图 3-6 为美的 KFR-26GW/DY-B（E5）挂式空调器的显示板组件主要电子元件。由图 3-5 和图 3-6 可知，显示板组件主要由 2 位 LED 显示屏、发光二极管（指示灯）、接收器、HC164（驱动 LED 显示屏和指示灯）等组成。

说明如下。

① 格力空调器的 LED 显示屏驱动电路 HC164 设在室内机主板。

② 示例空调器采用 LED 显示屏和指示灯组合显示的方式。早期空调器的显示板组件只使用指示灯指示，则显示板组件只设有接收器和指示灯。

③ 示例空调器按键开关设在室内机主板，部分空调器的按键开关设在显示板组件。

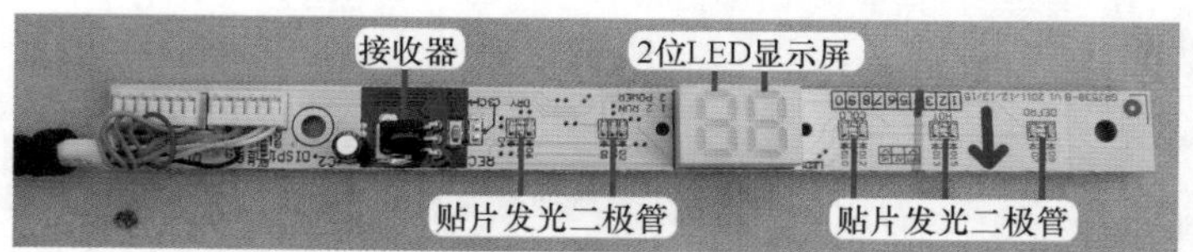

图 3-5 格力 KFR-23GW/（23570）Aa-3 空调器显示板组件主要电子元件

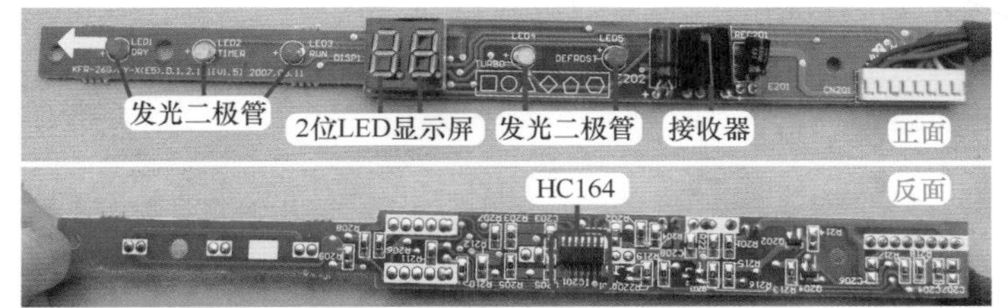

图 3-6 美的 KFR-26GW/DY-B（E5）空调器显示板组件主要电子元件

第二节 电器类元件

一、遥控器

1. 结构

遥控器是一种远控机械的装置，遥控距离≥ 7m，见图 3-7，由主板、显示屏、导电胶、按键、后盖、前盖、电池盖等组成，控制电路单设有一个 CPU，位于主板反面。

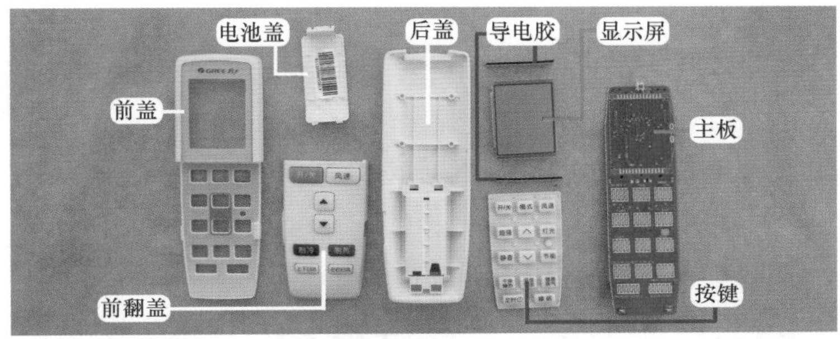

图 3-7 遥控器结构

2. 遥控器检查方法

遥控器发射的红外线信号，肉眼看不到，但手机的摄像头却可以分辨出来，检查方法是使用手机的摄像功能，见图 3-8，将遥控器发射二极管（也称为红外发光二极管）对准手机摄像头，在按压按键的同时观察手机屏幕。

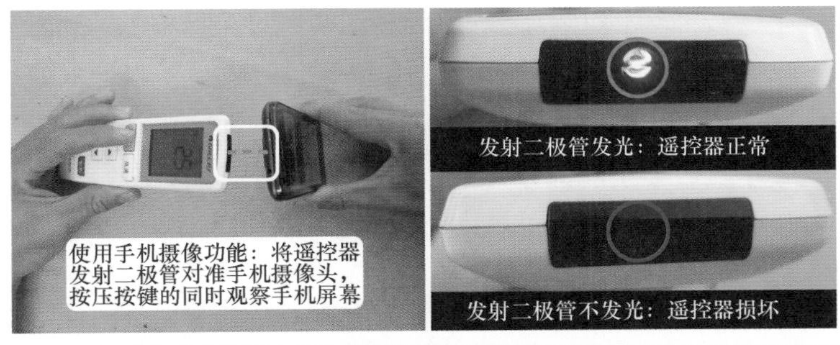

图 3-8 使用手机摄像功能检查遥控器

① 在手机屏幕上观察到发射二极管发光，说明遥控器正常。

② 在手机屏幕上观察发射二极管不发光，说明遥控器损坏。

二、接收器

1. 安装位置

显示板组件通常安装在前面板或室内机的右下角，格力 KFR-23GW/（23570）Aa-3 即 Q 力空调器显示板组件使用指示灯＋数码管的方式，见图 3-9，安装在前面板，前面板留有透明窗口，称为接收窗，接收器对应安装在接收窗后面。

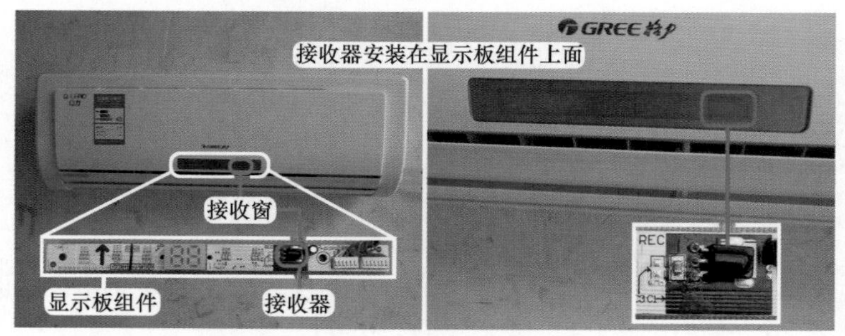

图 3-9 安装位置

2. 分类和引脚辨别方法

（1）分类

目前接收器通常为一体化封装，实物外形和引脚功能见图 3-10。接收器工作电压为直流 5V，共有 3 个引脚，功能分别为地、电源（供电 +5V）、信号（输出），外观为黑色，部分型号表面有铁皮包裹，通常和发光二极管（或 LED 显示屏）一起设计在显示板组件。常见接收器型号为 38B、38S、1838、0038。

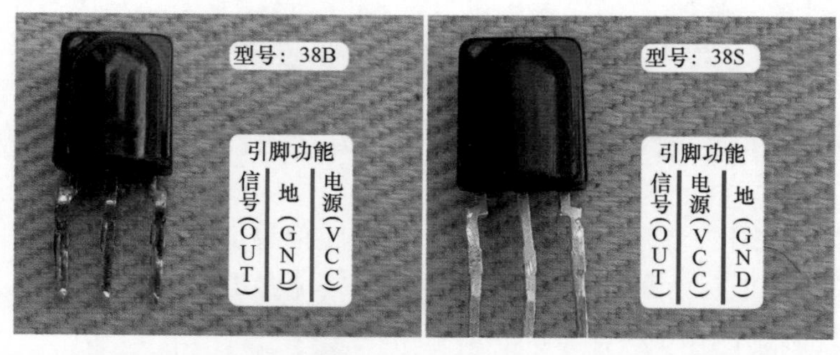

图 3-10 38B 和 38S 接收器

（2）引脚辨别方法

在维修时如果不知道接收器引脚功能，见图 3-11，可查看显示板组件上滤波电容的正极和负极引脚、连接至接收器引脚加以判断：滤波电容正极连接接收器电源（供电）引脚，负极连接地引脚，接收器的最后一个引脚为信号（输出）。

3. 接收器检测方法

接收器在接收到遥控器信号（动态）时，输出端由静态电压会瞬间下降至约直流 3V，然后再迅速上升至静态电压。遥控器发射信号时间约 1s，接收器接收到遥控器信号时输出端电压也有约 1s 的时间瞬间下降。

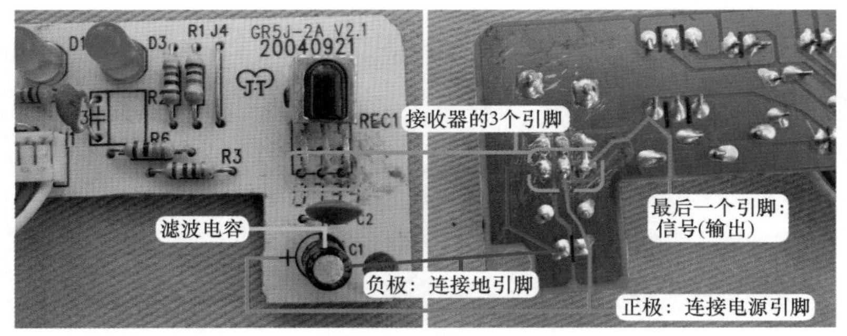

图 3-11　接收器引脚功能判断方法

使用万用表直流电压挡，见图 3-12，动态测量接收器信号引脚电压，黑表笔接地引脚（GND）、红表笔接信号引脚（OUT），检测的前提是电源引脚（5V）电压正常。

① 接收器信号引脚静态电压：在无信号输入时电压应稳定约为 5V。如果电压一直在 2 ～ 4V 跳动，为接收器漏电损坏，故障表现为有时接收信号有时不能接收信号。

② 按压按键遥控器发射信号，接收器接收并处理，信号引脚电压瞬间下降（约 1s）至约 3V。如果接收器接收信号时，信号引脚电压不下降即保持不变，为接收器不接收遥控器信号故障，应更换接收器。

③ 松开遥控器按键，遥控器不再发射信号，接收器信号引脚电压上升至静态电压约为 5V。

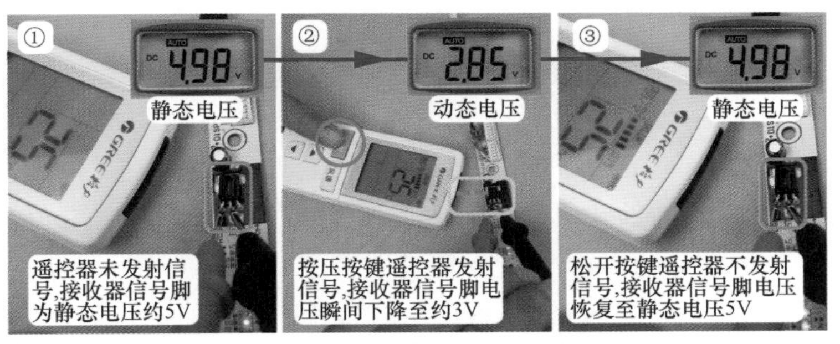

图 3-12　动态测量接收器信号引脚电压

三、变压器

1. 安装位置和作用

见图 3-13，挂式空调器的变压器安装在室内机电控盒上方的下部位置，柜式空调器的变压器安装在电控盒的左侧或右侧位置。

变压器插座在主板上英文符号为 T 或 TRANS。变压器通常为 2 个插头，大插头为一次绕组（俗称初级线圈），小插头为二次绕组（俗称次级线圈）。变压器工作时将交流 220V 电压降低到主板需要的电压，内部含有一次绕组和二次绕组 2 个线圈，一次绕组通过变化的电流，在二次绕组产生感应电动势，因一次绕组匝数远大于二次绕组，所以二次绕组感应的电压为较低电压。

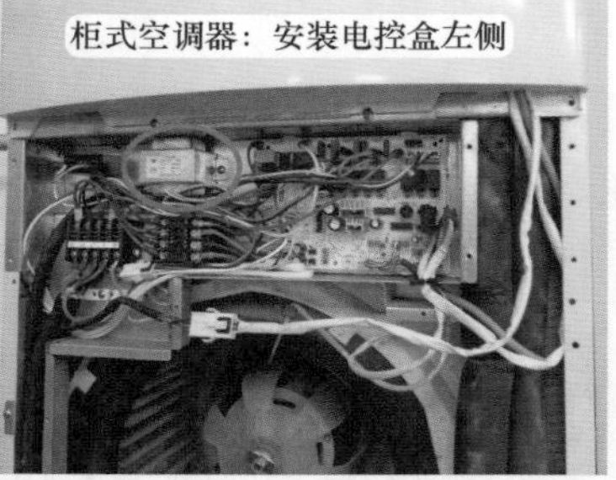

图 3-13 安装位置

◦ **说明**

如果主板电源电路使用开关电源，则不再使用变压器。

2. 分类

图 3-14 左图为 1 路输出型变压器，通常用于挂式空调器电控系统，二次绕组输出电压为交流 11V（额定电流 550mA）；图 3-14 右图为 2 路输出型变压器，通常用于柜式空调器电控系统，二次绕组输出电压分别为交流 12.5V（400mA）和 8.5V（200mA）。

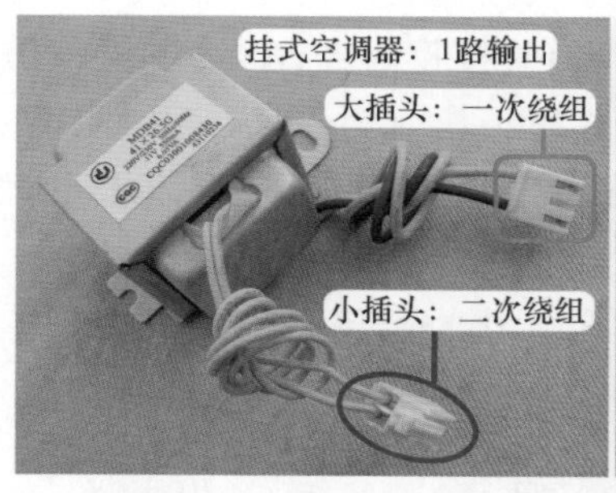

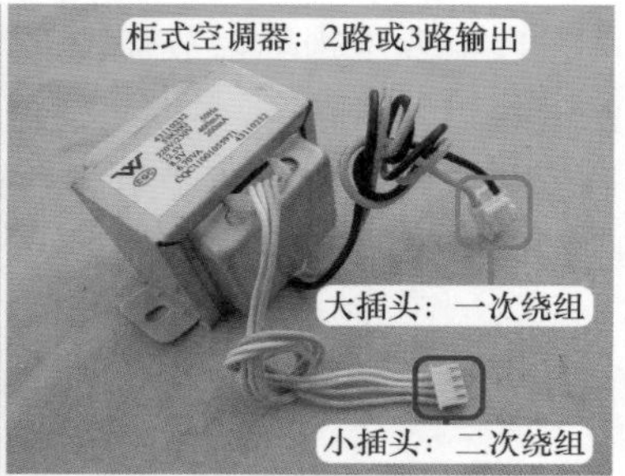

图 3-14 实物外形

3. 测量变压器绕组阻值

以格力 KFR-120LW/E（1253L）V-SN5 柜式空调器使用的 2 路输出型变压器为例，使用万用表电阻挡，测量一次绕组和二次绕组阻值。

（1）测量一次绕组阻值（见图 3-15）

变压器一次绕组使用的铜线线径较细且匝数较多，所以阻值较大，正常约为 200 ～ 600Ω，实测阻值 203Ω。一次绕组阻值根据变压器功率的不同，实测阻值也各不相同，柜式空调器使用的变压器功率大，实测时阻值小（本例约为 200Ω）；挂式空调器使用的变压器功率小，实测时阻值大【实测格力 KFR-23G（23570）/Aa-3 变压器一次绕组阻值约为 500Ω】。

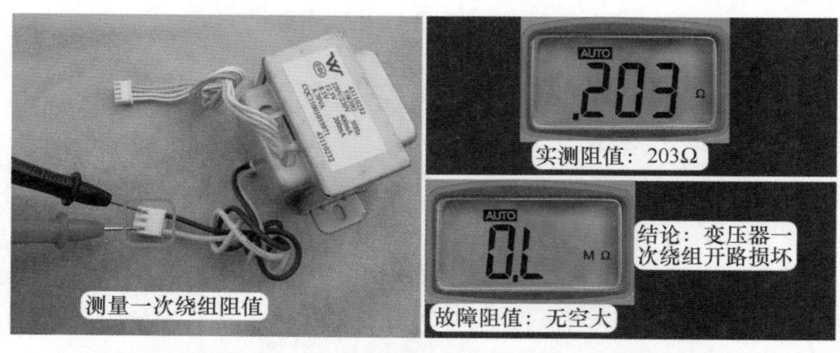

图 3-15 测量一次绕组阻值

如果实测时阻值为无穷大，说明一次绕组开路故障，常见原因有绕组开路或内部串接的温度保险开路。

（2）测量二次绕组阻值（见图 3-16）

变压器二次绕组使用的铜线线径较粗且匝数较少，所以阻值较小，正常为 0.5 ～ 2.5Ω。实测直流 12V 供电支路（由交流 12.5V 提供、黄 - 黄引线）的线圈阻值为 1.1Ω，直流 5V 供电支路（由交流 8.5V 提供、白 - 白引线）的线圈阻值为 1.6Ω。

二次绕组短路时阻值和正常阻值相接近，使用万用表电阻挡不容易判断是否损坏。如二次绕组短路故障，常见表现为屡烧熔丝管和一次绕组开路，检修时如变压器表面温度过高，检查室内机主板和供电电压无故障后，可直接更换变压器。

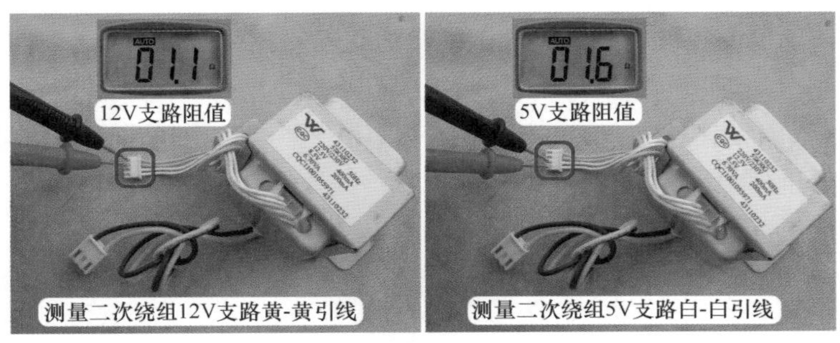

图 3-16　测量二次绕组阻值

四、传感器

1. 挂式定频空调器传感器安装位置

常见的挂式定频空调器通常只设有室内环温和室内管温传感器，只有部分品牌或柜式空调器设有室外管温传感器。

（1）室内环温传感器

见图 3-17，室内环温传感器固定支架安装在室内机的进风口位置，作用是检测室内房间温度。

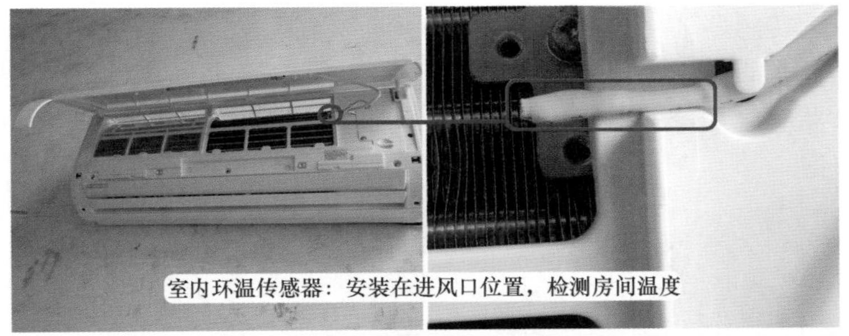

图 3-17　室内环温传感器安装位置

（2）室内管温传感器

见图 3-18，室内管温传感器检测孔焊接在蒸发器的管壁上，作用是检测蒸发器温度。

2. 柜式空调器传感器安装位置

2P 或 3P 的柜式空调器通常设有室内环温、室内管温、室外管温共 3 个传感器，5P 柜

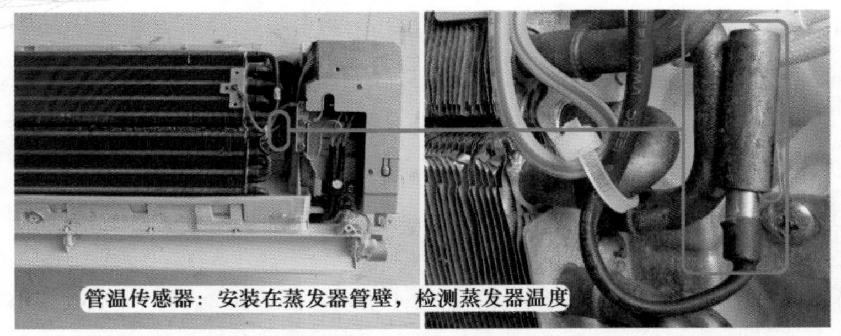

图 3-18 室内管温传感器安装位置

式空调器通常在此基础上增加室外环温和压缩机排气传感器，共有 5 个传感器，但有些品牌的 5P 柜式空调器也可能只设有室内环温、室内管温、室外管温共 3 个传感器。

（1）室内环温传感器

室内环温传感器设计在室内风扇（离心风扇）罩圈即室内机进风口，见图 3-19 左图，作用是检测室内房间温度，以控制室外机的运行与停止。

（2）室内管温传感器

室内管温传感器设在蒸发器管壁上面，见图 3-19 右图，作用是检测蒸发器温度，在制冷系统进入非正常状态（如蒸发器温度过低或过高）时停机进入保护。如果空调器未设计室外管温传感器，则室内管温传感器是制热模式时判断进入除霜程序的重要依据。

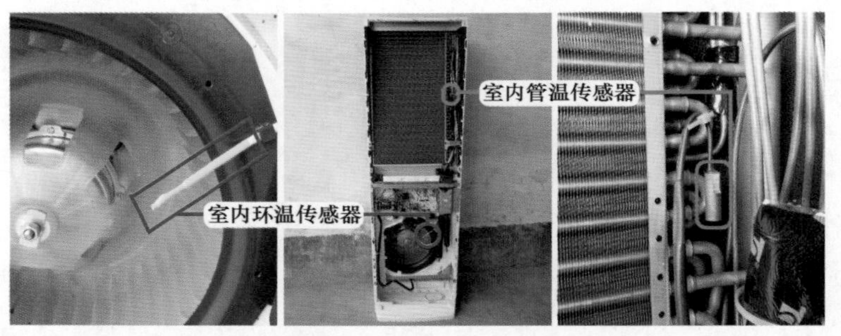

图 3-19 室内环温和室内管温传感器安装位置

（3）室外管温传感器

室外管温传感器设计在冷凝器管壁上面，见图 3-20，作用是检测冷凝器温度，在制冷系统进入非正常状态（如冷凝器温度过高）时停机进行保护，同时也是制热模式下进入除霜程序的重要依据。

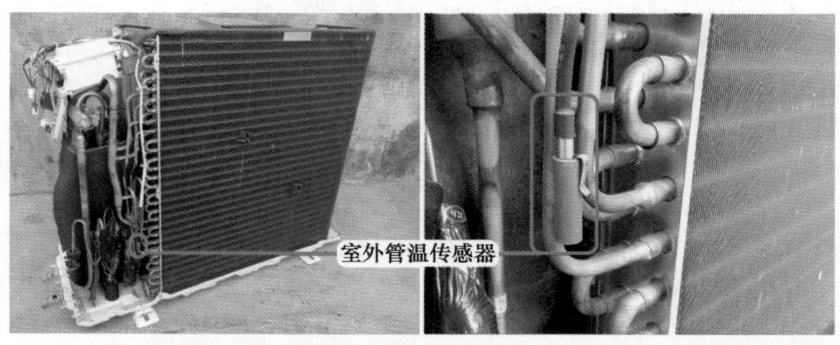

图 3-20 室外管温传感器安装位置

（4）室外环温传感器

室外环温传感器设计在冷凝器的进风面，见图 3-21 左图，作用是检测室外环境温度，通常与室外管温传感器一起组合成为制热模式下进入除霜程序的依据。

（5）压缩机排气传感器

压缩机排气传感器设计在压缩机排气管管壁上面，见图 3-21 右图，作用是检测压缩机排气管（或相当于检测压缩机温度），在压缩机工作在高温状态时停机进行保护。

图 3-21　室外环温和压缩机排气传感器安装位置

3. 变频空调器传感器安装位置

无论是挂式或柜式变频空调器，使用的传感器均较多，通常设有 5 个。室内机设有室内环温和室内管温传感器，室外机设有室外环温、室外管温、压缩机排气传感器。有些品牌的空调器还设有压缩机吸气管传感器。

（1）室外环温传感器

室外环温传感器的支架固定在冷凝器的进风面，见图 3-22，作用是检测室外环境温度。在制冷和制热模式，决定室外风机转速；在制热模式，与室外管温传感器温度组成进入除霜的条件。

图 3-22　室外环温传感器安装位置

（2）室外管温传感器

室外管温传感器检测孔焊接在冷凝器管壁，见图 3-23，作用是检测室外机冷凝器温度。在制冷模式，判定冷凝器过载：室外管温≥ 70℃，压缩机停机；当室外管温≤ 50℃时，3min 后自动开机。在制热模式，与室外环温传感器温度组成进入除霜的条件：空调器运行一段时间（约 40min），室外环温＞ 3℃时，室外管温≤ −3℃，且持续 5min；或室外环温＜ 3℃时，室外环温－室外管温≥ 7℃，且持续 5min。在制热模式，判断退出除霜的条件：当室外管温＞ 12℃时或压缩机运行时间超过 8min。

图 3-23 室外管温传感器安装位置

（3）压缩机排气传感器

压缩机排气传感器检测孔固定在排气管上面，见图 3-24，作用是检测压缩机排气管温度。在制冷和制热模式，压缩机排气温度≤ 93℃，压缩机正常运行；93℃＜压缩机排气温度＜ 115℃，压缩机运行频率被强制设定在规定的范围内或者降频运行；压缩机排气温度＞ 115℃，压缩机停机；只有当压缩机排气温度下降到≤ 90℃时，才能再次开机运行。

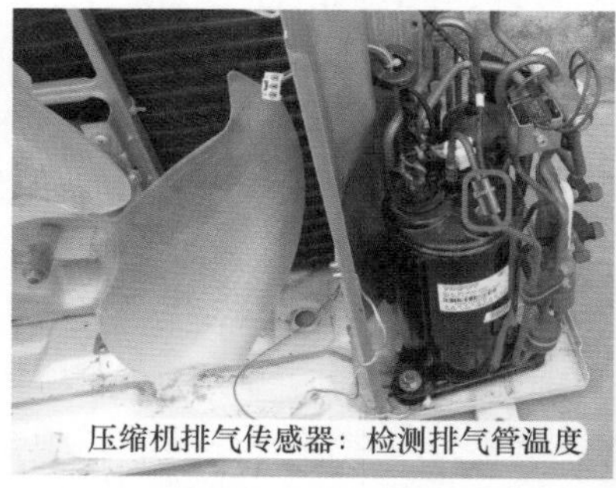

图 3-24 压缩机排气传感器安装位置

4. 传感器特性

空调器使用的传感器为负温度系数的热敏电阻，负温度系数是指温度上升时其阻值下降，温度下降时其阻值上升。

以型号 25℃ /20kΩ 的管温传感器为例，测量在降温（15℃）、常温（25℃）、加热（35℃）的 3 个温度下，传感器的阻值变化情况。

① 图 3-25 左图为降温（15℃）时测量传感器阻值，实测为 31.4kΩ。

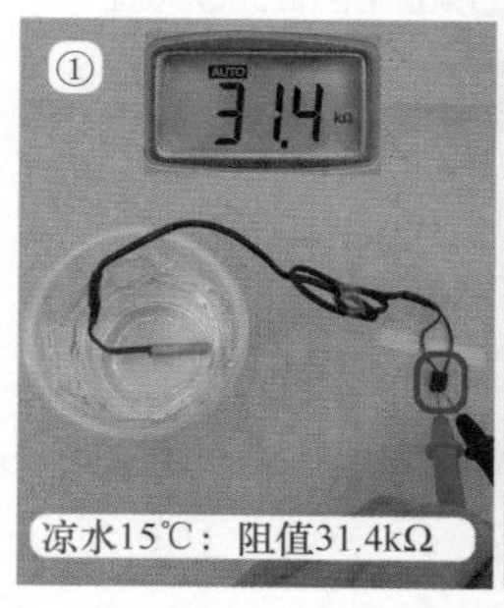

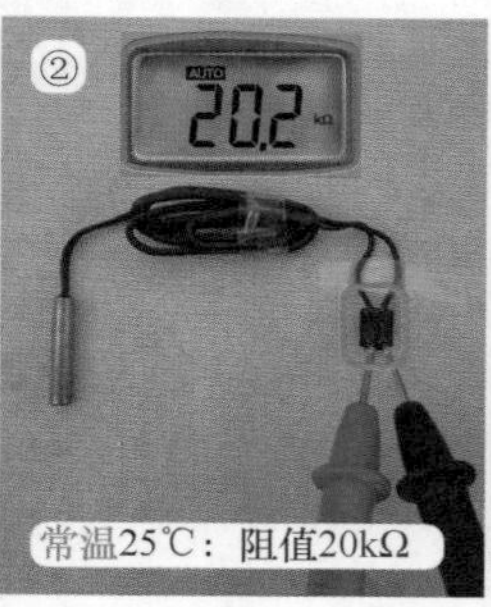

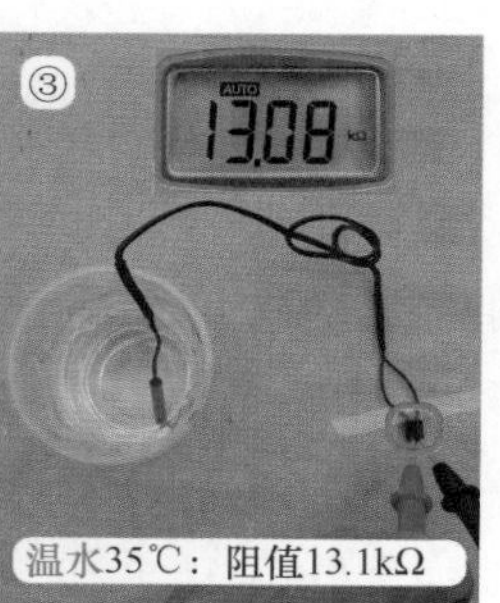

图 3-25 测量传感器阻值

② 图 3-25 中图为常温（25℃）时测量传感器阻值，实测约为 20kΩ。

③ 图 3-25 右图为加热（35℃）时测量传感器阻值，实测约为 13.1kΩ。

五、电容

1. 安装位置

见图 3-26，压缩机和室外风机安装在室外机，因此压缩机电容和室外风机电容也安装在室外机，并且安装在室外机专门设计的电控盒内。

图 3-26　安装位置

2. 主要参数

压缩机电容和室外风机电容实物外形见图 3-27，其中电容最主要的参数是容量和交流耐压值。

① 容量：单位为微法（μF），由压缩机或室外风机的功率决定，即不同的功率选用不同容量的电容。常见电容的使用规格见表 3-1。

表 3-1　常见电容的使用规格

挂式室内风机电容容量：1 ～ 2.5μF	柜式室内风机电容容量：2.5 ～ 8μF
室外风机电容容量：2 ～ 8μF	压缩机电容容量：20 ～ 70μF

② 耐压：电容工作在交流（AC）电源且电压为 220V，因此耐压值通常为交流 450V（450VAC）。

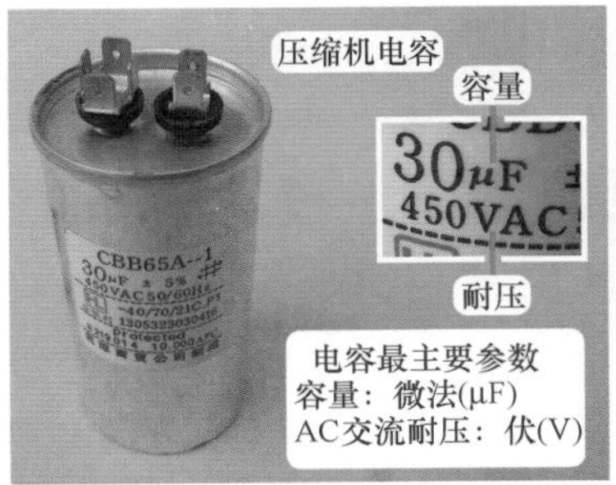

图 3-27　电容主要参数

3. 电容检查方法

（1）根据外观判断压缩机电容

见图 3-28，如果电容底部发鼓，放在桌面（平面）上左右摇晃，说明电容损坏，可直接更换。正常的电容底部平坦，放在桌面上很稳。

说明

如电容底部发鼓，肯定损坏，可直接更换；如电容底部平坦，也不能证明肯定正常，应使用其他方法检测或进行代换。

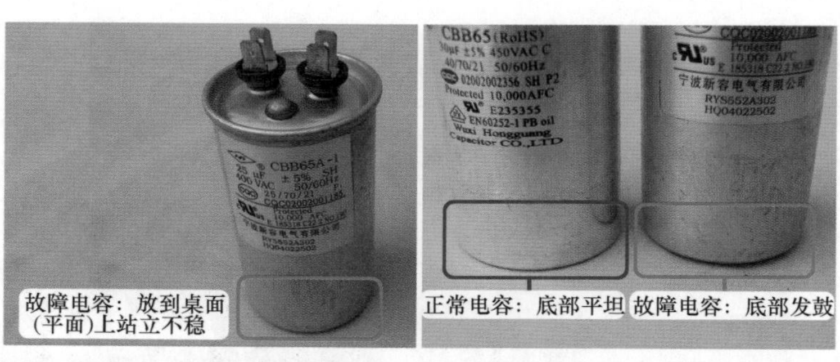

图 3-28 根据外观判断压缩机电容

（2）万用表检测

由于普通万用表不带电容容量检测功能，使用电阻挡测量容易引起误判，因此应选用带有电容容量检测功能的万用表或专用仪表来检测容量。本例选用某品牌的 VC97 型万用表，最大检测容量为 200μF，特点是检测无极性电容时，使用万用表表笔就可以直接检测。

检测时将万用表拨到电容挡，断开空调器电源，拔下压缩机电容的 2 组端子上引线，见图 3-29，使用 2 个表笔直接测量 2 个端子，以标注容量 30μF 的电容为例，实测容量为 30.1μF，说明被测电容正常。

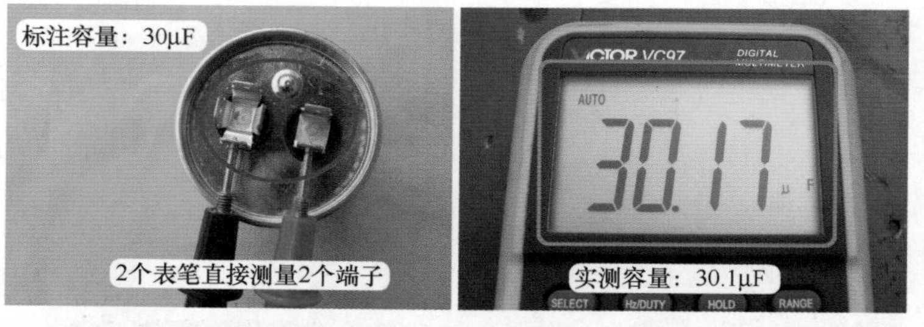

图 3-29 测量电容容量

六、交流接触器

交流接触器（简称交接）用于控制大功率压缩机的运行和停机，通常使用在 3P 及以上的空调器，常见有单极（双极）或三触点式。

1. 使用范围

（1）单极式（双极式）交流接触器

单极式交流接触器实物外形见图 3-30，单相供电的压缩机只需要断开 1 路 L 端相线或 N 端零线供电便停止运行，因此 3P 单相供电的空调器通常使用单极（1 路触点）或双极（2

路触点）交流接触器。

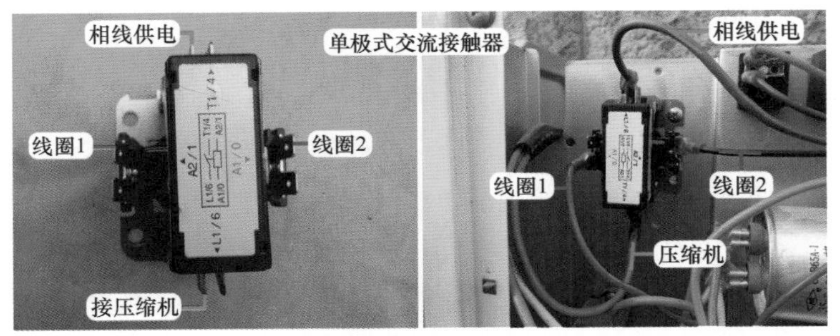

图 3-30 单极式交流接触器

（2）三触点式交流接触器

三触点式交流接触器实物外形见图 3-31，三相供电的压缩机只有同时断开 2 路或 3 路供电才能停止运行，因此 3P 或 5P 三相供电的空调器使用三触点式交流接触器。

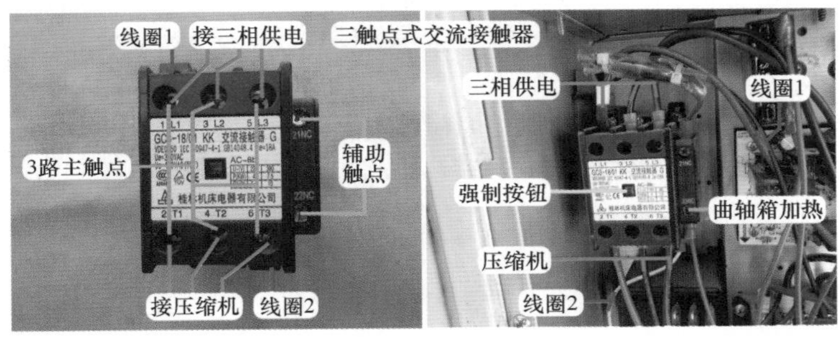

图 3-31 三触点式交流接触器

2. 内部结构和工作原理

（1）内部结构

单极式交流接触器内部结构见图 3-32 左图，主要由线圈、静铁芯（衔铁）和动铁芯、弹簧、动触点和静触点、底座、骨架、顶盖等组成。其中静铁芯在线圈内套着，动触点在动铁芯中固定。

（2）工作原理

工作原理见图 3-32 右图，交流接触器线圈通电后，在静铁芯中产生磁通和电磁吸力，此电磁吸力克服弹簧的阻力，使得动铁芯向下移动，与静铁芯吸合，动铁芯向下移动的同

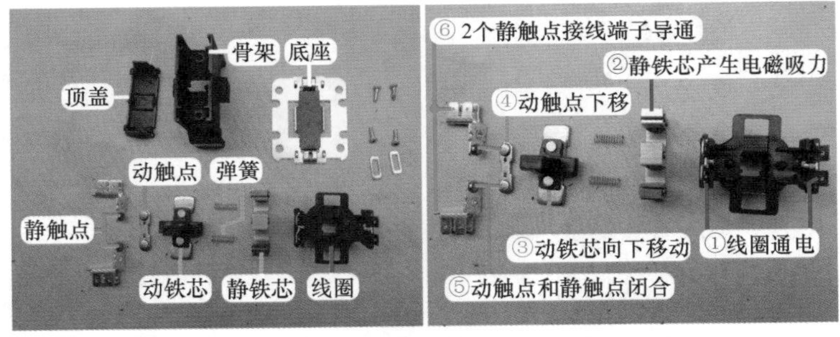

图 3-32 内部结构和工作原理

时带动动触点向下移动，使动触点和静触点闭合，静触点的 2 个接线端子导通，供电的接线端子向负载（压缩机）提供电源，压缩机开始运行。当线圈断电或两端电压显著降低时，静铁芯中电磁吸力消失，弹簧产生的反作用力使动铁芯向上移动，动触点和静触点断开，压缩机因无电源而停止运行。

3. 测量交流接触器线圈阻值

使用万用表电阻挡，测量线圈阻值。见图 3-33，实测示例型号为 CJX9B-25SD 的单极式交流接触器线圈阻值约为 1.1kΩ。如果实测线圈阻值为无穷大，则说明线圈开路损坏。

交流接触器触点电流（即所带负载的功率）不同，线圈阻值也不相同，符合功率大其线圈阻值小、功率小其线圈阻值大的特点。测量 5P 空调器使用的三触点式交流接触器（型号 GC3-18/01）线圈阻值约为 400Ω。

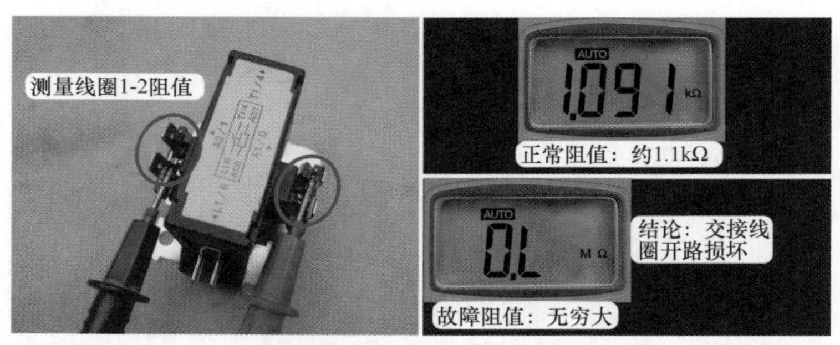

图 3-33 测量线圈阻值

第三节 电机类元件

一、步进电机

1. 挂式空调器中使用的步进电机

步进电机是一种将电脉冲转化为角位移的执行机构，通常使用在挂式空调器上面。见图 3-34 左图，步进电机设计在室内机右侧下方的位置，固定在接水盘上，作用是驱动导风板（风门叶片）上下转动，使室内风机吹出的风到达用户需要的地方。

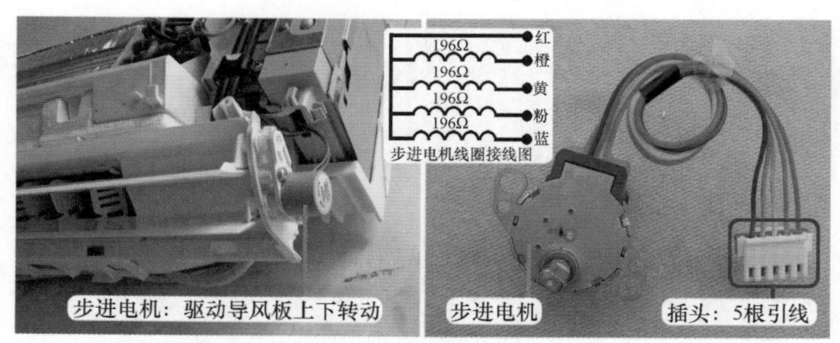

图 3-34 安装位置和实物外形

步进电机实物外形和线圈接线图见图 3-34 右图，示例步进电机型号为 MP24AA，供电电压为直流 12V，共有 5 根引线，驱动方式为 4 相 8 拍。

2. 柜式空调器中使用的步进电机

早期的柜式空调器上下风门叶片通常为手动调节，左右风门叶片由同步电机（交流 220V 供电）驱动，但在目前的柜式空调器中，见图 3-35，上下和左右风门叶片通常由步进电机（直流 12V 供电）驱动。

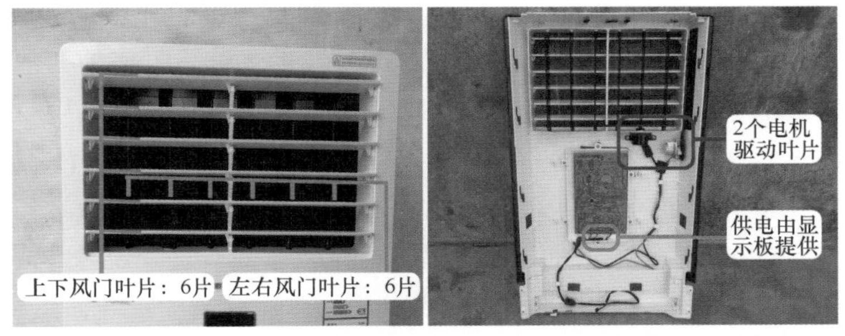

图 3-35　步进电机作用

见图 3-36，左右步进电机直接驱动其中 1 片叶片，再通过连杆连接其他 5 片，从而带动 6 片叶片，实现左右风门叶片的转动。

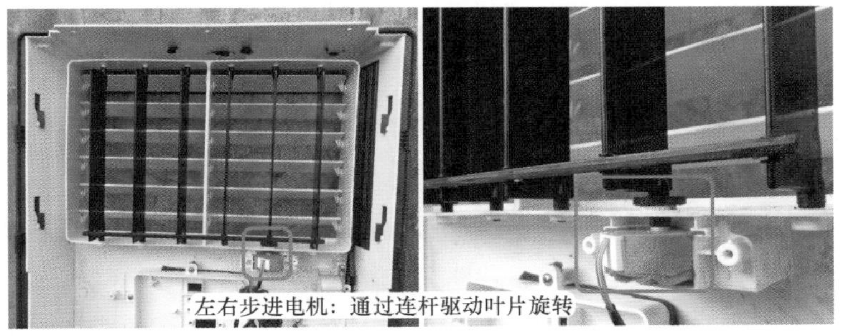

图 3-36　左右步进电机

见图 3-37，上下步进电机通过连杆直接连接 6 片叶片，驱动其旋转，实现上下风门叶片的转动。

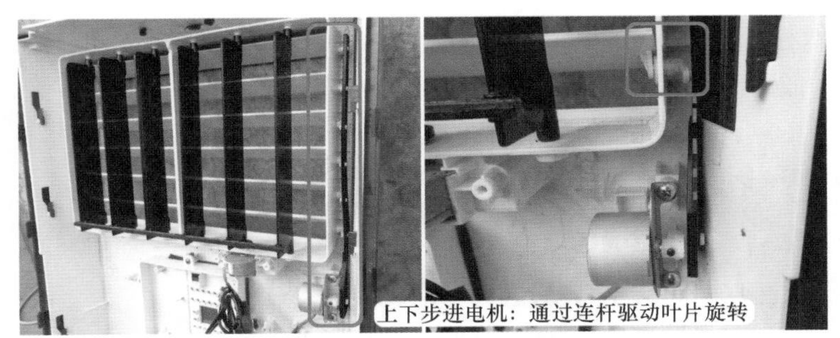

图 3-37　上下步进电机

说明

早期或目前的部分空调器，上下风门叶片为手动调节。

3. 引线辨别方法

步进电机共有 5 根引线，示例电机的颜色分别为红、橙、黄、粉、蓝。其中 1 根为公共端，另外4根为线圈接驱动控制，更换时需要将公共端引线与室内机主板插座的直流12V引针相对应，常见辨别方法为使用万用表测量引线阻值。

使用万用表电阻挡，逐个测量引线之间阻值，共有2组阻值，196Ω和392Ω，而392Ω为196Ω的2倍。测量5根引线，当一表笔接1根引线不动，另一表笔接另外4根引线，阻值均为196Ω时，那么这根引线即为公共端。

见图3-38，实测示例电机引线，红与橙、红与黄、红与粉、红与蓝的阻值均为196Ω，说明红线为公共端。

4根接驱动控制的引线之间阻值，应为公共端与4根引线阻值的2倍。实测蓝与粉、蓝与黄、蓝与橙、粉与黄、粉与橙、黄与橙阻值相等，均为392Ω。

说明

196Ω和392Ω只是示例步进电机阻值，其他型号的步进电机阻值会不相同，但只要符合倍数关系即为正常，并且公共端引线通常位于插头的最外侧位置。

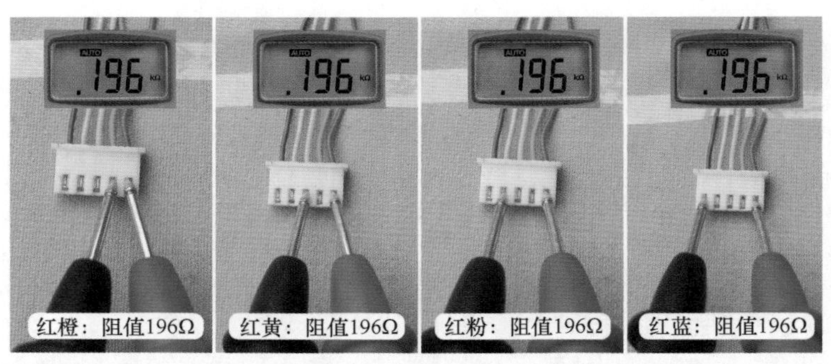

图3-38 找出公共端引线

二、室内风机（PG电机）

1. 安装位置

见图3-39，室内风机安装在室内机右侧，作用是驱动室内风扇（贯流风扇）。制冷模式下，室内风机驱动贯流风扇运行，强制吸入房间内空气至室内机、经蒸发器降低温度后以一定的风速和流量吹出，来降低房间温度。

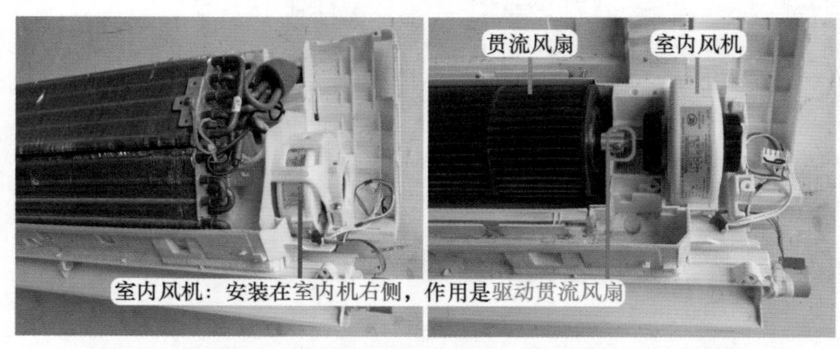

图3-39 安装位置和作用

2. 常见形式

室内风机常见有 3 种形式。

① 抽头电机：实物外形和引线插头作用见图 3-40，通常使用在早期空调器，目前已经很少使用，交流 220V 供电。

② PG 电机：实物外形见图 3-41 左图，引线插头作用见图 3-45，使用在目前的全部定频空调器、交流变频空调器、直流变频空调器，是使用最广泛的形式，交流 220V 供电。PG 电机是本节重点介绍的内容。

③ 直流电机：实物外形见图 4-23 左图，引线插头作用见图 4-24，使用在全直流变频空调器或高档定频空调器，直流 300V 供电。

图 3-40 抽头电机和引线插头

3. 实物外形

图 3-41 左图为实物外形，PG 电机使用交流 220V 供电，最主要的特征是内部设有霍尔，在运行时输出代表转速的霍尔信号，因此共有 2 个插头，大插头为线圈供电，使用交流电源，作用是使 PG 电机运行；小插头为霍尔反馈，使用直流电源，作用是输出代表转速的霍尔信号。

图 3-41 右图为 PG 电机铭牌主要参数，示例电机型号为 RPG10A（FN10A-PG），使用在 1P 挂式空调器。主要参数：工作电压交流 220V、频率 50Hz、功率 10W、4 极、额定电流 0.13A、防护等级 IP20、E 级绝缘。

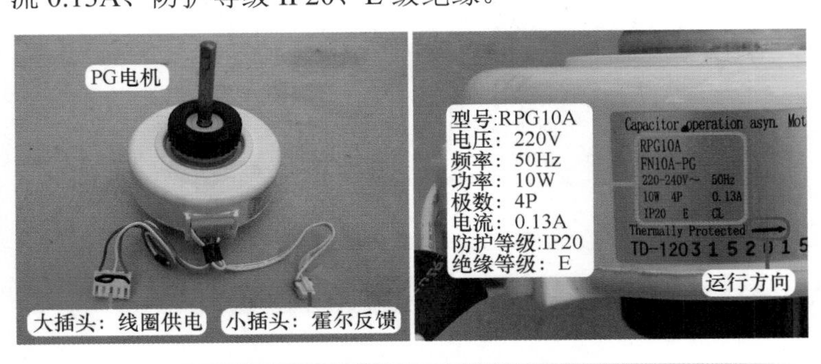

图 3-41 实物外形和铭牌主要参数

说明

绝缘等级按电机所用的绝缘材料允许的极限温度划分，E 级绝缘指电机采用材料的绝缘耐热温度为 120℃。

4. 内部结构

见图 3-42，PG 电机由定子（含引线和线圈供电插头）、转子（含磁环和上下轴承）、霍尔电路板（含引线和霍尔反馈插头）、上盖和下盖、上部和下部的减振胶圈组成。

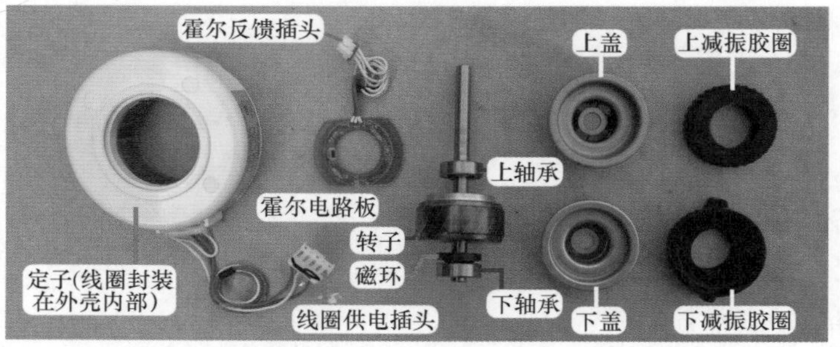

图 3-42 内部结构

5. PG 电机引线辨认方法

常见有三种方法，即根据室内机主板 PG 电机插座引针所接元件、使用万用表电阻挡测量线圈引线阻值、查看 PG 电机铭牌。

（1）使用万用表电阻挡测量线圈引线阻值

使用单相交流 220V 供电的电机，线圈设有运行绕组和启动绕组，在实际绕制铜线时，由于运行绕组起主要旋转作用，使用的线径较粗，且匝数少，因此阻值小一些；而启动绕组只起启动的作用，使用的线径较细，且匝数多，因此阻值大一些。

每个绕组有 2 个接头，两个绕组共有 4 个接头，但在电机内部，将运行绕组和启动绕组的一端连接一起作为公共端，只引出一根引线，因此电机共引出 3 根引线或 3 个接线端子。

① 找出公共端　见图 3-43 左图，逐个测量室内风机线圈供电插头的 3 根引线阻值，会得出 3 次不同的结果，RPG10A 电机实测阻值依次为 981Ω、406Ω、575Ω，阻值关系为 981=406+575，即最大阻值 981Ω 为启动绕组 + 运行绕组的总数。

在最大的阻值 981Ω 中，见图 3-43 右图，表笔接的引线为启动绕组（S）和运行绕组（R），空闲的 1 根引线为公共端（C），本机为白线。

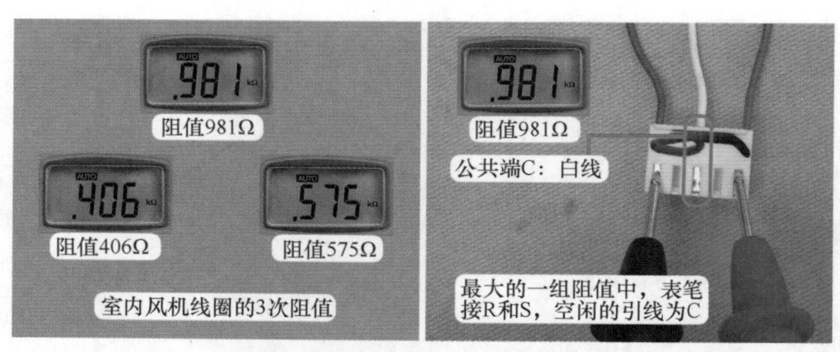

图 3-43 3 次线圈阻值和找出公共端

② 找出运行绕组和启动绕组

一表笔接公共端白线 C，另一表笔测量另外 2 根引线阻值。

阻值小（406Ω）的引线为运行绕组（R），见图 3-44 左图，本机为棕线。

阻值大（575Ω）的引线为启动绕组（S），见图 3-44 右图，本机为红线。

（2）查看电机铭牌

见图 3-45，铭牌标有电机的各种信息，包括主要参数及引线颜色的作用。PG 电机设有两个插头，因此设有两组引线，电机线圈使用 M 表示，霍尔电路板使用电路图表示，各有 3 根引线。

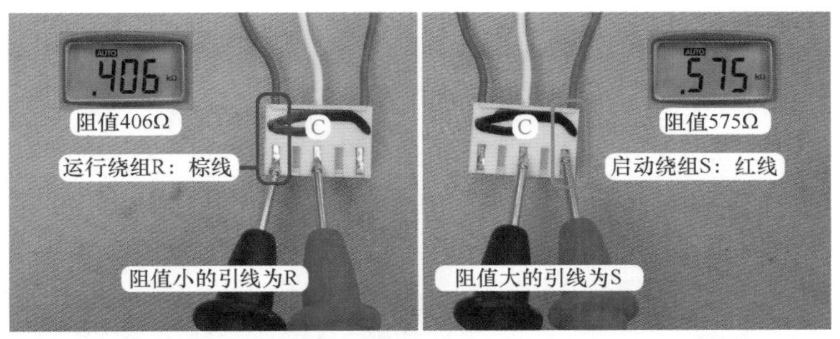

图 3-44 找出运行绕组和启动绕组

电机线圈：白线只接交流电源，为公共端（C）；棕线接交流电源和电容，为运行绕组（R）；红线只接电容，为启动绕组（S）。

霍尔反馈电路板：棕线 Vcc，为直流供电正极，本机供电电压为直流 5V；黑线 GND，为直流供电公共端地；白线 Vout，为霍尔信号输出。

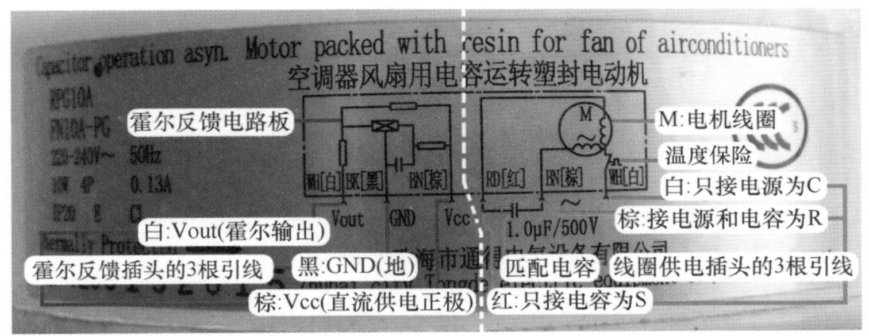

图 3-45 根据铭牌标识判断引线功能

三、室内风机（离心电机）

1. 安装位置

见图 3-46，室内风机（离心电机）安装在柜式空调器的室内机下部，作用是驱动室内风扇（离心风扇）。制冷模式下，离心电机驱动离心风扇运行，强制吸入房间内空气至室内机、经蒸发器降低温度后以一定的风速和流量吹出，来降低房间温度。

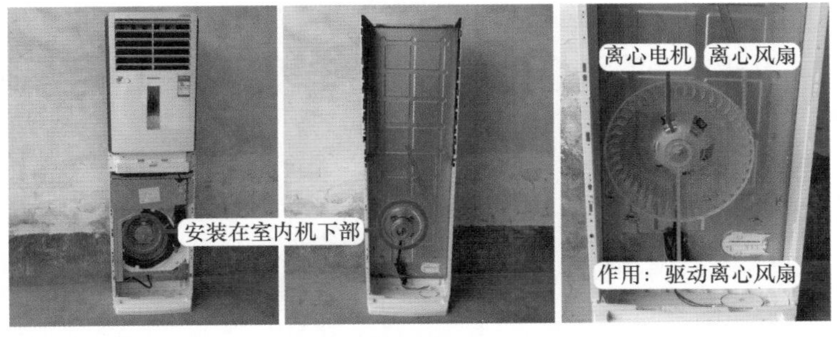

图 3-46 离心电机安装位置和作用

2. 分类

（1）多速抽头交流电机

实物外形见图3-47左图，使用交流220V供电，运行速度根据机型设计通常分有2速–3速–4速等，通过改变电机抽头端的供电来改变转速，是目前柜式空调器应用最多也是最常见的离心电机形式。

图3-47右图为离心电机铭牌主要参数，示例电机型号YDK60-8E，使用在2P柜式空调器中。主要参数：工作电压交流220V、频率50Hz、功率60W、8极、运行电流0.4A，B级绝缘、堵转电流0.47A。

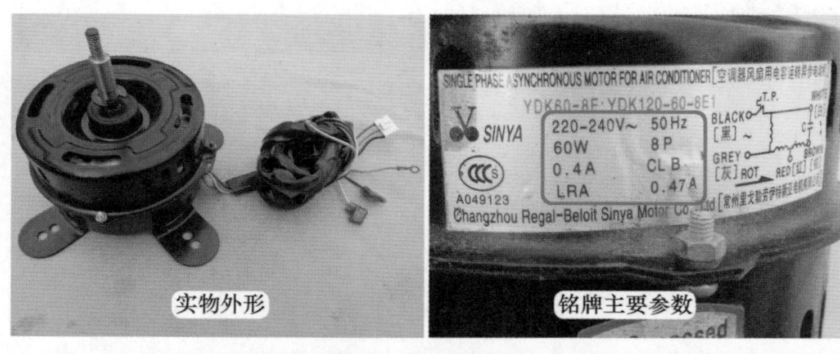

图3–47 多速抽头电机

（2）直流电机

直流电机使用直流300V供电，转速可连续宽范围调节，室内机主板CPU通过较为复杂的电路来控制，并可根据反馈的信号测定实时转速，通常使用在全直流柜式变频空调器或高档的定频空调器。

3. 内部结构

见图3-48，离心电机由上盖、下盖、转子、上轴承、下轴承、定子、线圈、连接线、插头等组成。

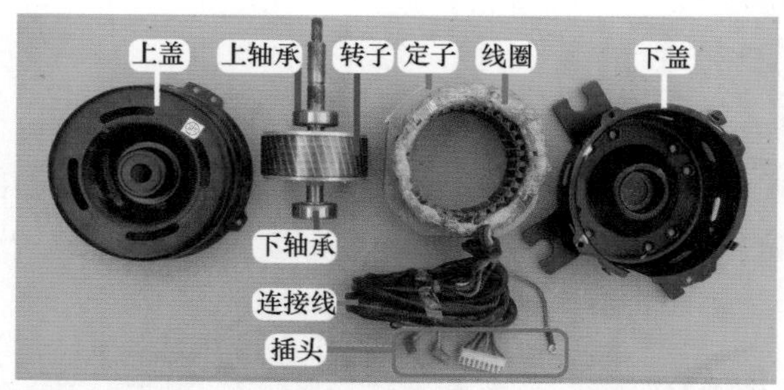

图3–48 内部结构

四、室外风机

1. 安装位置和作用

室外风机安装在室外机左侧的固定支架，见图3-55左图，作用是驱动室外风扇。制冷模式下，室外风机驱动室外风扇运行，强制吸收室外自然风为冷凝器散热，因此室外风机也称为“轴流电机”。

2. 分类

（1）单速交流电机

实物外形见图 3-50 左图，引线插头作用见图 3-54，使用交流 220V 供电，运行速度固定不可调节，是目前应用最广泛的型式，也是本节重点介绍的类型，常见于目前的全部定频空调器、部分交流变频空调器和直流变频空调器的室外风机。

（2）多速抽头交流电机

实物外形和引线插头作用见图 3-49，使用交流 220V 供电，运行速度根据机型设计通常分有 2 速或 3 速，通过改变电机抽头端的供电来改变转速，常见于早期的部分定频空调器和变频空调器、目前的部分直流变频空调器。

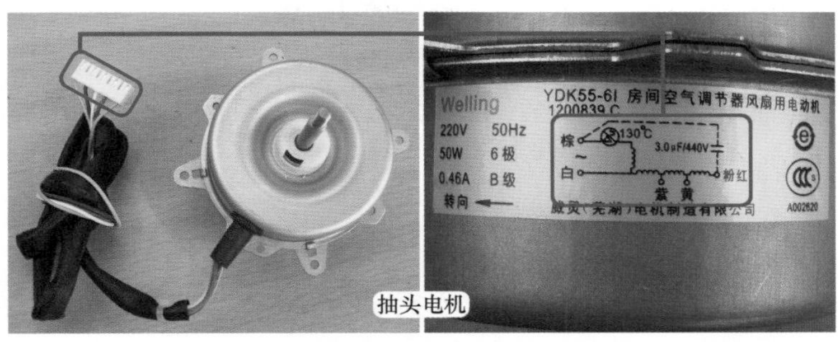

图 3-49 多速抽头电机

（3）直流电机

安装位置见图 4-23 右图，引线插头作用见图 4-24，使用直流 300V 供电，转速可连续宽范围调节，使用此电机的室外机设有电路板，CPU 通过较为复杂的电路来控制，见于全直流挂式或柜式变频空调器。

3. 单速交流电机实物外形

示例电机使用在格力定频空调器型号为 KFR-23W/R03-3 的室外机，实物外形见图 3-50 左图，单一风速，共有 4 根引线；其中 1 根为地线，接电机外壳，另外 3 根为线圈引线。

图 3-50 右图为铭牌参数含义，电机型号为 YDK35-6K（FW35X）。主要参数：工作电压交流 220V、频率 50Hz、功率 35W、额定电流 0.3A、转速 850 转 / 分钟（r/min）、6 极、B 级绝缘。

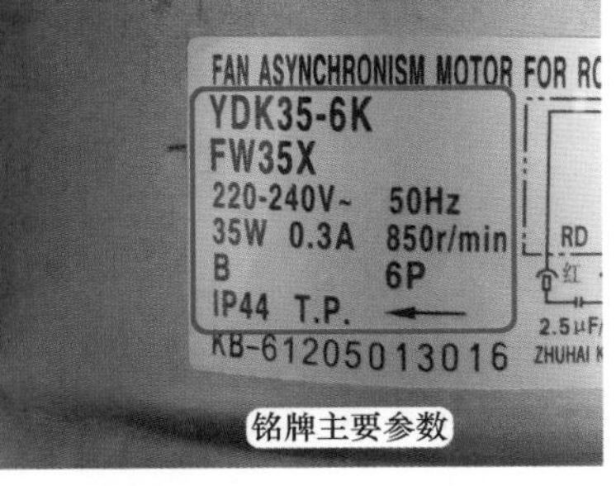

图 3-50 实物外形和铭牌主要参数

> **说明**
>
> B 级绝缘指电机采用材料的绝缘耐热温度为 130℃。

4. 室外风机结构

此处以某款空调器室外风机为例，电机型号 KFD-50K，4 极 34W。

（1）内部结构

见图 3-51，室外风机由上盖、下盖、转子、上轴承、下轴承、定子、线圈、连接线、插头等组成。

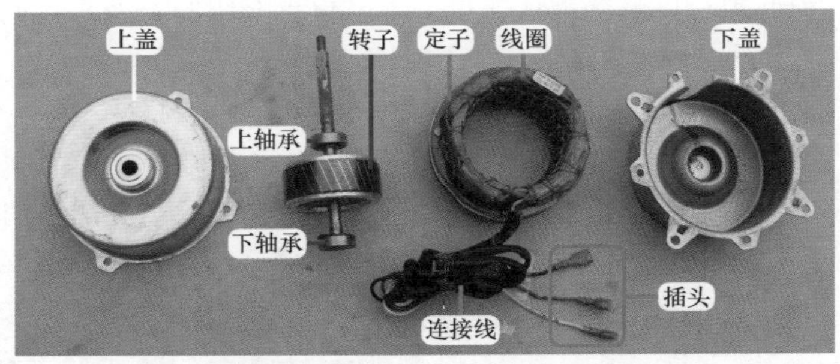

图 3-51 内部结构

（2）温度保险

见图 3-52，温度保险为铁壳封装，直接固定在线圈表面，外壳设有塑料套，保护温度为 130℃，断开后不可恢复。

当温度保险因电机堵转或线圈短路，使得线圈温度超过 130℃，温度保险断开保护，由于串接在公共端引线，断开后室外风机因无供电而停止运行。

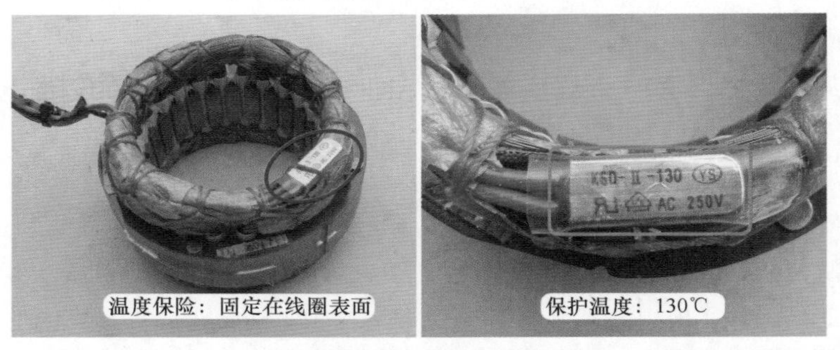

图 3-52 温度保险

（3）工作原理

使用电容感应式电机，内含两个绕组：启动绕组和运行绕组，两个绕组在空间上相差 90°。在启动绕组上串联了一个容量较大的电容器，当运行绕组和启动绕组通过单相交流电时，由于电容器作用使启动绕组中的电流在时间上比运行绕组的电流超前 90°角，先到达最大值，在时间和空间上形成两个相同的脉冲磁场，使定子与转子之间的气隙中产生了一个旋转磁场，在旋转磁场的作用下，电机转子中产生感应电流，电流与旋转磁场相互作用产生电磁转矩，使电机旋转起来。

5. 线圈引线作用辨认方法

（1）根据实际接线判断引线功能

见图 3-53，室外风机线圈共有 3 根引线：黑线只接接线端子上电源 N 端（1 号），为公共端（C）；棕线接电容和电源 L 端（5 号），为运行绕组（R）；红线只接电容，为启动绕组（S）。

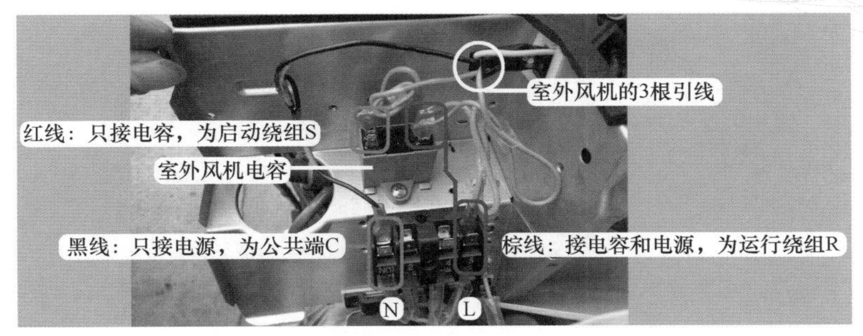

图 3-53 根据实际接线判断引线功能

（2）根据电机铭牌标识或电气接线图判断引线功能

电机铭牌贴于室外风机表面，通常位于上部，检修时能直接查看。铭牌主要标识室外风机的主要信息，其中包括电机线圈引线的功能，见图 3-54 左图，黑线（BK）只接电源，为公共端（C），棕线（BN）接电容和电源，为运行绕组（R），红线（RD）只接电容，为启动绕组（S）。

电气接线图通常贴于室外机接线盖内侧或顶盖右侧。见图 3-54 右图，通过查看电气接线图，也能区别电机线圈的引线功能：黑线只接电源 N 端，为公共端（C）、棕线接电容和电源 L 端（5 号），为运行绕组（R）、红线只接电容，为启动绕线 S。

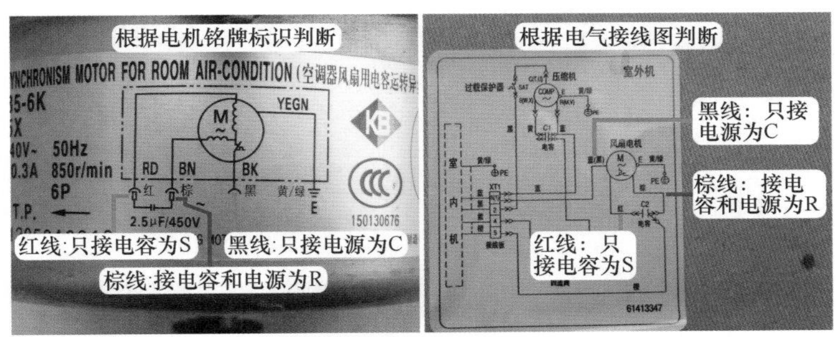

图 3-54 根据铭牌标识和室外机电气接线图判断引线功能

五、压缩机

1. 安装位置和作用

压缩机是制冷系统的心脏，将低温低压的气体压缩成为高温高压的气体。压缩机由电机部分和压缩部分组成。电机通电后运行，带动压缩部分工作，使吸气管吸入的低温低压制冷剂气体变为高温高压气体。

见图 3-55 左图，压缩机安装在室外机右侧，固定在室外机底座。其中压缩机接线端子连接电控系统，吸气管和排气管连接制冷系统。

图 3-55 右图为旋转式压缩机实物外形，设有吸气管、排气管、接线端子、储液瓶（又称气液分离器、储液罐）等接口。

2. 分类

（1）按机械结构分类

压缩机常见形式有三种：活塞式、旋转式、涡旋式，实物外形见图 5-3。本节重点介绍

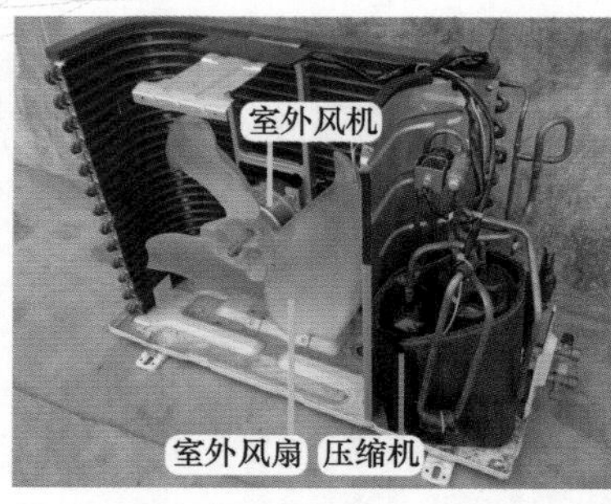

图 3-55 安装位置和实物外形

旋转式压缩机。

（2）按汽缸个数分类

旋转式压缩机按汽缸个数不同，见图 3-56，可分为单转子和双转子压缩机。单转子压缩机只有一个汽缸，多使用在早期和目前的大多数空调器中，其底部只有一根进气管；双转子压缩机设有两个汽缸，多使用在目前的高档或功率较大的空调器，其底部设有两根进气管，双转子相对于单转子压缩机，在增加制冷量的同时又能降低运行噪声。

图 3-56 单转子和双转子压缩机

（3）按供电电压分类

压缩机根据供电的不同，可分为交流供电和直流供电两种（见图 3-57），而交流供电又分为交流 220V 和交流 380V 共两种。交流 220V 供电压缩机常见于 1 ～ 3P 定频空调器，交流 380V 供电压缩机常见于 3 ～ 5P 定频空调器，直流供电压缩机通常见于直流或全直流变频空调器，早期变频空调器使用交流供电压缩机。

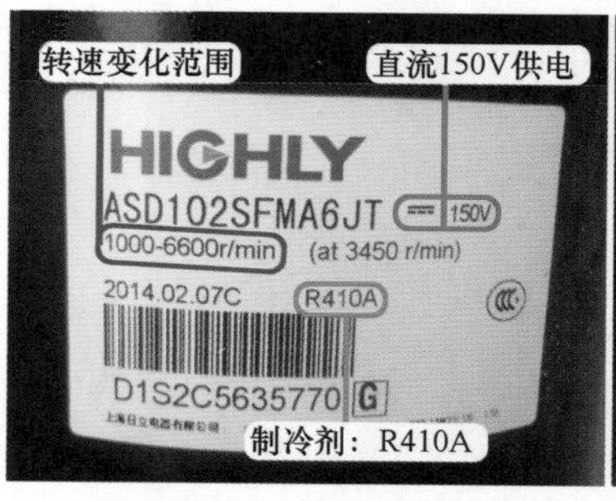

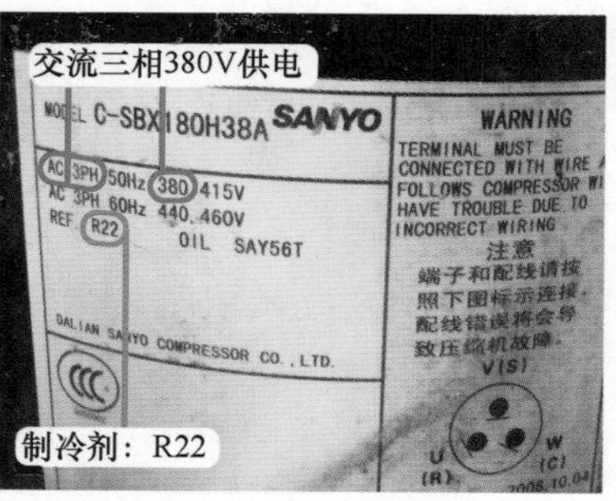

图 3-57 直流和交流供电压缩机铭牌

（4）按电机转速分类

压缩机按电机转速不同，可分为定频和变频两种（见图 3-58）。定频压缩机其电机一直以一种转速运行，变频压缩机转速则根据制冷系统要求按不同转速运行。

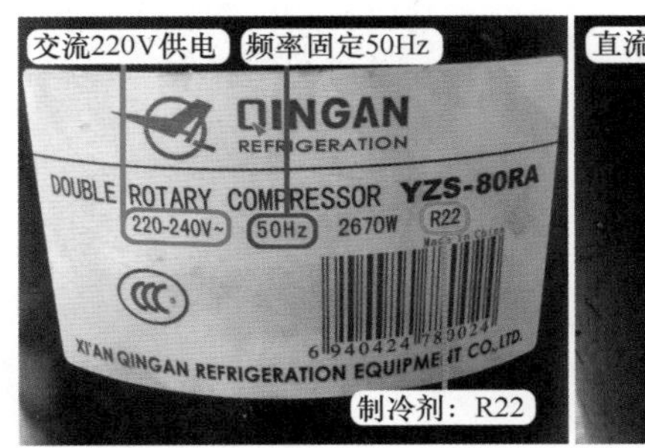

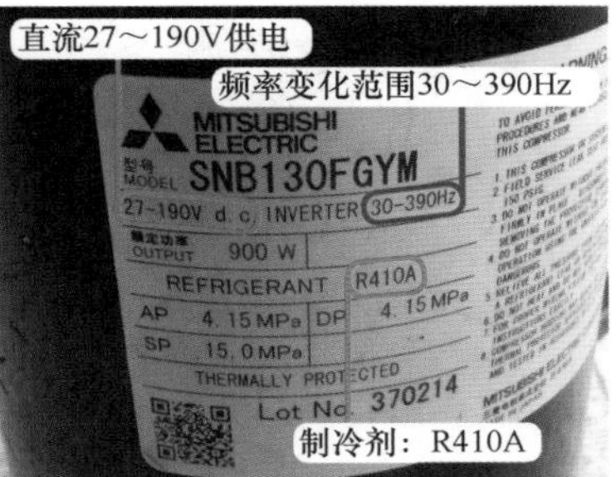

图 3-58 定频和变频压缩机铭牌

（5）按制冷剂分类

压缩机根据采用的制冷剂不同，常见可分为 R22 和 R410A，R22 型压缩机常见于定频空调器中，R410A 型压缩机常见于变频空调器中。

3. 剖解压缩机

本小节以剖解上海日立 SHW33TC4-U 旋转式压缩机为例，介绍旋转式压缩机内部结构和工作原理。

（1）内部结构

见图 3-59，压缩机由储液瓶（含吸气管）、上盖（含接线端子和排气管）、定子（含线圈）、转子（上方为转子，下方为压缩部分组件）、下盖等组成。

图 3-59 内部结构

（2）电机部分

电机部分包括定子和转子。见图 3-60 左图，压缩机线圈镶嵌在定子槽内，外圈为运行绕组、内圈为启动绕组，使用 2 极电机，转速约 2950r/min。

见图 3-60 右图，转子和压缩部分组件安装在一起，转子位于上方，安装时和电机定子相对应。

（3）压缩部分组件

转子下方为压缩部分组件，压缩机电机线圈通电时，通过磁场感应使转子以约 2950r/min 转速转动，带动压缩部分组件工作，将吸气管吸入的低温低压制冷剂气体，变为高温高压的制冷剂气体由排气管排出。

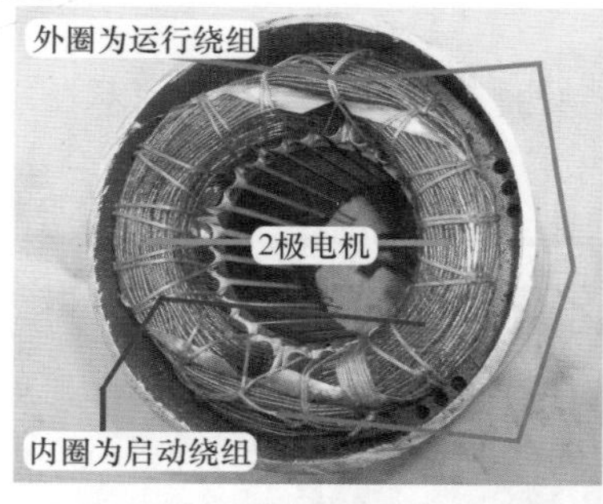

图 3-60　定子和转子

见图 3-61 和图 3-62，压缩部分主要由汽缸、上汽缸盖、下汽缸盖、刮片、滚动活塞（滚套）、偏心轴等部件组成。

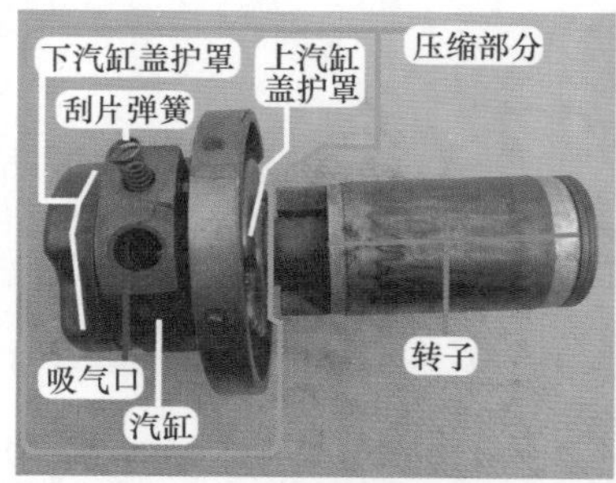

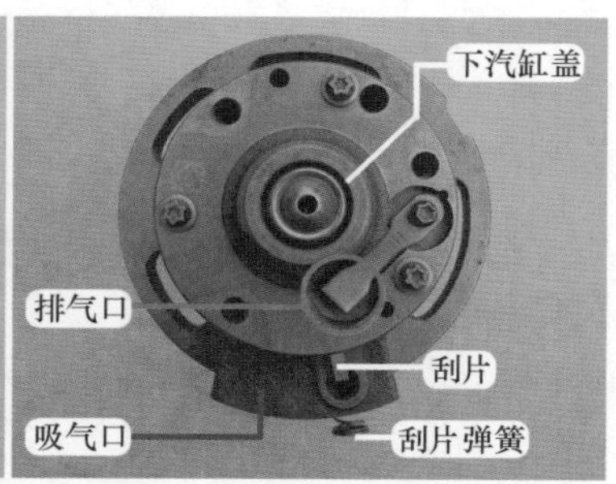

图 3-61　压缩部分组件

排气口位于下汽缸盖，设有排气阀片和排气阀片限制器，排出的气体经压缩机电机缸体后，和位于顶部的排气管相通，也就是说压缩机大部分区域均为高温高压状态。

吸气口设在汽缸上面，直接连接储液瓶的底部铜管，和顶部的吸气管相通，相当于压缩机吸入来自蒸发器的制冷剂通过吸气管进入储液瓶分离后，使汽缸的吸气口吸入均为制冷剂气体，防止压缩机出现液击。

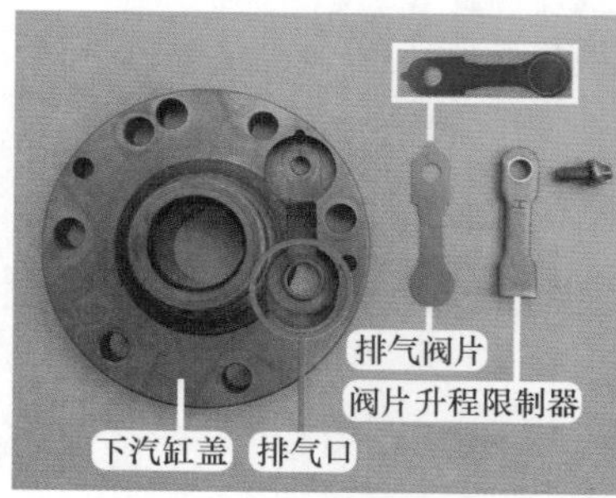

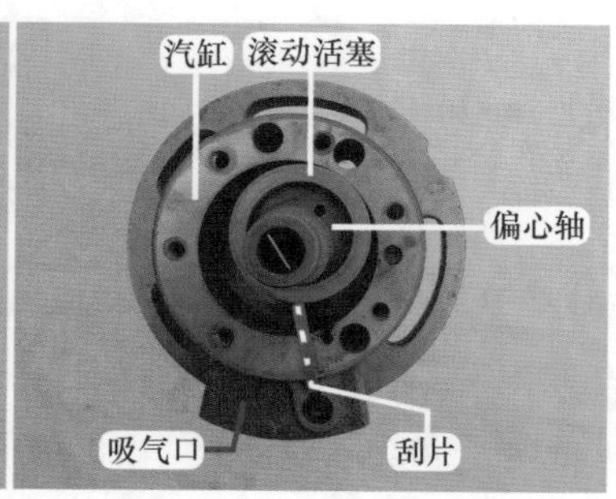

图 3-62　下汽缸盖和压缩部分主要部件

4. 引线判断方法

常见有三种方法，即根据压缩机引线实际所接元件、使用万用表电阻挡测量线圈引线或接线端子阻值、根据压缩机接线盖或垫片标识。

（1）根据实际接线判断引线功能

压缩机定子上的线圈共有 3 根引线，上盖的接线端子也只有 3 个，因此连接电控系统的引线也只有 3 根。

见图 3-63，黑线只接接线端子上电源 L 端（2 号），为公共端（C）；蓝线接电容和电源 N 端（1 号），为运行绕组（R）；黄线只接电容，为启动绕组（S）。

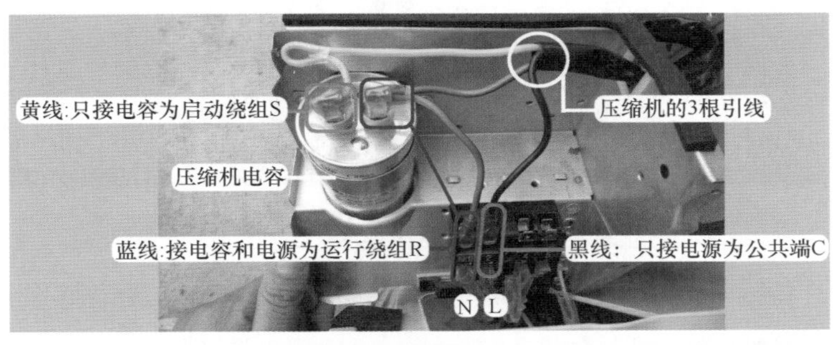

图 3-63　根据实际接线判断引线功能

（2）根据压缩机接线盖或垫片标识判断引线功能

见图 3-64 左图，压缩机接线盖或垫片（使用耐高温材料）上标有“C、R、S”字样，表示为接线端子的功能：C 为公共端，R 为运行绕组，S 为启动绕组。

将接线盖对应接线端子，或将垫片安装在压缩机上盖的固定位置，见图 3-64 右图，观察接线端子：对应标有“C”的端子为公共端，对应标有“R”的端子为运行绕组，对应标有“S”的端子为启动绕组。

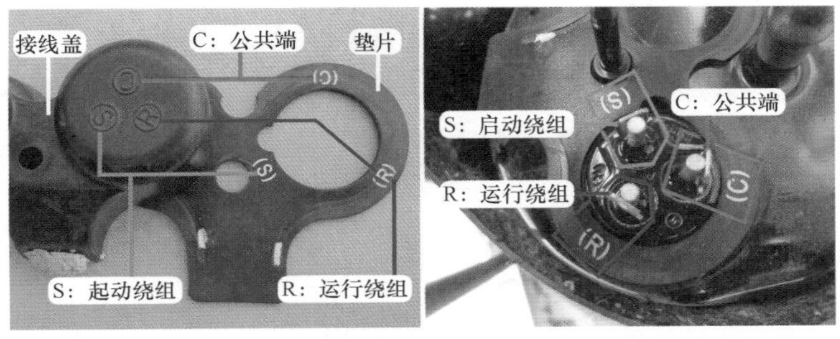

图 3-64　根据接线盖标识判断端子功能

（3）使用万用表电阻挡测量线圈端子阻值

逐个测量压缩机的 3 个接线端子阻值，见图 3-65 左图，会得出 3 次不同的结果，上海日立 SD145UV-H6AU 压缩机在室外温度约 15℃时，实测阻值依次为 7.3Ω、4.1Ω、3.2Ω，阻值关系为 7.3=4.1+3.2，即最大阻值 7.3Ω 为运行绕组 + 启动绕组的总数。

① 找出公共端　见图 3-65 右图，在最大的阻值 7.3Ω 中，表笔接的端子为启动绕组和运行绕组，空闲的端子为公共端（C）。

说明

判断接线端子的功能时，实测时应测量引线，而不用再打开接线盖、拔下引线插头去测量接线端子，只有更换压缩机或压缩机连接线，才需要测量接线端子的阻值以确定功能。

图 3-65 3 次线圈阻值和找出公共端

② 找出运行绕组和启动绕组　一表笔接公共端（C），另一表笔测量另外 2 个端子阻值，通常阻值小的端子为运行绕组（R），阻值大的端子为启动绕组（S）。但本机实测阻值大（4.1Ω）的端子为运行绕组（R），见图 3-66 左图；阻值小（3.2Ω）的端子为启动绕组（S），见图 3-66 右图。

图 3-66 找出运行绕组和启动绕组

第四章 变频空调器元器件

变频空调器在室外机增加电控系统用于驱动变频压缩机，因此许多元器件在定频空调器上没有使用，工作部位通常是大电流状态，比较容易损坏。本章将主要元器件和模块、变频压缩机进行集中，对其作用、实物外形、测量方法等作简单说明。

第一节 主要元器件

一、PTC 电阻

1. 作用

PTC 电阻为正温度系数热敏电阻，阻值随温度上升而变大，与室外机主控继电器触点并联。室外机初次通电，主控继电器因无工作电压触点断开，交流 220V 电压通过 PTC 电阻对滤波电容充电，PTC 电阻通过电流时由于温度上升阻值也逐渐变大，从而限制充电电流，防止由于电流过大造成硅桥损坏等故障。在室外机供电正常后，CPU 控制主控继电器触点闭合，PTC 电阻便不起作用。

2. 安装位置

PTC 电阻安装在室外机主板主控继电器附近，见图 4-1，引脚与继电器触点并联，外观为黑色的长方体电子元件，共有 2 个引脚。

3. 外置式 PTC 电阻

早期空调器使用外置式 PTC 电阻，没有安装在室外机主板上面，见图 4-2，安装在室

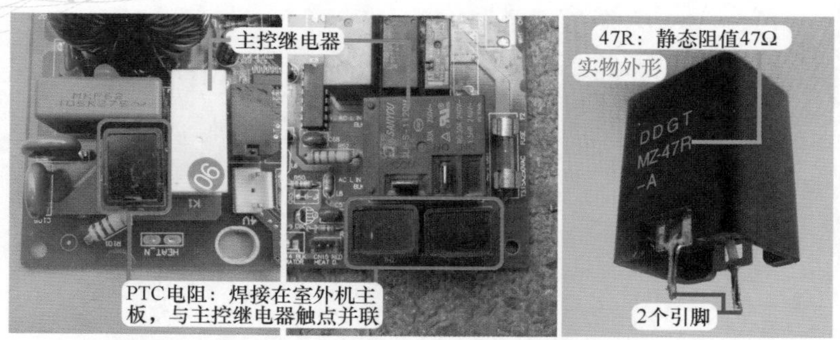

图 4-1 安装位置和实物外形

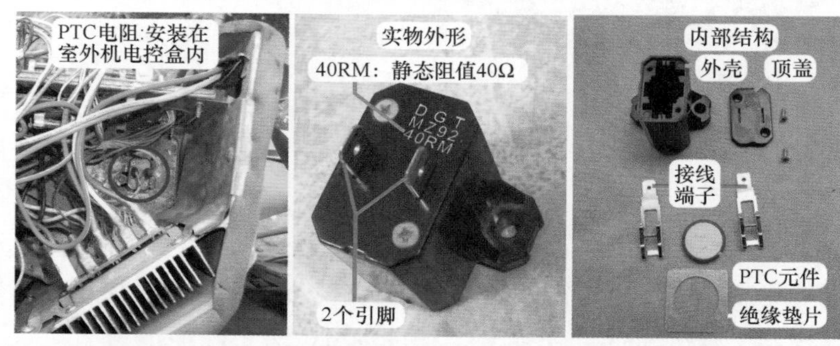

图 4-2 安装位置和内部结构

外机电控盒内，通过引线和室外机主板连接。外置式PTC电阻主要由PTC元件、绝缘垫片、接线端子、外壳、顶盖等组成。

4. 测量阻值

PTC 使用型号通常为 25℃ /47Ω，见图 4-3 左图，常温下测量阻值为 50Ω 左右，表面温度较高时测量阻值为无穷大。常见为开路故障，即常温下测量阻值为无穷大。

由于 PTC 电阻 2 个引脚与室外机主控继电器 2 个触点并联，使用万用表电阻挡，见图 4-3 右图，测量继电器的 2 个端子（触点）就相当于测量 PTC 电阻的 2 个引脚，实测阻值约为 50Ω。

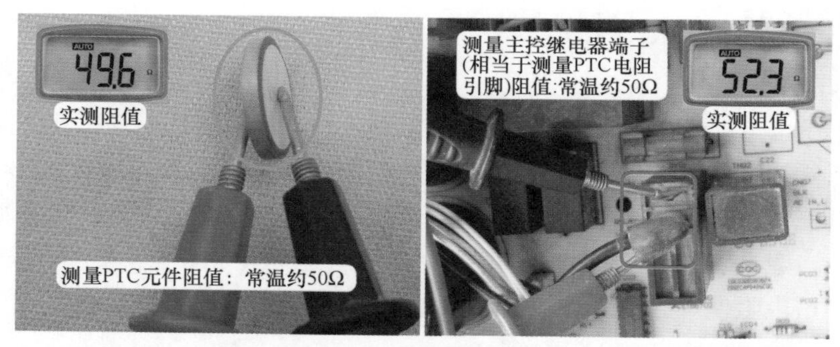

图 4-3 测量 PTC 电阻阻值

二、硅桥

1. 作用

硅桥内部为 4 个整流二极管组成的桥式整流电路，将交流 220V 电压整流成为脉动的直流 300V 电压。

由于硅桥工作时需要通过较大的电流，功率较大且有一定的热量，因此通常与模块一起固定在大面积的散热片上。

2. 分类

根据外观分类常见有三种：方形硅桥、扁形硅桥、PFC 模块内含硅桥。

（1）方形硅桥

方形硅桥安装位置见图 4-4，通常固定在散热片上面，通过引线连接电控系统。常用型号为 S25VB60，25 含义为最大正向整流电流 25A，60 含义为最高反向工作电压 600V。

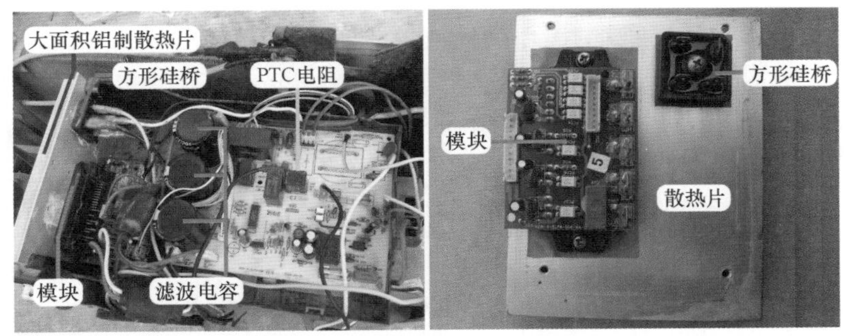

图 4-4 方形硅桥

（2）扁形硅桥

扁形硅桥安装位置见图 4-5，通常焊接在室外机主板上面。常用型号为 D15XB60，15 含义为最大正向整流电流 15A，60 含义为最高反向工作电压 600V。

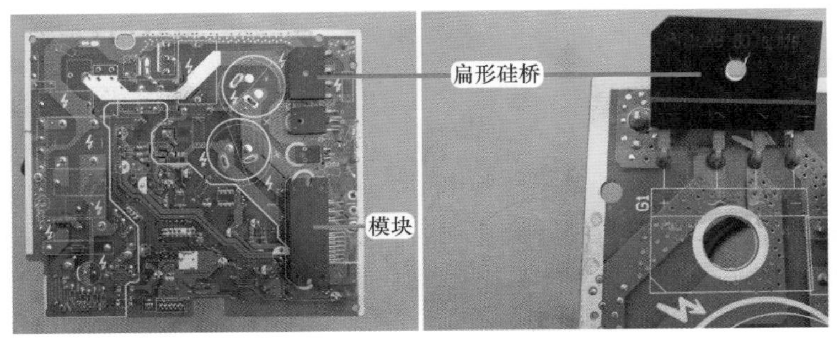

图 4-5 扁形硅桥

（3）PFC 模块（内含硅桥）

目前变频空调器电控系统中还有一种设计方式，见图 4-6，就是将硅桥和 PFC 电路集成在一起，组成 PFC 模块，和驱动压缩机的变频模块设计在一块电路板上，因此在此类空调器中，找不到普通意义上的硅桥。

3. 引脚作用和辨认方法

硅桥共有 4 个引脚，分别为 2 个交流输入端和 2 个直流输出端。2 个交流输入端接交流 220V，使用时没有极性之分。2 个直流输出端中的正极经滤波电感接滤波电容正极，负极直接与滤波电容负极相连。

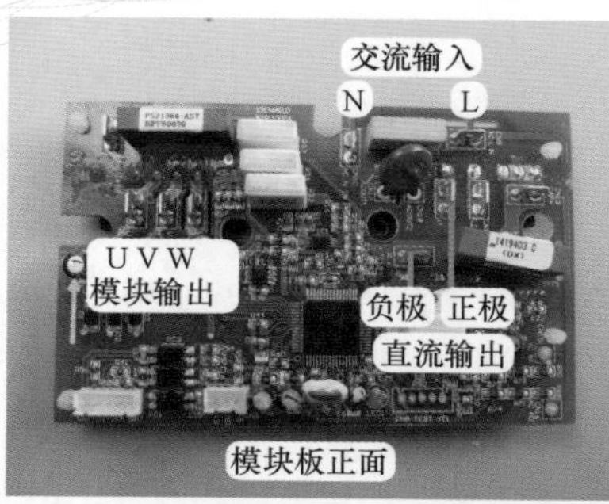

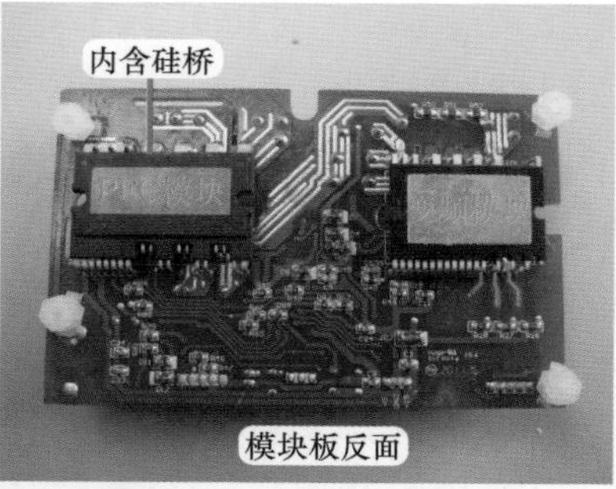

图 4-6 PFC 模块内含硅桥

方形硅桥：见图 4-7 左图，其中的一角有豁口，对应引脚为直流正极，对角线引脚为直流负极，其他 2 个引脚为交流输入端（使用时不分极性）。

扁形硅桥：见图 4-7 右图，其中一侧有一个豁口，对应引脚为直流正极，中间 2 个引脚为交流输入端，最后一个引脚为直流负极。

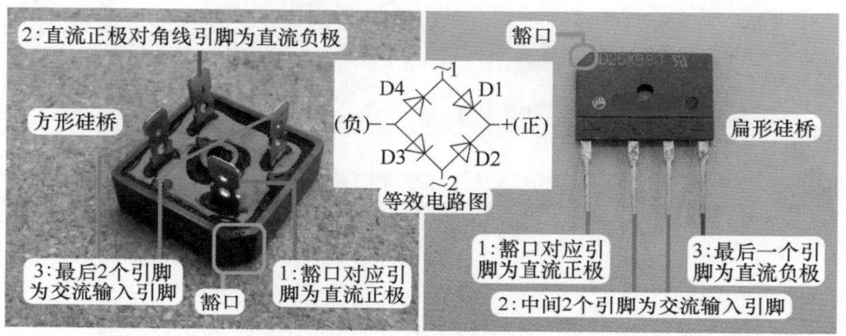

图 4-7 引脚功能辨认方法

4. 测量硅桥

硅桥内部为 4 个大功率的整流二极管，测量时应使用万用表二极管挡。

（1）测量正、负端子

相当于测量串联的 D1 和 D4（或串联的 D2 和 D3）。

红表笔接正、黑表笔接负，为反向测量，见图 4-8 左图，结果为无穷大。

红表笔接负、黑表笔接正，为正向测量，见图 4-8 右图，结果为 823mV。

（2）测量正、2 个交流输入端

测量过程见图 4-9，相当于测量 D1、D2。

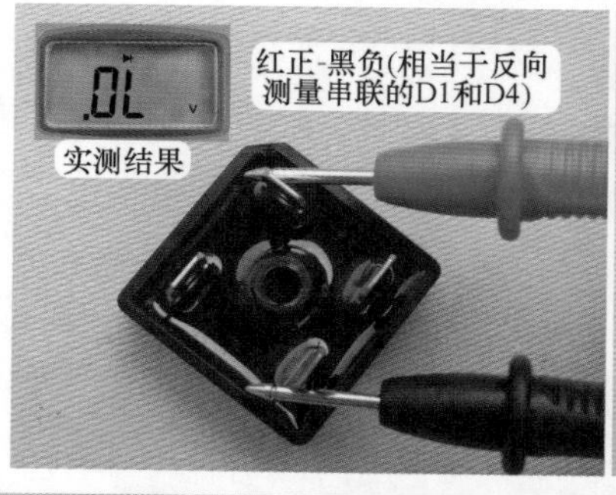

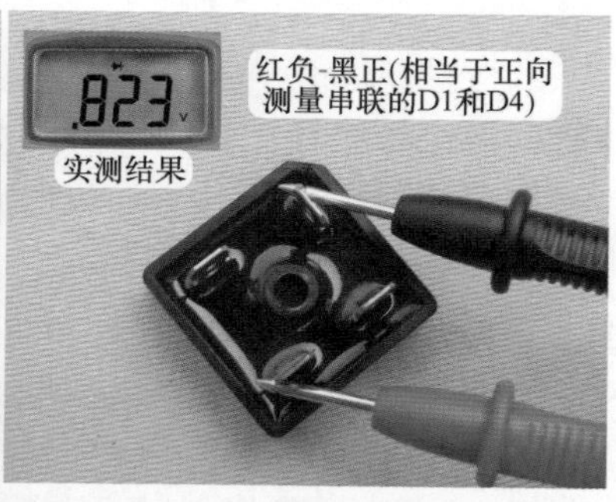

图 4-8 测量正、负端子

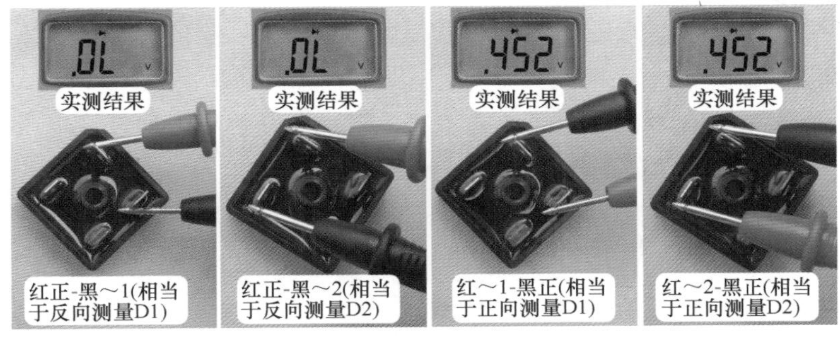

图 4-9 测量正、2 个交流输入端

红表笔接正、黑表笔接交流输入端，为反向测量，2 次结果相同，应均为无穷大。

红表笔接交流输入端、黑表笔接正，为正向测量，2 次结果相同，均为 452mV。

（3）测量负、2 个交流输入端

测量过程见图 4-10，相当于测量 D3、D4。

红表笔接负、黑表笔接交流输入端，为正向测量，2 次结果相同，均为 452mV。

红表笔接交流输入端、黑表笔接负，为反向测量，2 次结果相同，均为无穷大。

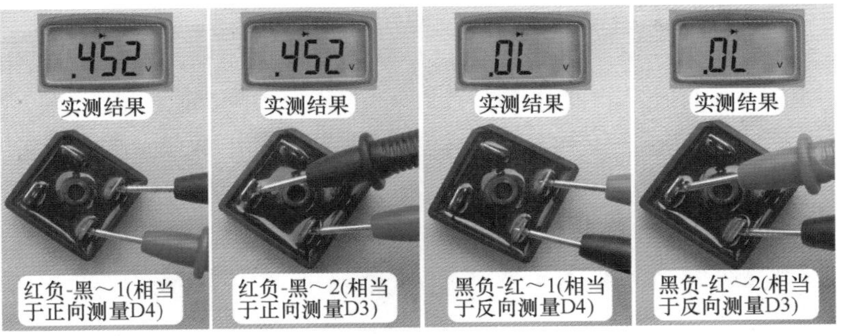

图 4-10 测量负、2 个交流输入端

（4）测量交流输入端～ 1、～ 2

相当于测量反方向串联 D1 和 D2（或 D3 和 D4），见图 4-11，由于为反方向串联，因此 2 次测量结果应均为无穷大。

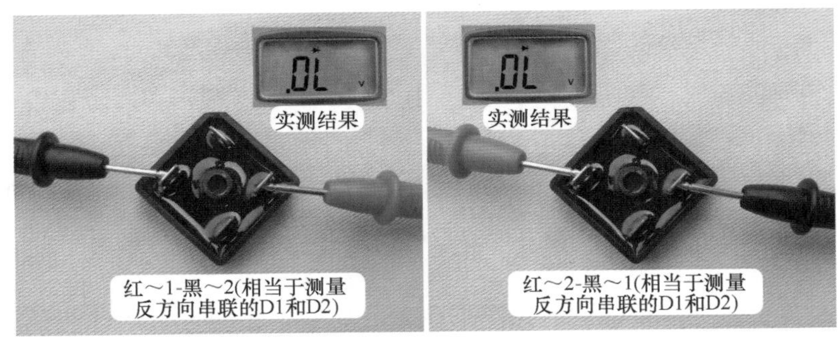

图 4-11 测量 2 个交流输入端

三、滤波电感

1. 作用和实物外形

根据电感线圈“通直流、隔交流”的特性，阻止由硅桥整流后直流电压中含有的交流成分通过，使输送滤波电容的直流电压更加平滑、纯净。

滤波电感实物外形见图 4-12，将较粗的电感线圈按规律绕制在铁芯上，即组成滤波电感。只有 2 个接线端子，没有正反之分。

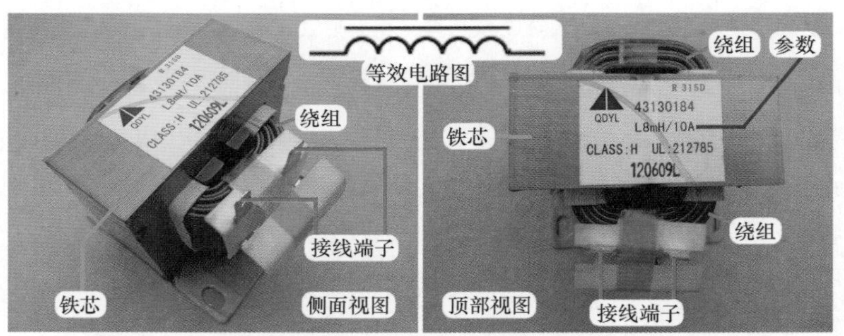

图 4-12 滤波电感实物外形

2. 安装位置

滤波电感通电时会产生电磁频率，且自身较重容易产生噪声，为防止对主板控制电路产生干扰，早期的空调器通常将滤波电感设计在室外机底座上面，见图 4-13 左图。

由于滤波电感安装在底座上容易因化霜水浸泡出现漏电故障，目前的空调器通常将滤波电感设计在挡风隔板的中部或电控盒的顶部，见图 4-13 中图和右图。

图 4-13 安装位置

3. 测量方法

测量滤波电感阻值时，使用万用表电阻挡，见图 4-14 左图，实测阻值约 1Ω（0.3Ω）。

早期空调器因滤波电感位于室外机底部，且外部有铁壳包裹，直接测量其接线端子不是很方便，见图 4-14 右图，检修时可以测量 2 个连接引线的插头阻值，实测约 1Ω（0.2Ω）。如果实测阻值为无穷大，应检查滤波电感上引线插头是否正常。

4. 常见故障

① 早期滤波电感安装在室外机底部，在制热模式下化霜过程中产生的化霜水将其浸泡，一段时间之后（安装 5 年左右），引起绝缘阻值下降，通常低于 2MΩ 时，会出现空调器通上电源之后，断路器（俗称空气开关）跳闸的故障。

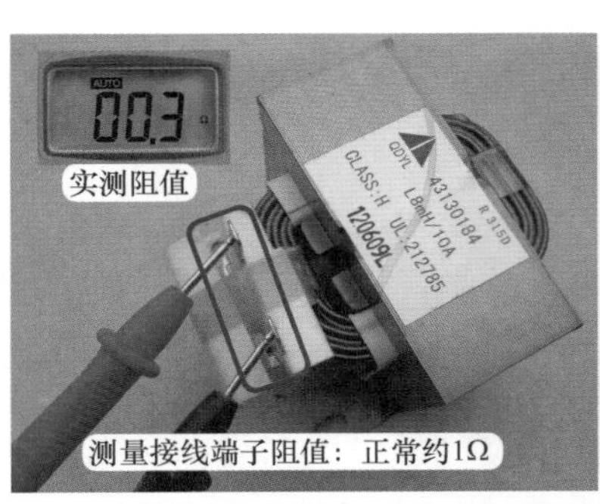

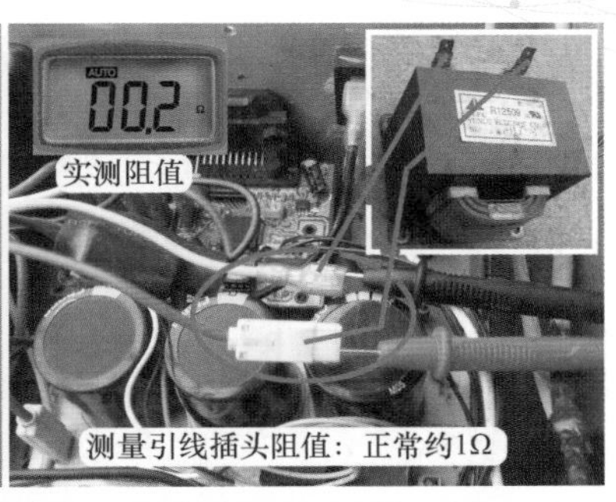

图 4-14 测量阻值

② 由于绕制滤波电感绕组的线径较粗，很少有开路损坏的故障。而其工作时通过的电流较大，接线端子处容易产生热量，将连接引线烧断，出现室外机无供电的故障。

四、滤波电容

1. 作用

滤波电容实际为容量较大（约 2000μF）、耐压较高（约直流 400V）的电解电容。根据电容“通交流、隔直流”的特性，对滤波电感输送的直流电压再次滤波，将其中含有的交流成分直接入地，使供给模块 P、N 端的直流电压平滑、纯净，不含交流成分。

2. 引脚作用

滤波电容共有 2 个引脚，分别是正极和负极。正极接模块 P 端子，负极接模块 N 端子，负极引脚对应有“丨”状标志。

3. 分类

按电容个数分类，有两种形式：即单个电容和几个电容并联组成。

（1）单个电容

见图 4-15，由一个耐压 400V、容量 2200μF 左右的电解电容，对直流电压滤波后为模块供电，常见于早期生产的挂式变频空调器或目前的柜式变频空调器，电控盒内设有专用安装位置。

图 4-15 单个电容

（2）多个电容并联

由 2 ～ 4 个耐压 400V、容量 560μF 左右的电解电容并联组成，对直流电压滤波后为模块供电，总容量为单个电容标注容量相加，见图 4-16。常见于目前生产的变频空调器，直接焊在室外机主板上。

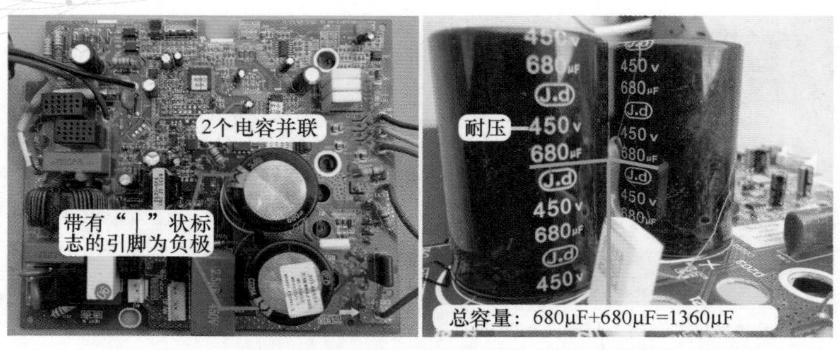

图 4-16 电容并联

五、直流电机

1. 作用

直流电机应用在全直流变频空调器的室内风机和室外风机，见图 4-17，作用与安装位置和普通定频空调器室内机的室内风机（PG 电机）、室外机的室外风机（轴流电机）相同。

室内直流电机带动室内风扇（贯流风扇）运行，制冷时将蒸发器产生的冷量输送到室内，降低房间温度。

室外直流电机带动室外风扇（轴流风扇）运行，制冷时将冷凝器产生的热量排放到室外，吸入自然空气为冷凝器降温。

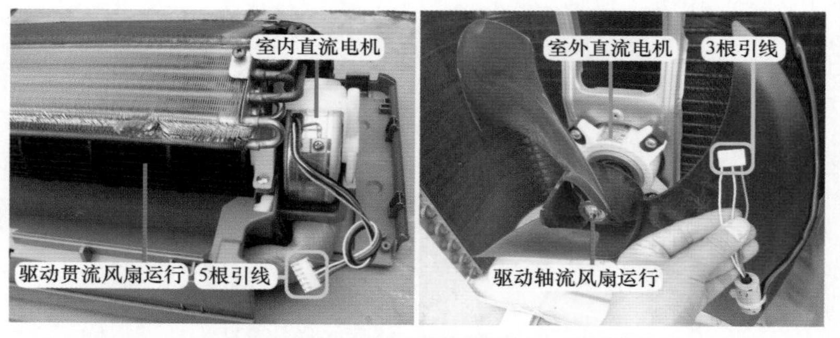

图 4-17 室内和室外直流电机安装位置

2. 分类

直流电机和交流电机最主要的区别有两点，一是直流电机供电电压为直流 300V，二是转子为永磁铁，直流电机也称为无刷直流电机。

目前直流电机根据引线常见分为两种类型，一种为 5 根引线，另一种为 3 根引线。5 根引线的直流电机应用在早期和目前的全直流变频空调器，3 根引线的直流电机应用在目前的全直流变频空调器。

3. 剖解 5 根引线直流电机

由于 5 根引线室内直流电机和室外直流电机的内部结构基本相同，本小节以室内风机使用的直流电机为例，介绍内部结构等知识。

（1）实物外形和内部结构

见图 4-18 左图，示例电机为松下公司生产，型号为 ARW40N8P30MS，8 极（实际转速约 750 r/min），功率为 30W，供电为直流 280 ～ 340V。

见图 4-18 右图，直流电机由上盖、转子（含上轴承、下轴承）、定子（内含线圈和下盖）、控制电路板（主板）组成。

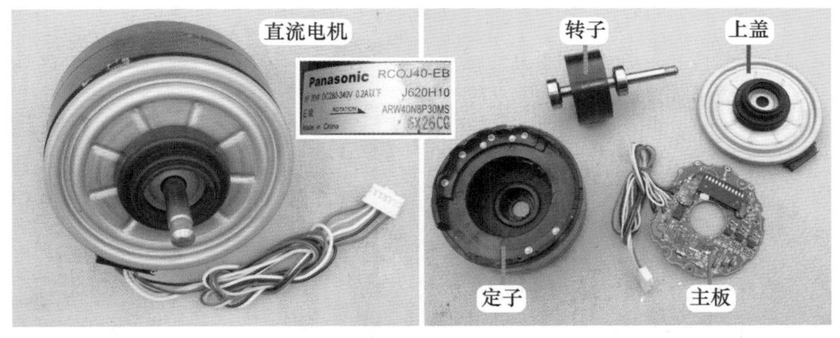

图 4-18 实物外形和内部结构

（2）转子组件

见图 4-19，转子主要由主轴、转子、上轴承、下轴承等组成。直流电机的转子和交流电机的转子不同的地方是，其由永久磁铁构成，表面有很强的吸力，将螺丝刀放在上面，能将铁杆部分紧紧地吸住。

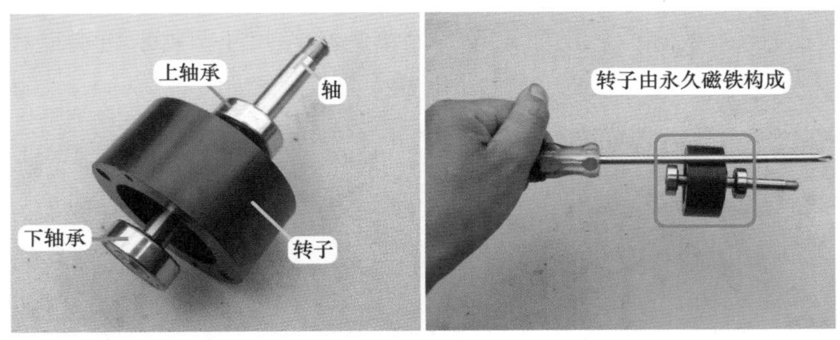

图 4-19 转子组件

（3）定子组件

定子组件由定子和下盖组成，并塑封为一体，见图 4-20。线圈塑封固定在定子内部，从外面看不到线圈，只能看到接线端子；下盖设有轴承孔，安装转子组件中的下轴承，将转子安装到下轴承孔时，转子的磁铁部分和定子在高度上相对应。

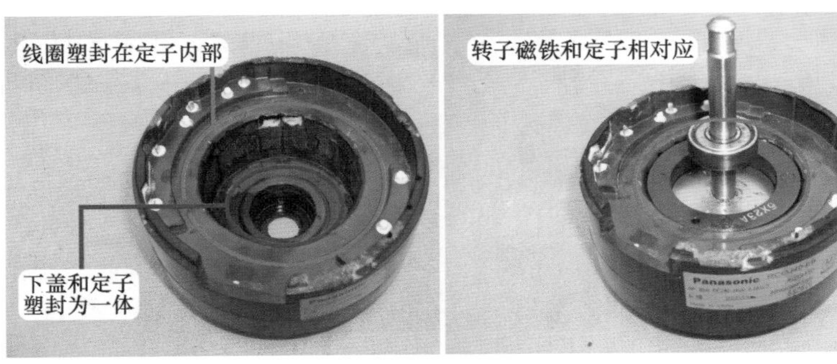

图 4-20 定子组件

线圈塑封在定子内部，共引出 4 个接线端子，见图 4-21 左图，分别为线圈的中点、U、V、W。U-V-W 和电机内部主板模块上 U-V-W 对应连接，中点接线端子和主板不相连，相当于空闲的端子。

测量线圈的阻值时，使用万用表电阻挡，测量 U 和 V、U 和 W、V 和 W 的 3 次阻值应相等，见图 4-21 右图，实测约为 80Ω。

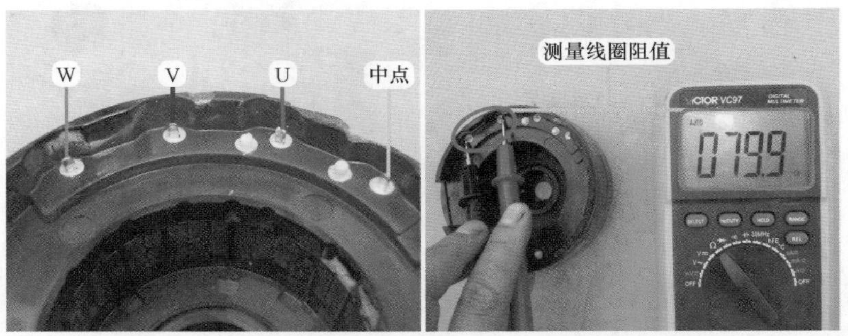

图 4-21　接线端子和测量线圈阻值

（4）主板

电机内部设有主板，见图 4-22，主要由控制电路集成块、3 个驱动电路集成块、1 个模块、1 束连接线（共 5 根引线）组成。

主要元件均位于主板正面，反面只设有简单的贴片元件。由于模块运行时热量较大，其表面涂有散热硅脂，紧贴在上盖，由上盖的铁壳为模块散热。

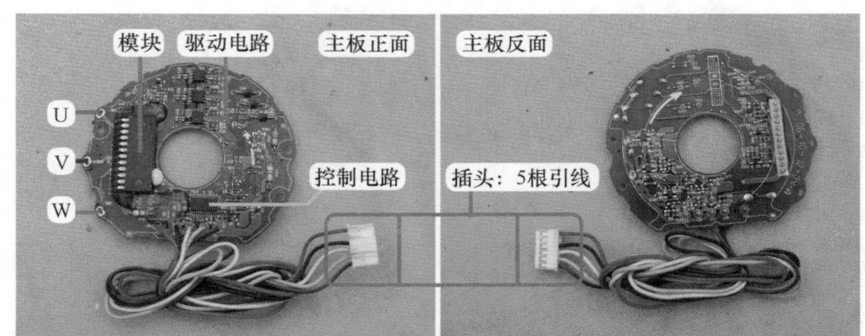

图 4-22　主板

（5）5 根连接线

见图 4-23，无论是室内直流电机还是室外直流电机，插头均只有 5 根连接线，插头一

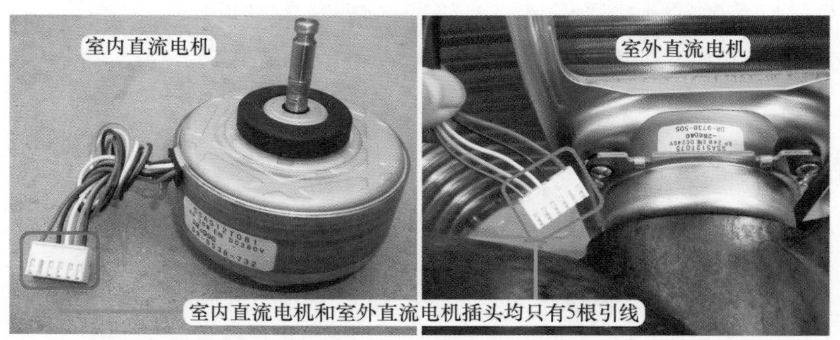

图 4-23　5 根连接线

端连接电机内部的主板，插头另一端和室内机或室外机主板相连，为电控系统构成通路。

插头引线作用见图 4-24。

① 号红线 V_{DC}：直流 300V 电压正极引线，和②号黑线直流地组合成为直流 300V 电压，为主板内模块供电，其输出电压驱动电机线圈。

② 号黑线 GND：直流电压 300V 和 15V 的公共端地线。

③ 号白线 V_{CC}：直流 15V 电压正极引线，和②号黑线直流地组合成为直流 15V 电压，为主板的弱信号控制电路供电。

④ 号黄线 V_{SP}：驱动控制引线，室内机或室外机主板 CPU 输出的转速控制信号，由驱动控制引线送至电机内部控制电路，控制电路处理后驱动模块可改变电机转速。

⑤ 号蓝线 FG：转速反馈引线，直流电机运行后，内部主板输出实时的转速信号，由转速反馈引线送到室内机或室外机主板，供 CPU 分析判断，并与目标转速相比较，使实际转速和目标转速相对应。

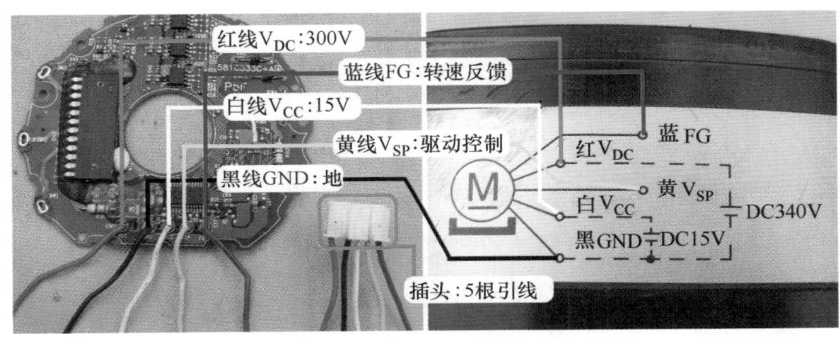

图 4-24　插头引线作用

4. 3 根引线直流电机

(1) 实物外形和铭牌

目前全直流变频空调器还有一种形式，就是使用 3 根引线的直流电机，用来驱动室内或室外风扇。见图 4-25，示例电机由通达公司生产（空调风扇无刷直流电动机），型号为 WZDK34-38G-W，（驱动线圈的模块）供电为直流 280V、34W、8 极，理论上每分钟转速为 1000 转，其连接线只有 3 根，分别为蓝线 U、黄线 V、白线 W，引线功能标识为 U-V-W，和压缩机连接线功能相同，说明电机内部只有线圈（绕组）。

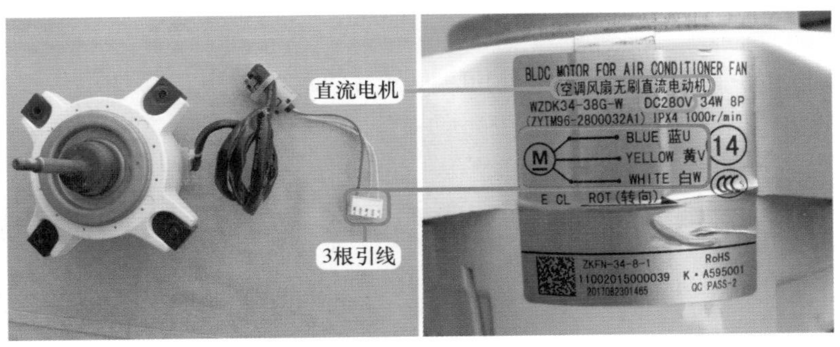

图 4-25　3 根引线直流电机

（2）风机模块设计位置

由于电机内部只有线圈（绕组），见图 4-26，将驱动线圈的模块设计在室外机主板（或室内机主板），风机模块可分为单列或双列封装（根据型号可分为无散热片自然散热和散热片散热），相对应驱动电路也设计在主板，直流电机内部无电路板。

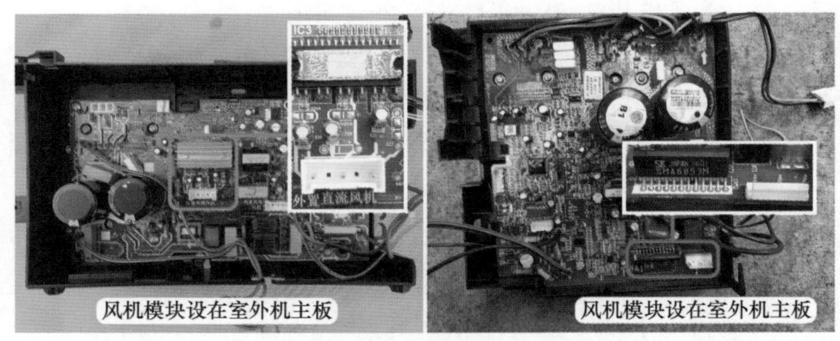

图 4-26　风机模块设计位置

（3）测量线圈阻值

测量 3 线直流电机线圈阻值时，使用万用表电阻挡，见图 4-27，表笔接蓝线 U 和黄线 V 测量阻值约为 66Ω，蓝线 U 和白线 W 阻值约为 66Ω，黄线 V 和白线 W 阻值约为 66Ω。根据 3 次测量阻值结果均相等，可发现和测量变频压缩机线圈方法相同。

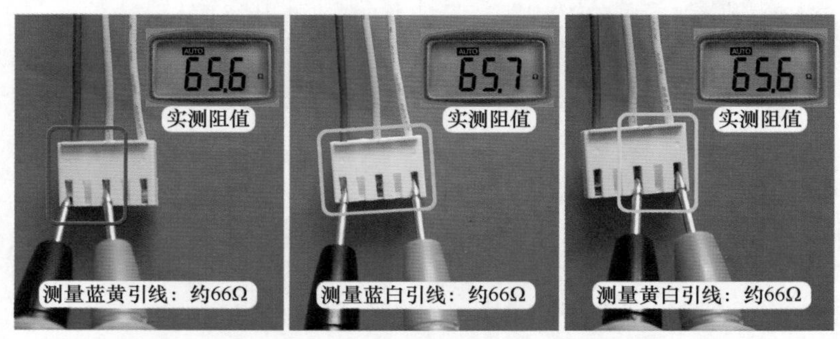

图 4-27　测量直流电机线圈阻值

六、电子膨胀阀

1. 基础知识

（1）安装位置

电子膨胀阀通常是垂直安装在室外机，见图 4-28，其在制冷系统中的作用和毛细管相同，即降压节流和调节制冷剂流量。

（2）电子膨胀阀组件

见图 4-29，电子膨胀阀组件由线圈和阀体组成，线圈连接室外机电控系统，阀体连接制冷系统，其中线圈通过卡箍卡在阀体上面。

（3）型号

示例电子膨胀阀见图 4-30 左图，线圈型号为 Q12-GL-01，表示为格力空调器公司定制的 Q 系列阀体使用的线圈，供电电压为直流 12V，16082041 为物料编号。

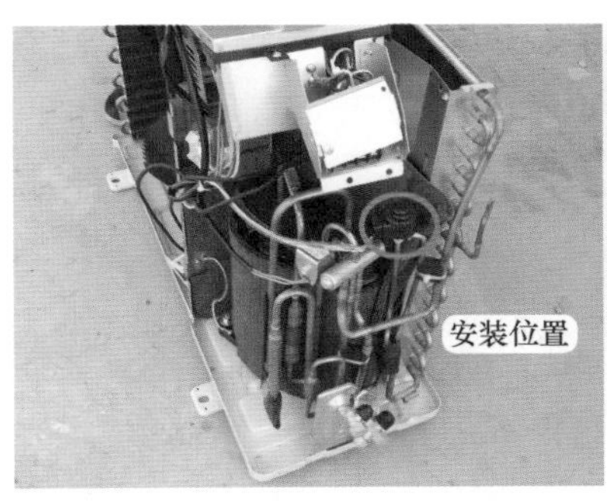

图 4-28 安装位置

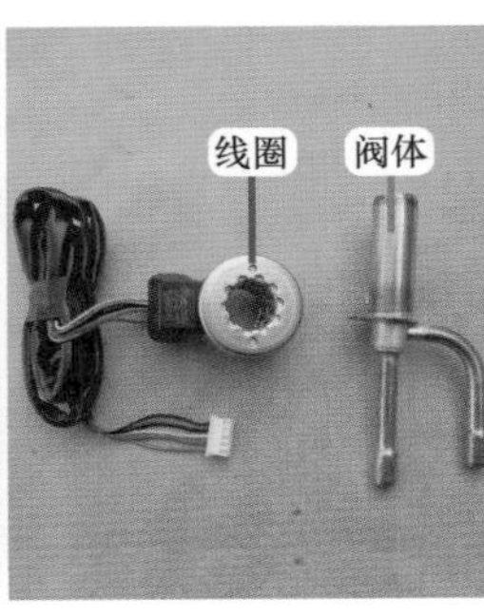

图 4-29 电子膨胀阀组件

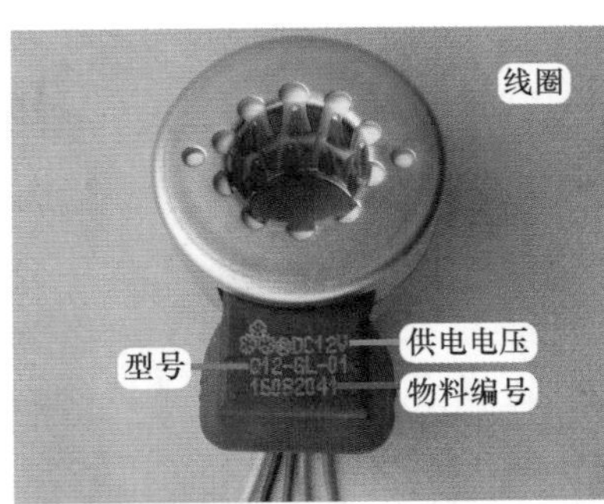

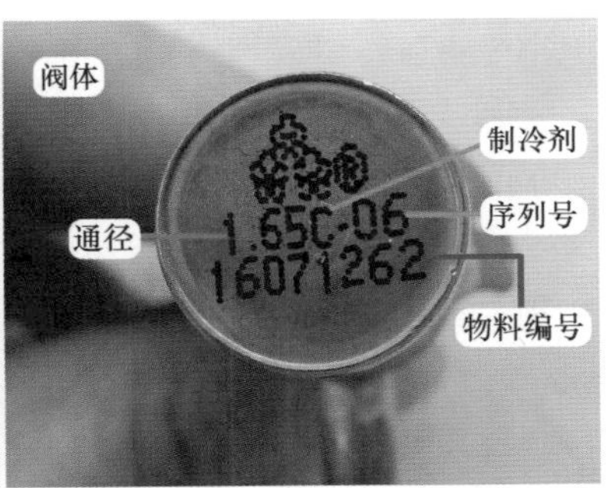

图 4-30 电子膨胀阀型号

见图 4-30 右图，阀体型号为 1.65C-06，1.65 为阀孔通径，C 表示使用在制冷剂为 R410A 的系统（A 为 R22 制冷剂、B 为 R407C 制冷剂），06 表示设计序列号，16071262 为格力配件的物料编号。

示例膨胀阀的阀孔通径为 1.65 mm，其名义容量为 5.3kW，使用在 1.5P 的空调器中，阀孔通径和空调器匹数的对应关系见表 4-1。

表 4-1 阀孔通径和空调器匹数的对应关系

阀孔通径 /mm	1.3	1.65	1.8	2.2	2.4	3.0	3.2
空调器匹数 / P	1 ～ 1.25	1.5 ～ 2	2 ～ 2.5	2.5 ～ 3	3 ～ 4	5 ～ 6	6 ～ 7

（4）阀体实物外形和内部结构

见图 4-31，阀体主要由转子、阀杆、底座组成，和线圈一起称为电子膨胀阀的四大部件。

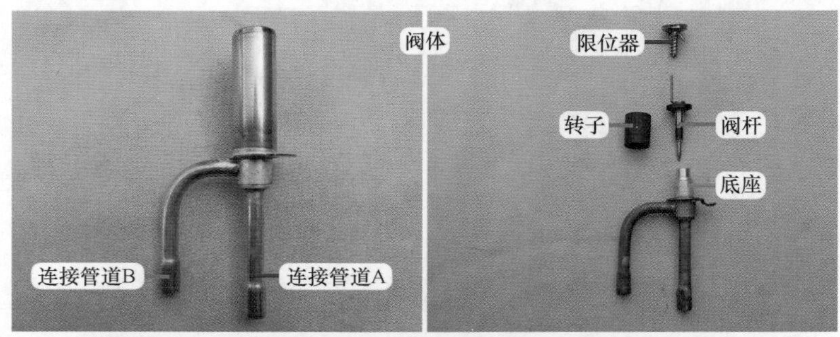

图 4-31　阀体实物外形和内部结构

线圈：相当于定子，将电控系统输出的电信号转换为磁场，从而驱动转子转动。

转子：由永久磁铁构成，顶部连接阀杆，工作时接受线圈的驱动，作正转或反转的螺旋回转运动。

阀杆：通过中部的螺栓固定在底座上面。由转子驱动，工作时转子带动阀杆作上行或下行的直线运动。

底座：主要由黄铜组成，上方连接阀杆，下方引出 2 根管子连接制冷系统。

辅助部件设有限位器和圆筒铁皮。

（5）制冷剂流动方向

示例电子膨胀阀连接管道为 h 形，共有 2 根铜管与制冷系统连接。假定正下方的竖管称为 A 管，其连接二通阀；横管称为 B 管，其连接冷凝器出口。

制冷模式：制冷剂流动方向为 B → A，见图 4-32 左图，冷凝器流出低温高压液体，经毛细管和电子膨胀阀双重节流后变为低温低压液体，再经二通阀由连接管道送至室内机的蒸发器。

制热模式：制冷剂流动方向为 A → B，见图 4-32 右图，蒸发器（此时相当于冷凝器出口）流出低温高压液体，经二通阀送至电子膨胀阀和毛细管双重节流，变为低温低压液体，送至冷凝器出口（此时相当于蒸发器进口）。

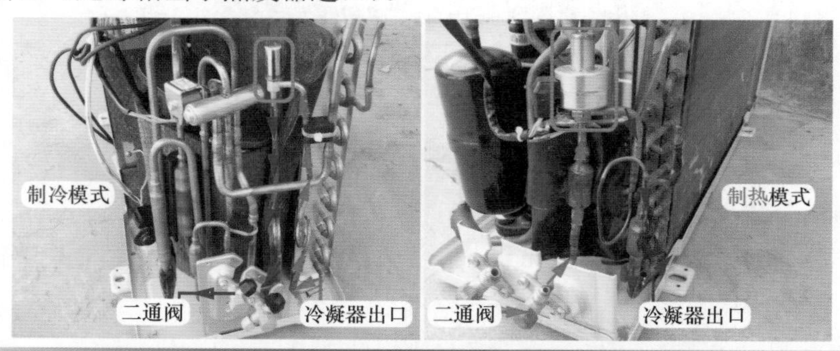

图 4-32　制冷剂流动方向

2. 工作原理

（1）驱动流程

CPU 需要控制电子膨胀阀工作时，输出 4 路驱动信号，经反相驱动器反相放大后，经插座送至线圈，线圈将电信号转换为磁场，带动阀体内转子螺旋转动，转子带动阀杆向上或向下垂直移动，阀针上下移动，改变阀孔的间隙，使阀体的流通截面积发生变化，改变制冷剂流过时的压力，从而改变节流压力和流量，使进入蒸发器的流量与压缩机运行速度相适应，达到精确调节制冷量的目的。

膨胀阀驱动流程（见图 4-33）：CPU →反相驱动器→线圈→转子→阀杆→阀针→阀孔开启或关闭。

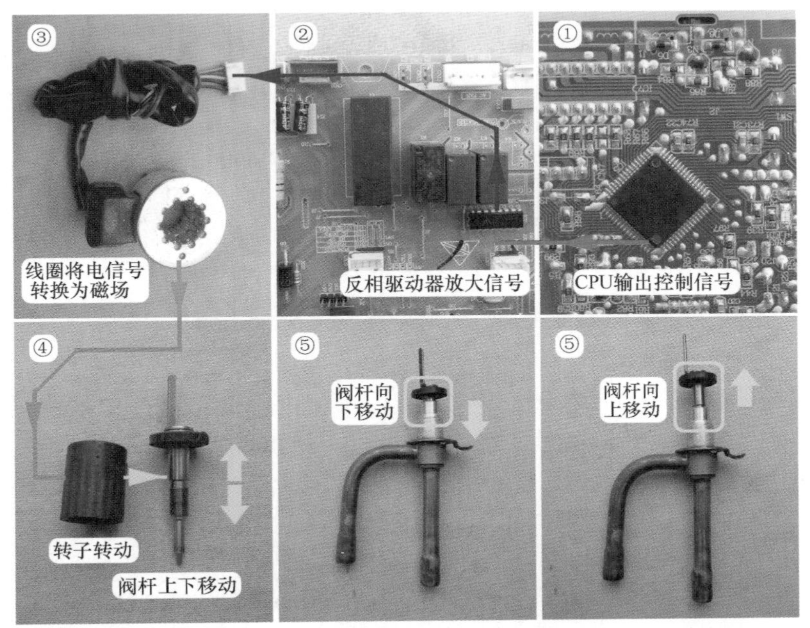

图 4-33　驱动流程

（2）阀杆位置

室外机 CPU 上电复位：控制电子膨胀阀时，首先是向上移动处于最大位置，然后再向下移动处于关闭位置，此时为待机状态。

遥控器开机：室外机运行，则阀杆向上移动，处于节流降压状态。

遥控器关机：室外机停止运行，延时过后，阀杆向下移动，处于关闭位置。

3. 优点和缺点

压缩机在高频或低频运行时对进入蒸发器的制冷剂流量要求不同，高频运行时要求进入蒸发器的流量大，以便迅速蒸发，提高制冷量，可迅速降低房间温度；低频运行时要求进入蒸发器的流量小，降低制冷量，以便维持房间温度。

使用毛细管作为节流元件，由于节流压力和流量为固定值，因而在一定程度上降低了变频空调器的优势；而使用电子膨胀阀作为节流元件则适合制冷剂流量变化的要求，从而最大程度发挥变频空调器的优势，提高系统制冷量。

使用电子膨胀阀的变频空调器，由于运行过程中需要同时调节两个变量，这也要求室外机主板上 CPU 有很高的运算能力；同时电子膨胀阀与毛细管相比成本较高，因此一般使用在高档空调器中。

如果电子膨胀阀的开度控制不好（即和压缩机转速不匹配），制冷量会下降甚至低于使用毛细管作为节流元件的变频空调器。

4. 测量线圈阻值

线圈根据引线数量分为两种：一种为 6 根引线，其中有 2 根引线连在一起为公共端接电源直流 12V，余下 4 根引线接 CPU 控制；另一种为 5 根引线，见图 4-34，1 根为公共端接直流 12V（示例为蓝线），余下 4 根接 CPU 控制（黑线、黄线、红线、橙线）。

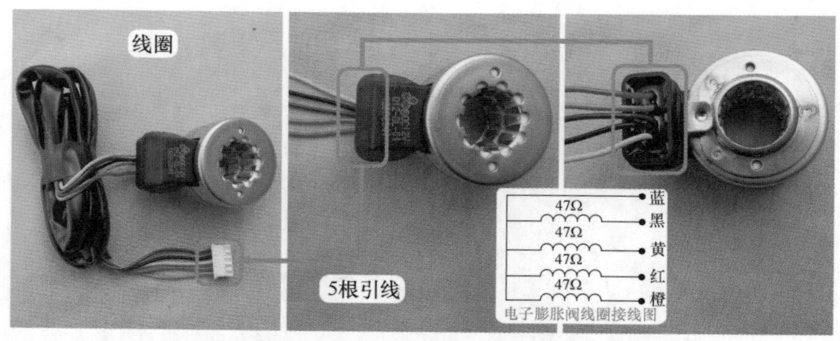

图 4-34 线圈

测量电子膨胀阀线圈方法和测量步进电机线圈相同，使用万用表电阻挡，见图 4-35，黑表笔接公共端蓝线，红表笔测量 4 根控制引线，蓝与黑、蓝与黄、蓝与红、蓝与橙的阻值相同，均约为 47Ω。

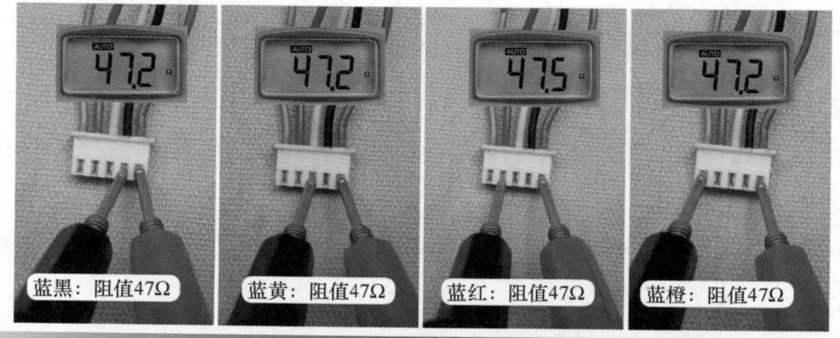

图 4-35 测量公共端和驱动引线阻值

4 根接驱动控制的引线之间阻值，应为公共端与 4 根引线阻值的 2 倍。见图 4-36，实测黑与黄、黑与红、黑与橙、黄与红、黄与橙、红与橙阻值相等，均约为 94Ω。

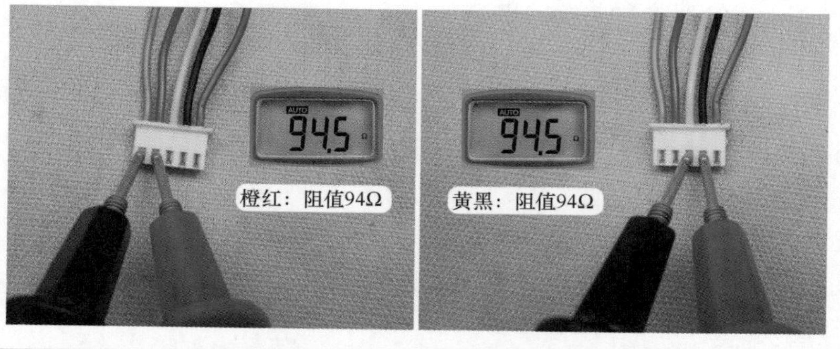

图 4-36 测量驱动引线之间阻值

第二节 模块

IPM为智能功率模块（简称模块），是变频空调器电控系统中最重要元件之一，也是故障率较高的一个元件，属于电控系统主要元器件之一，由于知识点较多，因此单设一节进行详细说明。

一、基础知识

1. 模块板组件

（1）接线端子

图4-37左图为海尔早期某款交流变频空调器使用的模块板组件，主要接线端子功能如下。

ACL和ACN：共2个端子，为交流220V输入，接室外机主板的交流220V。

RO和RI：共2个端子，接外置的滤波电感。

N（−）和P（+）：共2个端子，接外置的滤波电容。

U、V、W：共3个端子为输出，接压缩机线圈。

右下角白色插座共4个引针为信号传送，接室外机主板，使室外机主板CPU控制模块板组件以驱动压缩机运行。

从图4-37右图可以看出，用于驱动压缩机的IGBT开关管，使用分离元件形式。

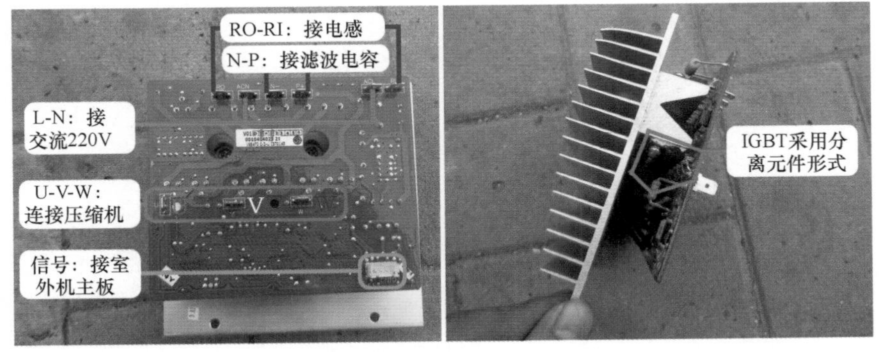

图4-37 早期模块板组件

（2）单元电路

取下模块板组件的散热片，查看电路板单元电路，见图4-38，主要由以下几个单元电路组成：整流电路（整流硅桥）、PFC电路（改善电源功率因数）、电流检测电路、开关电源电路（提供直流15V、3.3V等电压）、控制电路（模块板组件CPU）、驱动电路（驱动IGBT开关管）、6个IGBT开关管等电路组成。

由于分离元件形式的IGBT开关管故障率和成本均较高，且体积较大，如果将6个IGBT开关管、驱动电路、电流检测等电路单独封装在一起，见图4-38右图，即组成常见的IPM模块。

说明

图 4-38 左图中，控制电路使用的集成块为东芝公司生产的微处理器，型号为 TMG88CH40MG；驱动电路使用的集成块为 IR 公司生产，型号为 2136S，功能是 3 相桥式驱动器，用于驱动 6 个 IGBT 开关管。

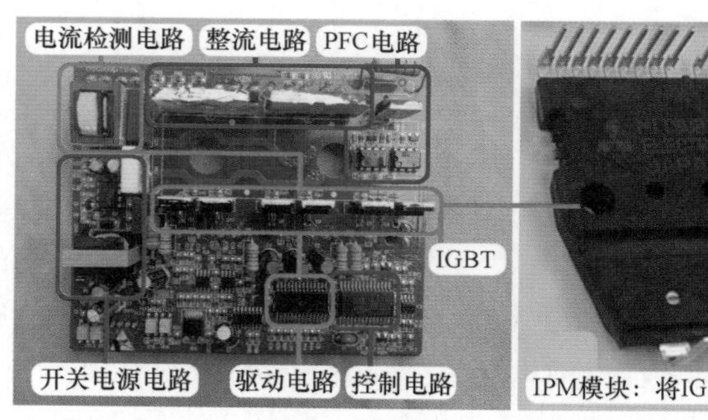

图 4-38 分离元件模块板组件和 IPM 模块

（3）IGBT 开关管

模块内部开关管方框简图见图 4-39，实物图见图 4-40。模块最核心的部件是 IGBT 开关管，压缩机有 3 个接线端子，模块需要 3 组独立的桥式电路，每组桥式电路由上桥和下桥组成，因此模块内部共设有 6 个 IGBT 开关管，分别称为 U 相上桥（U+）和下桥（U−）、V 相上桥（V+）和下桥（V−）、W 相上桥（W+）和下桥（W−），由于工作时需要通过较大的电流，6 个 IGBT 开关管固定在面积较大的散热片上面。

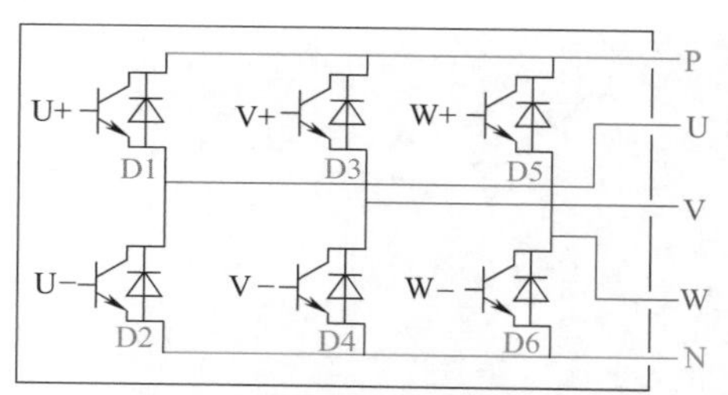

图 4-39 内部开关管方框简图

图 4-40 中 IGBT 开关管型号为东芝 GT20J321，为绝缘栅双极型晶体管，共有 3 个引脚，从左到右依次为 G（控制极）、C（集电极或称为漏极 D）、E（发射极或称为源极 S），内部 C 极和 E 极并联有续流二极管。

室外机 CPU（或控制电路）输出的 6 路信号（弱电），经驱动电路放大后接 6 个 IGBT

图 4-40 IGBT 开关管

开关管的控制极，3 个上桥的集电极接直流 300V 的正极 P 端子，3 个下桥的发射极接直流 300V 的负极 N 端子，3 个上桥的发射极和 3 个下桥的集电极相通为中点输出，分别为 U、V、W 接压缩机线圈。

（4）IPM 模块

严格意义的 IPM 模块见图 4-41，是一种智能的模块，将 IGBT 连同驱动电路和多种保护电路封装在同一模块内，从而简化了设计，提高了稳定性。IPM 模块只有固定在外围电路的控制基板上，才能组成模块板组件。

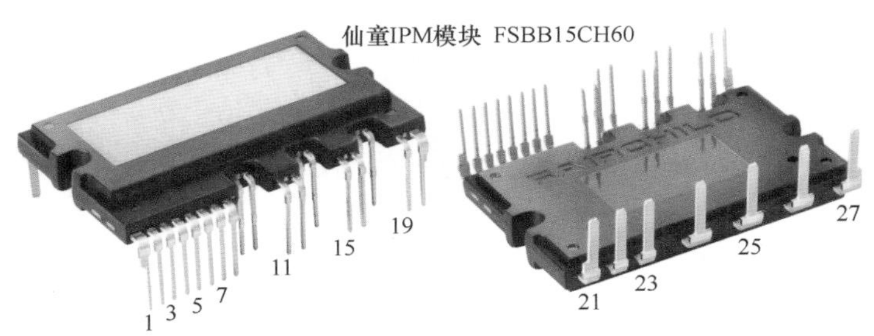

图 4-41 IPM 模块

2. 工作原理

模块可以简单地看作是电压转换器。室外机主板 CPU 输出 6 路信号，经模块内部驱动电路放大后控制 IGBT 开关管的导通与截止，将直流 300V 电压转换成与频率成正比的模拟三相交流电（交流 30 ～ 220V、频率 15 ～ 120Hz），驱动压缩机运行。

三相交流电压越高，压缩机转速及输出功率（即制冷效果）也越高；反之，三相交流电压越低，压缩机转速及输出功率（即制冷效果）也就越低。三相交流电压的高低由室外机 CPU 输出的 6 路信号决定。

3. 安装位置

由于模块工作时产生很高的热量，因此设有面积较大的铝制散热片，并固定在上面，见图 4-42，模块设计在室外机电控盒里侧，室外风扇运行时带走铝制散热片表面的热量，间接为模块散热。

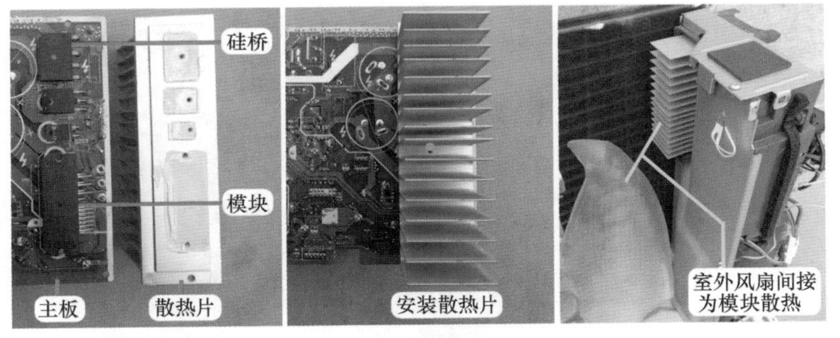

图 4-42 模块安装位置

二、模块输入与输出电路

图 4-43 为模块输入和输出电路方框图，图 4-44 为实物图。

说明

直流 300V 供电回路中，在实物图上未显示 PTC 电阻、室外机主控继电器、滤波电感等器件。

1. 输入部分

① P、N：由滤波电容提供直流 300V 电压，为模块内部 IGBT 开关管供电，其中 P 外接滤波电容正极，内接上桥 3 个 IGBT 开关管的集电极；N 外接滤波电容负极，内接下桥 3 个 IGBT 开关管的发射极。

② 15V：由开关电源电路提供，为模块内部控制电路供电。

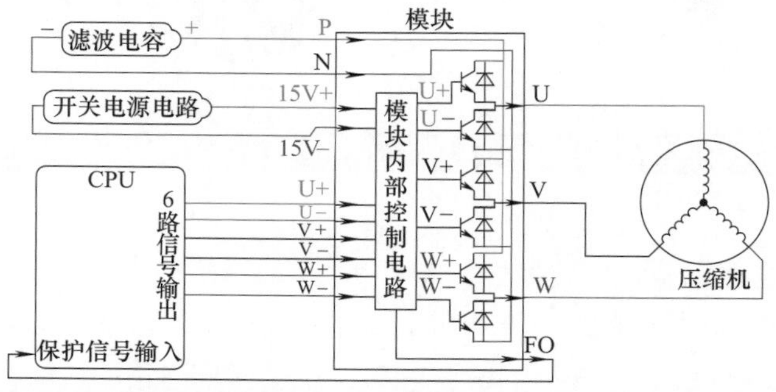

图 4-43 模块输入和输出电路方框图

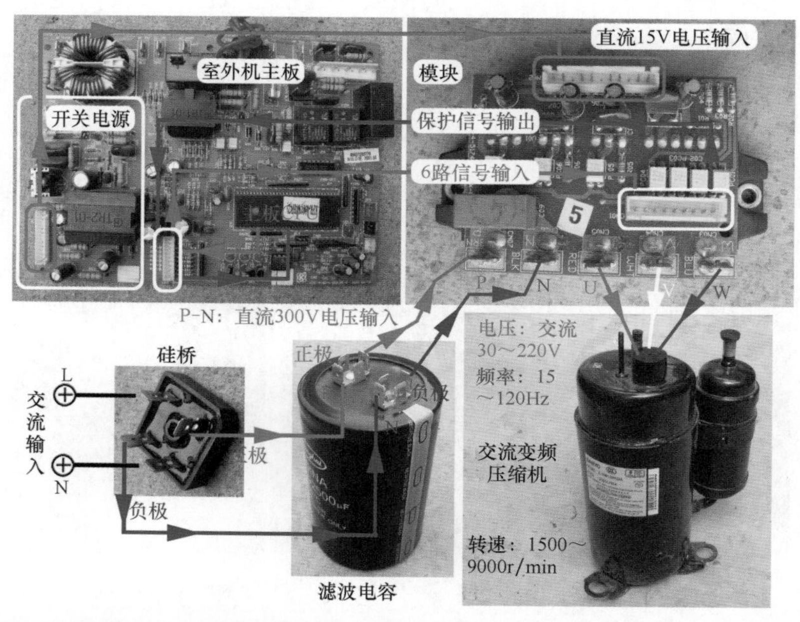

图 4-44 模块输入和输出电路实物图

③ 6 路信号：由室外机 CPU 提供，经模块内部控制电路放大后，按顺序驱动 6 个 IGBT 开关管的导通与截止。

2. 输出部分

① U、V、W：即上桥与下桥 IGBT 开关管的中点，输出与频率成正比的模拟三相交流电，驱动压缩机运行。

② FO（保护信号）：当模块内部控制电路检测到过热、过流、短路、15V 电压低 4 种故障，输出保护信号至室外机 CPU。

三、模块测量方法

无论任何类型的模块使用万用表测量时，内部控制电路工作是否正常均不能判断，只能对内部 6 个开关管作简单的检测。

从图 4-39 所示的模块内部 IGBT 开关管方框简图可知，万用表显示值实际为 IGBT 开关管并联 6 个续流二极管的测量结果，因此应选择二极管挡，且 P、N、U、V、W 端子之间应符合二极管的特性。

各个空调器的模块测量方法基本相同，本小节以测量海信 KFR-26GW/11BP 交流变频空调器使用的模块为例，实物外形见图 4-45，介绍模块测量方法。

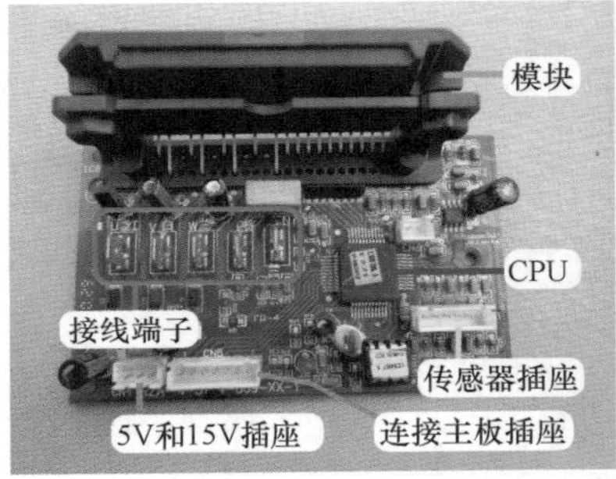

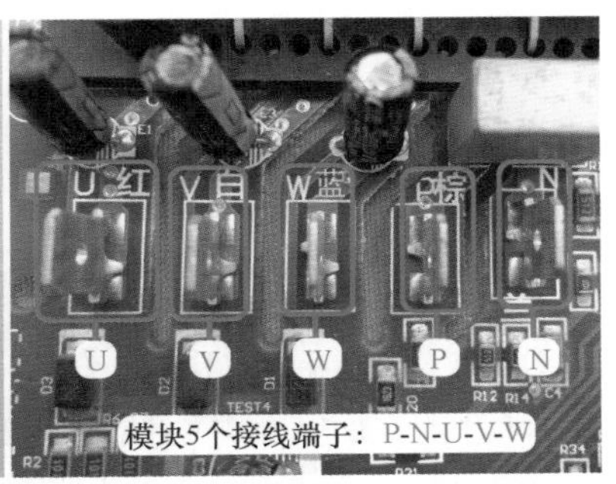

图 4-45　模块接线端子

1. 测量 P、N 端子

相当于 D1 和 D2（或 D3 和 D4、D5 和 D6）串联。

红表笔接 P、黑表笔接 N，为反向测量，见图 4-46 左图，结果为无穷大。

红表笔接 N、黑表笔接 P，为正向测量，见图 4-46 右图，结果为 817mV。

如果正反向测量结果均为无穷大，为模块 P、N 端子开路；如果正反向测量结果均接近 0 mV，为模块 P、N 端子短路。

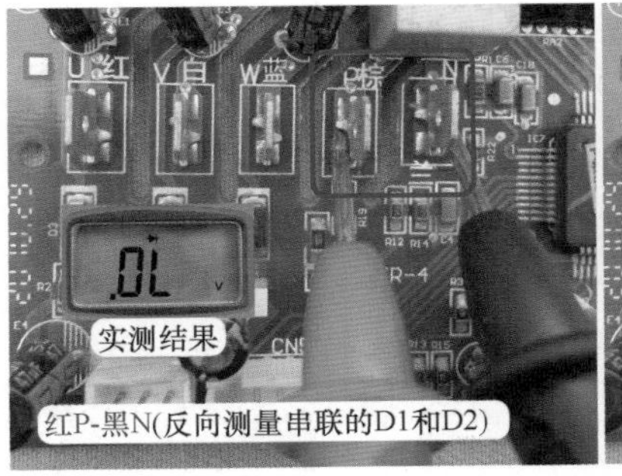

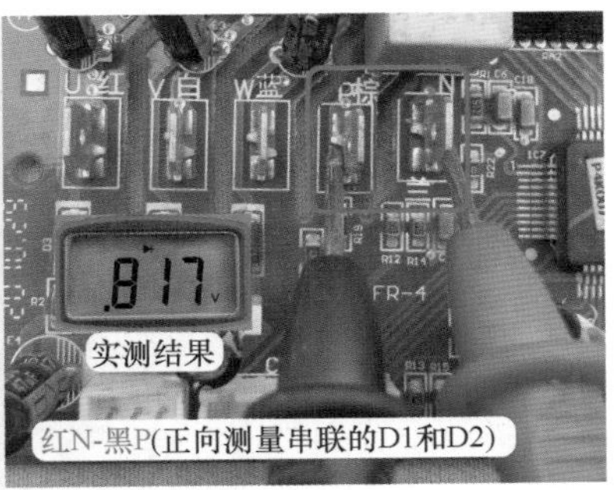

图 4-46　测量 P、N 端子

2. 测量P与U、V、W端子

相当于测量D1、D3、D5。

红表笔接P，黑表笔接U、V、W，为反向测量，测量过程见图4-47，3次结果相同，均为无穷大。

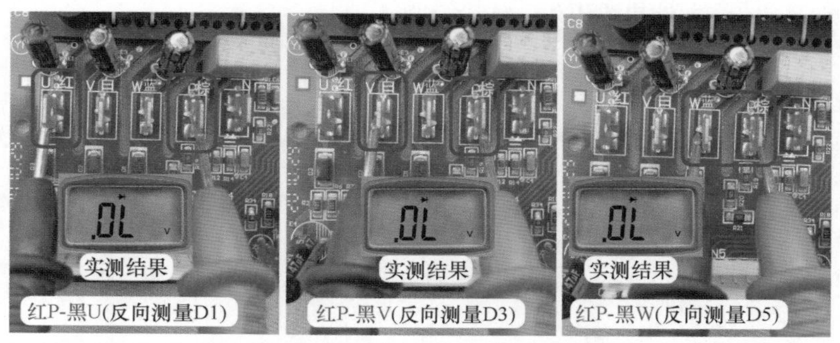

图4-47 反向测量P与U、V、W端子

红表笔接U、V、W，黑表笔接P，为正向测量，测量过程见图4-48，3次结果相同，均为450mV。

如果反向测量或正向测量时P与U、V、W端结果接近0mV，则说明模块PU、PV、PW结击穿。实际损坏时有可能是PU、PV结正常，只有PW结击穿。

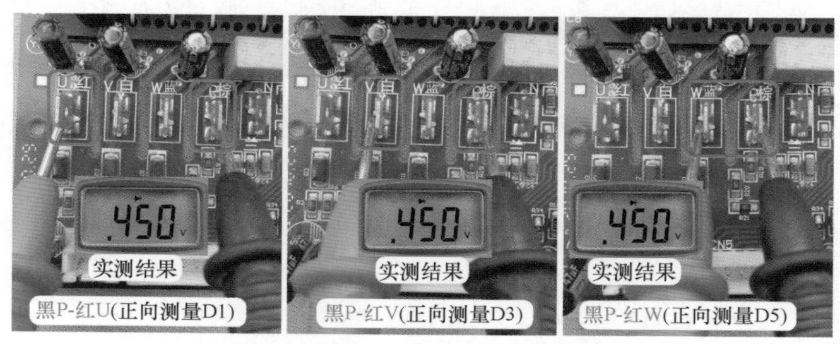

图4-48 正向测量P与U、V、W端子

3. 测量N与U、V、W端子

相当于测量D2、D4、D6。

红表笔接N，黑表笔接U、V、W，为正向测量，测量过程见图4-49，3次结果相同，

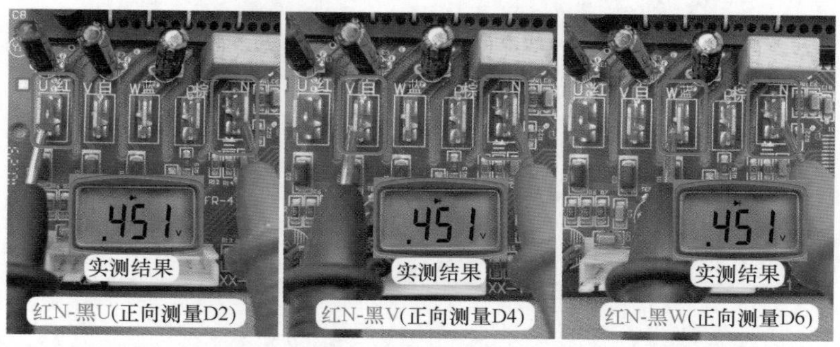

图4-49 正向测量N与U、V、W端子

均为451mV。

红表笔接U、V、W，黑表笔接N，为反向测量，测量过程见图4-50，3次结果相同，均为无穷大。

如果反向测量或正向测量时，N与U、V、W端结果接近0mV，则说明模块NU、NV、NW结击穿。实际损坏时有可能是NU、NW结正常，只有NV结击穿。

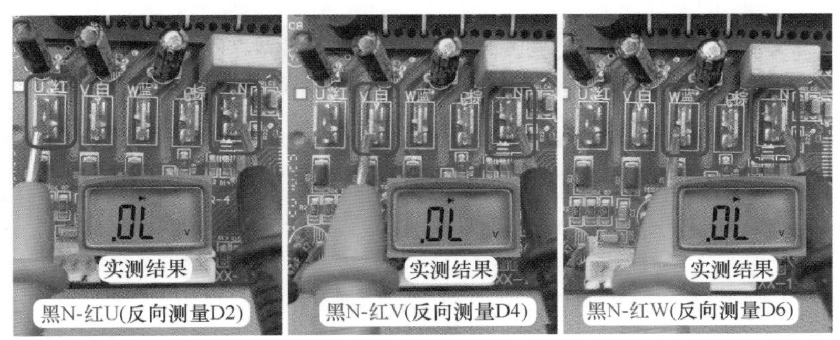

图4-50 反向测量N与U、V、W端子

4. 测量U、V、W端子

测量过程见图4-51，由于模块内部无任何连接，U、V、W端子之间无论正、反向测量，结果相同，均为无穷大。

如果结果接近0mV，则说明UV、UW、VW结击穿。实际维修时U、V、W之间击穿损坏比例较少。

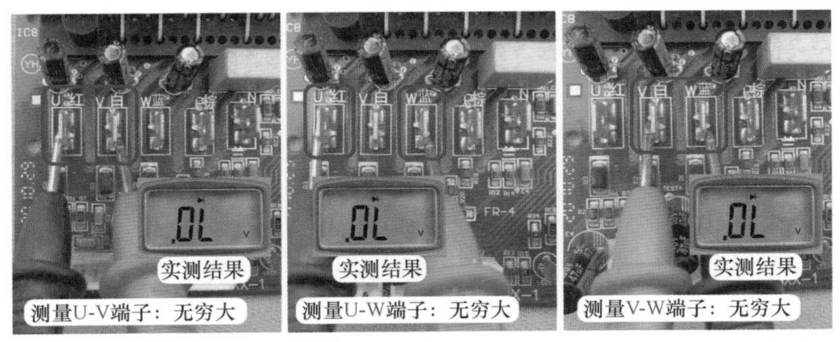

图4-51 测量U、V、W端子

5. 测量说明

① 测量时应将模块上P、N端子滤波电容供电，U、V、W压缩机线圈共5个端子的引线全部拔下。如测量目前室外机电控系统中模块一体化的主板，见图4-52，通常未设单独的P、N、U、V、W，则测量模块时需要断开空调器电源，并将滤波电容放电至直流0V，其正极相当于P端子、负极相当于N端子，再拔下压缩机线圈的对接插头，3根引线为U、V、W端子。

② 上述测量方法使用数字万用表。如果使用指针万用表，选择$R\times1$k挡，测量时红、黑表笔所接端子与上述方法相反，得出的规律才会一致。

③ 不同的模块、不同的万用表正向测量时得出结果数值会不相同，但一定要符合内部6个续流二极管连接特点所形成的规律。同一模块同一万用表正向测量P与U、V、W端或

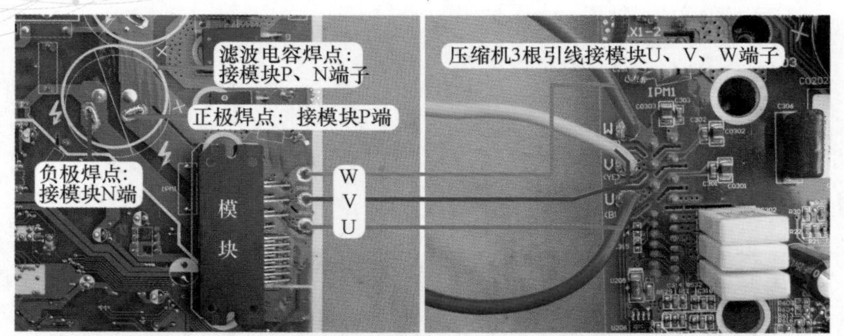

图 4-52　模块的 5 个端子

N 与 U、V、W 端时，结果数值应相同（如本次测量为 451mV）。

④ P、N 端子正向测量得出的结果数值应大于 P 与 U、V、W 或 N 与 U、V、W 得出的数值。

⑤ 测量模块时不要死记得出的数值，要掌握规律。

⑥ 模块常见故障为 PN、PU（或 PV、PW）、NU（或 NV、NW）击穿，其中 PN 端子击穿的比例最高。

⑦ 纯粹的模块为一体化封装，如内部 IGBT 开关管损坏，只能更换整个模块板组件。

⑧ 模块与控制基板（电路板）焊接在一起，如模块内部损坏，或电路板上某个元件损坏但检查不出来，也只能更换整个模块板组件。

第三节　变频压缩机

变频压缩机是变频空调器电控系统中最重要元件之一，也属于电控系统主要元器件之一，由于知识点较多，因此单设一节进行详细说明。

一、基础知识

1. 安装位置

变频压缩机安装在室外机右侧，和定频空调器压缩机位置基本相同，见图 4-53，也是

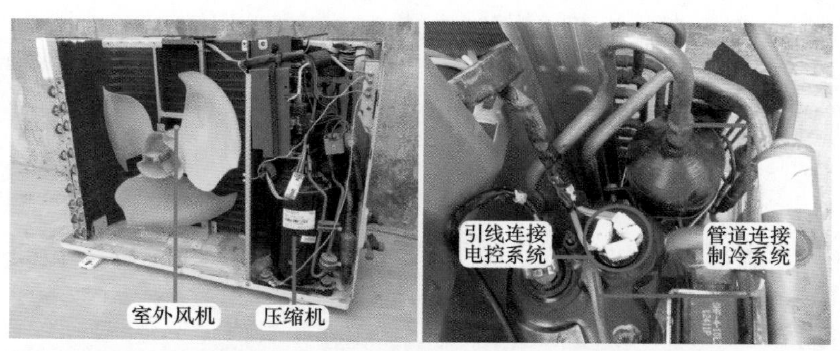

图 4-53　安装位置和系统引线

室外机重量最重的器件，其管道（吸气管和排气管）连接制冷系统，接线端子上引线（U、V、W）连接电控系统中的模块。

2. 实物外形

实物外形见图 4-54，外观和定频空调器压缩机基本相同。压缩机为制冷系统的心脏，通过运行使制冷剂在制冷系统保持流动和循环。

图 4-54 实物外形

压缩机由三相感应电机和压缩系统两部分组成，模块输出频率与电压均可调的模拟三相交流电为三相感应电机供电，电机带动压缩系统工作。

模块输出电压变化时电机转速也随之变化，转速变化范围为 1500 ～ 9000r/min，压缩系统的输出功率（即制冷量）也发生变化，从而达到在运行时调节制冷量的目的。

3. 分类

根据工作方式主要分为交流变频压缩机和直流变频压缩机。

交流变频压缩机：见图 4-55 左图，使用在早期的变频空调器中，使用三相感应电机。示例交流变频压缩机为三相交流供电，工作电压为交流 60 ～ 173V，频率 30 ～ 120Hz，使用 R22 制冷剂。

直流变频压缩机：见图 4-55 右图，使用于目前的变频空调器中，使用无刷直流电机。示例三菱直流变频压缩机为直流供电，工作电压为 27 ～ 190V，频率 30 ～ 390Hz，功率 1245W，制冷量为 4100W，使用 R410A 制冷剂。

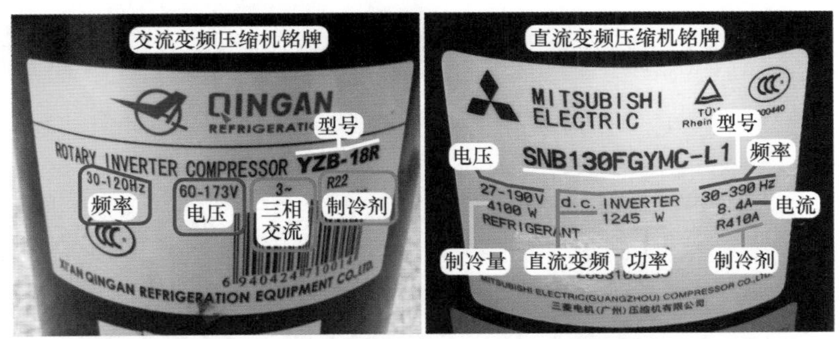

图 4-55 压缩机铭牌

4. 工作原理

压缩机运行原理见图 4-56，当需要控制压缩机运行时，模块 U、V、W 输出三相均衡的交流电，经顶部的接线端子送至电机线圈的 3 个端子，定子产生旋转磁场，转子产生感应电动势，与定子相互作用，转子转动起来，转子转动时带动主轴旋转，主轴带动压缩组件工作，吸气口开始吸气，经压缩变成高温高压的气体后由排气口排出，系统的制冷剂循环工作，空调器开始制冷或制热。

图 4-56 压缩机运行原理

二、剖解变频压缩机

本小节以上海日立 SGZ20EG2UY 交流变频压缩机为例，介绍其内部结构、工作原理等。

1. 内部结构

从外观上看，见图 4-57 左图，压缩机由外置储液瓶和本体组成。

见图 4-57 右图，压缩机本体由壳体（上盖、外壳、下盖）、压缩组件、电机共三大部分组成。

图 4-57 内部结构

取下外置储液瓶后，见图 4-58 左图，吸气管和位于下部的压缩组件直接相连，排气管

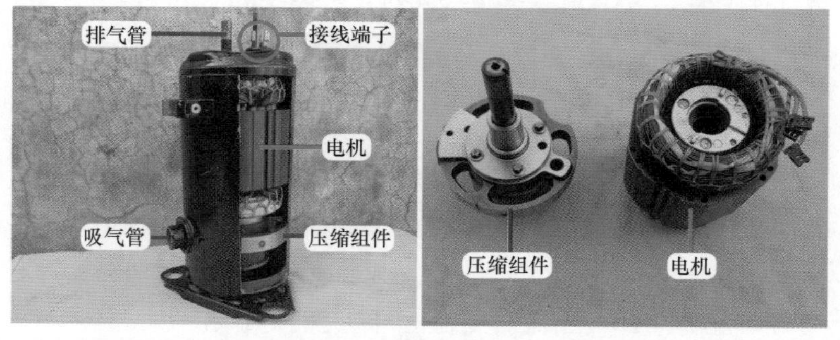

图 4-58 电机和压缩组件

位于顶部；电机组件位于上部，其引线和顶部的接线端子直接相连。

压缩机本体由压缩组件和电机组件组成，见图 4-58 右图。

2. 上盖和下盖

见图 4-59 左图和中图，压缩机上盖从外侧看，设有排气管和接线端子，从内侧看排气管只是一个管口，说明压缩机大部分区域均为高压高温状态；内设的接线端子设有插片，以便连接电机线圈的 3 个端子。

下盖外侧设有 3 个较大的孔，见图 4-59 右图，用于安装减振胶垫，以便固定压缩机；内侧中间部位设有磁铁，以吸附磨损的金属铁屑，防止被压缩组件吸入或黏附在转子周围，因磨损而损坏压缩机。

3. 储液瓶

储液瓶是为防止液体的制冷剂进入压缩机的保护部件，见图 4-60 左图，主要由过滤网和虹吸管组成。过滤网的作用是为了防止杂质进入压缩机，虹吸管底部设有回油孔，可使进入制冷系统的润滑油顺利地再次回流到压缩机内部。

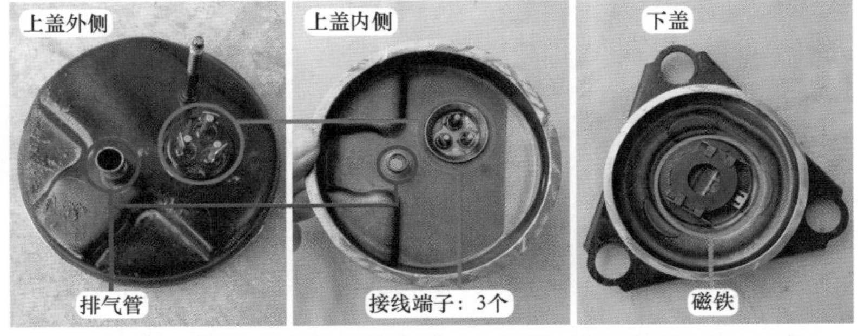

图 4-59 上盖和下盖

图 4-60 储液瓶

储液瓶工作示意图见图 4-60 右图，储液瓶顶部的吸气管连接蒸发器，如果制冷剂没有完全汽化即含有液态的制冷剂进入储液瓶后，因液态制冷剂本身比气态制冷剂重，将直接落入储液瓶底部，气态制冷剂经虹吸管进入压缩机内部，从而防止压缩组件吸入液态制冷剂而造成液击损坏。

三、电机部分

1. 组成

见图 4-61，电机部分由转子和定子两部分组成。

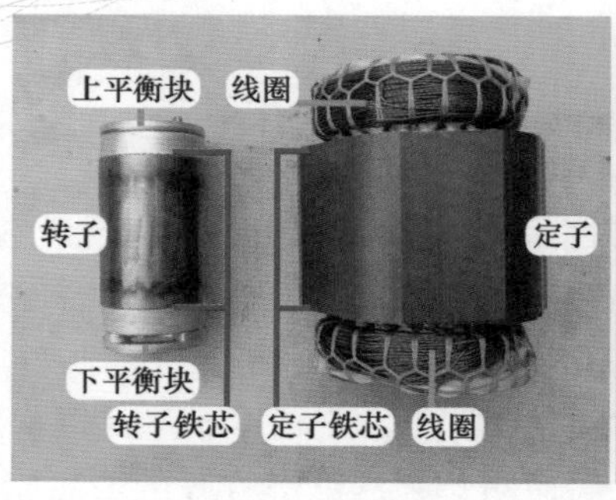

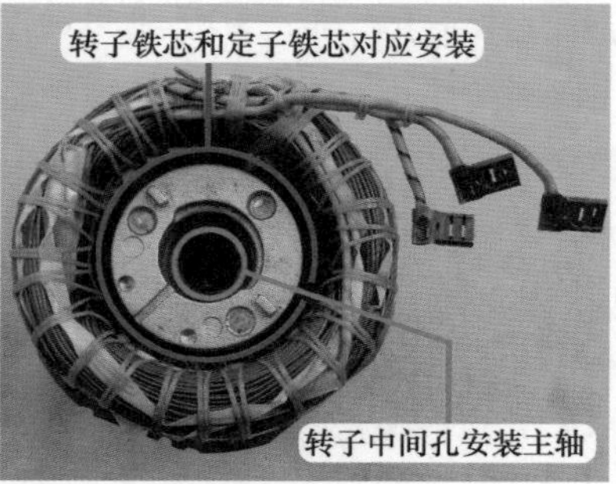

图 4-61　转子和定子

转子由铁芯和平衡块组成。转子的上部和下部均安装有平衡块，以减少压缩机运行时的振动；中间部位为笼式铁芯，由硅钢片叠压而成，其长度和定子铁芯相同，安装时定子铁芯和转子铁芯相对应；转子中间部分的圆孔安装主轴，以带动压缩组件工作。

定子由铁芯和线圈组成，线圈镶嵌在定子槽里面。在模块输出三相供电时，经连接线至线圈的 3 个接线端子，线圈中通过三相对称的电流，在定子内部产生旋转磁场，此时转子铁芯与旋转磁场之间存在相对运动，切割磁力线而产生感应电动势，转子中有电流通过，转子电流和定子磁场相互作用，使转子中形成电磁力，转子便旋转起来，通过主轴从而带动压缩部分组件工作。

2. 引线作用

见图 4-62，电机的线圈引出 3 根引线，安装至上盖内侧的 3 个接线端子上面。

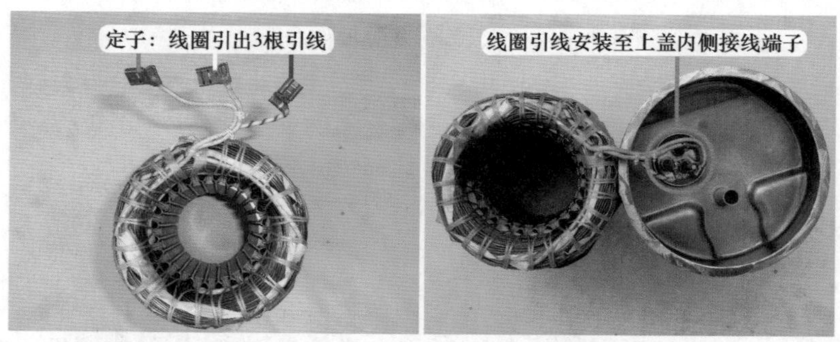

图 4-62　电机连接线

因此上盖外侧也只有 3 个接线端子，标号为 U、V、W，连接至模块的引线也只有 3 根，引线连接压缩机端子标号和模块标号应相同，见图 4-63，本机 U 端子为红线、V 端子为白线、W 端子为蓝线。

说明

无论是交流变频压缩机或直流变频压缩机，均有 3 个接线端子，标号分别为 U、V、W，和模块上的 U、V、W 3 个接线端子对应连接。

3. 测量线圈阻值

使用万用表电阻挡，测量3个接线端子之间阻值，见图4-64，U-V、U-W、V-W阻值相等，实测阻值均约为1.1Ω。

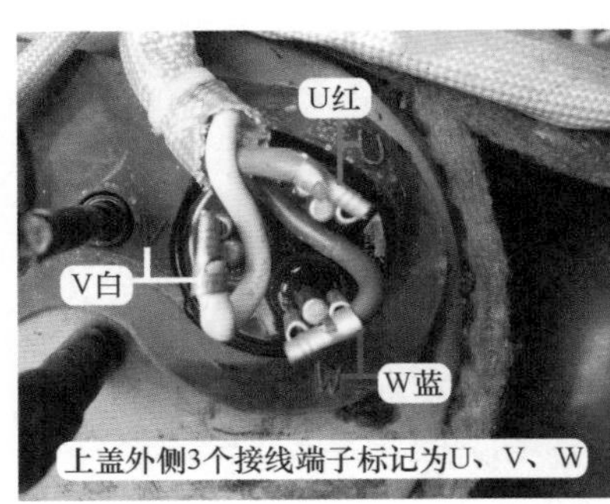

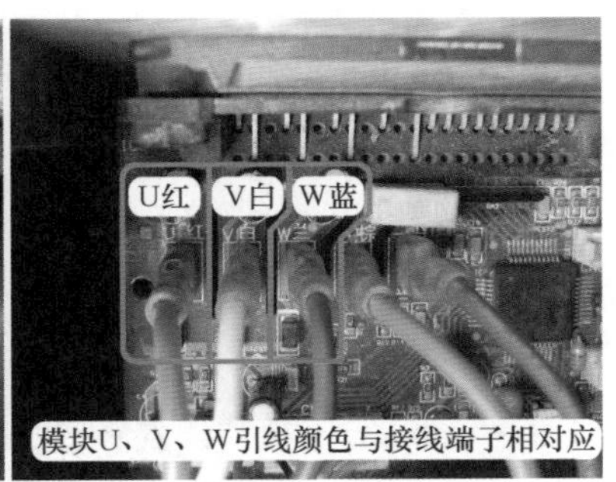

图4-63 变频压缩机引线

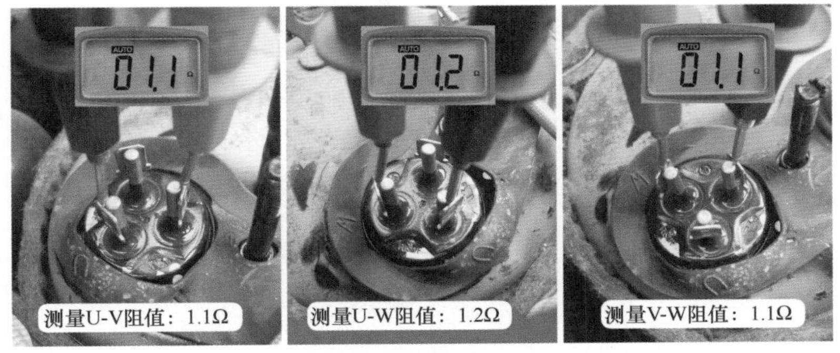

图4-64 测量线圈阻值

四、压缩部分

1. 组成

取下储液瓶、定子和上盖后，见图4-65左图，转子位于上方，压缩组件位于下方，同时吸气管也位于下方和压缩组件相对应。

见图4-65中图和右图，压缩组件的主轴直接安装在转子内，也就是说，转子转动时直接带动主轴（偏心轴）旋转，从而带动压缩组件工作。

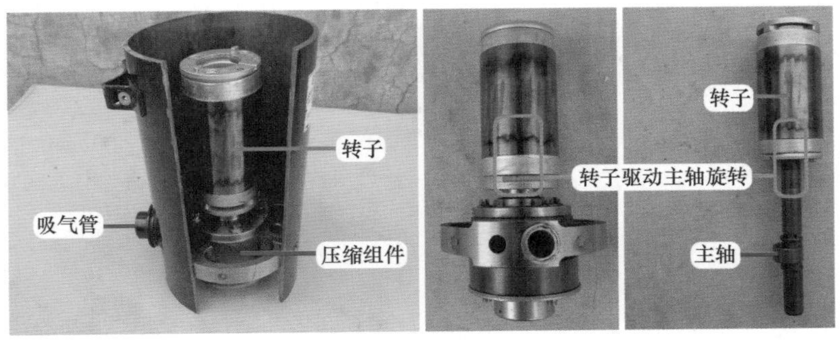

图4-65 压缩组件

2. 主要部件

图 4-66 左图为压缩组件实物外形，图 4-66 右图为主要部件，由主轴、上汽缸盖、汽缸、下汽缸盖、滚动活塞（滚套）、刮片、弹簧、平衡块、下盖、螺栓等组成。

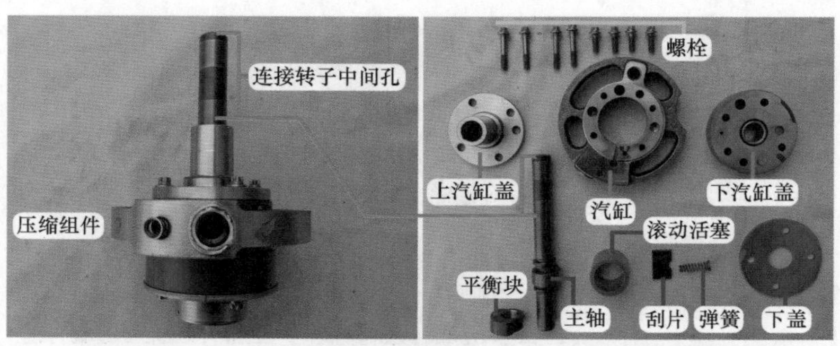

图 4-66　压缩组件组成

第五章
空调器制冷系统维修基础知识

第一节 制冷系统工作原理和部件

一、单冷型空调器制冷系统

1. 制冷系统循环

单冷型空调器制冷循环原理图见图 5-1，实物图见图 5-2。

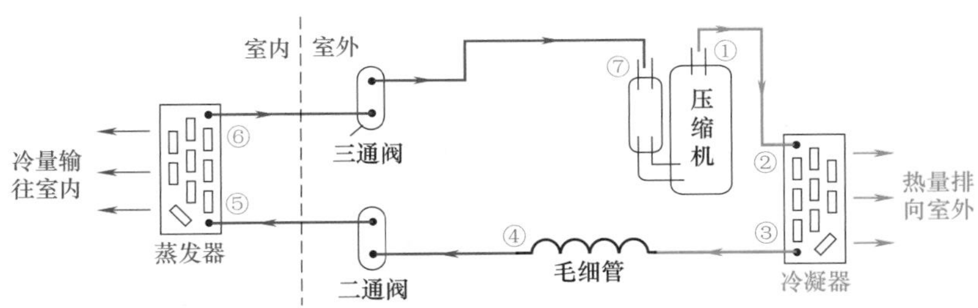

图 5-1 单冷型空调器制冷循环原理图

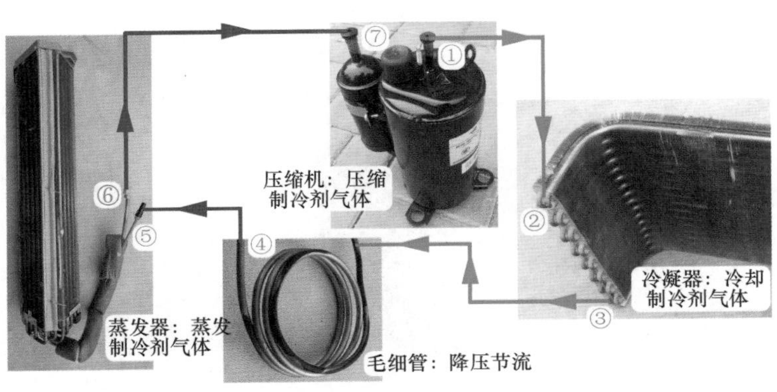

图 5-2 单冷型空调器制冷循环实物图

来自室内机蒸发器的低温低压制冷剂气体被压缩机吸气管吸入，压缩成高温高压气体，由排气管排入室外机冷凝器，通过室外风扇的作用，与室外的空气进行热交换而成为低温高压的制冷剂液体，经过毛细管的节流降压、降温后进入蒸发器，在室内风扇的作用下，吸收房间内的热量（即降低房间内的温度）而成为低温低压的制冷剂气体，再被压缩机压缩，制冷剂的流动方向为①→②→③→④→⑤→⑥→⑦→①，如此周而复始地循环达到制冷的目的。制冷系统主要位置压力和温度见表 5-1（使用 R22 制冷剂）。

说明

图中红线表示高温管路，蓝线表示低温管路。

表 5-1 制冷系统主要位置压力和温度

代号和位置		状态	压力	温度
①压缩机排气管		高温高压气体	2.0MPa	约 90℃
②冷凝器进口		高温高压气体	2.0MPa	约 85℃
③冷凝器出口（毛细管进口）		低温高压液体	2.0MPa	约 35℃
④毛细管出口	⑤蒸发器进口	低温低压液体	0.45MPa	约 7℃
⑥蒸发器出口	⑦压缩机吸气管	低温低压气体	0.45MPa	约 5℃

2. 单冷空调器制冷系统主要部件

单冷空调器的制冷系统主要由压缩机、冷凝器、毛细管、蒸发器组成，称为制冷系统四大部件。

（1）压缩机

压缩机是制冷系统的心脏，将低温低压的气体压缩成为高温高压的气体。压缩机由电机部分和压缩部分组成。电机通电后运行，带动压缩部分工作，使吸气管吸入的低温低压制冷剂气体变为高温高压气体。

压缩机常见形式有三种：活塞式、旋转式、涡旋式，实物外形见图 5-3。活塞式压缩机常见于老式柜式空调器中，通常为三相供电，现在已经很少使用；旋转式压缩机大量使用在 1 ～ 3P 的挂式或柜式空调器中，通常使用单相供电，是目前最常见的压缩机；涡旋式压缩机通常使用在 3P 及以上柜式空调器中，通常使用三相供电，由于不能反向运行，使用此类压缩机的空调器室外机设有相序保护电路。

图 5-3 压缩机

（2）冷凝器

冷凝器实物外形见图 5-4，作用是将压缩机排气管排出的高温高压气体变为低温高压的液体。压缩机排出高温高压的气体进入冷凝器后，吸收外界的冷量，此时室外风机运行，将冷凝器表面的高温排向外界，从而将高温高压的气体冷凝为低温高压的液体。

常见外观形状有单片式、双片式或更多。

图 5-4　冷凝器

（3）毛细管

毛细管由于价格低及性能稳定，在定频空调器和变频空调器中大量使用，安装位置和实物外形见图 5-5，目前部分变频空调器使用电子膨胀阀代替毛细管作为节流元件。

毛细管的作用是将低温高压的液体变为低温低压的液体。从冷凝器排出的低温高压液体进入毛细管后，由于管径突然变小并且较长，因此从毛细管排出的液体压力已经很低，由于压力与温度成正比，此时制冷剂的温度也较低。

图 5-5　毛细管

（4）蒸发器

蒸发器实物外形见图 5-6，作用是吸收房间内的热量，降低房间温度。工作时毛细管排

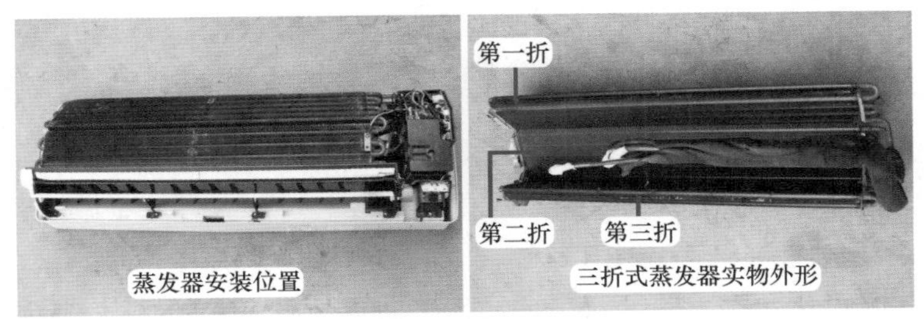

图 5-6　蒸发器

出的液体进入蒸发器后，低温低压的液体蒸发吸热，使蒸发器表面温度很低，室内风机运行，将冷量输送至室内，降低房间温度。

常见形式：根据外观不同，常见有直板式、二折式、三折式或更多。

二、冷暖型空调器制冷系统

在单冷型空调器的制冷系统中增加四通阀，即可组成冷暖型空调器的制冷系统，此时系统既可以制冷，又可以制热。但在实际应用中，为提高制热效果，又增加了过冷管组（单向阀和辅助毛细管）。

1. 四通阀安装位置和作用

四通阀安装在室外机制冷系统中，作用是转换制冷剂流量的方向，从而将空调器转换为制冷或制热模式，见图 5-7 左图，四通阀组件包括四通阀和线圈。

见图 5-7 右图，四通阀连接管道共有 4 根，D 口连接压缩机排气管、S 口连接压缩机吸气管、C 口连接冷凝器、E 口连接三通阀经管道至室内机蒸发器。

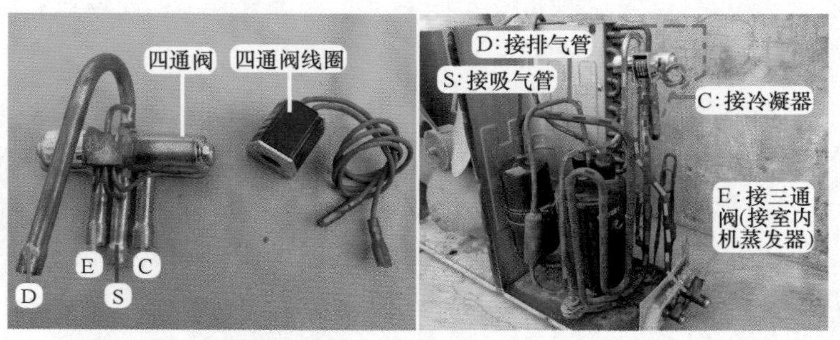

图 5-7　四通阀组件和安装位置

2. 四通阀内部构造

见图 5-8，四通阀可细分为换向阀（阀体）、电磁导向阀、连接管道共三部分。

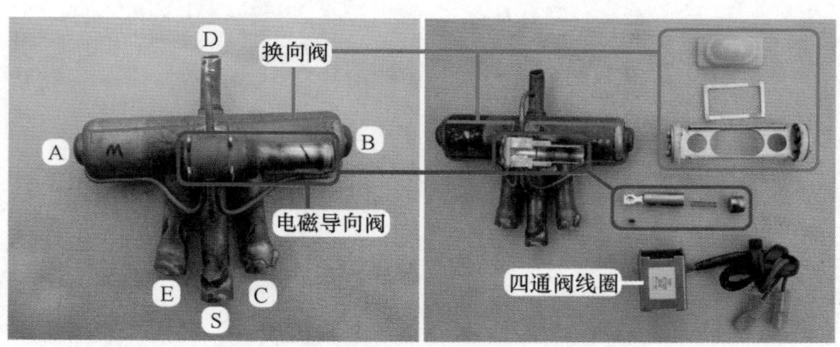

图 5-8　内部结构

（1）换向阀

将四通阀翻到背面，并割开阀体表面铜壳，见图 5-9，可看到换向阀内部器件，主要由阀块、左右两个活塞、连杆、弹簧组成。

活塞和连杆固定在一起，阀块安装在连杆上面，当活塞受到压力变化时其带动连杆左右移动，从而带动阀块左右移动。

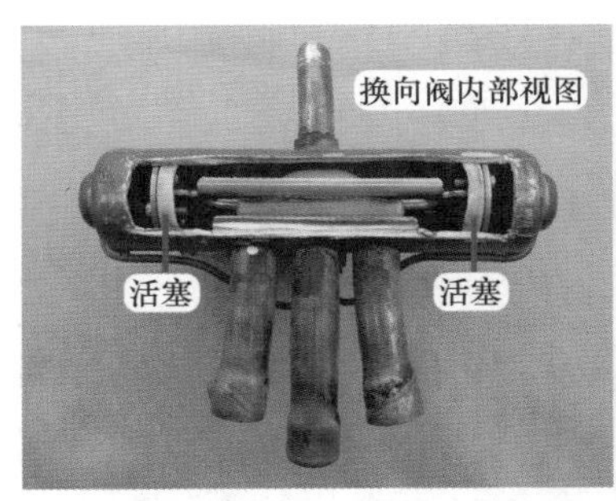

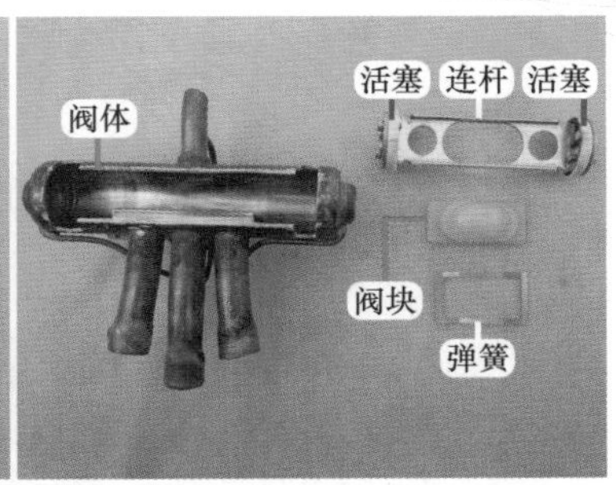

图 5-9 换向阀组成

见图 5-10 左图，当阀块移动至某一位置时使 S-E 管口相通，则 D-C 管口相通，压缩机排气管 D 排出高温高压气体经 C 管口至冷凝器，三通阀 E 连接压缩机吸气管 S，空调器处于制冷状态。

见图 5-10 右图，当阀块移动至某一位置时使 S-C 管口相通，则 D-E 管口相通，压缩机排气管 D 排出高温高压气体经 E 管口至三通阀连接室内机蒸发器，冷凝器 C 连接压缩机吸气管 S，空调器处于制热状态。

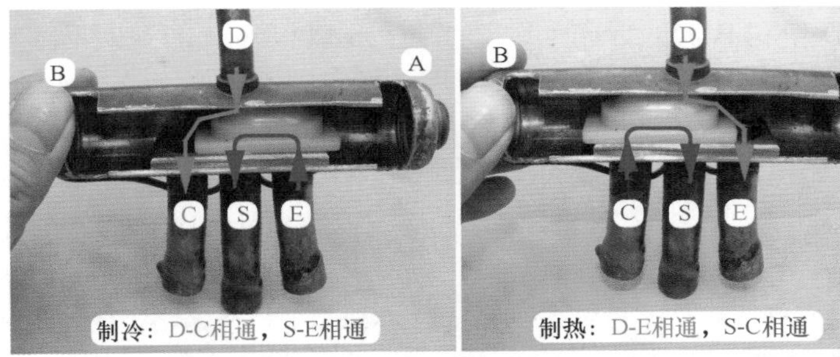

图 5-10 制冷制热转换原理

（2）电磁导向阀

电磁导向阀由导向毛细管和导向阀本体组成，见图 5-11。导向毛细管共有 4 根，分别连接压缩机排气管 D 管口、压缩机吸气管 S 管口、换向阀左侧 A 和换向阀右侧 B。导向阀本体安装在四通阀表面，内部由小阀块、衔铁、弹簧、堵头（设有四通阀线圈的固定螺钉）组成。

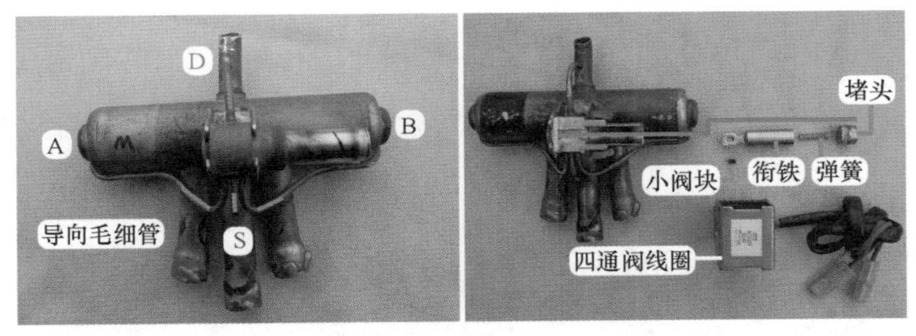

图 5-11 电磁导向阀组成

见图 5-12，导向阀连接 4 根导向毛细管，其内部设有 4 个管口，布局和换向阀类似，小阀块安装在衔铁上面，衔铁移动时带动小阀块移动，从而接通或断开导向阀内部下方 3

个管口。衔铁移动方向受四通阀线圈产生的电磁力控制，导向阀内部的阀块之所以称为“小阀块”，是为了和换向阀内部的阀块进行区分，两个阀块所起的作用基本相同。

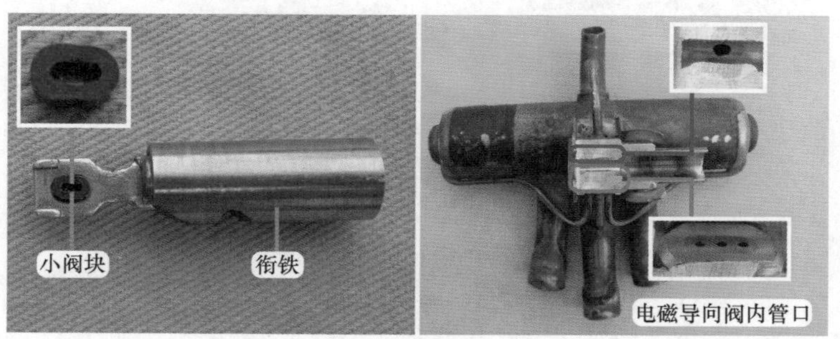

图 5-12　小阀块和导向阀管口

3. 制冷和制热模式转换原理

（1）制冷模式

当室内机主板未输出四通阀线圈供电，即希望空调器运行在制冷模式时。

室外机四通阀因线圈电压为交流 0V，见图 5-13，电磁导向阀内部衔铁在弹簧的作用下向左侧移动，使得 D 口和 B 侧的导向毛细管相通，S 口和 A 侧的导向毛细管相通，因 D 口连接压缩机排气管、S 口连接压缩机吸气管，因此换向阀 B 侧压力高、A 侧压力低。

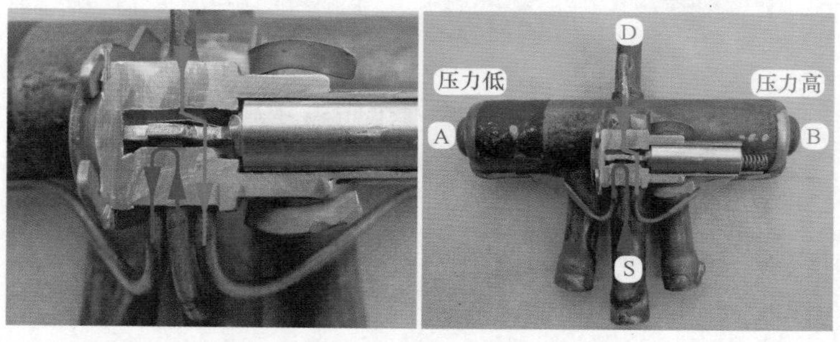

图 5-13　电磁导风阀使阀体压力左低右高

见图 5-14 和图 5-15，因换向阀 B 侧压力高于 A 侧，推动活塞向 A 侧移动，从而带动阀块使 S-E 管口相通、同时 D-C 管口相通，即压缩机排气管 D 和冷凝器 C 相通、压缩机吸气管 S 和连接室内机蒸发器的三通阀 E 相通，制冷剂流动方向为①→ D → C →②→③→④→⑤→⑥→ E → S →⑦→①，系统工作在制冷模式。制冷模式下系

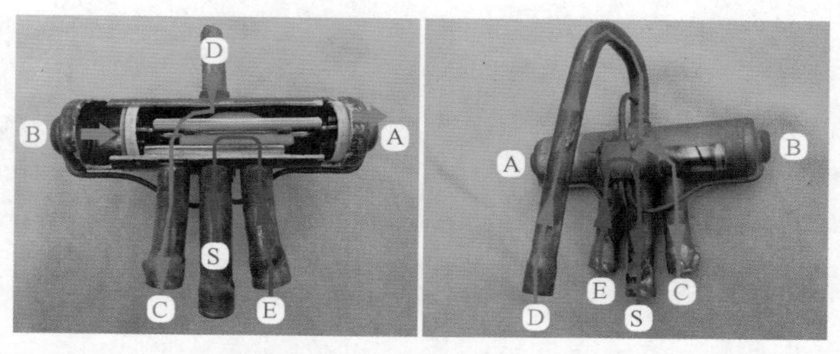

图 5-14　阀块移动工作在制冷模式

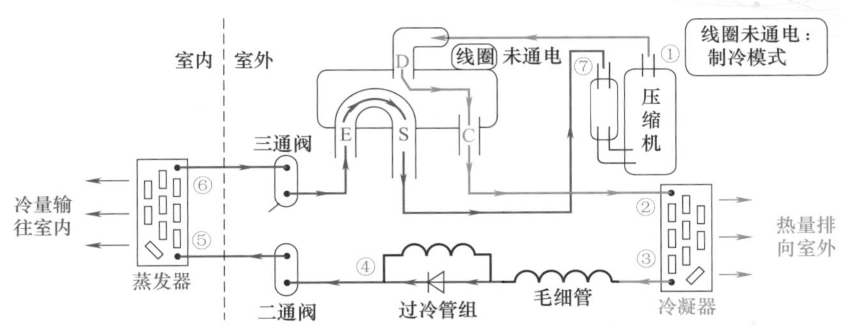

图 5-15　系统制冷循环流程

统主要位置压力和温度见表 5-1。

（2）制热模式

当室内机主板输出四通阀线圈供电，即希望空调器处于制热模式时。

见图 5-16，室外机四通阀线圈电压为交流 220V，产生电磁力，使电磁导向阀内部衔铁克服弹簧的阻力向右侧移动，使得 D 口和 A 侧的导向毛细管相通、S 口和 B 侧的导向毛细管相通，因此换向阀 A 侧压力高、B 侧压力低。

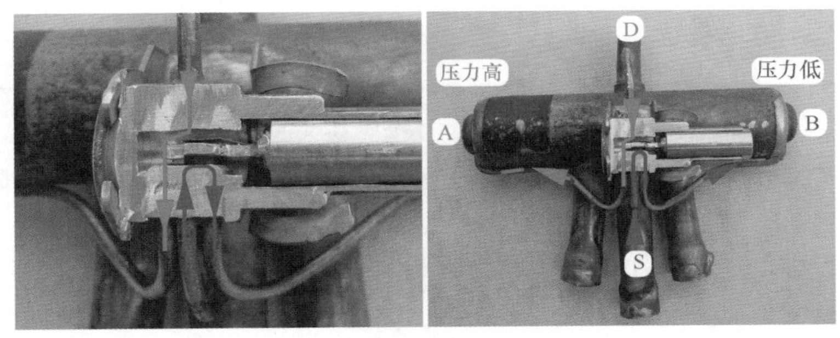

图 5-16　电磁导向阀使阀体压力左高右低

见图 5-17 和图 5-18，因换向阀 A 侧压力高于 B 侧压力，推动活塞向 B 侧移动，从而带动阀块使 S-C 管口相通，同时 D-E 管口相通，即压缩机排气管 D 和连接室内机蒸发器的三通阀 E 相通、压缩机吸气管 S 和冷凝器 C 相通，制冷剂流动方向为①→ D → E →⑥→⑤→④→③→②→ C → S →⑦→①，系统工作在制热模式。制热模式下系统主要位置压力和温度见表 5-2。

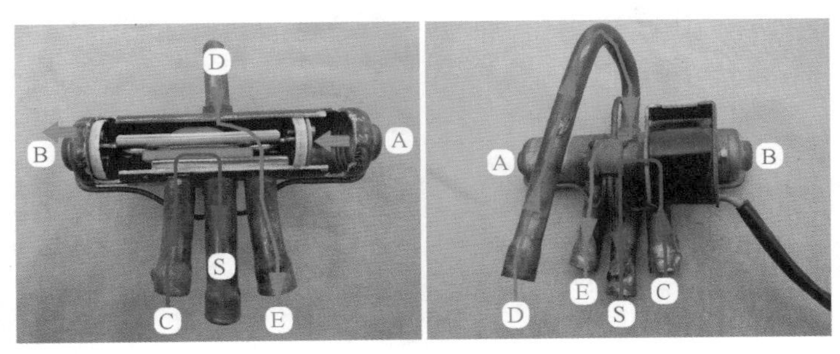

图 5-17　阀块移动工作在制热模式

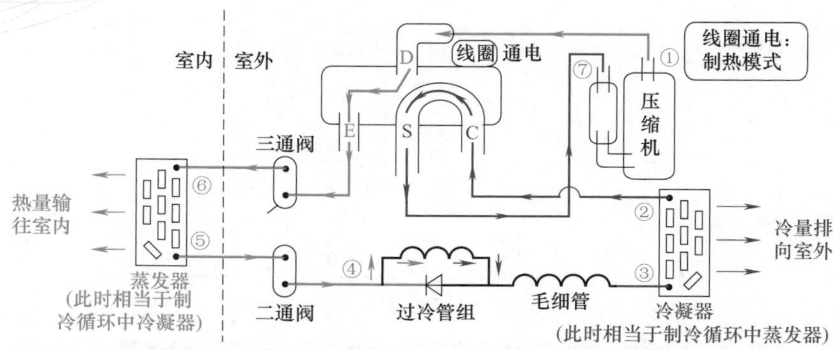

图 5-18　系统制热循环流程

表 5-2　制热模式下系统主要位置压力和温度

代号和位置		状态	压力	温度
①压缩机排气管		高温高压气体	2.2MPa	约 80℃
⑥蒸发器出口		高温高压气体	2.2MPa	约 70℃
⑤蒸发器进口	④辅助毛细管出口	高温高压液体	2.2MPa	约 50℃
③冷凝器出口（毛细管进口）		低温低压液体	0.2MPa	约 7℃
②冷凝器进口	⑦压缩机吸气管	低温低压气体	0.2MPa	约 5℃

4. 单向阀与辅助毛细管（过冷管组）

过冷管组实物外形见图 5-19，作用是在制热模式下延长毛细管的长度，降低蒸发压力，蒸发温度也相应降低，能够从室外吸收更多的热量，从而增加制热效果。

辨认方法：辅助毛细管和单向阀并联，单向阀具有方向之分，带有箭头的一端接二通阀铜管。

单向阀具有单向导通特性，制冷模式下直接导通，辅助毛细管不起作用；制热模式下单向阀截止，制冷剂从辅助毛细管通过，延长毛细管的总长度，从而提高制热效果。

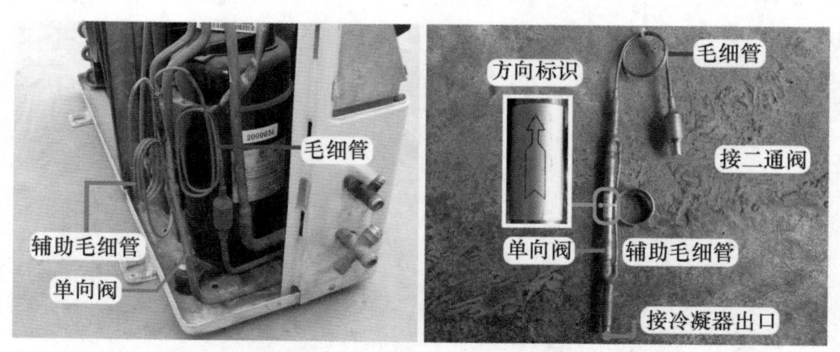

图 5-19　单向阀与辅助毛细管

（1）制冷模式（见图 5-20 左图）

制冷剂流动方向为：压缩机排气管→四通阀→冷凝器（①）→单向阀（②）→毛细管（④）→过滤器（⑤）→二通阀（⑥）→连接管道→蒸发器→三通阀→四通阀→压缩机吸气管，完成循环过程。

此时单向阀方向标识和制冷剂流通方向一致，单向阀导通，短路辅助毛细管，辅助毛细管不起作用，由毛细管独自节流。

（2）制热模式（见图 5-20 右图）

制冷剂流动方向为：压缩机排气管→四通阀→三通阀→蒸发器（相当于冷凝器）→连接管道→二通阀（⑥）→过滤器（⑤）→毛细管（④）→辅助毛细管（③）→冷凝器出口（①）（相当于蒸发器进口）→四通阀→压缩机吸气管，完成循环过程。

此时单向阀方向标识和制冷剂流通方向相反，单向阀截止，制冷剂从辅助毛细管流过，由毛细管和辅助毛细管共同节流，延长了毛细管的总长度，降低了蒸发压力，蒸发温度也相应下降，此时室外机冷凝器可以从室外吸收到更多的热量，从而提高制热效果。

举个例子说，假如毛细管节流后对应的蒸发压力为 0℃，那么这台空调器室外温度在 0℃以上时，制热效果还可以，但在 0℃以下，制热效果则会明显下降；如果毛细管和辅助毛细管共同节流，延长毛细管的总长度后，假如对应的蒸发温度为 −5℃，那么这台空调器室外温度在 0℃以上时，由于蒸发温度低，温度差较大，因而可以吸收更多的热量，从而提高制热效果，如果室外温度在 −5℃，制热效果和不带辅助毛细管的空调器在 0℃时基本相同，这说明辅助毛细管工作后减少了空调器对温度的限制范围。

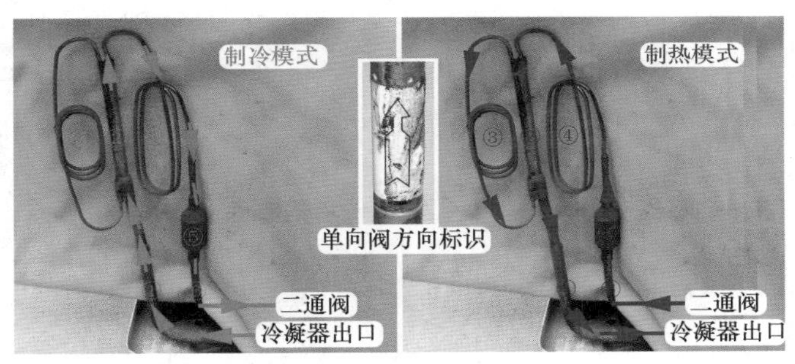

图 5-20　过冷管组组件制冷和制热循环过程

第二节　缺氟和检漏

一、缺氟分析

空调器常见漏氟部位见图 5-21。

1. 连接管道漏氟

① 加长连接管道焊点有砂眼，系统漏氟。

② 连接管道本身质量不好有砂眼，系统漏氟。

③ 安装空调器时管道弯曲过大，管道握瘪有裂纹，系统漏氟。

④ 加长管道使用快速接头，喇叭口处理不好而导致漏氟。

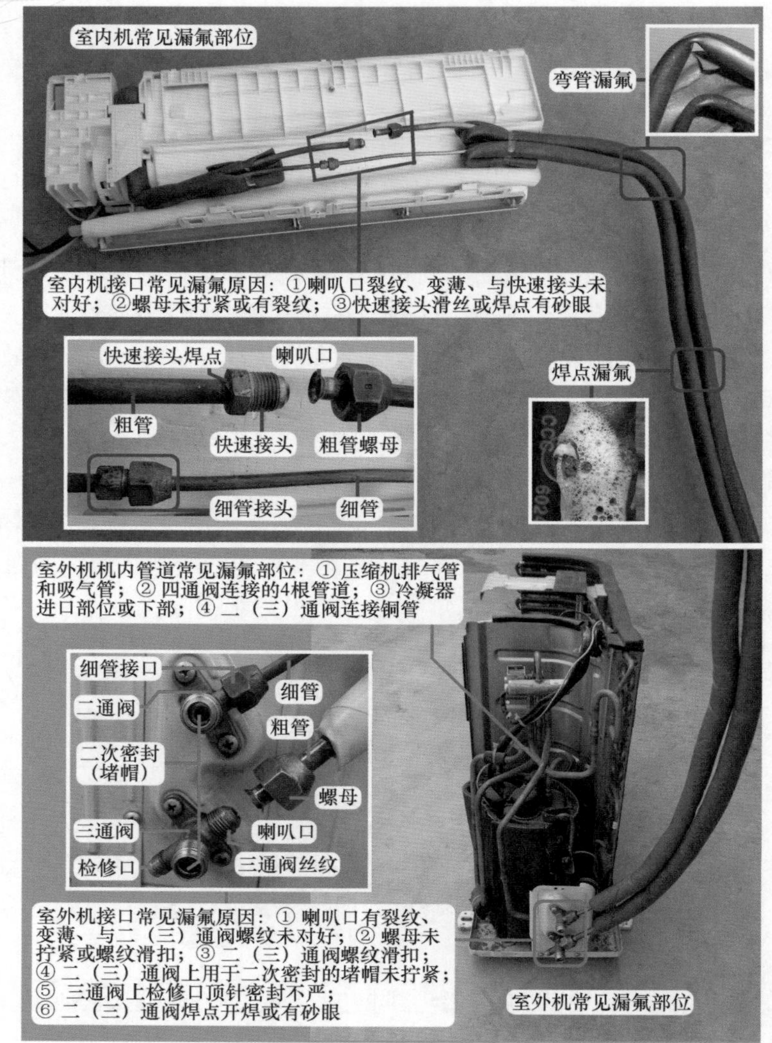

图 5-21 制冷系统常见漏氟部位

2. 室内机和室外机接口漏氟

① 安装或移机时接口未拧紧，系统漏氟。

② 安装或移机时液管（细管）螺母拧得过紧将喇叭口拧脱落，系统漏氟。

③ 多次移机时拧紧松开螺母，导致喇叭口变薄或脱落，系统漏氟。

④ 安装空调器时快速接头螺母与螺钉（俗称螺丝）未对好，拧紧后密封不严，系统漏氟。

⑤ 加长管道时喇叭口扩口偏小，安装后密封不严，系统漏氟。

⑥ 紧固螺母裂，系统漏氟。

3. 室内机漏氟

① 室内机快速接头焊点有砂眼，系统漏氟。

② 蒸发器管道有砂眼，系统漏氟。

4. 室外机漏氟

① 二通阀和三通阀阀芯损坏，系统漏氟。

② 二通阀和三通阀堵帽未拧紧，系统漏氟。

③ 三通阀检修口顶针坏，系统漏氟。

④ 室外机机内管道有裂纹（重点检查：压缩机排气管和吸气管，四通阀连接的 4 根管道，冷凝器进口部位，二通阀和三通阀连接铜管）。

二、系统检漏

空调器不制冷或效果不好，检查故障为系统缺氟引起时，在加氟之前要查找漏点并处理。如果只是盲目加氟，由于漏点还存在，空调器还会出现同样故障。在检修漏氟故障时，应先询问用户，空调器是突然出现故障还是慢慢出现故障，检查是新装机还是使用一段时间的空调器，根据不同情况选择重点检查部位。

1. 检查系统压力

关机并拔下空调器电源（防止在检查过程中发生危险），在三通阀检修口接上压力表，观察此时的静态压力。

① 0 ～ 0.5MPa：无氟故障，此时应向系统内加注气态制冷剂，使静态压力达到 0.6MPa 或更高压力，以便于检查漏点。

② 0.6MPa 或更高压力：缺氟故障，此时不用向系统内加注制冷剂，可直接用泡沫检查漏点。

2. 检漏技巧

氟 R22 与压缩机润滑油能互溶，因而氟 R22 泄漏时通常会将润滑油带出，也就是说制冷系统有油迹的部位就极有可能为漏氟部位，应重点检查。如果油迹有很长的一段，则应检查处于最高位置的焊点或系统管道。

3. 重点检查部位

漏氟故障重点检查部位见图 5-22 ～图 5-24，具体如下。

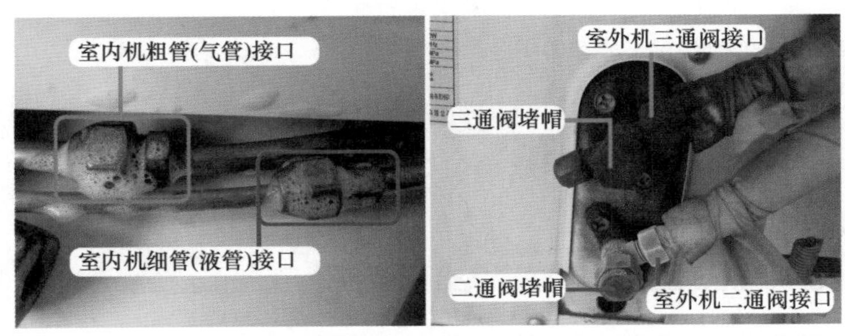

图 5-22　漏氟故障重点检查部位（一）

① 新装机（或移机）：室内机和室外机连接管道的 4 个接头，二通阀和三通阀堵帽，以及加长管道焊接部位。

② 正常使用的空调器突然不制冷：室外机的压缩机吸气管和排气管、系统管路焊点、毛细管、四通阀连接管道和根部。

③ 逐渐缺氟故障：室内机和室外机连接管道的 4 个接头。更换过系统元件或补焊过管

道的空调器还应检查焊点。

④ 制冷系统中有油迹的位置。

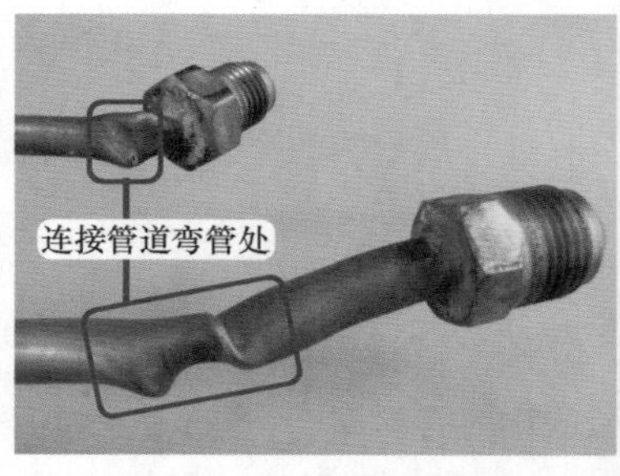

图 5-23　漏氟故障重点检查部位（二）

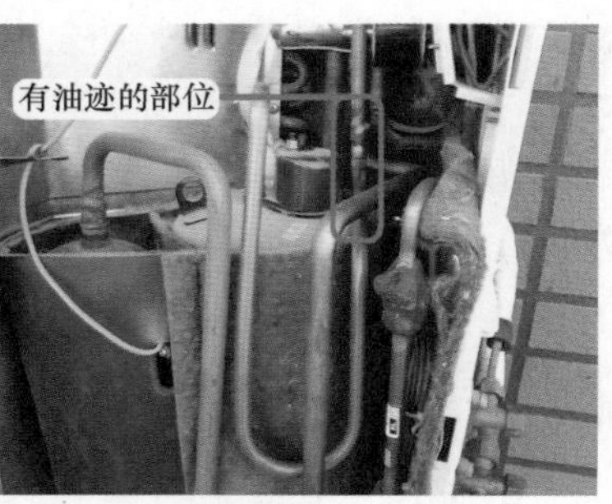

图 5-24　漏氟故障重点检查部位（三）

4. 检漏方法

用水将毛巾（或海绵）淋湿，以不向下滴水为宜，倒上洗洁精，轻揉至丰富泡沫，见图 5-25，涂在需要检查的部位，观察是否向外冒泡，冒泡说明检查部位有漏氟故障，没有冒泡说明检查部位正常。

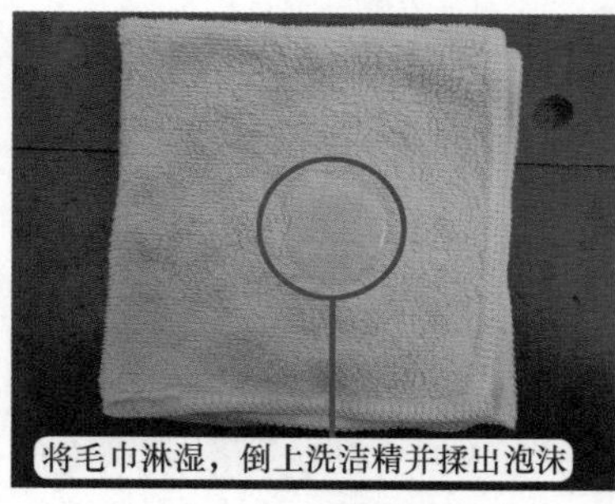

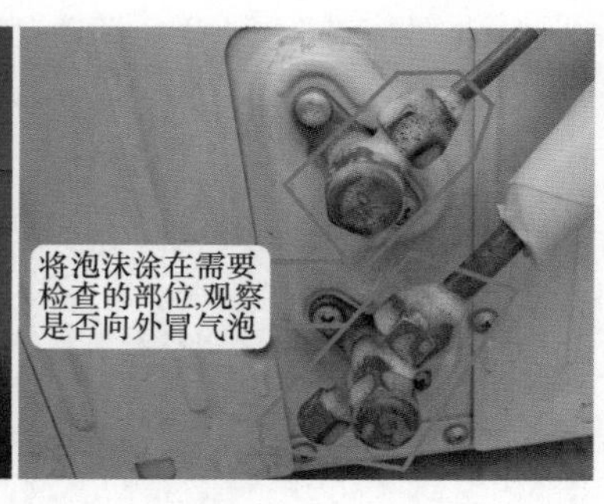

图 5-25　泡沫检漏

5. 漏点处理方法

① 系统焊点漏：补焊漏点。

② 四通阀根部漏：更换四通阀。

③ 喇叭口管壁变薄或脱落：重新扩口。

④ 接头螺母未拧紧：拧紧接头螺母。

⑤ 二通阀、三通阀或室内机快速接头丝纹坏：更换二通阀、三通阀或快速接头。

⑥ 接头螺母有裂纹或丝纹坏：更换连接螺母。

6. 微漏故障检修方法

制冷系统慢漏故障，如果因漏点太小或比较隐蔽，使用上述方法未检查出漏点时，可以使用以下步骤来检查。

（1）区分故障部位

当系统为平衡压力时，接上压力表并记录此时的系统压力值后取下，关闭二通阀和三通阀的阀芯，将室内机和室外机的系统分开保压。

等待一段时间后（根据漏点大小决定），再接上压力表，慢慢打开三通阀阀芯，查看压力表表针是上升还是下降：如果是上升，说明室外机的压力高于室内机，故障在室内机，重点检查蒸发器和连接管道；如果是下降，说明是室内机的压力高于室外机，故障在室外机，重点检查冷凝器和室外机内管道。

（2）增加检漏压力

由于氟 R22 的静态压力最高约为 1MPa，对于漏点较小的故障部位，应增加系统压力来检查。如果条件具备可使用氮气，氮气瓶通过连接管经压力表，将氮气直接充入空调器制冷系统，静态压力能达到 2MPa 或更高。

危险提示：压力过高的氧气遇到压缩机的冷冻油将会自燃导致压缩机爆炸，因此严禁将氧气充入制冷系统用于检漏。

（3）将制冷系统放入水中

如果区分故障部位和增加检漏压力之后，仍检查不到漏点，可将怀疑的系统部分（如蒸发器或冷凝器）放入清水之中，通过观察冒出的气泡来查找漏点。

第三节 收氟和加氟

一、收氟

收氟即回收制冷剂，将室内机蒸发器和连接管道的制冷剂回收至室外机冷凝器的过程，是移机或维修蒸发器、连接管道前的一个重要步骤。收氟时必须将空调器运行在制冷模式下，且压缩机正常运行。

1. 开启空调器方法

如果房间温度较高（夏季），则可以用遥控器直接选择制冷模式，温度设定到最低16℃即可。

如果房间温度较低（冬季），应参照图 5-26，选择以下两种方法其中的一种。

① 用温水加热（或用手捏住）室内环温传感器探头，使之检测温度上升，再用遥控器设定制冷模式开机收氟。

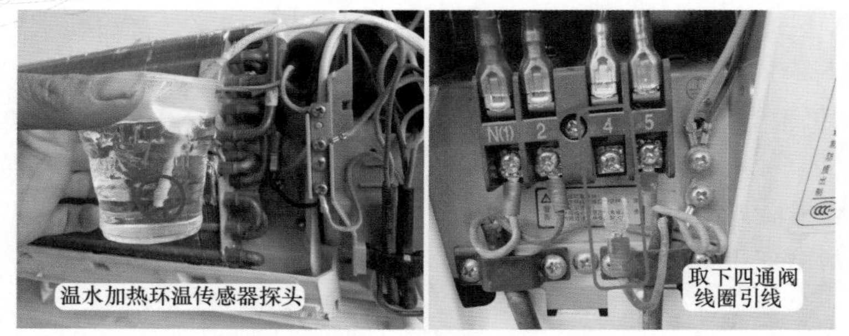

图 5-26　加热环温和取下线圈引线

② 制热模式下在室外机接线端子处取下四通阀线圈引线，强制断开四通阀线圈供电，空调器即运行在制冷模式下。注意：使用此种方法一定要注意用电安全，可先断开引线再开机收氟。

说明

某些品牌的空调器，如按压“应急按钮（开关）”按键超过 5s，也可使空调器运行在应急制冷模式下。

2. 收氟操作步骤

收氟操作步骤见图 5-27 ～图 5-29。

① 取下室外机二通阀和三通阀的堵帽。

② 用内六方扳手关闭二通阀阀芯，蒸发器和连接管道的制冷剂通过压缩机排气管储存在室外机的冷凝器之中。

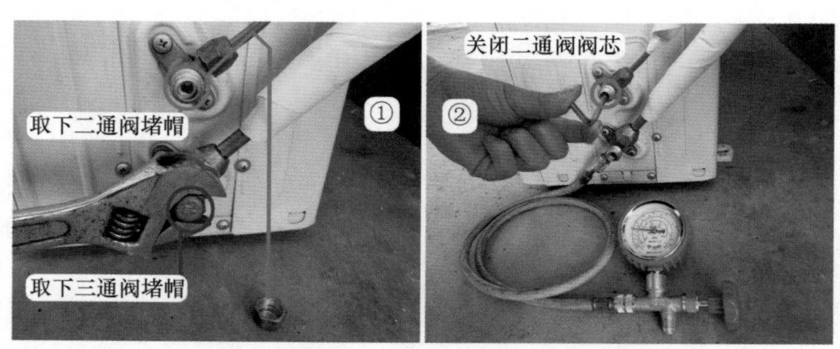

图 5-27　收氟操作步骤（一）

③ 在室外机（主要指压缩机）运行约 40s 后（本处指 1P 空调器运行时间），关闭三通阀阀芯。如果对时间掌握不好，可以在三通阀检修口接上压力表，观察压力回到负压范围内时再快速关闭三通阀阀芯。

④ 压缩机运行时间符合要求或压力表指针回到负压范围内时，快速关闭三通阀阀芯。

⑤ 遥控器关机，拔下电源插头，在室外机接口处使用扳手取下连接管道中气管（粗管）和液管（细管）螺母。

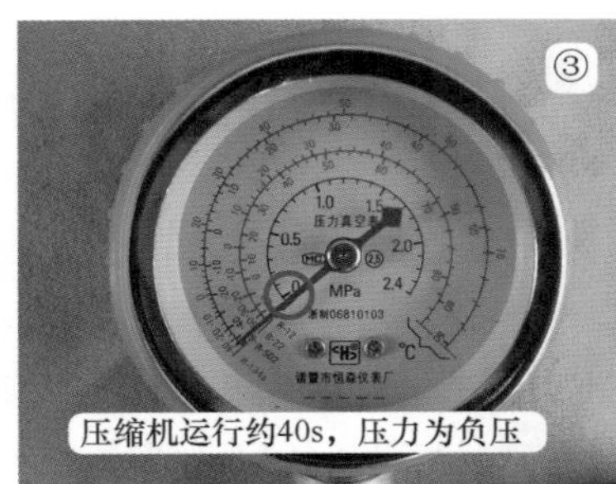

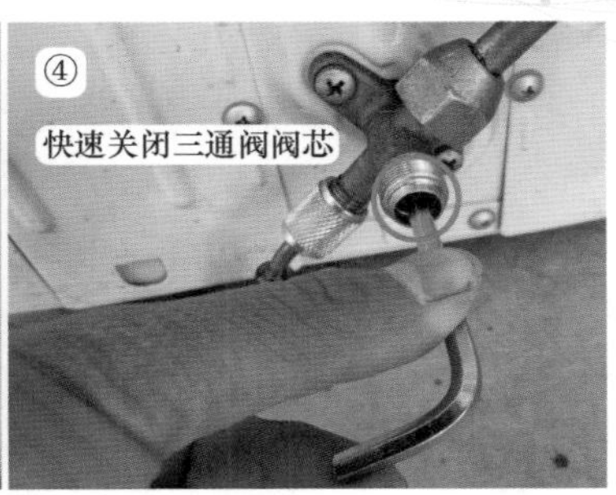

图 5-28 收氟操作步骤（二）

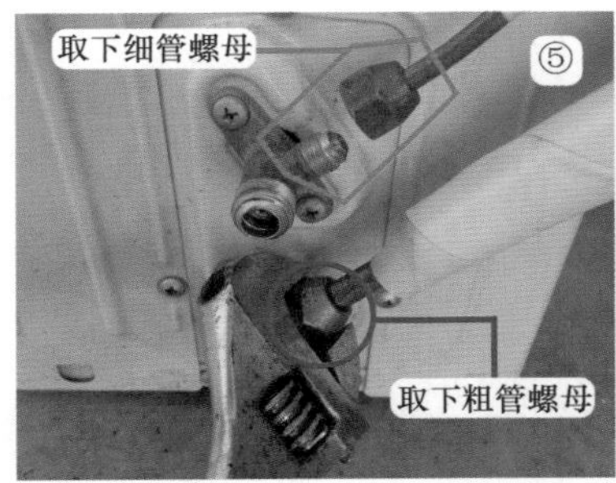

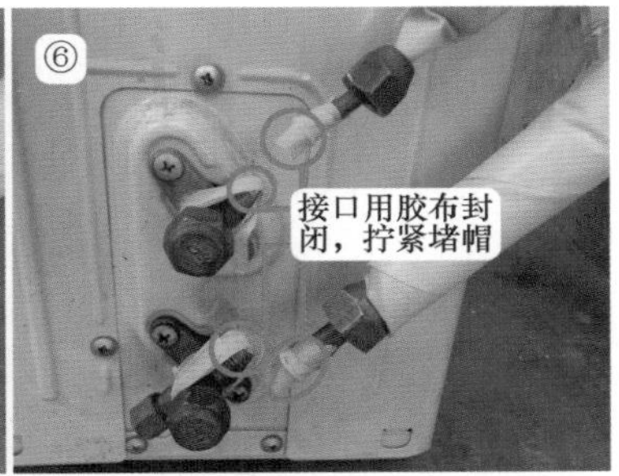

图 5-29 收氟操作步骤（三）

⑥ 使用胶布封闭接口，防止管道内进入水分或脏物，并拧紧二通阀和三通阀堵帽。

⑦ 如果需要拆除室外机，在室外机接线端子处取下室内外机连接线，再取下室外机的 4 个地脚螺钉即可。

二、加氟工具和步骤

1. 加氟基本工具

（1）制冷剂钢瓶

制冷剂钢瓶实物外形见图 5-30，俗称氟瓶，用来存放制冷剂。因目前空调器使用的制冷剂有两种，早期和目前通常为 R22，而目前新出厂的变频空调器通常使用 R410A。为了便于区分，两种钢瓶的外观颜色设计也不相同，R22 钢瓶为绿色，R410A 为粉红色。

上门维修通常使用充注量为 6kg 的 R22 钢瓶及充注量为 13.6kg 的 R410A 钢瓶，6kg 钢瓶通常为公制接口，13.6kg 或 22.7kg 钢瓶通常为英制接口，在选择加氟管时应注意。

图 5-30 制冷剂钢瓶

（2）压力表组件

压力表组件实物外形见图 5-31，由三通阀（A 口、B 口、压力表接口）和压力表组成，压力表组件本书简称为压力表，作用是测量系统压力。

三通阀 A 口为公制接口，通过加氟管连接空调器三通阀检修口；三通阀 B 口为公制接口，通过加氟管可连接氟瓶、真空泵等；压力表接口为专用接口，只能连接压力表。

压力表开关控制三通阀接口的状态。压力表开关处于关闭状态时，A 口与压力表接口相通、A 口与 B 口断开；压力表开关处于打开状态时 A 口、B 口、压力表接口相通。

压力表无论有几种刻度，只有印有 MPa 或 kgf/cm^2 的刻度才是压力数值，其他刻度（例如℃）在维修空调器时一般不用查看。

说明

$1MPa \approx 10kgf/cm^2$。

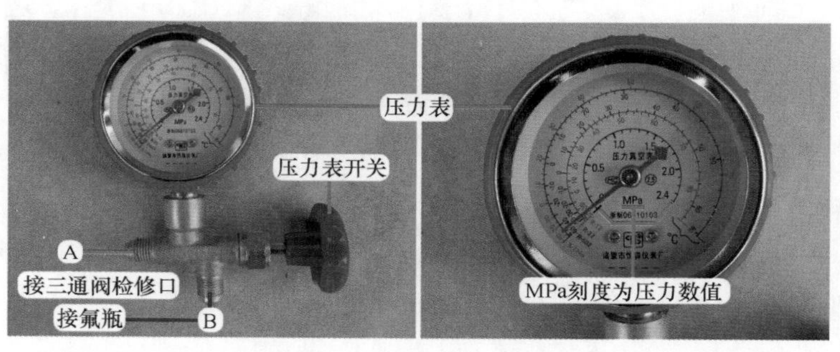

图 5-31　压力表组件

（3）加氟管

加氟管实物外形见图 5-32 左图，作用是连接压力表接口、真空泵、空调器三通阀检修口、氟瓶、氮气瓶等。一般有 2 根即可，一根接头为公制 - 公制，连接压力表和氟瓶；一根接头为公制 - 英制，连接压力表和空调器三通阀检修口。

公制和英制接头的区别方法见图 5-32 右图，中间设有分隔环为公制接头，中间未设分隔环为英制接头。

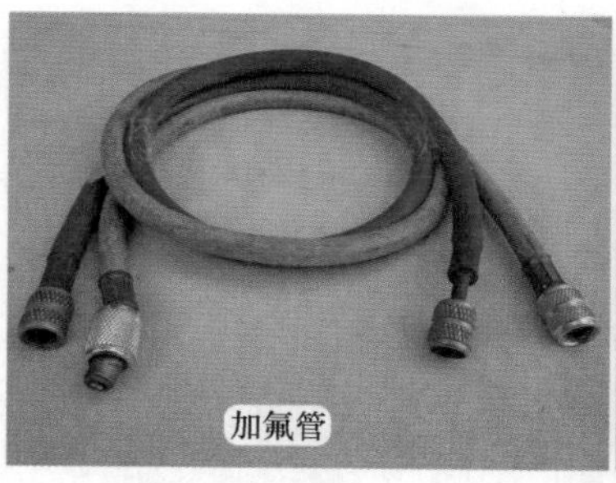

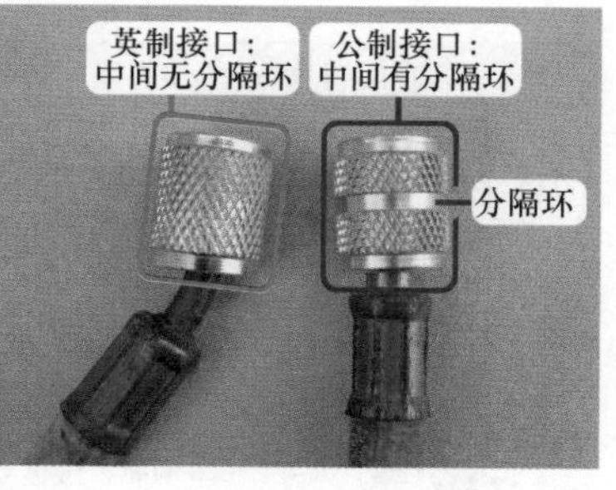

图 5-32　加氟管

说明

空调器三通阀检修口一般为英制接口，另外加氟管的选取应根据压力表接口（公制或英制）、氟瓶接口（公制或英制）来决定。

（4）转换接头

转换接头实物外形见图 5-33 左图，作用是作为搭桥连接，常见有公制转换接头和英制转换接头。

见图 5-33 中图和右图，例如加氟管一端为英制接口，而氟瓶为公制接头，不能直接连接。使用公制转换接头可解决这一问题，转换接头一端连接加氟管的英制接口，一端连接氟瓶的公制接头，使英制接口的加氟管通过转换接头连接到公制接头的氟瓶。

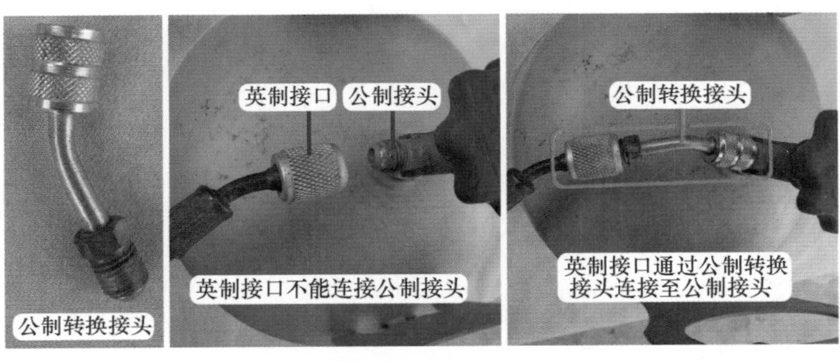

图 5-33　转换接头实物外形和作用

2. 加氟方法

图 5-34 为加氟管和三通阀检修口的顶针。

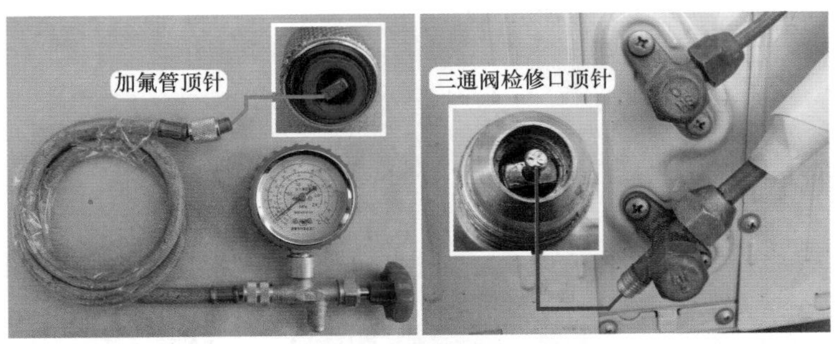

图 5-34　加氟管和三通阀检修口顶针

加氟操作步骤见图 5-35。

① 首先关闭压力表开关，将带顶针的加氟管一端连接三通阀检修口，此时压力表显示系统压力：空调器未开机时为静态压力，开机后为系统运行压力。

② 另外一根加氟管连接压力表和氟瓶，空调器制冷模式开机，压缩机运行后，观察系统运行压力，如果缺氟，打开氟瓶开关和压力表开关，由于氟瓶的氟压力高于系统运行压力，位于氟瓶的氟进入空调器制冷系统，即为加氟。

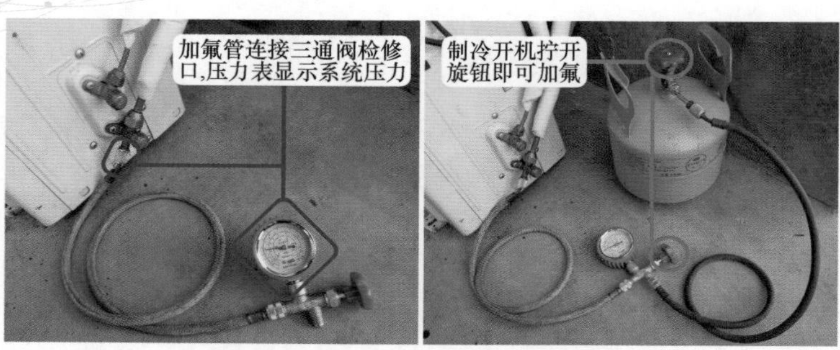

图 5-35 加氟示意图

三、制冷模式下加氟方法

注：本小节电流值以 1P 空调器室外机电流（即压缩机和室外风机电流）为例，正常电流约为 4A，制冷系统使用 R22 制冷剂。

1. 缺氟标志

制冷模式下系统缺氟标志见图 5-36、图 5-37，具体数据如下。

① 二通阀结霜、三通阀温度接近常温。

② 蒸发器局部结霜或局部结露。

③ 系统运行压力低，低于 0.4MPa。

④ 运行电流小（整机运行电流低于额定值较多）。

⑤ 蒸发器温度分布不均匀，前半部分凉，后半部分是温的。

⑥ 室内机出风口温度不均匀，一部分凉，一部分是温的。

⑦ 冷凝器温度上部温，中部和下部接近常温。

图 5-36 制冷缺氟标志（一）

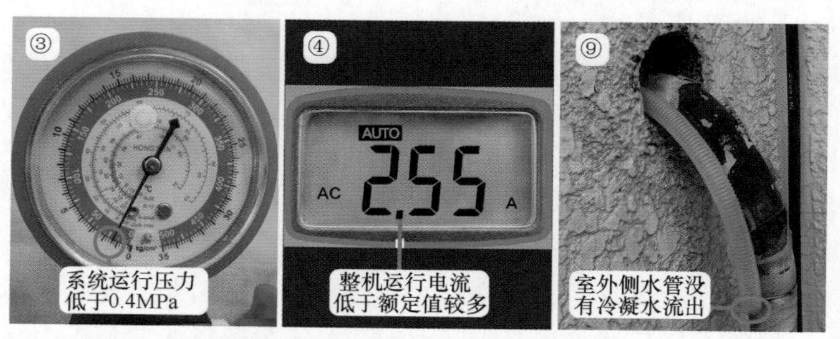

图 5-37 制冷缺氟标志（二）

⑧ 二通阀结露，三通阀温度接近常温。

⑨ 室外侧水管没有冷凝水排出。

2. 快速判断空调器缺氟的经验

① 二通阀结露、三通阀温度是温的，手摸蒸发器一半凉、一半是温的，室外机出风口吹出的风不热。

② 二通阀结霜、三通阀温度是温的，室外机出风口吹出的风不热。

> **说明**
>
> **以上两种情况均能大致说明空调器缺氟，具体原因还是接上压力表、电流表，根据测得的数据综合判断。**

3. 加氟技巧

① 接上压力表和电流表，同时监测系统压力和电流进行加氟，当氟加至 0.45MPa 左右时，再用手摸三通阀温度，如低于二通阀温度则说明系统内氟充注量已正常。

② 制冷系统管路有裂纹导致系统无氟引起不制冷故障，或更换压缩机后系统需要加氟时，如果开机后为液态加注，则压力加到 0.35MPa 时应停止加注，将空调器关闭，等 3min 系统压力平衡后再开机运行，根据运行压力再决定是否需要补氟。

4. 正常标志（制冷开机运行 20min 后）

制冷模式下系统正常标志见图 5-38 ～图 5-40，具体数据如下。

① 系统运行压力接近 0.45MPa。

② 整机运行电流等于或接近额定值。

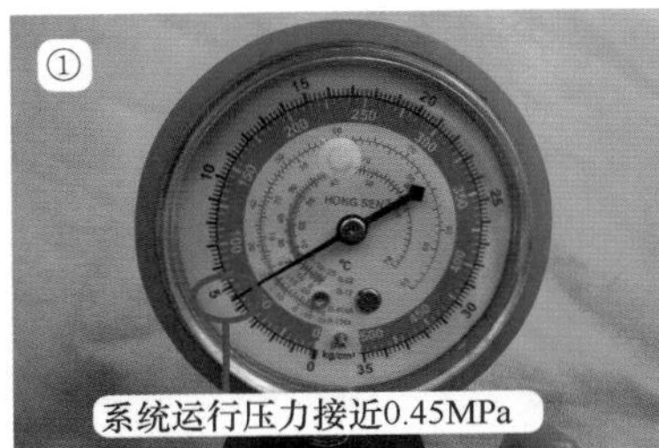

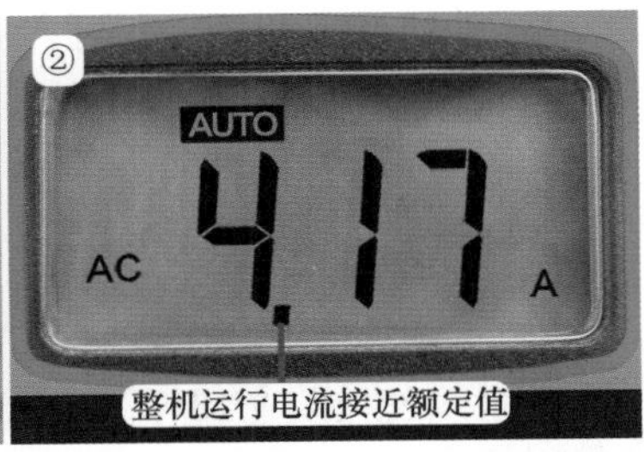

图 5-38 制冷正常标志（一）

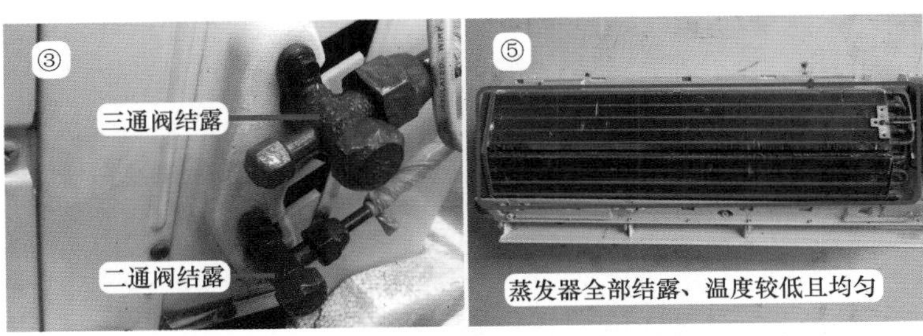

图 5-39 制冷正常标志（二）

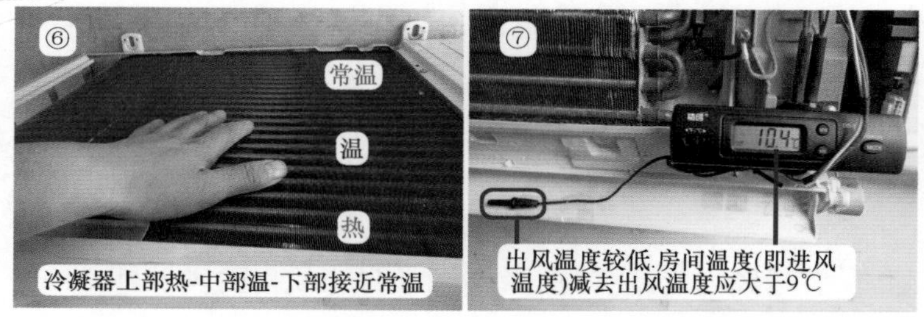

图 5-40　制冷正常标志（三）

③ 二通阀、三通阀均结露。

④ 三通阀温度冰凉，并且低于二通阀温度。

⑤ 蒸发器全部结露，手摸整体温度较低并且均匀。

⑥ 冷凝器上部热、中部温、下部接近常温，室外机出风口同样为上部热、中部温、下部接近自然风。

⑦ 室内机出风口吹出温度较低，并且均匀。正常标准为室内房间温度（即进风口温度）减去出风口温度应大于 9℃。

⑧ 室外侧水管有冷凝水流出。

5. 快速判断空调器正常的技巧

三通阀温度较低，并且低于二通阀温度；蒸发器全面结露并且温度较低；冷凝器上部热、中部温、下部接近常温。

6. 加氟过量的故障现象

① 二通阀温度为常温，三通阀温度凉。

② 室外机出风口吹出风温度较热，明显高于正常温度，此现象接近于冷凝器脏堵。

③ 室内机出风口温度较高，且随着运行压力上升也逐渐上升。

④ 制冷系统压力较高。

第四节　维修实例

一、冷凝器脏堵

故障说明：格力 KFR-120LW/E（12568L）A1-N2 柜式空调器，用户反映刚开机时可以制冷，但不定时停机并显示 E1 代码，早上或晚上可正常运行或运行很长时间才显示 E1 代码，中午开机时通常很快就显示 E1 代码，同时感觉制冷效果变差。查看 E1 代码含义为制冷系统高压保护。

1. 感觉出风口温度和测量系统运行压力

根据用户描述早上和晚上开机时间长、中午开机时间短，判断故障应在通风系统。上门检查，重新上电开机，室内机和室外机均开始运行，在室内机出风口感觉温度较凉，说明压缩机已开始运行。

到室外机检查，见图 5-41，将手放在室外机出风口，感觉出风口温度很烫并且风量很小；在室外机二通阀和三通阀处均接上压力表，查看三通阀压力约 0.47MPa、二通阀压力约 1.7MPa，但随着时间运行，三通阀和二通阀压力均慢慢上升，查看显示 E1 代码瞬间即室外机停机时，二通阀压力约 2.7MPa，接近高压压力开关 3.0MPa 的动作压力，判断本例显示 E1 代码的原因为压缩机排气管压力过高、导致高压压力开关触点断开。

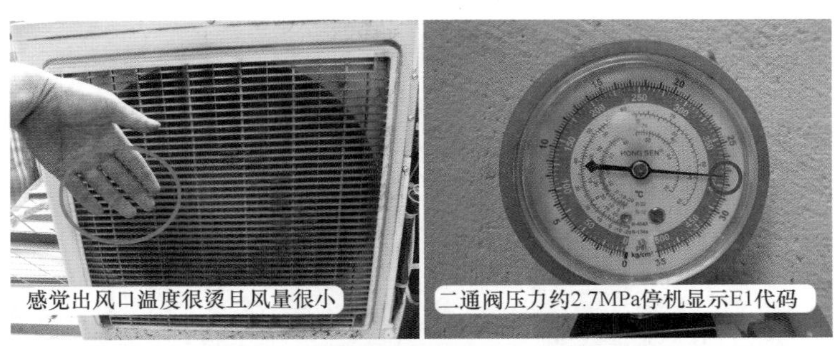

图 5-41　感觉出风口温度和测量二通阀压力

2. 冷凝器脏堵

压缩机排气管压力过高通常由于散热系统出现故障，常见有室外风机转速慢、冷凝器脏堵，此空调器为单位机房使用，刚购机约 1 年，可排除室外风机转速慢；见图 5-42，查看冷凝器背部时，发现整体已被灰尘全部堵死。

图 5-42　冷凝器脏堵

3. 清洗灰尘

断开空调器电源，取下背部的防护网，见图 5-43，使用毛刷轻轻地上下划过冷凝器，刷掉表面的灰尘，并将冷凝器的灰尘全部清洗干净。

4. 清水清洗冷凝器和测量二通阀压力

将冷凝器表面灰尘全部清除，再将空调器开机，待室外风机运行时，使用毛刷反复横向划过冷凝器，可将翅片中的尘土吹出，待吹干净后，再将空调器关机，见图 5-44 左图，并使用清水清洗冷凝器，可将翅片中的尘土最大程度冲掉。

再次上电开机，空调器长时间运行不再停机，也不再显示 E1 代码，同时制冷效果比清洗前好很多，见图 5-44 右图，测量系统压力，二通阀压力约 1.5MPa 且保持稳定不再上升、三通阀压力约 0.45MPa。

图 5-43 清除灰尘

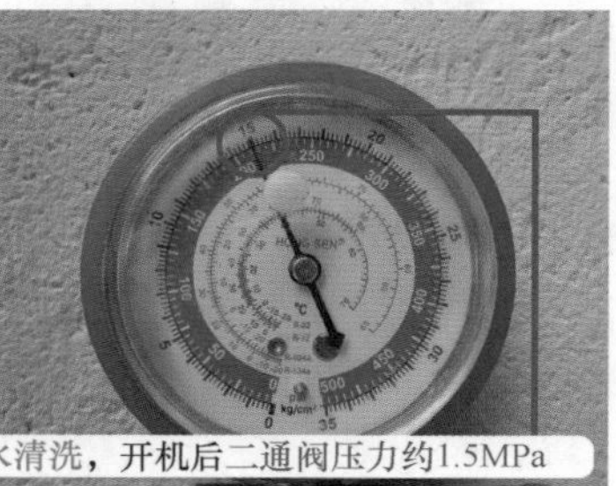

图 5-44 清洗冷凝器和测量二通阀压力

总 结

① 格力空调器冷凝器脏堵所占 E1 故障代码的比例约为 70%，尤其是单位机房、饭店等长期使用空调器的场所。

② 通常情况下，只要是用户反映不定时关机并显示 E1 代码，绝大部分就是冷凝器脏堵，有条件的情况下直接带上高压清洗水泵，清洗冷凝器后即可排除故障。

二、室内机粗管螺母漏氟

故障说明：海尔 KFR-72LW/01CCC12T 柜式空调器，用户反映不制冷。

1. 测量系统压力和检查室外机接口

上门检查，遥控器开机，室内风机运行，但出风口为自然风。到室外机检查，室外风机和压缩机均在运行，手摸二通阀和三通阀均为常温，说明空调器不制冷。

在三通阀检修口接上压力表，见图 5-45，测量系统运行压力为负压，使用遥控器关机，室外机停止运行，系统静态压力约 0.3MPa，说明系统无氟，向系统充入制冷剂 R22 使压力升至约 1.0MPa 用于检漏，首先检查室外机二通阀和三通阀接口无油迹，使用洗洁精泡沫检查无漏点，取下室外机顶盖，检查室外机系统和冷凝器无明显油迹，初步排除室外机漏氟故障。

2. 室内机连接管道油迹较多

取下室内机进风格栅，解开包扎带，见图 5-46，发现连接管道有明显油迹，并且粗管油迹较多，初步判断漏氟部位在室内机。

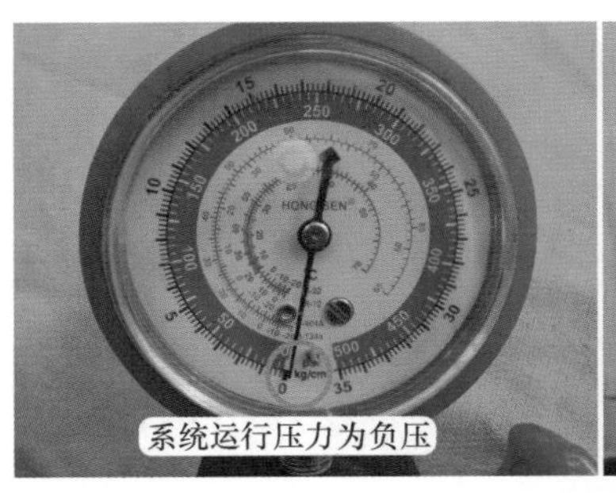

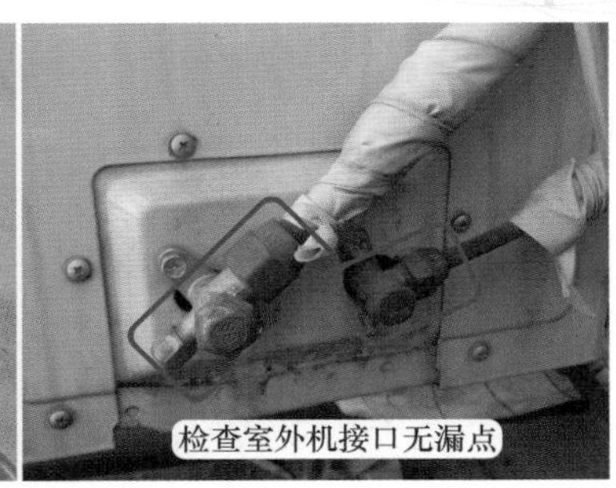

图 5-45　测量压力和检查室外机接口

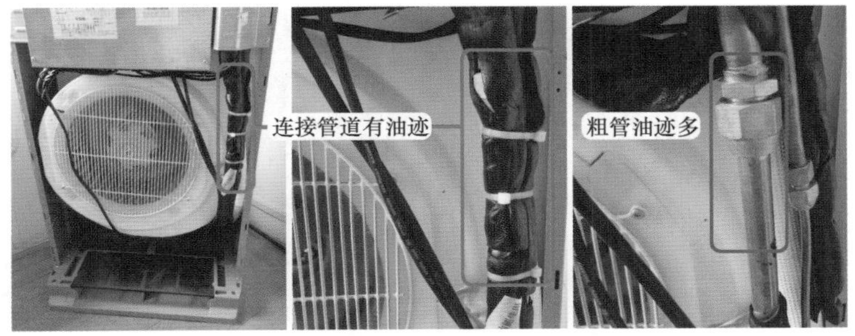

图 5-46　连接管道有油迹

3. 检查接口

见图 5-47，将洗洁精泡沫涂在室内机粗管和细管接口，仔细查看，发现细管螺母正常，粗管螺母冒泡，说明此处漏氟，应使用大扳手拧紧。

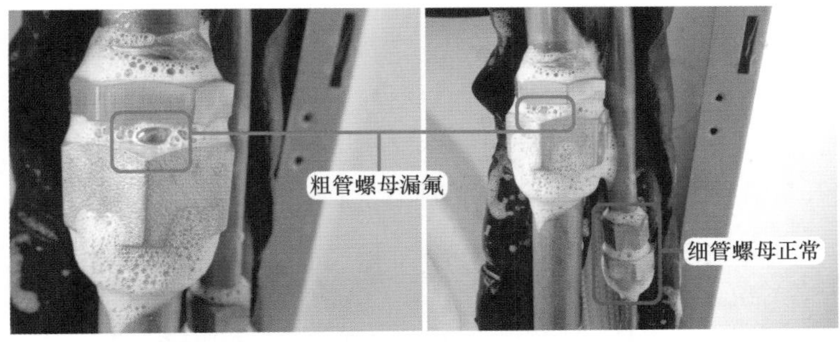

图 5-47　检查室内机接口

4. 使用扳手紧固

使用两个大扳手，见图 5-48，将粗管螺母使劲拧紧，再次使用洗洁精泡沫检查，依旧有气泡冒出，并且比拧紧之前速度更快，说明漏氟原因不是螺母没有拧紧，而是铜管喇叭口和快速接头没有对好。

5. 重新安装喇叭口

使用毛巾擦干螺母上泡沫，再次上电开机，回收制冷剂后断开空调器电源，见图 5-49，使用扳手松开粗管螺母并取下，将粗管喇叭口和快速接头对好，再用一只手扶住铜管不动，另一只手安装粗管螺母并拧紧，再使用大扳手拧紧粗管螺母。

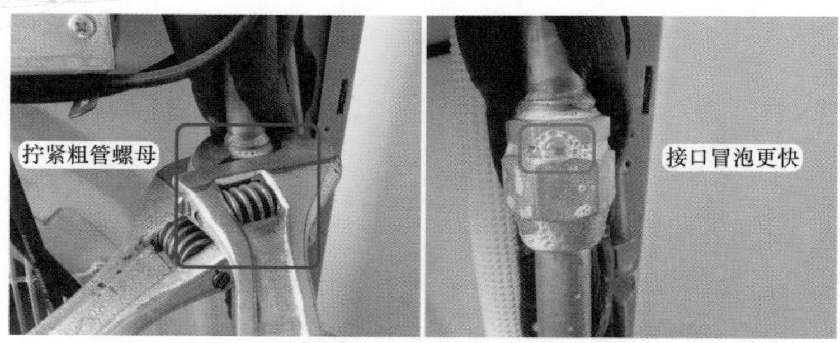

图 5-48 紧固粗管螺母和依旧冒泡

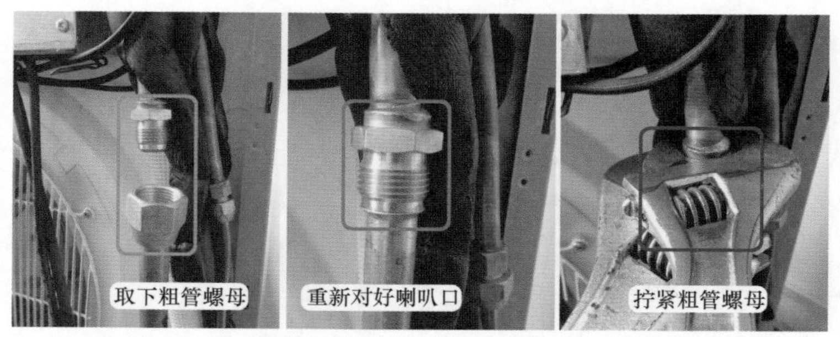

图 5-49 重新安装喇叭口和拧紧螺母

6. 检漏和包扎管道

打开二通阀阀芯，松开压力表处加氟管接口，排出室内机系统内空气后拧紧，查看此时系统静态压力仍约为 1.0MPa，可用于检漏。见图 5-50 左图，再次使用洗洁精泡沫仔细检查粗管螺母，发现不再有气泡冒出，说明漏氟部位故障已排除。

完全打开二通阀和三通阀阀芯，再放空系统内制冷剂后，使用氟 R22 顶空，排除系统内空气，并再次上电开机加氟，当压力至 0.35MPa 时停止加注，关机后再次使用泡沫检查粗管和细管接口，依旧无气泡冒出，见图 5-50 右图，使用包扎带包扎连接管道，安装进风格栅后再次上电开机，补氟 R22 至 0.45MPa 时系统制冷恢复正常。

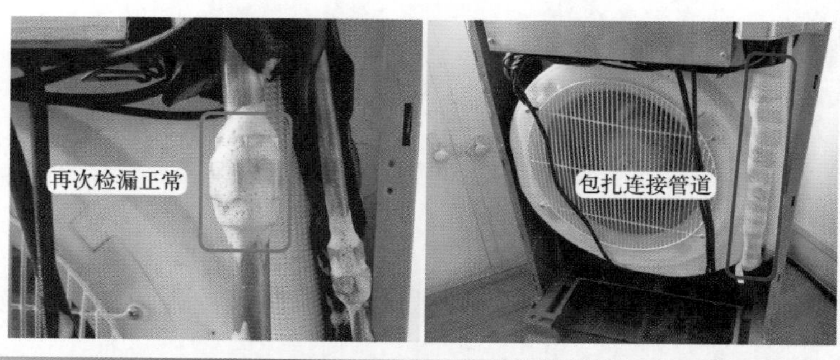

图 5-50 检漏和包扎管道

维修措施：重新安装粗管喇叭口并排空加氟，制冷恢复正常。

三、冷凝器铜管内漏

故障说明：海尔 KFR-35GW/02PAQ22 挂式变频空调器，用户刚装机时间不长，刚开始时制冷正常，但现在需要长时间开机房间内温度才能下降一点，说明制冷效果变差。

1. 检查室外机和室内机接口

上门检查，使用遥控器开机，室内机和室外机均开始运行，用手在室内机出风口感觉温度不是很凉，到室外机检查，发现二通阀结霜，说明系统缺少制冷剂 R410A，在三通阀检修口接上压力表测量系统运行压力约为 0.1MPa，也说明系统缺少 R410A。

使用遥控器关闭空调器，压缩机停止运行，系统静态压力约 1.5MPa 可用于检漏，见图 5-51，使用洗洁精泡沫涂在室外机二通阀和三通阀接口，查看无气泡冒出，说明无漏点；取下室内机下部卡扣，解开包扎带，将泡沫涂在室内机粗管和细管接口，查看无气泡冒出，说明室内机无漏点；由于新装机的漏氟故障通常为接口未紧固，于是使用活动扳手将室内机接口和室外机接口均紧固后，遥控器开机补加制冷剂 R410A 至 0.8MPa 时制冷恢复正常。由于此机加长有连接管道，且一个焊点位于墙壁内，告知用户如制冷效果变差将需要两个人上门维修。

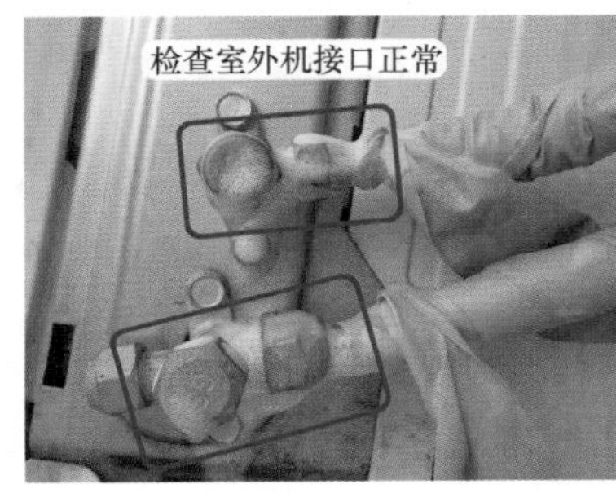

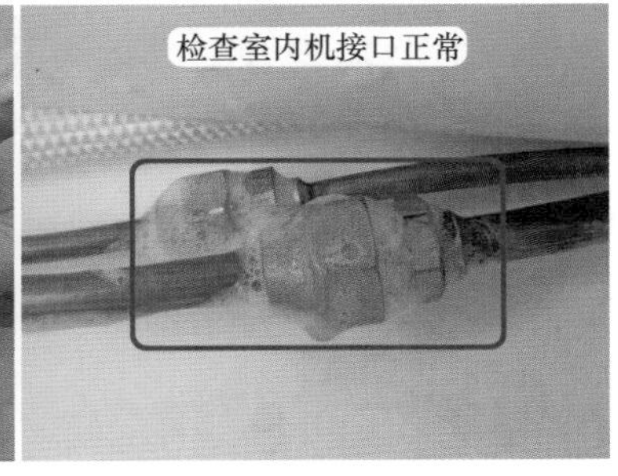

图 5-51　检查室外机和室内机接口正常

2. 检查加长管道接口和室内外机系统

约 15 天后，用户再次报修制冷效果差，再次上门检查，使用遥控器开机，室内风机和室外机运行，到室外机查看时，二通阀结霜，说明系统缺少 R410A 制冷剂，测量系统运行压力约为 0.2MPa，关机后系统静态压力约 1.6MPa 可用于检查漏点。

取下室内机，将连接管道向里送，找到加长管道焊点，见图 5-52，使用洗洁精泡沫检查无气泡冒出，说明焊点正常，取下室外机顶盖和前盖，仔细查看系统和冷凝器管道无明显油迹，再用手摸常见故障部位的管道也感觉没有油迹，再将泡沫涂在相关部位也无气泡冒出，初步排除室外机系统故障。

图 5-52　检查加长管道接口和室外机系统

3. 检查室内机蒸发器和冷凝器背部

取下室内机外壳，见图 5-53 左图，仔细查看蒸发器左侧和右侧管壁无明显油迹，使用泡沫涂在管壁和连接管道弯管处仔细查看，均无气泡冒出，也初步排除室内机故障，由于找不到漏点部位，需要拉修处理，但夏天天热用户着急使用空调器暂时不让拉修，维修时应急补加 R410A 使运行压力至 0.8MPa 时制冷恢复正常。

待约 15 天后用户再次报修制冷效果差，与用户协商将空调器整机拆回维修，再次仔细检查蒸发器和室外机管道仍无漏点。

见图 5-53 右图，查看冷凝器背部，下方有少许不明显的脏污，判断漏点在冷凝器翅片部位，但使用泡沫不能检查，需要拆下冷凝器单独检查。

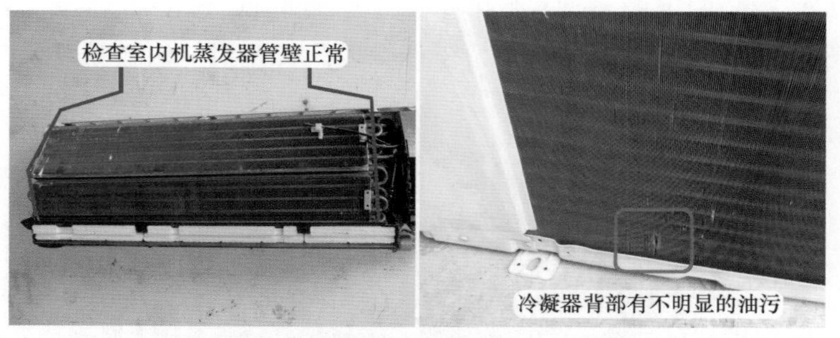

图 5-53 检查蒸发器和冷凝器

4. 检查冷凝器

取下室外风机和固定支架，再取下固定冷凝器的螺钉，见图 5-54 左图，在室外机使用焊炬（焊枪）焊下进口部位铜管，再找一段 10mm 和 6mm 铜管焊在进口部位，并连接压力表；在室外机取下二通阀的固定螺钉，使用内六方将阀芯完全关闭，并使用堵帽堵在二通阀处。

向冷凝器内充入制冷剂 R410A，使压力升至约 1.2MPa 用于检漏，见图 5-54 右图，冷凝器放入水盆，将初步判断漏点部位的翅片淹没在清水中。

图 5-54 取下冷凝器和放入水盆

说明

空调器拉修后如果条件允许，可充入氮气检漏。

5. 检查漏点

见图 5-55，冷凝器放入水盆后，立即发现有气泡冒出，也确定漏点在冷凝器，根据冒泡部位，确定出大致铜管位置，使用螺钉旋具（俗称螺丝刀）将翅片撬向两边，以露出铜管，再将冷凝器放入水盆中，可看到铜管处快速向外冒泡。

图 5-55 检查漏点

6. 补焊漏点

确定出冷凝器漏点部位后，拧开压力表旋钮，放空冷凝器的制冷剂 R410A，见图 5-56，使用焊枪补焊铜管，补焊后再次向冷凝器充入 R410A 至静态压力约 1.2MPa 用于检漏，并将焊接部位放入水盆，查看无气泡冒出，说明漏点故障已排除。

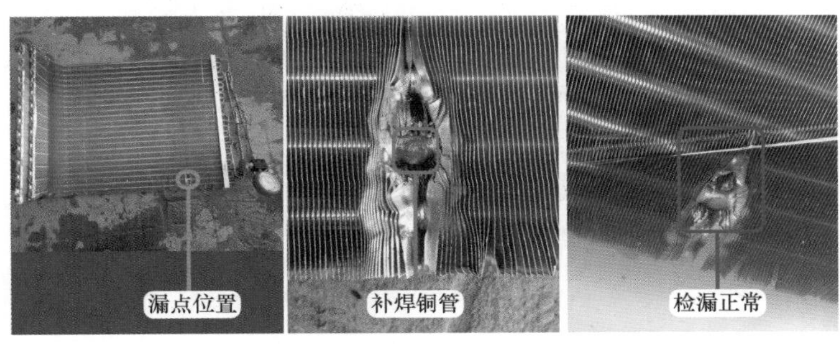

图 5-56 补焊漏点

维修措施：补焊冷凝器翅片内铜管，检漏正常后安装冷凝器至室外机，并恢复室外机管道，再用管道连接室内机和室外机，使用真空泵抽真空，并定量加注 R410A，将空调器安装至用户家后制冷正常，长时间使用不再报修，说明空调器恢复正常。

四、四通阀卡死

故障说明：海尔 KFR-33GW/02-S2 挂式空调器，用户反映前两天制冷正常，现忽然不再制冷，开机后室内机吹热风。

1. 测量系统压力

上门检查，首先到室外机三通阀检修口接上压力表，见图 5-57，查看系统静态（平衡）压力约 0.9MPa，使用遥控器制冷模式开机，室内风机运行后室外风机和压缩机运行，并未听到四通阀线圈通电的声音，但系统压力逐渐上升，说明系统处于制热模式。

2. 手摸二通阀、三通阀温度和断开四通阀线圈引线

见图 5-58 左图，用手摸室外机二通阀和三通阀温度，感觉三通阀温度较高，也说明系统工作在制热模式。

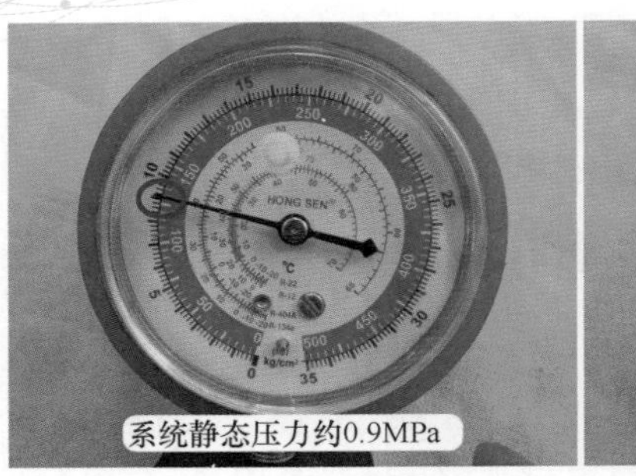

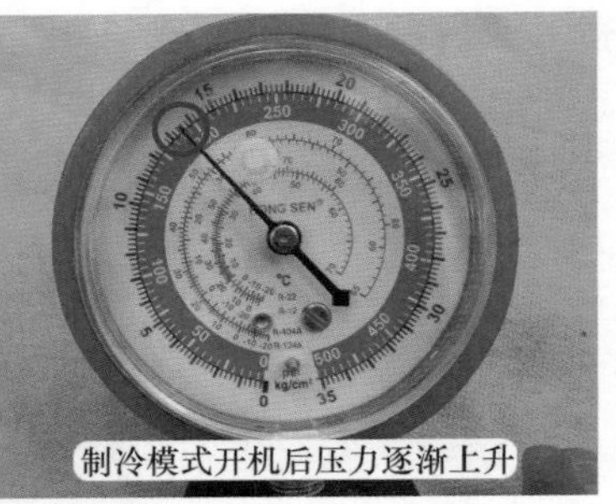

图 5-57 制冷开机系统压力上升

因夏天系统工作在制热模式时压力较高，容易崩开加氟管，因此停机并断开空调器电源，待约 1min 系统压力平衡后取下连接三通阀检修口的加氟管，见图 5-58 右图，并取下室外机 3 号接线端子上方的四通阀线圈引线，强制断开四通阀线圈供电，再次上电开机，系统仍工作在制热模式，说明制冷和制热模式转换的四通阀内部阀块卡在制热位置。

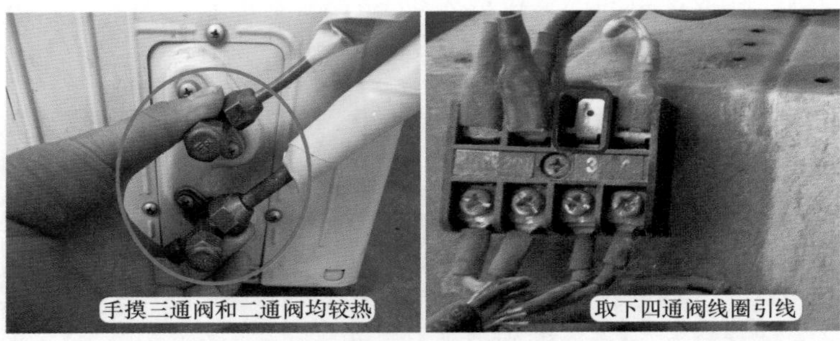

图 5-58 手摸二通阀、三通阀温度和断开四通阀线圈引线

3. 连续为四通阀线圈供电和断电

室外机 4 号接线端子为室外风机供电，制冷模式开机时一直供电，见图 5-59，用手拿住取下的四通阀线圈引线，并在 4 号端子约 5s，再取下 5s，再并在 4 号端子 5s，即连续多次为四通阀线圈供电和断电，看是否能将卡住的阀块在压力的转换下移动，即转回制冷模式位置，实际检修时只能听到电磁换向阀移动的“哒哒”声，听不到阀块在制冷和制热模式转换时的气流声，说明阀块卡住的情况比较严重。如果阀块轻微卡住，在四通阀线圈连续供电和断电后即可转换至正常的状态。

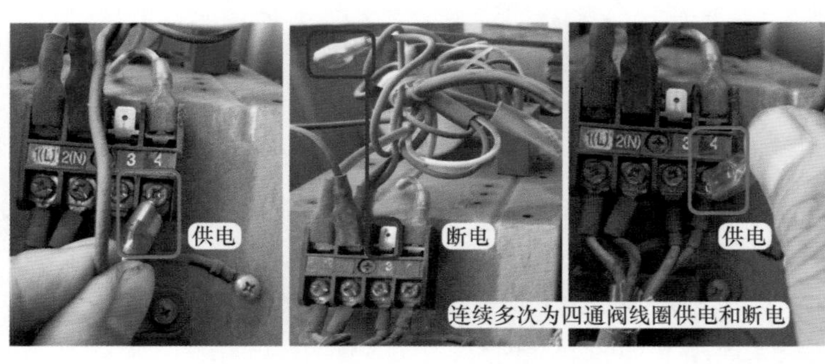

图 5-59 连续为四通阀线圈供电和断电

说明

在操作时一定要注意用电安全，必须将线圈引线的塑料护套罩住端子，以防触电。

4. 使用开水加热四通阀阀体

见图 5-60，先使用毛巾包裹四通阀阀体，再使用水壶烧开一瓶开水，并将开水浇在毛巾上面，强制加热四通阀阀体，使内部活塞和阀块轻微变形，再将空调器上电开机，并连续为四通阀线圈供电和断电，阀块仍旧卡在原位置不能移动。

取下毛巾，使得大扳手敲击四通阀阀体，并同时连续为四通阀线圈供电和断电，也不能使内部阀块移动，系统仍工作在制热模式，说明本机四通阀内部阀块已卡死。

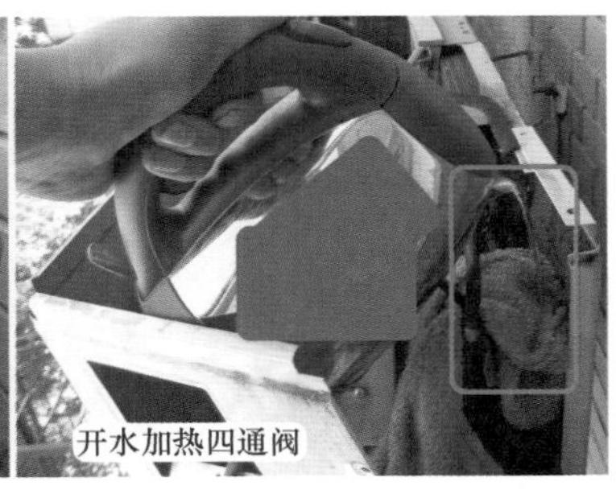

图 5-60 毛巾包裹和开水加热四通阀阀体

维修措施：见图 5-61，本机四通阀内部阀块卡死，经尝试后不能移动至正常位置，说明损坏只能更换，本例室外机安装在窗户的侧面墙壁，不容易更换，取下室外机至平台位置后更换新四通阀，再重新安装后排空、加氟 R22，上电试机制冷恢复正常。

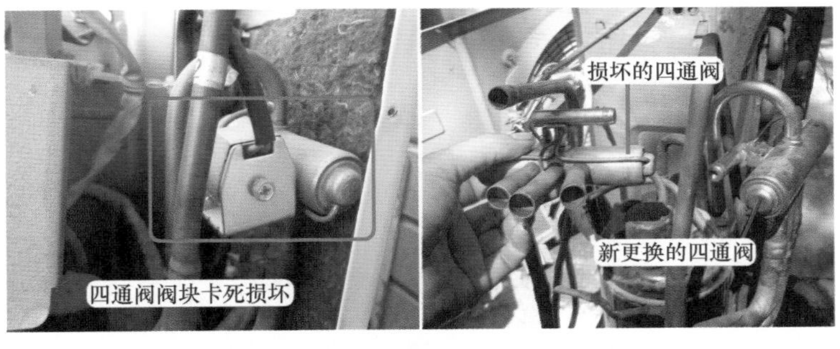

图 5-61 更换四通阀

总　　结

因四通阀更换难度比较大且有再次焊坏的风险，因此遇到内部阀块卡死故障时，应尝试维修将其复位至正常模式。

① 阀块轻微卡死故障：经连续为四通阀线圈供电和断电均能恢复至正常位置。

② 阀块中度卡死故障：使用热水加热阀体或使用大扳手敲击阀体，同时再为四通阀线圈供电和断电，通常可恢复至正常位置，如不能恢复则只能更换四通阀。

02

/ 第二篇

定频空调器维修

第六章 单相供电定频空调器电控系统维修

第一节 挂式空调器电控系统基础

一、电控系统组成

图 3-1 为格力 KFR-23GW/（23570）Aa-3 挂式空调器电控系统主要部件，图 3-2 为美的 KFR-26GW/DY-B（E5）电控系统主要部件。由图可知，一个完整的电控系统由主板和外围负载组成，包括主板、变压器、传感器、室内风机、显示板组件、步进电机、遥控器、接线端子等。

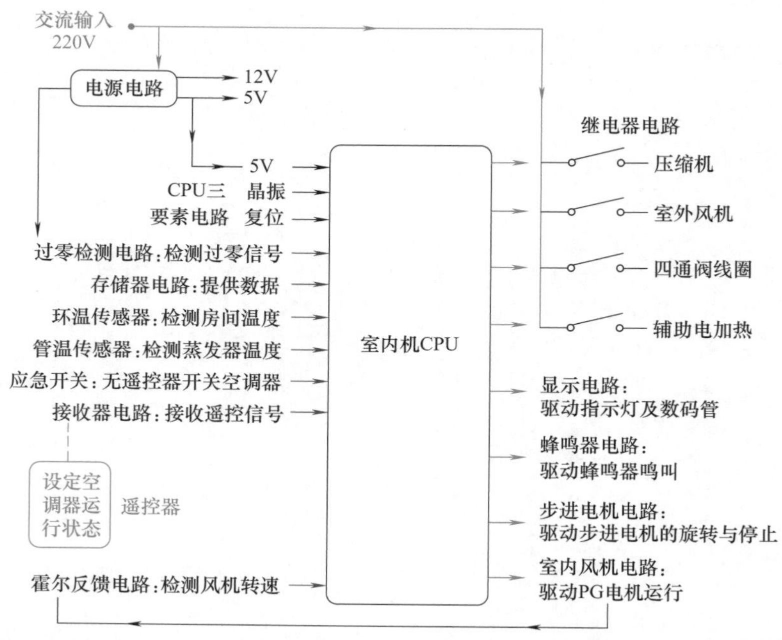

图 6-1 室内机主板电路方框图

主板是电控系统的控制中心，由许多单元电路组成，各种输入信号经主板 CPU 处理后通过输出电路控制负载。主板通常可分为四部分电路，即电源电路、CPU 三要素电路、输入电路、输出电路。

图 6-1 为室内机主板电路方框图，图 6-2 为电控系统主要元件编号，表 6-1 为主要元件编号名称的说明。

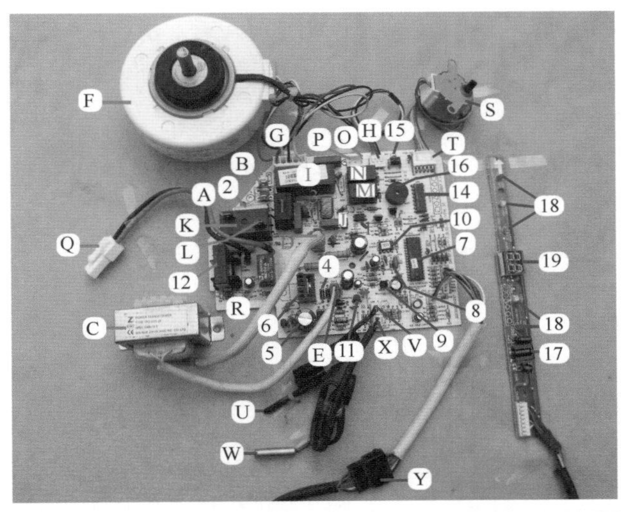

图 6-2 电控系统主要元件

表 6-1 主要元件编号说明

编号	名称	编号	名称
A	电源相线 L 端输入	B	电源零线 N 端输入
C	变压器：将交流 220V 降低至约 13V	D	变压器一次绕组插座
E	变压器二次绕组插座	F	室内风机：驱动贯流风扇运行
G	室内风机线圈供电插座	H	霍尔反馈插座：检测室内风机转速
I	风机电容：在室内风机启动时使用	J	晶闸管：驱动室内风机
K	压缩机继电器：控制压缩机的运行与停止	L	压缩机接线端子
M	室外风机继电器：控制室外风机的运行与停止	N	四通阀线圈继电器：控制四通阀线圈的供电与断电
O	室外风机接线端子	P	四通阀线圈接线端子
R	辅助电加热继电器	Q	辅助电加热对接插头
S	步进电机：带动导风板运行	T	步进电机插座
U	环温传感器：检测房间温度	V	环温传感器插座
W	管温传感器：检测蒸发器温度	X	管温传感器插座
Y	显示板组件对插插头	1	压敏电阻：在电压过高时保护主板
2	熔丝管：在电流过大时保护主板	3	PTC 电阻
4	整流二极管：将交流电整流成为脉动直流电	5	滤波电容：滤除直流电中的交流纹波成分
6	5V 稳压块 7805：输出端为稳定直流 5V	7	CPU：主板的“大脑”
8	晶振：为 CPU 提供时钟信号	9	复位晶体管
10	存储器：为 CPU 提供数据	11	过零检测晶体管：检测过零信号
12	电流互感器	13	光耦
14	反相驱动器：反相放大后驱动继电器线圈、步进电机线圈、蜂鸣器	15	应急开关：无遥控器开关空调器
16	蜂鸣器：发声代表已接收到遥控器信号	17	接收器：接收遥控器的红外线信号
18	指示灯：指示空调器的运行状态	19	数码管：显示温度和故障代码

二、单元电路作用

1. 电源电路

将交流 220V 供电经变压器降压、二极管整流、电容滤波，成为直流 12V 和 5V，为主板单元电路和外围负载供电。

2. CPU 三要素电路

电源、时钟、复位称为三要素电路，其正常工作是 CPU 处理输入信号和控制输出电路负载的前提。

3. 输入部分信号电路

① 遥控器信号（17）：对应电路为接收器电路，作用是将遥控器发出的红外线信号处理后送至 CPU。

② 环温、管温传感器（U、W）：对应电路为传感器电路，作用是将代表温度变化的电压送至 CPU。

③ 应急开关信号（15）：对应电路为应急开关电路，作用是在没有遥控器时可以使用空调器。

④ 数据信号（10）：对应电路为存储器电路，作用是为 CPU 提供运行时必要的数据信息。

⑤ 过零信号（11）：对应电路为过零检测电路，作用是提供过零信号，以便 CPU 控制光耦晶闸管（俗称光耦可控硅）的导通角，使室内风机（PG 电机）能正常运行。

⑥ 霍尔反馈信号（H）：对应电路为霍尔反馈电路，作用是为 CPU 提供室内风机（PG 电机）实际转速的参考信号。

⑦ 运行电流信号（12）：对应为电流检测电路，作用是为 CPU 提供压缩机运行电流的参考信号。

4. 输出部分负载电路

① 蜂鸣器（16）：对应电路为蜂鸣器电路，作用是提示 CPU 接收到并且已处理遥控器发送的信号。

② 指示灯（18）和数码管（19）：对应电路为指示灯和数码管显示电路，作用是显示空调器的当前工作状态和故障代码。

③ 步进电机（S）：对应电路为步进电机控制电路，作用是调整室内风机吹风的角度，使之能够均匀送到房间的各个角落。

④ 室内风机（F）：对应电路为室内风机电路，作用是控制室内风机的运行与停止。制冷模式下开机后就一直工作（无论外机是否运行）；制热模式下受蒸发器温度控制，只有蒸发器温度高于一定值后才开始运行，即使在运行中，如果蒸发器温度下降到保护值以下，室内风机也会停止工作。

⑤ 辅助电加热（R）：对应为辅助电加热继电器电路，作用是控制辅助电加热的工作与停止，在制热模式下提高出风口温度。

⑥ 压缩机继电器（K）：对应电路为继电器电路，作用是控制压缩机的工作与停止。制冷模式下，压缩机受 3min 延时电路保护、蒸发器温度过低保护、过流检测电路等控制；制热模式下，受 3min 延时电路保护、蒸发器温度过高保护、电流检测电路等控制。

⑦ 室外风机继电器（M）：对应电路为继电器电路，作用是控制室外风机的工作与停止。受保护电路同压缩机。

⑧ 四通阀线圈继电器（N）：对应电路为继电器电路，作用是控制四通阀线圈的供电与断电。制冷模式下无供电停止工作；制热模式下有供电开始工作，只有除霜过程中断电，其他过程一直供电。

第二节 柜式空调器电控系统基础

一、电控系统分类

室内机电控系统通常由室内机主板（本章中以下简称主板）、室内机显示板（简称显示板）组成，根据主控 CPU 的设计位置不同，可分为三种类型。

1. 主控 CPU 位于显示板

早期空调器和格力部分空调器的电控系统中主控 CPU 通常位于显示板，见图 6-3，弱电信号处理电路等也位于显示板，主板设有继电器电路和电源电路，主板和显示板使用较多的连接线（约 13 根）连接。

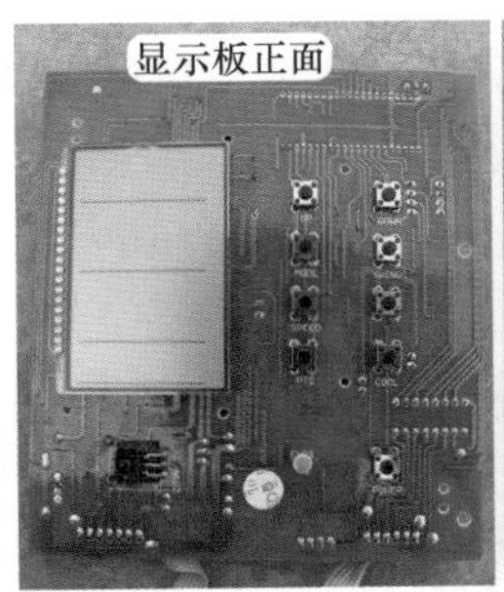

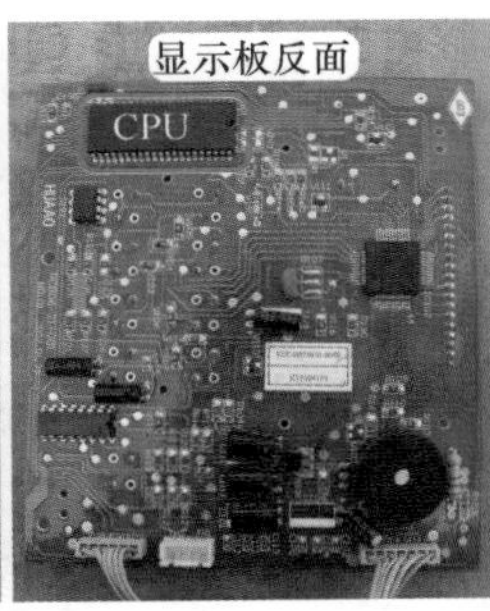

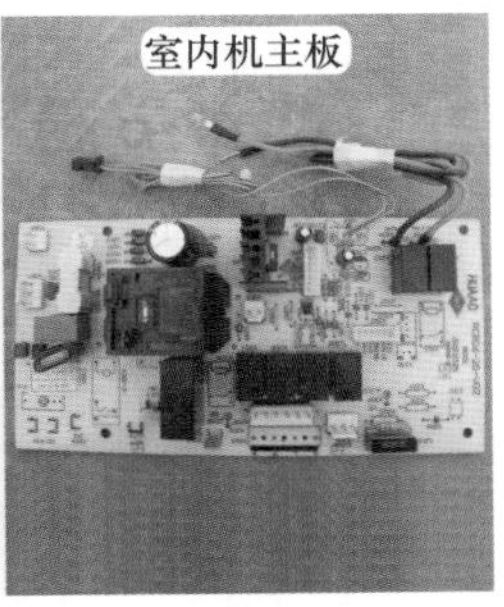

图 6-3 科龙 KFR-50LW/K2D1 空调器显示板和主板

2. 主控 CPU 位于主板

目前空调器的电控系统中主控 CPU 通常位于主板，见图 6-4，弱电信号电路、电源电路、继电器电路等均位于主板，只有部分的弱电信号和显示电路位于显示板，主板和显示板使用较少的连接线（约 7 根）连接。

3. 显示板和主板均设有 CPU

目前空调器的电控系统中还有这样一种类型，就是显示板和主板均设有 CPU，见图 6-9 和图 6-10，显示板 CPU 处理接收器、按键、显示屏、步进电机等电路，主板 CPU 处理传感器、电流和压力信号、继电器等电路，主板和显示板使用最少的连接线（约 5 根）连接。

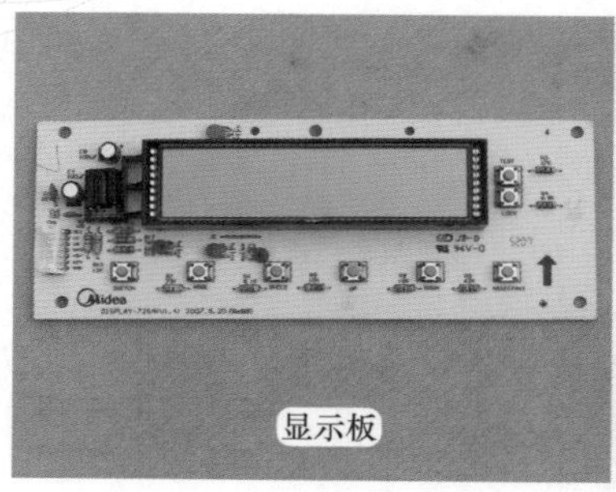

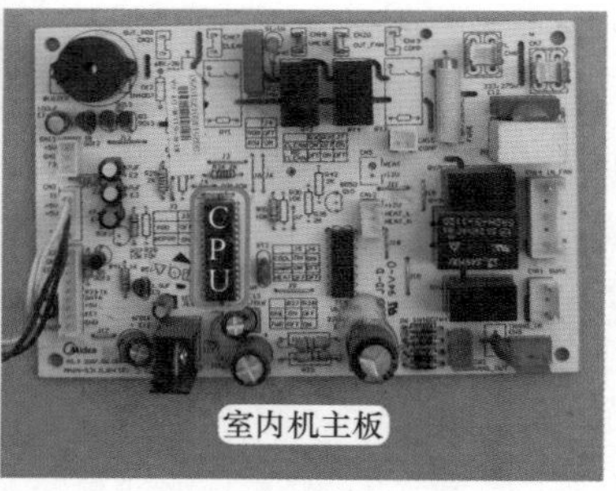

图 6-4 美的 KFR-51LW/DY-GA（E5）空调器显示板和主板

二、柜式和挂式空调器单元电路对比

虽然柜式空调器和挂式空调器的室内机主板单元电路基本相同，由电源电路、CPU 三要素电路、输入部分电路、输出部分电路组成，但根据空调器设计型式的特点，部分单元电路还有一些不同之处。

1. 按键电路

挂式空调器由于安装时挂在墙壁上，离地面较高，因此主要使用遥控器控制，按键电路通常只设一个应急开关，见图 6-5 左图。

柜式空调器就安装在地面上，可以直接触摸得到，因此使用遥控器和按键双重控制，见图 6-5 右图，电路设有 6 个或以上按键，通常只使用按键即能对空调器进行全面的控制。

2. 显示方式

见图 6-5，早期挂式空调器通常使用指示灯，柜式空调器通常使用显示屏，而目前的空调器（挂式和柜式）则通常使用显示屏或显示屏＋指示灯的形式。

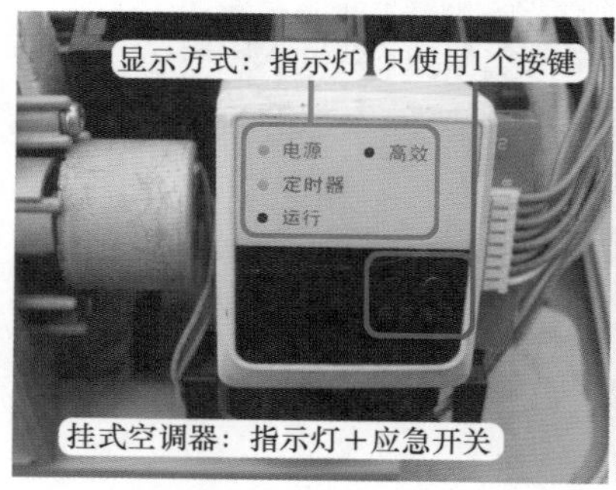

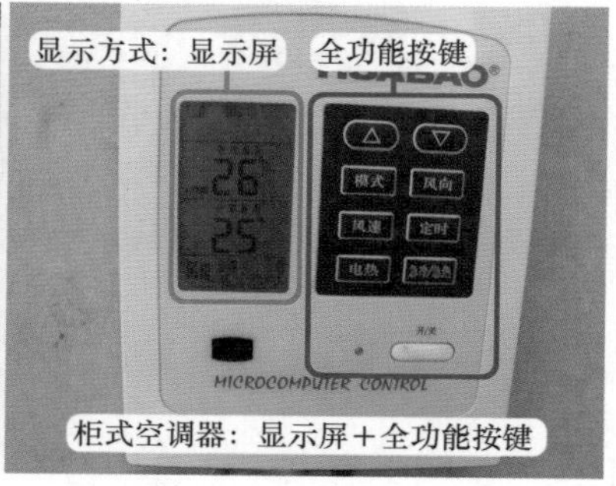

图 6-5 显示方式对比

3. 室内风机

挂式空调器室内风机普遍使用 PG 电机，见图 3-41，转速由光耦晶闸管通过改变交流电压有效值来实现，因此设有过零检测电路、PG 电机电路、霍尔反馈电路共 3 个单元电路。

柜式空调器室内风机（离心电机）普遍使用抽头电机，见图 3-47，转速由继电器通过改变电机抽头的供电来实现，因此只设有继电器电路 1 个单元电路，取消了过零检测和霍尔反馈 2 个单元电路。

4. 风向调节

见图 6-6 左图，挂式空调器通常使用步进电机控制导风板的上下转动，左右导风板只能手动调节，步进电机为直流 12V 供电，由反相驱动器驱动。

而柜式空调器则正好相反，见图 6-6 右图，使用同步电机控制导风板的左右转动，上下导风板只能手动调节，同步电机为交流 220V 供电，由继电器驱动。

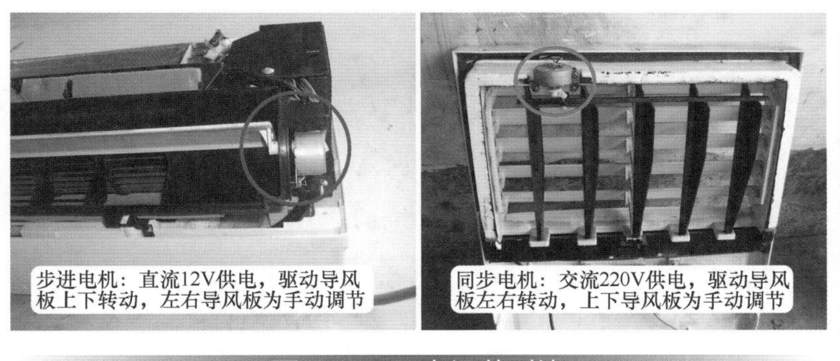

图 6-6 风向调节对比

说明

目前新型柜式空调器通常使用直流 12V 供电的步进电机，驱动上下和左右导风板旋转运行。

5. 辅助电加热

见图 6-7，挂式空调器辅助电加热功率小，约 400 ～ 800W；而柜式空调器使用的辅助电加热通常功率比较大，约 1200 ～ 2500W。

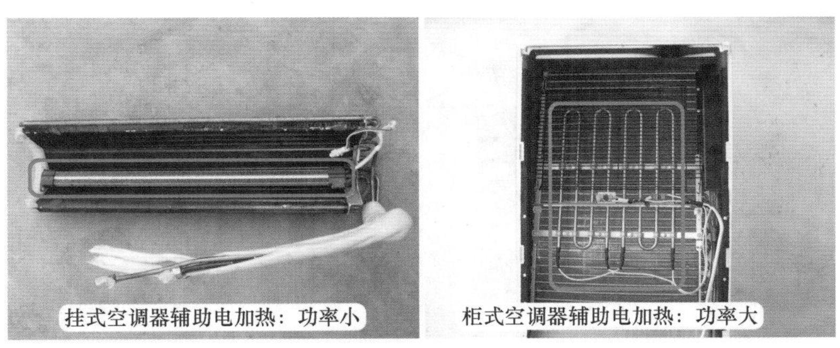

图 6-7 辅助电加热对比

第三节 单相供电空调器单元电路

由于挂式空调器和柜式空调器单元电路基本相同，本节主要以格力 KFR-72LW/NhBa-3 柜式空调器为基础，简单介绍单相供电空调器的电控系统和单元电路，如无特别说明，本节单元电路原理图和实物图均为格力 KFR-72LW/NhBa-3 柜式空调器的主板和显示板。

一、电控系统

1. 组成

见图 6-8，格力 KFR-72LW/NhBa-3 空调器电控系统由室内机电控和室外机电控组成，其中室内机电控包括室内机主板和显示板，室外机电控包括室外风机电容和压缩机电容、交流接触器等。

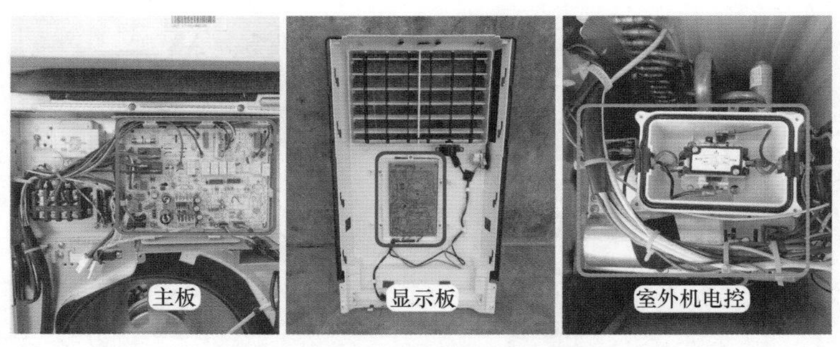

图 6-8 格力 KFR-72LW/NhBa-3 空调器电控系统

2. 主板和显示板

（1）实物外形

主板实物外形见图 6-9，可见强电部分电路的主要元件均位于主板，CPU 为贴片元件设计在反面。

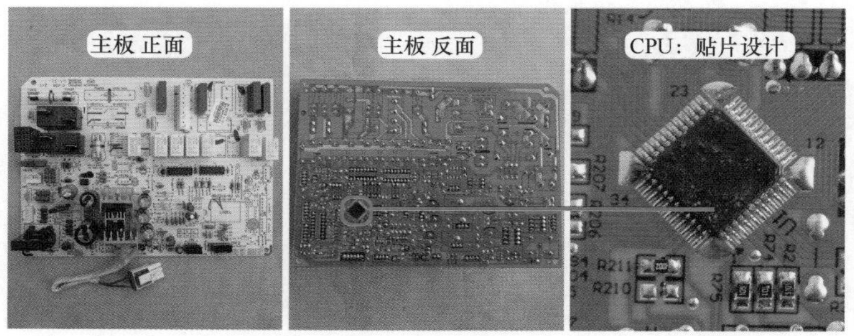

图 6-9 主板

显示板实物外形见图 6-10，可见均为弱电部分电路，和主板一样，CPU 为贴片元件设计在反面。

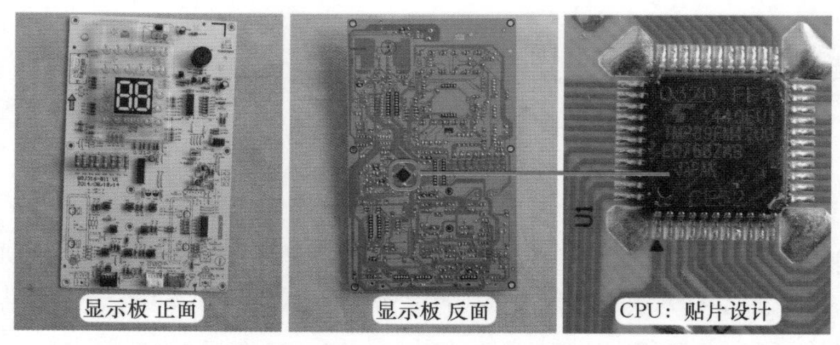

图 6-10 显示板

（2）主板主要元件和插座

主板主要元件和插座见图 6-11，为了便于区分，图中红线连接强电电路，蓝线连接弱电电路。

插座或接线端子：L、N、变压器一次和二次绕组、辅助电加热（辅电）、压缩机、室外风机、四通阀线圈、高压压力开关、室内风机、室内环温和管温、室外管温、连接显示板插座等。

主要元件：CPU、晶振、主板和辅助电加热熔丝管（俗称保险管）、压敏电阻、整流二极管、滤波电容、7812、7805、电流互感器、继电器、反相驱动器等。

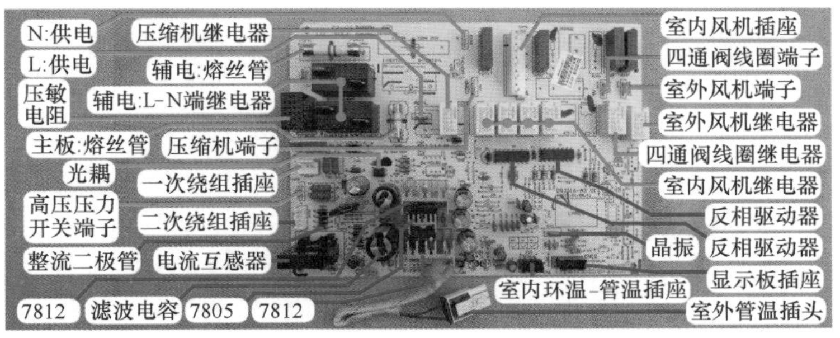

图 6-11　主板主要元件和插座

（3）显示板主要元件和插座

显示板主要元件和插座见图 6-12。

插座：上下步进电机、左右步进电机、连接主板的插座。

主要元件：CPU、晶振、存储器、反相驱动器、正相驱动器、接收器、按键、蜂鸣器、数码管、晶体管（俗称三极管）等。

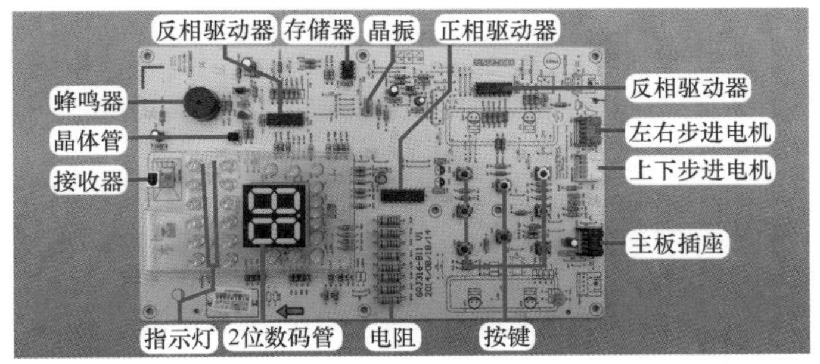

图 6-12　显示板主要元件和插座

3. 电路方框图

图 6-13 为格力 KFR-72LW/NhBa-3 空调器整机电控系统方框图，在图中输入部分电路使用蓝线、输出部分电路为红线。

显示板上单元电路：CPU 三要素电路、通信电路、存储器电路、按键电路、接收器电路、数码管和指示灯显示电路、蜂鸣器电路、上下和左右步进电机电路。

主板上单元电路：CPU 三要素电路、通信电路、电源电路、传感器电路、电流检测电路、高压保护电路、室内风机电路、辅助电加热电路、压缩机-室外风机-四通阀线圈电路。

室外机电控：设有交流接触器（交接）、电容等。

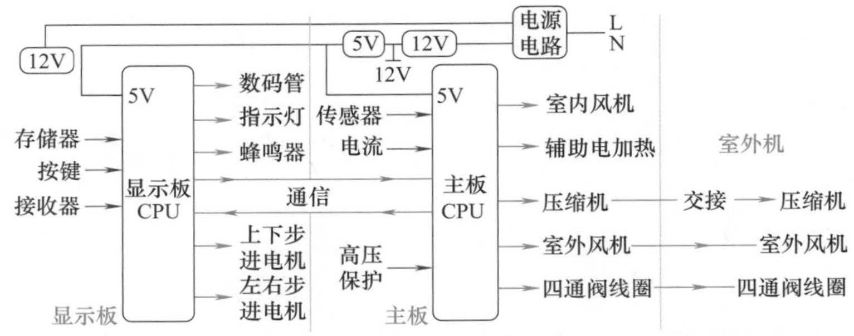

图 6-13 电控系统方框图

4. CPU 位置

见图 6-14，主板和显示板反面大量使用贴片元件，可降低成本并提高稳定性。由于显示板和主板的 CPU 均位于反面，为使实物图中标注清晰，在正面的对应位置使用纸片代替 CPU。

此处需要说明的是，在本节的单元电路实物图中，只显示正面的元件，如果实物图与单元电路原理图相比，缺少电阻、电容、二极管等元件，是由于这些元件使用贴片元件，安装在主板或显示板反面。

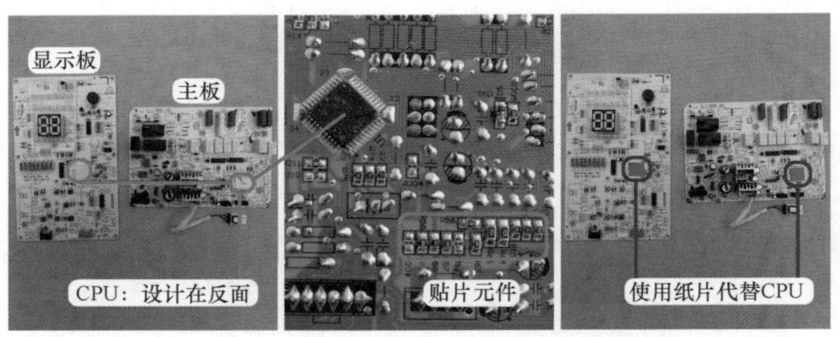

图 6-14 CPU 设计位置和贴片元件

二、电源、CPU 三要素和通信电路

1. 电源电路

电源电路位于主板，电路原理图见图 6-15，实物图见图 6-16，关键点电压见表 6-2，作用是为室内机主板和显示板提供直流 12V 和 5V 电压。主要由变压器、整流二极管、滤波电容、两个 7812 和一个 7805 稳压块组成，本机变压器二次绕组为 2 路输出型，输出的 2 路交流电压经相对独立的整流滤波电路成为直流电压，分别为 7812 和 7805 供电。

室内机接线端子上 2 号相线和 N（1）零线为室内机主板供电。5A 熔丝管（俗称保险管）FU630 和压敏电阻 RV630 组成过压保护电路，当输入电压正常时对电路没有影响；而当输入电压高于交流 380V 时，压敏电阻 RV630 迅速击穿，将前端熔丝管 FU630 熔断，从而保护主板后级电路免受损坏。电容 C632 为高频旁路电容，用以旁路电源引入的高频干扰信号。

交流电源L端相线经熔丝管、N端直接送至插座TR-IN，形成交流220V电压，为变压器一次绕组供电，变压器开始工作，二次绕组输出2路不同的较低电压送至室内机主板。

变压器二次绕组白-白引线输出交流约14V电压，经PTC电阻RT2限流后，送至由D394-D395-D396-D397共4个二极管组成的桥式整流电路，变为约17V脉动直流电（含有交流成分），经电容C420滤波，滤除其中的交流成分，成为纯净直流电送至7812稳压块V390的①脚输入端，经7812内部电路稳压后由③脚输出稳定的直流12V电压，为主板继电器和反相驱动器供电；直流12V的一个支路送至7805稳压块V391的①脚输入端，经7805内部电路稳压后由③脚输出稳定的直流5V电压，为主板和显示板的CPU等弱电信号电路供电。

变压器二次绕组黄-黄引线输出交流约15V电压，经D390-D391-D392-D393整流、C390滤波，成为纯净的约直流19V电压，送至7812稳压块V392的①脚输入端，经7812内部电路稳压后由③脚输出稳定的直流12V电压，为显示板的上下步进电机和左右步进电机电路供电。

说明

直流12V支路中7812稳压块V390、V392的②脚地，和直流5V支路中7805稳压块V391的②脚地直接相连，即直流12V和5V电压负极为同一电位。

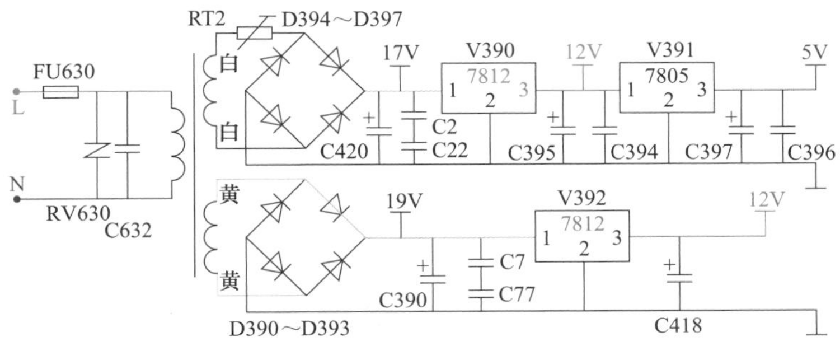

图6-15 电源电路原理图

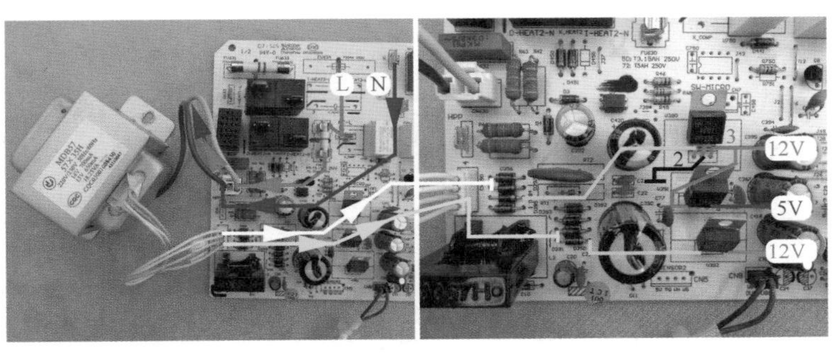

图6-16 电源电路实物图

表 6-2　电源电路关键点电压

一次绕组	二次绕组白－白引线	V390 ①脚	V390 ③脚	V391 ①脚	V391 ③脚	二次绕组黄－黄引线	V392 ①脚	V392 ③脚
AC224V	AC14.1V	DC17.6V	DC12V	DC12V	DC5V	AC14.9V	DC19.4V	DC12V

2. CPU 三要素电路

CPU 是一个大规模的集成电路，整个电控系统的控制中心，内部写入了运行程序（或工作时调取存储器中的程序）。同时 CPU 是主板或显示板上体积最大、引脚最多的元器件。现在主板 CPU 的引脚功能都是空调器厂家结合软件来确定的，也就是说同一型号的 CPU 在不同空调器厂家主板上引脚作用是不一样的。

（1）显示板 CPU 主要引脚功能

本机显示板 CPU 使用东芝芯片，型号为 TMP89FM42UG，显示板代号为 U1，为贴片元件，共有 44 个引脚，分为 4 面引出，主要引脚功能见表 6-3。

表 6-3　显示板 CPU 主要引脚功能

三要素电路	⑤电源	①地	⑧复位	②-③晶振	
通信电路	㉝信号输入	㉞信号输出	存储器电路	⑮数据	⑯时钟
输入电路	⑩遥控	㉑-㉒按键			
输出电路	㊵-㊴蜂鸣器	⑲-⑱-⑰-⑭左右步进电机		㊶-㊷-㊸-㊹上下步进电机	
	㉓-㉔-㉕-㉖-㉗-㉘-㉙-㉚指示灯正极			㉛-㉜-㉟-㊱-㊲指示灯负极	

（2）显示板 CPU 三要素电路工作原理

显示板 CPU 三要素电路原理图见图 6-17 左图，实物图见图 6-17 右图，关键点电压见表 6-4。

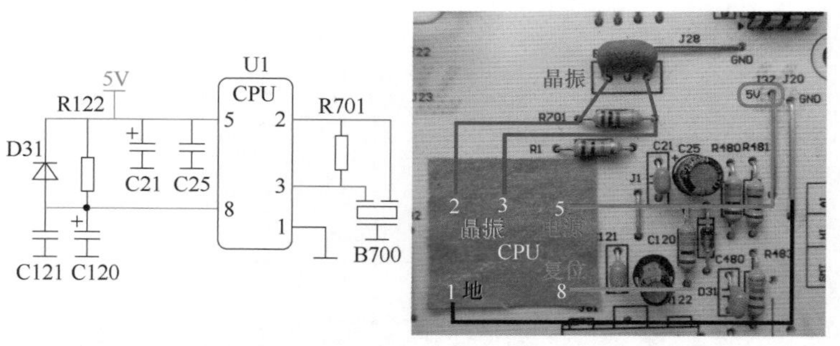

图 6-17　显示板 CPU 三要素电路原理图和实物图

表 6-4　显示板 CPU 三要素电路关键点电压

⑤脚：电源	①脚：地	⑧脚：复位	②脚：晶振	③脚：晶振
5V	0V	5V	2.2V	2.3V

电源、复位、晶振称为 CPU 三要素电路，是 CPU 正常工作的必要条件。电源电路提供工作电压，复位电路将内部程序处于初始状态，晶振电路提供时钟频率。

电源：CPU ⑤脚是电源引脚，由 7805 的③脚输出端直接供给。滤波电容 C21、C25 的作用是使 5V 供电更加纯净和平滑。

复位：CPU ⑧脚为复位引脚，初始上电时 5V 电压通过电阻 R122 为电容 C120 充电，正极电压由 0V 逐渐上升至 5V，因此 CPU ⑧脚电压相对于电源⑤脚要延时一段时间（一般为几十毫秒），将 CPU 内部程序清零，对各个端口进行初始化。

晶振：也称为时钟电路，为 CPU 提供时钟频率。CPU ②脚、③脚为晶振引脚，内部电路与外围元件 B700（晶振）、电阻 R701 组成时钟电路，提供 4MHz 稳定的时钟频率，使 CPU 能够连续执行指令。

（3）主板 CPU 主要引脚功能

本机主板 CPU 也使用东芝芯片，型号为 TMP89FM42UG，和显示板 CPU 相同。经过厂家结合软件修改后，主板 CPU 除三要素引脚功能相同外，其他引脚功能均与显示板 CPU 不相同，主要引脚功能见表 6-5。

表 6-5　主板 CPU 主要引脚功能

三要素电路	⑤电源	①地	⑧复位	②-③晶振	
通信电路	㊷信号输入	㊶信号输出			
输入电路	㉑室内环温	㉒室内管温	㉕室外管温	㉖电流检测	⑥高压保护
输出电路	室内风机	⑲超强	⑪高风	⑭中风	⑰低风
	㊹辅助电加热	㉟压缩机	㊱室外风机	㉘四通阀线圈	

（4）主板 CPU 三要素电路工作原理

主板 CPU 三要素电路原理图见图 6-18 左图，实物图见图 6-18 右图。

由于 CPU 型号和显示板 CPU 相同，因此其工作原理和关键点电压也相同，参见显示板 CPU 工作原理。

图 6-18　主板 CPU 三要素电路原理图和实物图

3. 通信电路

（1）连接线

见图 6-19，显示板和主板使用一束 5 根的连接线连接，引线标识分别为 12V、GND（地）、5V、TXD（信号输出或发送数据）、RXD（信号输入或接收数据）。其中 12V、GND、5V 为供电，由主板输出，为显示板提供电源；TXD、RXD 为数据传送，显示板 TXD 对应连接主板 RXD，显示板 RXD 对应主板 TXD，即显示板 CPU 发送的数据直接送至主板 CPU 的接收端，主板 CPU 发送的数据直接送至显示板 CPU 的接收端。

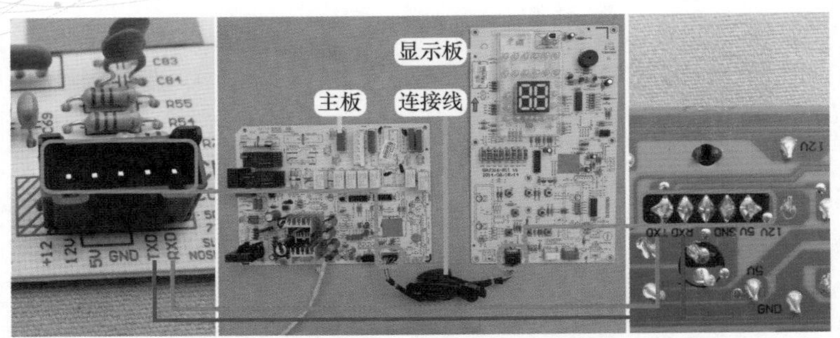

图 6-19 通信电路连接线

（2）工作原理

通信电路原理图见图 6-20，实物图见图 6-21，关键点电压见表 6-6。

当主板 CPU 需要将当前的数据（比如室内环温和管温温度值、高压压力开关状态等）向显示板 CPU 发送时，其㊶脚输出信号经电阻 R54、主板 TXD 端子、连接线中棕线、显示板 RXD 端子、电阻 R99 至显示板 CPU 的㉝脚，显示板 CPU 经内部电路计算得出主板 CPU 发送的数据内容，经处理后在显示屏显示数码等。

当显示板 CPU 需要将当前的数据（比如接收遥控器的设定温度、存储器存储的数值等）向主板 CPU 发送时，其㉞脚输出信号经电阻 R100、显示板 TXD 端子、连接线中红线、主板 RXD 端子、电阻 R55 至主板 CPU 的㊷脚，主板 CPU 经内部电路计算得出显示板 CPU

表 6-6 通信电路关键点电压

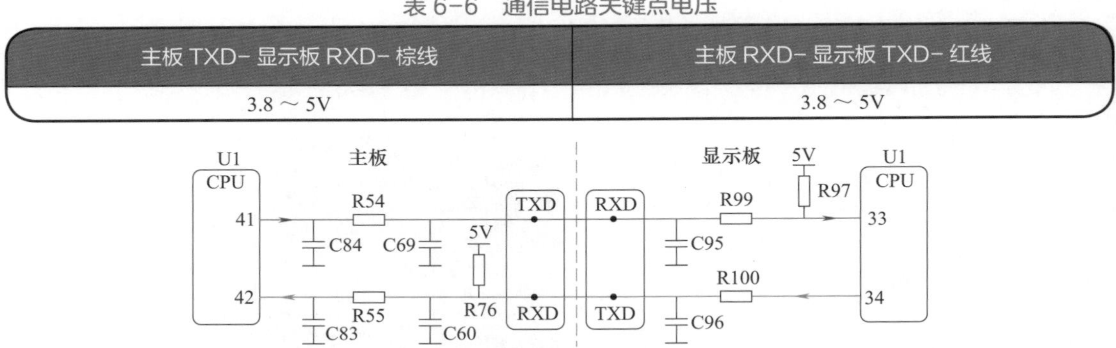

主板 TXD- 显示板 RXD- 棕线	主板 RXD- 显示板 TXD- 红线
3.8 ～ 5V	3.8 ～ 5V

图 6-20 通信电路原理图

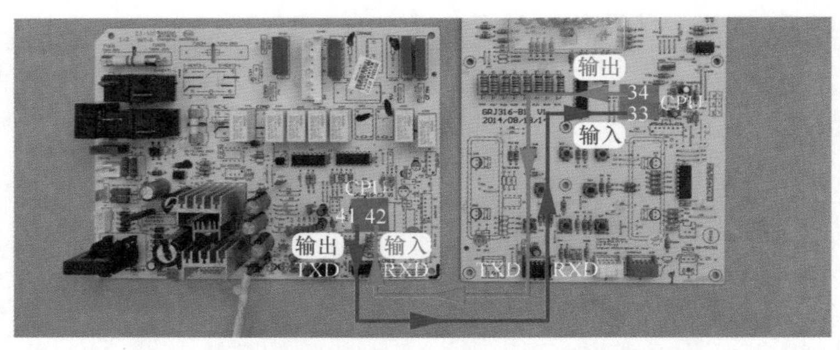

图 6-21 通信电路实物图

发送的数据内容，经处理后控制室内风机或室外机负载等。

主板 CPU 和显示板 CPU 通过通信电路进行数据交换，实时得出空调器当前的工作状态，从而对电控系统进行控制。

三、输入部分电路

1. 存储器电路

存储器电路位于显示板，电路原理图见图 6-22 左图，实物图见图 6-22 右图，关键点电压见表 6-7，作用是向 CPU 提供工作时所需要的数据。

本机存储器板号 U750，型号为 24C04，通信过程采用 I²C 总线方式，即 IC 与 IC 之间的双向传输总线，共有 2 条线：串行时钟线（SCL）和串行数据线（SDA）。时钟线传递的时钟信号由 CPU 输出，存储器只能接收；数据线传送的数据是双向的，CPU 可以向存储器发送信号，存储器也可以向 CPU 发送信号。

表 6-7　存储器电路关键点电压

存储器 24C04 引脚				CPU 引脚	
（①-②-③-④-⑦）脚	⑧脚	⑤脚	⑥脚	⑮脚	⑯脚
0V	5V	5V	5V	5V	5V

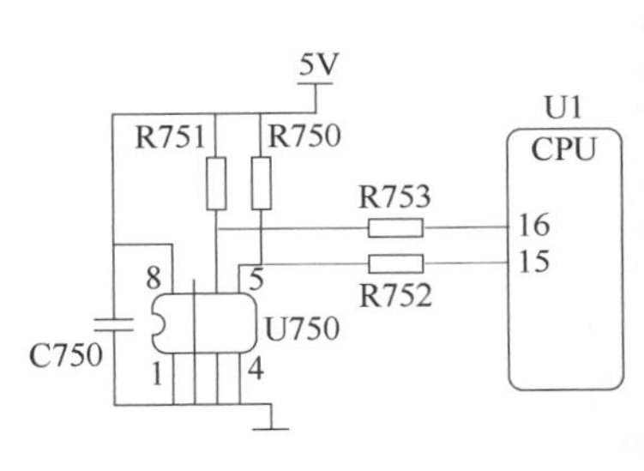

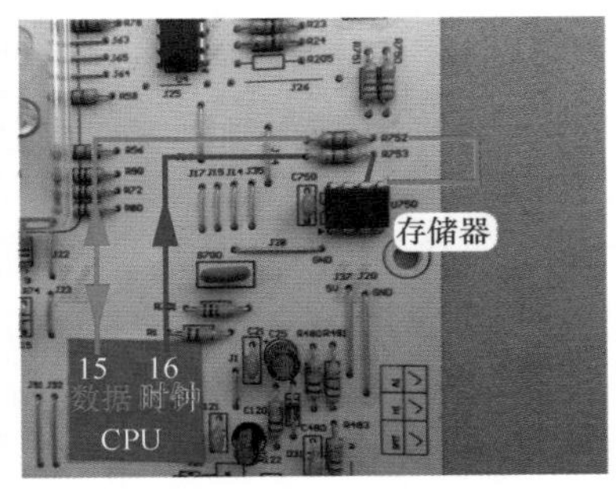

图 6-22　存储器电路原理图和实物图

2. 接收器电路

接收器电路位于显示板，电路原理图见图 6-23，实物图见图 6-24，关键点电压见表 6-8，作用是接收遥控器发送的红外线信号、处理后送至 CPU 引脚。

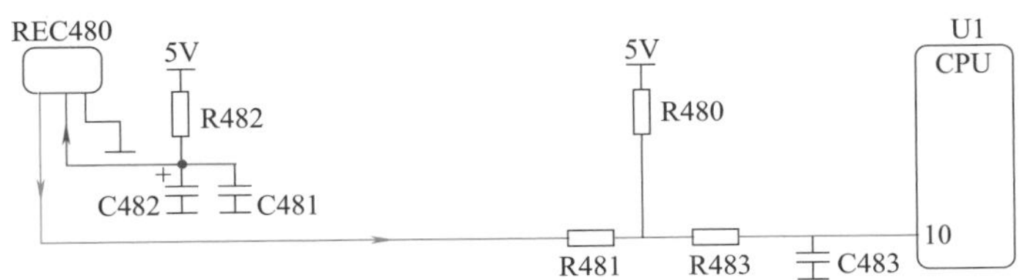

图 6-23　接收器电路原理图

表 6-8 接收器电路关键点电压

项目	接收器信号引脚电压	CPU ⑩脚电压
遥控器未发射信号	4.96V	4.96
遥控器发射信号	约 3V	约 3V

图 6-24 接收器电路实物图

遥控器发射含有经过编码的调制信号以 38kHz 为载波频率，发送至位于显示板上的接收器 REC480，REC480 将光信号转换为电信号，并进行放大、滤波、整形，经电阻 R481、R483 送至 CPU ⑩脚，CPU 内部电路解码后得出遥控器的按键信息，从而对电路进行控制；CPU 每接收到遥控器信号后会控制蜂鸣器响一声给予提示。

接收器在接收到遥控器信号时，信号引脚由静态电压 5V 会瞬间下降至约 3V，然后再迅速上升至静态电压。遥控器发射信号时间约 1s，接收器接收到遥控器信号时信号引脚电压也有约 1s 的时间瞬间下降。

3. 按键电路

（1）显示屏面板按键

本机显示屏面板分为显示屏和按键两个区域，见图 6-25，其中按键区域共设有 8 个按键，显示板也设有 8 个按键，两者一一对应。

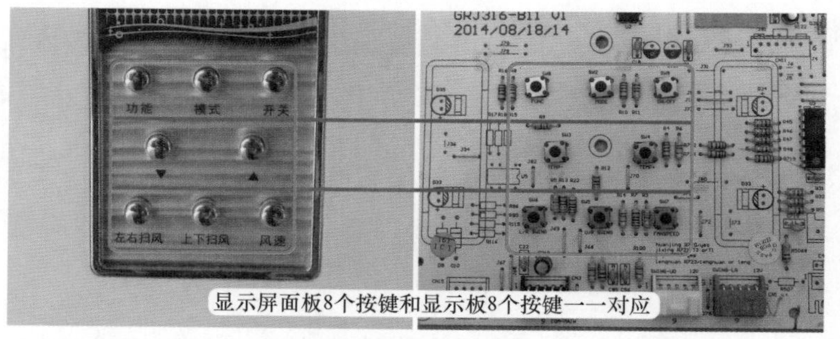

图 6-25 显示屏面板和显示板按键相对应

（2）工作原理

按键电路位于显示板，电路原理图见图 6-26，实物图见图 6-27，按键状态与 CPU 引脚电压对应关系见表 6-9。

显示面板功能按键设有 8 个，而 CPU 只有㉑脚、㉒脚共 2 个引脚检测按键，每个引脚负责4个按键，基本的工作原理为分压电路，上分压电阻为R22/R7，按键和串联电阻为下分压电阻，CPU㉑脚、㉒脚根据电压值判断按下按键的功能，从而对整机进行控制。

例如，当SW9开关（ON/OFF）按键按下时，上分压电阻为R7，下分压电阻为R3+R12+R6+R4+R10+R11，CPU㉒脚电压为5×下分压电阻阻值/（上分压电阻阻值+下分压电阻阻值）=5×（330+330+510+1200+1500+150）/（5100+330+330+510+1200+1500+150）=2.2V，CPU通过计算，得出“开关”键被按压一次，根据状态进行控制：如当前为运行状态，则控制空调器关机；如当前为待机状态，则控制空调器开机运行。

表6-9 按键状态与CPU引脚电压对应关系

中文名称	英文符号	板号	按下时CPU ㉑脚电压	中文名称	英文符号	板号	按下时CPU ㉒脚电压
左右扫风	L/R SWING	SW6	0.3V	上下扫风	U/P SWING	SW5	0.3V
风速	FANSPEED	SW7	0.9V	温度上调	TEMP+	SW4	0.9V
功能	FUNC	SW8	1.6V	模式	MODE	SW2	1.6V
温度下调	TEMP−	SW3	2.2V	开关	ON/OFF	SW9	2.2V

说明

按键均未按下时，CPU㉑脚、㉒脚电压为直流5V

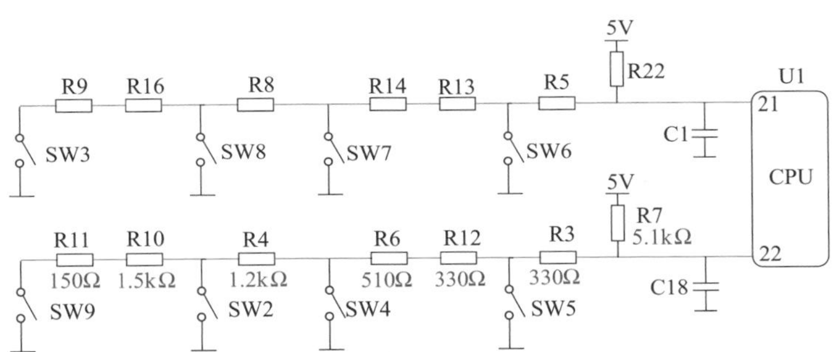

图6-26 按键电路原理图

图6-27 按键电路实物图

4. 传感器电路

（1）传感器数量

本机设有3个传感器，见图6-28，即室内环温（ROOM）传感器、室内管温（TUBE）

传感器、室外管温（OUTTUBE）传感器，其中室内环温和室内管温传感器共用一个插头，室外管温传感器通过对接插头连接。

室内环温传感器向CPU提供房间温度，与遥控器设定温度相比较，控制空调器的运行与停止；室内管温传感器向CPU提供蒸发器温度，在制冷系统进入非正常状态时保护停机；室外管温传感器向CPU提供冷凝器温度，通常用于制热模式时除霜的进入和退出条件。

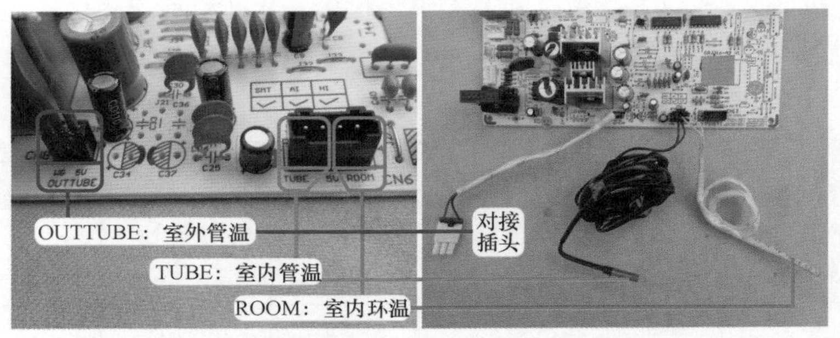

图6-28 传感器和插座

（2）工作原理

传感器电路位于主板，电路原理图见图6-29，实物图见图6-30。室内环温、室内管温、室外管温3路传感器电路工作原理相同，以室内环温（ROOM）传感器为例介绍工作原理。

室内环温传感器（负温度系数热敏电阻）和电阻R59（15kΩ）组成分压电路，R59两端电压即CPU ㉑脚电压的计算公式为：5×R59阻值/（环温传感器阻值+R59阻值）；室内环温传感器阻值随房间温度的变化而变化，CPU ㉑脚电压也相应变化。室内环温传感器在不同的温度有相应的阻值，CPU ㉑脚有相应的电压值，室内房间温度与CPU ㉑脚

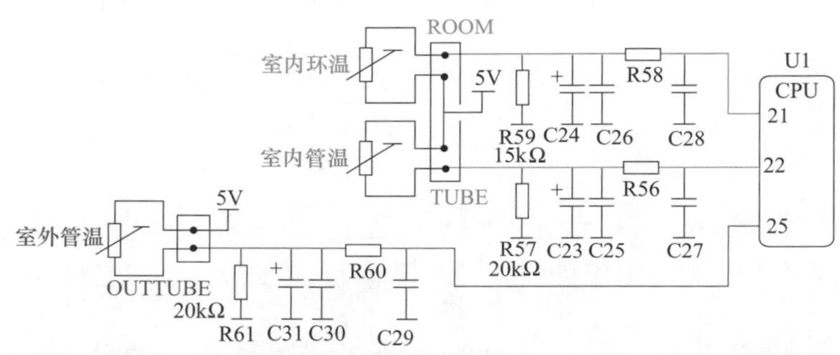

图6-29 传感器电路原理图

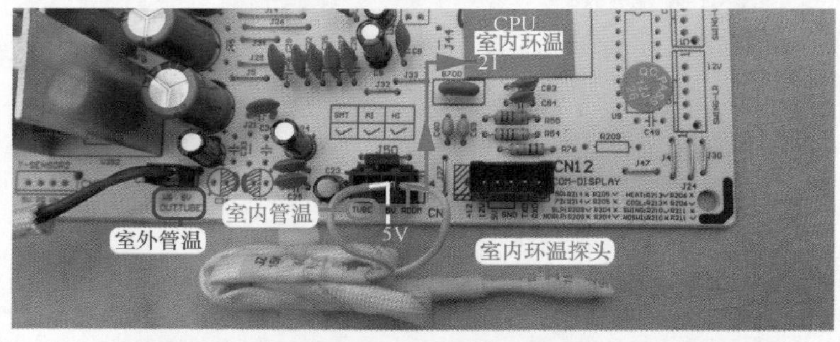

图6-30 传感器电路实物图

电压为成比例的对应关系，CPU 根据不同的电压值计算出实际房间温度。

格力空调器的室内环温传感器使用 25℃ /15kΩ 型，25℃时阻值为 15kΩ，其温度阻值与 CPU ㉑脚电压对应关系见表 6-10；室内管温和室外管温传感器使用 25℃ /20kΩ 型，25℃时阻值为 20kΩ，其温度阻值与 CPU ㉒、㉕脚电压对应关系见表 6-11。

表 6-10　室内环温传感器温度、阻值与 CPU 引脚电压对应关系

温度 /℃	−10	0	5	15	25	30	50	60	70
阻值 /kΩ	82.7	49	38.1	23.6	15	12.1	5.4	3.7	2.6
CPU ㉑脚电压 /V	0.77	1.17	1.41	1.94	2.5	2.77	3.67	4	4.26

表 6-11　室内管温 - 室外管温传感器温度、阻值与 CPU 引脚电压对应关系

温度 /℃	−10	0	5	15	25	30	50	60	70
阻值 /kΩ	110.3	65.3	50.8	31.5	20	16.1	7.2	4.9	3.5
CPU ㉒、㉕脚电压 /V	0.77	1.17	1.41	1.94	2.5	2.77	3.67	4	4.26

5. 电流检测电路

（1）电流互感器

见图 6-31，电流互感器其实也相于一个变压器，一次绕组为在中间孔穿过的电源引线（通常为压缩机引线），二次绕组安装在互感器上。

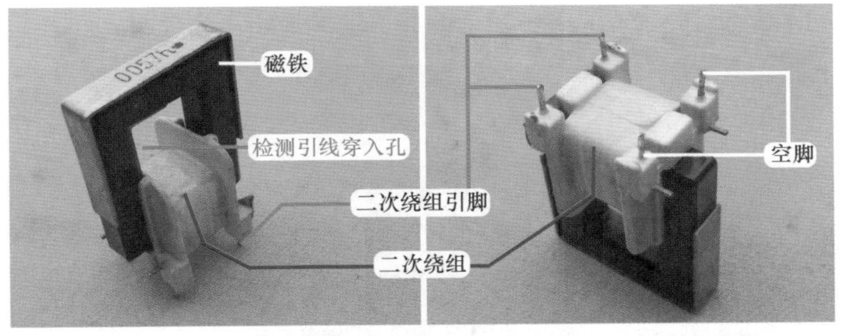

图 6-31　电流互感器

在室内机接线端子中，见图 6-32，有一根较粗的引线连接 L 端子和 2 号端子，引线较长，可以穿入主板上电流互感器中间孔，使主板 CPU 可以检测 2 号端子的实时电流，而 2

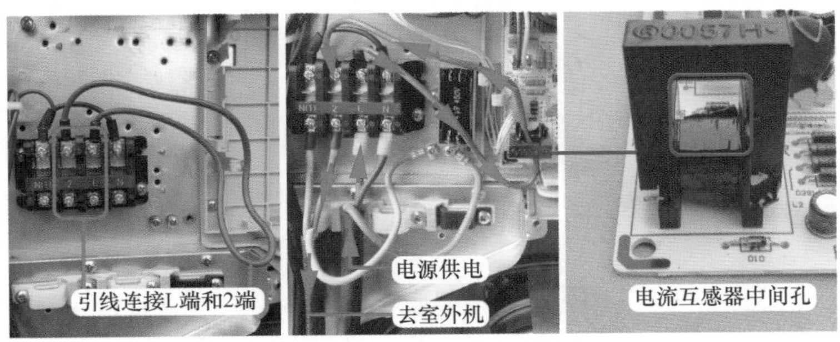

图 6-32　检测 L 端相线

号端子上方引线为室内机主板供电，下方引线去室外机的接线端子上连接交流接触器输入端为压缩机供电，说明主板 CPU 检测整机运行电流（不包括辅助电加热电流）。

（2）工作原理

电流检测电路位于主板，电路原理图见图 6-33，实物图见图 6-34，整机运行电流与 CPU 引脚电压的对应关系见表 6-12。

当接线端子 2 号端子引线（相当于一次绕组）有电流通过时，电流互感器 L2 在二次绕组感应出成比例的电压，经 D10 整流、C20 滤波、R51 和 R52 分压，由 R53 送至 CPU 的㉖脚（电流检测引脚）。CPU ㉖脚根据电压值计算出整机实际运行电流值，再与内置数据（存储器或 CPU 内部数据）相比较，即可计算出整机运行电流工作是否正常，从而进行控制，当检测整机电流超过设定值，控制室外机停机进行保护，并显示相应故障代码。

表 6-12 整机运行电流与 CPU 引脚电压对应关系

整机电流 /A	0.48	1.1	2.8	4.8	7.8	10	13.4	16.1	20.7	25.6
L2 电压（AC）/V	0.13	0.27	0.69	1.43	2.33	2.8	4	4.84	6.2	7.3
CPU 电压（DC）/V	0.03	0.17	0.27	0.59	1.1	1.72	2.1	2.6	3.42	4.24

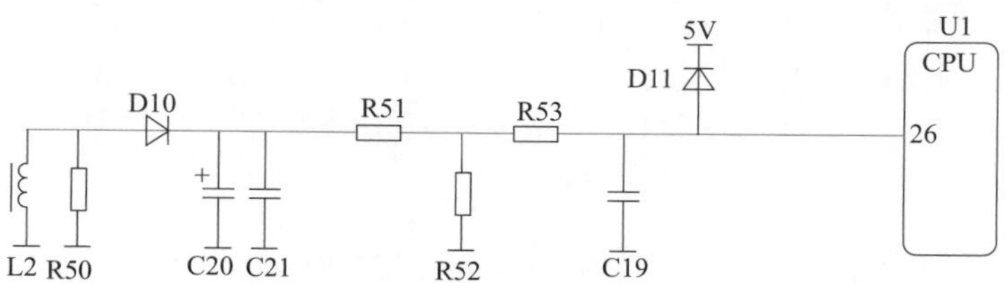

图 6-33 电流检测电路原理图

图 6-34 电流检测电路实物图

6. 高压保护电路

目前的 3P 空调器通常情况下室外机不设高压压力保护状置，但由于本机使用新型制冷剂 R32 为可燃无气味，且在一定的条件下能燃烧爆炸，为保证安全，增加高压压力开关，并在主板设有相关电路。

（1）高压压力开关

安装位置和实物外形见图 6-35，压力开关（压力控制器）是将压力转换为触点接通或断的器件，高压压力开关作用是检测压缩机排气管的压力。本机使用型号为 YK-4.4/3.8 的压力控制器，动作压力为 4.4MPa、恢复压力为 3.8MPa，即压缩机排气管压力高于 4.4MPa

时压力开关的触点断开、低于 3.8MPa 时压力开关的触点闭合。

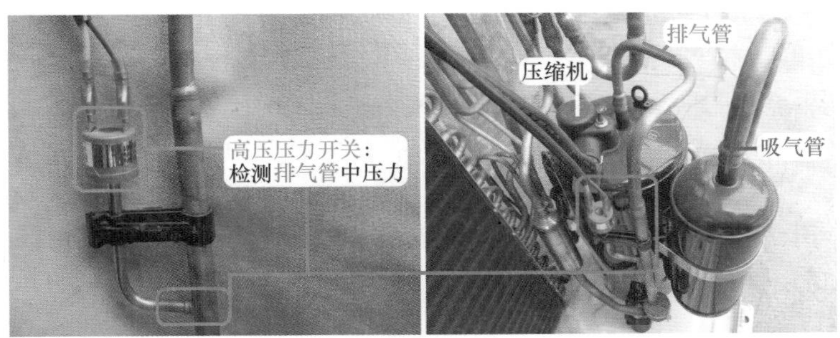

图 6-35 高压压力开关

（2）工作原理

高压压力开关电路位于主板，电路原理图见图 6-36，实物图见 6-37，电路电压与整机状态的对应关系见表 6-13，由室外机高压压力开关、室内外机连接线、主板组成。

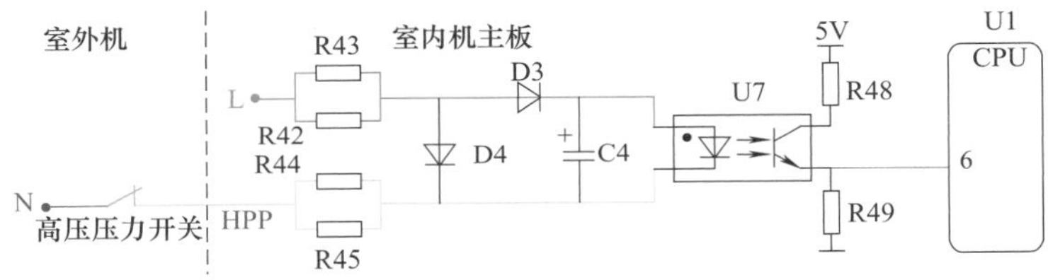

图 6-36 高压保护电路原理图

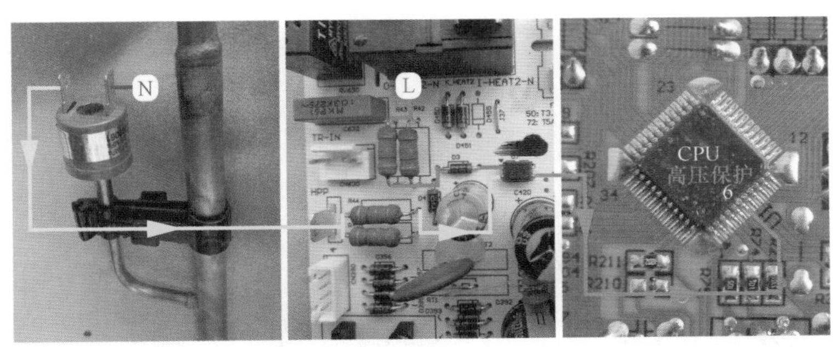

图 6-37 高压保护电路实物图

表 6-13 高压保护电路电压与整机状态的对应关系

高压压力开关触点状态	主板 HPP 与 L 端电压	U7 初级侧电压	U7 次级侧状态	CPU ⑥脚电压	整机状态
闭合	AC 220V	DC 1.1V	导通	DC 4.6V	正常
断开	AC 0V	DC 0.8V	断开	DC 0V	E1

空调器上电后，室外机高压压力开关的触点处于闭合状态。室外机接线端子上 N 端（蓝线）接高压压力开关，另一端（黄线）经室内外机连接线中的黄线送至主板上 HPP 端子（黄线），此时为零线 N，与主板 L 端形成交流 220V，经电阻 R43、R42、R44、R45 降

压、二极管 D3 整流、电容 C4 滤波，在光耦 U7 初级侧形成约直流 1.1V 电压，U7 内部发光二极管发光，次级侧光电晶体管导通，5V 电压经电阻 R48、U7 次级侧送到 CPU ⑥脚，为高电平约直流 4.6V，CPU 根据高电平 4.6V 判断高压保护电路正常，处于待机状态。

待机或开机状态下由于某种原因引起高压压力开关触点断开，即 N 端零线开路，主板 HPP 端子与 L 端不能形成交流 220V 电压，光耦 U7 初级侧电压约直流 0.8V，U7 初级侧发光二极管不能发光，次级侧断开，5V 电压经电阻 R48 断路，CPU ⑥脚经电阻 R49 接地为低电平约 0V，CPU 根据低电平 0V 判断高压保护电路出现故障，3s 后立即关闭所有负载，报出 E1 的故障代码，指示灯持续闪烁。

四、输出部分电路

1. 蜂鸣器电路

蜂鸣器电路位于显示板，电路原理图见图 6-38，实物图见图 6-39，电路作用主要是提示已接收遥控器信号或按键信号，并且已处理。本机使用蜂鸣器发出的声音为和弦音，而不是单调“嘀”的一声。

CPU 设有 2 个引脚（㊴、㊵）输出信号，经过 Q460、Q462、Q461 共 3 个晶体管（三极管）放大后，驱动蜂鸣器发出预先录制的声音。

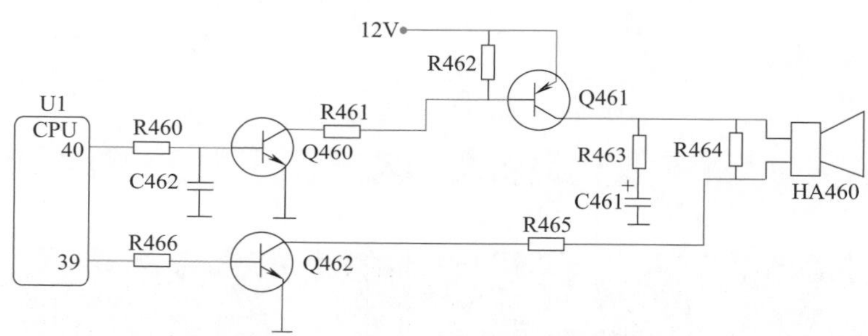

图 6-38　蜂鸣器电路原理图

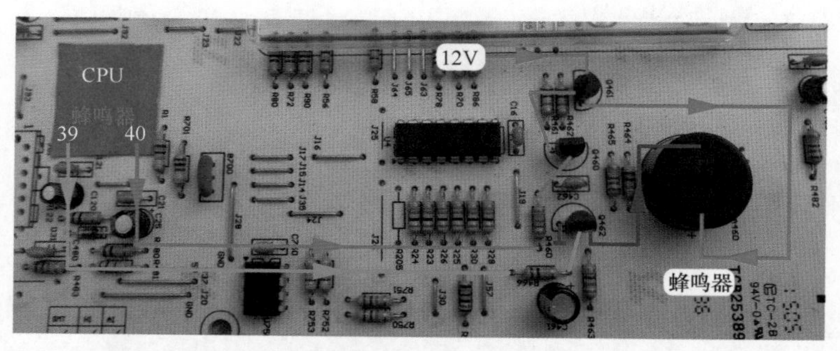

图 6-39　蜂鸣器电路实物图

2. 步进电机电路

（1）驱动方式

早期空调器室内机使用交流 220V 供电的同步电机驱动左右风门叶片（左右导风板）转动，上下风门叶片为手动旋转。本机上下风门叶片和左右风门叶片均为自动转动，见图

6-40，且使用由直流 12V 供电的步进电机驱动，即上下步进电机和左右步进电机。

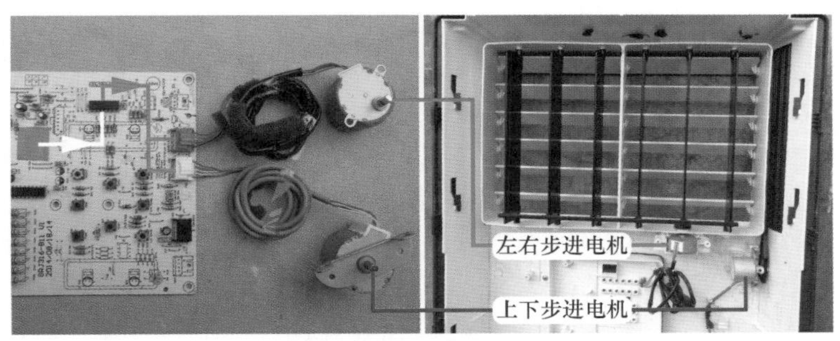

图 6-40 步进电机驱动方式

（2）工作原理

步进电机电路位于显示板，电路原理图见图 6-41，实物图见图 6-42，CPU 引脚电压与步进电机状态的对应关系见表 6-14，作用是驱动步进电机转动。上下步进电机和左右步进电机工作原理相同，以左右步进电机为例。

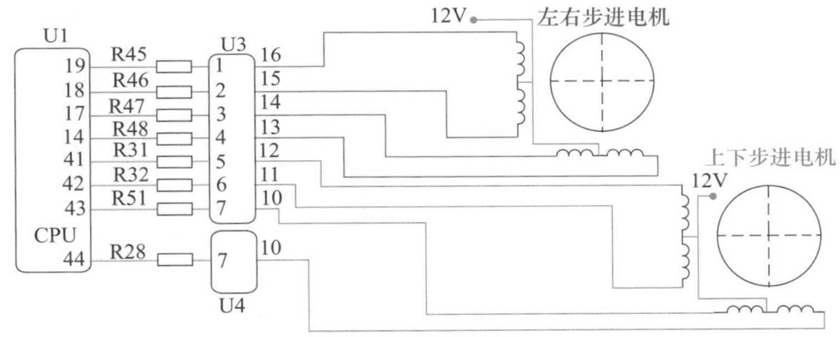

图 6-41 步进电机电路原理图

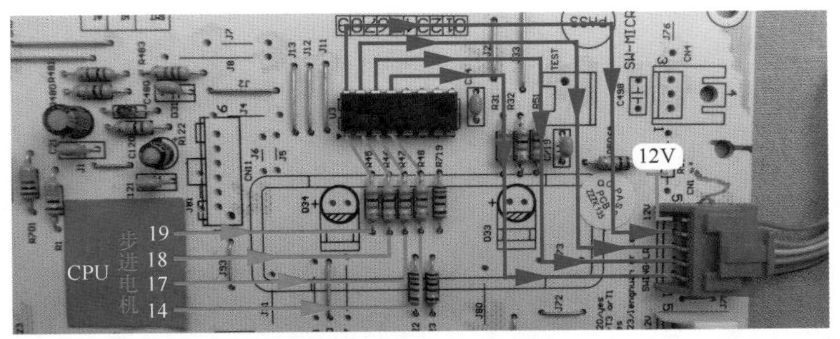

图 6-42 左右步进电机电路实物图

表 6-14 CPU 引脚电压与步进电机状态对应关系

CPU：⑲－⑱－⑰－⑭	U3：①－②－③－④	U3：⑯－⑮－⑭－⑬	左右步进电机状态
1.9V	1.2V	7.7V	运行
0V	0V	12V	停止

CPU ⑲、⑱、⑰、⑭输出步进电机驱动信号，经电阻 R45、R46、R47、R48 至反相驱动器（2003）U3 的输入端①、②、③、④脚，U3 将信号放大后在⑯、⑮、⑭、⑬脚反相输出，驱动步进电机线圈，步进电机按 CPU 控制的角度开始转动，带动风门叶片左右转动，使房间内送风均匀，到达用户需要的地方。

步进电机线圈驱动方式为 4 相 8 拍，共有 4 组线圈，电机每转一圈需要移动 8 次。线圈以脉冲方式工作，每接收到一个脉冲或几个脉冲，电机转子就移动一个位置，移动距离可以很小。显示板 CPU 经反相驱动器反相放大后将驱动脉冲加至步进电机线圈，如供电顺序为：A—AB—B—BC—C—CD—D—DA—A…电机转子按顺时针方向转动，经齿轮减速后传递到输出轴，从而带动风门叶片摆动；如供电顺序转换为：A—AD—D—DC—C—CB—B—BA—A…电机转子按逆时针转动，带动风门叶片朝另一个方向摆动。

3. 显示屏电路

（1）显示方式

本机使用 LED 大屏显示方式。见图 6-43，从正面看其使用文字图案 +LED 数码管组合的方式，但取下前面罩后检查显示板时，可发现全部使用发光二极管，即显示板发光二极管和显示屏处的文字图案相对应，2 位数码管和显示窗口相对应。

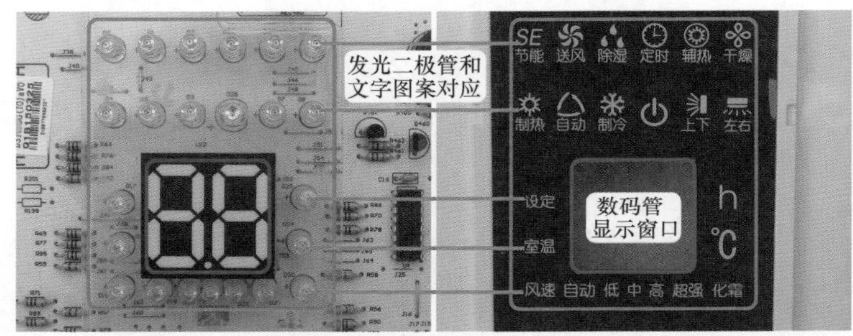

图 6-43 指示灯和文字图案相对应

见图 6-44 左图和中图，当空调器重新上电显示屏 CPU 复位时，会控制发光二极管和 2 位数码管全亮显示，从室内机前方查看，文字图案 + 数码管也全亮显示。

当显示屏 CPU 根据遥控器指令或其他程序需要单独显示时，见图 6-44 右图，显示屏 CPU 会根据需要点亮发光二极管、2 位数码管显示字符。

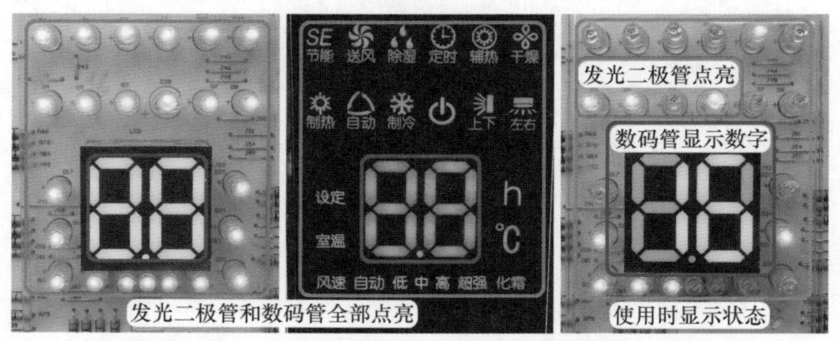

图 6-44 显示方式

（2）工作原理

显示屏电路位于显示板，由于全部使用 LED 发光二极管作用显示光源，发光二极管数量较多，共使用 24 个指示灯、2 位数码管共 8 个驱动引脚，相当于 32 个指示灯，控制电路也较为复杂，因此显示电路发光二极管使用阵列连接方式，通过 U2（KIP65783AP）阳极放大、U4（ULN2003A）阴极扫描来实现点亮和熄灭，此种方式可最大程度减少 CPU 的引脚数量。

CPU（U1）共使用 13 个引脚用来驱动，其中 8 个引脚用来控制发光二极管的正极，经 U2（KIP65783AP）电流放大后，每个引脚驱动 4 个 LED 正极；再使用 5 个引脚用来控制负极，经 U4（ULN2003A）电流放大后，2 个引脚驱动 2 位数码管 2 个公共端，3 个引脚分别驱动 8 个 LED 负极。

说明

KIP65783AP 为正相驱动器，即输入端为高电平时，其输出端为高电平；ULN2003A 为反相驱动器，即输入端为高电平时，其输出端为低电平。

32 个发光二极管显示原理相同，以 D30（对应的文字为“化霜”）为例，电路原理图和实物图见图 6-45，当显示屏需要“化霜”点亮时，CPU ㉘脚输出高电平、U2 输入端⑥脚为高电平、输出端⑬脚为高电平，经电阻 R106、R90 限流后至发光二极管 D30 正极，同时 CPU ㉛脚也输出高电平、U4 输入端⑥脚为高电平、输出端⑪脚为低电平，D30 两端具有电压差约直流 1.9V 而发光，显示屏“化霜”点亮；当需要 D30 熄灭时，CPU ㉘、㉛脚输出低电平，U2、U4 停止工作，D30 因正极和负极电压差为 0V 而停止发光，显示屏“化霜”熄灭。

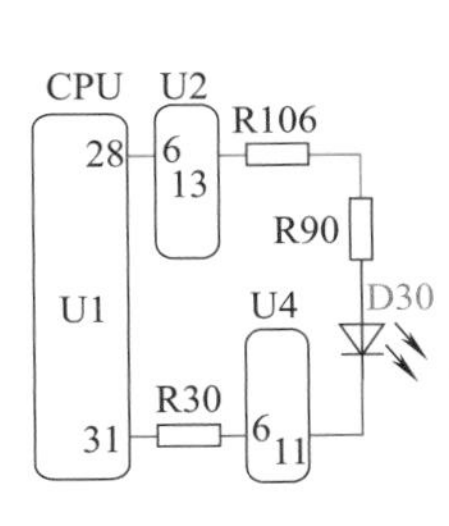

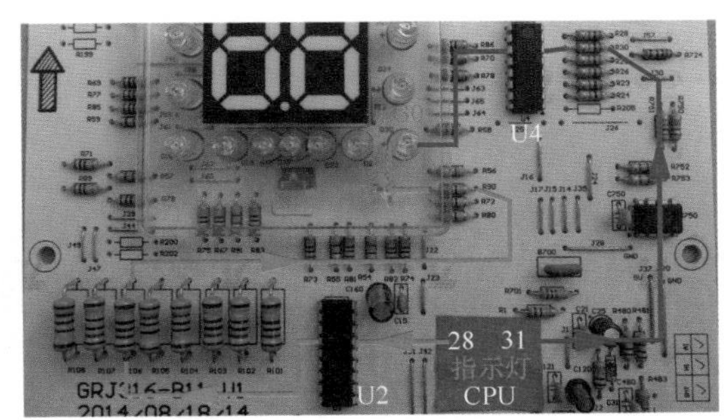

图 6-45 化霜指示灯电路原理图和实物图

4. 室外机负载电路

（1）电路组成

室外机负载由压缩机、室外风机、四通阀线圈共 3 个组成，其电路位于主板，由 3 个继电器分别单独控制，作用是向压缩机、室外风机、四通阀线圈提供或断开交流 220V 电源，使制冷系统按 CPU 控制程序工作。

图 6-46 为室外机负载电路原理图，图 6-47 为实物图，表 6-15 ～表 6-17 分别为 CPU 引脚电压与压缩机、室外风机、四通阀线圈状态的对应关系。

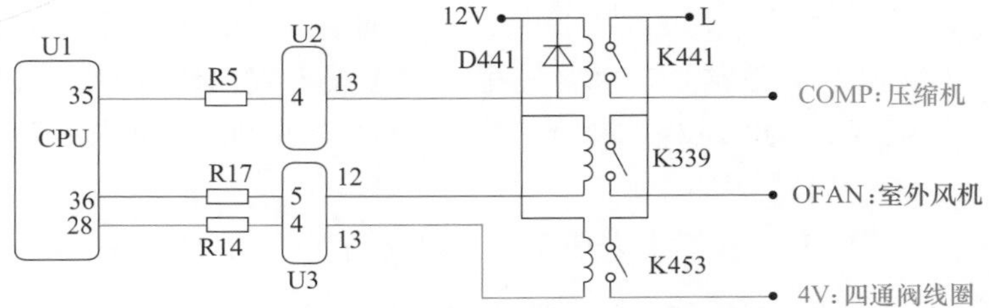

图 6-46 室外机负载电路原理图

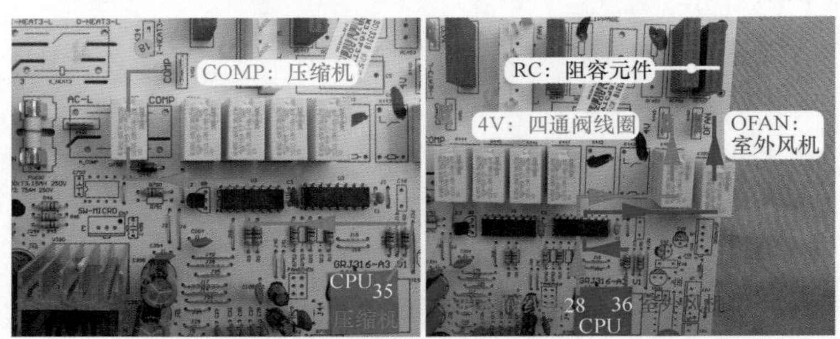

图 6-47 室外机负载电路实物图

表 6-15 CPU 引脚电压与压缩机状态对应关系

CPU ㉟脚	U2 ④脚	U2 ⑬脚	K441 线圈电压	K441 触点状态	交接 线圈电压	交接 触点状态	压缩机状态
4.9V	3.3V	0.8V	11.2V	闭合	交流 220V	闭合	工作
0V	0V	12V	0V	断开	交流 0V	断开	停止

表 6-16 CPU 引脚电压与室外风机状态对应关系

CPU ㊱脚	U3 ⑤脚	U3 ⑫脚	K339 线圈电压	K339 触点状态	室外风机状态
4.9V	3.3V	0.8V	11.2V	闭合	工作
0V	0V	12V	0V	断开	停止

表 6-17 CPU 引脚电压与四通阀线圈状态对应关系

CPU ㉘脚	U3 ④脚	U3 ⑬脚	K453 线圈电压	K453 触点状态	四通阀线圈状态
4.9V	3.3V	0.8V	11.2V	闭合	工作
0V	0V	12V	0V	断开	停止

（2）继电器触点闭合过程

3 路继电器电路的工作原理完全相同，此处以压缩机继电器为例进行介绍。

触点闭合过程见图 6-48，当 CPU 的㉟脚电压为高电平约 4.9V 时，经电阻 R5 限压后至 U2 反相驱动器的④脚输入端，电压约为 3.3V，U2 内部电路翻转，对应⑬脚输出端为低电平约 0.8V，继电器 K441 线圈得到约直流 11.2V 供电，产生电磁力使触点闭合，接通压缩机交流接触器（交接）线圈电压，其触点闭合，压缩机开始工作。

（3）继电器触点断开过程

触点断开过程见图 6-49，当 CPU 的㉟脚为低电平 0V 时，U2 的④脚也为低电平 0V，内部电路不能翻转，其对应⑬脚输出端不能接地，K441 线圈两端电压为直流 0V，触点断开，因而交流接触器触点断开，压缩机停止工作。

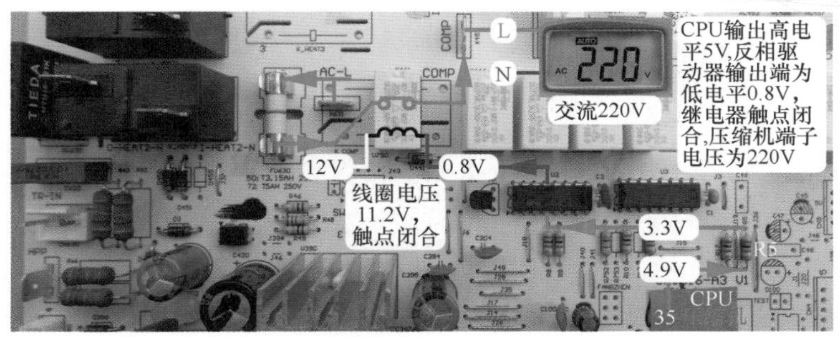

图 6-48 继电器触点闭合过程

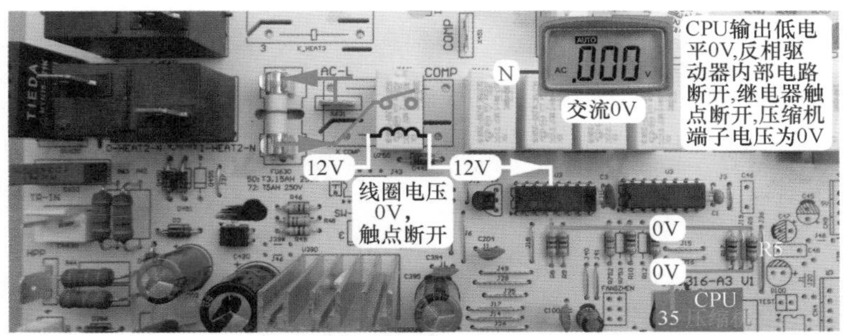

图 6-49 继电器触点断开过程

5. 室内风机电路

（1）室内风机（离心电机）引线

见图 6-50，离心电机安装在室内机下部，用来驱动室内风扇（离心风扇）。离心电机电路由主板上单元电路、电容、离心电机组成。

本机离心电机共有 8 根引线：1 根为地线固定在电控系统铁皮，2 根为电容引线直接插在电容的两个端子上面；另外 5 根组成一个插头，插在主板插座上面，根据主板标识，作用如下：红线为公共端、黑线 H 为高风、黄线 M 为中风、蓝线 L 为低风、灰线 SH 为超强，根据引线作用可知离心电机共有 4 挡转速。

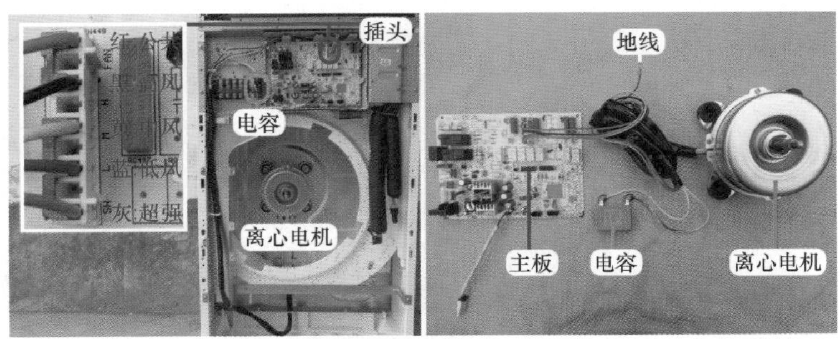

图 6-50 离心电机电路组成

翻开主板至反面，见图 6-51，查看离心电机插座引针连接铜箔：公共端接零线 N，4 挡转速引针分别直接连接 4 个继电器触点，高风 H 接继电器 K444 触点、中风 M 接继电器 K445 触点、低风 L 接继电器 K446 触点、超强 SH 接继电器 K447 触点。

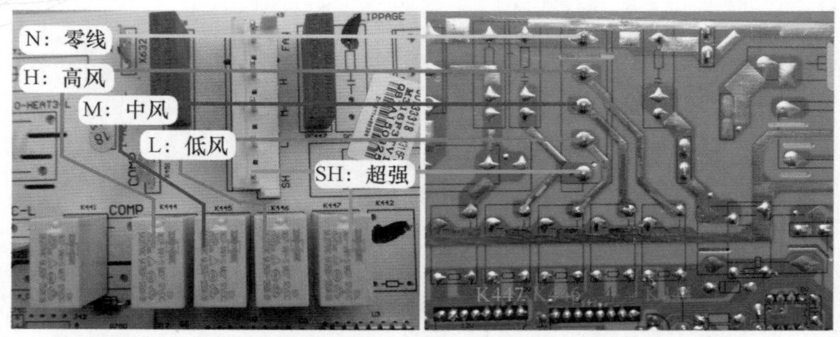

图 6-51 继电器触点连接插座引针

（2）电路原理

离心电机电路位于主板，电路原理图见图 6-52，实物图见图 6-53，CPU 引脚电压与离心电机高风转速的对应关系见表 6-18。

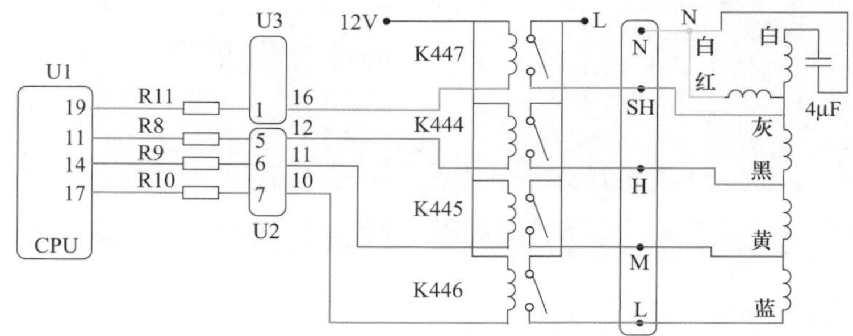

图 6-52 离心电机电路原理图

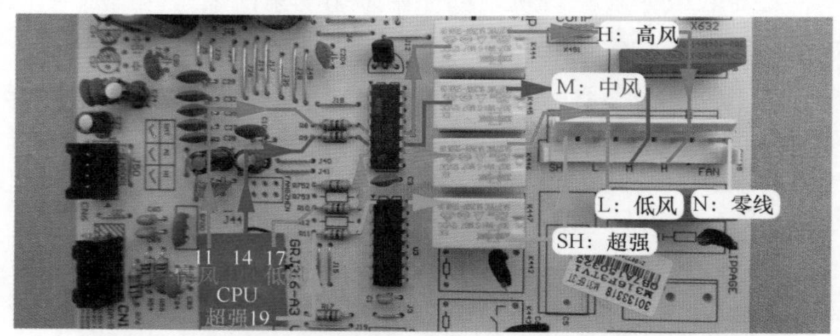

图 6-53 离心电机电路实物图

表 6-18 CPU 引脚电压与离心电机高风转速的对应关系

CPU ⑪脚	CPU ⑭脚	CPU ⑰脚	CPU ⑲脚	U2 ⑤脚	U2 ⑫脚	K444 线圈电压	K444 触点状态	离心电机状态
4.9V	0V	0V	0V	3.3V	0.8V	11.2V	闭合	高风运行
0V	0V	0V	0V	0V	12V	0V	断开	停止

驱动原理为使用 4 路相同的继电器电路用来单独控制 4 个转速，即 CPU 控制继电器触点的接通和断开，为离心电机调速抽头供电，离心电机便运行在某挡转速，本小节以离心电机高风为例介绍。

当显示板CPU接收到遥控器指令或其他程序需要控制离心电机高风运行时，将信息通过通信电路传送至主板CPU，主板CPU接收后控制⑪脚输出高电平约4.9V，同时⑲脚超强、⑭脚中风、⑰脚低风均为低电平0V，以防止同时为离心电机其他调速抽头供电，主板CPU⑪脚高电平4.9V经电阻R8限压，至U2反相驱动器的⑤脚输入端，电压约为3.3V，U2内部电路翻转，对应⑫脚输出端为低电平约0.8V，继电器K444线圈得到约直流11.2V供电，产生电磁力使触点闭合，L端供电经继电器K444触点至离心电机高风黑线抽头（同时其他调速抽头与L端断开）、与公共端（零线）红线N组成交流220V电压，在电容的作用下，离心电机便运行在高风转速。当主板CPU需要控制离心电机停止运行时，其⑪脚变为低电平0V，U2停止工作，继电器K444线圈电压为直流0V，触点断开，离心电机因无供电而停止工作。

6. 辅助电加热电路

（1）辅助电加热引线

见图6-54，辅助电加热安装在蒸发器前端中部，用来在制热模式下辅助提高制热效果。由于辅助电加热功率较大，因此2根引线较粗且外部有绝缘护套包裹。2根引线（红线-蓝线）分别插在2个继电器的输出端子，L端红线经继电器触点、熔丝管连接电源供电L棕线、N端蓝线经继电器触点接电源供电N蓝线。

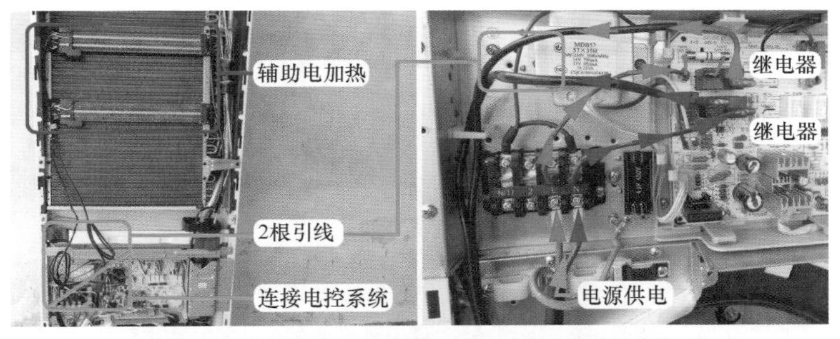

图6-54 辅助电加热引线

（2）工作原理

辅助电加热电路位于主板，电路原理图见图6-55，实物图见图6-56，CPU引脚电压与辅助电加热状态的对应关系见表6-19，辅助电加热2根引线分别接2个继电器的端子，由主板CPU的㊹脚控制。由于CPU只使用1个引脚需要控制2个继电器，因此反相驱动器输入端①、②脚直接相连，其输出端分别连接对应继电器线圈，相当于将2路继电器电路并联；同时因主板CPU输出电流较小不能直接驱动2路相连的反相驱动器，使用晶体管（三极管）放大输出电流，保证电路的稳定性。

当主板CPU需要控制辅助电加热运行时，㊹脚输出高电平约4.9V，经电阻R21限压后至晶体管Q8基极，Q8深度导通，5V电压经晶体管集电极-发射极同时到U2反相驱动器的①脚和②脚输入端，其内部电路同时翻转，对应输出端⑯脚和⑮脚同时为低电平约0.8V，继电器K-HEAT1、K-HEAT2线圈同时得到直流11.2V供电，触点同时闭合，L端电压经熔丝管FU633（20A）、K-HEAT1触点至辅助电加热的红线、N端电压经K-HEAT2触点至辅助电加热的蓝线，辅助电加热2根引线为交流220V，其PTC发热体开始发热，和蒸发器产生的热量叠加从室内机出风口吹出，从而提高房间温度。当主板CPU需要控制辅助电加热停止运行时，其㊹脚为低电平约 0V，晶体管 Q8 截止，U2 的①和②脚电压为 0V，内部电路不能翻转，继电器 K-HEAT1、K-HEAT2 线圈电压为直流 0V，触点断开，辅助电加热因无供电而停止发热。

说明

本机主板通过更改元件可适用 2P、3P、5P 柜式空调器中使用，如将本主板压缩机继电器更改为大功率继电器，可适用 2P 柜式空调器，如将本主板增加一个辅助电加热继电器等元件，可适用于 5P 柜式空调器。

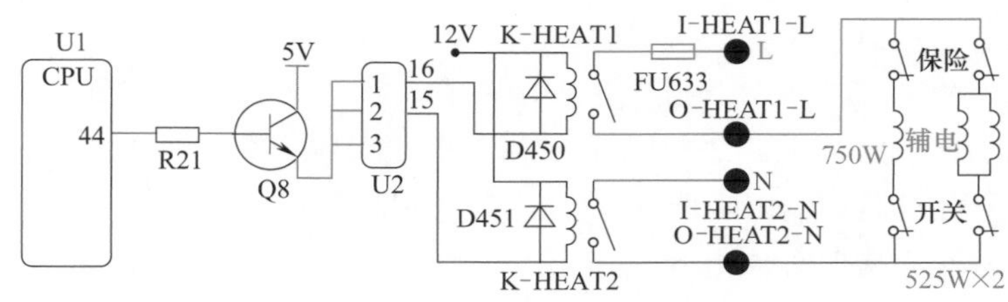

图 6-55 辅助电加热电路原理图

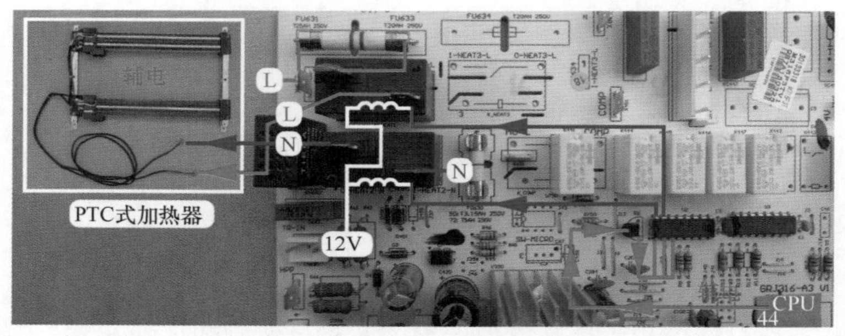

图 6-56 辅助电加热电路实物图

表 6-19 CPU 引脚电压与辅助电加热状态对应关系

CPU ㊹脚	Q8 基极	Q8 发射极	U2 ①－②脚	U2 ⑯－⑮脚	K-HEAT1 K-HEAT2 线圈电压	K-HEAT1 K-HEAT2 触点状态	辅助电加热状态
4.95V	4.9V	4.2V	4.2V	0.8V	11.2V	闭合	发热
0V	0V	0V	0V	12V	0V	断开	停止发热

五、室外机电路

1. 组成

室外机负载见图 6-57，有压缩机、室外风机、四通阀线圈共 3 个；电控系统中设有高压压力开关、交流接触器、压缩机电容、室外风机电容、室外管温传感器等部件。

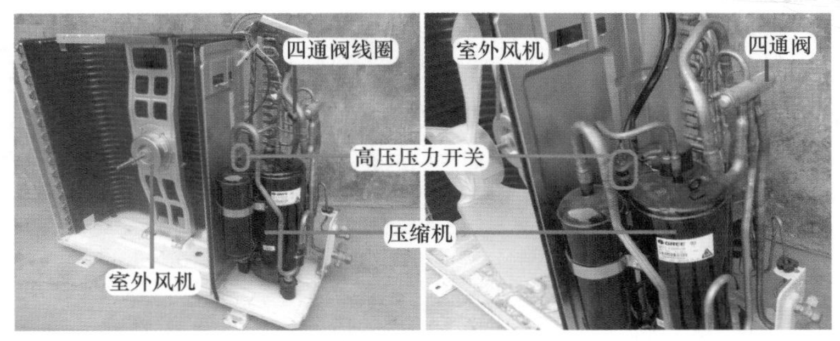

图 6-57 室外机电控系统主要元件

2. 工作原理

室外机电路的作用就是将室外机负载连接在一起，并向室内机输入室外管温传感器、高压压力开关等信号。

室外机电气接线图见图 6-58 左图，压缩机实物接线图见图 6-58 右图，室外风机实物接线图见图 6-59 左图，四通阀线圈实物接线图见图 6-59 右图，从图中可以看出，室外机实物接线均按室外机电气接线图连接。

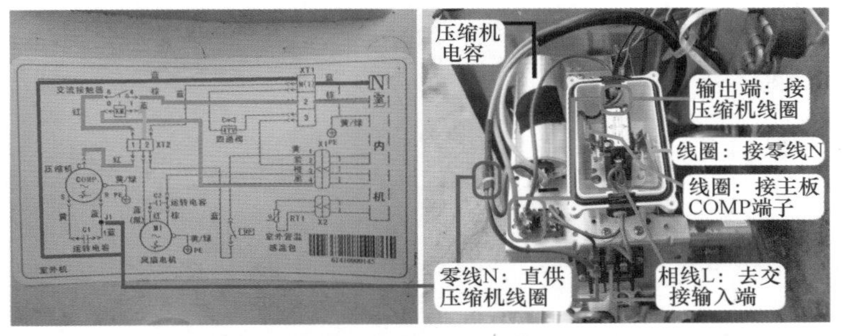

图 6-58 室外机电气接线图和压缩机实物接线图

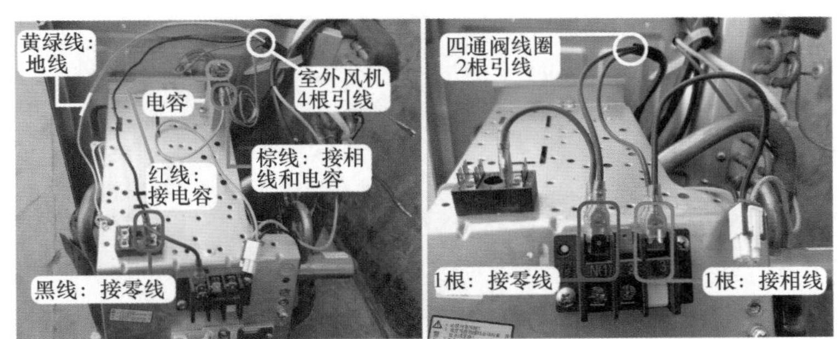

图 6-59 室外风机和四通阀线圈实物接线图

（1）制冷模式

室内机主板的压缩机继电器触点闭合，室外侧交流接触器触点闭合，从而接通 L 端供电，与电容共同作用使压缩机启动运行；同时主板的室外风机继电器触点闭合，提供交流 220V 电压，与电容共同作用使室外风机启动运行，压缩机和室外风机运行时系统工作在制冷状态，此时四通阀线圈的引线无供电。

（2）制热模式

室内机主板的压缩机继电器触点闭合，室外侧交流接触器触点闭合，从而接通 L 端供电，与电容共同作用使压缩机启动运行；同时主板的室外风机继电器和四通阀线圈继电器的触点均闭合，为室外风机和四通阀线圈提供交流 220V 电压，压缩机、四通阀线圈、室外风机同时工作，系统工作在制热状态。

第四节 压缩机电路

一、单相 2P 空调器压缩机电路

1. 工作原理

图 6-60 为科龙 KFR-50LW/K2D1 柜式空调器压缩机电路原理图，图 6-61 为实物图，表 6-20 为 CPU 引脚电压与压缩机状态的对应关系。

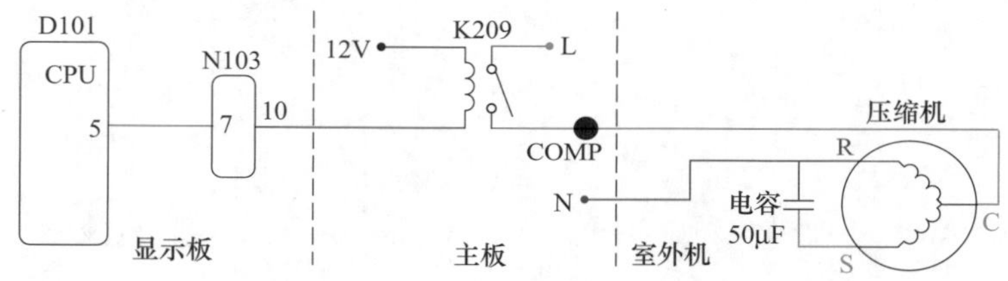

图 6-60 科龙 KFR-50LW/K2D1 空调器压缩机电路原理图

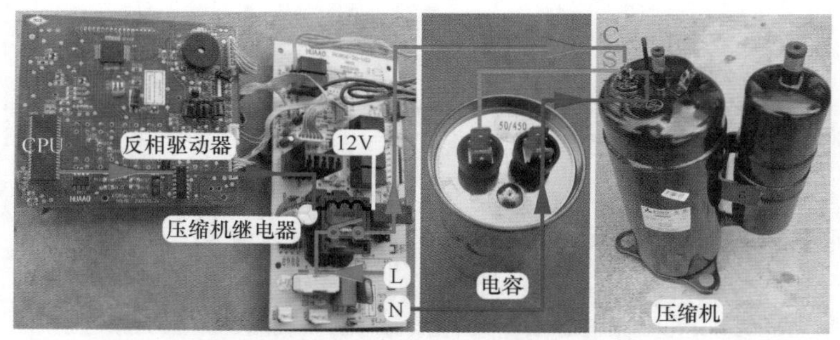

图 6-61 科龙 KFR-50LW/K2D1 空调器压缩机电路实物图

表 6-20 CPU 引脚电压与压缩机状态对应关系

CPU ⑤脚	N103 ⑦脚	N103 ⑩脚	K209 线圈电压	K209 触点状态	压缩机状态
5V	5V	0.8V	11.2V	闭合	工作
0V	0V	12V	0V	断开	停止

CPU 控制压缩机流程：CPU →反相驱动器→继电器→压缩机。

当显示板 D101（CPU）的⑤脚电压为高电平 5V 时，送至 N103 反相驱动器的⑦脚输入端，N103 内部电路翻转，对应⑩脚输出端为低电平约 0.8V，主板上继电器 K209 线圈得到约直流 11.2V 供电，产生电磁力使触点闭合，压缩机端子电压为交流 220V，在电容的辅助启动下压缩机开始工作。

当 CPU ⑤脚为低电平 0V 时，N103 的⑦脚也为低电平 0V，内部电路不能翻转，其对应⑩脚输出端不能接地，K209 线圈两端电压为直流 0V，触点断开，压缩机因无供电而停止工作。

2. 电路特点

① 压缩机由室内机主板的压缩机继电器触点供电，其继电器体积比室外风机、四通阀线圈继电器大。

② 室外机不设交流接触器。

③ 压缩机工作电压为 1 路交流 220V，设在室内机主板。

④ 压缩机由电容启动运行。

二、单相 3P 空调器压缩机电路

1. 工作原理

图 6-62 为格力 KFR-72LW/NhBa-3 柜式空调器压缩机电路原理图，图 6-63 为实物图，CPU 引脚电压与压缩机状态的对应关系见表 6-15。

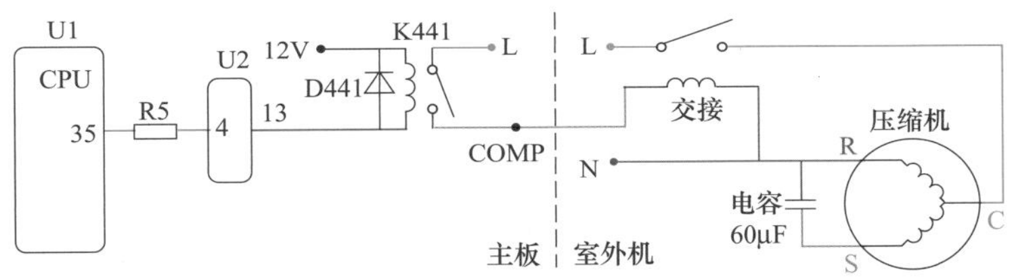

图 6-62 格力 KFR-72LW/NhBa-3 空调器压缩机电路原理图

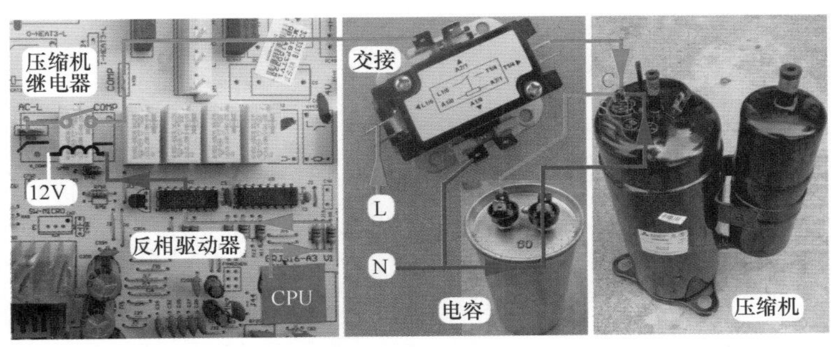

图 6-63 格力 KFR-72LW/NhBa-3 空调器压缩机电路实物图

CPU 控制压缩机流程：CPU →反相驱动器→继电器→单触点交流接触器→压缩机。

当 CPU 的㉟脚电压为高电平约 4.9V 时，经电阻 R5 限压后至 U2 反相驱动器的④脚输入端，电压约为 3.3V，U2 内部电路翻转，对应⑬脚输出端为低电平约 0.8V，继电器 K441 线圈得到约直流 11.2V 供电，产生电磁力使触点闭合，为室外机交流接触器（交接）线圈供电，其触点闭合，压缩机电压为交流220V，在电容的辅助启动下开始工作。

当CPU的㉟脚为低电平0V时，U2的④脚也为低电平0V，内部电路不能翻转，其对应⑬脚输出端不能接地，K441线圈两端电压为直流0V，触点断开，因而交流接触器触点断开，压缩机因无供电停止工作。

2. 电路特点

① 压缩机由室外机的交流接触器触点供电，其室内机主板的继电器体积和室外风机、四通阀线圈继电器相同。

② 室外机设有交流接触器，根据空调器品牌不同，其触点为1路或2路。

③ 压缩机工作电压为1路交流220V，供电直接送至室外机接线端子。

④ 压缩机由电容启动运行。

第七章
三相供电柜式空调器电控系统维修

第一节 三相柜式空调器维修基础

一、特点

1. 三相供电

1～3P空调器通常为单相220V供电，见图7-1左图，供电引线共有3根：1根相线（棕线）、1根零线（蓝线）、1根地线（黄绿线），相线和零线组成一相（单相L-N）供电即交流220V。

部分3P或全部5P空调器为三相380V供电，见图7-1右图，供电引线共有5根：3根相线、1根零线、1根地线。3根相线组成三相（L1-L2、L1-L3、L2-L3）供电即交流380V。

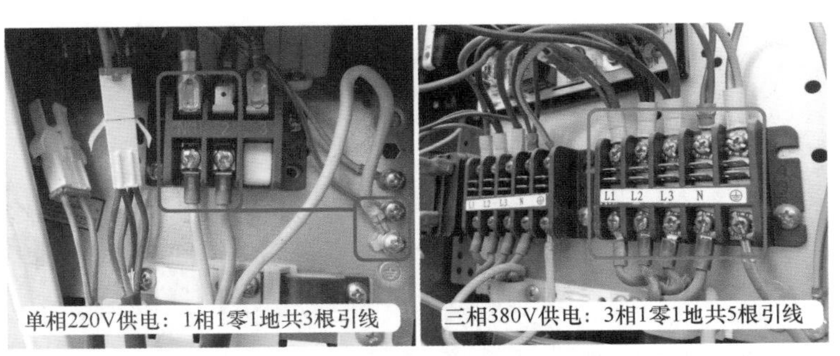

图7-1 供电方式

2. 压缩机供电和启动方式

见图7-2左图，单相供电空调器1～2P压缩机通常由室内机主板上继电器触点供电、3P压缩机由室外机单触点或双触点交流接触器（交接）供电，压缩机均由电容启动运行。

见图7-2右图，三相供电空调器均由三触点交流接触器供电，且为直接启动运行，不需要电容辅助启动。

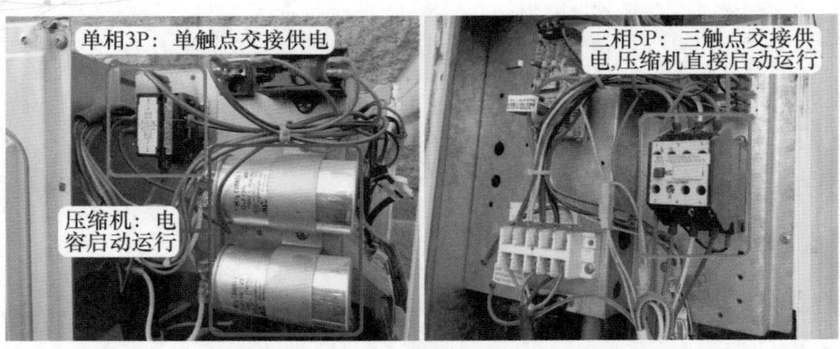

图 7-2 启动方式

3. 三相压缩机

（1）实物外形

部分 3P 和 5P 柜式空调器使用三相电源供电，对应压缩机有活塞式和涡旋式两种，实物外形见图 7-3，活塞式压缩机只使用在早期的空调器，目前空调器基本上全部使用涡旋式压缩机。

图 7-3 活塞式和涡旋式压缩机

（2）端子标号

见图 7-4，三相供电的涡旋式压缩机及变频空调器的压缩机，线圈均为三相供电，压缩机引出 3 个接线端子，标号通常为 T1-T2-T3 或 U-V-W、R-S-T、A-B-C。

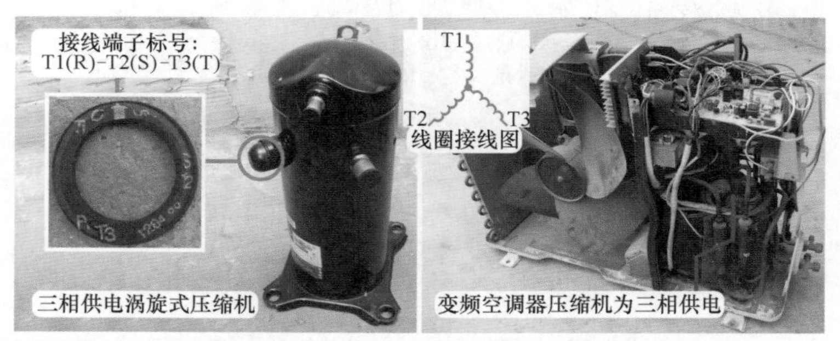

图 7-4 三相压缩机

（3）测量接线端子阻值

三相供电压缩机线圈内置 3 个绕组，3 个绕组的线径和匝数相同，因此 3 个绕组的阻值相等。

使用万用表电阻挡，测量 3 个接线端子之间阻值，见图 7-5，T1-T2、T1-T3、T2-T3 阻值相等，均为3Ω 左右。

图 7-5　测量接线端子阻值

4. 相序电路

因涡旋式压缩机不能反转运行，电控系统均设有相序保护电路。相序保护电路由于知识点较多，见本节第三部分（相序板工作原理）。

5. 保护电路

由于三相供电空调器压缩机功率较大，为使其正常运行，通常在室外机设计了很多保护电路。

（1）电流检测电路

电流检测电路的作用是为了防止压缩机长时间运行在大电流状态，见图 7-6 左图，根据品牌不同，设计方式也不相同，如格力空调器通常检测两根压缩机引线，美的空调器检测一根压缩机引线。

（2）压力保护电路

压力保护电路的作用是为了防止压缩机运行时高压压力过高或低压压力过低，见图 7-6 右图，根据品牌不同。设计方式也不相同。如格力或目前海尔空调器同时设有压缩机排气管压力开关（高压开关）和吸气管压力开关（低压开关），美的空调器通常只设有压缩机排气管压力开关。

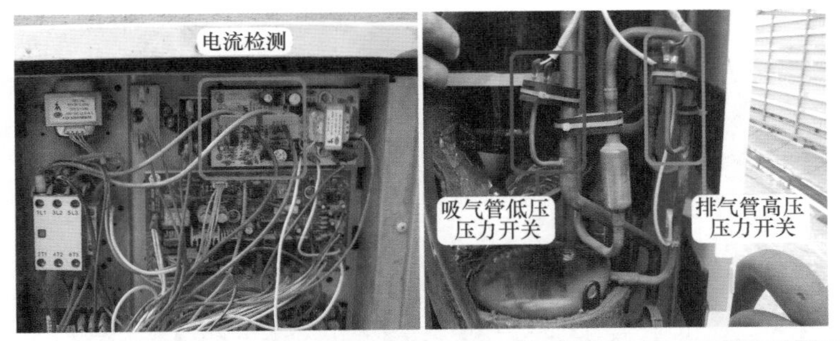

图 7-6　电流检测和压力开关

（3）压缩机排气温度开关或排气传感器

见图 7-7，压缩机排气温度开关或排气传感器的作用是为了防止压缩机在温度过高时长时间运行，根据品牌不同，设计方式也不相同。美的空调器通常使用压缩机排气温度开关，在排气管温度过高时其触点断开进行保护；格力空调器通常使用压缩机排气传感器，CPU 可以实时监控排气管实际温度，在温度过高时进行保护。

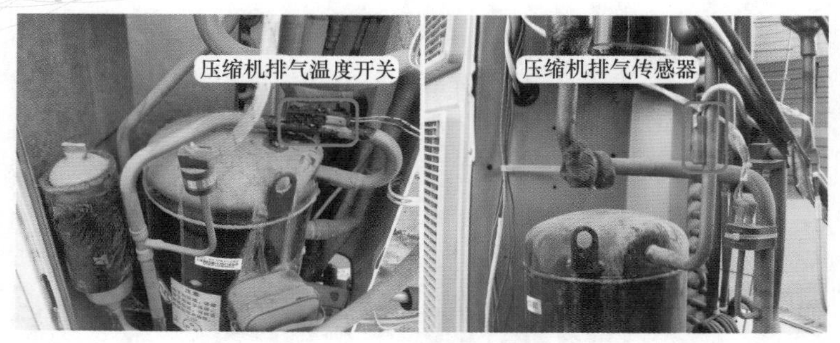

图 7-7 排气温度开关和排气传感器

6. 室外风机形式

室外机通风系统见图 7-8，1P ～ 3P 空调器通常使用单风扇吹风为冷凝器散热，5P 空调器通常使用双风扇散热，但部分品牌的 5P 室外机也有使用单风扇散热。

图 7-8 室外风机形式

二、电控系统常见形式

1. 主控 CPU 位于显示板

见图 7-9，早期或目前格力空调器的电控系统中，主控 CPU 位于显示板，同时弱电信号处理电路也位于显示板，是整个电控系统的控制中心；室内机主板只是提供电源电路、继电器电路、保护电路等。

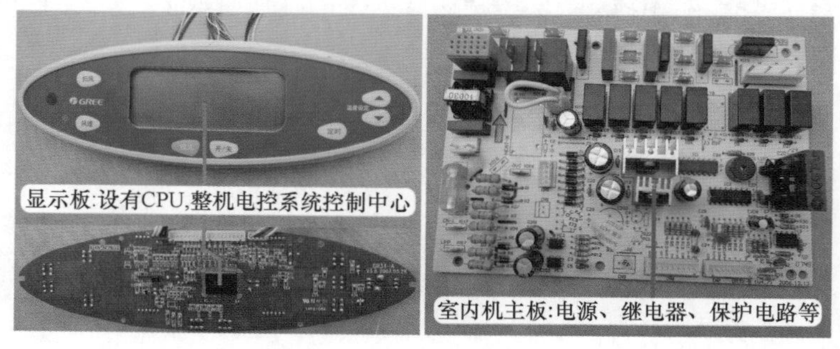

图 7-9 格力 KFR-120LW/E（1253L）V-SN5 空调器室内机主要元器件

见图 7-10，室外机设有相序保护器（检测相序）、电流检测板（检测电流）、交流接触器（为压缩机供电）等器件。

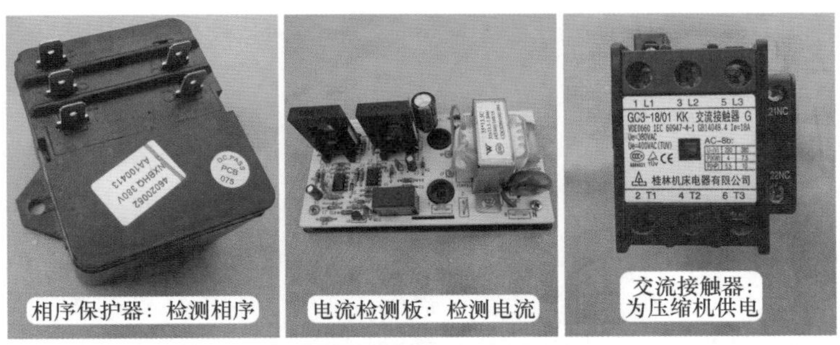

图 7-10 格力 KFR-120LW/E（1253L）V-SN5 空调器室外机主要元器件

2. 主控 CPU 位于主板

见图 7-11，电控系统中主控 CPU 位于主板，CPU 和弱电信号电路、电源电路、继电器电路等均位于主板，是电控系统的控制中心。

显示板只是被动显示空调器的运行状态，根据品牌或机型不同，可使用指示灯或显示屏显示。

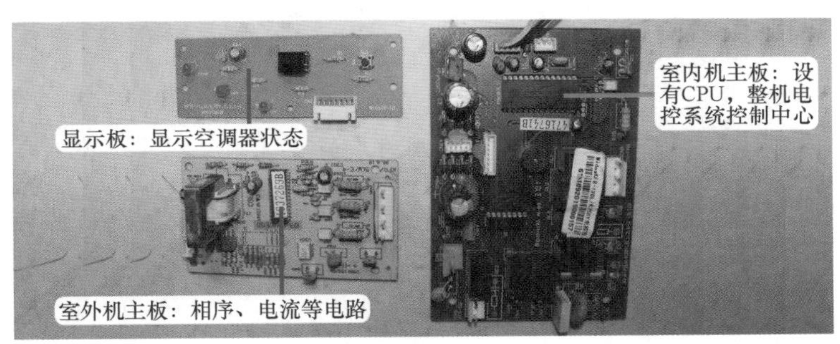

图 7-11 美的 KFR-120LW/K2SDY 空调器电控系统

3. 主控 CPU 位于室内机主板和室外机主板

由于主控 CPU 位于室内机主板或室内机显示板时，室内机和室外机需要使用较多的引线（格力某型号 5P 空调器除电源线外还使用有 9 根），来控制室外机负载和连接保护电路。因此目前空调器通常在室外机主板设有 CPU，见图 7-12，且为室外机电控系统的控制中心；

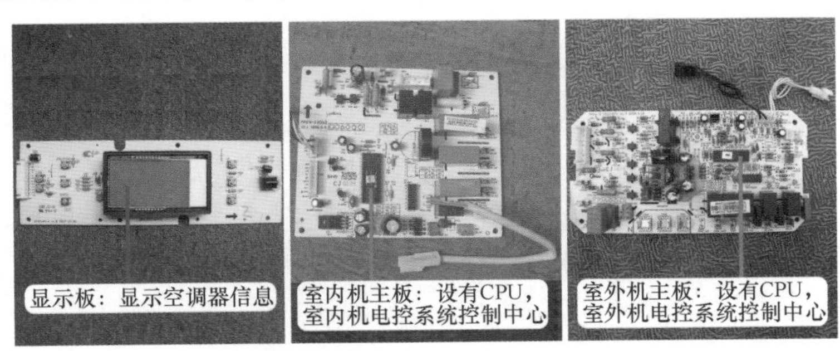

图 7-12 美的 KFR-72LW/SDY-GAA（E5）空调器电控系统

同时在室内机主板也设有 CPU，且为室内机电控系统的控制中心；室内机和室外机的电控系统只使用 4 根连接线（不包括电源线）。

三、相序板工作原理

1. 应用范围

活塞式压缩机由于体积大、能效比低、振动大、高低压阀之间容易窜气等缺点，逐渐减少使用，多见于早期的空调器。因电机运行方向对制冷系统没有影响，使用活塞式压缩机的三相供电空调器室外机电控系统不需要设计相序保护电路。

涡旋式压缩机由于振动小、效率高、体积小、可靠性高等优点，使用在目前全部 5P 及部分 3P 的三相供电空调器。但由于涡旋式压缩机不能反转运行，其运行方向要与电源相位一致，因此使用涡旋式压缩机的空调器，均设有相序保护电路，所使用的电路板通常称为相序板。

2. 安装位置和作用

（1）安装位置

相序板在室外机的安装位置见图 7-13。

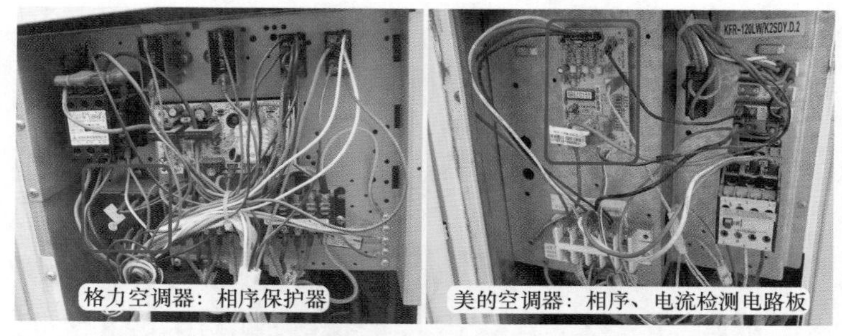

图 7-13 安装位置

（2）作用

相序板的作用是在三相电源相序与压缩机运行供电相序不一致或缺相时断开控制电路，从而对压缩机进行保护。

相序板按控制方式一般有两种，见图 7-14 和图 7-15，即使用继电器触点和使用微处理器（CPU）控制光耦次级，输出端子一般串接在交流接触器的线圈供电回路或保护回路中，当遇到相序不一致或缺相时，继电器触点断开（或光耦次级断开），交流接触器的线圈供电

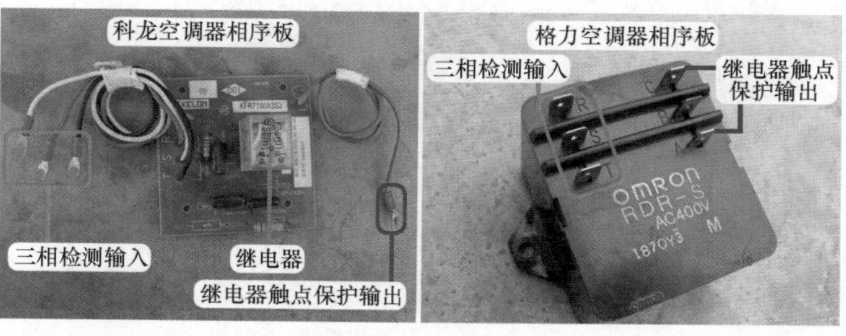

图 7-14 科龙和格力空调器相序板

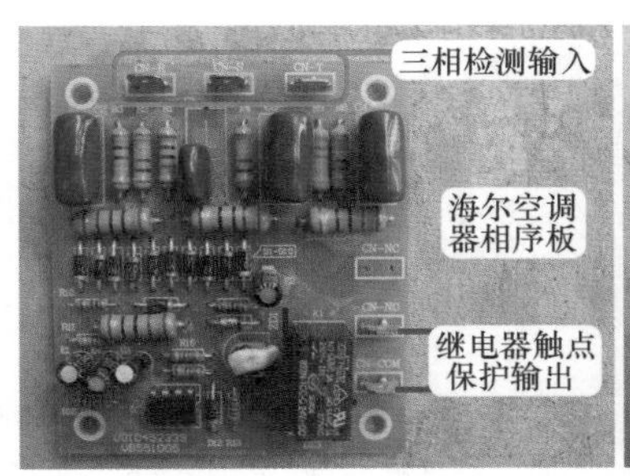

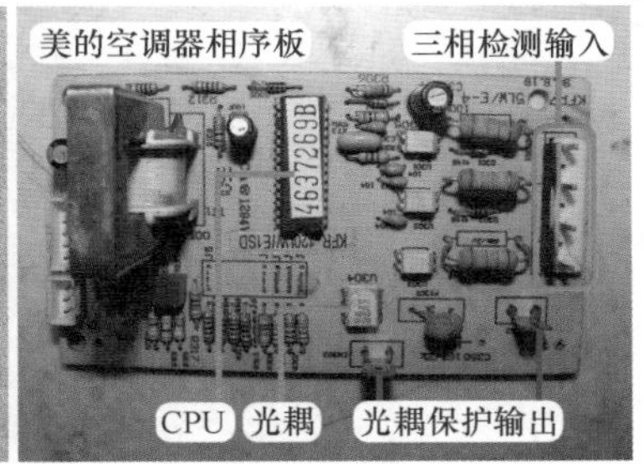

图 7-15 海尔和美的空调器相序板

随之被断开，从而保护压缩机；如果相序板串接在保护回路中，则保护电路断开，室内机CPU 接收后对整机停机，同样可以保护压缩机。

3. 继电器触点式相序板工作原理

（1）电路原理图和实物图

拆开格力空调器使用相序保护器的外壳，可发现电路板由 3 个电阻、5 个电容、1 个继电器组成（见图 7-17）。外壳共有 5 个接线端子，R-S-T 为三相供电检测输入端，A-C 为继电器触点输出端。

相序保护器电路原理图见图 7-16，实物图见图 7-17，三相供电相序与压缩机状态的对应关系见表 7-1。

当三相供电 L1-L2-L3 相序与压缩机工作相序一致时，继电器 RLY 线圈两端电压约为交流 220V，线圈中有电流通过，产生吸力使触点 A-C 导通；当三相供电相序与压缩机工作相序不一致或缺相时，继电器 RLY 线圈电压低于交流 220V 较多，线圈通过的电流所产生的电磁吸力很小，触点 A-C 断开。

表 7-1 三相供电相序与压缩机状态的对应关系

项目	RLY 线圈交流电压	触点 A-C 状态	交流接触器线圈电压	压缩机状态
相序正常	195V	导通	交流 220V	运行
相序错误	51V	断开	交流 0V	停止
缺相	缺 R：78V 缺 S：94V 缺 T：0V	断开	交流 0V	停止

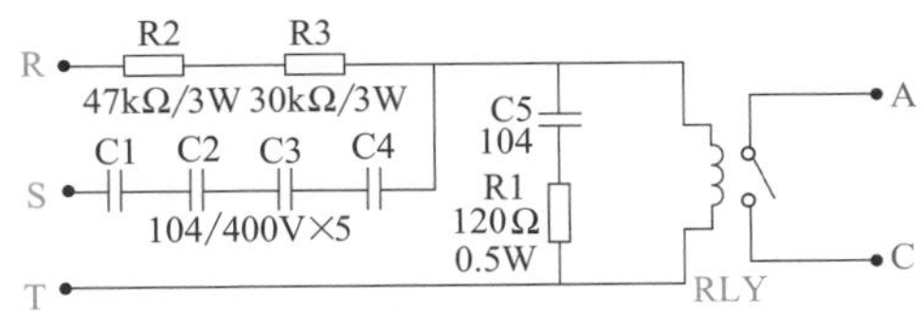

图 7-16 继电器触点式相序保护电路原理图

（2）相序保护器输入侧检测引线

见图 7-18，断路器（俗称空气开关）的电源引线送至室外机整机供电接线端子，通过 5 根引线与去室内机供电的接线端子并联，相序保护器输入端的引线接三相供电 L1-L2-L3 端子。

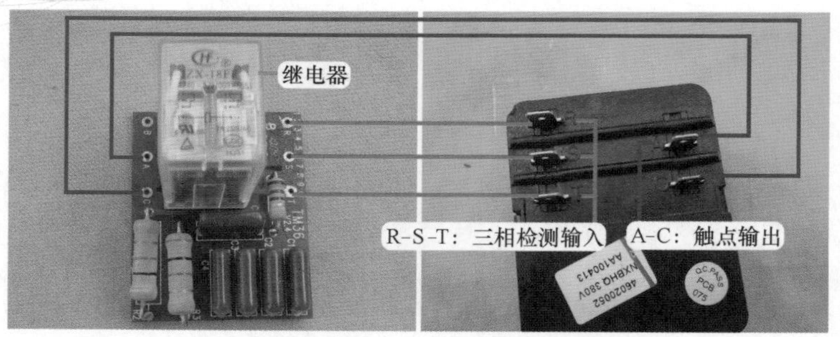

图 7-17 继电器触点式相序保护电路实物图

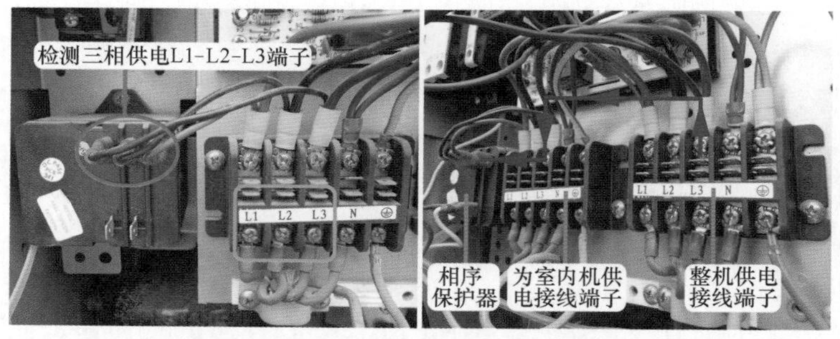

图 7-18 输入侧检测引线

（3）相序保护器输出侧保护方式

涡旋式压缩机由交流接触器触点供电，三相供电触点的导通与断开由交流接触器线圈控制，交流接触器线圈工作电压为交流 220V，见图 7-19，室内机主板输出相线 L 端压缩机黑线直供交流接触器线圈一端，交流接触器线圈 N 端引线接相序保护器，经内部继电器触点接室外机接线端子上 N 端。

当相序保护器检测三相供电顺序（相序）符合压缩机线圈供电顺序时，内部继电器触点闭合，压缩机才能得电运行。

当相序保护器检测三相供电相序错误，内部继电器触点断开，即使室内机主板输出 L 端供电，但由于交流接触器线圈不能与 N 端构成回路，交流接触器线圈电压为交流 0V，三相供电触点断开，压缩机因无供电而不能运行，从而保护压缩机免受损坏。

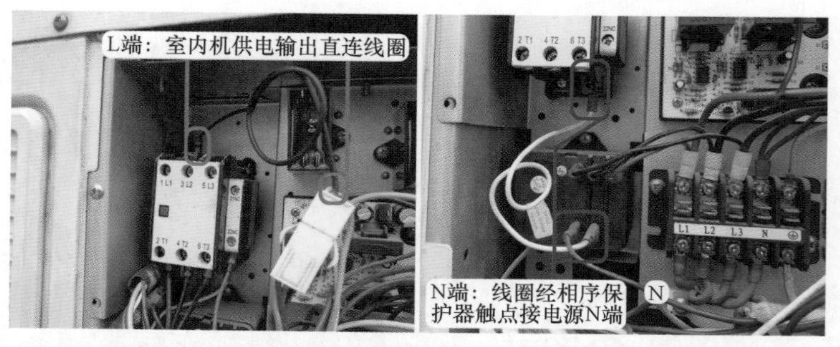

图 7-19 输出侧保护方式

4. 微处理器（CPU）方式

美的 KFR-120LW/K2SDY 柜式空调器室外机相序板相序检测电路简图见图 7-20，电路由光耦、微处理器（CPU）、电阻等元件组成。

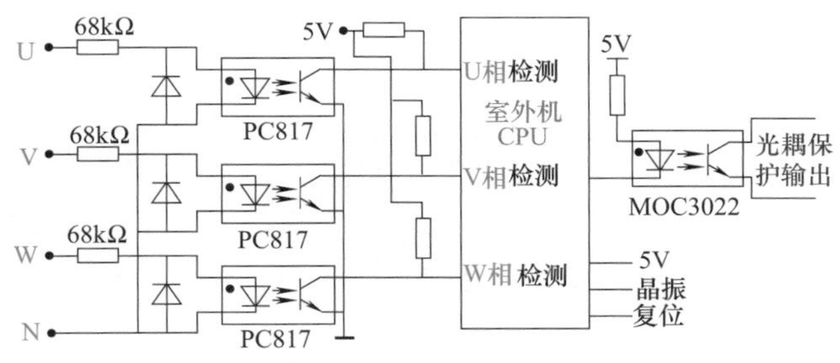

图 7-20 CPU 式相序保护电路原理图

三相供电 U（A）、V（B）、W（C）经光耦（PC817）分别输送到 CPU 的 3 个检测引脚，由 CPU 进行分析和判断，当检测三相供电相序与内置程序相同（即符合压缩机运行条件）时，控制光耦（MOC3022）次级侧导通，相当于继电器触点闭合；当检测三相供电相序与内置程序不同时，控制光耦次级截止，相当于继电器触点断开。

5. 各品牌空调器出现相序保护时故障现象

三相供电相序与压缩机运行相序不同时，电控系统会报出相应的故障代码或出现压缩机不运行的故障，根据空调器设计不同所出现的故障现象也不相同，以下是几种常见品牌的空调器相序保护串接型式。

① 海信、海尔、格力：相序保护电路大多串接在压缩机交流接触器线圈供电回路中，所以相序错误时室外风机运行，压缩机不运行，空调器不制冷，室内机不报故障代码。

② 美的：相序保护电路串接在室外机保护回路中，所以相序错误时室外风机与压缩机均不运行，室内机报故障代码为“室外机保护”。

③ 科龙：早期柜式空调器相序保护电路串接在室内机供电回路中，所以相序错误时室内机主板无供电，上电后室内机无反应。

由此可见，同为相序保护，由于厂家设计不同，表现的故障现象差别也很大，实际检修时要根据空调器电控系统设计原理，检查故障根源。

四、三相供电检测方法

相序保护器具有检测三相供电缺相和相序功能，判断三相供电相序是否符合涡旋式压缩机线圈供电顺序时，应首先测量三相供电电压，再按压交流接触器强制按钮检测相序是否正常。

1. 测量接线端子三相供电电压

（1）测量三相相线之间电压

使用万用表交流电压挡，见图 7-21，分三次测量三相供电电压，即 L1-L2 端子、L1-L3 端子、L2-L3 端子，三次实测电压应均为交流 380V，才能判断三相供电正常。如实测时出现一次电压为交流 0V 或交流 220V 或低于交流 380V 较多，均可判断为三相供电电压异常，相序保护器检测后可能判断为相序异常或供电缺相，控制继电器触点断开。

（2）测量三相相线与 N 端电压

测量三相供电电压，除了测量三相 L1、L2、L3 端子之间电压，还应测量三相与 N 端子电压辅助判断，见图 7-22，即 L1-N 端子、L2-N 端子、L3-N 端子，三次实测电压应均为交流 220V，才能判断三相供电及零线供电正常。如实测时出现一次电压为交流 0V 或交流 380V 或低于交流 220V 较多，均可判断三相供电电压或零线异常。

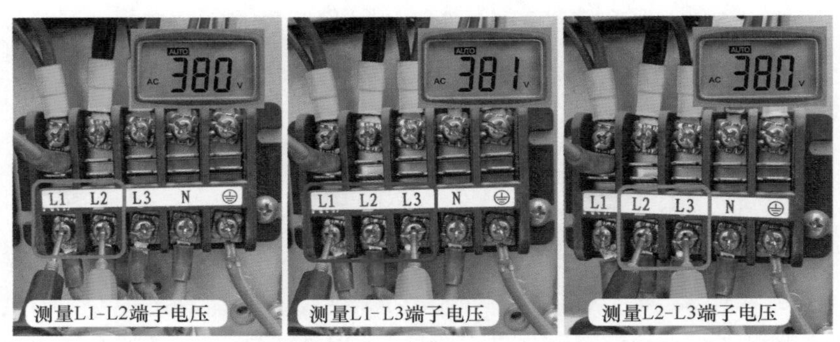

图 7-21　测量三相相线之间电压

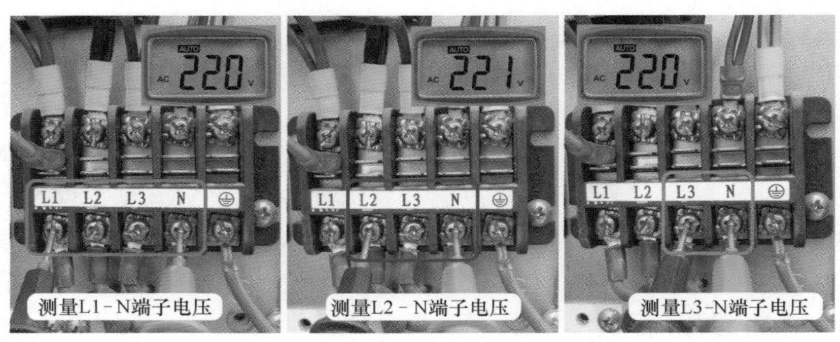

图 7-22　测量三相相线与 N 端电压

2. 判断三相供电相序

三相供电电压正常，为判断三相供电相序是否正确时，可使用螺钉旋具（俗称螺丝刀）等物品按压交流接触器上强制按钮，强制为压缩机供电，根据压缩机运行声音、吸气管和排气管温度、系统压力来综合判断。

（1）相序错误

三相供电相序错误时，压缩机由于反转运行，因此并不做功，见图 7-23，主要现象如下。

① 压缩机运行声音沉闷。

② 手摸吸气管不凉、排气管不热，温度接近常温即无任何变化。

③ 压力表指针轻微抖动，但并不下降，维持在平衡压力（即静态压力不变化）。

说明

涡旋式压缩机反转运行时，容易击穿内部阀片（窜气故障）造成压缩机损坏，在反转运行时，测试时间应尽可能缩短。

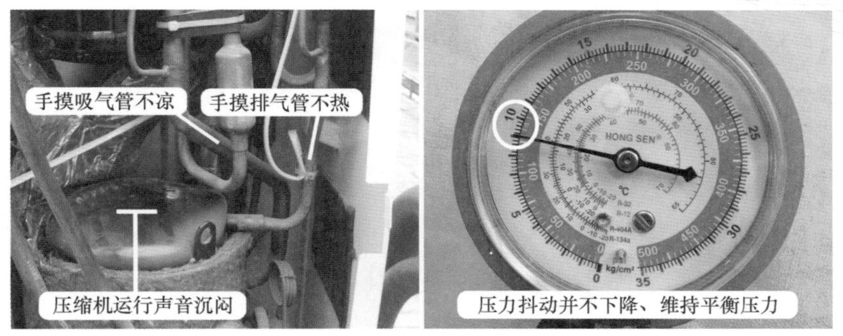

图 7-23 相序错误时故障现象

（2）相序正常

由于供电正常，压缩机正常做功（运行），见图 7-24，主要现象如下。

① 压缩机运行声音清脆。

② 吸气管和排气管温度迅速变化，手摸吸气管很凉、排气管烫手。

③ 系统压力由静态压力迅速下降至正常值约 0.45MPa。

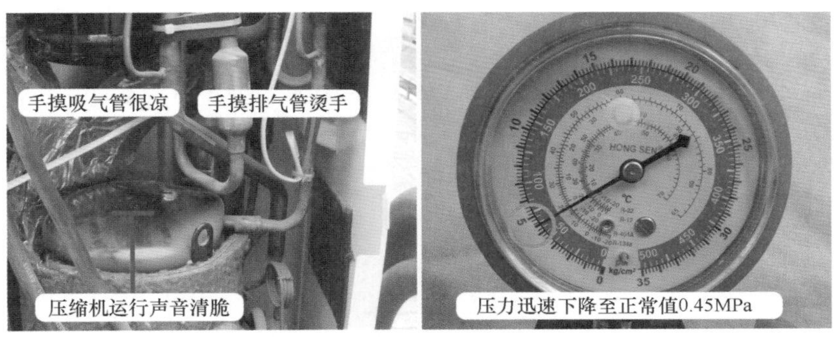

图 7-24 相序正常时现象

3. 相序错误时调整方法

任意对调 2 根相线引线位置，见图 7-25，对调 L1 和 L2 引线（黑线和棕线），三相供电相序即可符合压缩机运行相序。在实际维修时，或对调 L1 和 L3 引线、或对调 L2 和 L3 引线均可排除故障。

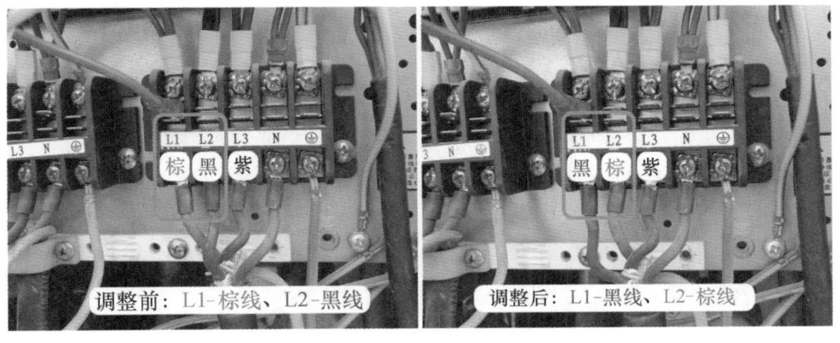

图 7-25 对调电源接线端子上引线顺序

第二节 压缩机电路

一、三相 3P 或 5P 空调器压缩机电路

1. 工作原理

格力 KFR-120LW/E（1253L）V-SN5 空调器压缩机单元电路原理图见图 7-26，实物图见图 7-27，CPU 引脚电压与压缩机状态的对应关系见表 7-2。

CPU 控制压缩机流程：CPU →反相驱动器→继电器→三触点交流接触器→压缩机。

当 CPU（IC1）需要控制压缩机运行时，显示板 CPU ⑰脚为高电平 5V，经电阻 R443 和连接线送至 COMP 引针，再经主板上电阻 R10 送至反相驱动器 IC1 的③脚输入端，为高电平约 2.4V，IC1 内部电路翻转，输出端⑭脚接地，电压约为 0.8V，继电器 RLY4 线圈电压约为直流 11.2V，产生电磁吸力使触点闭合，L1 端电压经 RLY4 触点至交流接触器线圈，与 N 端构成回路，交流接触器线圈电压为交流 220V，产生电磁吸力使三端触点闭合，三相电源 L1、L2、L3 经交流接触器触点为压缩机线圈 T1、T2、T3 提供三相交流 380V 电压，压缩机运行。

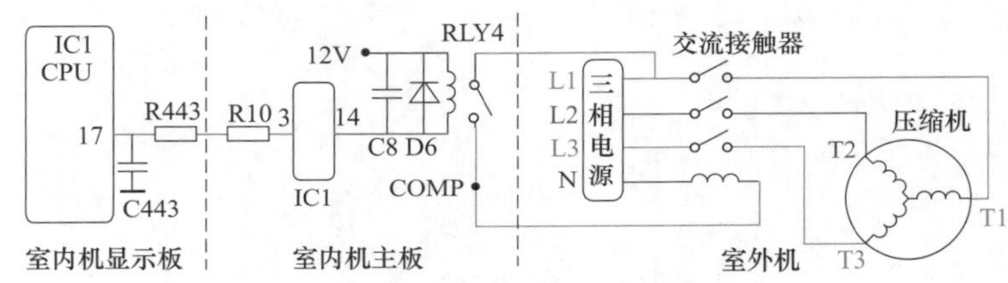

图 7-26 格力 KFR-120LW/E（1253L）V-SN5 空调器压缩机单元电路原理图

图 7-27 格力 KFR-120LW/E（1253L）V-SN5 空调器压缩机单元电路实物图

表 7-2　CPU 引脚电压与压缩机状态对应关系

CPU	反相驱动器 IC1		继电器 RLY4		交流接触器		压缩机	
⑰脚	③脚	⑭脚	线圈电压	触点	线圈电压	触点	线圈电压	状态
DC-5V	DC-2.4V	DC-0.8V	DC-11.2V	闭合	AC-220V	闭合	AC-380V	运行
DC-0V	DC-0V	DC-12V	DC-0V	断开	AC-0V	断开	AC-0V	停止

当 CPU 的⑰脚为低电平 0V 时，IC1 的③脚也为低电平 0V，内部电路不能翻转，其对应⑭脚输出端不能接地，RLY4 线圈两端电压为直流 0V，触点断开，因而交流接触器线圈电压为交流 0V，其三路触点断开，压缩机停止工作。

2 电路特点

① 压缩机由室外机的交流接触器触点供电，其室内机主板的继电器体积和室外风机、四通阀线圈继电器相同。

② 室外机设有交流接触器，其主触点为 3 路，有些品牌空调器的交流接触器还设有辅助触点。

③ 压缩机工作电压为 3 路交流 380V，供电直接送至室外机接线端子。

④ 压缩机线圈由供电直接启动运行，无需电容。

二、压缩机不运行时检修流程

1 查看交流接触器按钮是否吸合

压缩机线圈由交流接触器（简称交接）供电，在检修压缩机不运行故障时，见图 7-28，应首先查看交流接触器按钮（触点）是否吸合。

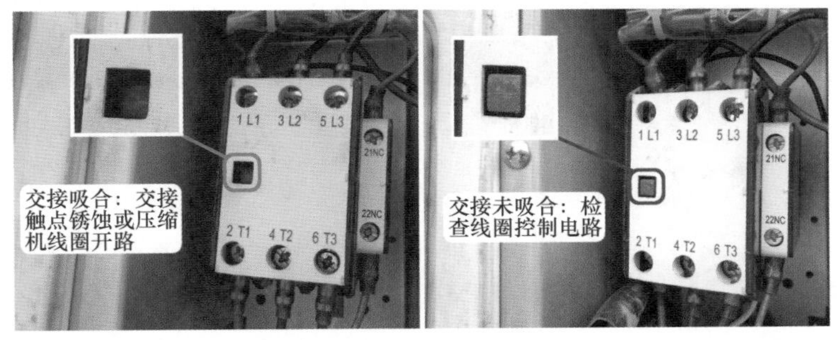

图 7-28　查看交流接触器按钮

正常时交流接触器按钮吸合，说明控制电路正常，故障可能为交流接触器触点锈蚀或压缩机线圈开路故障，应进入第 2 检修流程。

故障时交流接触器按钮未吸合，说明室外机或室内机的电控系统出现故障，应检查控制电路，进入第 3 检修流程。

2 交流接触器按钮吸合时检修流程

如交流接触器按钮吸合，但压缩机不运行时，应使用万用表交流电压挡，见图 7-29，测量交流接触器输出端触点电压。

正常电压为三次测量均约为交流 380V，说明交流接触器正常，应检查压缩机线圈是否开路。三相压缩机线圈阻值正常时三次测量结果均相等。

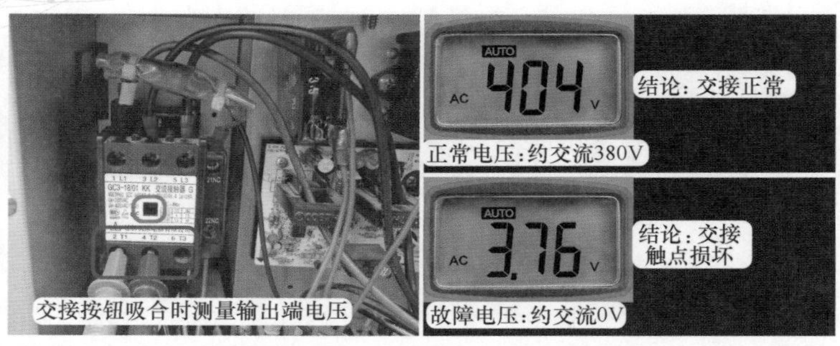

图 7-29　测量交流接触器输出端触点电压

故障电压为三次测量时有任意一次约为交流 0V，说明交流接触器触点锈蚀（开路），应更换同型号交流接触器。

3. 交流接触器触点未闭合时检修流程

（1）检查相序

相序保护器串接在交流接触器线圈回路，如果相序错误或缺相，也会引起交流接触器触点不能闭合的故障，见图 7-30，相序是否正常的简单判断方法是使用螺钉旋具顶住交流接触器按钮并向里按压，听压缩机运行声音和手摸吸气管、排气管的温度来判断。

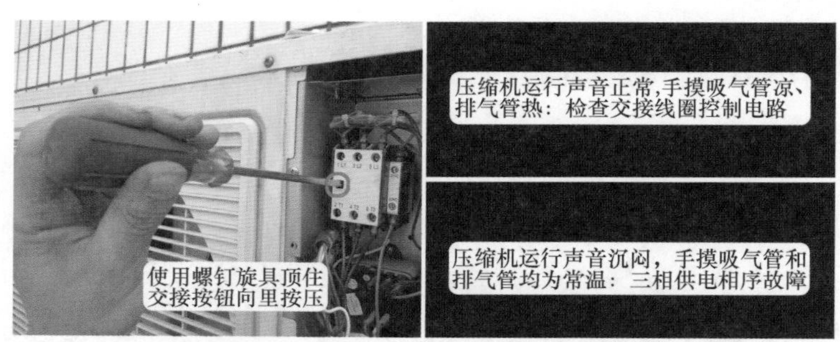

图 7-30　强制按压交流接触器按钮

正常时按下交流接触器按钮压缩机运行声音正常，手摸吸气管凉、排气管热，说明相序正常，应检查交流接触器线圈控制电路，进入下一检修流程。

故障时按下交流接触器按钮压缩机运行声音沉闷，手摸吸气管和排气管均为常温，为三相相序错误，对调三相供电中任意 2 根引线位置即可排除故障。

（2）区分室外机或室内机故障

使用万用表交流电压挡，见图 7-31，黑表笔接室外机接线端子上零线 N 端、红表笔接方形对接插头中压缩机黑线，测量电压。

正常电压为交流 220V，说明室内机主板已输出压缩机供电，故障在室外机电路，应进入第 4 检修流程。

故障电压为交流 0V，说明室内机未输出供电，故障在室内机电控系统或室内外机连接线，应进入第 5 检修流程。

4. 室外机故障检修流程

（1）测量相序保护器电压

使用万用表交流电压挡，见图 7-32，红表笔接方形对接插头中压缩机黑线、黑表笔接相序保护器输出侧的白线，相当于测量交流接触器线圈的 2 个端子电压。

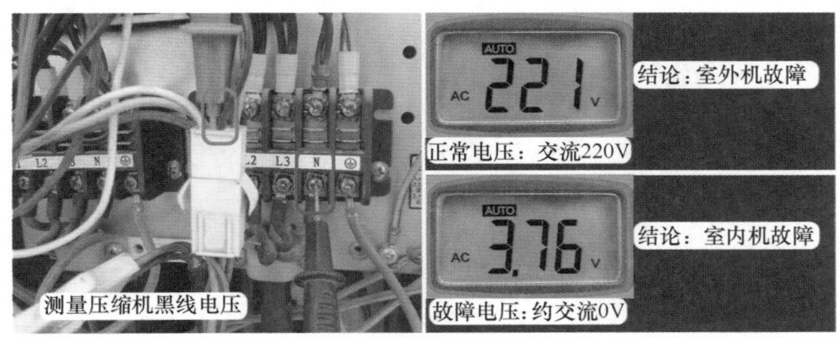

图 7-31　在室外机测量交流接触器线圈供电电压

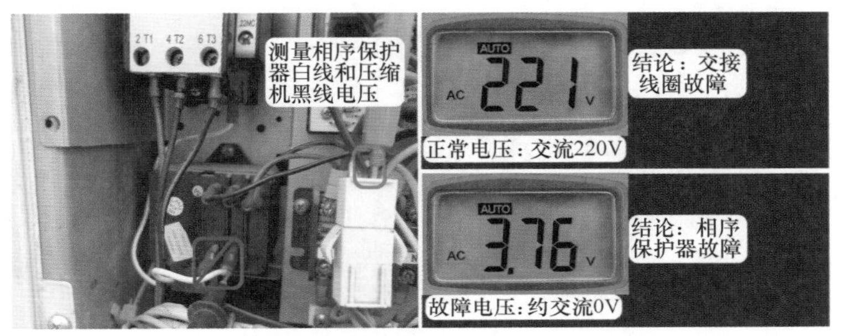

图 7-32　测量交流接触器线圈电压

正常电压为交流 220V，说明室内机主板输出的压缩机电压已送至交流接触器线圈端子，应测量交流接触器线圈阻值，进入下一检修流程。

故障电压为交流 0V，说明相序保护器未输出电压，故障为相序保护器损坏，应更换相序保护器。

（2）测量交流接触器线圈阻值

断开空调器电源，见图 7-33，使用万用表电阻挡，测量交流接触器线圈阻值。

正常阻值约 550Ω，说明主触点锈蚀，即线圈通电时吸引动铁芯向下移动，但动触点和静触点不能闭合，输入端相线电压不能提供至压缩机线圈，此时应更换交流接触器。

故障阻值为无穷大，说明线圈开路损坏，此时应更换交流接触器。

说明

图 7-33 中为使图片表达清楚，直接测量交流接触器线圈端子，实际测量时不用取下交流接触器输入端和输出端的引线，表笔接相序保护器上白线和方形对接插头中黑线即可（见图 7-32）。

5. 室内机故障检修流程

（1）区分室内机故障和室内外机连接线故障

使用万用表交流电压挡，见图 7-34，黑表笔接室内机主板电源 N 端、红表笔接 COMP 端子黑线，测量电压。

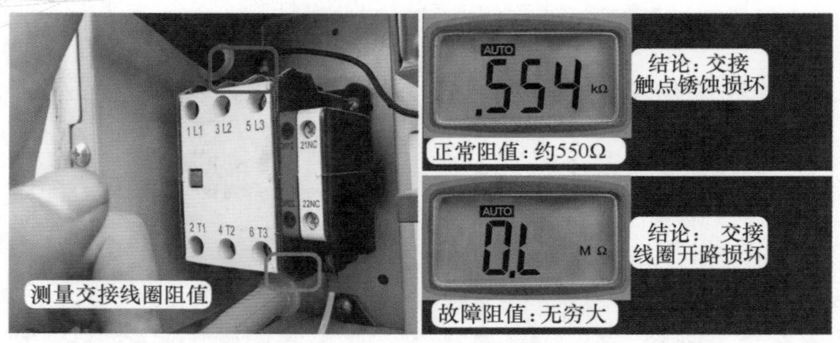

图 7-33　测量交流接触器线圈阻值

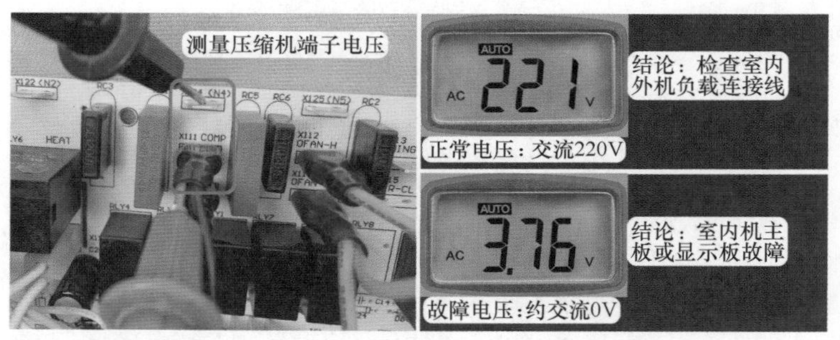

图 7-34　测量室内机主板压缩机端子交流电压

正常电压为交流 220V，说明室内机主板已输出压缩机电压，故障在室内外机连接线中方形对接插头，应检查室内外机负载连接线。

故障电压为交流 0V，说明室内机主板未输出压缩机电压，故障在室内机主板或显示板，应进入下一检修流程。

（2）区分室内机主板和显示板故障

使用万用表直流电压挡，见图 7-35，黑表笔接室内机主板与显示板连接线插座中的 GND 引线、红表笔接 COMP 引线，测量电压。

正常电压为直流 5V，说明显示板 CPU 已输出高电平的压缩机信号，故障在室内机主板，应更换室内机主板。

故障电压为直流 0V，说明显示板未输出高电平的压缩机信号，故障在显示板，应更换显示板。

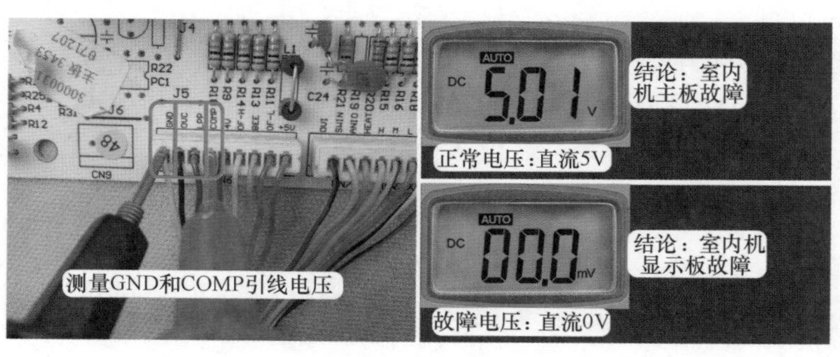

图 7-35　测量室内机主板压缩机引线直流电压

6. 室内机主板检修流程

室内机主板故障检修流程和单相空调器室内机主板基本相同，可参见第八章第二节第二部分（室外风机运行、压缩机不运行故障）中第 3 检修步骤“室内机故障检修流程”中的部分内容。

第三节 常见故障维修实例

一、格力空调器显示板损坏

故障说明：格力 KFR-120LW/E（1253L）V-SN5 柜式空调器，用户反映开机后不制冷，室内机吹自然风。

1. 查看交流接触器和测量压缩机电压

上门检查，重新上电开机，室内机吹自然风。到室外机检查，发现室外风机运行，但听不到压缩机运行的声音，手摸室外机二通阀和三通阀均为常温，判断压缩机未运行。

取下室外机前盖，见图 7-36 左图，查看交流接触器（交接）的强制按钮未吸合，说明线圈控制电路有故障。

使用万用表交流电压挡，见图 7-36 右图，黑表笔接室外机接线端子上零线 N 端、红表笔接方形对接插头中的压缩机黑线测量电压，实测为交流 0V，说明室外机正常，故障在室内机。

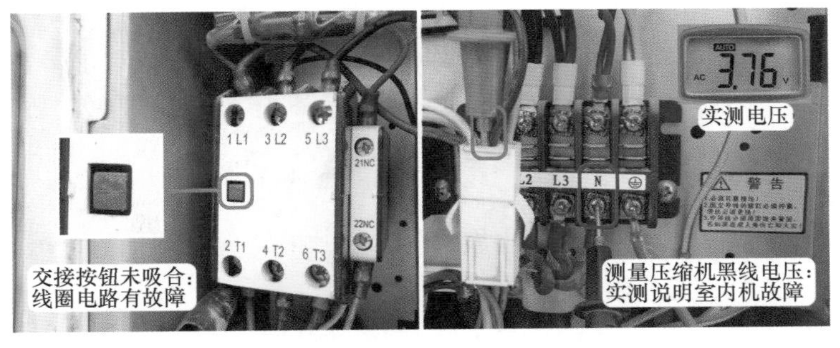

图 7-36 查看交流接触器和测量压缩机电压

2. 测量室内机主板压缩机端子和引线电压

到室内机检查，使用万用表交流电压挡，见图 7-37 左图，黑表笔接室内机主板零线 N 端、红表笔接 COMP 端子压缩机黑线，正常电压为交流 220V，实测为 0V，说明室内机主板未输出电压，故障在室内机主板或显示板。

为区分故障，使用万用表直流电压挡，见图 7-37 右图，黑表笔接室内机主板和显示板连接线插座的 GND 引线、红表笔接 COMP 引线，实测电压为直流 0V，说明显示板未输出高电平电压，判断为显示板损坏。

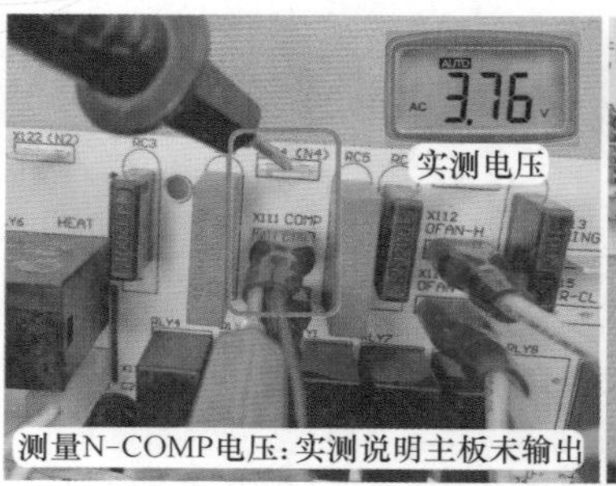

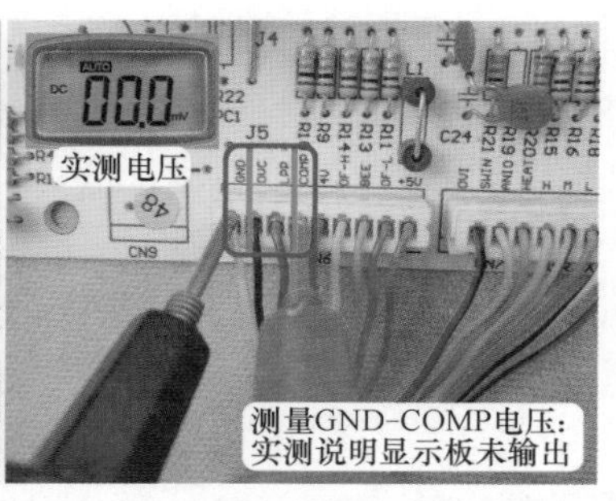

图 7-37　测量压缩机电压

维修措施：更换显示板。更换后上电试机，按压“开 / 关”按键，室内机和室外机均开始运行，制冷恢复正常，故障排除。

总　结

在室内机主板上，压缩机、四通阀线圈、室外风机、同步电机、室内风机继电器驱动的单元电路工作原理完全相同，均为显示板 CPU 输出高电平、经连接线送至室内机主板，经限流电阻限流、送至 2003 反相驱动器的输入端、2003 反相放大在输出端输出、驱动继电器触点闭合，继电器相对应的负载开始工作，工作原理可参见压缩机继电器驱动电路，本处需要说明的是，当负载不能工作时，根据测量的电压部位，区分出为室内机主板故障还是显示板故障。

（1）四通阀线圈无供电

四通阀线圈、同步电机、室内风机的高风、中风、低风均为一个继电器驱动一个负载，检修原理相同，以四通阀线圈为例。

假如四通阀线圈无供电，见图 7-38 左图，首先使用万用表交流电压挡，一表笔接室内机主板 N 端、一表笔接 4V 端子紫线测量电压，如果实测为交流 220V，则说明室内机主板和显示板均正常，故障在室外机；如果实测为交流 0V，则说明故障在室内机，可能为室内机主板或者是显示板故障。

见图 7-38 右图，为区分是室内机主板或显示板故障，应使用直流电压挡，黑表笔接连接插座中 GND 引线、红表笔接 4V 引线，如果实测为直流 5V，说明显示板正常，应更换室内机主板；如果为直流 0V，说明是显示板故障，应更换显示板。

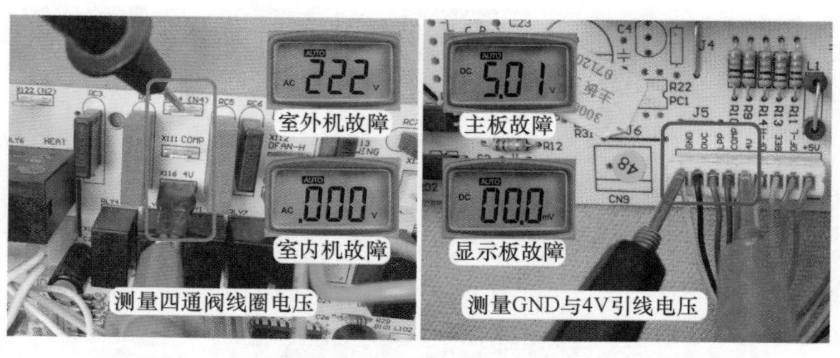

图 7-38　测量四通阀线圈电压

（2）室外风机不运行故障

室外风机的继电器驱动电路工作原理和压缩机继电器驱动电路相同，但在输出方式有细微差别。室内机主板上设有室外风机高风和低风共 2 个输出端子，而实际上室外风机只有一个转速，见图 7-39 左图，室内机主板上高风和低风输出端子使用一根引线直接相连，这样，无论室内机主板是输出高风电压还是低风电压，室外风机均能运行。

当室外风机不运行时，使用万用表交流电压挡，见图 7-39 右图，一表笔接主板 N 端、一表笔接 OFAN-H 高风端子橙线，如果实测电压为交流 220V，说明为室内机主板已输出电压，故障在室外机；如果实测电压为交流 0V，说明故障在室内机，可能为室内机主板或显示板损坏。

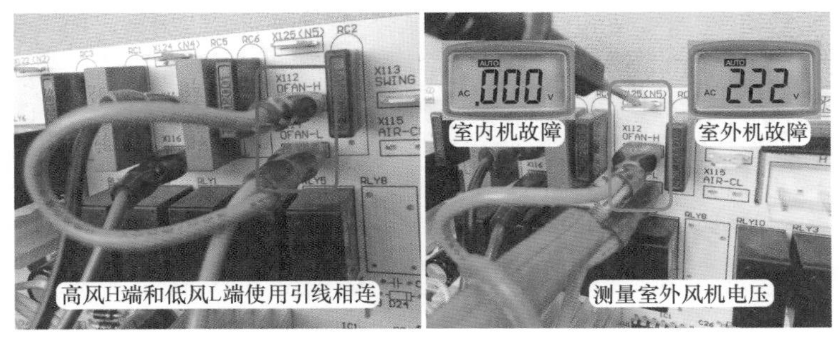

图 7-39　测量室外风机端子交流电压

为区分故障在室内机主板还是显示板时，见图 7-40，应使用万用表直流电压挡，黑表笔接连接插座中的 GND 引线、红表笔分两次接 OF-H、OF-L 引线测量电压。如果实测时两次测量中有一次为直流 5V，说明显示板正常，故障在室内机主板；如果实测时两次测量均为直流 0V，说明显示板未输出高电平，故障在显示板。

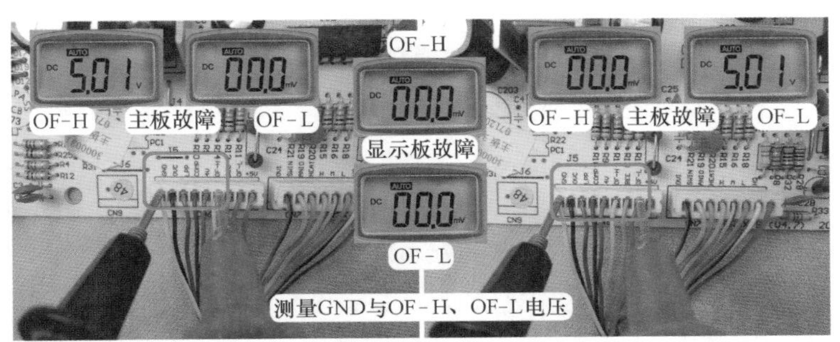

图 7-40　测量室外风机引线直流电压

二、美的空调器室外机主板损坏

故障说明：美的 KFR-120LW/K2SDY 柜式空调器，用户反映上电后室内机 3 个指示灯同时闪，不能使用遥控器或显示板上按键开机。

1. 测量室外机保护电压

上门检查，将空调器通上电源，显示板上 3 个指示灯开始同时闪烁，使用遥控器和按键均不能开机，3 个指示灯同时闪烁的代码含义为“室外机故障”，经询问用户得知最近没有装修即没有更改过电源相序。

取下室内机进风格栅和电控盒盖板，使用万用表交流电压挡，见图 7-41 左图，红表笔接接线端子上 A 端相线、黑表笔接对接插头中室外机保护黄线测量电压，正常应为交流 220V，实测约为 0V，说明故障在室外机或室内外机连接线。

到室外机检查，依旧使用万用表交流电压挡，见图 7-41 右图，红表笔接接线端子上 A 端相线、黑表笔接对接插头中黄线测量电压，实测约为 0V，说明故障在室外机，排除室内外机连接线故障。

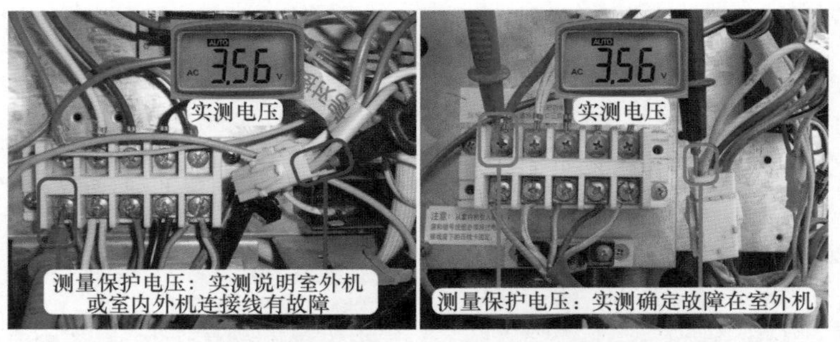

图 7-41 测量保护黄线电压

2. 测量室外机主板电压和按压交流接触器按钮

见图 7-42 左图，接接线端子相线的红表笔不动、黑表笔改接室外机主板上黄线测量电压，实测约为 0V，说明故障在室外机主板。

判断室外机主板损坏前应测量其输入部分是否正常，即电源电压、电源相序、供电直流 5V 等。判断电源电压和电源相序简单的方法是按压交流接触器（交接）按钮，强制使触点闭合为压缩机供电，再仔细听压缩机声音：无声音检查电源电压，声音沉闷检查电源相序，声音正常说明供电正常。

见图 7-42 中图和右图，本例按压交流接触器按钮时压缩机运行声音清脆，手摸排气管温度迅速变热、吸气管温度迅速变凉，说明压缩机运行正常，排除电源供电故障。

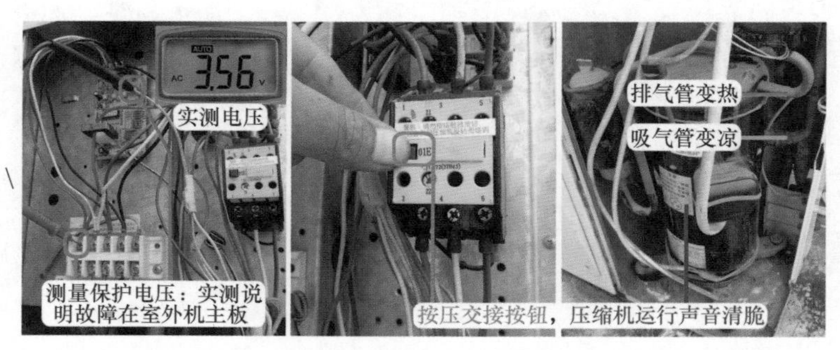

图 7-42 测量主板保护黄线电压和按压交流接触器按钮

3. 测量 5V 电压和短接输入输出引线

使用万用表直流电压挡，见图 7-43 左图，黑表笔接插头中黑线、红表笔接白线测量电压，实测为直流 5V，说明室内机主板输出的 5V 电压已供至室外机主板，查看室外机主板上指示灯也已点亮，说明 CPU 已工作，故障为室外机主板损坏。

为判断空调器是否还有其他故障，断开空调器电源，见图 7-43 右图，拔下室外机主板上输入黑线、输出黄线插头，并将 2 个插头直接连在一起，再次将空调器通上电源，室内机 3 个指示灯不再同时闪烁，为正常熄灭处于待机状态，使用遥控器开机，室内风机和室外机均开始运行，同时开始制冷，说明空调器只有室外机主板损坏。

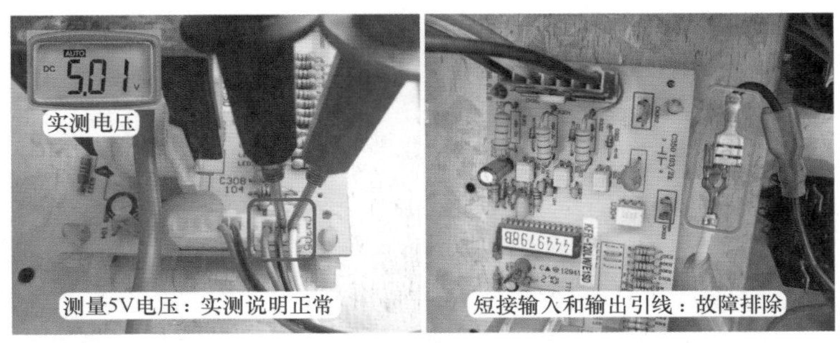

图 7-43 测量 5V 电压和短接室外机主板

维修措施：见图 7-44，由于暂时没有相同型号的新主板更换，使用型号相同的配件代换，上电试机空调器制冷正常。使用万用表交流电压挡，测量室外机接线端子相线 A 端和对接插头黄线电压，实测为交流 220V，说明故障已排除。

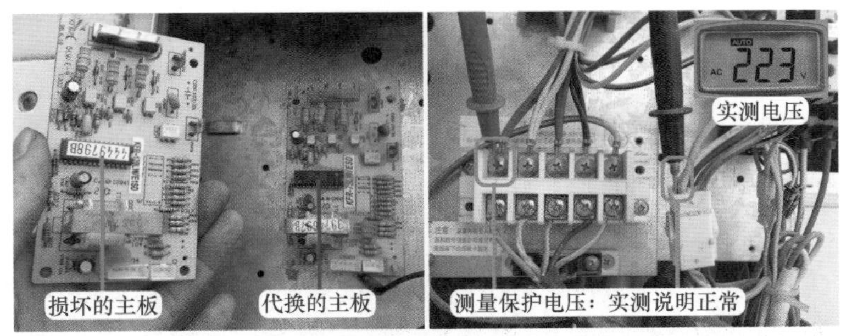

图 7-44 更换主板和测量电压

三、代换美的空调器相序板

故障说明：检修美的 KFR-120LW/K2SDY 柜式空调器时发现室外机主板损坏，但暂时没有配件更换，可使用通用相序保护器进行代换，代换步骤如下。

1. 固定接线底座

取下室外机前盖，见图 7-45，由于通用相序保护器体积较大且较高，应在室外机电控

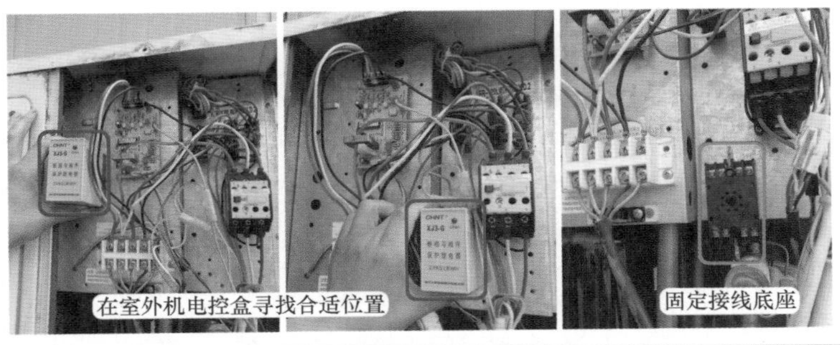

图 7-45 寻找位置和固定接线底座

盒内寻找合适的位置，使安装室外机前盖时不会影响保护器，找到位置后使用螺钉将接线底座固定在电控盒铁皮上面。

2. 安装引线

见图 7-46，拔下室外机主板（相序板）的相序检测插头，其共有 4 根引线即 3 根相线和 1 根零线 N，由于通用相序保护器只检测三相相线且使用螺钉固定，取下 N 端黑线和插头，并将 3 根相线剥开适当长度的绝缘层。

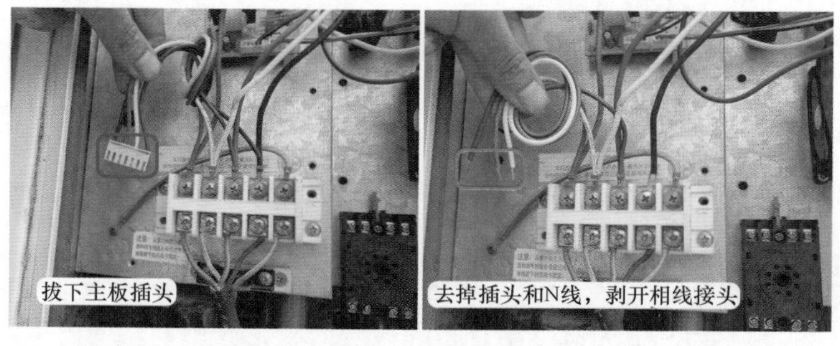

图 7-46 拔下原主板插头并剪断引线

3. 安装输入侧引线

见图 7-47，将室外机接线端子上 A 端红线接在底座 1 号端子、将 B 端白线接在底座 2 号端子、将 C 端蓝线接在底座 3 号端子，完成安装输入侧的引线。

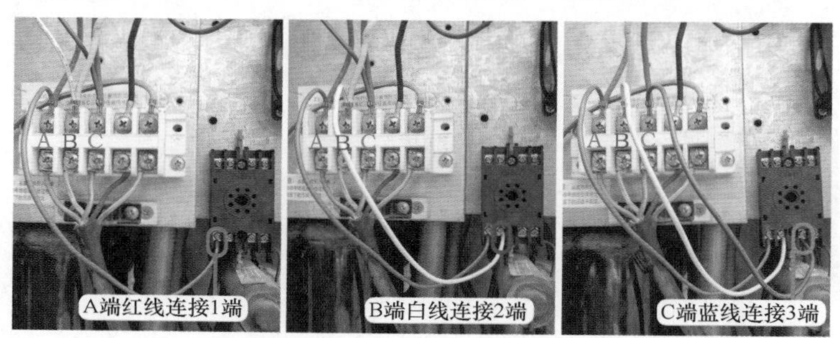

图 7-47 安装输入侧引线

4. 安装输出侧引线

查看为压缩机供电的交流接触器（交接）线圈端子，见图 7-48 左图，一端子接 N 端零线，另一端子接对接插头上红线，受室内机主板控制，由于原机设有室外机主板，当检测到相序错误或缺相等故障时，其输出信号至室内机主板，室内机主板 CPU 检测后立即停止压缩机和室外风机供电，并显示故障代码进行保护。

取下室外机主板后对应的相序检测或缺相等功能改由通用相序保护器完成，但其不能直接输出至室内机，见图 7-48 中图和右图，因此应剪断对接插头中红线，使交流接触器线圈的供电串接在相序保护器输出侧继电器触点回路中，并将线圈的红线接至输出侧 6 号端子。

见图 7-49，再将对接插头中红线接在输出侧的 5 号端子，这样输出侧和输入侧的引线就全部安装完成，接线底座上共有 5 根引线，即 1、2、3 号端子为相序检测输入，5、6 号端子为继电器常开触点输出，其 4、7、8 号端子空闲不用，再将控制盒安装在接线底座并锁紧。

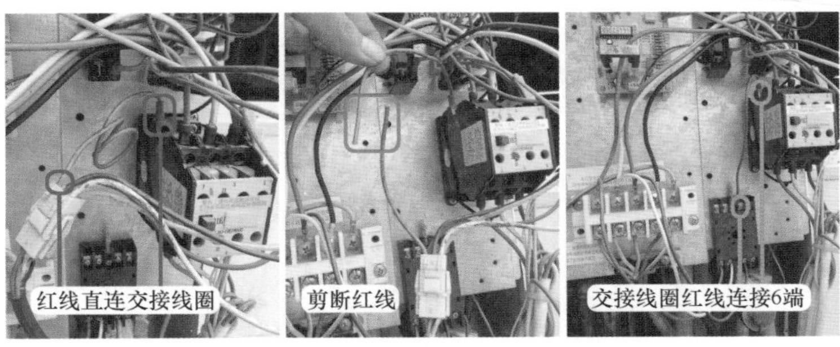

图 7-48　安装交流接触器线圈红线

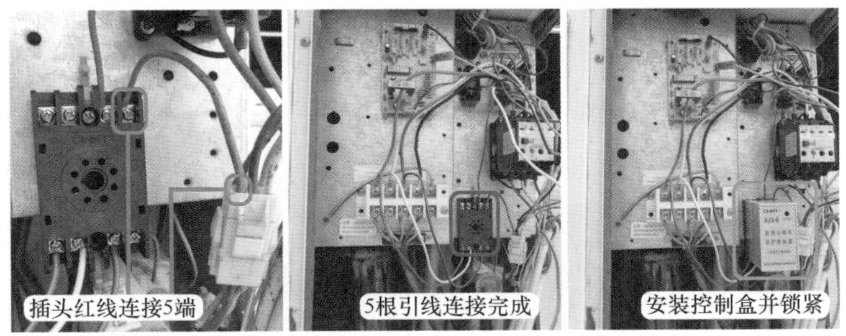

图 7-49　安装对接插头中红线

5. 更改主板引线

见图 7-50，取下室外机主板，并将其输出侧的保护黄线插头插在室外机电控盒中 N 零线端子，相当于短接室外机主板功能。

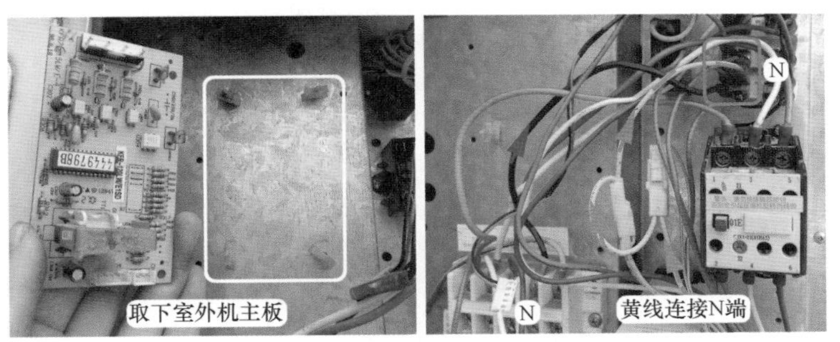

图 7-50　取下原主板和更改主板引线

见图 7-51，找到室外机主板的 5V 供电插头和室外管温传感器插头，查看 5V 供电插头共有 3 根引线：白线为 5V、黑线为地线、红线为传感器，传感器插头共有 2 根引线即红线和黑线，将 5V 供电插头和传感器插头中的红线、黑线剥开绝缘层，引线并联接在一起，再使用绝缘胶布包裹。

6. 安装完成

此时，使用通用相序保护器代换相序板的工作就全部完成，见图 7-52 左图。

上电试机，当相序保护器检测相序正常，见图 7-52 中图，其工作指示灯点亮，表示输出侧 5、6 号端子接通，遥控器开机，室内机主板输出压缩机和室外风机供电时，交流接触器触点闭合，压缩机应能运行，同时室外风机也能运行。

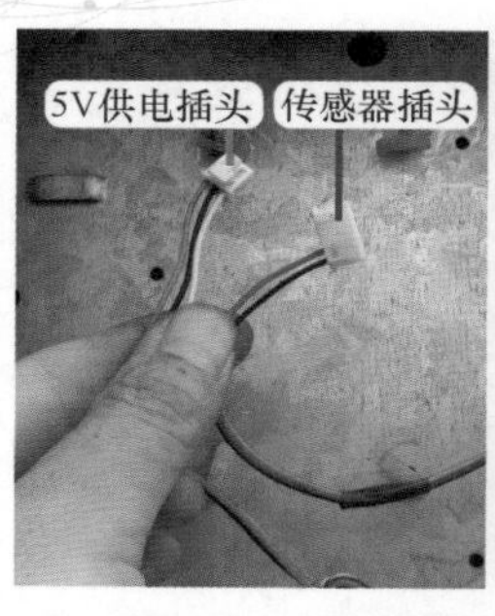

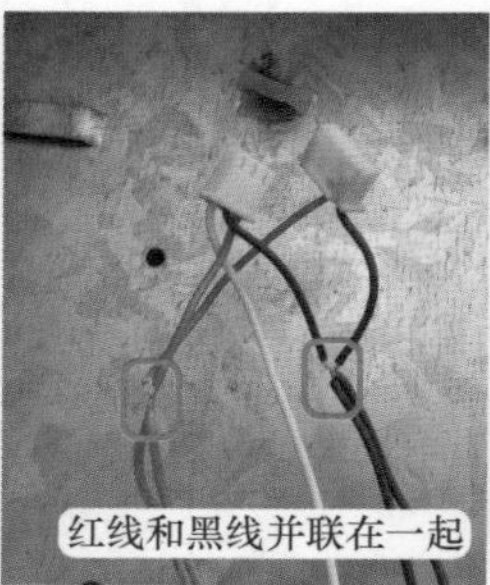

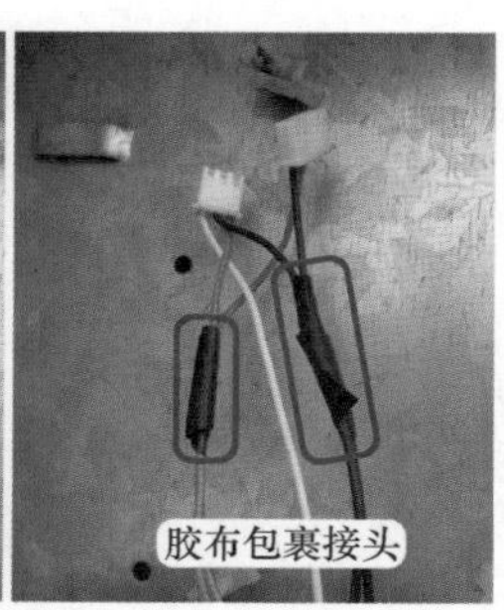

图 7-51 短接传感器引线

如果上电后相序保护器工作指示灯不亮，见图 7-52 右图，表示检测相序错误，输出侧 5-6 号端子断开，此时即使室内机主板输出压缩机和室外风机工作电压，也只有室外风机运行，压缩机因交流接触器线圈无供电、触点断开而不能运行。排除故障时只要断开空调器电源，对调相序保护器接线底座上 1-2 端子引线即可。

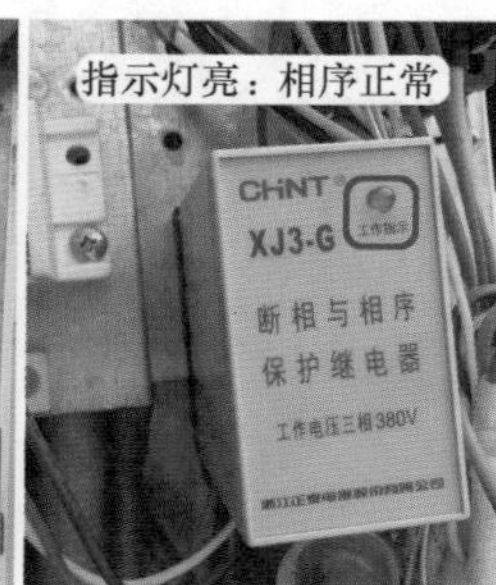

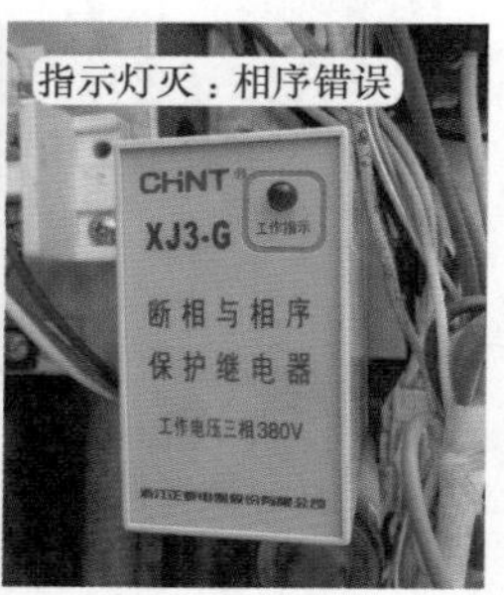

图 7-52 代换完成和指示灯状态

四、压缩机卡缸

故障说明：格力 KFR-120LW/E（1253L）V-SN5 柜式空调器，用户反映不制冷，开机后整机马上停机，显示 E1 代码，关机后再开机，室内风机运行，但 3min 后整机再次停机，并显示 E1 代码，E1 代码含义为制冷系统高压保护。

1. 检修过程

本例空调器上电时正常，但开机后立即显示 E1 代码，判断由于压缩机过电流引起，应首先检查室外机。

到室外机查看，让用户断开空调器电源后，并再次上电开机，在开机瞬间细听压缩机发出“嗡嗡”声，但启动不起来，约 3s 后听到电流检测板继电器触点响一声（断开），再待约 3s 后室内机主板停止压缩机交流接触器线圈和室外风机供电，同时整机停机并显示 E1 代码，待约 30s 后能听到电流检测板上继电器触点再次响一声（闭合）。

根据现象说明故障为压缩机启动不起来（卡缸），使用万用表交流电压挡测量室外机接线端子上 L1-L2、L1-L3、L2-L3 电压均为交流 380V，L1-N、L2-N、L3-N 电压均为交流 220V，说明三相供电电压正常。

使用万用表电阻挡，测量交流接触器下方输出端的压缩机 3 根引线之间的阻值，实测棕线 - 黑线为 3Ω、棕线 - 紫线为 3Ω、黑线 - 紫线为 2.9Ω，说明压缩机线圈阻值正常。

2. 测量压缩机电流

断开空调器电源并再次开机，同时使用万用表交流电流挡，见图 7-53，快速测量压缩机的 3 根引线电流，实测棕线电流约 56A、黑线电流约 56A、紫线电流约 56A，3 次电流相等，判断交流接触器触点正常，上方输入端触点的三相交流 380V 电压已供至压缩机线圈，判断为压缩机卡缸损坏。

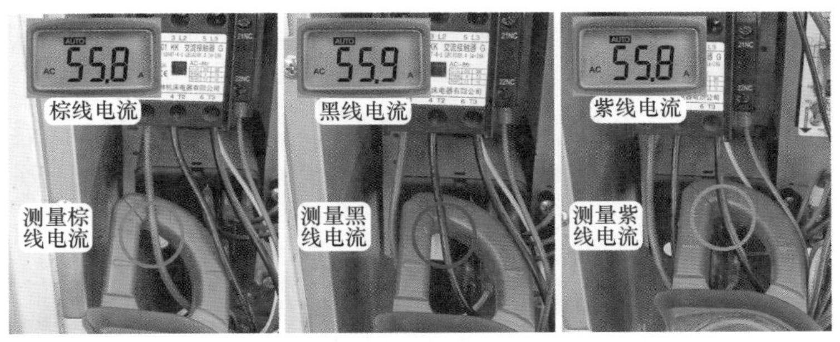

图 7-53 测量压缩机电流

3. 断开压缩机引线

为判断故障，见图 7-54，取下交流接触器下方输出端的压缩机引线，即断开压缩机线圈，再次开机，3min 延时过后，交流接触器触点闭合、室外风机和室内风机均开始运行，同时不再显示 E1 代码，使用万用表交流电压挡，测量方形对接插头中 OVC 黄线与 L1 端子电压一直为交流 220V，从而确定为压缩机损坏。

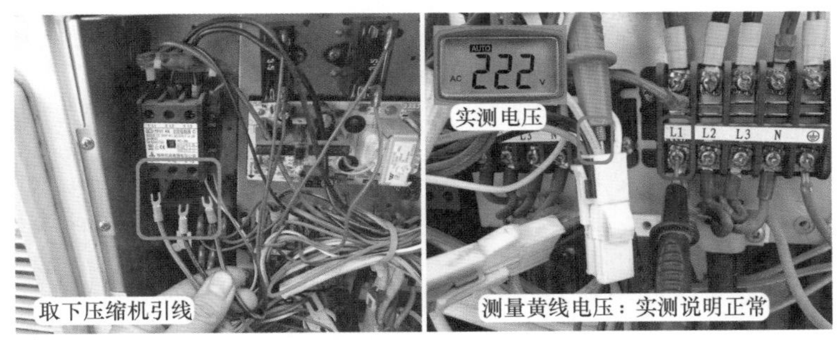

图 7-54 取开压缩机引线和测量黄线电压

维修措施：见图 7-55，更换压缩机。本机压缩机型号为三洋 C-SBX180H38A，安装后顶空加氟至 0.45MPa，制冷恢复正常，故障排除。

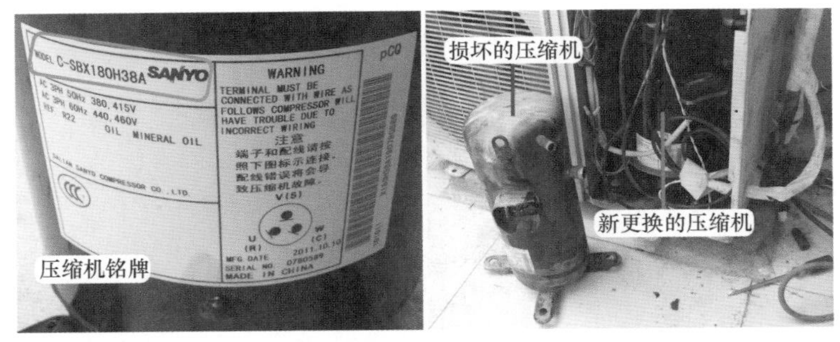

图 7-55 更换压缩机

总　　结

① 压缩机卡缸和三相供电缺相（引线虚接但相序保护器判断供电正常）表现的故障现象基本相同，开机的同时交流接触器触点闭合，因引线电流过大，电流检测板继电器触点断开，整机停机并显示 E1 代码。

② 因压缩机卡缸时电流过大，其内部过载保护器将很快断开保护，并且恢复时间过慢，如果再次开机，将会引起室外风机运行、交流接触器触点闭合但压缩机不运行的假性故障，在维修时需要区分对待，区分的方法是手摸压缩机外壳温度，如果很烫为卡缸，如果常温为线圈开路。

第八章 空调器常见故障现象检修流程

第一节 空调器室内机检修流程

一、室内机上电无反应故障

1. 将导风板扳到中间位置

见图 8-1，拔下空调器电源插头，用手将上下导风板（风门叶片）扳到中间位置，再为空调器通上电源，观察导风板状态以区分故障。

空调器正常时导风板应能自动关闭，此时可说明室内机主板直流 5V 电压正常且 CPU 工作正常，所表现的上电无反应故障可能为不接收遥控器信号故障。

重新上电后导风板位置保持不变，说明空调器有故障，应进入第 2 检修步骤。

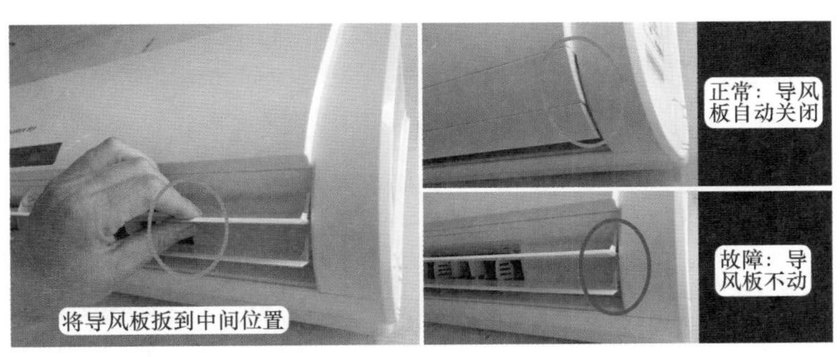

图 8-1 扳动导风板至中间位置

2. 测量插座电压

使用万用表交流电压挡，见图 8-2，测量为空调器供电的电源插座电压。

如实测电压为交流 220V，说明供电正常，故障在室内机，进入第 3 检修步骤。

如实测电压为交流 0V，说明空调器供电线路有故障，应检查电源插座或断路器（俗称空气开关）处电压等。

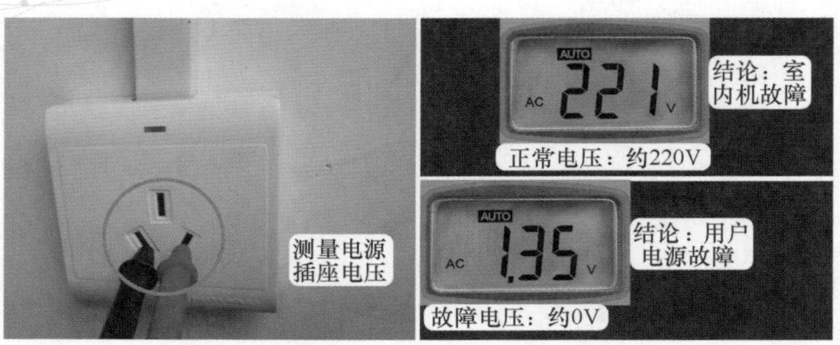

图 8-2　测量电源插座电压

3. 测量电源插头阻值

使用万用表电阻挡，见图 8-3，测量电源插头 L-N 阻值以区分故障。

如实测为变压器一次绕组阻值约 500Ω，说明变压器一次绕组回路正常，应进入第 6 检修步骤。

如实测阻值为无穷大，说明变压器一次绕组回路有开路故障，应进入第 4 检修步骤，重点检查变压器一次绕组、熔丝管（俗称保险管）等。

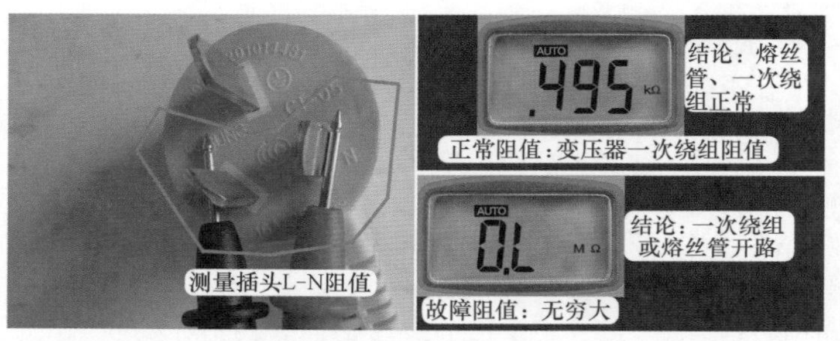

图 8-3　测量电源插头 L-N 阻值

4. 测量熔丝管阻值

断开空调器电源，使用万用表电阻挡，见图 8-4，测量熔丝管阻值。

如实测阻值为 0Ω，说明熔丝管正常，应进入第 5 检修步骤。

如实测阻值为无穷大，说明熔丝管开路损坏，检查损坏原因后更换熔丝管。

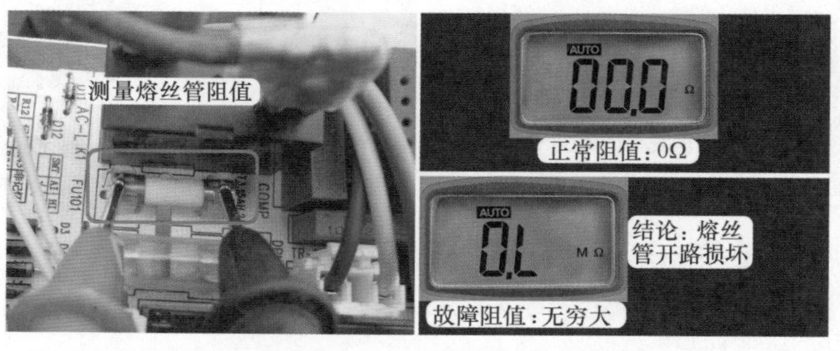

图 8-4　测量熔丝管阻值

5. 测量变压器一次绕组阻值

使用万用表电阻挡，见图 8-5，测量变压器一次绕组阻值。

如实测阻值约 500Ω，说明变压器一次绕组正常，应检查故障是否由于一次绕组插头与插座接触不良引起。

如实测阻值为无穷大，说明一次绕组开路损坏，应更换变压器。

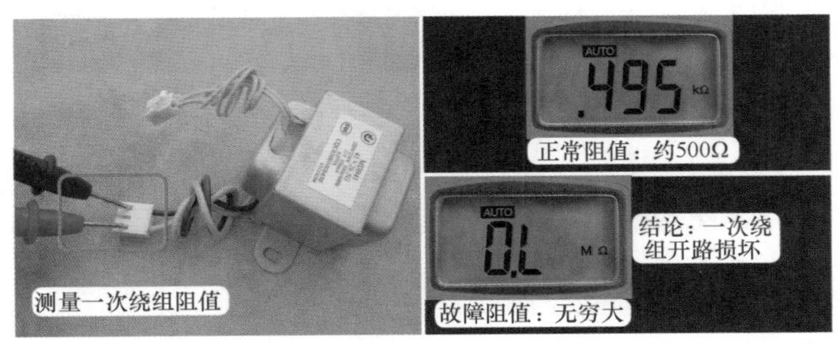

图 8-5 测量变压器一次绕组阻值

6. 测量 7805 输出端 5V 电压

将空调器通上电源，使用万用表直流电压挡，见图 8-6，黑表笔接 7805 的②脚地、红表笔接③脚输出端测量电压。

如实测电压为直流 5V，说明电源电路正常，故障可能为 CPU 死机或其他弱电电路损坏，检查故障原因或更换室内机主板试机。

如实测电压为直流 0V，说明电源电路有故障，应进入第 7 检修步骤。

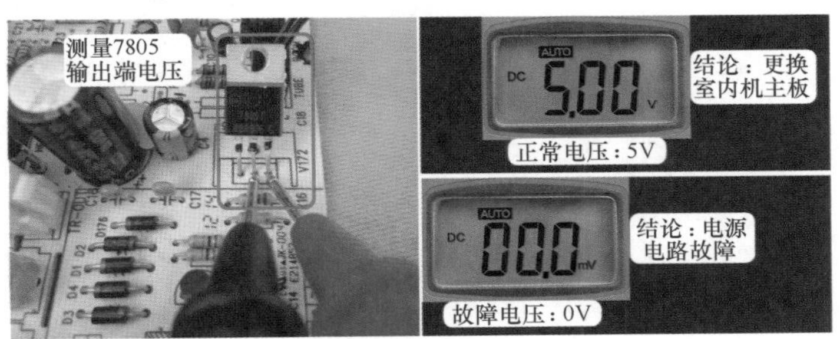

图 8-6 测量 7805 输出端电压

7. 测量 7805 输入端 12V 电压

依旧使用万用表直流电压挡，见图 8-7，黑表笔不动依旧接地、红表笔接 7805 的①脚输入端测量电压。

如实测电压约为直流 14V，排除 5V 负载短路故障后，直流 5V 电压为 0V 的原因是 7805 损坏，应更换 7805。

如实测电压为直流 0V，说明变压器二次绕组整流滤波电路有故障，应进入第 8 检修步骤。

说明：本机未使用 7812 稳压块，因此实测 7805 输入端电压随电源 220V 变化而变化，如果设有 7812 稳压块，则 7805 输入端电压为稳定的直流 12V。

8. 测量变压器二次绕组插座电压

使用万用表交流电压挡，见图 8-8，测量变压器二次绕组插座电压。

如实测电压约为交流 12V，说明整流滤波电路有故障，排除直流 12V 负载短路故障后，为整流二极管或滤波电容损坏，可更换元件或室内机主板。

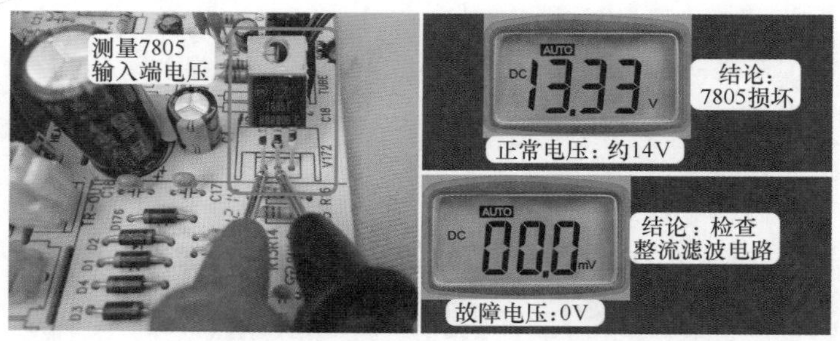

图 8-7 测量 7805 输入端电压

如实测电压为交流 0V，排除整流二极管短路故障后，应进入第 9 检修步骤。

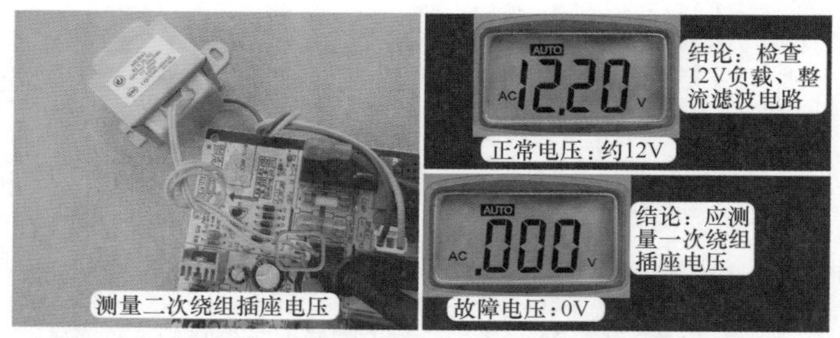

图 8-8 测量变压器二次绕组插座电压

9. 测量变压器一次绕组插座电压

使用万用表交流电压挡，见图 8-9，测量一次绕组插座电压，实测电压应为交流 220V（前提是电源电压和测量插头 L-N 阻值均正常），则说明变压器损坏，应更换变压器。

如果实测电压为交流 0V，说明电源强电通路有故障。

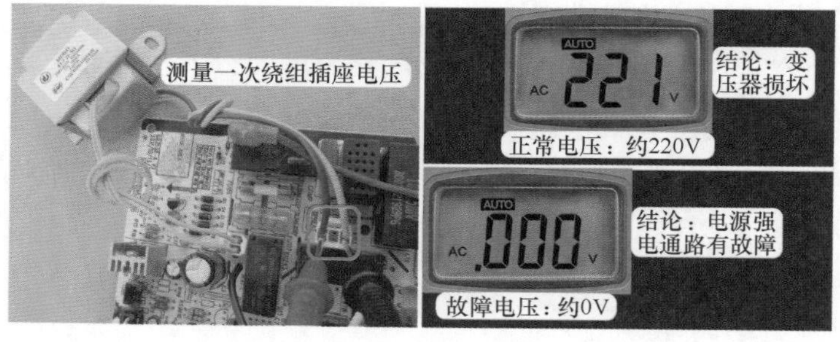

图 8-9 测量变压器一次绕组插座电压

二、不接收遥控器信号故障

1. 按压“应急开关”按键试机

见图 8-10 左图，掀开室内机前面板（进风格栅），使用万用表表笔按压应急开关按键，蜂鸣器响一声后导风板打开，空调器制冷正常，说明室内机主板基本工作正常，故障在接收器电路或空调器附近有干扰源，应进入第 2 检修步骤。

2. 检查干扰源

见图8-10右图，检查房间内有无干扰源（如日光灯、红外线、护眼灯等），如有则排除干扰源，如果房间内无干扰源则检查遥控器，应进入第3检修步骤。

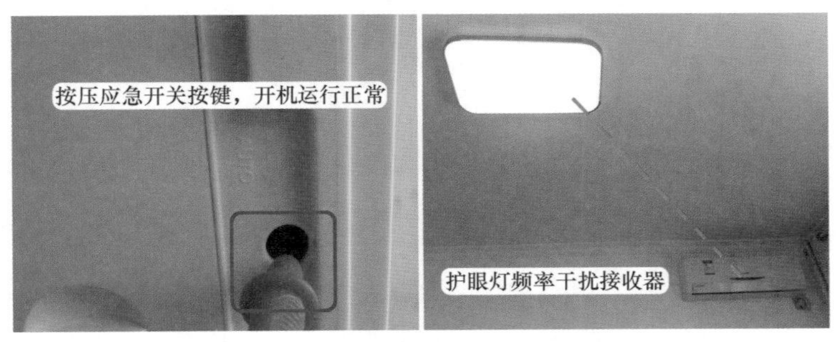

图 8-10 按压应急开关按键和检查干扰源

3. 检查遥控器

首先使用手机的摄像功能检查遥控器，见图3-8，在按压按键时，如果在手机屏幕上能看到遥控器的发射二极管发光，说明遥控器正常，应进入第4检修步骤；如果在手机屏幕上查看遥控器的发射二极管一直不发光，说明遥控器损坏，应更换遥控器。

4. 检查接收器

接收器在接收到遥控器信号（动态）时，信号引脚（输出端）由静态电压会瞬间下降至约直流3V，然后再迅速上升至静态电压。遥控器发射信号时间约1s，接收器接收到遥控器信号时输出端电压也有约1s的时间瞬间下降。

使用万用表直流电压挡，见图3-12，动态测量接收器信号引脚电压，黑表笔接地引脚（GND）、红表笔接信号引脚（OUT），检测的前提是电源引脚（5V）电压正常。

实测电压符合图3-12的电压跳变过程，说明接收器正常，故障为主板接收器电路损坏或显示板和主板连接插座接触不良，如检查连接插座接触良好，应更换室内机主板。

实测电压不符合图3-12的电压跳变过程，说明接收器损坏，应更换接收器，按照第5检修步骤进行更换或第6检修步骤进行代换。

5. 接收器常见故障和代换方法

（1）常见故障维修方法

出现不能接收遥控器信号故障，在维修中占到很大比例，为空调器通病，故障一般使用3年左右出现，原因为某些型号的接收器使用铁皮固定，见图8-11左图，并且引脚较长，天气潮湿时，接收器受潮，3个引脚发生氧化锈蚀，使接收导电能力变差，导致不能接收遥控器信号故障。

实际上门维修时，如果用螺钉旋具（俗称螺丝刀）把轻轻敲击接收器表面或用烙铁加热接收器引脚，均能使故障暂时排除，但不久还会再次出现相同故障，根本解决方法是更换接收器，并且在引脚上面涂上一层绝缘胶，使引脚不与空气接触，见图8-11右图，目前新出厂空调器的接收器引脚已涂上绝缘胶。

（2）更换原装接收器

如果接收器损坏，直接更换相同型号的接收器即可；如果没有相同型号的接收器，需要使用市售的接收器更换，方法如下。

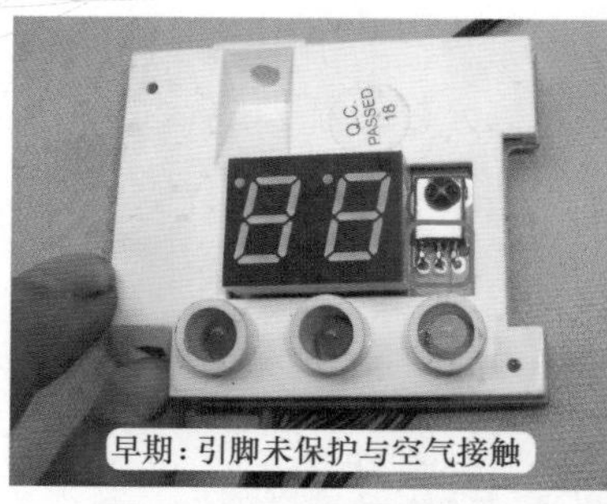

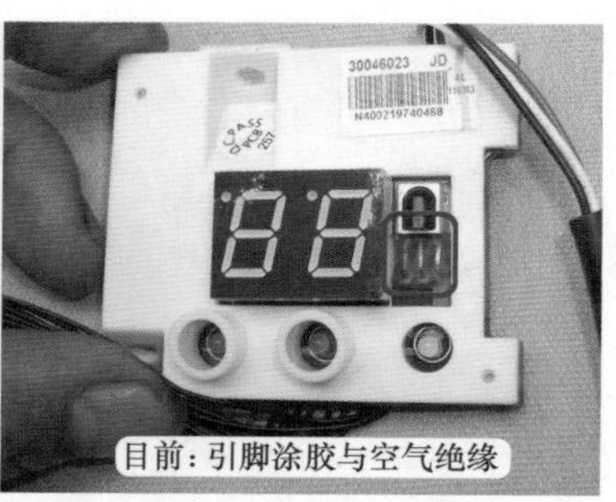

图 8-11 常见故障原因

见图 8-12 左图，格力早期空调器如 KFR-26GW/A103 Ad 型（蜂蜜）系列空调器，显示板组件上接收器引脚设有 2 组插孔，以对应不同型号的接收器。

见图 8-12 中图，上方插孔功能顺序依次为：信号、地、电源，对应安装型号为 38B 或市售 1838 的接收器。

见图 8-12 右图，下方插孔功能顺序依次为：信号、电源、地，对应安装型号为 38S 的接收器。

图 8-12 显示板组件上 2 组接收器引脚插孔

6. 代换市售接收器方法

38B 和 38S 接收器的作用都是将遥控器信号处理后送至 CPU，在实际维修过程中，如果检查接收器损坏而无相同配件更换时，可以使用另外的型号代换，2 种接收器功能引脚顺序不同，在代换时要更改顺序，方法如下。

① 使用 38S 接收器的显示板组件用 1838 代换：将 1838 接收器引脚掰弯，按功能顺序焊入显示板组件，代换过程见图 8-13，注意不要将引脚相连导致短路故障。

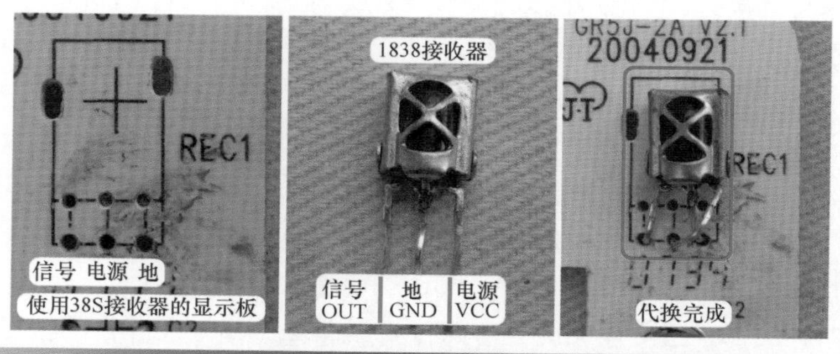

图 8-13 使用 38S 接收器的显示板组件用 1838 代换

② 使用 38B 接收器的显示板组件用 0038 代换：将 0038 接收器引脚掰弯，按功能顺序焊入显示板组件，代换过程见图 8-14，注意不要将引脚相连导致短路故障。

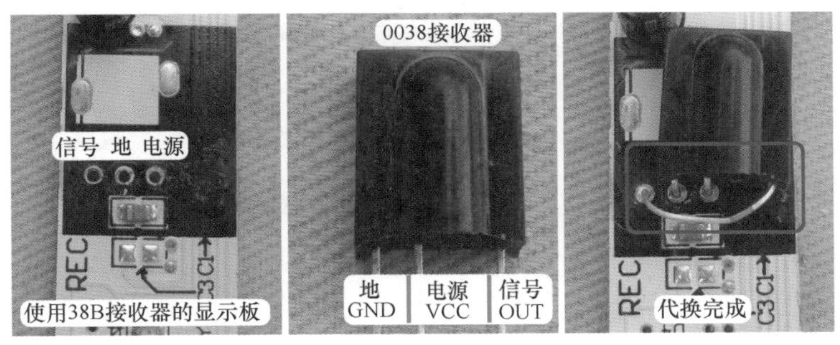

图 8-14　使用 38B 接收器的显示板组件用 0038 代换

三、制冷开机，室内风机不运行故障

1. 待机状态拨动贯流风扇

将手从出风口伸入，拨动室内风扇（贯流风扇），见图 8-15，检查贯流风扇是否被卡住或阻力过大。

正常：转动灵活无阻力，说明贯流风扇未被卡住且室内风机轴承正常，应进入第 2 检修步骤。

故障：转不动即卡死，找出卡住贯流风扇的原因并排除。如果转动时不灵活有明显的阻力，说明室内风机轴承缺油使得阻力过大，导致室内风机启动不起来，应更换轴承或室内风机。

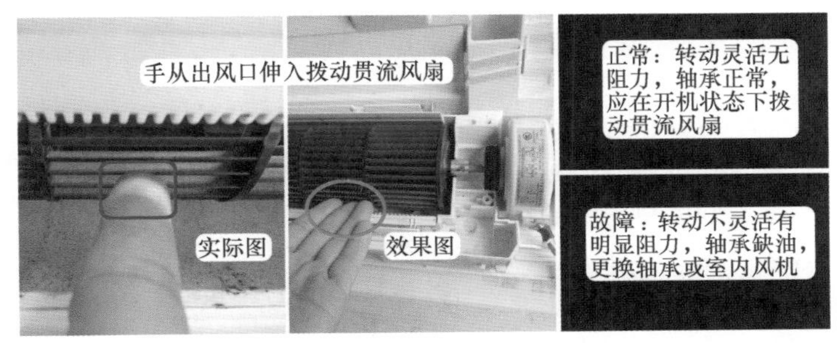

图 8-15　待机状态拨动贯流风扇

2. 开机状态下拨动贯流风扇

使用遥控器制冷模式开机，见图 8-16，将手从出风口伸入，并拨动贯流风扇，观察贯流风扇的状态。

如果拨动贯流风扇后，室内风机驱动贯流风扇运行，说明室内风机由于启动力矩小导致启动不起来，常见原因为室内风机电容容量小或无容量、室内风机线圈中启动绕组开路，此时应更换室内风机电容或室内机主板试机（室内风机电容安装在室内机主板）。

如果拨动贯流风扇后，室内风机依旧不能驱动贯流风扇运行，常见原因为室内风机线圈中运行绕组开路或室内机主板未输出供电电压，应进入第 3 检修步骤。

图 8-16　开机状态拨动贯流风扇

3. 测量室内风机线圈阻值

拔下室内风机的线圈供电插头，使用万用表电阻挡，见图 8-17，分三次测量 3 根引线的阻值。

如果实测阻值符合 R-S 阻值等于 C-R 阻值和 C-S 阻值之和，说明室内风机线圈阻值正常，应进入第 4 检修步骤。

如果实测阻值时三次测量中有任意一次为无穷大，即可判断室内风机线圈开路，应更换室内风机。

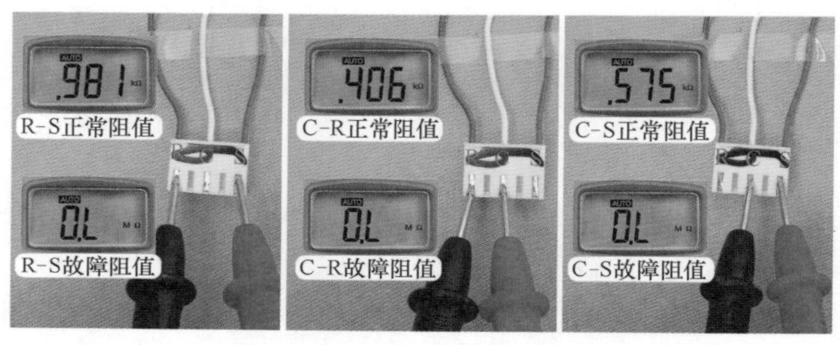

图 8-17　测量室内风机线圈阻值

4. 测量室内风机线圈电压

将室内风机线圈供电插头插入室内机主板，使用万用表交流电压挡，见图 8-18，测量室内风机公共端 C 和运行绕组 R 的引线电压。

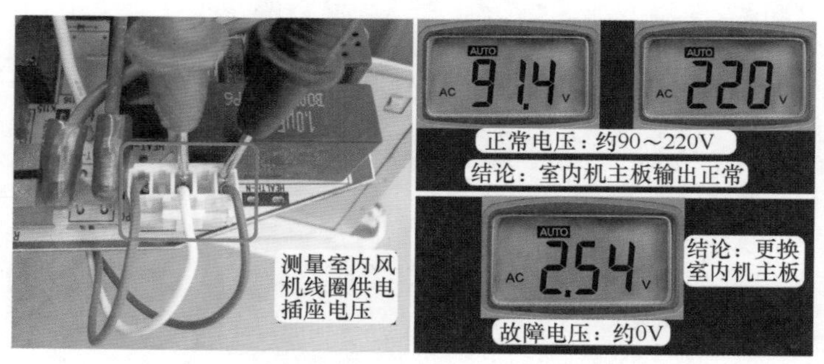

图 8-18　测量室内风机线圈供电插座电压

正常电压约为交流 90 ～ 220V，说明室内机主板输出正常，在室内风机线圈阻值正常且待机状态拨动贯流风扇无阻力的前提下，可确定为室内风机电容损坏。

故障电压约为交流 0V，说明室内机主板上风机驱动电路未输出交流电压，应更换室内风主板。

> **说明**
>
> 测量室内风机线圈供电插头的交流电压时，应当将线圈供电插头插在室内机主板插座上再测量，如果线圈供电插头未插入主板插座，测量主板插座电压为错误电压值，即无论开机状态或关机状态均为交流 220V。

四、制热开机，室内风机不运行故障

1. 转换制冷模式试机

见图 8-19，转换遥控器至制冷模式开机，从出风口查看室内风扇（贯流风扇）是否运行。

如果贯流风扇运行，说明室内风机不运行故障是由于制热防冷风限制，应当转换至制热模式，检查蒸发器温度和系统压力，进入第 2 检修步骤。

如果贯流风扇仍不运行，说明室内风机驱动电路或室内风机有故障，参照本节中“三、制冷开机，室内风机不运行故障”中步骤检修。

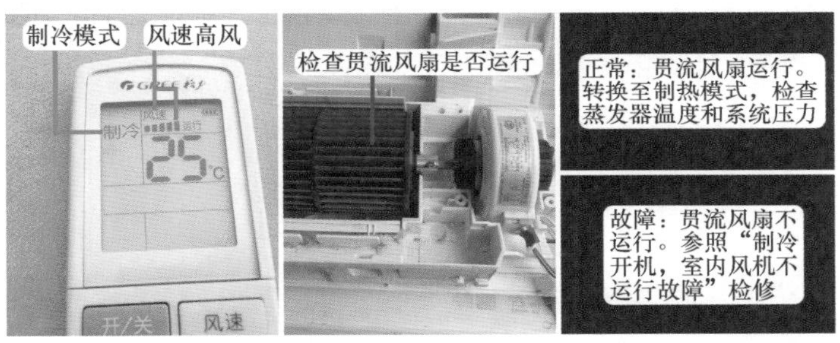

图 8-19 检查贯流风扇是否运行

2. 检查制热效果

见图 8-20，在室外机三通阀检修口接上压力表测量系统压力，运行一段时间后检查系统压力和蒸发器温度。

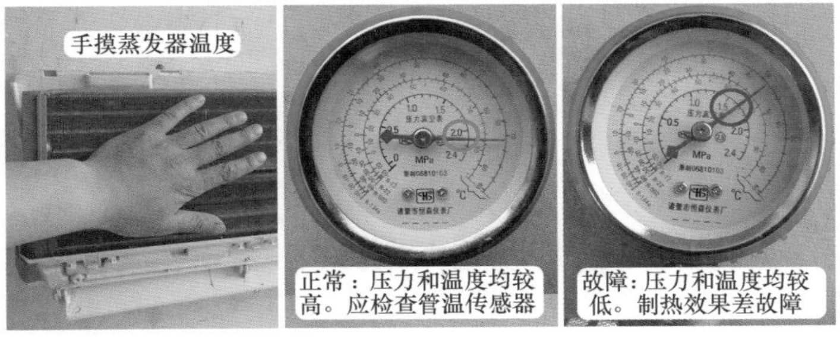

图 8-20 检查制热效果

如果实测系统压力和手摸蒸发器的温度均较高，说明空调器制热效果正常，应进入第

3 检修步骤，检查管温传感器阻值。

如果手摸蒸发器温度不热、系统压力较低，说明空调器制热效果较差，室内机主板进入正常的制热防冷风保护，控制室内风机不运行。应查明制热效果差的原因并排除，常见为系统缺少制冷剂（缺氟）。

3. 测量管温传感器阻值

拔下管温传感器的引线插头，并将探头从蒸发器的检测孔抽出，以防止蒸发器温度传递到探头，影响测量结果。使用万用表电阻挡，见图 8-21，测量管温传感器阻值。

如果实测阻值接近传感器型号测量温度的对应阻值，说明管温传感器正常，可更换室内机主板试机。

如果实测阻值大于测量温度对应的阻值，说明管温传感器阻值变大损坏，应更换管温传感器试机。

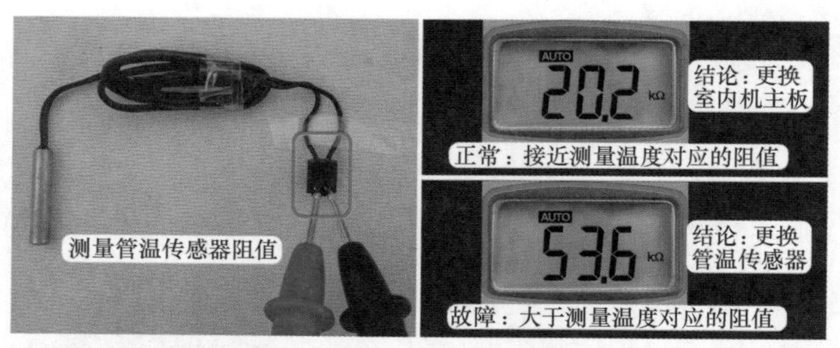

图 8-21 测量管温传感器阻值

第二节 空调器室外机检修流程

一、制冷开机，压缩机和室外风机不运行故障

1. 检查遥控器设置

见图 8-22，首先检查遥控器设置的模式和温度。

如果遥控器设定在制冷模式，并且设定温度低于房间温度，说明遥控器设置正确，应进入第 2 检修步骤。

如果遥控器设定在制热模式，或者设定温度高于房间温度，均可能导致制冷开机时压缩机和室外风机不运行的故障，应重新设置遥控器。

2. 测量室外机接线端子上压缩机和室外风机电压

遥控器开机后，使用万用表交流电压挡，见图 8-23，测量室外机接线端子上压缩机电压（N 与压缩机引线）和室外风机电压（N 与室外风机引线）。

如果实测电压为交流 220V，说明室内机主板已输出电压至室外机接线端子，应检查压缩机线圈阻值和室外风机线圈阻值。

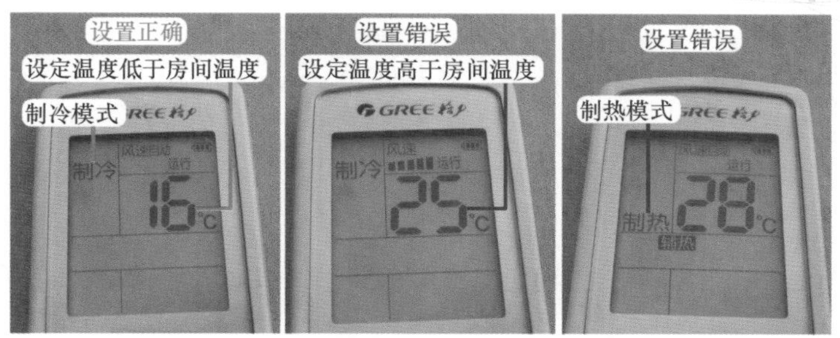

图 8-22 检查遥控器设置

如果实测电压为交流 0V，说明室内机主板未输出电压或室内外机连接线有故障，应进入第 3 检修步骤。

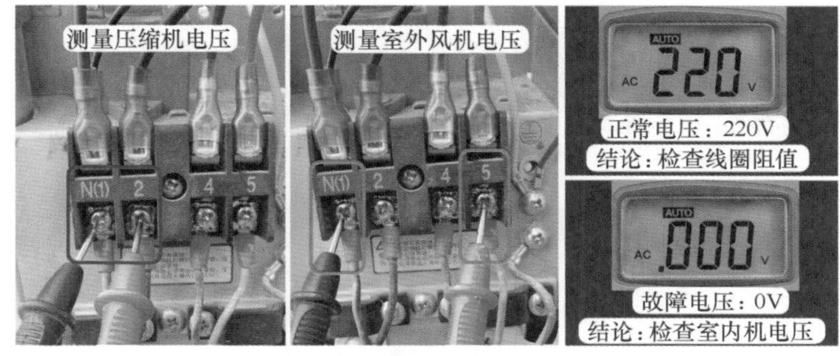

图 8-23 测量室外机接线端子上压缩机和室外风机电压

3. 测量室内机接线端子上压缩机和室外风机电压

取下室内机外壳，使用万用表交流电压挡，见图 8-24，一表笔接室内机主板上 N 端蓝线，另一表笔分别接压缩机引线和室外风机引线测量电压。

如果实测电压均为交流 220V，说明室内机主板已输出电压，故障为室内外机连接线断路或室内外机接线错误，查明故障原因并排除。

如果实测电压均为交流 0V，说明室内机主板未输出电压，应进入第 4 检修步骤，即测量环温和管温传感器阻值。

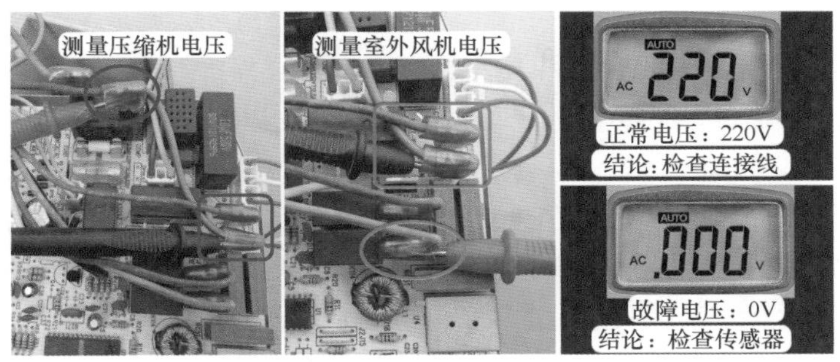

图 8-24 测量室内机接线端子上压缩机和室外风机电压

4. 测量环温和管温传感器阻值

取下环温和管温传感器的引线插头，见图 8-25，使用万用表电阻挡测量阻值。

如果实测环温和管温传感器的阻值均接近测量温度对应的阻值，说明环温和管温传感器均正常，应当更换室内机主板试机。

如果实测环温传感器阻值变大、变小、阻值接近0Ω、阻值接近无穷大，说明环温传感器损坏，应更换环温传感器。

如果实测管温传感器阻值变大、变小、阻值接近0Ω、阻值接近无穷大，说明管温传感器损坏，应更换管温传感器。

说明：示例为格力空调器，环温传感器型号为25℃ /15kΩ，管温传感器型号为25℃ /20kΩ。

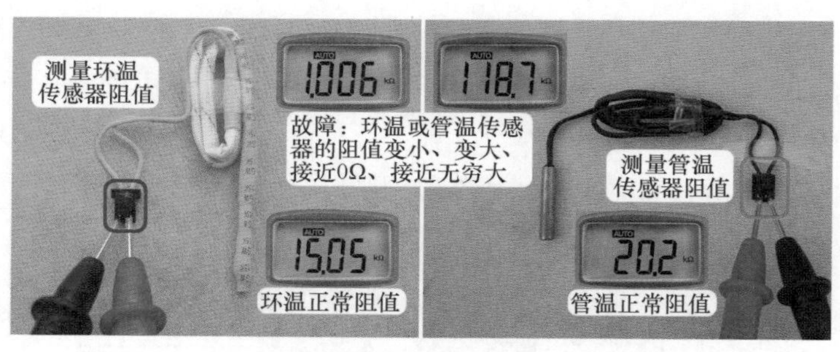

图 8-25 测量环温和管温传感器阻值

二、室外风机运行、压缩机不运行故障

压缩机电路在实际维修中故障所占比例较高，本小节以格力 KFR-72LW/NhBa-3 空调器为例，介绍单相供电压缩机不运行的检修方法，电路工作原理见第六章第四节第二部分“单相 3P 空调器压缩机电路”。

1. 测量室外机接线端子电压和压缩机电流

（1）测量室外机接线端子电压

3P 单相空调器压缩机供电由室内机接线端子电源处直接提供（不经过室内机主板），因此在检修压缩机不运行故障时应首先测量此电压，见图 8-26，测量时使用万用表交流电压挡，表笔接室外机接线端子，本机为 N（1）端子和 2 端子。

正常电压为交流 220V，说明室内机电源供电已送至室外机，应测量压缩机电流。

故障电压为交流 0V，说明室内机电源供电未送至室外机，应检查室内外机电源连接线即较粗的一束引线，是否中间接头断开或端子处螺钉未紧固导致松动等。

说明：本机共设有 3 束连接线，最粗的一束共 3 根引线为电源连接线，由室内机接线端子输出，为室外机提供电源电压；4 根的一束为负载连接线，使用方形对接插头，由室内机主板输出，控制室外机负载；最细的一束共 2 根引线为传感器连接线，使用扁形对接插头，将室外管温传感器连接至室内机主板。

（2）测量压缩机电流

电源连接线中蓝线接 N（1）端子，为室外机的 3 个负载提供零线，棕线接 2 号端子，只为压缩机提供相线，而室外风机和四通阀线圈相线由室内机主板提供，所以测量电流时测量蓝线为室外机电流、测量棕线为压缩机电流；见图 8-27，使用万用表交流电流挡，钳头夹住 2 号端子棕线，测量压缩机电流。

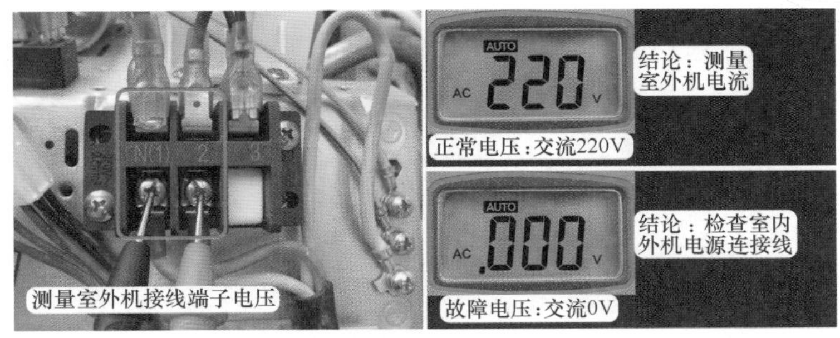

图 8-26 测量室外机接线端子电压

如实测电流为 0A，说明压缩机未通电运行，应测量交流接触器（交接）输出端触点电压，进入第 2 检修步骤。

如实测电流较大超过 40A，说明压缩机启动不起来，应代换压缩机电容，进入第 4 检修步骤。

如实测电流约为 6A，故障为压缩机窜气或系统无制冷剂引起不制冷故障，不在本小节叙述范围。

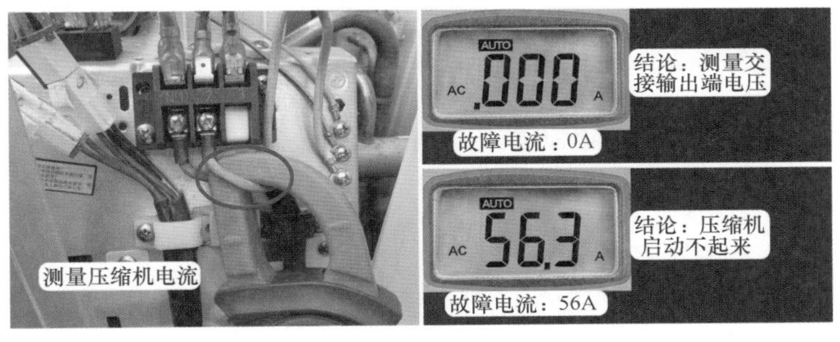

图 8-27 测量压缩机电流

2. 室外机故障检修流程

（1）测量交流接触器输出端触点电压

交流接触器共设有 4 个端子，前后 2 个端子为主触点，左右 2 个端子为线圈；前端触点为输入端，接室外机接线端子 2 号棕线，后端触点为输出端，接压缩机线圈公共端红线；线圈供电电压为交流 220V，2 个端子中蓝线为零线，由室外机接线端子的 N（1）端子提供，黑线为相线，由室内机主板 COMP 压缩机端子提供。

测量交流接触器输出端触点电压，使用万用表交流电压挡，见图 8-28，黑表笔接蓝线即零线 N 端、红表笔接输出端压缩机红线。

正常电压为交流 220V，说明交流接触器触点已正常闭合导通，已为压缩机线圈提供电压，应测量线圈阻值，进入第 5 检修流程。

故障电压为交流 0V，说明触点未导通，不能为压缩机线圈提供电源，应测量交流接触器线圈电压，进入下一检修流程。

（2）测量交流接触器线圈电压

测量交流接触器线圈电压时，见图 8-29，依旧使用万用表交流电压挡，表笔接线圈的 2 个端子即蓝线（零线）和黑线（相线）。

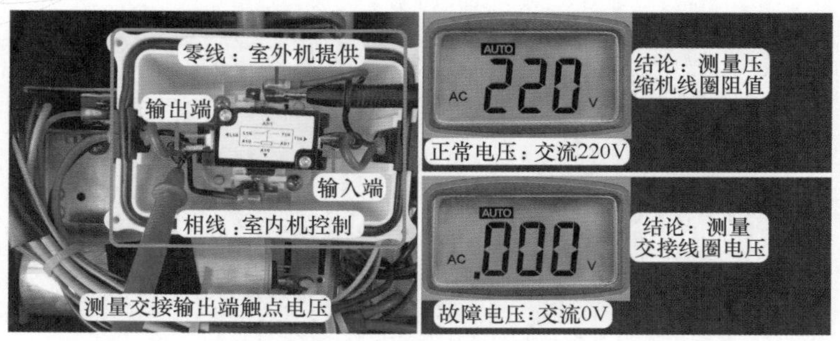

图 8-28　测量交流接触器输出端触点电压

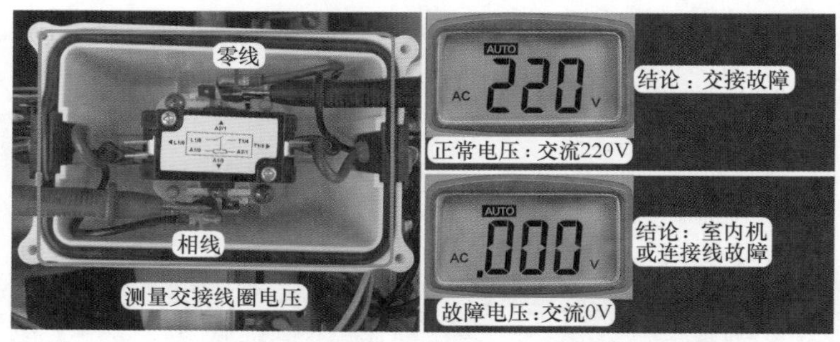

图 8-29　测量交流接触器线圈电压

正常电压为交流 220V，说明室内机主板已输出供电，故障在交流接触器，应测量线圈阻值以区分损坏部位，进入下一检修流程。

故障电压为交流 0V，说明室内机主板未输出供电，故障在室内机主板或室内外机负载连接线，进入第 3 检修步骤。

（3）测量交流接触器线圈阻值

断开空调器电源，拔下交流接触器线圈的 2 个端子上引线或只拔下一根引线（此处拔下蓝线），见图 8-30，使用万用表电阻挡测量线圈阻值。

正常阻值约 1.3kΩ，说明主触点锈蚀，即线圈通电时吸引动铁芯向下移动，但动触点和静触点不能闭合，输入端相线电压不能提供至压缩机线圈，此时应更换交流接触器。

故障阻值为无穷大，说明线圈开路损坏，此时应更换交流接触器。

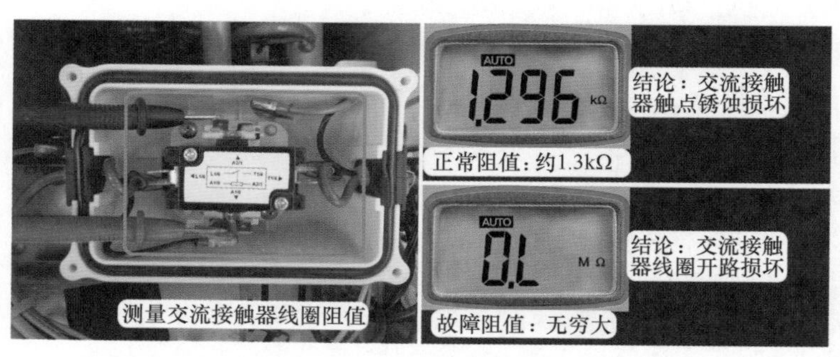

图 8-30　测量交流接触器线圈阻值

3. 室内机故障检修流程

（1）测量主板压缩机端子电压

当测量室外机交流接触器线圈无交流 220V 电压，应在室内机测量主板压缩机端子电压，见图 8-31，使用万用表交流电压挡，黑表笔接零线 N、红表笔接 COMP（压缩机）端子。

正常电压为交流 220V，说明室内机主板输出电压正常，故障在室内外机负载连接线，应检查引线是否断路等。

故障电压为交流 0V，说明室内机主板未输出电压，故障在室内机主板，应更换室内机主板；或检查出主板的故障元件，进入下一检修流程。

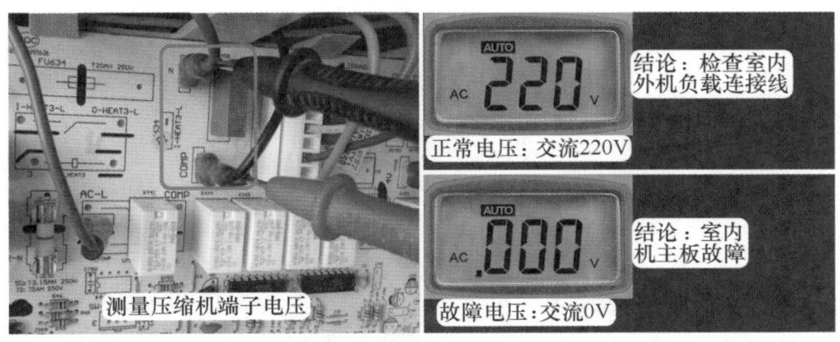

图 8-31 测量主板压缩机端子电压

（2）测量继电器线圈电压

COMP 端子电压由继电器触点提供，因此应首先检查继电器线圈是否得到供电，查看本机继电器线圈并联有续流二极管 D441，见图 8-32，测量时使用万用表直流电压挡，红表笔接二极管正极、黑表笔接负极。

正常电压约为直流 11.3V，说明 CPU 已输出电压且反相驱动器 U2 已反相输出，故障在继电器，可能为线圈开路或触点锈蚀，应更换继电器。

故障电压为直流 0V，说明 COMP 端子未输出交流电压的原因是继电器线圈没有供电，应测量反相驱动器输入端电压，进入下一检修流程。

说明

如果继电器线圈未设计续流二极管，测量时可将黑表笔接直流地、红表笔接反相驱动器输出端引脚，反相驱动器正常时电压为低电平约 0.8V。

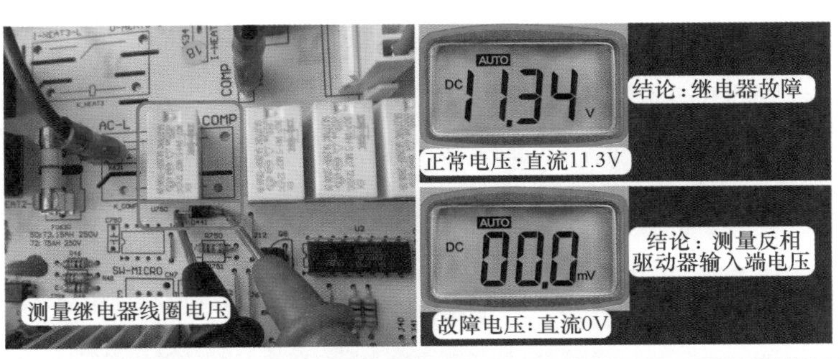

图 8-32 测量继电器线圈电压

（3）测量反相驱动器输入端电压

测量时依旧使用万用表直流电压挡，见图 8-33，黑表笔接地（实接反相驱动器 U2 的⑧脚）、红表笔接 U2 输入侧④脚。

正常电压约为直流 3.3V，说明 CPU 已输出供电，继电器线圈没有供电的原因为反相驱动器故障，应更换反相驱动器 2003。

故障电压为直流 0V，说明 CPU 未输出供电或限流电阻损坏，应测量 CPU 输出电压，进入下一检修流程。

说明

黑表笔接地时可搭在 7805 散热片铁壳上面，其表面接直流地，本处接 U2 的⑧脚地是为了图片清晰。

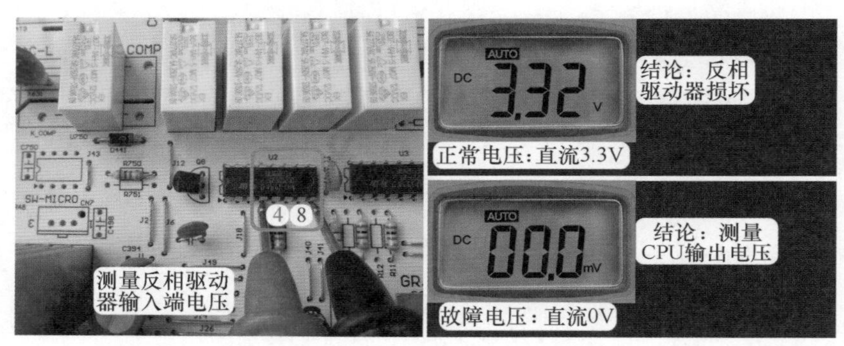

图 8-33　测量反相驱动器输入端电压

（4）测量 CPU 输出电压

使用万用表直流电压挡，见图 8-34，黑表笔接地、红表笔接限流电阻 R5 上端相当于接 CPU（35）脚。

正常电压约为直流 5V，说明 CPU 已输出电压，故障为电阻 R5 开路损坏，可更换电阻或主板试机。

故障电压为直流 0V，说明 CPU 未输出电压，故障为 CPU 损坏，可更换主板试机。

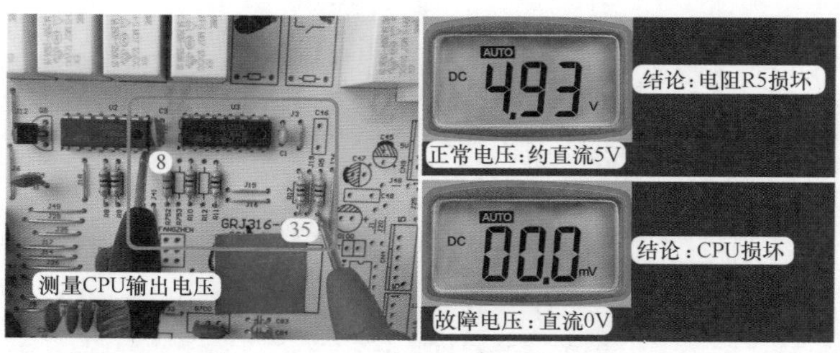

图 8-34　测量 CPU 输出电压

4. 代换压缩机电容

在室外机电压为交流 220V，同时测量压缩机电流超过 40A 时（已排除电压低故障），说明压缩机启动不起来，常见原因为电容损坏，见图 8-35，应使用相同标注容量的电容代换试机。

代换后压缩机可正常启动，实测电流为正常约 12A 时，说明压缩机电容无容量或容量减小故障，应更换压缩机电容。

代换后压缩机仍启动不起来，同时实测电流超过 40A，说明压缩机卡缸损坏即内部机械部分锈在一起，可增大压缩机电容容量试机，如仍不能启动，应更换压缩机。

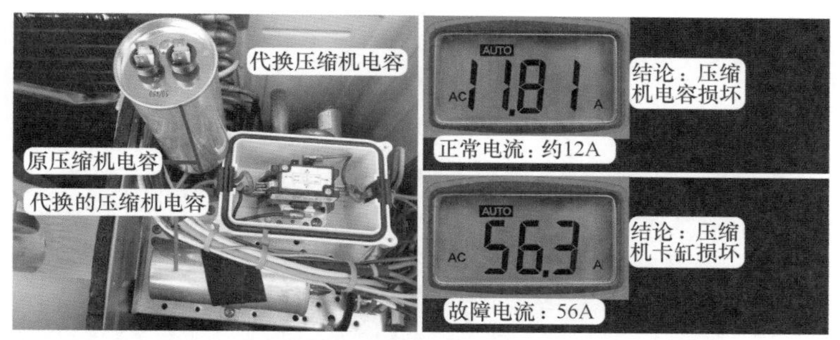

图 8-35 代换压缩机电容

5. 压缩机线圈阻值检修流程

在测量交流接触器输出端触点电压正常而实测压缩机电流为 0A 时，应测量压缩机线圈阻值，其共有 3 根引线：公共端红线 C 接交流接触器输出端触点、运行绕组蓝线 R 接电容和 N 端、启动绕组黄线 S 接电容。

（1）测量压缩机连接线阻值

测量阻值时使用万用表电阻挡，见图 8-36，断开空调器电源后测量 3 根引线阻值，由于压缩机内部的热保护器串接在公共端，应首先测量 C-R、C-S 阻值，本机 C-R 阻值 1.6Ω、C-S 阻值 2.6Ω、R-S 阻值 4.1Ω。

如果实测 C-R、C-S 阻值为无穷大，应手摸压缩机外壳温度，进入下一检修流程。

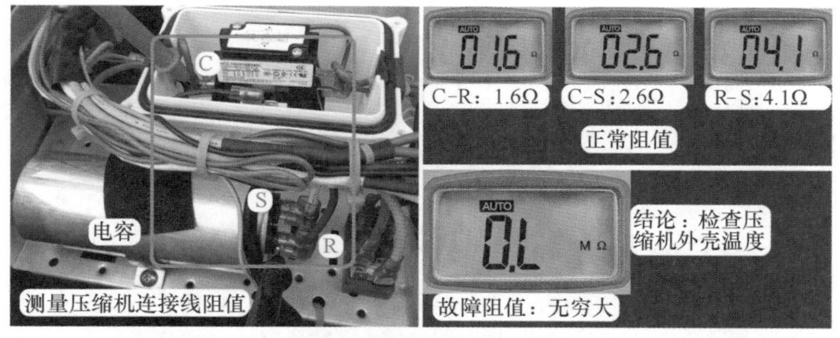

图 8-36 测量压缩机连接线阻值

（2）手摸压缩机外壳温度

压缩机内部设有热保护器，通常压缩机内部温度超过 155℃以上时，热保护器触点断开，相当于断开公共端引线，压缩机线圈停止供电，因此在测量 C-R、C-S 阻值为无穷大时，见图 8-37，应用手摸压缩机外壳感觉温度，注意应避免温度过高将手烫伤。

感觉温度为常温或较热：排除压缩机内部热保护器触点断开原因，应检查连接线和测量接线端子阻值，进入下一检修流程。

感觉温度很高并烫手：多出现在检修前已将空调器运行一段时间，此时可使用凉水为压缩机外壳降温，待温度下降后测量 C-R、C-S 阻值恢复正常后，再次开启空调器，根据故障现象进行有目的的检修。

说明

感觉压缩机外壳温度时，用手摸顶盖即可，本处为使图片表达清楚，才取下压缩机保温棉、手摸压缩机外壳中部位置。

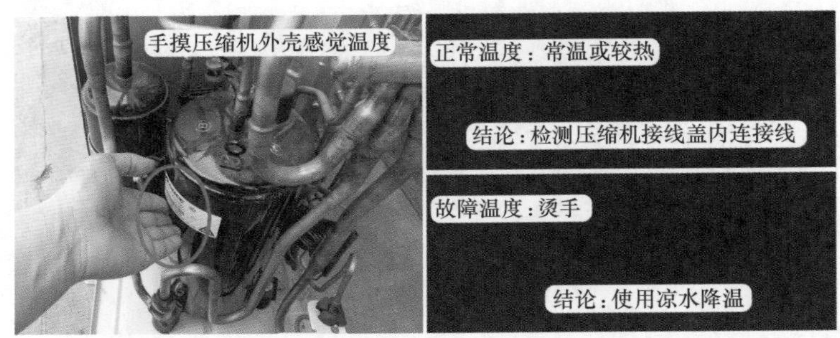

图 8-37 手摸压缩机外壳温度

（3）查看连接线和接线端子

压缩机工作时由于温度较高并且电流较大，其位于接线盖的连接线或接线端子容易烧断，测量 C-R、C-S、R-S 阻值为无穷大时，在判断压缩机损坏前应取下接线盖，查看连接线和接线端子状况。

查看连接线和接线端子正常：见图 8-38 左图，应测量接线端子阻值，进入下一检修流程。

查看连接线插头或接线端子烧断：见图 8-38 右图，应更换连接线或修复接线端子，再次使用万用表电阻挡测量电控盒内压缩机引线阻值，待正常后再次上电试机。

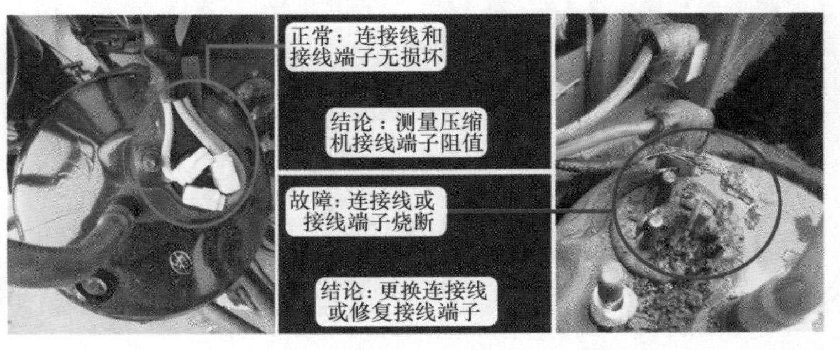

图 8-38 查看压缩机连接线和接线端子

（4）测量接线端子阻值

拔下压缩机连接线插头，使用万用表电阻挡，见图 8-39，测量接线端子阻值，分 3 次即 C-R、C-S、R-S。

3 次阻值均正常：说明连接线中连接压缩机接线端子的一侧或电控盒中连接电容的一侧插头有虚插引起的接触不良故障，应使用钳子夹紧插头，再安装至接线端子或电容、交流接触器输出端触点等，再次测量阻值并上电试机。

3 次阻值中有 1 次或 2 次或 3 次无穷大故障：说明压缩机线圈开路损坏，应更换压缩机。

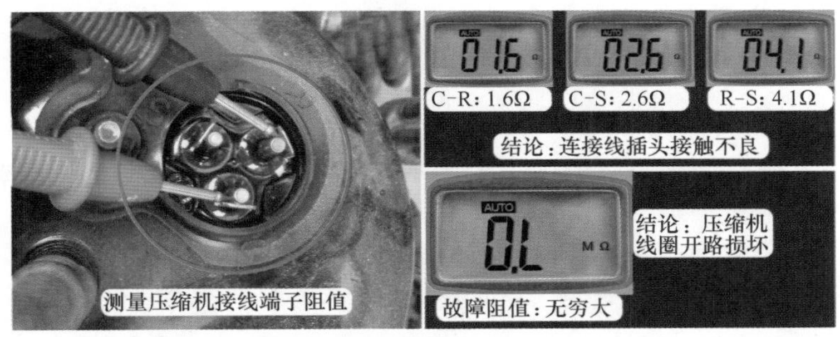

图 8-39 测量压缩机接线端子阻值

三、室外风机转速慢故障

1. 拨动室外风扇

见图 8-40，在待机状态下用手拨动室外风扇，检查是否阻力过大。

正常：转动灵活无阻力，说明室外风扇未被卡住且室外风机内轴承正常，应进入第 2 检修步骤。

故障：如果转动时不灵活有明显的阻力，说明室外风机轴承缺油使得阻力过大，导致室外风机转速慢，应更换轴承或室外风机。

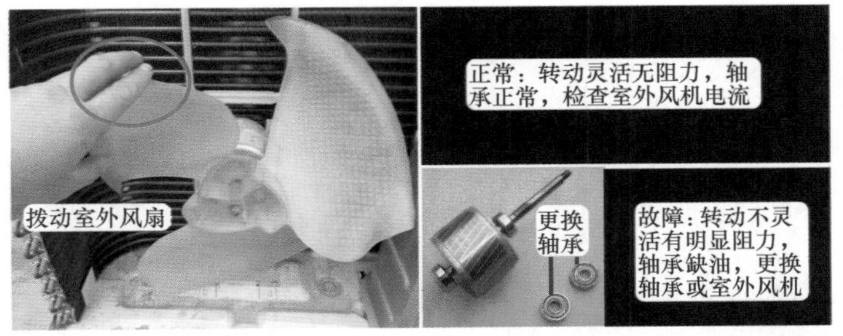

图 8-40 拨动室外风扇

2. 测量室外风机电流

遥控器开机，使用万用表交流电压挡，见图 8-41，钳头夹住室外风机引线，测量室外风机电流。

① 如果实测电流大于额定值 2 倍，通常为室外风机线圈短路，引起室外风机转速慢，可更换室外风机试机。

② 如果实测电流接近额定值，说明室外风机线圈阻值正常，再将手放在室外机出风口，如果感觉吹出的风很热但风量很小，见图 8-42，常见原因为室外风机电容容量变小，可直接代换室外风机电容试机。

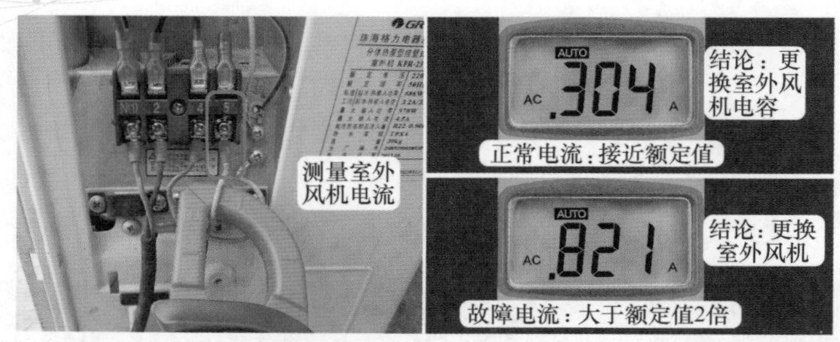

图 8-41 测量室外风机电流

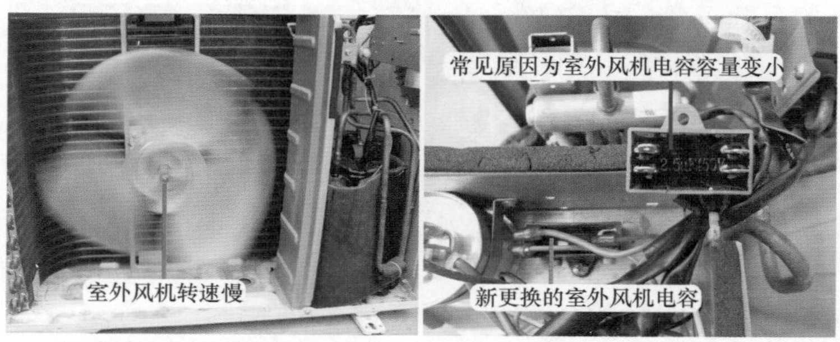

图 8-42 室外风机转速慢和代换室外风机电容

四、压缩机运行，室外风机不运行故障

1. 检查室外风扇有无被异物卡住

取下室外机顶盖或前盖，首先查看室外风扇有无被异物卡住。

见图8-43左图，查看室外风扇未被异物卡住，应进入第2检修步骤，检查室外风机电压。

见图8-43右图，查看有鸟窝卡死室外风扇或树藤缠住室外风扇，导致室外风扇卡死，维修时应清除异物，使室外风扇运转顺畅。

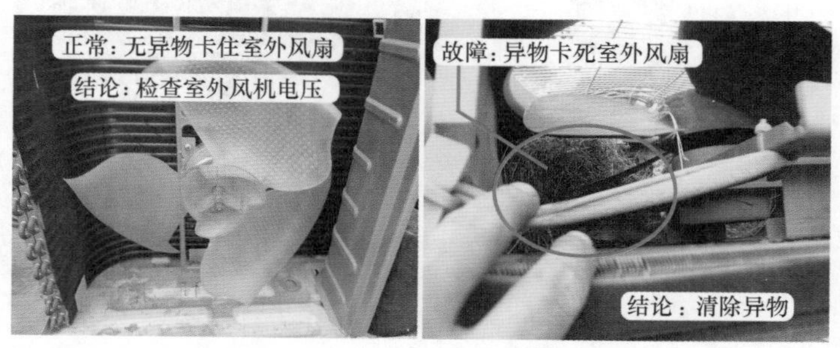

图 8-43 检查室外风扇是否被异物卡住

2. 测量室外风机电压

遥控器开机，使用万用表交流电压挡，见图8-44，一表笔接室外机接线端子N端、一表笔接室外风机引线测量电压。

如果实测电压为交流220V，说明室内机主板已输出电压至室外机，应进入第3检修步骤，测量室外风机线圈阻值。

如果实测电压为交流 0V，说明室内机主板未输出电压或输出的电压未传送至室外机，应当测量室内机主板上室外风机接线端子电压以区分故障，可参考图 8-24 和图 8-25 中检修流程。

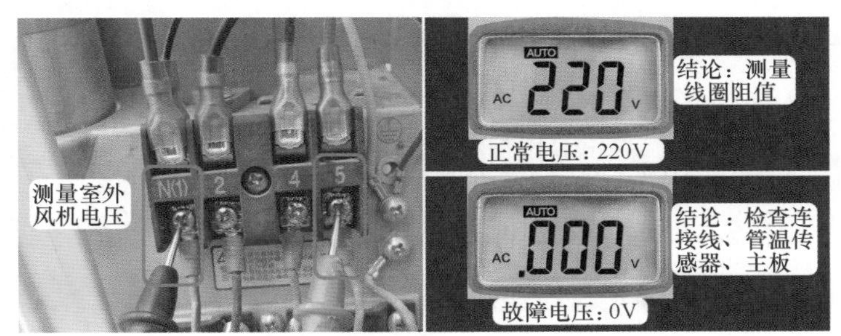

图 8-44　测量室外风机电压

3. 测量室外风机线圈阻值

断开空调器电源，拔下室外风机线圈的 3 根引线，使用万用表电阻挡，见图 8-45，分 3 次测量 3 根引线阻值。

如果实测阻值符合 RS 阻值 =CR 阻值 +CS 阻值，说明室外风机线圈阻值正常，故障可能为室外风机电容无容量损坏，应更换室外风机电容试机。

如果实测阻值时 3 次测量中有任意一次为无穷大，即可判断室外风机线圈开路，应更换室外风机。

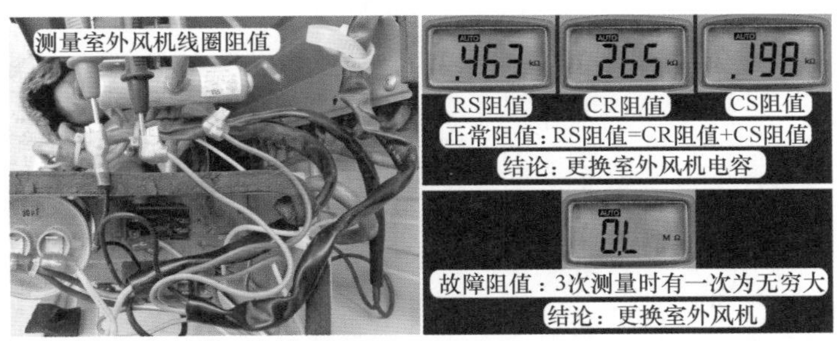

图 8-45　测量室外风机线圈阻值

五、制冷开机，运行一段时间停止向室外机供电

1. 查看遥控器设置和房间温度

见图 8-46，查看室外机停机时的房间温度以及遥控器的设定温度。

如果房间温度低于设定温度，为空调器正常停机，向用户解释说明即可。

如果房间温度高于设定温度，说明空调器有故障。应根据运行时间长短来区分故障，如果运行约 1min 便停机保护，应进入第 2 检修步骤，检查室内风机的霍尔反馈插座电压。如果运行较长的时间才停机，应进入第 3 检修步骤，根据压力和电流检查制冷效果。

2. 检查室内风机霍尔反馈插座电压

（1）检查室内风扇（贯流风扇）是否运行

遥控器制冷模式开机，从室内机出风口查看贯流风扇运行是否正常，等效示意图见图 8-47 右图。由于室内风机驱动贯流风扇，因此检查贯流风扇运行是否正常相当于检查室内风机运行是否正常。

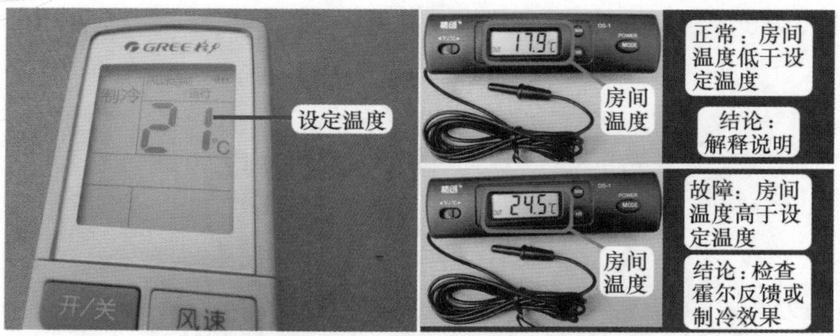

图 8-46　查看遥控器设定温度和房间温度

图 8-47　检查贯流风扇是否运行

检查贯流风扇运行正常，说明室内风机运行正常，为霍尔反馈电路故障，应进入第（2）检修步骤。

检查贯流风扇不运行，即室内风机不运行，说明室内风机驱动电路出现故障，故障可能为室内机主板光耦晶闸管损坏或室内风机线圈开路，可参见本章第一节第三部分“制冷开机，室内风机不运行故障”。

（2）测量霍尔反馈插座中反馈端电压

室内风机运行正常时，使用万用表直流电压挡，见图 8-48，黑表笔接霍尔反馈插座中地端、红表笔接反馈端测量电压。

正常电压为直流 2.5V，即供电电压 5V 的一半，说明霍尔反馈电路正常，可更换室内机主板试机。

故障电压为接近 0V 或 5V，说明霍尔反馈电路出现故障，进入第（3）检修步骤。

说明

示例机型为格力空调器，霍尔反馈插座供电电压为直流 5V。另外，由于室内机主板接收不到霍尔信号时将很快停止室内风机供电，因此测量电压前应先接好表笔再开启空调器。

（3）拨动贯流风扇测量霍尔反馈端电压

遥控器关机但不拔下空调器电源插头，室内风机停止运行，即空调器处于待机状态，见图 8-49，将手从出风口伸入，并慢慢拨动贯流风扇，相当于慢慢旋转室内风机（PG 电机）轴。

依旧使用万用表直流电压挡，见图 8-50，测量霍尔反馈端电压。

正常为0V（低电平）—5V（高电平）—0V—5V的跳变电压，说明室内风机已输出霍尔反馈信号，可更换室内机主板试机。

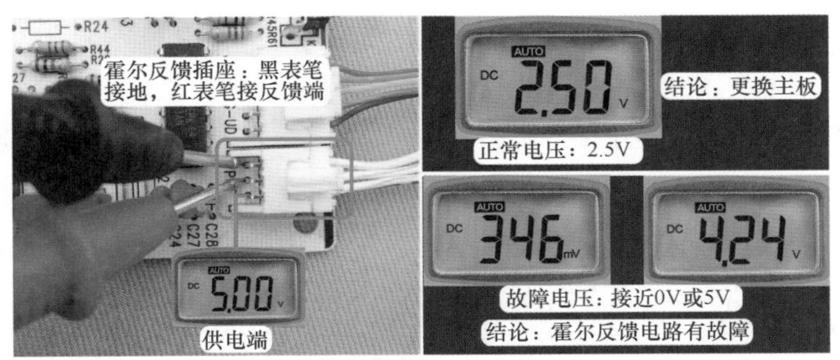

图 8-48 测量霍尔反馈插座反馈端电压

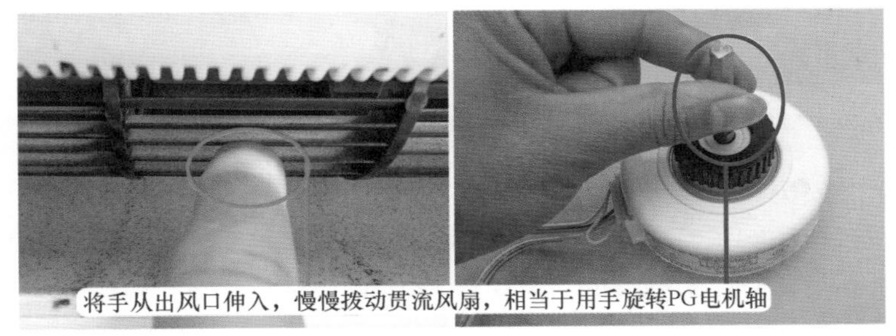

图 8-49 拨动贯流风扇

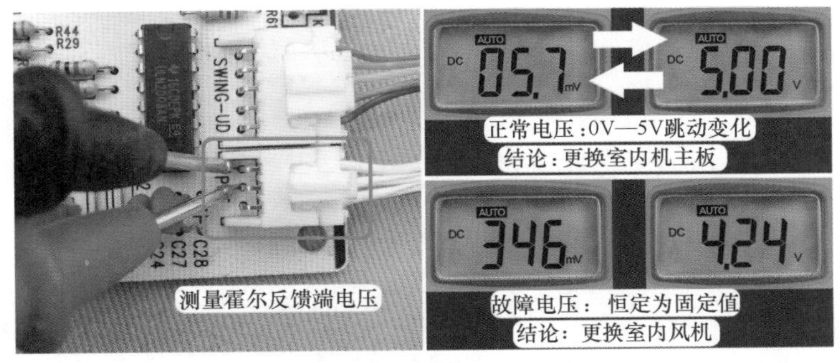

图 8-50 动态测量霍尔反馈插座反馈端电压

如果实测电压一直为低电平或高电平，即拨动贯流风扇时恒为某个电压值不为跳变电压，初步说明室内风机未输出霍尔反馈信号，即室内风机损坏，可更换室内风机试机，但如果需要进一步区分故障部位，可进入第（4）检修步骤。

（4）取出室内风机霍尔反馈插头中反馈引线测量电压

见图 8-51，取出室内风机霍尔反馈插头中反馈引线，黑表笔不动依旧接霍尔反馈插座中地端、红表笔接反馈引线，用手在慢慢拨动贯流风扇时测量电压。

如果实测依旧为0V—5V—0V—5V的跳变电压，可确定室内风机正常，应更换室内机主板。

如果实测电压依旧一直为高电平或低电平，可确定室内风机未输出霍尔反馈信号，应更换室内风机。

◦ **说明**

取出霍尔反馈引线测量电压，可排除因室内机主板霍尔反馈电路元件短路引起的跳变电压不正常而引起的误判。

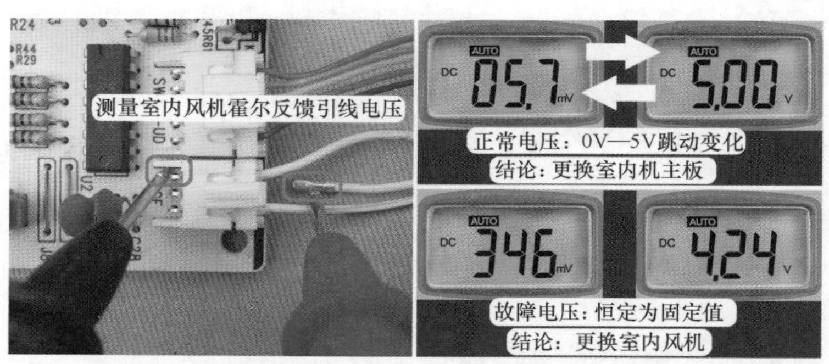

图 8-51 测量室内风机霍尔反馈引线电压

3. 检查制冷效果

见图 8-52，在三通阀检修口接上压力表测量系统压力，使用万用表交流电流挡测量压缩机电流，将温度表探头放在室内机出风口检测出风口温度，综合判断空调器的制冷效果。

如果运行时系统压力为 0.45MPa、电流接近额定值、室内机出风口温度较低，说明空调器制冷效果正常，应进入第 4 检修步骤，检查环温和管温传感器。

如果运行时系统压力和电流与额定值相差较大、室内机出风口温度较高，说明空调器制冷效果差，室内机主板进入“缺氟保护”或类似的保护程序，导致运行一段时间后室外机停机，应检查制冷效果差的故障原因并排除。

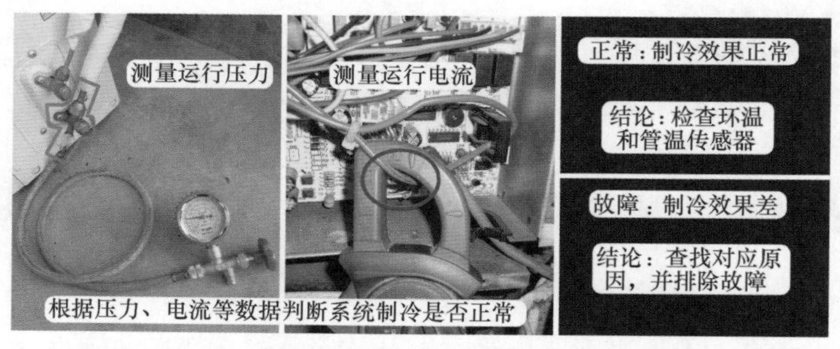

图 8-52 测量系统运行压力和电流

4. 测量环温和管温传感器阻值

见图 8-25，使用万用表电阻挡测量环温和管温传感器阻值，如均正常则更换室内机主板试机，如检查环温传感器或管温传感器损坏，则更换损坏的传感器。

六、不制热或制热效果差、压缩机和室外风机均运行

1. 检查遥控器设置

见图 8-53，检查遥控器设定的模式和温度。

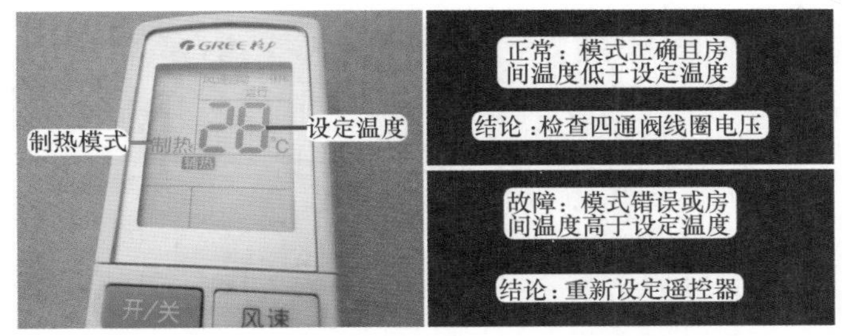

图 8-53　检查遥控器设置

如果遥控器设定在制热模式，并且设定温度高于房间温度，说明遥控器设置正确，进入第 2 检修步骤。

如果遥控器设定在制冷模式，或者房间温度高于设定温度，均可能导致空调器不制热的故障，应重新设置遥控器。

2. 手摸三通阀和二通阀温度

用手摸三通阀和二通阀，见图 8-54，以温度区分故障，通常有三种结果。

如果三通阀和二通阀均较热，说明空调器制热效果正常，故障可能为室内机过滤网脏堵，应清洗过滤网。

如果手摸三通阀烫手、二通阀为常温，通常为制热效果差，常见原因为系统缺氟。

如果手摸三通阀和二通阀均冰凉，说明系统工作在制冷状态，应进入第 3 检修步骤，测量四通阀线圈电压。

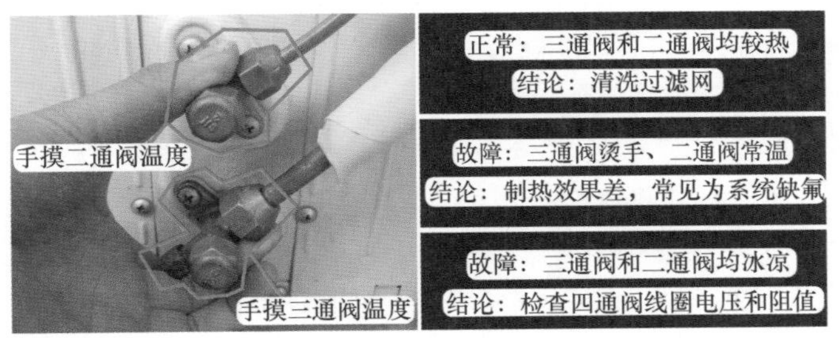

图 8-54　手摸三通阀和二通阀温度

3. 测量四通阀线圈电压

使用万用表交流电压挡，见图 8-55，一表笔接室外机接线端子上 N 端、一表笔接四通阀线圈引线，测量电压。

如果实测电压为交流 220V，说明室内机主板已输出电压至室外机，应进入第 4 检修步骤，测量四通阀线圈阻值。

如果实测电压为交流 0V，说明室内机主板未输出电压或输出电压未送至室外机，应检查室内机主板、室内外机连接线。

4. 测量四通阀线圈阻值

断开空调器电源，使用万用表电阻挡，见图 8-56 左图，一表笔接室外机接线端子上 N 端、一表笔接四通阀线圈引线测量阻值，此时相当于直接测量四通阀线圈引线（见图 8-56 中图）。

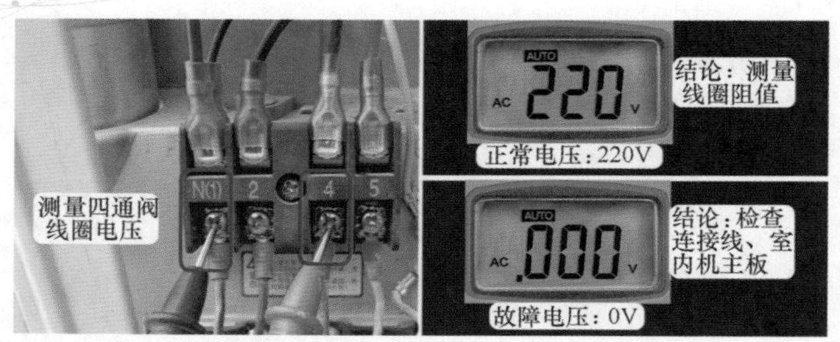

图 8-55 测量四通阀线圈电压

如果实测阻值约为 2kΩ，说明四通阀线圈正常，故障原因为四通阀内部的阀块卡死，位于制冷模式位置，在四通阀线圈通电后不能移动至制热模式位置，应更换四通阀。

如果实测阻值为无穷大，说明四通阀线圈开路，应更换四通阀线圈。

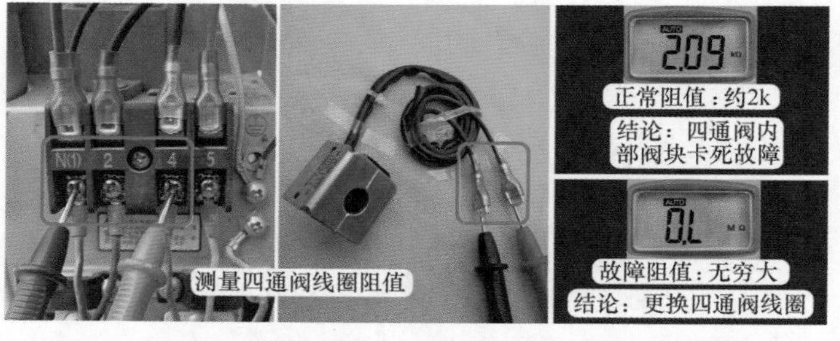

图 8-56 测量四通阀线圈阻值

第九章 定频挂式空调器主板安装和代换

第一节 挂式空调器原装主板安装

主板的安装方法有两种：一是根据空调器的电气接线图，上面标注有室内机主板插座代号所连接的外围元件；二是根据外围元件插头和主板插座的特点，将插头安装在主板插座，这也是本节介绍的重点。本节以美的 KFR-26GW/DY-B（E5）挂式空调器为例，着重介绍根据插头和元件特点安装主板的方法。

一、主板电路设计特点

① 主板根据工作电压不同，设计为两个区域：交流 220V 为强电区域，直流 5V 和 12V 为弱电区域，图 9-1、图 9-2 为主板强电 - 弱电区域分布的正面视图和反面视图。

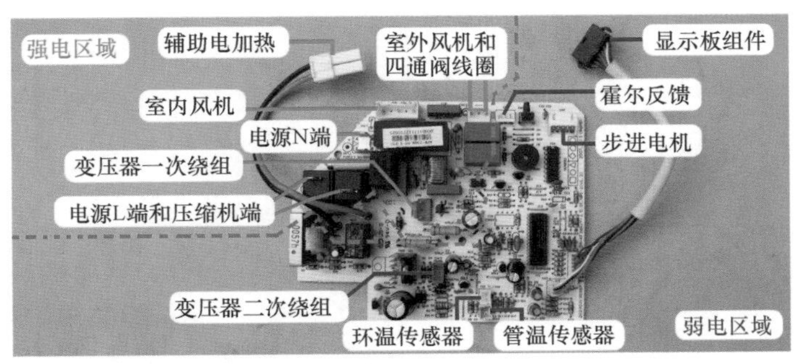

图 9-1 主板强电 - 弱电区域分布正面视图

② 强电区域插座设计特点：大 2 针插座且与压敏电阻并联接变压器一次绕组，最大的 3 针插座接室内风机，压缩机继电器上方端子（如下方焊点接熔丝管）接 L 端供电，另一个端子接压缩机引线，另外 2 个继电器的接线端子接室外风机和四通阀线圈引线。

③ 弱电区域插座设计特点：小 2 针插座（在整流二极管附近）接变压器二次绕组，2 针插座接传感器，3 针插座接室内风机霍尔反馈，5 针插座接步进电机，多针插座接显示板组件。

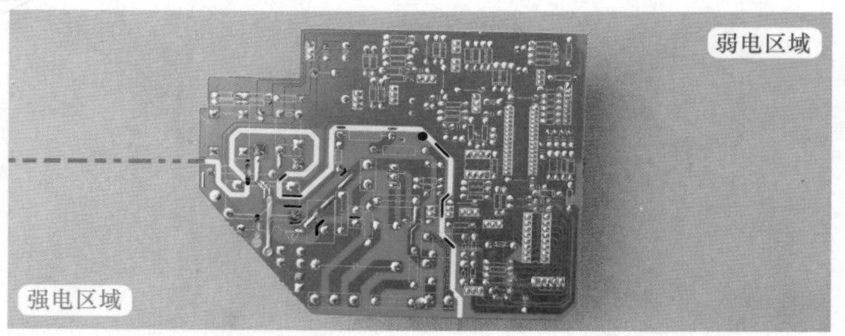

图 9-2 主板强电 - 弱电区域分布反面视图

④ 通过指示灯可以了解空调器的运行状态，通过接收器则可以改变空调器的运行状态，两者都是 CPU 与外界通信的窗口，因此，通常将指示灯和接收器、应急开关等单独置于一块电路板上称为显示板组件（也可称显示电路板）。

⑤ 应急开关是为了在没有遥控器的情况下能够使用空调器，通常有两种设计方法：一是直接焊在主板上，二是与指示灯、接收器一起设计在显示板组件上面。

⑥ 空调器工作电源交流 220V 供电 L 端是通过压缩机继电器上方的接线端子输入，而 N 端则是直接输入。

⑦ 室外机负载（压缩机、室外风机、四通阀线圈）均为交流 220V 供电，3 个负载共用 N 端，由电源插头通过室内机接线端子和室内外机连接线直接供给；每个负载的 L 端供电则是主板通过控制继电器触点闭合或断开完成。

二、根据室内机接线图安装主板方法

电气接线图上标注外围元件的插头或引线插在主板插座的代号，见图 9-3 左图，根据这些代号可以完成更换主板的工作；室内机电气接线图一般贴在外壳内部，需要将外壳拆下后才能看到。

如图 9-3 中图和右图，根据接线图标识，摇摆电机（本书通称为步进电机）共有 5 根引线，插在主板上代号 CN7 的插座上，安装时找到步进电机插头，插在 CN7 插座上即可。

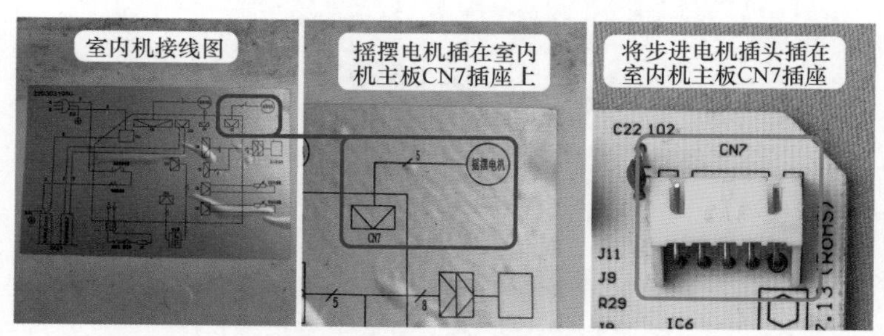

图 9-3 根据室内机电气接线图安装步进电机插头

三、根据插头特点安装主板步骤

1. 电控盒插头和主板实物外形

图 9-4 左图为电控盒内主板上所有的插头，图 9-4 右图为室内机主板实物外形。电控盒内主要有电源输入引线、变压器插头、传感器插头等。

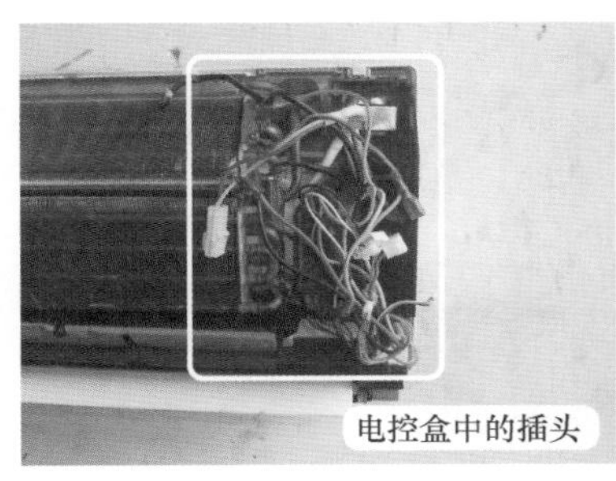

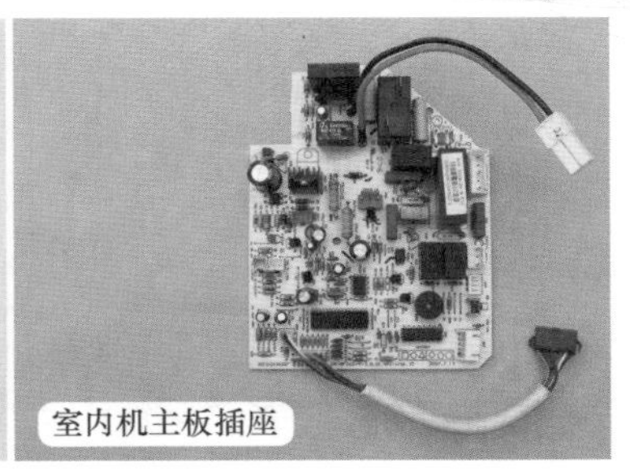

图 9-4 电控盒插头和室内机主板

2. 电源供电输入引线

输入引线连接电源插头，见图 9-5 左图，共有 3 根引线：棕线为 L 端相线、蓝线为 N 端零线、黄 / 绿线为地线，其中地线直接固定在蒸发器上面，更换主板时不需要安装。

见图 9-5 右图，室内机主板强电区域压缩机继电器上方的端子中：电源 L 端与熔丝管相通接棕线、与熔丝管不相通的端子接压缩机引线。标有“N”的端子接电源 N 端蓝线。

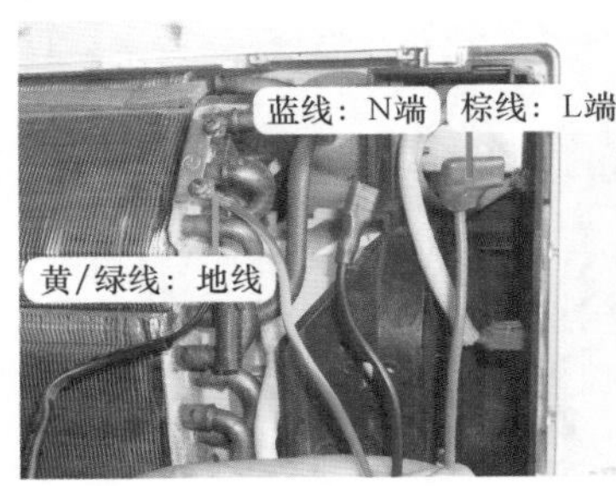

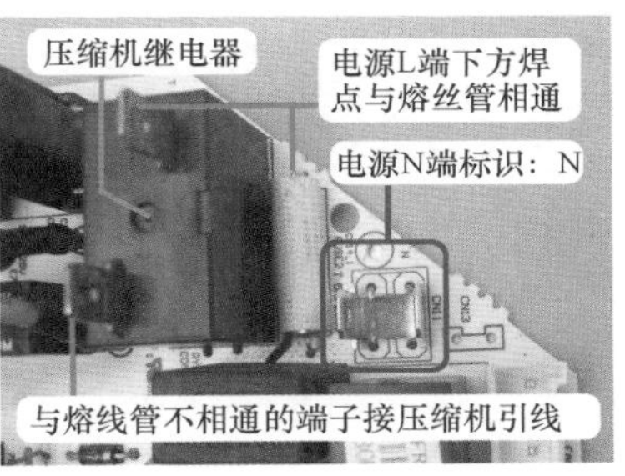

图 9-5 电源引线和接线端子标识

见图9-6，将棕线（L 端）安装在压缩机继电器上与熔丝管相通的端子，将蓝线（N 端）安装在标有“N”的端子。

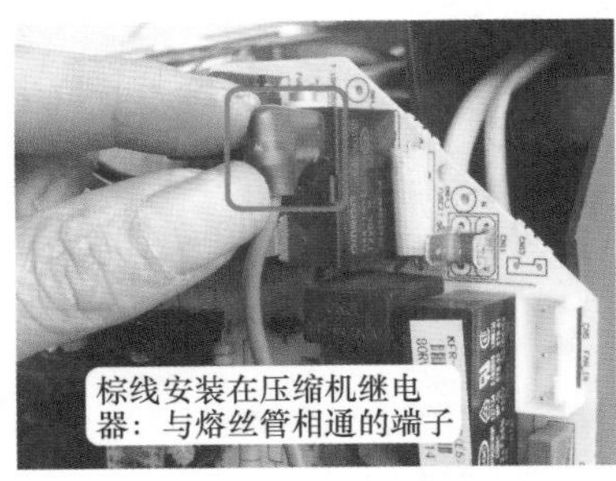

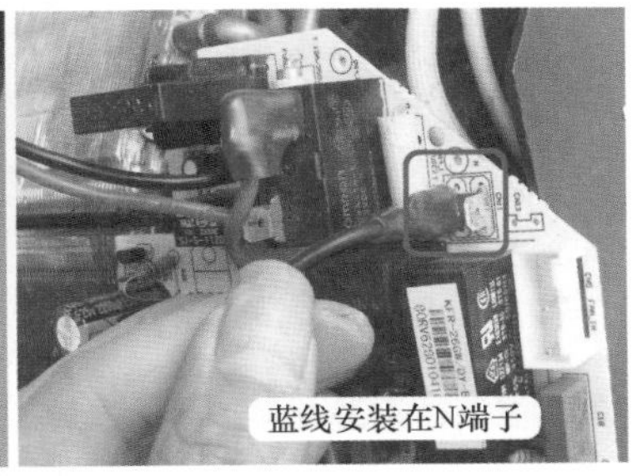

图 9-6 安装电源供电输入引线

3. 室内外机连接线中压缩机引线和地线位置

室内外机使用一束 5 根的连接线，见图 9-7 左图：白线为压缩机，黑线为 N 端零线，插头的 2 根引线为室外风机和四通阀线圈、黄 / 绿线为地线。

见图 9-7 右图，室内外机连接线中的黄 / 绿线地线已经安装在蒸发器的地线固定位置，和电源输入引线的“地线”相连，更换主板时不需要安装地线。

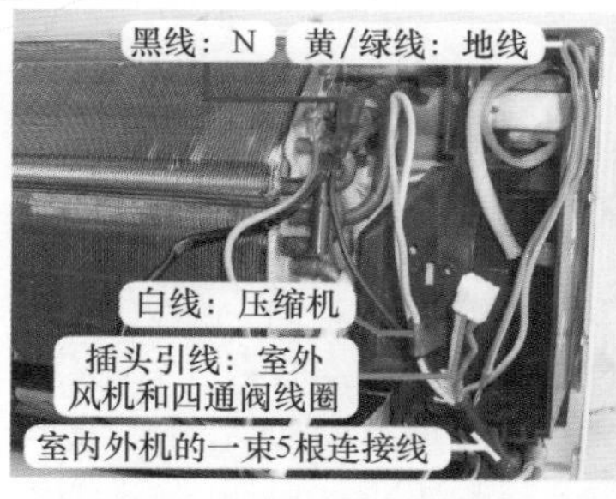

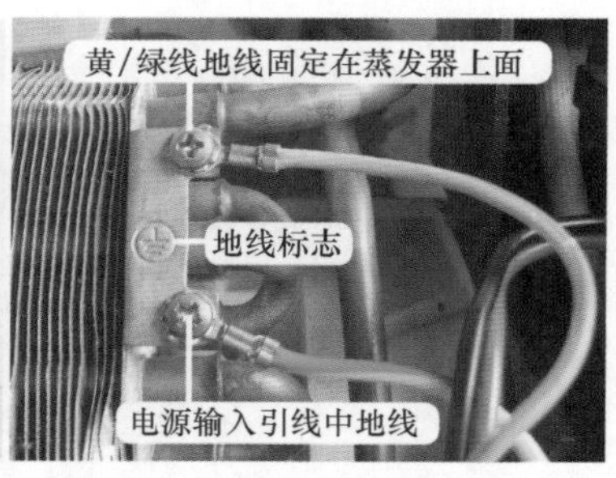

图 9-7　室内外机连接线和地线标识

见图 9-8，首先将白线（压缩机）穿入电流互感器的中间孔，再将插头安装在压缩机继电器端子上；将黑线（N）安装在标有“N”的端子，和电源输入引线蓝线 N 直接相连。

说明：由于室外风机和四通阀线圈插头的引线在室内机部分较短，只有在主板安装到电控盒卡槽后，才能安装连接线的插头。

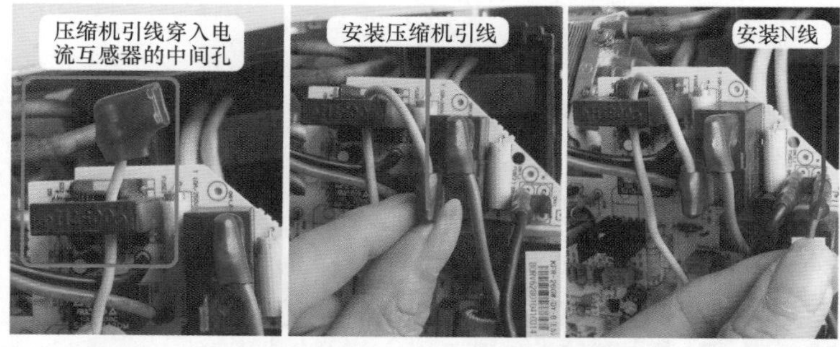

图 9-8　安装压缩机引线和 N 线

4. 环温和管温传感器插头

室内机共设有环温和管温两个传感器，见图 9-9 左图，使用独立的插头。

见图 9-9 右图，室内机主板弱电区域环温传感器标识为 room，管温传感器标识为 pipe。

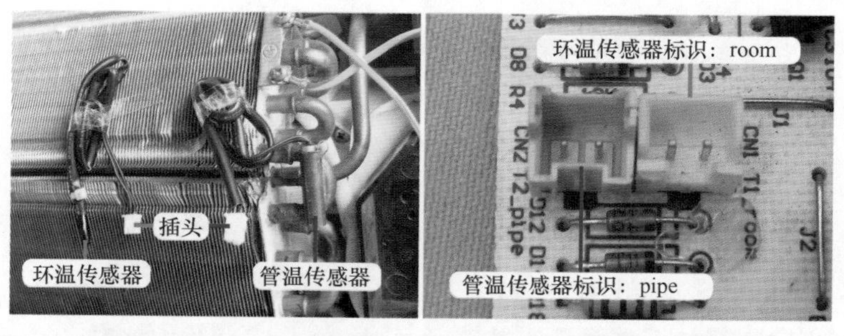

图 9-9　传感器和插座标识

见图 9-10，将环温传感器插头安装在主板标有“room”的插座，将管温传感器插头安装在主板标有“pipe”的插座。两个传感器插头不一样，插反时插不进去。

5. 变压器插头

变压器共有 2 个插头，见图 9-11，大插头为一次绕组，小插头为二次绕组。室内机主板上一次绕组插座标有“TRANS-IN”，位于强电区域；二次绕组插座标有“TRANS”，位于弱电区域。

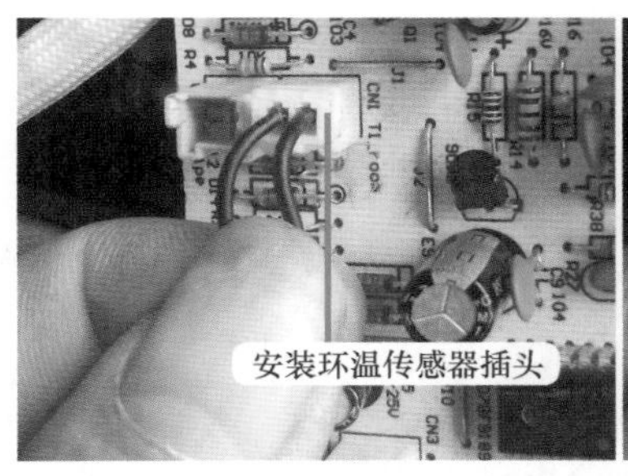

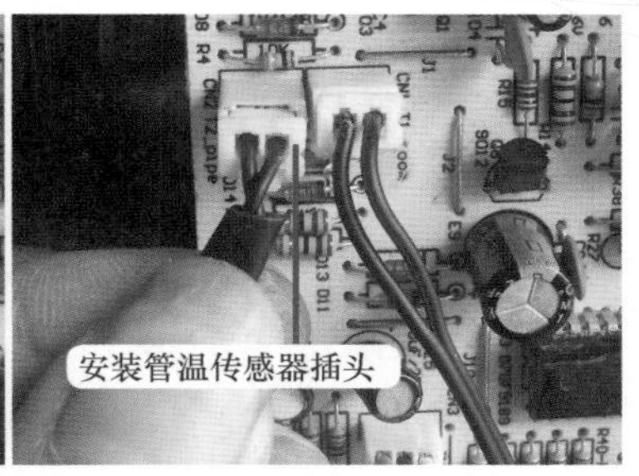

图 9-10　安装传感器插头

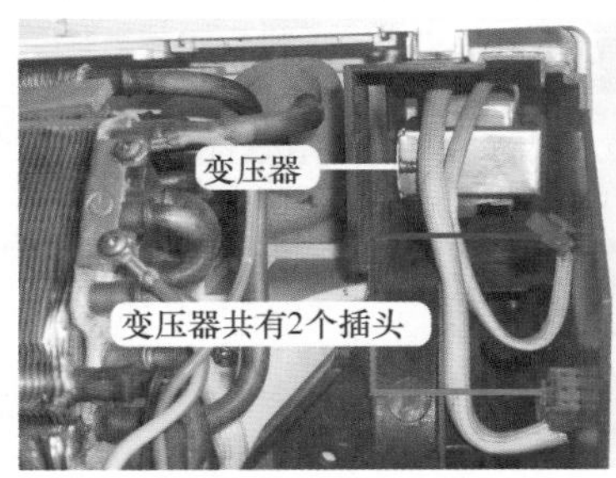

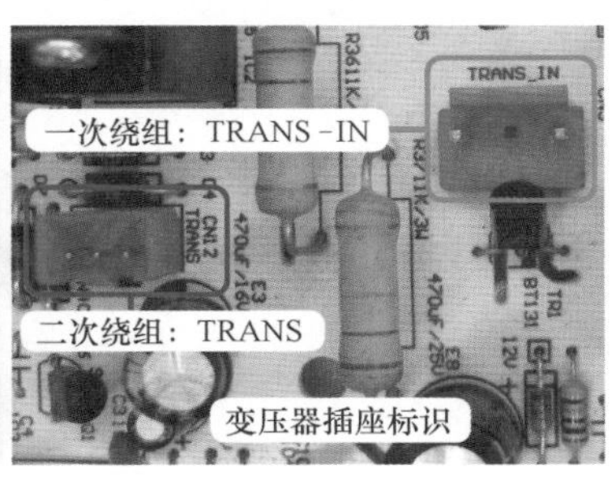

图 9-11　变压器和插座标识

见图 9-12，将变压器二次绕组插头插在主板标有“TRANS”的插座，将一次绕组插头插在主板标有“TRANS-IN”的插座。

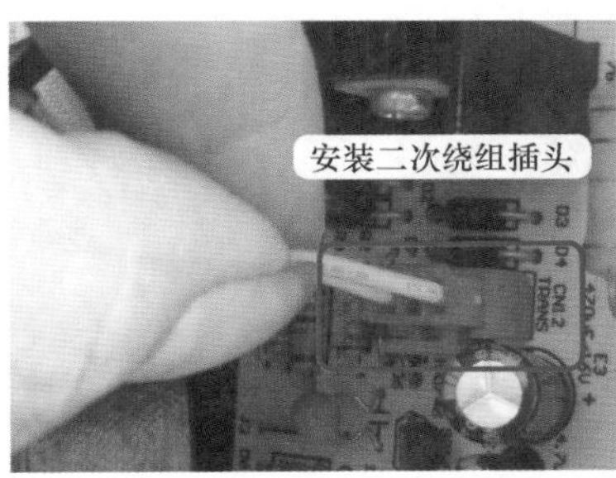

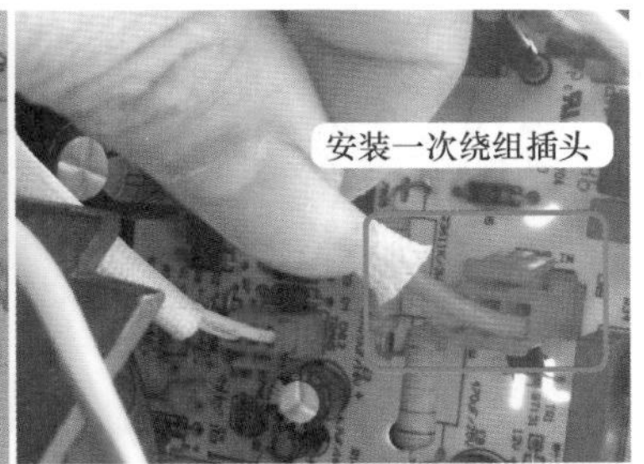

图 9-12　安装变压器插头

6. 室外风机和四通阀线圈引线插头

见图 9-13，将室内机主板安装在电控盒的卡槽内，再找到室外风机和四通阀线圈引线插头，插在位于强电区域的插座上。

图 9-13　安装主板和引线插头

7. 室内风机（PG 电机）插头

室内风机共有 2 个插头，从电控盒底部引出，见图 9-14，大插头为线圈供电，小插头为霍尔反馈。室内机主板线圈供电插座上标有“FAN-IN”。

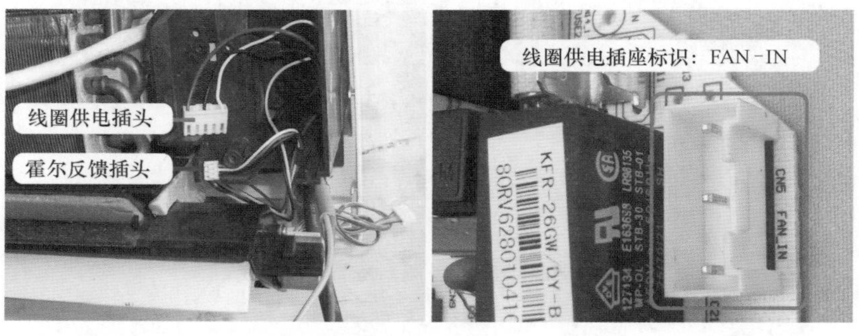

图 9-14　室内风机插头和插座标识

见图 9-15，将线圈供电插头插在主板强电区域标有“FAN-IN”的插座上，将霍尔反馈插头插在位于弱电区域的插座上。

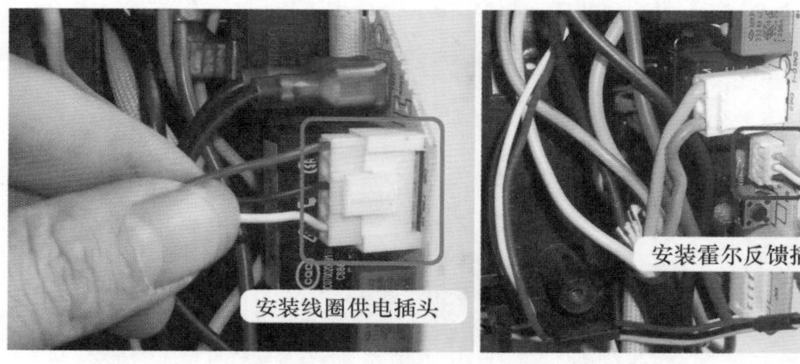

图 9-15　安装室内风机插头

8. 步进电机插头

见图 9-16，步进电机位于接水盘上，只有一个插头，共有 5 根引线，在室内机主板弱电区域中只有一个 5 针的插座就是步进电机插座，将插头安装在插座上。

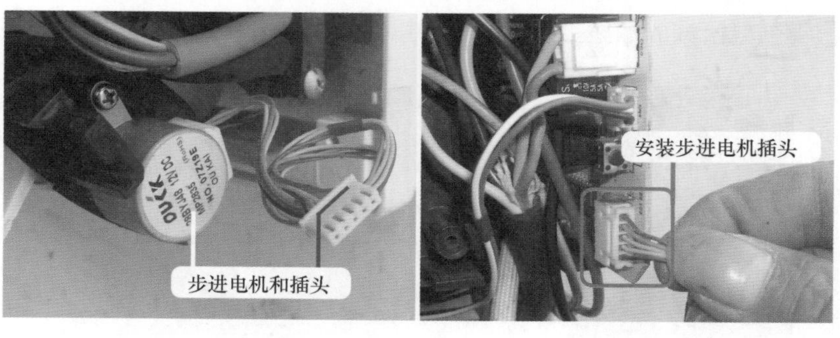

图 9-16　安装步进电机插头

9. 辅助电加热插头

辅助电加热安装在蒸发器的下部，因此引线从蒸发器下部引出，见图 9-17，使用对接插头，引线焊在室内机主板强电区域，将对接插头安装到位。

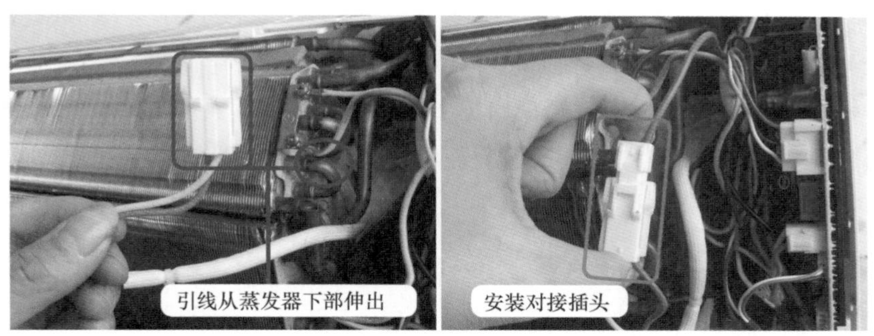

图 9-17 安装辅助电加热插头

10. 显示板组件插头

此机显示板组件安装在室内机外壳中部，见图 9-18，引线使用对接插头，在室内机主板弱电区域引出一束引线组成的插头即为显示板组件插头，将对接插头安装到位。

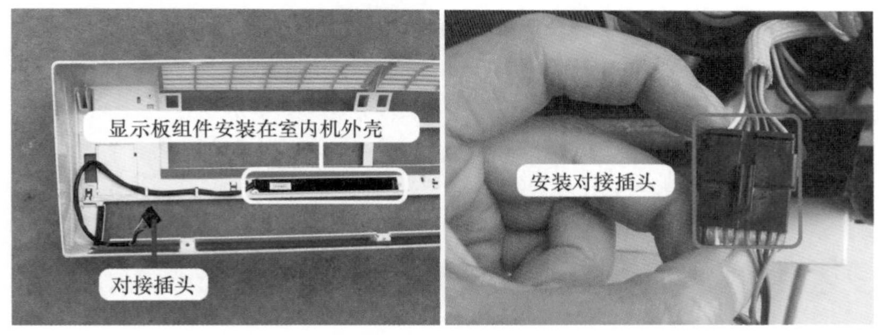

图 9-18 安装显示板组件插头

11. 安装完成

至此，室内机主板上所有的插座和接线端子、对应的引线全部安装完成，见图 9-19，电控盒内没有多余的引线，室内机主板没有多余的接线端子或插座。

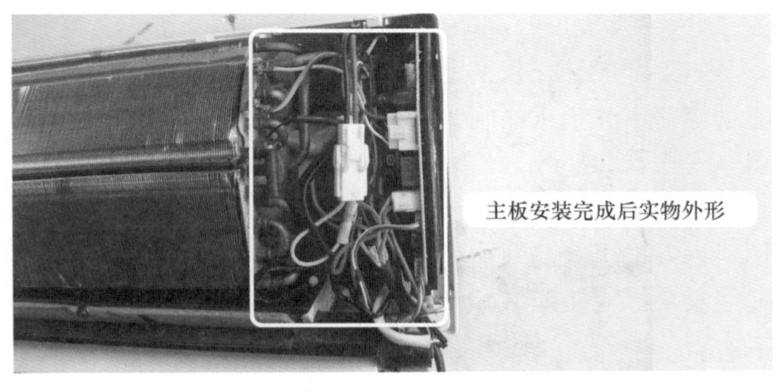

图 9-19 安装完成

第二节 挂式空调器通用板代换

目前挂式空调器室内风机绝大部分使用PG电机，工作电压为交流90～220V，如果主板损坏且配不到原装主板或修复不好，最常用的方法是代换通用板。

目前挂式空调器的通用板按室内风机驱动方式分为两种：一种是使用继电器，对应安装在早期室内风机使用抽头电机的空调器；另一种是使用光耦＋晶闸管，对应安装在目前室内风机使用PG电机的空调器，这也是本节着重介绍的内容。

一、故障空调器简单介绍

本节示例机型为格力KFR-23GW/（23570）Aa-3挂式空调器，电控系统为目前最常见的设计型式，见图9-20，室内风机使用PG电机，室内机主板为整机电控系统的控制中心；室外机未设电路板，电控系统只有简单的室外风机电容和压缩机电容；室内机和室外机的电控系统使用5芯连接线。

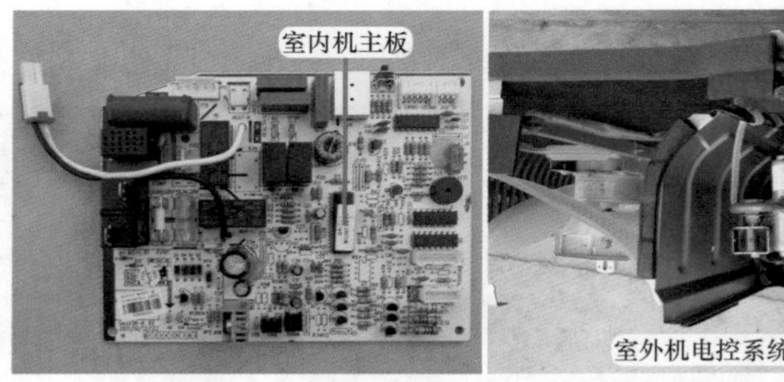

图9-20 挂式空调器电控系统

二、通用板设计特点

1. 实物外形

图9-21左图为某品牌的通用板套件，由通用板、变压器、遥控器、接线插座等组成，设有环温和管温两个传感器，显示板组件设有接收器、应急开关按键、指示灯。从图9-21右图可以看出，室内风机驱动电路主要由光耦和晶闸管（俗称可控硅）组成。通用板设计特点如下。

① 外观小巧，基本上都能装在代换空调器的电控盒内。

② 室内风机驱动电路由光耦＋晶闸管组成，和原机相同。

③ 自带遥控器、变压器、接线插，方便代换。

④ 自带环温和管温传感器且直接焊在通用板上面，无需担心插头插反。

⑤ 步进电机插座为6根引针，两端均为直流12V。

⑥ 通用板上使用汉字标明接线端子作用，使代换过程更为简单。

2. 接线端子功能

通用板的主要接线端子见图9-22：共设有电源相线L端输入、电源零线N端输入、变压器、室内风机、压缩机、四通阀线圈、室外风机、步进电机。另外显示板组件和传感器的引线均直接焊在通用板上，自带的室内风机电容容量为1μF。

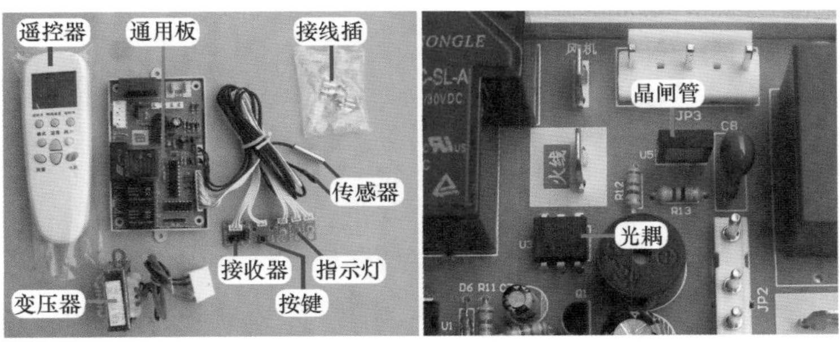

图 9-21 驱动 PG 电机的挂式空调器通用板

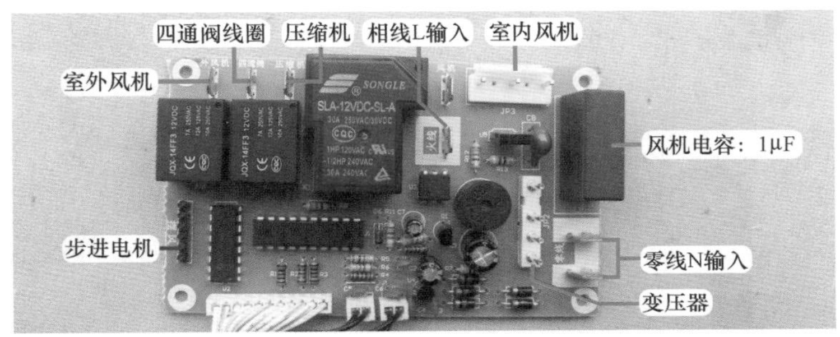

图 9-22 通用板接线端子

三、代换步骤

1. 拆除原机电控系统和保留引线

见图 9-23，拆除原机主板、变压器、环温和管温传感器，保留显示板组件。

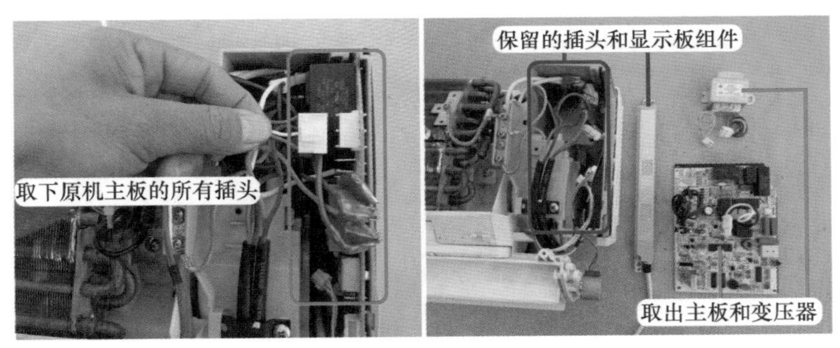

图 9-23 拆除原机主板

2. 安装电源输入引线

见图 9-24，将电源 L 端输入棕线插头插在通用板标有“火线”的端子，将电源 N 端输入蓝线插头插在标有“零线”的端子。

3. 安装变压器

通用板配备的变压器只有一个插头，见图 9-25，将一次绕组和二次绕组的引线固定在一个插头上面，为防止安装错误，在插头和通用板均设有空挡标识，安装错误时安装不进去，同时通用板插座上面也设有空挡标识。

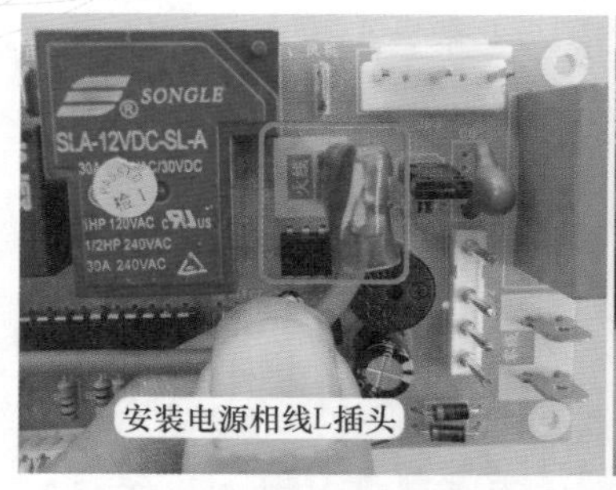

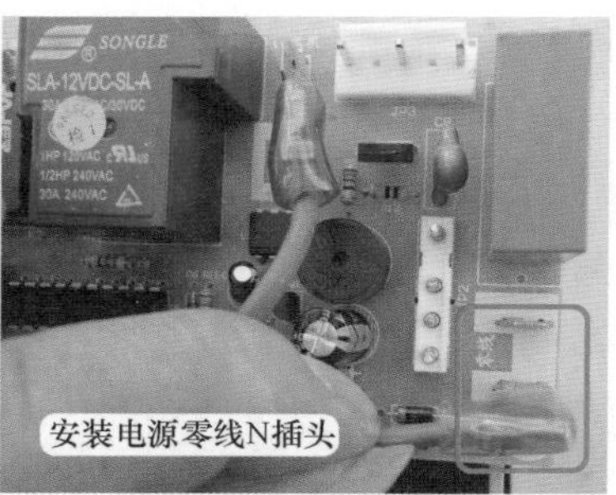

图 9-24　安装电源输入引线

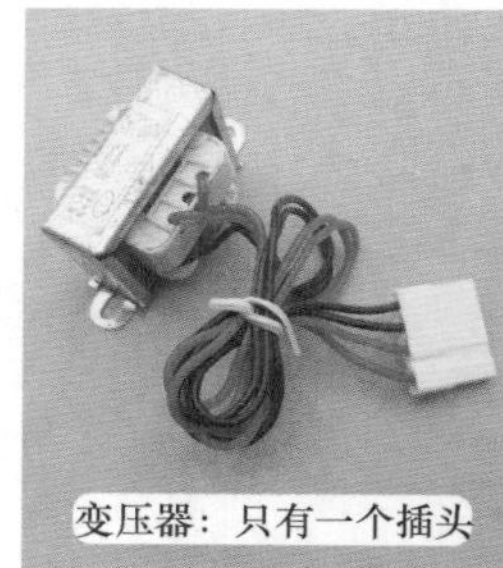

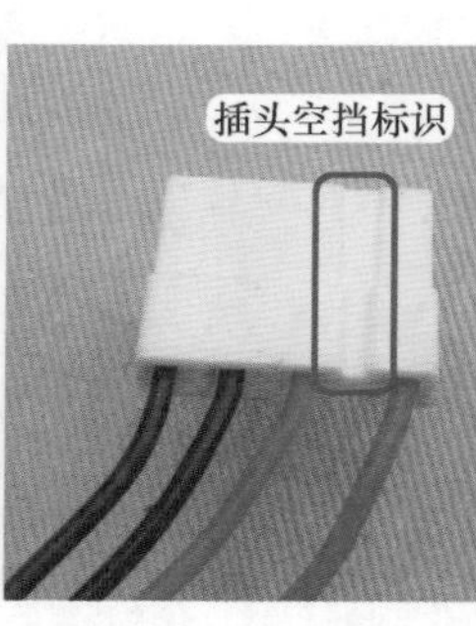

图 9-25　变压器和插头标识

见图 9-26，将配备的变压器固定在原变压器位置，并拧紧固定螺钉（俗称螺丝），再将插头插在通用板的变压器插座。

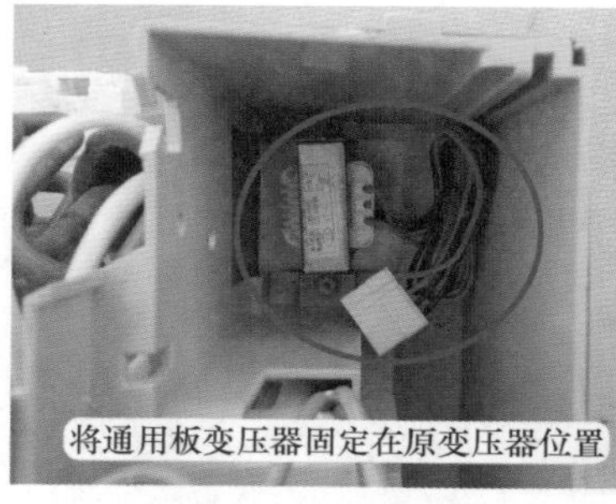

图 9-26　安装变压器插头

4. 安装室内风机（PG 电机）插头

（1）线圈供电插头引线与插座引针功能不对应

见图 9-27 左图，室内风机线圈供电插头的引线顺序从左到右：1 号棕线为运行绕组 R、2 号白线为公共端 C、3 号红线为启动绕组 S；而通用板室内风机插座的引针顺序从左到右：1 号为公共端 C、2 号为运行绕组 R、3 号为启动绕组 S。从对比可以发现，室内风机线圈供电插头的引线和通用板室内风机插座的引针功能不对应，应调整室内风机线圈供电插头的引线顺序。

线圈供电插头中引线取出方法：见图 9-27 右图，使用万用表表笔尖向下按压引线挡针，同时向外拉引线即可取下。

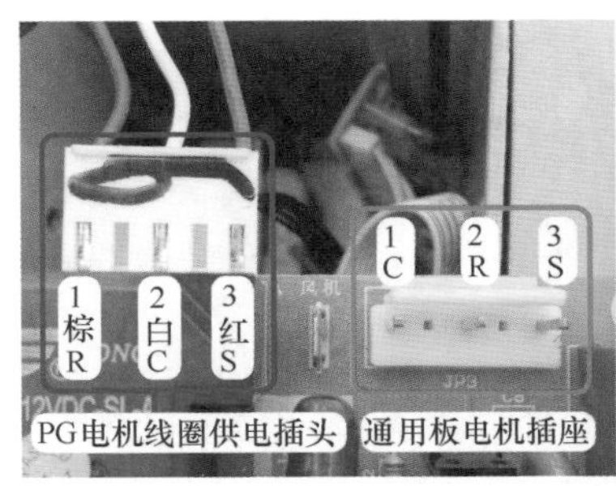

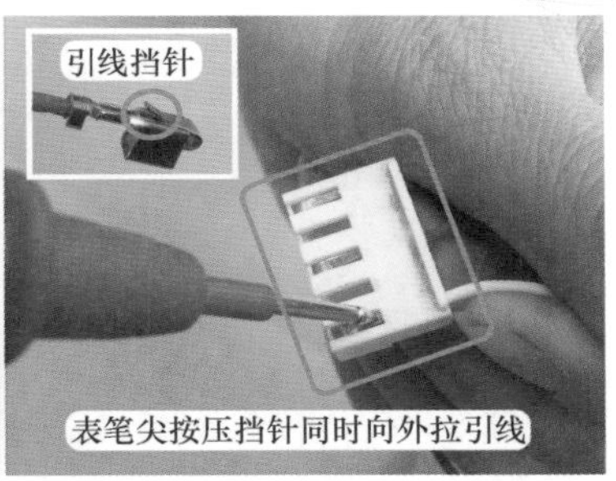

图 9-27　室内风机插头引线和通用板引针功能不对应

（2）调整引线顺序并安装插头

将引线拉出后，见图 9-28，再将引线按通用板插座的引针功能对应安装，使调整后的插头引线和插座引针功能相对应，再将插头安装至通用板插座。

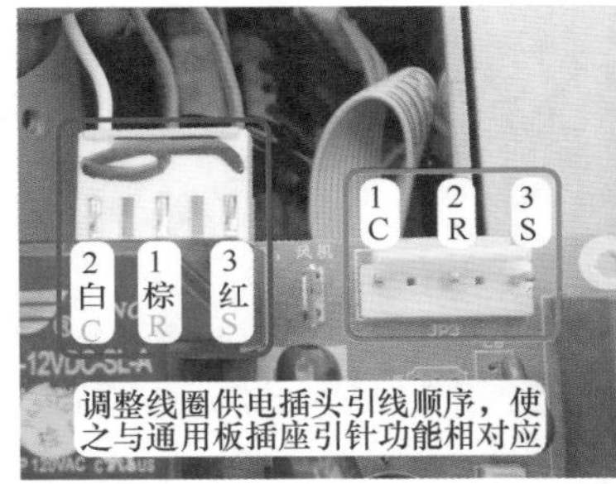

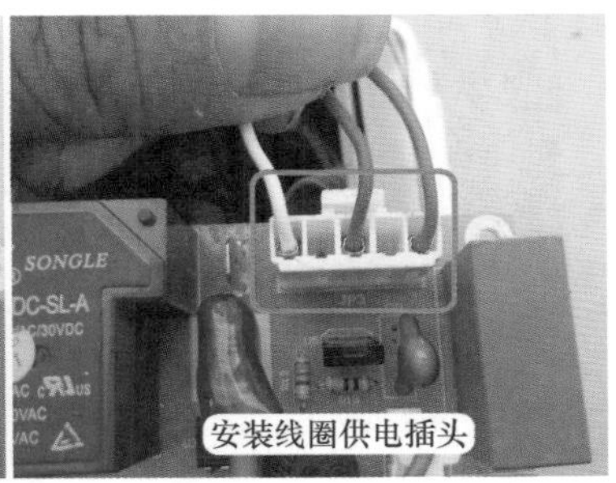

图 9-28　调整引线和安装插头

（3）霍尔反馈插头

室内风机还有一个霍尔反馈插头，见图 9-29，作用是输出代表转速的霍尔信号，但通用板未设霍尔反馈插座，因此将霍尔反馈插头舍弃不用。

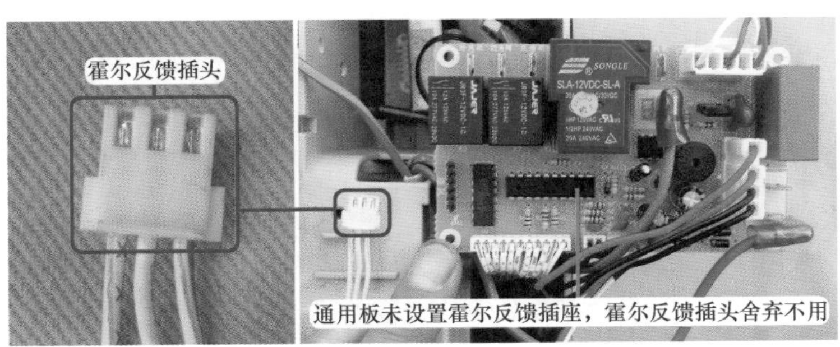

图 9-29　霍尔反馈插头不用安装

5. 安装室外机负载引线

本机连接室外机负载设有 2 束共 5 根引线，较粗的一束有 3 根引线，其中的黄 / 绿线为地线，直接固定在蒸发器的地线端子；较细的一束有 2 根引线。

见图 9-30，一束 3 根引线中的蓝线为 N 端零线，插头插在通用板标有“零线”的端子；黑线接压缩机，插头插在通用板标有“压缩机”的端子。

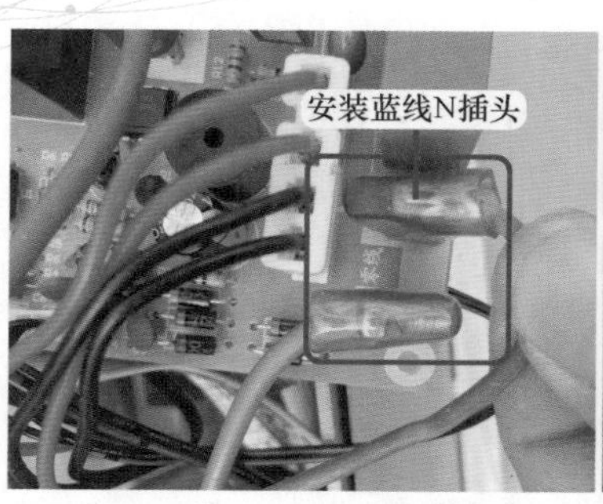

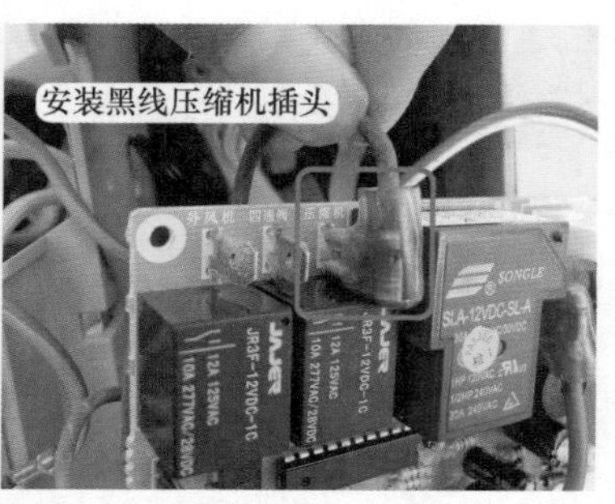

图 9-30 安装零线 N 端和压缩机引线插头

见图 9-31，一束 2 根引线中的紫线接四通阀线圈，插头插在通用板标有“四通阀”的端子；橙线接室外风机，插头插在通用板标有“外风机”的端子。

图 9-31 安装四通阀线圈和室外风机引线插头

6. 焊接显示板组件引线

（1）显示板组件实物外形

通用板配备的显示板组件为组合式设计，见图9-32左图，装有接收器、应急开关按键、3 个指示灯，每个器件组成的小板均可以掰断单独安装。

原机显示板组件为一体化设计，见图 9-32 右图，装有接收器、6 个指示灯（其中 1 个为双色显示）、2 位数码显示屏。因数码显示屏需对应的电路驱动，所以通用板代换后无法使用。

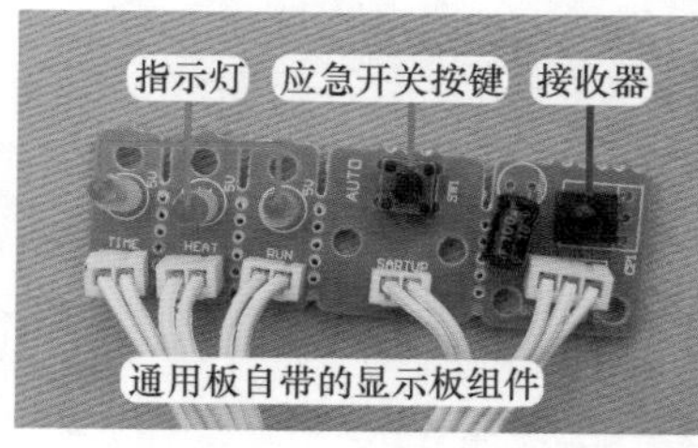

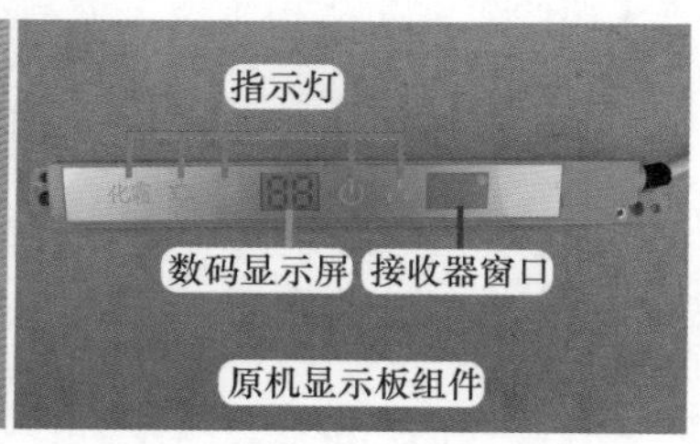

图 9-32 通用板和原机显示板组件

（2）常用安装方法

常用有两种安装方法：一是使用通用板所配备的接收板、应急开关、指示灯，将其放到合适的位置即可；二是使用原机配备的显示板组件，方法是将通用板配备显示板组件的引线剪下，按作用焊在原机配备的显示板组件或连接引线。

第一种方法比较简单，但由于需要对接收器重新开孔影响美观（或指示灯无法安装而不能查看）。安装时将接收器小板掰断，再将接收器对应固定在室内机的接收窗位置；安装指示灯时，将小板掰断，安装在室内机指示灯显示孔的对应位置，由于无法固定或只能简单固定，在安装室内机外壳时接收器或指示灯小板可能会移动，造成试机时接收器接收不到遥控器的信号，或看不清指示灯显示的状态。

第二种方法比较复杂，但对空调器整机美观没有影响，且指示灯也能正常显示。本节着重介绍第二种方法，代换步骤如下。

（3）焊接接收器引线

取下显示板组件外壳，查看连接引线插座，可见有两组插头，即 DISP1 和 DISP2，其中 DISP1 连接接收器和供电公共端等，DISP2 连接显示屏和指示灯。

见图 9-33 标识，可知 DISP1 插座上白线为地（GND）、黄线为 5V 电源（5V）、棕线为接收器信号输出（REC）、红线为显示屏和指示灯的供电公共端（COM），根据 DISP1 插座上的引线功能标识可辨别出另一端插头引线功能。

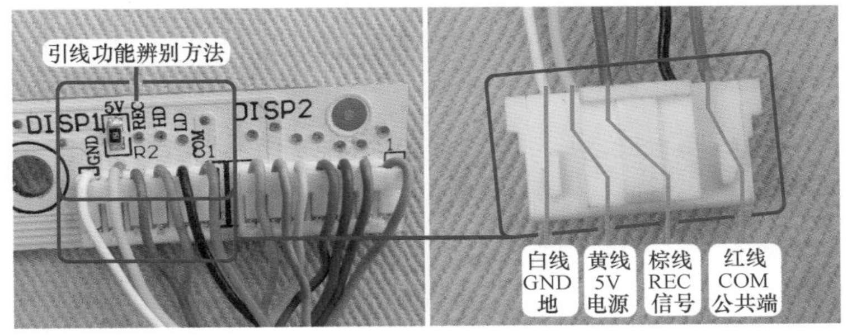

图 9-33 查看引线功能

见图 9-34 左图，掰断接收器的小板，分辨出引线的功能后剪断 3 根连接线。

见图 9-34 右图，将通用板接收器的 3 根引线，按对应功能并联焊接在原机显示板组件插头上接收器的 3 根引线，即白线（GND）、黄线（5V）、棕线（REC），试机正常后再使用防水胶布包扎焊点。

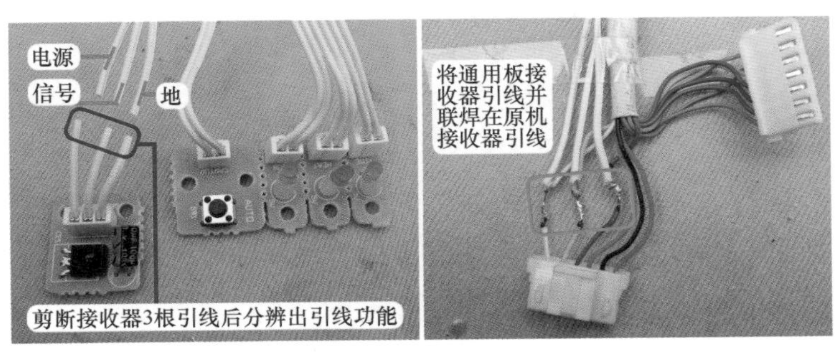

图 9-34 焊接接收器引线

（4）焊接指示灯引线

原机显示板组件设有 6 个指示灯，并将正极连接一起为公共端，连接 DISP1 插座中 COM 为供电控制，指示灯负极接 CPU 驱动。通用板的显示板组件设有 3 个指示灯（运行、制热、定时），其负极连接在一起为公共端，连接直流电源地，正极接 CPU 驱动。公共端功能不同，如单独控制原机显示板组件的 3 个指示灯，则需要划断正极引线，但考虑到制热和定时指示灯实际意义不大，因此本例只使用原机显示板组件中的 1 个运行指示灯。

见图 9-35 左图，原机显示板组件 DISP1 引线插头中红线 COM 为正极公共端即供电控制，DISP2 引线插头中灰线接运行指示灯的负极。

见图 9-35 中图，找到通用板运行指示灯引线，分辨出引线功能后剪断。

见图 9-35 右图，将通用板运行指示灯引线按对应功能并联焊接在原机显示板组件插头上运行指示灯引线：驱动引线接红线 COM（指示灯正极）、地引线接灰线（指示灯负极）。

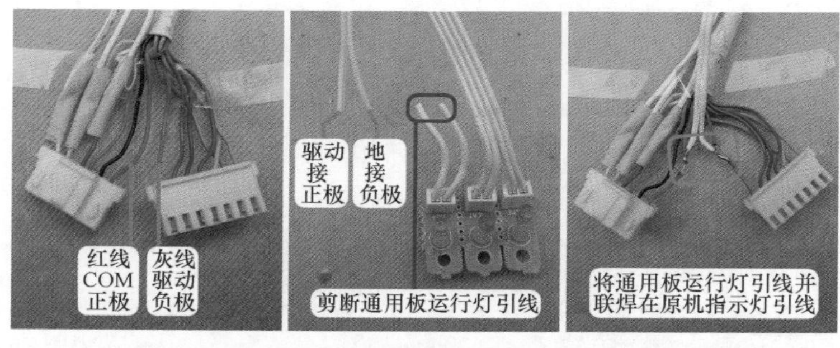

图 9-35 焊接指示灯引线

（5）应急开关按键

由于原机的应急开关按键设计在主板上面，通用板配备的应急开关按键无法安装，考虑到此功能一般很少使用，所以将应急开关按键的小板直接放至室内机电控盒的空闲位置。

（6）焊接完成

至此，更改显示板组件的步骤完成。见图 9-36，原机显示板组件的插头不再使用，通用板配备的接收器和指示灯也不再使用。将空调器通上电源，接收器应能接收遥控器发射的信号，开机后指示灯应能点亮。

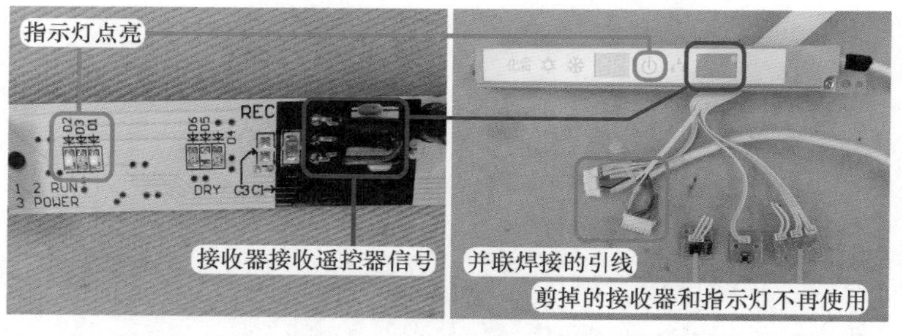

图 9-36 焊接完成

（7）安装环温和管温传感器探头

环温和管温传感器插头直接焊在通用板上面无需安装，只需将探头放至原位置即可。见图 9-37，原环温传感器探头安装在室内机外壳上面，安装室内机外壳后才能放置探头；将管温传感器探头放至蒸发器的检测孔内。

（8）安装步进电机插头

因步机电机引线较短，所以将步进电机插头放到最后一个安装步骤。

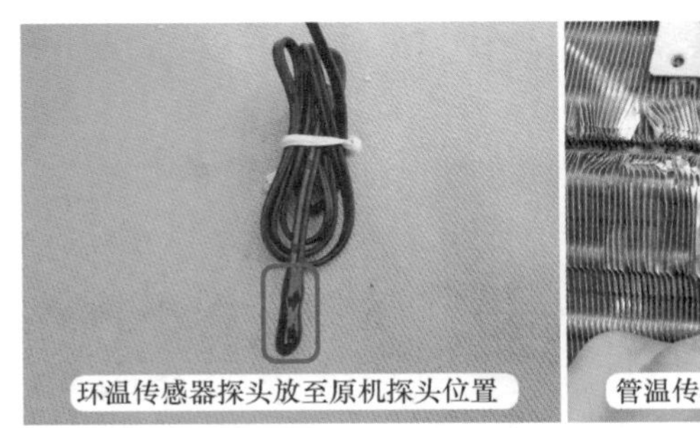

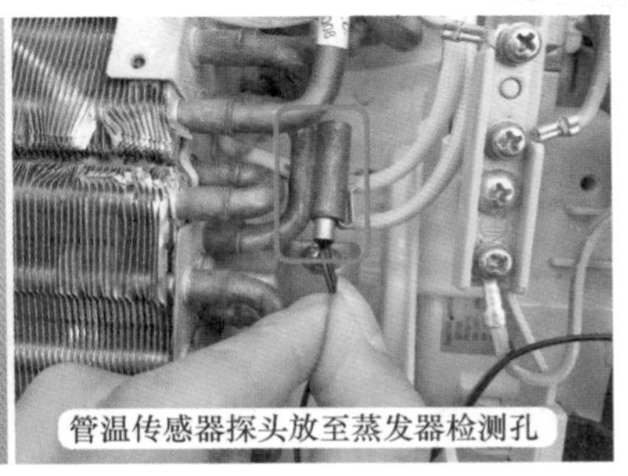

图 9-37　安装环温和管温传感器探头

① 步进电机插头和通用板步进电机插座　见图9-38左图，步进电机插头共有5根引线：1 号红线为公共端，2 号橙线、3 号黄线、4 号粉线、5 号蓝线共 4 根均为驱动引线。

见图 9-38 右图，通用板步进电机插座设有 6 个引针，其中左右 2 侧的引针直接相连均为直流 12V，中间的 4 个引针为驱动。

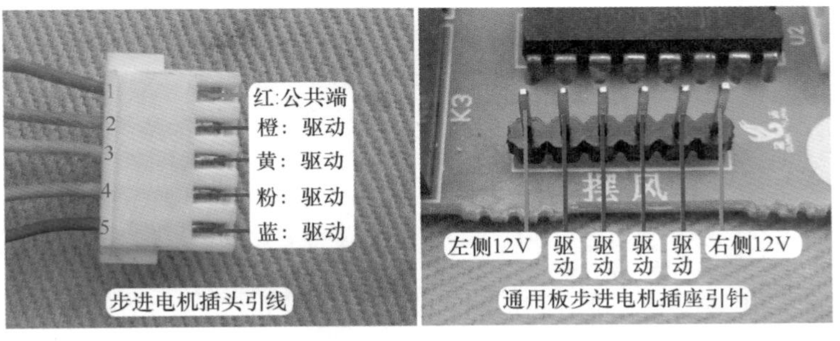

图 9-38　步进电机插头和通用板插座引针功能

② 安装插头　见图 9-39，将步进电机插头插在通用板标有“摆风”的插座，通用板通上电源后，导风板（风门叶片）应当自动复位即处于关闭状态。注意，一定要将 1 号公共端红线对应安装在直流 12V 引针。

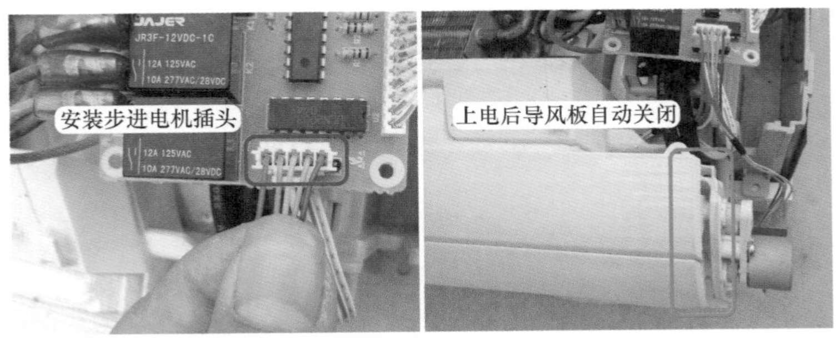

图 9-39　安装步进电机插头

③ 步进电机正反旋转方向转换方法　见图 9-40 左图，安装步进电机插头，公共端接右侧直流 12V 引针（左侧空闲），驱动顺序为 5-4-3-2，假如上电试机导风板复位时为自动打开、开机后为自动关闭，说明步进电机为反方向运行。

见图 9-40 右图，此时应当反插插头，使公共端接左侧直流 12V 引针（右侧空闲），即调整4根驱动引线的首尾顺序，驱动顺序改为2-3-4-5，通用板再次上电导风板复位时就会自动关闭，开机后为自动打开。

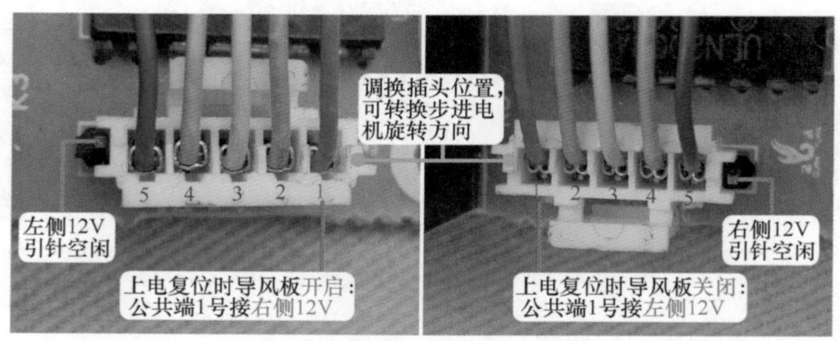

图 9-40　导风板旋转方向调整方法

（9）辅助电加热插头

因通用板未设计辅助电加热电路，所以辅助电加热插头空闲不用，相当于取消了辅助电加热功能，此为本例选用通用板的一个弊端。

（10）代换完成

至此，见图9-41，通用板所有插座和接线端子均全部连接完成，顺好引线后将通用板安装至电控盒内，再次上电试机，空调器即可使用。

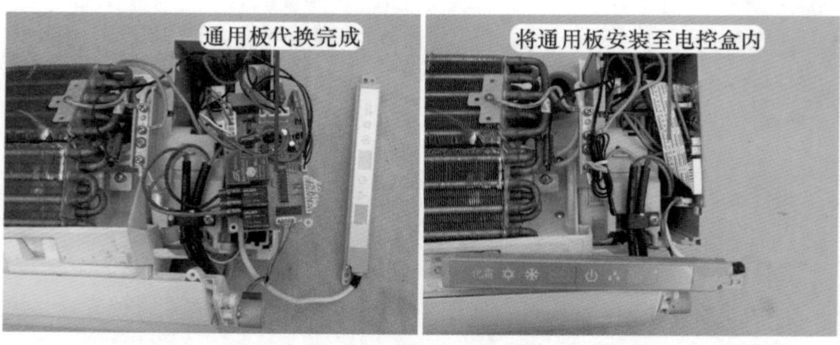

图 9-41　通用板代换完成

第十章 定频柜式空调器主板安装和代换

第一节 柜式空调器原装主板安装

本节以格力 KFR-120LW/E（1253L）V-SN5 的 5P 柜式空调器为例，介绍室内机主板损坏时，需要更换相同型号主板的操作步骤。

一、主板外形和安装位置

图 10-1 左图为室内机主板主要插座和接线端子，图 10-1 右图为室内机引线的插头，主要有室内风机、室外机电控系统引线、变压器插头等。

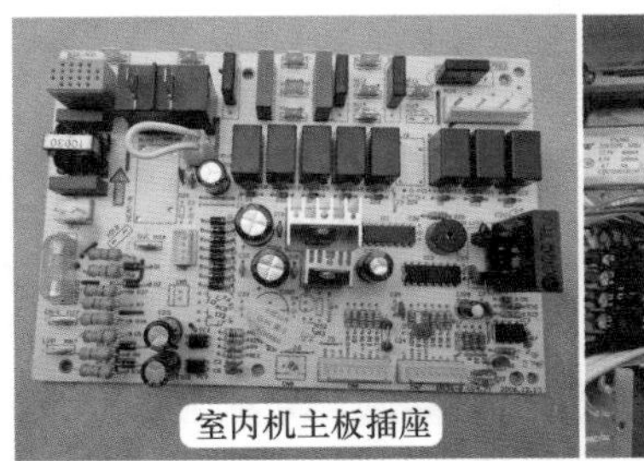

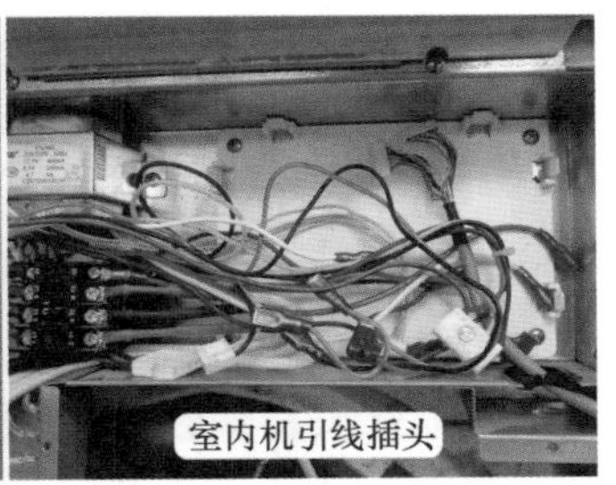

图 10-1　室内机主板和引线插头

图 10-2 左图为室内机电控盒中主板安装位置，底座设有一块体积相近的大面积绝缘塑料板，在上、下、左、右的 4 个边框各设 2 个固定端子，用于固定主板。见图 10-2 右图，将室内机主板安装在电控盒对应位置。

二、安装步骤

1. 电源供电引线

室内机主板电源供电输入引线共有 2 根，见图 10-3，棕线为相线 L 端，取自室内机接线端子上 L1 相线；蓝线为零线 N 端，取自接线端子上 N 零线。

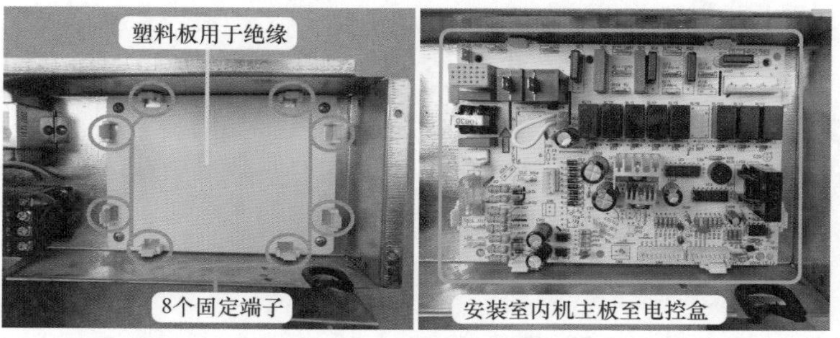

图 10-2 固定端子和安装室内机主板

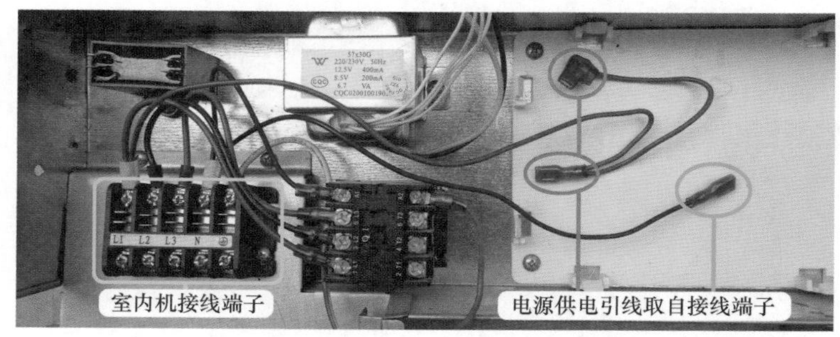

图 10-3 电源供电引线

室内机主板强电区域中，见图 10-4，相线 L 输入端子标识为 CN-L，零线 N 输入端子标识为 CN-N。辅助电加热继电器的端子上 L 引线也由输入引线一并提供，继电器相对应的端子标有 L。

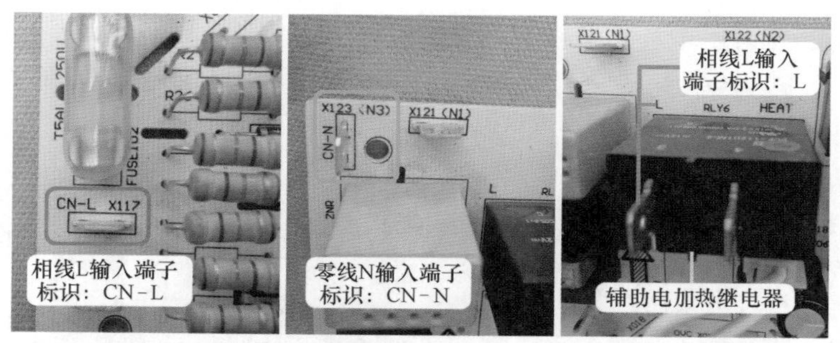

图 10-4 主板端子标识

见图 10-5，将棕线插在标有 CN-L 的端子，为主板提供相线 L 端供电；将蓝线插在标有 CN-N 的端子，为主板提供零线 N 端供电；并将相线 L 端供电并联的一根引线，插在辅助电加热继电器对应为 L 的端子上。

2. 变压器插头

变压器共有两组插头，见图 10-6，大插头为一次绕组（俗称初级线圈），插座位于强电区域，主板标识为 TR-1；小插头为二次绕组（俗称次级线圈），插座位于主板弱电区域的整流二极管附近。

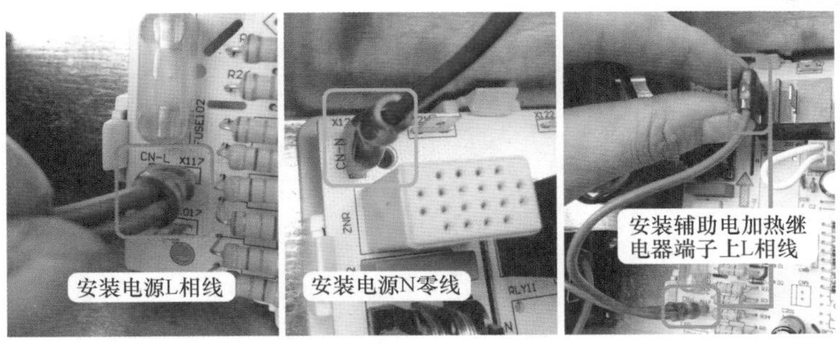

图 10-5 安装电源供电引线

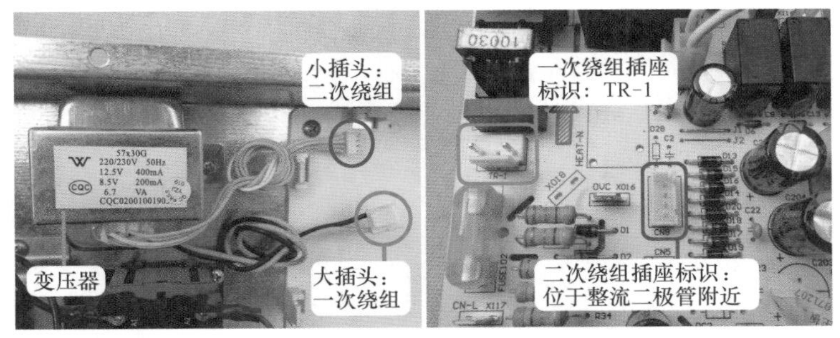

图 10-6 变压器和主板插座标识

见图 10-7，将大插头一次绕组插在主板 TR-1 的插座上面，将小插头二次绕组插在整流二极管附近的插座。

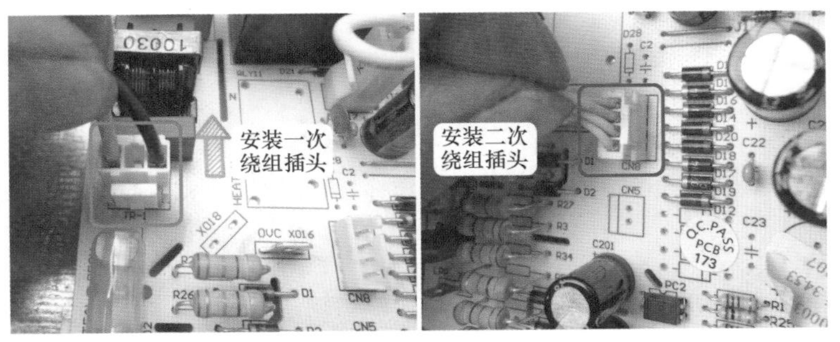

图 10-7 安装变压器插头

3. 辅助电加热交流接触器线圈引线

本机辅助电加热功率较大，使用三相电源，见图 10-8，供电由交流接触器控制，线圈供电为交流 220V，零线端子引线接在接线端子上 N 端，线圈相线端子由主板上的继电器供电，将相线端子引线插在主板标有 HEAT 对应的继电器端子，位于强电区域。

4. 室外机电控系统的 5 根引线

室内机主板连接室外机电控系统共有 5 根引线，见图 10-9 左图，其中黑线为压缩机 COMP，橙线为室外风机 OFAN，紫线为四通阀线圈 4V，黄线为高压保护 OVC，白线为低压保护 LPP。

室内机主板强电区域中，见图 10-9 右图，压缩机端子标识为 COMP，室外风机高风端子标识为 OFAN-H，室外风机低风端子标识为 OFAN-L，四通阀线圈端子标识为 4V。

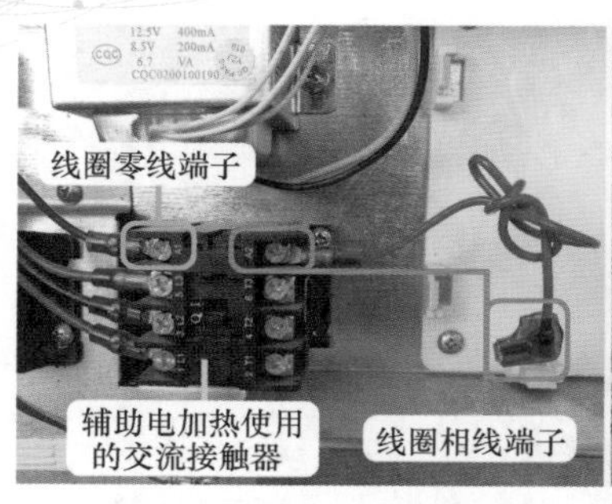

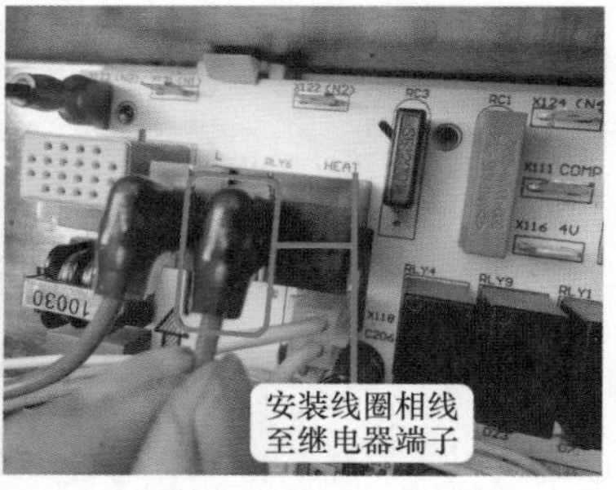

图 10-8　辅助电加热引线和安装插头

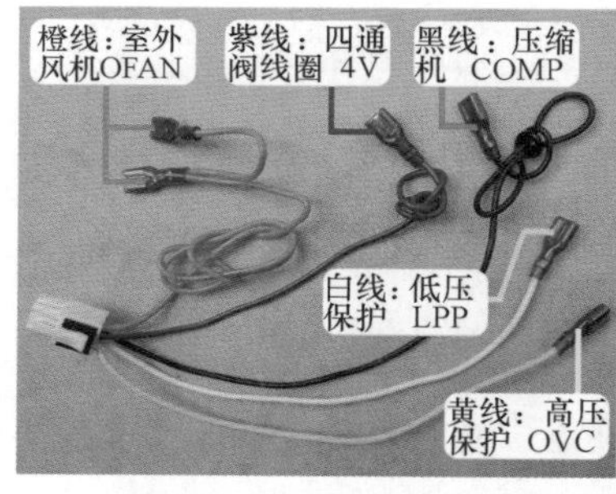

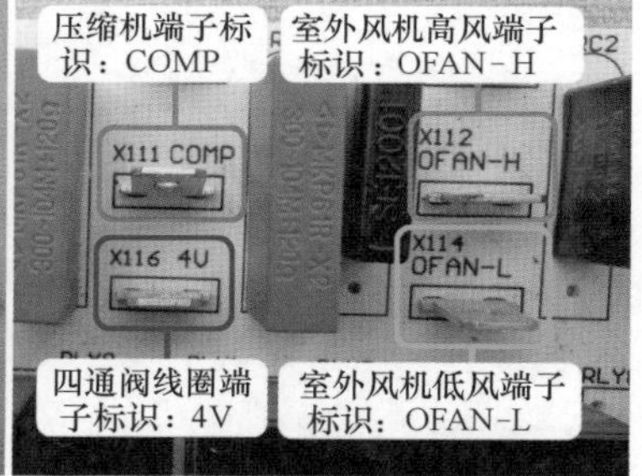

图 10-9　方形对接插头引线和主板标识

见图 10-10，将压缩机黑线插在主板标有 COMP 的端子，将四通阀线圈紫线插在主板标有 4V 的端子。

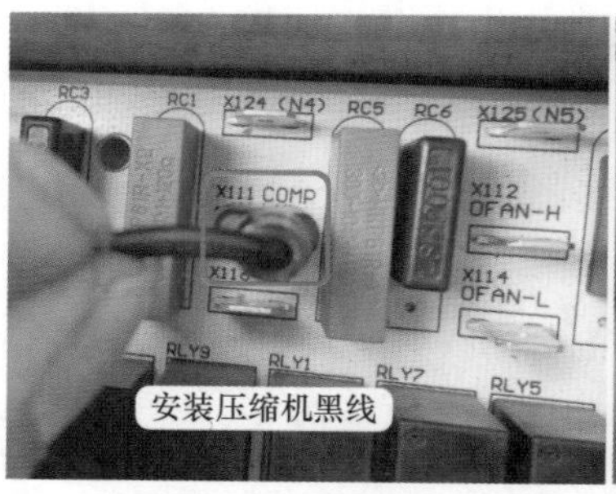

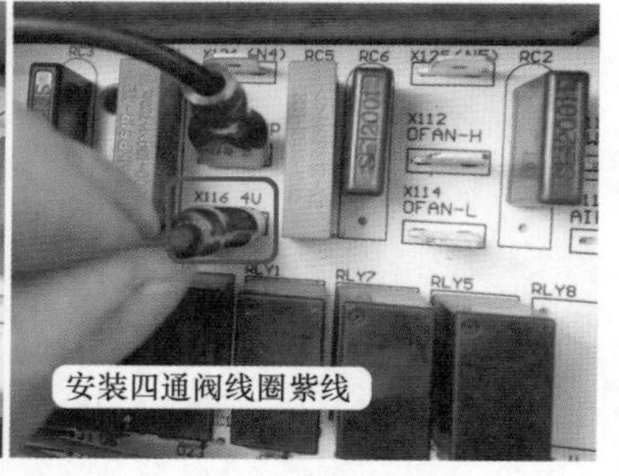

图 10-10　安装压缩机和四通阀线圈引线

见图 10-11 左图，将室外风机橙线插在主板上标有 OFAN-H 的端子。

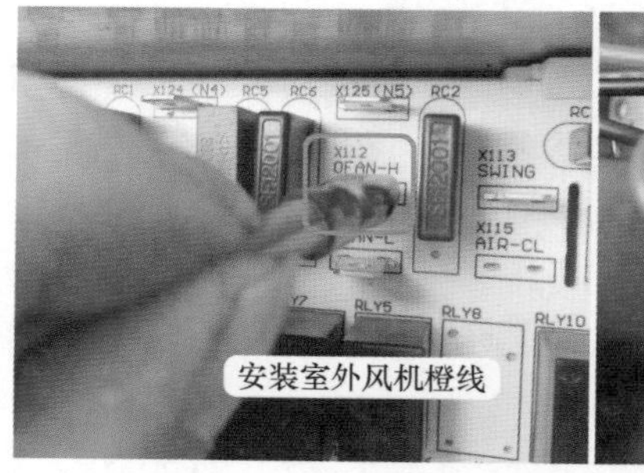

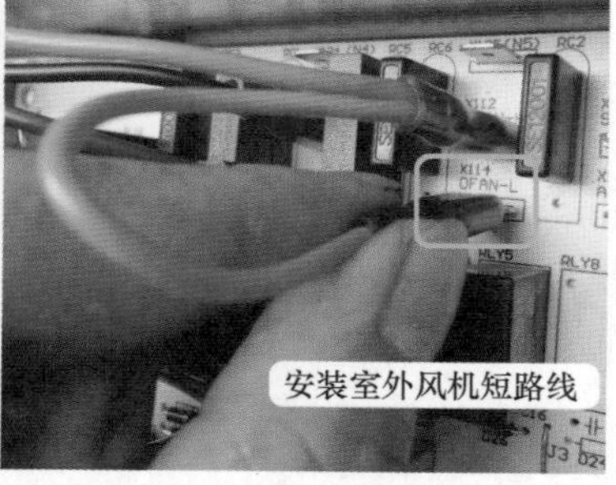

图 10-11　安装室外风机引线

本机室外风机只有高风一个转速，室内机主板输出高风和低风 2 挡风速，为保证室内机主板输出低风供电时室外风机能正常运行，见图 10-11 右图，设有一根短路线，将短路线插在主板标有 OFAN-L 的端子。

室内机主板强电区域中高压保护端子标识为 OVC，见图 10-12，将高压保护黄线安装至标有 OVC 的端子。

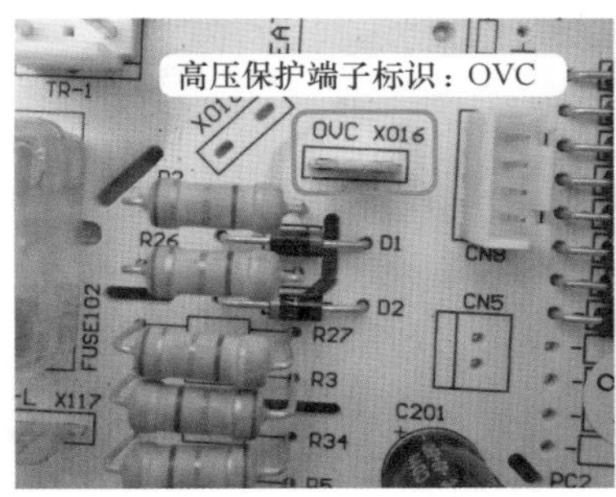

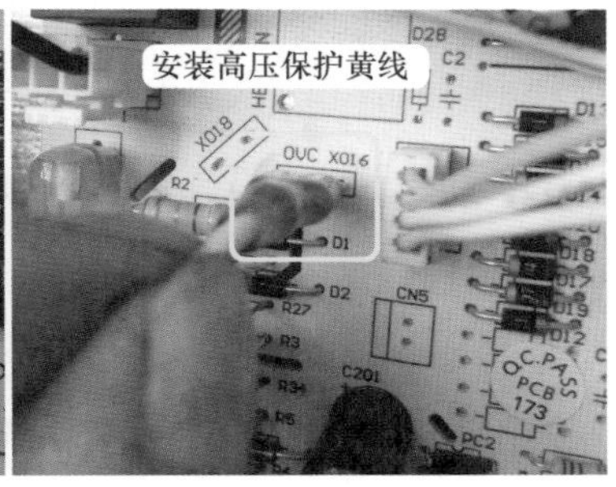

图 10-12　端子标识和安装高压保护黄线

室内机主板强电区域中低压保护端子标识为 LPP，见图 10-13，将低压保护白线安装至标有 LPP 的端子。

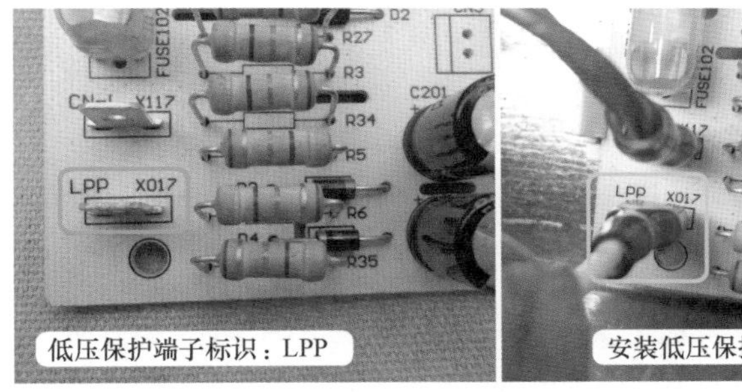

图 10-13　端子标识和安装低压保护白线

5. 显示板引线

显示板和室内机主板使用一束连接引线，由于引线较多（17 根），见图 10-14，共使用 2 组插座，室内机主板位于弱电区域的多针插座连接显示板引线。

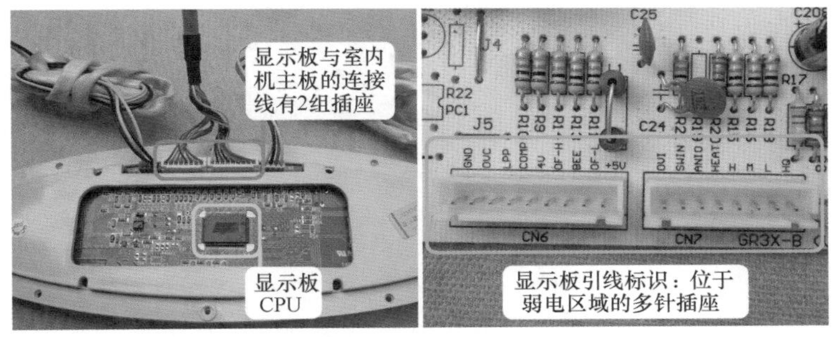

图 10-14　显示板引线和主板插座

见图 10-15，将一个 8 线的插头和一个 9 线的插头插在室内机主板对应的插座，由于两个插头大小不相同，当插反时插不进去或留有一个空针。

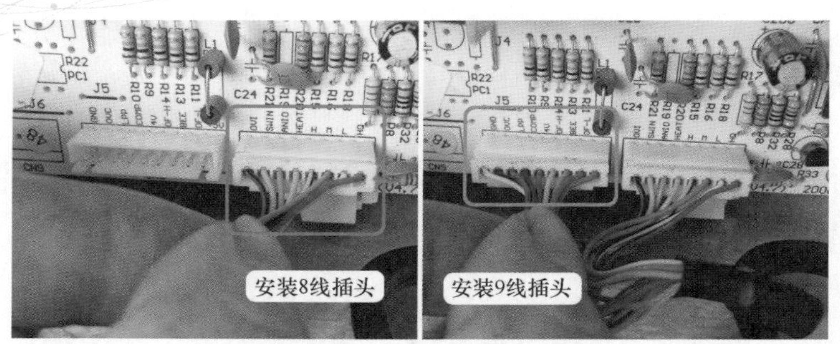

图 10-15 安装显示板引线插头

6. 同步电机插头

同步电机线圈共有 2 根引线，见图 10-16，工作电压为交流 220V；室内机主板强电区域中同步电机端子（相线）标识为 SWING，标识为 N1、N2、N3、N4、N5 的端子，均与 CN-N 零线相通。

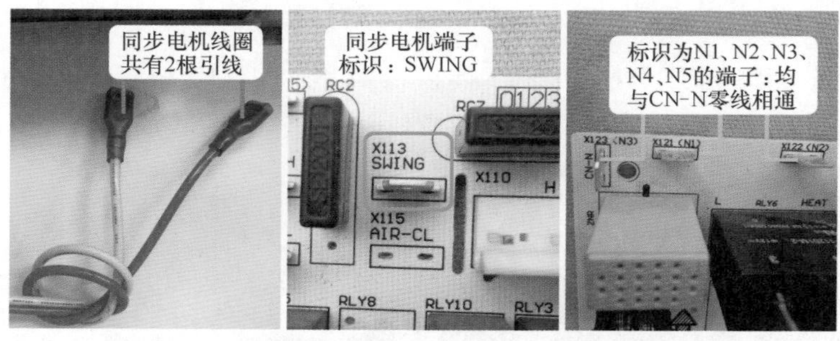

图 10-16 同步电机引线和主板端子标识

见图 10-17，将同步电机的白线安装至主板 N 端子（实接 N2）、红线安装至标有 SWING 的端子。说明：实际安装时 2 根引线不分反正。

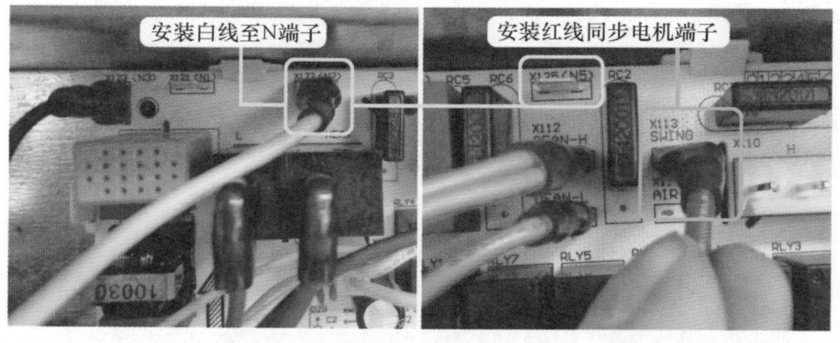

图 10-17 安装同步电机引线

7. 室内风机插头

室内风机使用一束 4 根引线的插头和主板连接，见图 10-18，室内机主板强电区域中室内风机插座标识为 H、M、L，将室内风机插头插在主板对应插座。

8. 更换完成

见图 10-19，所有负载的引线或插头，均安装在主板相对应的端子或插座，至此，更换室内机主板的步骤已全部完成。

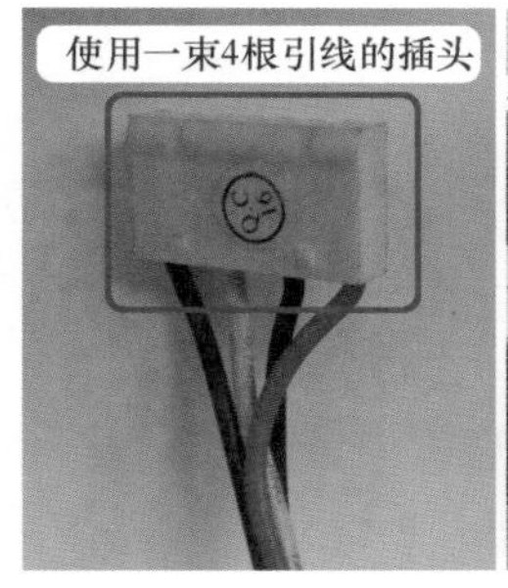

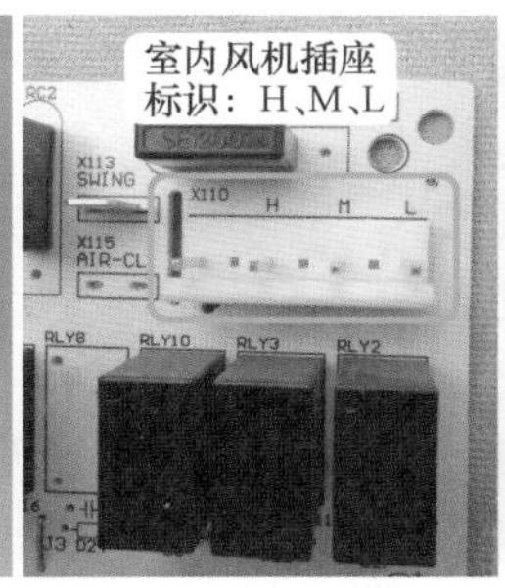

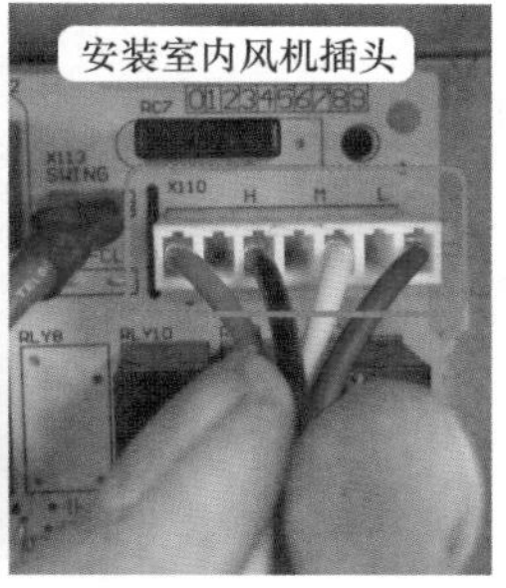

> **说明**
> 室内风机的电容引线直接安装在电容上面，更换主板过程中不用拔下。

图 10-18　安装室内风机插头

图 10-19　更换完成

第二节　通用板代换

本节以格力 KFR-72LW/（72569）NhBa-3 的柜式空调器为例，介绍在检修过程中发现主板损坏时，需要代换通用板的操作步骤。

一、实物外形和设计特点

1. 实物外形

见图 10-20 左图，本例选用某品牌具有液晶显示、具备冷暖两用且带有辅助电加热控制的通用板组件，主要部件有通用板（主板）、显示板、变压器、遥控器、接线插、主板固定螺钉、环温和管温传感器等。图 10-20 右图为通用板电气接线图。

2. 主要接线端子

通用板主板和显示板主要接线端子及插座见图 10-21。

通用板主板供电端子：2 个，主板相线、零线（零线 N）。

辅助电加热（简称辅电）：辅电相线、辅电（电加热）。

变压器插座：2 个，一次绕组（初级）、二次绕组（次级）。

传感器插座：2 个，室内环温（室温）、室内管温（盘管温）。

显示板插座：1 个，显示板（通讯），连接显示板。

室内风机端子：3 个，高风（高风）、中风（中风）、低风（低风）。

同步电机端子：1 个，（摆风）端子，连接同步电机。

步进电机插座：1 个，（步进摆风）插座，连接步进电机。

室外机负载：3 个，压缩机（压缩机）、室外风机（外风机）、四通阀线圈（四通阀）。

显示板上插头：1 个，连接至主板。

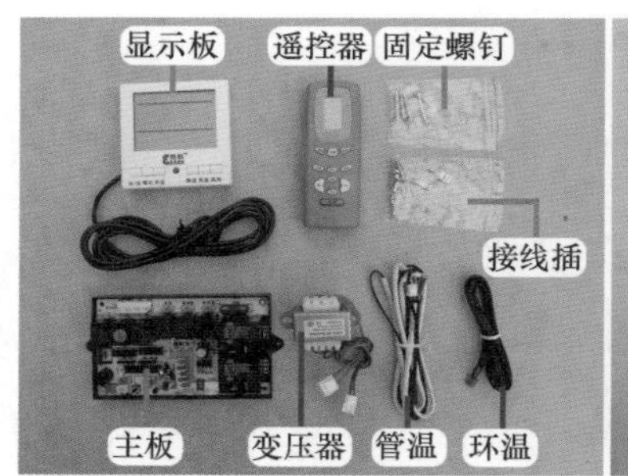

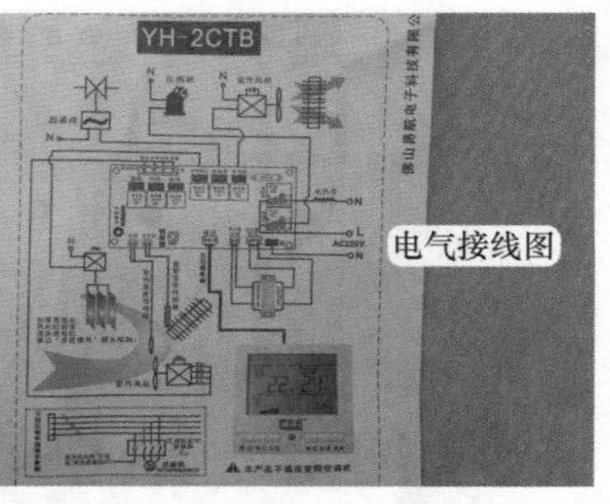

图 10-20　通用板组件和电气接线图

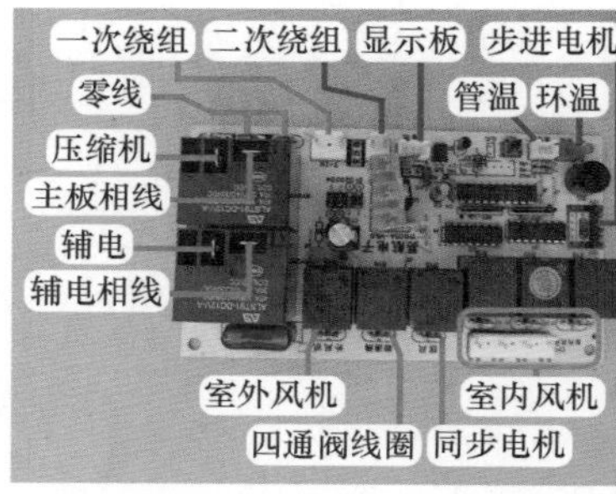

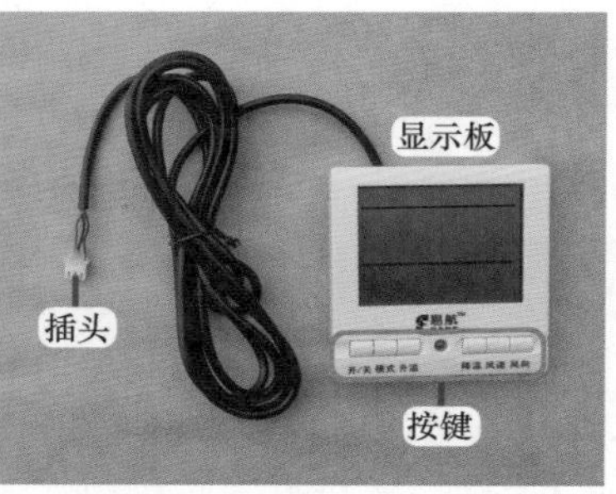

图 10-21　通用板主板和显示板

3. 设计特点

① 自带遥控器、变压器、接线插，方便代换。

② 室内环温和管温传感器插头颜色和主板插座颜色相对应，方便代换。

③ 显示板设有全功能按键，即使不用遥控器，也能正常控制空调器，并且 LCD 显示屏可更清晰地显示运行状态。

④ 通用板上使用汉字标明接线端子的作用，使代换过程更为简单。

⑤ 通用板只设有 2 个电源零线 N 端子。如室内风机、室外机负载、同步电机使用的零线 N 端子，可由电源接线端子上 N 端子提供。

⑥ 室内风机提供 2 种接线方式：见图 10-22 左图，插座和端子，2 种接线方式功能相同，使代换过程更简单。例如室内风机使用插头，调整引线后插入插座即可，不像其他品牌通用板只提供端子，还需要将插头引线剪断，换成接线插，才能连接到通用板。

⑦ 摆风提供 2 种接线方式：见图 10-22 右图，如早期或目前部分品牌的空调器左右摆风使用交流 220V 供电的同步电机，提供有继电器控制的强电同步电机摆风端子；如目前

部分品牌空调器左右摆风使用直流 12V 供电的步进电机，提供有反相驱动器控制的 6 针弱电步进电机插座。2 个插座受遥控器或按键的“风向”键控制，同时运行或断开。

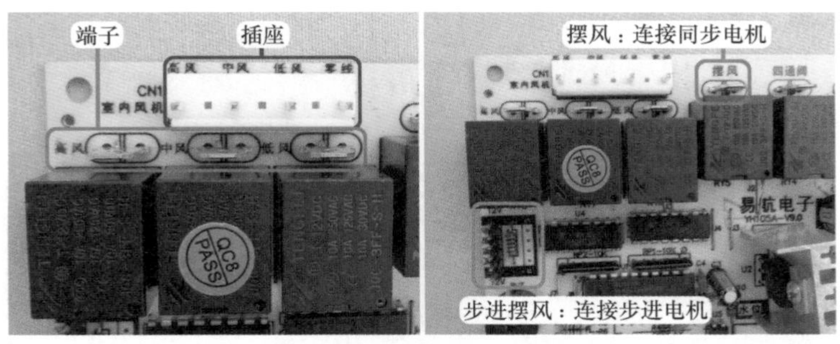

图 10-22 室内风机和摆风插座

二、代换步骤

1. 取下原机电控系统和保留引线

见图 10-23，取下原机变压器、室内机主板、显示板，保留显示板引线。

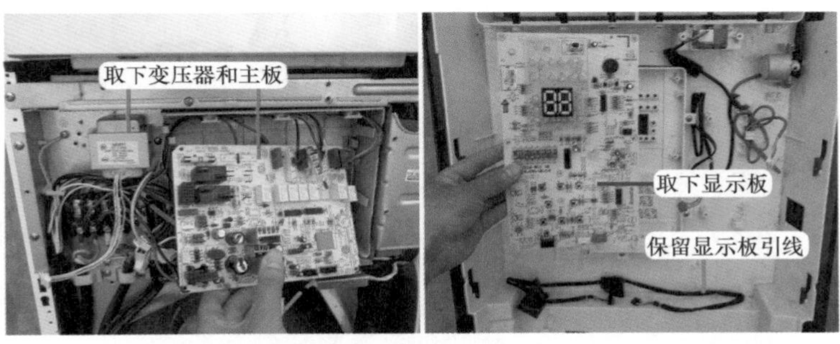

图 10-23 取下变压器、主板和显示板

见图 10-24，取下原机室内环温和管温传感器、连接室外传感器的扁形对接插头；保留为主板供电的棕线和蓝线、室内风机插头、辅助电加热的 2 根引线、辅助电加热供电的相线、室外机负载引线、显示板引线。

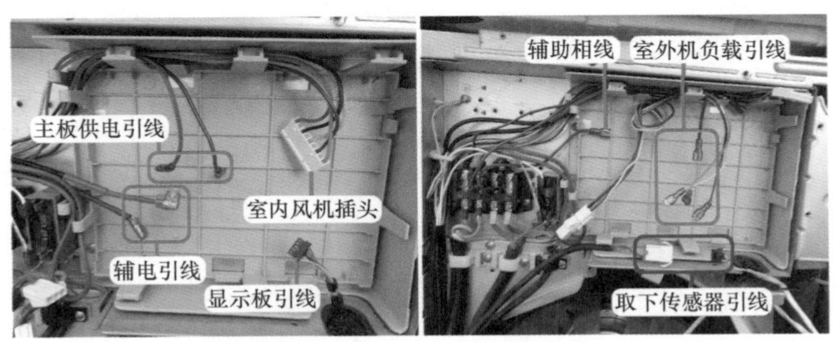

图 10-24 保留的引线

2. 安装通用板

由于原机电控系统设有大面积的塑料壳，主板通过卡扣固定在里面，塑料壳表面未设计螺钉孔，而通用板使用螺钉固定，需要拆除塑料壳。

查看将通用板正立安装时（见图 10-25），辅电继电器和变压器插座位于右侧位置，而辅电供电相线和变压器引线均不够长，不能安装至端子或插座，因此在电控盒内寻找合适位置，将通用板倒立安装，左侧使用螺钉固定，右侧位置因无螺钉孔，使用双面胶固定。

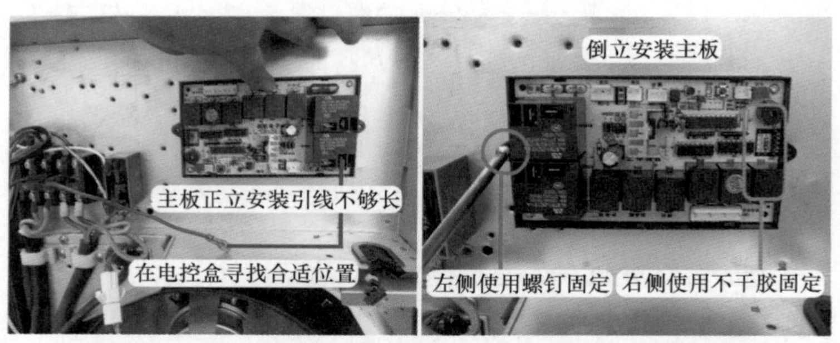

图 10-25　安装通用板

3. 供电引线

主板供电有 2 根引线：相线 L 端为棕线、零线 N 端为蓝线，见图 10-26，安装供电棕线至通用板压缩机继电器标有“COM”的端子、安装供电蓝线至标有“零线”的端子。

> **说明**
>
> 通用板压缩机和辅电继电器 3 个端子英文含义，COM 为公共端，接输入供电相线；NO 为常开触点，线圈未通电时为 COM-NO 触点断开，NO 端子接负载；NC 为常闭触点，线圈未通电时 COM-NC 触点导通，NC 端子在空调器电路中一般不使用。

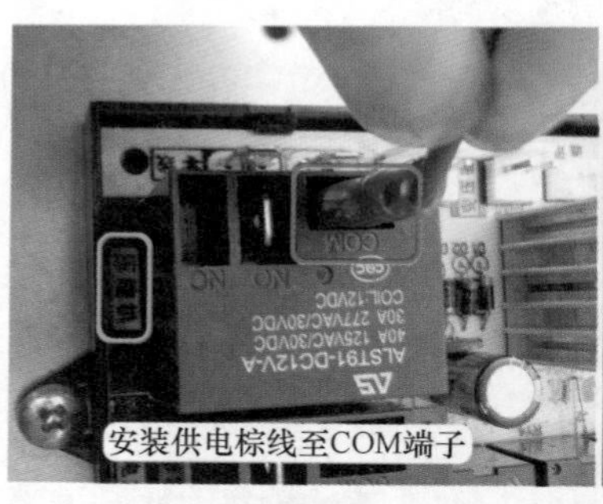

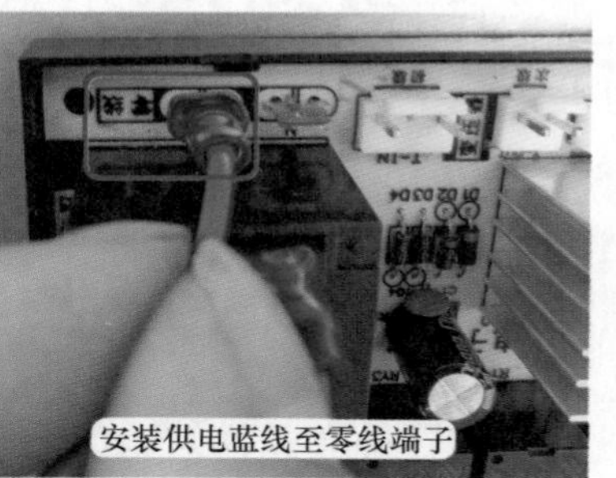

图 10-26　安装供电引线

4. 变压器插头

通用板配备有变压器，设有 2 个插头，大插头为一次绕组（俗称初级线圈）、小插头为二次绕组（俗称次级线圈），见图 10-27 左图，在电控盒寻找合适位置，使用螺钉将变压器固定。

见图 10-27 右图，安装大插头一次绕组至通用板标有“初级”的插座；见图 10-28 左图，安装小插头二次绕组至通用板标有“次级”的插座。

5. 辅电引线

原机主板辅电电路使用 2 个继电器控制，设有 2 根供电引线，而通用板只设有 1 个继电器，应将原机为辅电供电的零线蓝线取下不用，见图 10-28 右图，将辅电的蓝线安装至接线端子中标有“N”的端子。

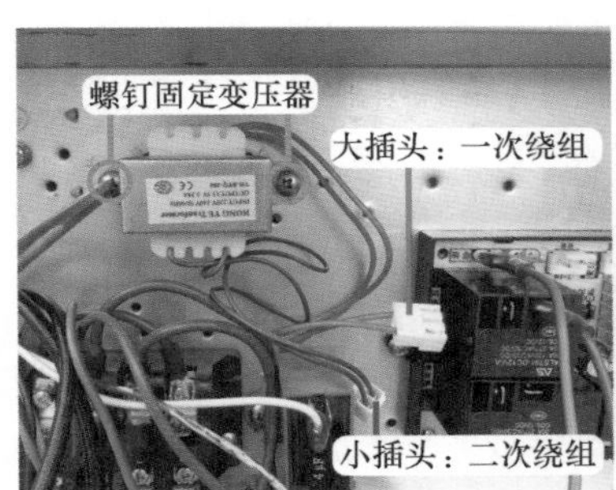

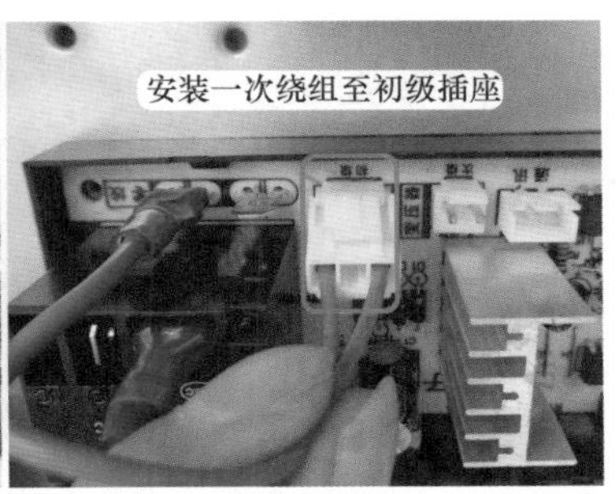

图 10-27 固定变压器和安装一次绕组插头

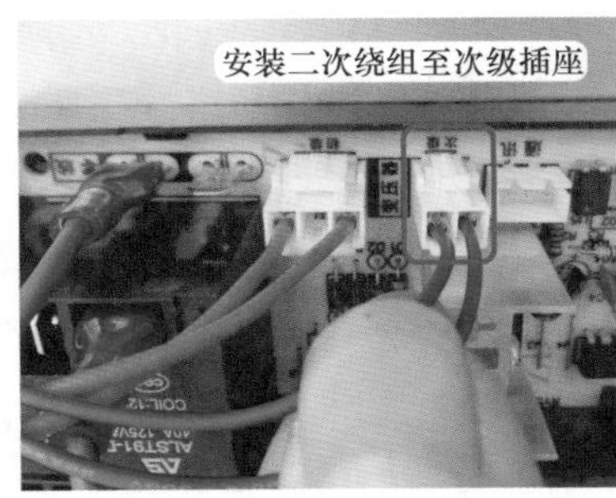

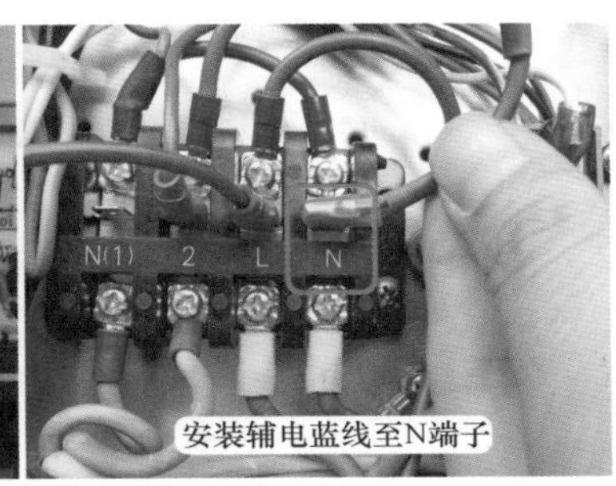

图 10-28 安装二次绕组插头和辅电蓝线

见图 10-29，再将为辅电供电的相线棕线安装至通用板电加热继电器标有“COM”的端子，将辅电的红线安装至“NO”端子。

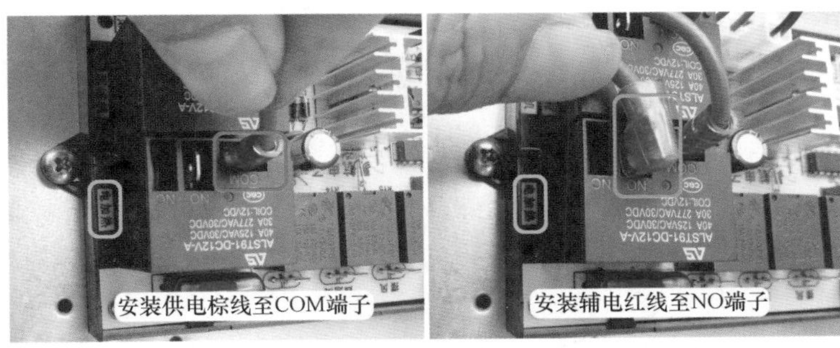

图 10-29 安装辅电供电棕线和红线

6. 室内风机插头

原机室内风机设有 4 挡风速，插头共有 5 根引线：红线为零线公共端、黑线为高风、黄线为中风、蓝线为低风、灰线为超强，而通用板室内风机电路只有 3 个继电器即 3 挡风速，考虑到超强风速较少使用，决定不再安装，只对应安装低风、中风、高风 3 挡风速。

查看安装方向后，将室内风机插头对准通用板插座，并查看通用板插座引针功能和室内风机引线功能，见图 10-30 左图，可知插头高风、中风、低风引线和插座引针相对应，插头中超强和零线公共端位置相反，需要调整插头中引线顺序。

插头引线取出方法见图 10-30 右图，使用万用表表笔尖向下按压引线挡针，同时向外拉引线即可取下。

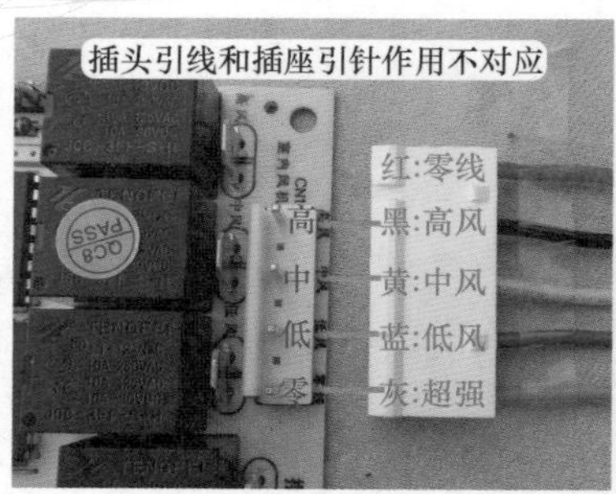

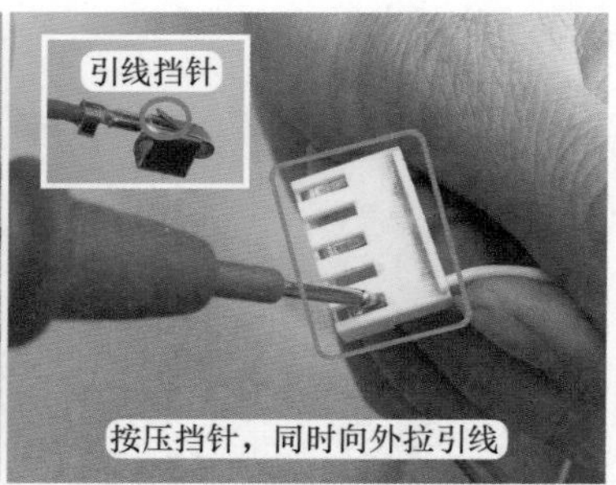

图 10-30 插头与插座不匹配和取出引线方法

对调插头中红线和灰线后，见图 10-31 左图，再将室内风机插头引线对准通用板插座引针，可知此时引线和引针的功能相对应。

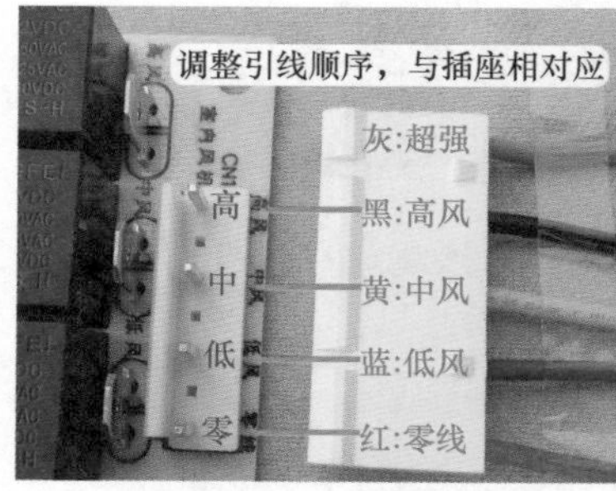

图 10-31 调整引线和安装插头

见图 10-31 右图，将调整后的室内风机插头安装至通用板标有“室内风机”的插座。

7. 步进电机插头

原机上下和左右风门叶片（导风板）均可以自动调节，由直流 12V 供电的步进电机驱动，由于通用板只设有一个步进电机插座，考虑到实际使用中上下风门叶片调节次数较少，决定上下步进电机不再使用，保留驱动左右风门叶片的步进电机。

原机由显示板驱动上下和左右步进电机，引线插头均安装至显示板，因此步进电机的引线相对较短，不能安装到位于电控盒位置的通用板，见图 10-32，查看原机主板和显示板的连接线为 5 根引线，和步进电机插头引线数量相同，因此保留显示板引线，使用对接端子将步进电机插头和显示板插头互相连接，在连接时要注意将步进电机插头的红线和显示板插头的红线相对应。

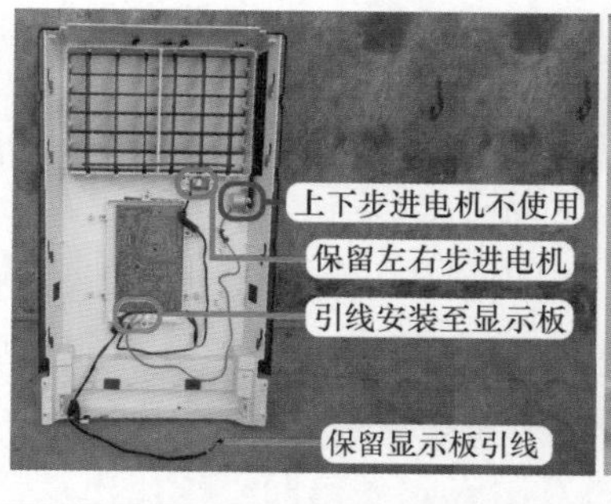

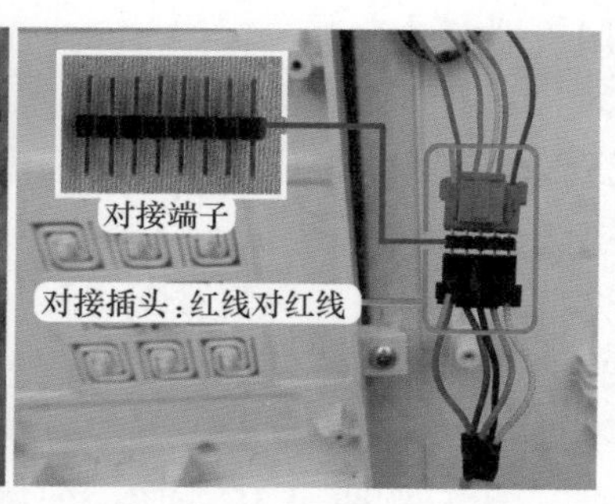

图 10-32 保留步进电机和对接插头

说明

如果检修时没有对接端子，可剥开引线绝缘层，将 2 个插头引线直接相连，再使用绝缘胶布包好。

为防止对接后的插头移动导致引线接触不良，见图 10-33 左图，使用胶布包扎对接插头，此时的显示板插头即成为新的左右步进电机插头。

见图 10-33 右图，通用板步进摆风插座即步进电机插座共设有 6 个引针，两边的 2 个引针相通均为供电，接直流 12V，中间的 4 个引针为驱动，接反相驱动器；步进电机共设有 5 根线，红线为公共端，需要接直流 12V，其他 4 根引线为驱动，需要接反相驱动器。

说明

通用板步进电机插座两边设计 2 个直流 12V 引针的作用是，可以调整步进电机的旋转方向。例如将红线接上方的直流 12V 引针，步进电机为顺时针旋转，而将红线接下方的直流 12V 引针，则步进电机改为逆时针旋转。而本机需要控制的是左右步进电机，驱动左右风门叶片没有调整的必要；如果本机控制上下步进电机，则需要使用本功能，假如红线接上方直流 12V 引针，通用板上电复位时风门叶片自动打开，开机后风门叶片自动关闭，此时拔下步进电机插头，再将红线接下方直流 12V 引针安装插头即可改为上电复位时风门叶片自动关闭，开机后风门叶片自动打开。

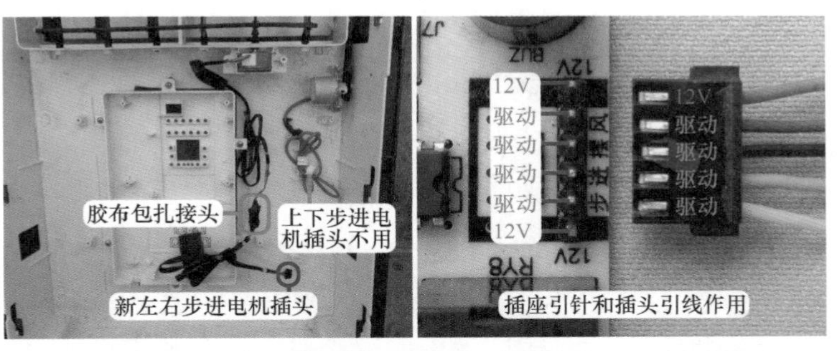

图 10-33 包扎接头和步进电机插头插座作用

见图 10-34，将新步进电机插头安装至通用板标有“步进摆风”的插座，注意红线要对应安装 12V 引针，这样左右步进电机受通用板控制，左右风门叶片可以自动摆动，而上下风门叶片则需要手动调节。

说明

由于本机使用直流 12V 供电的步进电机驱动风门叶片，因此提供交流 220V 供电的同步电机摆风端子空闲不用安装。

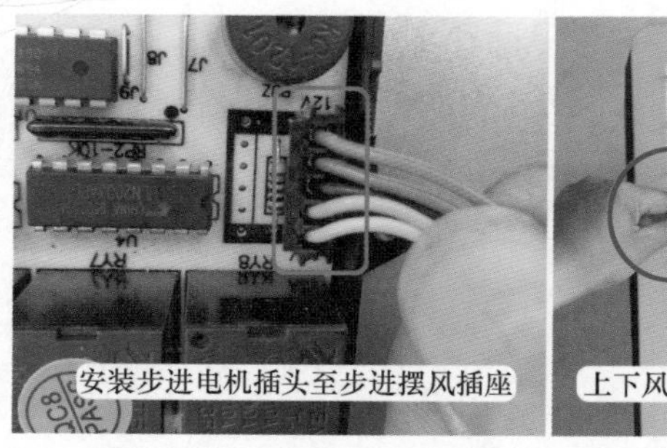

图 10-34 安装步进电机插头和手动调节风门叶片

8. 室外机负载

室外机负载共有 4 根引线，使用方形对接插头，黑线连接压缩机的交流接触器线圈、橙线连接室外风机、紫线连接四通阀线圈、黄线连接高压压力开关，因通用板未设计压力保护电路，所以高压保护黄线不用连接。

见图 10-35，将压缩机黑线安装至通用板压缩机继电器上标有“NO”的端子，将室外风机橙线安装至标有“外风机”的端子。

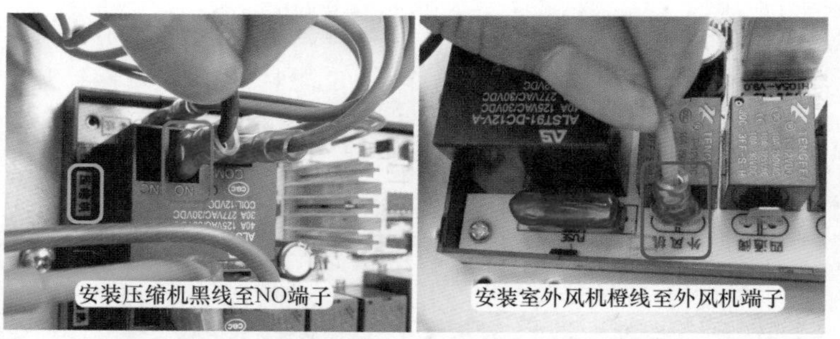

图 10-35 安装压缩机和室外风机引线

见图 10-36，将四通阀线圈紫线安装至通用板标有“四通阀”的端子，高压保护黄线不再使用，使用防水胶布包扎好接头，防止漏电。

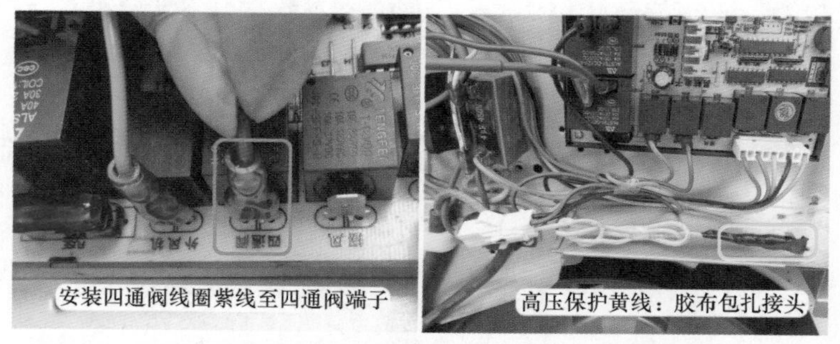

图 10-36 安装四通阀线圈引线和包扎接头

9. 室内环温和管温传感器

见图 10-37，将室内环温传感器探头安装在原环温传感器位置，红色插头安装至通用板标有“室温”的红色插座。

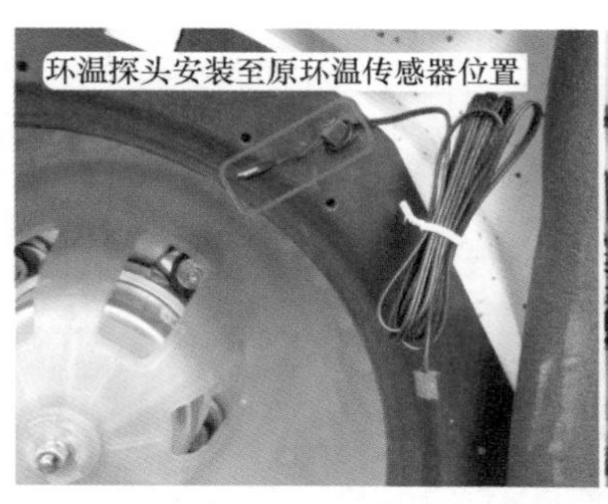

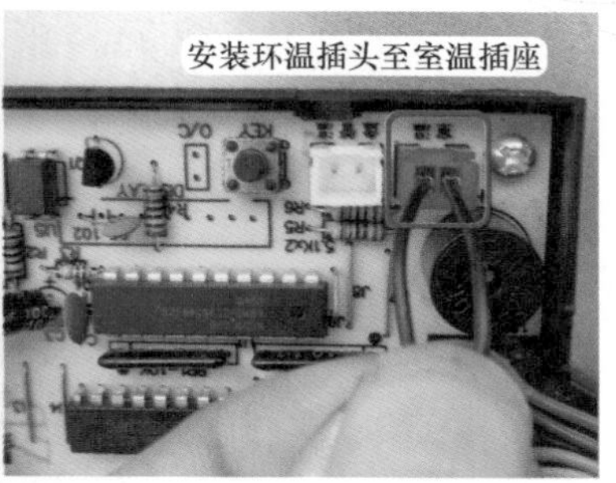

图 10-37 固定环温探头和安装插头

见图 10-38，将室内管温传感器探头安装在蒸发器检测孔内，配备的管温传感器引线较长，其白色插头安装在通用板标有“盘管温”的白色插座。

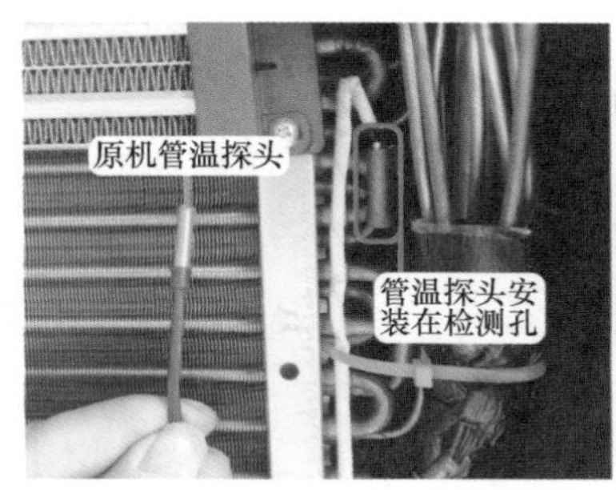

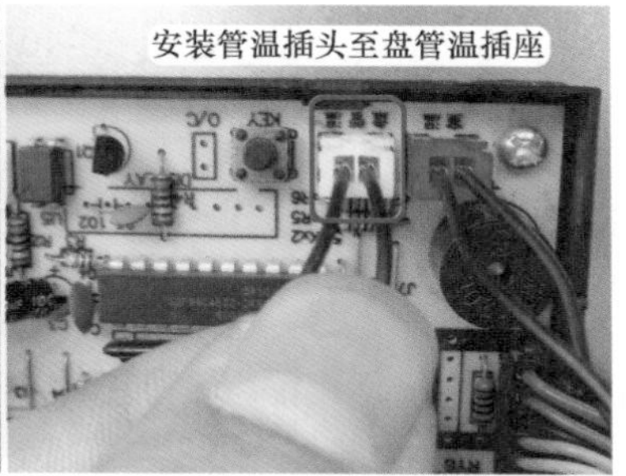

图 10-38 固定管温探头和安装插头

10. 显示板插头

在室内机前面板的原机显示屏合适位置扳开缝隙，见图 10-39，将通用板配备的显示板引线从缝隙中穿入并慢慢拉出，再使用双面胶一面粘住显示板反面，另一面粘在原机的显示窗口合适位置，固定好显示板，再顺好引线，将插头安装至通用板标有“通讯”的插座。

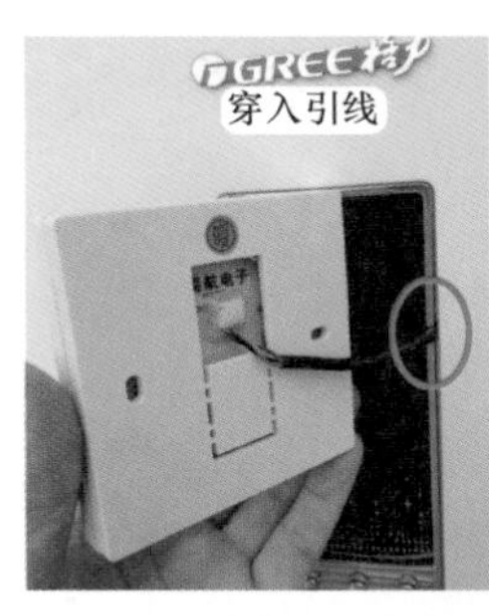

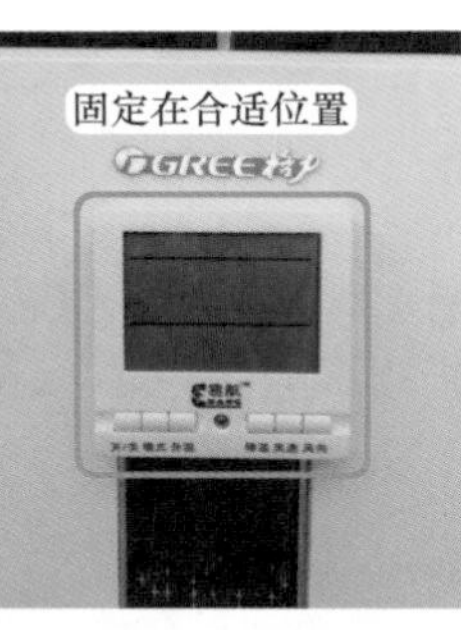

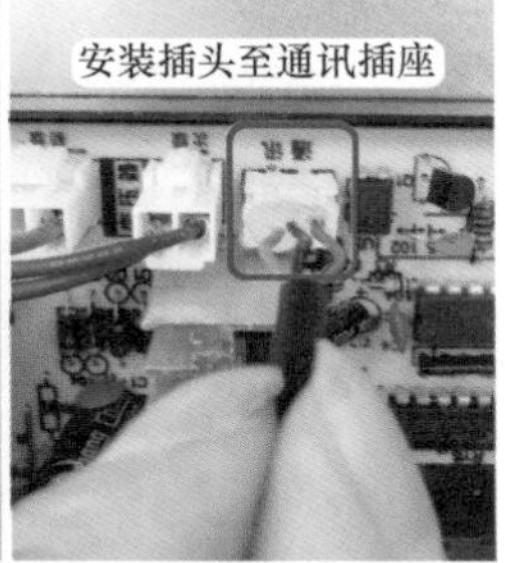

图 10-39 固定显示板和安装插头

11. 代换完成

至此，室内机和室外机的负载引线已全部连接，见图 10-40 左图，即代换通用板的步骤也已结束。

图 10-40 中图，按压显示板上“开 / 关”按键，并转换“模式”至制冷，室内风机开始

运行，当设定温度低于房间温度，待3min延时过后，压缩机和室外风机开始运行，空调器制冷也恢复正常。

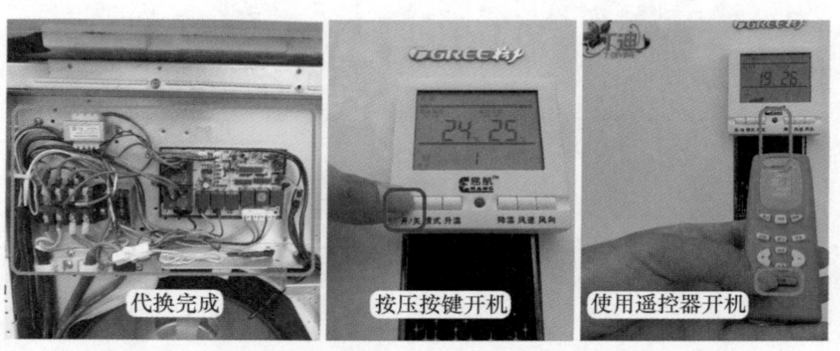

图10-40 代换完成和开机

按压遥控器“开/关”按键，见图10-40右图，显示板显示遥控器发送的信号，同时对空调器进行控制。

三、利用原机高压保护电路

格力部分3P和5P空调器，室外机压缩机排气管上均设有高压压力开关，与室内机主板组成高压保护电路，可最大程度保护压缩机免受过载损坏。但是更改成通用板后，因通用板未设计高压保护电路，因此原机的高压保护电路和低压保护电路均不再使用，这样空调器虽然也能运行，但由于取消了相应保护电路，压缩机损坏的比例也相应增加，在实际代换过程中，经过实际试验，即使使用代换的通用板，也可利用原机的高压保护电路，以保护压缩机，方法如下。

1. 工作原理

其实原理很简单，通用板在正常工作时，如果忽然停止供电，由于弱电电路中继电器线圈正常工作，迅速消耗掉电源电路中滤波电容的电量，使直流12V和5V电压均为0V，即使断电后迅速通上电源（如断电约3s），通用板CPU也将重新复位，进入待机状态。

2. 更改方法

高压压力开关在室外机连接电源零线N端子，高压保护黄线也为零线N端子，如果需要利用原机的高压保护电路，见图10-41，可将为通用板提供电源零线N端的蓝线取下，由方形对接插头中高压保护黄线为通用板N端供电。

代换通用板后的空调器在运行中，如室外机由于冷凝器脏堵、室外风机未运行、压缩机卡缸（5P三相供电空调器）等原因，使高压压力开关触点或电流检测板（5P三相供电空调器）上继电器触点断开，通用板将停止供电，并断开压缩机和室外风机的供电。

当压缩机停止工作后，高压压力开关触点或电流检测板继电器触点由断开到闭合通常需要约15s时间，因此触点闭合后再次为通用板供电，通用板CPU将重新复位，处于待机状态。

所以，当高压保护电路断开，使用原机主板时表现为整机停机，显示E1代码，不能再次自动运行，需人为操作关机后再开机才能再次运行。而使用通用板，则表现为整机停机，电控系统处于待机状态，也不能再次自动运行，需人为操作开机后才能再次运行。因此通过更改引线，通用板也能起到高压保护电路的作用。

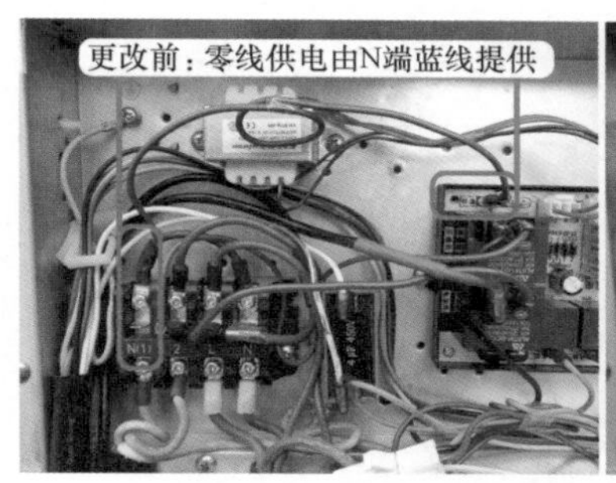

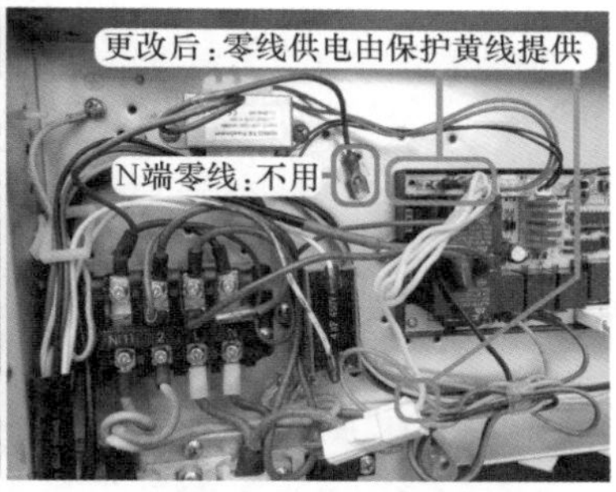

图 10-41　调整引线

第十一章

定频空调器故障维修实例

第一节 定频空调器常见故障维修

一、变压器一次绕组开路损坏

故障说明：美的 KFR-51LW/DY-GA（E5）柜式空调器，用户反映上电无反应，使用遥控器和按键均不能开机。上门检查，将空调器重新通上电源，没有听到蜂鸣器的声音，显示屏无复位时的全屏显示，使用遥控器和按键均不能开启空调器。电源电路原理图见图 11-1。

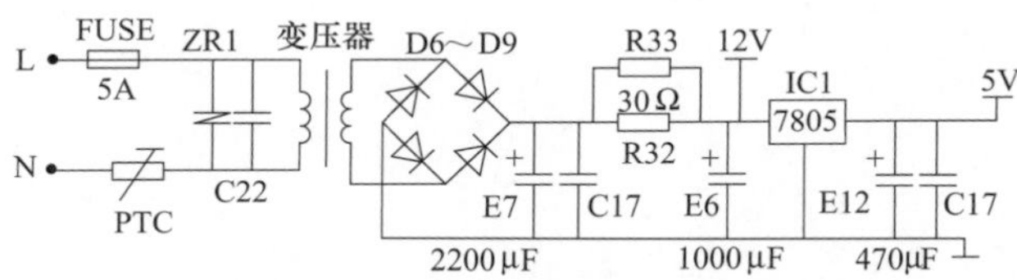

图 11-1 电源电路原理图

1. 测量供电电压和 5V 电压

取下室内机进风格栅和电控盒盖板，使用万用表交流电压挡，见图 11-2 左图，测量室内机接线端子 L-N 电压，实测为交流 220V，说明电源供电已送至室内机。

重新上电无反应，说明 CPU 没有工作，应测直流 5V 电压，使用万用表直流电压挡，见图 11-2 右图，黑表笔接地（实接 7805 散热片）、红表笔接主板和显示板连接插座中标示有 +5V 的红线，实测电压为直流 0V，说明为主板供电的电源电路出现故障。

2. 测量变压器插座电压

直流 5V 由变压器二次绕组经整流、滤波、7805 稳压后提供，因此使用万用表交流电压挡，见图 11-3 左图，测量变压器二次绕组插座电压，实测为交流 0V，说明变压器未输出供电。

依旧使用万用表交流电压挡，见图 11-3 右图，测量变压器一次绕组插座电压，实测为交流 220V，和接线端子 L-N 电压相同，说明供电和熔丝管（俗称保险管）均正常，二次绕组未输出电压可能为变压器损坏。

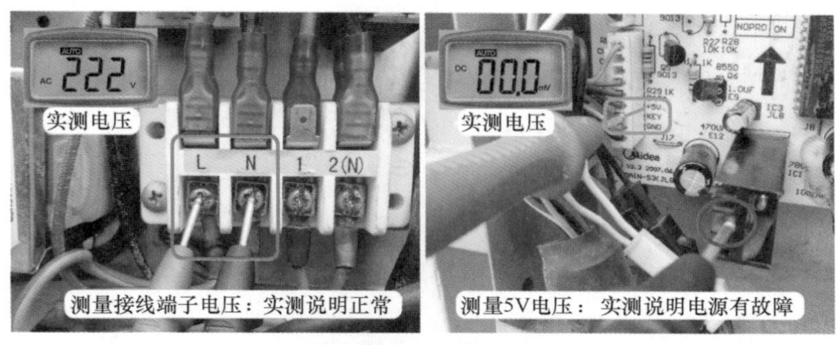

图 11-2　测量交流供电和直流 5V 电压

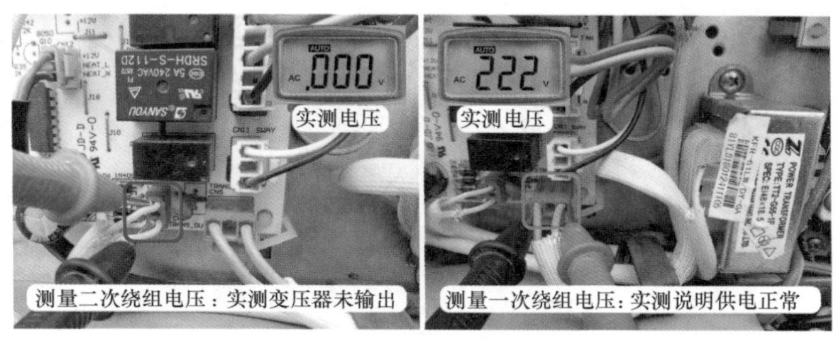

图 11-3　测量变压器插座电压

3. 测量一次绕组阻值

断开空调器电源，使用万用表电阻挡，见图 11-4 左图，测量变压器一次绕组阻值，正常约 400Ω，实测阻值为无穷大，说明开路损坏。

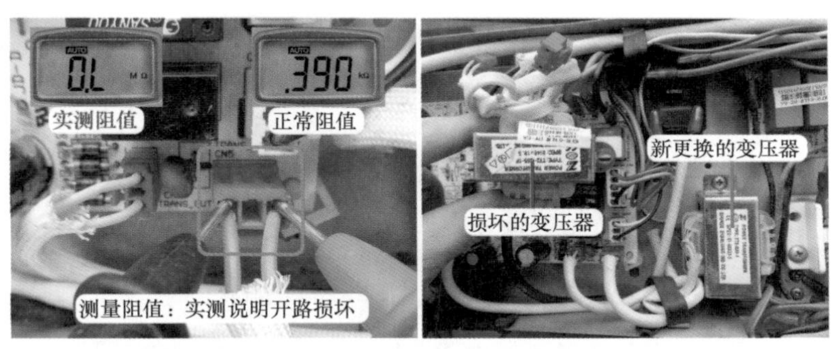

图 11-4　测量一次绕组阻值和更换变压器

维修措施：见图 11-4 右图，更换变压器。更换后将空调器通上电源，能听到蜂鸣器的响声，同时显示屏全屏显示复位，约 3s 后熄灭，按压遥控器开关按键，空调器开始运行，制冷正常，故障排除。

总　结

变压器一次绕组开路损坏，在实际维修中经常遇到，是一个常见故障。如果柜式空调器设有电源插头，由于变压器一次绕组与电源供电L-N并联，利用这一原理，简单的判断方法如下：使用万用表电阻挡，见图11-5，测量电源插头L-N阻值，如果为无穷大，说明变压器一次绕组回路有开路故障，再测量熔丝管阻值，正常为0Ω，排除熔丝管开路故障后，即可初步判断变压器一次绕组开路损坏，然后再测量一次绕组插头阻值确定即可。

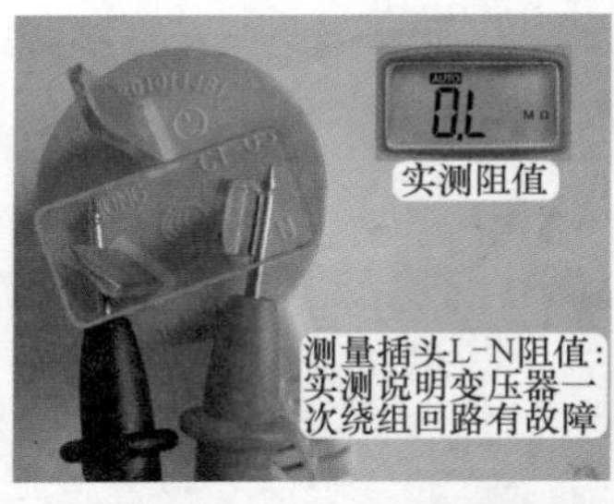

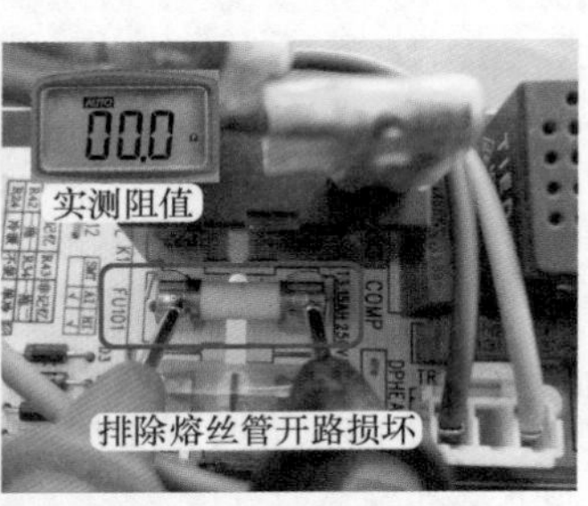

图11-5　测量插头和熔丝管阻值

二、接收器损坏

故障说明：格力KFR-72LW/NhBa-3柜式空调器，用户使用遥控器不能开启空调器，使用按键控制正常。

1. 按键开机和检查遥控器

上门检查，按压遥控器上开关按键，室内机没有反应；见图11-6左图，按压前面板上开关按键，室内机按自动模式开机运行，说明电路基本正常，故障在遥控器或接收器电路。

使用手机摄像头检查遥控器，见图11-6右图，方法是打开手机的相机功能，将遥控器发射头对准手机摄像头，按压遥控器按键的同时观察手机屏幕，遥控器正常时在手机屏幕上能观察到发射头发出的白光，损坏时不会发出白光，本例检查能看到白光，说明遥控器正常，故障在接收器电路。

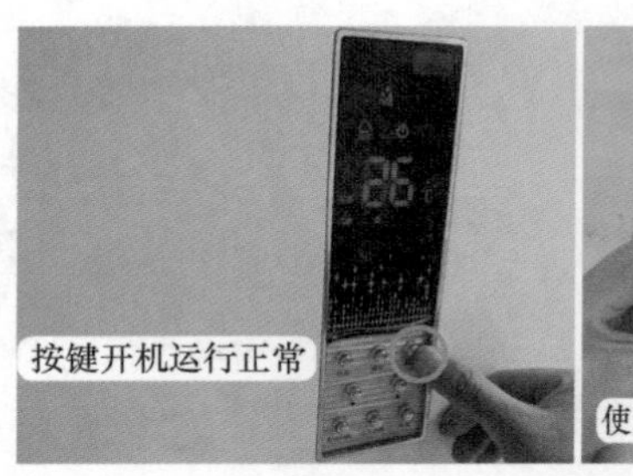

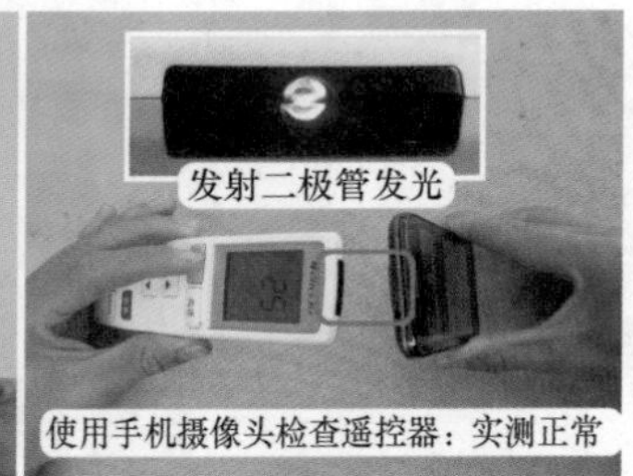

图11-6　按键开机和检查遥控器

2. 测量电源和信号电压

本机接收器电路位于显示板，使用万用表直流电压挡，见图11-7左图，黑表笔接接收器外壳铁壳地，红表笔接电源引脚测量电压，实测约4.8V，说明电源供电正常。

见图 11-7 右图，黑表笔不动依旧接地，红表笔改接信号引脚测量电压，在静态即不接收遥控器信号时实测约 4.4V；按压开关按键，遥控器发射信号，同时测量接收器信号引脚即动态测量电压，实测仍约为 4.4V，未有电压下降过程，说明接收器损坏。

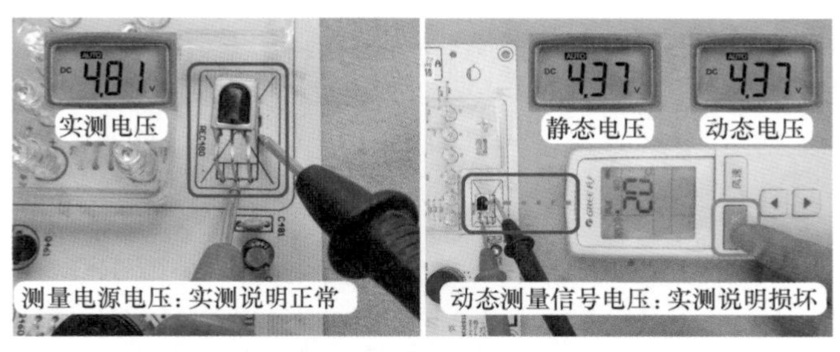

图 11-7　测量电源和信号电压

3. 代换接收器

本机接收器型号为 19GP，暂时没有相同型号的接收器，使用常见的 0038 接收器代换。方法是取下 19GP 接收器，见图 11-8 左图，查看焊孔功能：①脚为信号，②脚为电源，③脚为地。

见图 11-8 中图，0038 接收器引脚功能：①脚为地，②脚为电源，③脚为信号。

由此可见，①脚和③脚功能相反，见图 11-8 右图，代换时应将引脚掰弯，按功能插入显示板焊孔，使之与焊孔功能相对应。

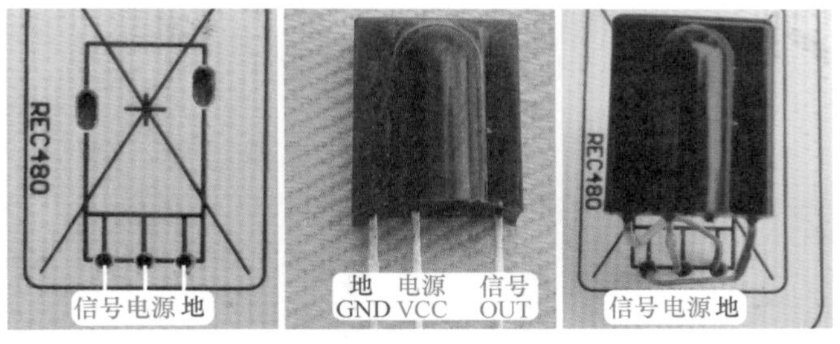

图 11-8　代换接收器

维修措施：使用 0038 接收器代换 19GP 接收器。代换后使用万用表直流电压挡，见图 11-9，测量 0038 接收器电源引脚电压为 4.8V，信号引脚静态电压为 4.9V，按压按键遥控器发射信号，接收器接收信号即动态时信号引脚电压下降至约 3V（约 1s），然后再上升至 4.9V，同时蜂鸣器响一声，空调器开始运行，故障排除。

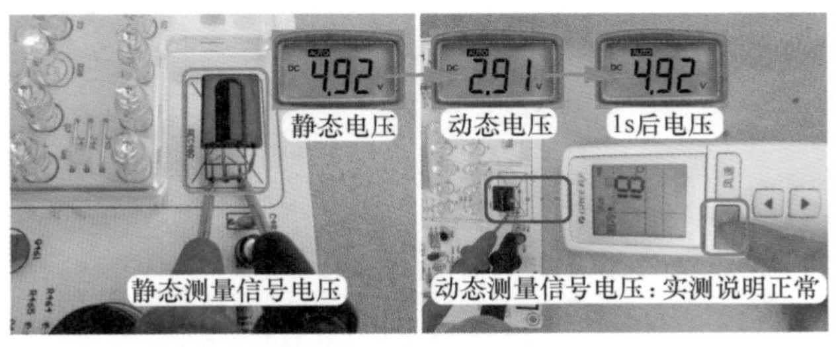

图 11-9　测量信号电压

三、应急开关漏电

故障说明：美的 KFR-23GW/DY-X（E5）挂式空调器，将电源插头插入电源插座，一段时间以后，在不使用遥控器的情况下，蜂鸣器响一声，空调器自动启动，见图 11-10，显示板组件上显示设定温度为 24℃，室内风机运行；约 30s 后蜂鸣器响一声，显示板组件显示窗熄灭，空调器自动关机，室内风机处于“干燥”功能继续运行，但 30s 后，蜂鸣器再次响一声，显示窗显示为 24℃，空调器又处于开机状态。如果不拔下空调器的电源插头，将反复地进行开机和关机操作指令，同时空调器不制冷。应急开关电路原理图见图 11-11。

图 11-10 显示窗自动显示和熄灭

1. 测量 CPU ⑩脚电压

空调器开关机有两种控制程序：一是使用遥控器控制，二是主板应急开关电路。本例维修时取下遥控器的电池，遥控器不再发送信号，空调器仍然自动开关机，排除遥控器引起的故障，应检查应急开关电路。

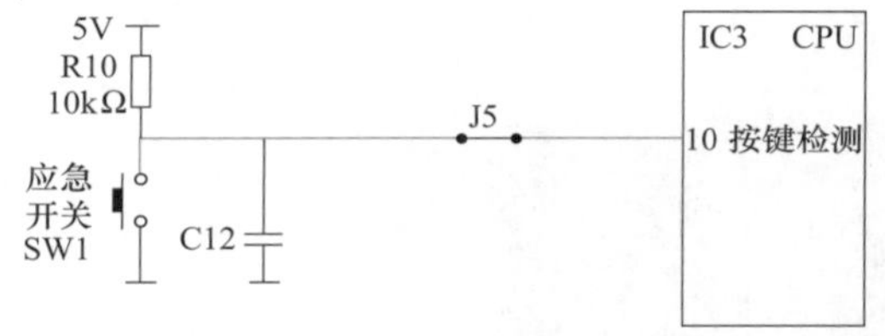

图 11-11 应急开关电路原理图

使用万用表直流电压挡，见图 11-12，黑表笔接地（实接应急开关按键外壳铁皮），红表笔接 CPU 引脚（实接短路环 J5，相当于接⑩脚），测量电压，正常待机状态即按键 SW1 未按下时，CPU ⑩脚电压为 5V，实测在 1 ～ 4V 之间跳动变化，说明应急开关电路出现漏电故障。

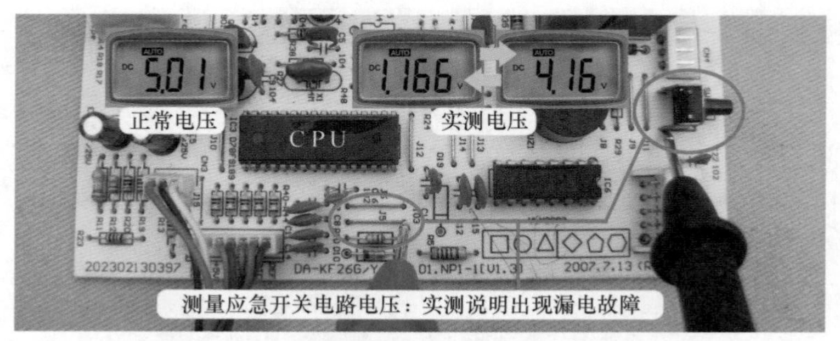

图 11-12 测量 CPU 按键引脚电压

2. 取下电容和应急开关按键试机

应急开关电路比较简单，外围元件只有电阻 R10、电容 C12、应急开关按键 SW1 共 3 个。R10 为供电电阻，不会引起漏电故障，只有 C12 或 SW1 漏电损坏，才能引起电压跳动变化的故障。

见图 11-13 左图，取下电容 C12，测量 CPU ⑩脚电压仍在 1 ～ 4V 之间跳动变化，一段时间以后空调器仍然自动开机和关机。

装上电容 C12，再将 SW1 取下，黑表笔接反相驱动器 2003 的⑧脚地，红表笔仍接短路环 J5，见图 11-13 右图，测量 CPU ⑩脚电压为稳定的 5V，不再跳动变化，同时空调器不再自动开机和关机，初步判断故障由应急开关按键 SW1 漏电引起。

图 11-13　取下电容和按键

3. 测量应急开关按键阻值

使用万用表电阻挡，见图 11-14，测量应急开关按键阻值，表笔接两个引脚，在按键未按下时，正常阻值应为无穷大，实测阻值在 100kΩ 上下浮动变化，确定按键漏电损坏。

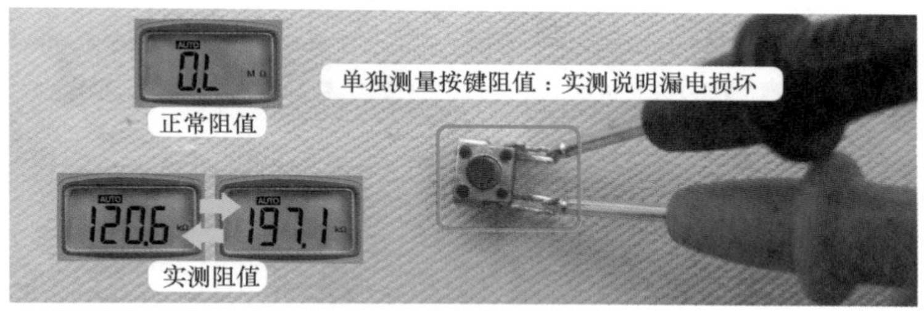

图 11-14　测量应急开关按键阻值

维修措施：见图 11-15 左图，更换按键开关 SW1。如果暂时没有按键更换，可直接取下按键，见图 11-15 右图，这样对电路没有影响，使用遥控器完全可以操作空调器的运行，只是少了应急开关的功能，待有配件了再安装。

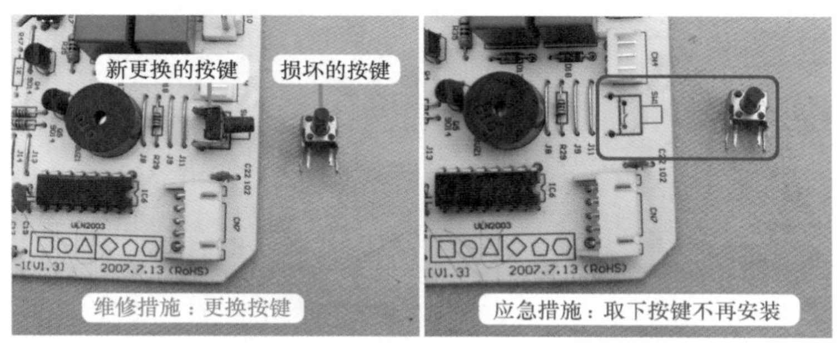

图 11-15　更换按键和取下按键

四、管温传感器阻值变大损坏

故障说明：美的 KFR-50LW/DY-GA（E5）柜式空调器，用户反映开机后刚开始制冷正常，但约 3min 后不再制冷，室内机吹自然风。

1. 检查室外风机和测量压缩机电压

上门检查，将遥控器设定制冷模式 16℃开机，空调器开始运行，室内机出风口温度较凉。运行 3min 左右不制冷的常见原因为室外风机不运行、冷凝器温度升高、导致压缩机过载保护所致。

到室外机检查，见图 11-16 左图，将手放在出风口部位感觉室外风机运行正常，手摸冷凝器表面温度不高，下部接近常温，排除室外机通风系统引起的故障。

使用万用表交流电压挡，见图 11-16 右图，测量压缩机和室外风机电压，在室外机运行时均为交流 220V，但约 3min 后电压均变为 0V，同时室外机停机，室内机吹自然风，说明不制冷故障由电控系统引起。

图 11-16 感觉室外机出风口温度和测量压缩机电压

2. 测量传感器电路电压

检查电控系统故障时应首先检查输入部分的传感器电路，使用万用表直流电压挡，见图 11-17 左图，黑表笔接 7805 散热片铁壳地，红表笔接室内环温传感器 T1 的 2 根白线插头测量电压，公共端为 5V、分压点为 2.4V，初步判断室内环温传感器正常。

见图 11-17 右图，黑表笔不动依旧接地、红表表改接室内管温传感器 T2 的 2 根黑线插头测量电压，公共端为 5V、分压点约为 0.4V，说明室内管温传感器电路出现故障。

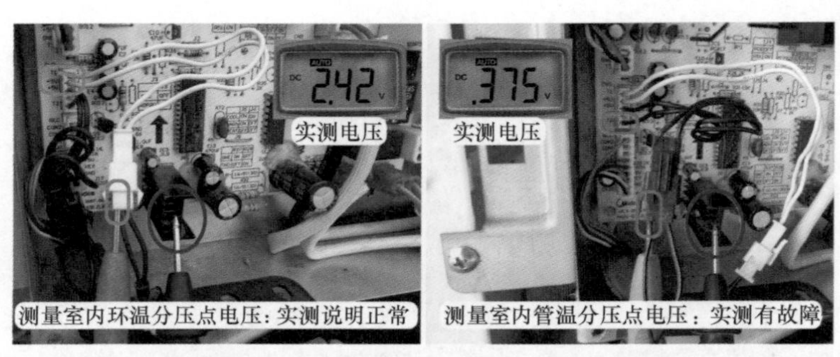

图 11-17 测量分压点电压

3. 测量传感器阻值

分压电路由传感器和主板的分压电阻组成，为判断故障部位，使用万用表电阻挡，见图 11-18，拔下管温传感器插头，测量室内管温传感器阻值约 100kΩ，测量型号相同、温度接近的室内环温传感器阻值约为 8.6kΩ，说明室内管温传感器阻值变大损坏。

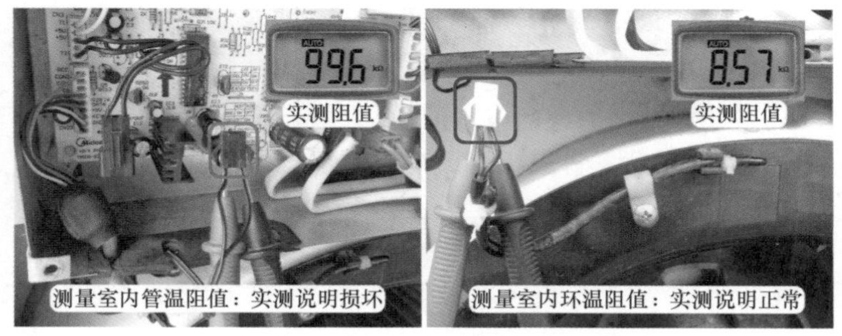

图 11-18　测量传感器阻值

> **说明**
>
> 本机室内环温、室内管温、室外管温传感器型号均为 25℃ /10kΩ。

4. 安装配件传感器

由于暂时没有同型号的传感器更换，因此使用市售的维修配件代换，见图 11-19，选择 10kΩ 的铜头传感器，在安装时由于配件探头比原机传感器小，安装在蒸发器检测孔时感觉很松，即探头和管壁接触不紧固，解决方法是取下检测孔内的卡簧，并按压弯头部位使其弯曲面变大，这样配件探头可以紧贴在蒸发器检测孔。

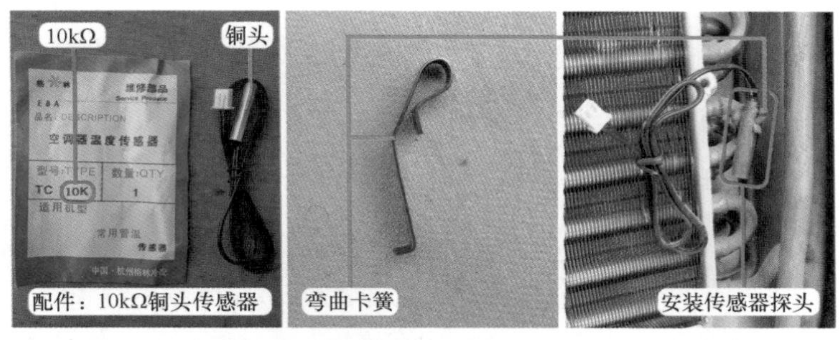

图 11-19　配件传感器和安装传感器探头

由于配件传感器引线较短，因此还需要使用原机的传感器引线，见图 11-20，方法是取下原机的传感器，将引线和配件传感器引线相连，使用防水胶布包扎接头，再将引线固定在蒸发器表面。

图 11-20　包扎引线和固定安装

维修措施：更换管温传感器。更换后在待机状态测量室内管温传感器分压点电压约为直流 2.2V，和室内环温传感器接近，使用遥控器开机，室外风机和压缩机一直运行，空调器也一直制冷，故障排除。

总 结

由于室内管温传感器阻值变大，相当于蒸发器温度很低，室内机主板 CPU 检测后进入制冷防结冰保护，因而 3min 后停止室外风机和压缩机供电。

五、新装机连接线接错

故障说明：格力 KFR-23GW/（23570）Aa-3 挂式空调器，用户反映新装机不制冷，室内机吹热风。

1. 检查室外风机和手摸三通阀

上门检查，使用遥控器制冷模式开机，导风板打开，室内风机和室外机开始运行，在室内机出风口感觉吹出的风较热。

到室外机检查，能听到压缩机运行声音，但室外风机不运行，见图 11-21，手摸粗管（三通阀）较热，并观察到冷凝器结霜，说明系统处于制热状态，由于是新装机，初步判断室外风机与四通阀线圈引线接反。

图 11-21 检查室外风机和手摸三通阀

2. 查看室外机连接线

室外机电气接线图粘贴在室外机接线盖内侧，见图 11-22 左图，标注室外机接线端子的连接线颜色顺序为蓝（1，N）- 黑（2，压缩机）- 紫（4，四通阀线圈）- 橙（5，室外风机）。

见图 11-22 右图，查看室外机接线端子实际接线，1 号为蓝线、2 号为黑线、4 号为橙线、5 号为紫线，并且 4 号和 5 号端子上下的引线颜色也不对应，说明 4 号和 5 号端子连接线接反。

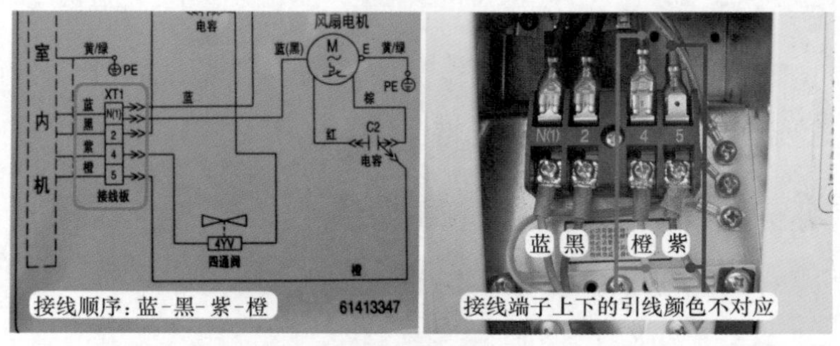

图 11-22 查看室外机电气接线图和连接线

维修措施：见图 11-23，对调 4 号和 5 号端子下方的引线，调整后 4 号端子为紫线、5

号端子为橙线。再次上电开机，室外风机和压缩机均开始运行，手摸二通阀温度迅速变凉，在室内机出风口感觉温度也开始变凉，制冷恢复正常。

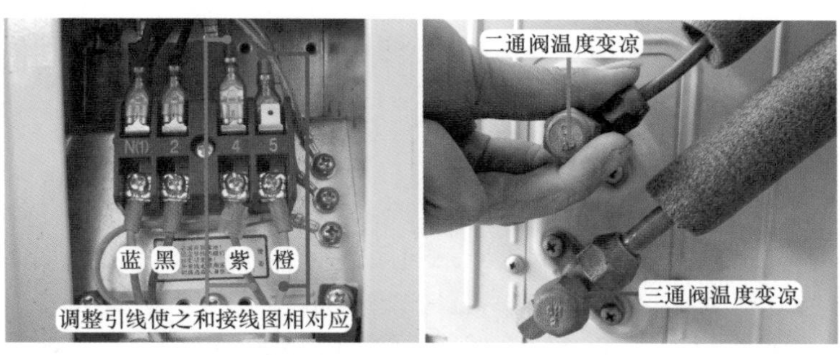

图 11-23　对调室外机引线和手摸二通阀

总　结

上述例子接线端子处引线使用原装引线，可根据引线颜色来分辨，如果空调器加长管道并加长连接线，见图 11-24，根据加长引线颜色不能分辨，可使用万用表交流电压挡，黑表笔接 1 号零线端子 N、红表笔接 2 号、4 号、5 号端子测量电压，如果 N-2 号（压缩机）、N-4 号（四通阀线圈）电压均为交流 220V，而 N-5 号（室外风机）电压为交流 0V，可确定室外风机与四通阀线圈引线接反。排除故障方法和上述例子相同，也是对调室外机接线端子上室外风机与四通阀线圈引线。

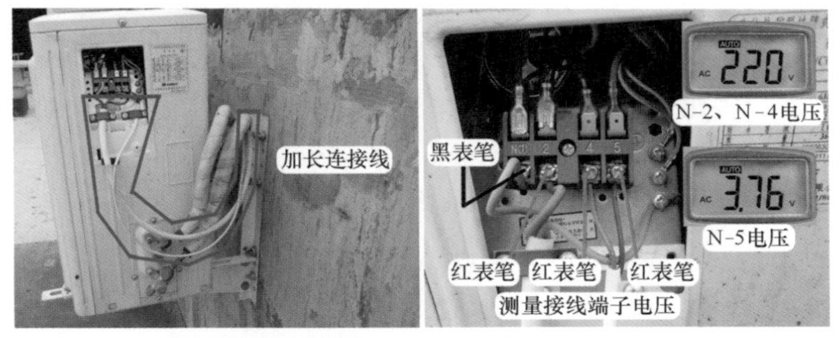

图 11-24　加长连接线和测量电压

第二节　定频空调器电容电机故障维修

一、室内风机电容容量变小

故障说明：格力 KFR-70LW/E1 柜式空调器，使用约 8 年，现用户反映制冷效果差，运行一段时间以后显示 E2 代码，查看代码含义为蒸发器防冻结保护。

1. 查看三通阀

上门检查，空调器正在使用。到室外机检查，见图 11-25 左图，三通阀严重结霜；取下室外机外壳，发现三通阀至压缩机吸气管全部结霜（包括储液瓶），判断蒸发器温度过低，应到室内机检查。

2. 查看室内风机运行状态

到室内机检查，将手放在出风口，感觉出风温度很低，但风量很小，且吹不远，只有在出风口附近能感觉到有风吹出。取下室内机进风格栅，观察过滤网干净，无脏堵现象，用户介绍，过滤网每年清洗，排除过滤网脏堵故障。

室内机出风量小在过滤网干净的前提下，通常为室内风机转速慢或蒸发器背部脏堵，见图 11-25 右图，目测室内风机转速较慢，按压显示板上“风速”按键，在高风 - 中风 - 低风转换时，室内风机转速变化也不明显（应仔细观察由低风转为高风的瞬间转速），判断故障为室内风机转速慢。

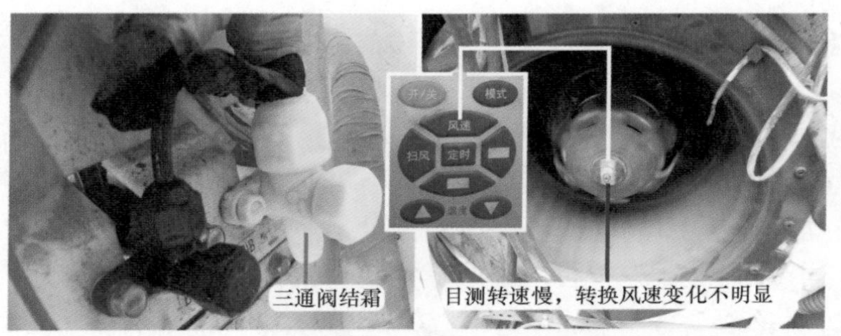

图 11-25　三通阀结霜和查看室内风机运行状态

3. 测量室内风机公共端红线电流

室内风机转速慢常见原因有电容容量变小或线圈短路，为区分故障，使用万用表交流电流挡，见图 11-26，钳头夹住室内风机红线 N 端（即公共端）测量电流，实测低风挡 0.5A、中风挡 0.53A、高风挡 0.57A，接近正常电流值，排除线圈短路故障。

注：室内风机型号 LN40D（YDK40-6D），功率 40W，电流 0.65A，6 极电机，配用 4.5μF 电容。

图 11-26　测量室内风机电流

4. 代换室内风机电容和测量容量

室内风机转速慢时，而运行电流接近正常值，通常为电容容量变小损坏，本机使用

4.5μF 电容，见图 11-27 左图，使用一个相同容量的电容代换，代换后上电开机，目测室内风机的转速明显变快，用手在出风口感觉风量很大，吹风距离也增加很多，长时间开机运行不再显示 E2 代码，手摸室外机三通阀温度较低，但不再结霜改为结露，确定室内风机电容损坏。

见图 11-27 右图，使用万用表电容挡测量拆下来的电容，标注容量为 4.5μF，而实测容量约为 0.6μF，说明容量变小。

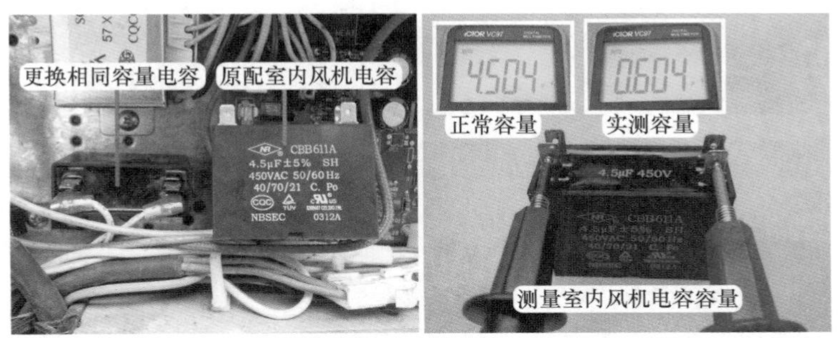

图 11-27 代换风机电容和测量电容容量

维修措施：更换室内风机电容。

总 结

室内风机电容容量变小，室内风机转速变慢，出风量变小，蒸发器表面冷量不能及时吹出，蒸发器温度越来越低，引起室外机三通阀和储液瓶结霜；显示板 CPU 检测到蒸发器温度过低，停机并报出 E2 代码，以防止压缩机液击损坏。

二、风机电容代换方法

故障说明：海尔 KFR-120LW/L（新外观）柜式空调器，用户反映制冷效果差。

1. 查看风机电容

上门检查，用户正在使用空调器，室外机三通阀处结霜较为严重，测量系统运行压力约 0.4MPa，到室内机查看，室内机出风口为喷雾状，用手感觉出风很凉，但风量较弱；取下室内机进风格栅，查看过滤网干净。

检查室内风机转速时，目测风速较慢，使用遥控器转换风速时，室内风机驱动室内风扇（离心风扇）转换不明显，同时在出风口感觉风量变化不大，说明室内风机转速慢；使用万用表电流挡，测量室内风机电流约 1A，排除线圈短路故障，初步判断风机电容容量变小，见图 11-28，查看本机使用的电容容量为 8μF。

2. 使用 2 个 4μF 电容代换

由于暂时没有同型号的电容更换试机，决定使用 2 个 4μF 电容代换，断开空调器电源，见图 11-29，取下原机电容后，将配件电容一个使用螺钉固定在原机电容位置（实际安装在下面）、另一个固定在变压器下端的螺钉孔（实际安装在上面），将室内风机电容插头插在上面的电容端子，再将 2 根引线合适位置分别剥开绝缘层并露出铜线，使用烙铁焊在下面电容的 2 个端子，即将 2 个电容并联使用。

图 11-28 原机电容

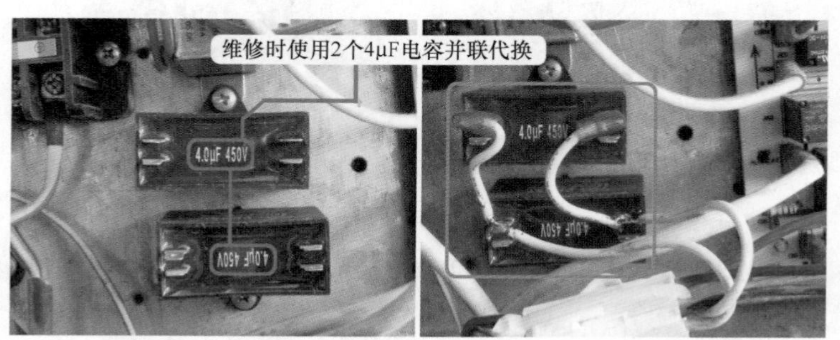

图 11-29 代换电容

焊接完成后上电试机，室内风机转速明显变快，在出风口感觉风量较大，并且吹风距离较远，说明原机电容容量减小损坏，引起室内风机转速变慢故障。

维修措施：使用 2 个 4μF 电容并联代换 1 个原机 8μF 电容。

三、压缩机电容损坏

故障说明：海信 KFR-25GW 挂式空调器，用户反映开机后室内风机运行，但出风口为自然风，空调器不制冷。

1. 测量压缩机电压和线圈阻值

上门检查，用户正在使用空调器，用手在室内机出风口感觉为自然风，到室外机检查，发现室外风机运行但压缩机不运行，见图 11-30 左图，使用万用表交流电压挡，在室外机接线端子上测量 2N（零线）与 3CM（压缩机）端子电压，正常为交流 220V，实测为 218V，说明室内机主板已输出供电。

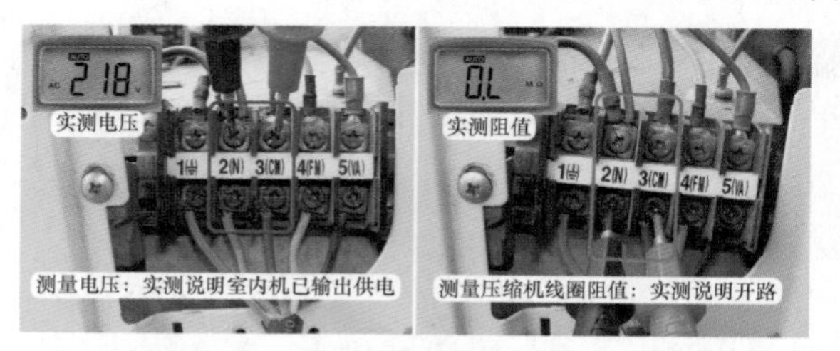

图 11-30 测量压缩机电压和线圈阻值

断开空调器电源，见图 11-30 右图，使用万用表电阻挡，测量 2N 与 3CM 端子阻值（相当于测量压缩机公共端与运行绕组），正常值约为 3Ω，实测结果为无穷大，说明压缩机线圈回路有断路故障。

2. 为压缩机降温

询问用户空调器已开机运行一段时间，用手摸压缩机相对应的室外机外壳温度很高，大致判断压缩机内部过载保护器触点断开。

取下室外机外壳，见图 11-31，用手摸压缩机外壳烫手，确定内部过载保护器由于温度过高触点断开保护，将毛巾放在压缩机上部，使用凉水降温，同时测量 2N 和 3CM 端子的阻值，当由无穷大变为正常阻值时，说明内部过载保护器触点已闭合。

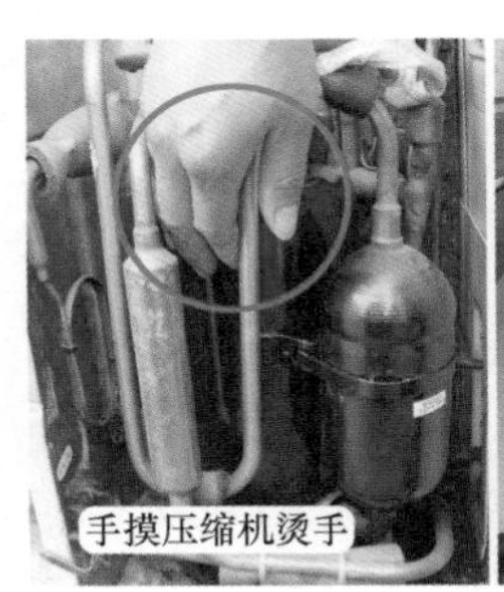

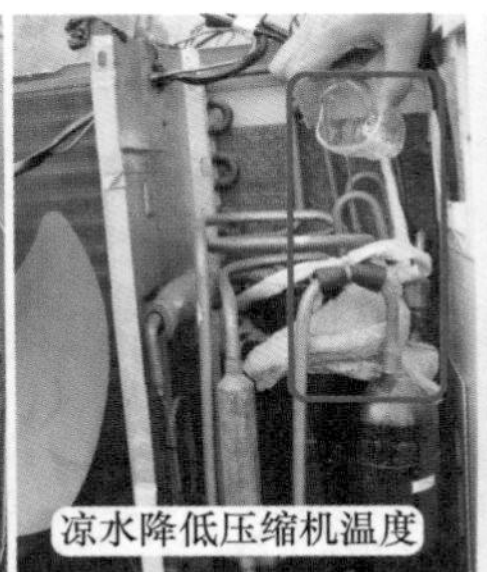

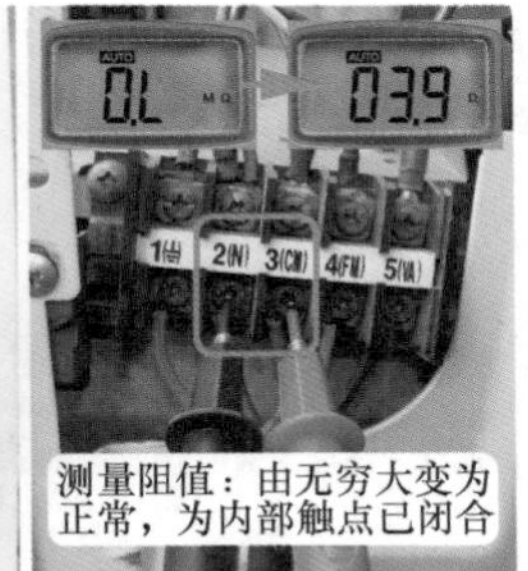

图 11-31 为压缩机降温和测量阻值

> **说明**
>
> 压缩机内部过载保护器串接在压缩机线圈公共端，位于上部顶壳，用凉水为压缩机降温时，将毛巾放在顶部可使过载保护器触点迅速闭合。

3. 压缩机启动不起来

测量 2N 与 3CM 端子阻值正常后上电开机，见图 11-32 左图，压缩机发出约 30s“嗡嗡”的声音，停止约 20s 再次发出“嗡嗡”的声音。

见图 11-32 中图，在压缩机启动时使用万用表交流电压挡，测量 2N 与 3CM 端子电压，实测为交流 218V（未发出声音时的电压，即静态）下降到 199V（压缩机发出“嗡嗡”声时电压，即动态），说明供电正常。

见图 11-32 右图，使用万用表交流电流挡，钳头夹住 3CM 端子引线测量压缩机电流近 20A，综合判断压缩机启动不起来。

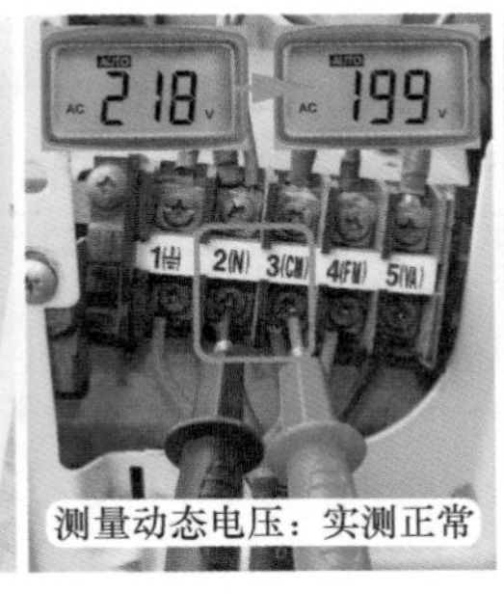

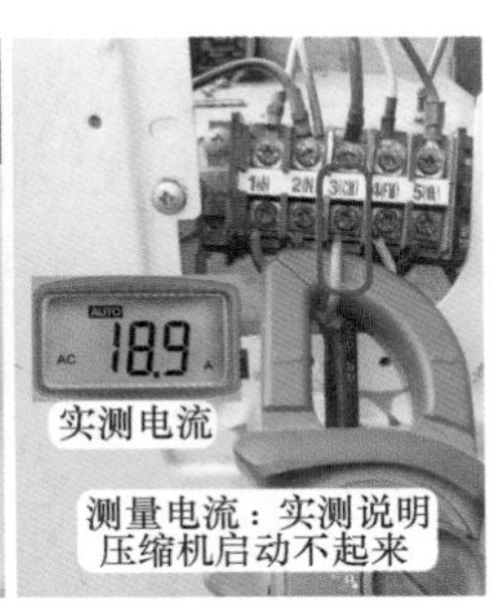

图 11-32 测量启动电压和电流

4. 检查压缩机电容

在供电电压正常的前提下，压缩机启动不起来最常见的原因是电容无容量损坏，取下电容，使用 2 根引线接在 2 个端子上，见图 11-33，并通上交流 220V 充电约 1s，拔出后短接 2 个引线端子，电容正常时会发出很大的响声，并冒出火花，本例在短接端子时既没有响声，也没有火花，判断电容无容量损坏。

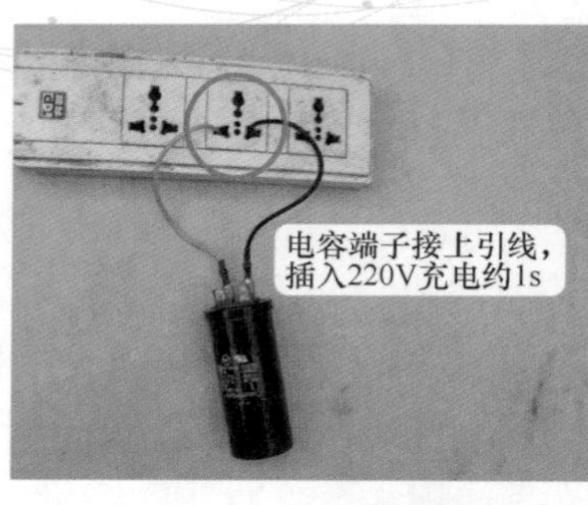

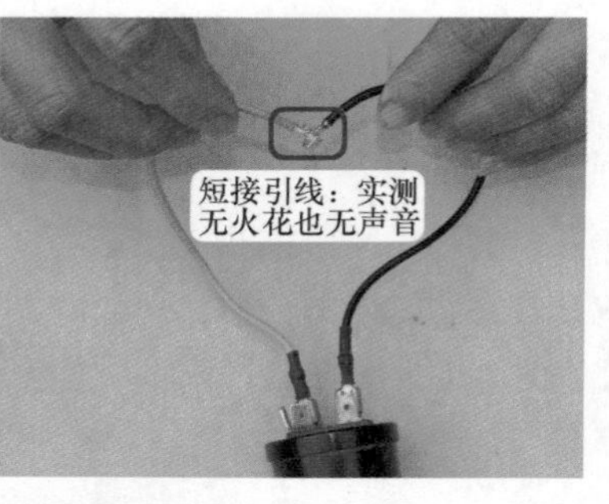

图 11-33　使用充电法检查压缩机电容

◦ 说明

在操作时一定要注意用电安全。

维修措施：见图 11-34，更换压缩机电容，更换后上电开机，压缩机运行，空调器开始制冷，再次测量压缩机电流为 4.4A，故障排除。

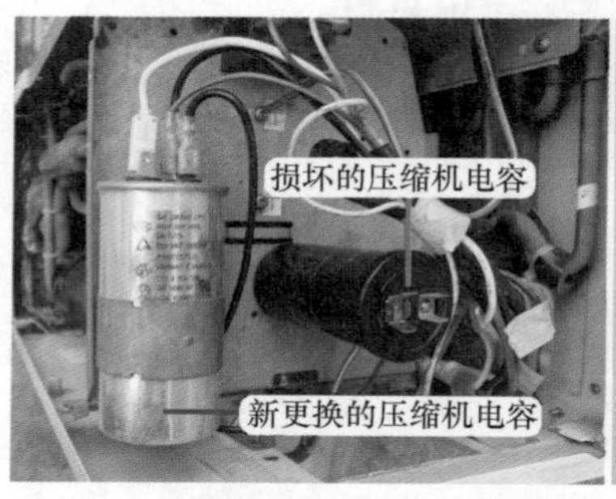

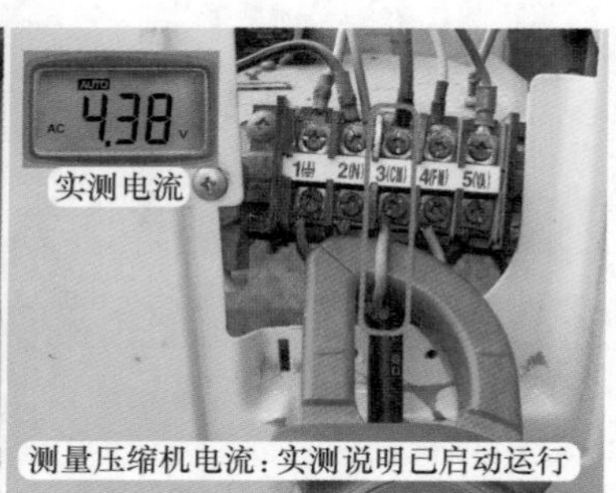

图 11-34　更换压缩机电容和测量电流

总　　结

① 压缩机电容损坏，在不制冷故障中占到很大比例，通常发生在使用 3~5 年以后。

② 如果用户报修为不制冷故障，应告知用户不要开启空调器，因为如果故障原因为压缩机电容损坏或系统缺氟故障，均会导致压缩机温度过高造成内置过载保护器触点断开保护，在检修时还要为压缩机降温，增加维修时间。

③ 在实际检修中，如果故障为压缩机启动不起来并发出“嗡嗡”的响声，一般不用测量直接更换压缩机电容即可排除故障；新更换电容容量误差在原电容容量的 20%以内即可正常使用。

四、压缩机卡缸

故障说明：美的 KFR-26GW/I1Y 挂式空调器，遥控器开机后不制冷，检查室外风机运行，但压缩机启动不起来，发出断断续续的“嗡嗡”声。

1. 测量压缩机工作电压和电流

使用万用表交流电压挡，见图 11-35 左图，黑表笔接 2N 端子（电源零线）、红表笔接 1 号端子（压缩机引线）测量电压，在没有声音时（即静态）电压为交流 222V，发出“嗡嗡”声时电压下降至交流 197V，说明电源供电正常。

再使用万用表交流电流挡，见图 11-35 右图，钳头夹住 1 号端子引线测量压缩机电流，正常约为 4A，实测在发出“嗡嗡”时电流接近 20A，没有声音时电流为 0A，说明不制冷故障是由于压缩机启动不起来，应检查压缩机电容是否正常。

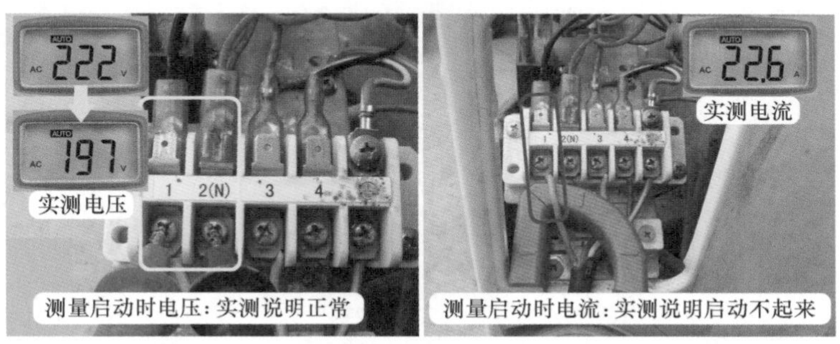

图 11-35 测量压缩机启动电压和电流

2. 代换压缩机电容

取下压缩机电容，见图 11-36，在 2 个端子上接上引线并用交流 220V 充电约 1s，拔出引线短接 2 个端子，正常时有很响的声音，实际短接时也有很响的声音，说明压缩机电容正常，试使用一个正常同容量的电容代换，上电试机压缩机仍启动不起来，判断压缩机线圈故障或卡缸（即内部机械部分锈在一起）损坏。

3. 测量线圈阻值

断开空调器电源，使用万用表电阻挡，见图 11-37，表笔接运行绕组（R，红线，位于电容的多数端子）和公共端（C，黑线，位于接线端子的 1 号端子），实测阻值为 3.2Ω；表笔接公共端黑线 C 和启动绕组（S，蓝线，位于电容的少数端子），实测阻值为 3.8Ω；表笔接运行绕组红线 R 和启动绕组蓝线 S，实测阻值为 7Ω；根据阻值结果 R-S 阻值（7Ω）=C-R 阻值（3.2Ω）+C-S 阻值（3.8Ω），判断压缩机线圈阻值正常，说明压缩机卡缸损坏。

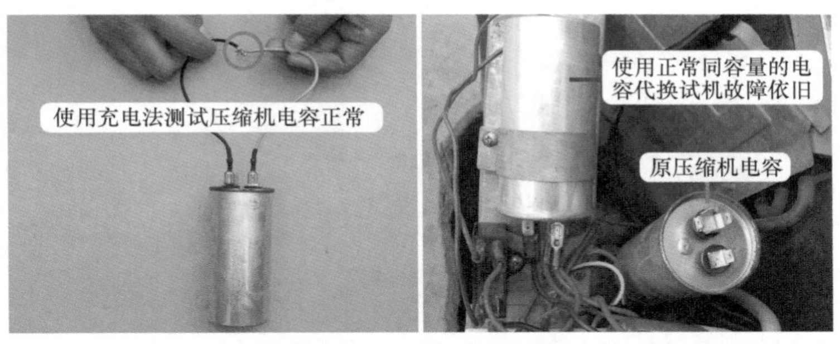

图 11-36 使用充电法测量压缩机电容并代换试机

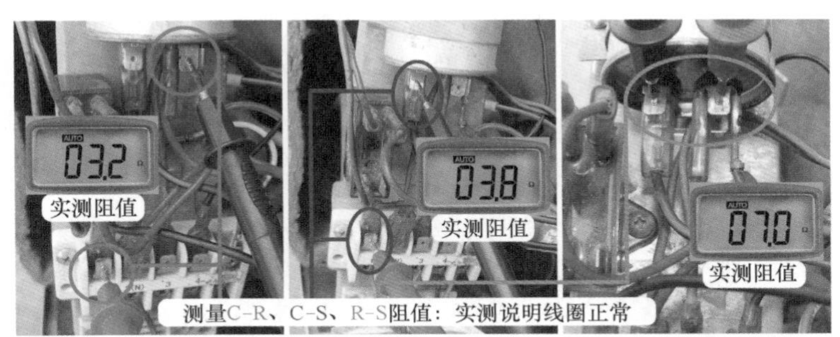

图 11-37 测量线圈阻值

维修措施：更换压缩机。

总 结

① 压缩机未启动时电压在正常范围以内［交流 220V（1±10%）即交流 198～242V］，但压缩机启动时电压会下降到交流 160V 左右，这是电源电压低引起的启动不起来故障。

② 压缩机启动绕组开路或引线与接线端子接触不良，也会引起压缩机启动不起来故障。

③ 压缩机电容无容量或容量减小，这是由启动力矩减小引起的压缩机启动不起来故障。

④ 因此检修压缩机启动不起来故障时，测量启动时的工作电压、线圈阻值、电容全部正常后，才能判断为压缩机卡缸损坏。

五、压缩机线圈对地短路

故障说明：海信 KFR-25GW 挂式空调器，用户反映上电后断路器（俗称空气开关）立即跳闸断开。

1. 上电后断路器跳闸

上门检查，见图 11-38，将空调器电源插头插在插座上后，断路器随即跳闸断开，说明电控系统有短路故障。

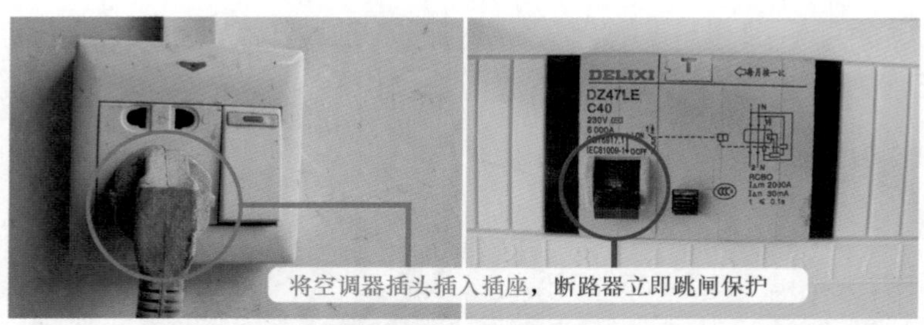

图 11-38 上电后断路器跳闸

2. 测量电源插头 N 与地阻值

使用万用表电阻挡，见图 11-39 左图，2 个表笔分别接电源插头 N 与地端子测量阻值，正常应为无穷大，实测约 100Ω，确定电控系统存在短路故障。

为区分故障点在室内机还是在室外机，见图 11-39 中图和右图，将室外机接线端子上引线全部取下，并保持互不相连，再次测量电源插头 N 与地端子阻值已为无穷大，说明室内机和连接线阻值正常，故障点在室外机。

3. 测量室外机接线端子上 N 与地阻值

使用万用表电阻挡，见图 11-40 左图，黑表笔接地（实接室外机外壳固定螺钉）、红表笔接接线端子上 2N 端子测量阻值，正常应为无穷大，实测约 100Ω，确定室外机存在短路故障。

由于室外机电控系统负载有压缩机、室外风机、四通阀线圈，而压缩机最容易发生短路故障，因此拔下压缩机的3根引线，见图11-40中图和右图，再次测量2N端子与地阻值已为无穷大，说明室外风机和四通阀线圈正常，故障点在压缩机。

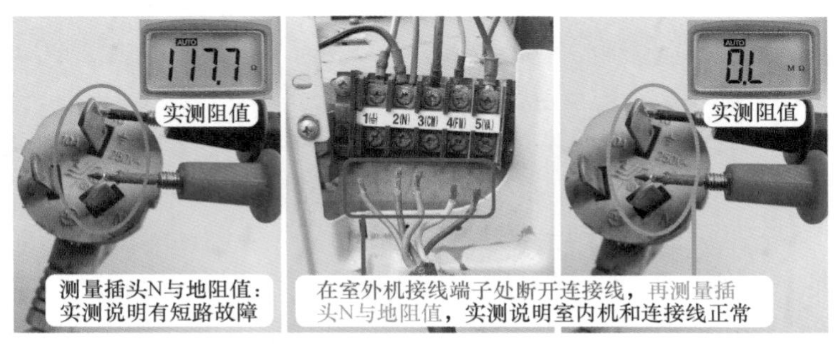

图11-39　测量插头N与地阻值和断开连接线再测量

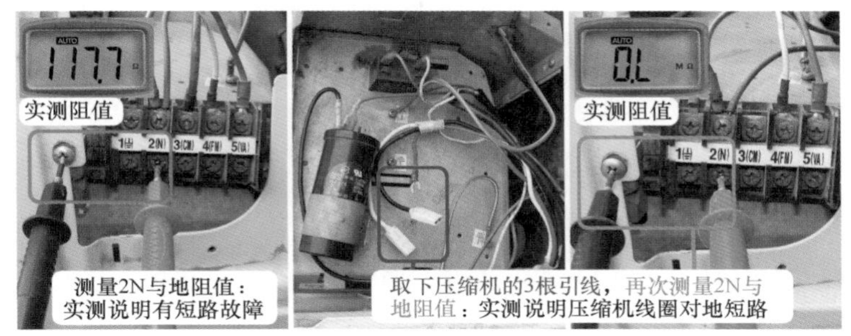

图11-40　在室外机接线端子上测量N端与地阻值

4. 测量压缩机引线和接线端子对地阻值

使用万用表电阻挡，见图11-41左图，黑表笔接地（实接电控盒铁壳）、红表笔接压缩机引线测量对地阻值，正常应为无穷大，实测约100Ω，说明压缩机线圈对地短路。

为准确判断，取下压缩机接线盖和连接线，使用万用表电阻挡，见图11-41右图，表笔分别接室外机铜管（相当于接地）和接线端子，直接测量压缩机接线端子对地阻值仍约为100Ω，确定压缩机线圈对地短路损坏。

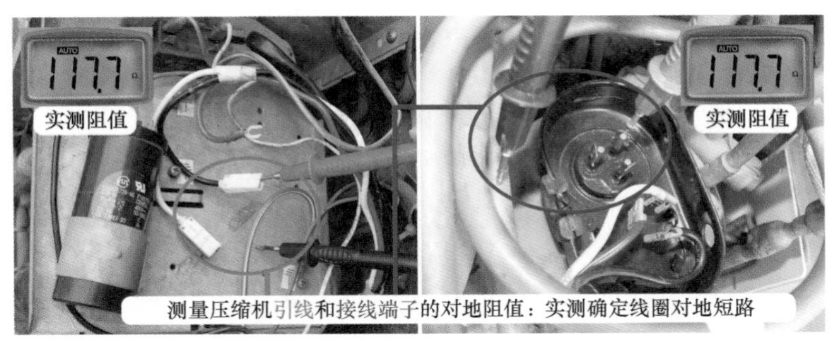

图11-41　测量压缩机引线和接线端子对地阻值

维修措施：更换压缩机。

总　结

① 本例压缩机线圈对地短路，上电后断路器跳闸在维修中占到一定的比例，多见于目前生产的空调器，而早期生产的空调器压缩机一般很少损坏。

② 线圈对地短路阻值部分空调器接近 0Ω，部分空调器则为 200kΩ 左右，阻值差距较大，但都会引起上电后断路器跳闸的故障。

③ 断路器如果带有漏电保护功能，则表现为空调器上电后，断路器立即跳闸；如果断路器不带漏电保护功能，则通常表现为空调器开机后断路器跳闸。

④ 需要测量空调器的绝缘电阻时，应使用万用表电阻挡测量电源插头 N 端（电源零线）与地端阻值，不能测量 L 端（电源相线）与地端，原因是电源零线直接为室内机和室外机的电气元件供电，而电源相线则通过继电器触点（或光耦晶闸管）供电。

03

/ 第三篇

变频空调器维修

第十二章
变频空调器室内机单元电路检修

本章以格力 KFR-32GW/（32556）FNDe-3 直流变频空调器室内机为基础，介绍室内机电控系统组成、单元电路作用等。如本章中无特别注明，所有空调器型号均默认为格力 KFR-32GW/（32556）FNDe-3。

第一节 电源电路和 CPU 三要素电路

一、电源电路

1. 工作原理

图 12-1 为电源电路原理图，图 12-2 为实物图，表 12-1 为关键点电压。电源电路作用是将交流 220V 电压降压、整流、滤波、稳压后转换为直流 12V 和 5V 为主板供电。

电容 CX1 为高频旁路电容，用以旁路电源引入的高频干扰信号。FU1（3.15A 熔丝管）、RV1（压敏电阻）组成过压保护电路，当输入电压正常时，对电路没有影响；而当电压高于一定值，RV1 迅速击穿，将前端 FU1 熔丝管熔断，从而保护主板后级电路免受损坏。

变压器 T1、整流二极管（D33、D34、D35、D36、D37）、主滤波电容（C29）、C31、C4 组成降压、整流、滤波电路。变压器 T1 将输入电压交流 220V 降低至约交流 16V，从二次绕组输出，至由 D33 ～ D36 组成的桥式整流电路，变为脉动直流电（其中含有交流成分），经 D37 再次整流、C29 滤波，滤除其中的交流成分，成为纯净的约直流 18V 电压。

V1、C32、C34 组成 12V 电压产生电路。V1（7812）为 12V 稳压块，①脚输入端约为直流 18V，经 7812 内部电路稳压，③脚输出端输出稳定的直流 12V 电压，为 12V 负载供电。

V2、C5、C6 组成 5V 电压产生电路。V2（7805）为 5V 稳压块，①脚输入端为直流 12V，经 7805 内部电路稳压，③脚输出端输出稳定的直流 5V 电压，为 5V 负载供电。

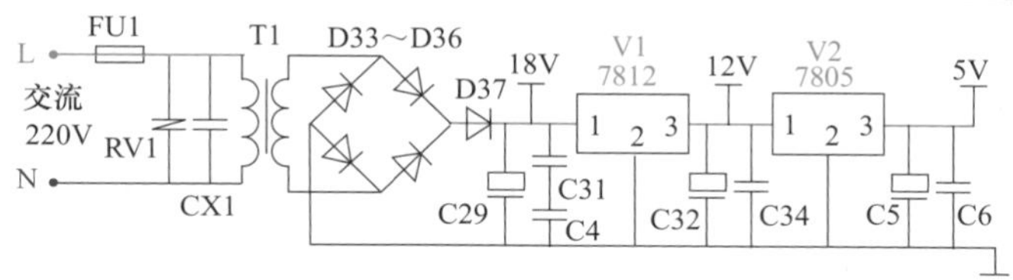

图 12-1 电源电路原理图

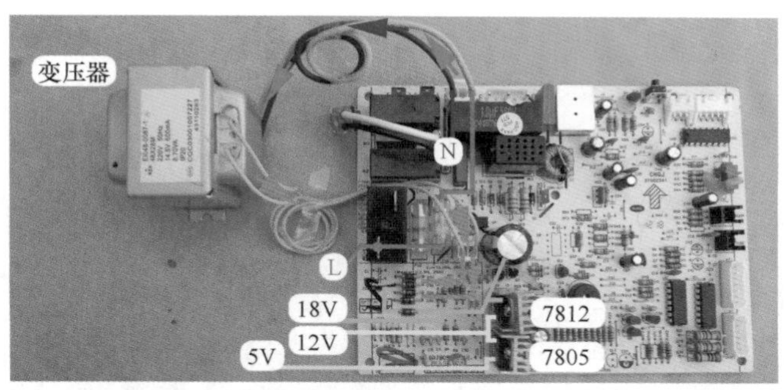

图 12-2 电源电路实物图

表 12-1 电源电路关键点电压

变压器插座		V1: 7812			V2: 7805		
一次绕组	二次绕组	①脚	②脚	③脚	①脚	②脚	③脚
约交流 220V	约交流 15.8V	约直流 18.1V	直流 0V	直流 12V	直流 12V	直流 0V	直流 5V

2. 直流 12V 和 5V 负载

图 12-3 为直流 12V 和 5V 负载，图中红线连接 12V 负载、蓝线连接 5V 负载。

（1）直流 12V 负载

直流 12V 取自 7812 的③脚输出端，主要负载：7805 稳压块、继电器线圈、步进电机线圈、反相驱动器、蜂鸣器、显示板组件上指示灯和数码管等。

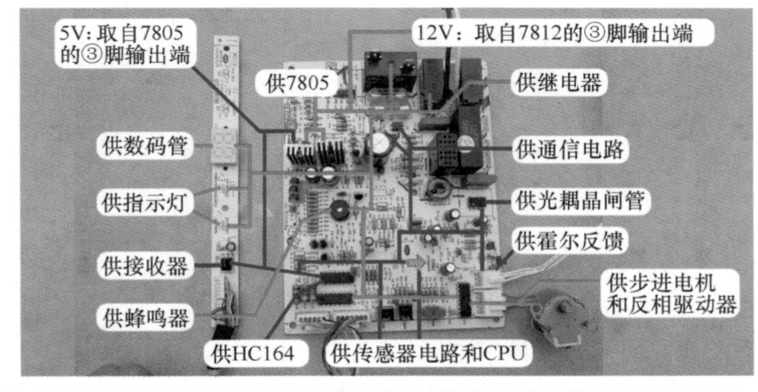

图 12-3 直流 12V 和 5V 电压负载

说明

显示板组件上指示灯和数码管通常使用直流 5V 供电，但本机例外。

（2）直流 5V 负载

直流 5V 取自 7805 的③脚输出端，主要负载：CPU、HC164、传感器电路、通信电路、光耦晶闸管（俗称光耦可控硅）、室内风机内部的霍尔反馈电路板、显示板组件上接收器等。

二、CPU 三要素电路

1 CPU 作用和引脚功能

室内机 CPU 的作用是接收使用者的操作指令，结合室内环温、管温传感器等输入部分电路的信号，进行运算和比较，控制室内风机和步进电机等负载运行，并将各种数据通过通信电路传送至室外机 CPU，共同控制使空调器按使用者的意愿工作。

CPU 是主板上引脚最多的元件，现在主板 CPU 的引脚功能都是空调器厂家结合软件来确定的，也就是说同一型号的 CPU，在不同空调器厂家主板上引脚功能是不一样的。

格力 KFR-32GW/（32556）FNDe-3 空调器室内机 CPU 为贴片封装，安装在主板反面，掩膜型号为 D79F8513A，见图 12-4，共有 44 个引脚在四面伸出，表 12-2 为主要引脚功能。

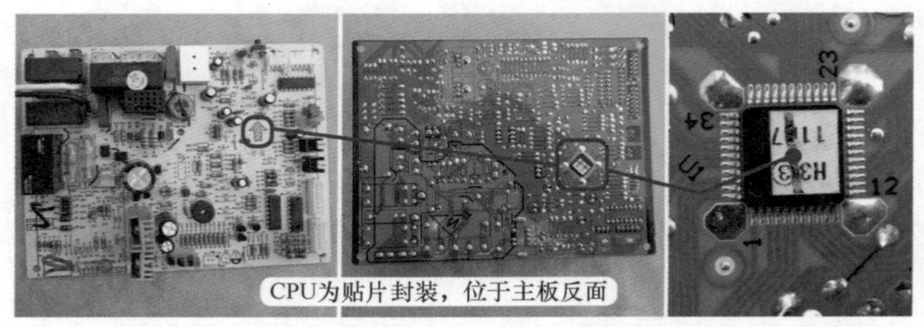

图 12-4 室内机 CPU

表 12-2 D79F8513A 主要引脚功能

输入部分电路			输出部分电路		
引脚	英文代号	功能	引脚	英文代号	功能
⑮	KEY	按键开关	㊵、㊴、①、㊷、㊸	LED、LCD	驱动指示灯和数码管
㊹	REC	遥控器信号	㉙、㉘、㉗、㉖	SWING-UD	步进电机
㉞	ROOM	环温	⑯	BUZ	蜂鸣器
㉟	TUBE	管温	㉒	PG	室内风机
㉓	ZERO	过零检测	㉕	HEAT	辅助电加热
㉑	PGF	霍尔反馈	㉔		主控继电器
㉚	RX	通信 - 接收	㉛	TX	通信 - 发送

⑪	VDD	供电	⑦	X2	晶振	③	RST	复位
⑩	VSS	地	⑧	X1	晶振	CPU 三要素电路		

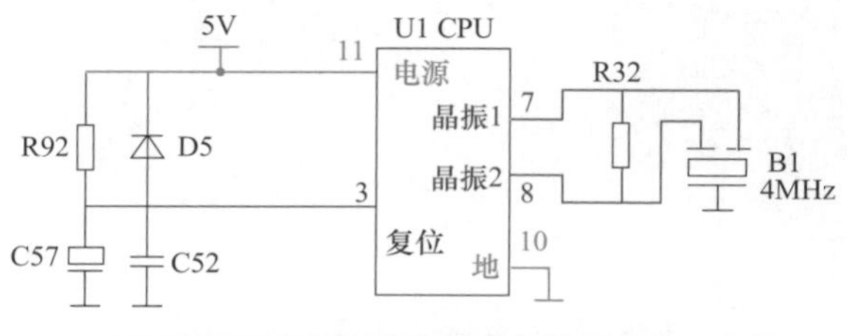

图 12-5 CPU 三要素电路原理图

2 工作原理

图 12-5 为 CPU 三要素电路原理图，图 12-6 为实物图，表 12-3 为关键点电压。

电源、复位、时钟称为三要素电路，是 CPU 正常工作的前提，缺一不可，否则会死机，引起空调器上电无反应故障。

① CPU ⑪脚是电源供电引脚，由 7805

的③脚输出端直接供给。

② 复位电路将内部程序处于初始状态。CPU ③脚为复位引脚，和外围元件电解电容C57、瓷片电容C52、电阻R92、二极管D5组成低电平复位电路。初始上电时，5V电压首先经R92为C57充电，C57正极电压由0V逐渐上升至5V，因此CPU ③脚电压相对于电源⑪脚要延时一段时间（一般为几十毫秒），将CPU内部程序清零，对各个端口进行初始化。

③ 时钟电路提供时钟频率。CPU ⑦脚、⑧脚为时钟引脚，内部电路与外围元件B1（晶振）、电阻R32组成时钟电路，提供4MHz稳定的时钟频率，使CPU能够连续执行指令。

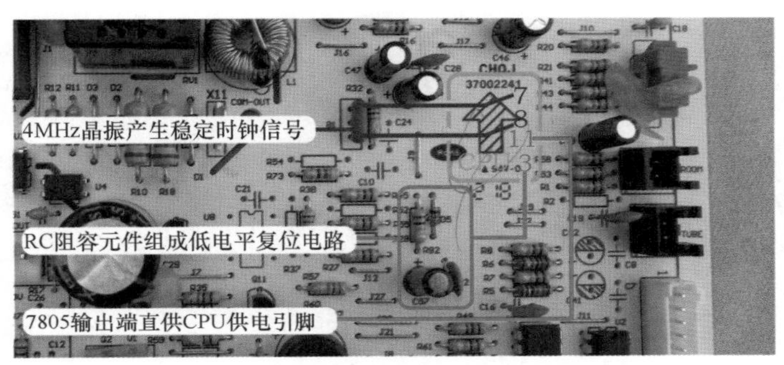

图12-6 CPU三要素电路实物图

表12-3 CPU三要素电路关键点电压

⑪脚—供电	⑩脚—地	③脚—复位	⑦脚—晶振	⑧脚—晶振
5V	0V	5V	2.6V	2.4V

第二节 输入部分单元电路

一、跳线帽电路

> 说明
>
> 跳线帽电路常见于格力空调器主板，其他品牌空调器的室内机主板通常未设置此电路。

1. 跳线帽安装位置和工作原理

跳线帽插座JUMP位于主板弱电区域，见图12-7，跳线帽安装在插座上面。跳线帽上面数字表示对应机型，如3表示此跳线帽所安装的主板，安装在制冷量为3200W的挂式直流变频空调器，CPU按制冷量3200W的室内风机转速、同步电机角度、蒸发器保护温度等参数进行控制。

标注3的跳线帽，见图12-8，其中1-2导通，CPU上电时按导通的引脚以区分跳线帽所代表的机型，检测完成后，调取制冷量为3200W的相应参数对空调器进行控制。

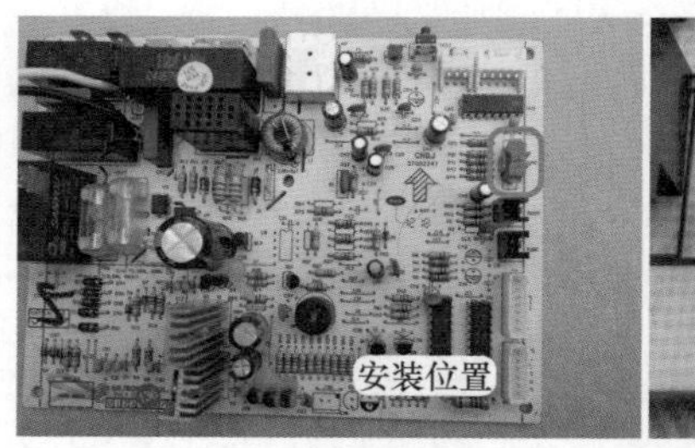

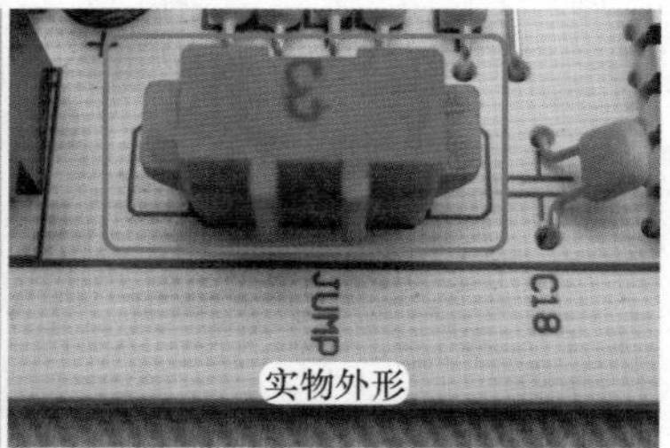

图 12-7　跳线帽安装位置和实物外形

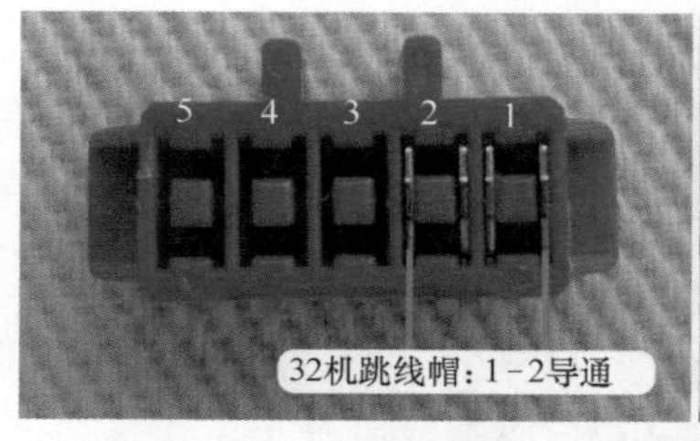

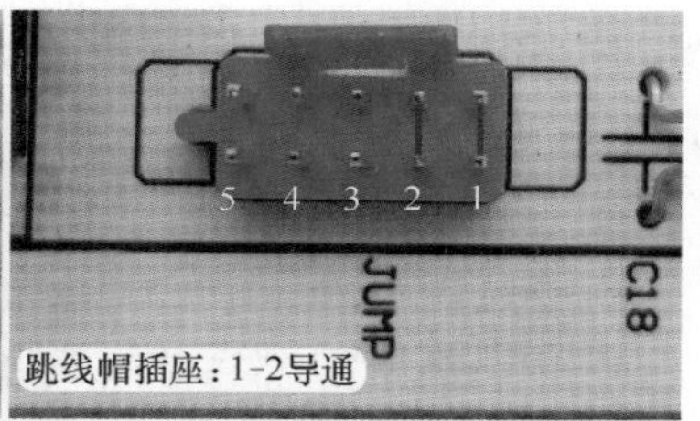

图 12-8　跳线帽插头和插座

2. 常见故障

掀开室内机前面板（进风格栅），见图12-9左图，就会看到通常贴在右下角的提示：更换控制器（本书称为室内机主板）时，请务必将本机控制器上的跳线帽插到新的控制器上，否则，指示灯会闪烁（或显示C5），并不能正常开机。

见图12-9右图，如检查主板损坏，在更换主板时，新主板并未配带跳线帽，需要从旧主板上拆下跳线帽，并安装到新主板上跳线帽插座，新主板才能正常运行。

说明

CPU仅在上电时对跳线帽进行检测，上电后即使取下跳线帽，空调器也能正常运行。如上电后CPU未检测到跳线帽，显示C5代码，此时再安装跳线帽，空调器也不会恢复正常，只有断电，再次上电CPU复位后才能恢复正常。

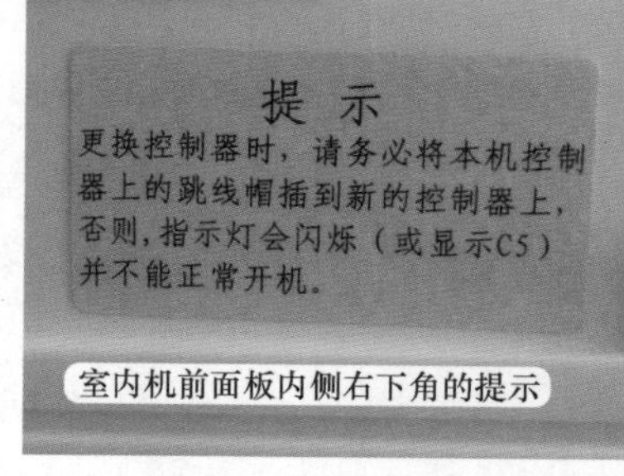

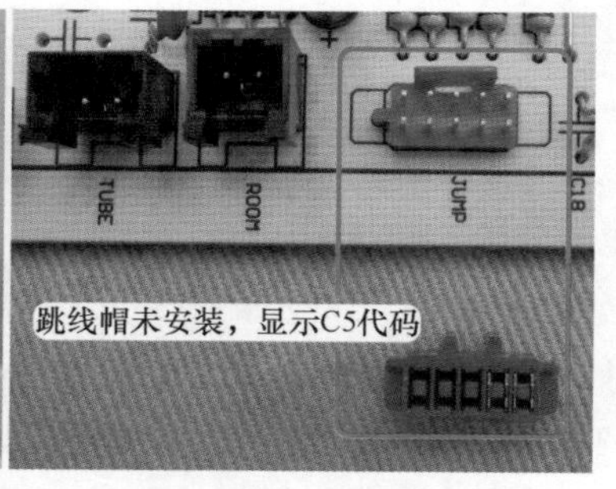

图 12-9　提示和未安装跳线帽

二、应急开关电路

1. 按键设计位置

应急开关电路的作用是在遥控器丢失或损坏的情况下，使用应急开关按键，空调器可应急使用，工作在自动模式，不能改变设定温度和风速。

根据空调器设计不同，应急开关按键设计位置也不相同。见图 12-10 左图，部分品牌的空调器将按键设计在显示板组件位置，使用时可以直接按压；见图 12-10 右图，格力或其他部分品牌的空调器将按键设计在室内机主板，使用时需要掀开前面板，且使用尖状物体才能按压。

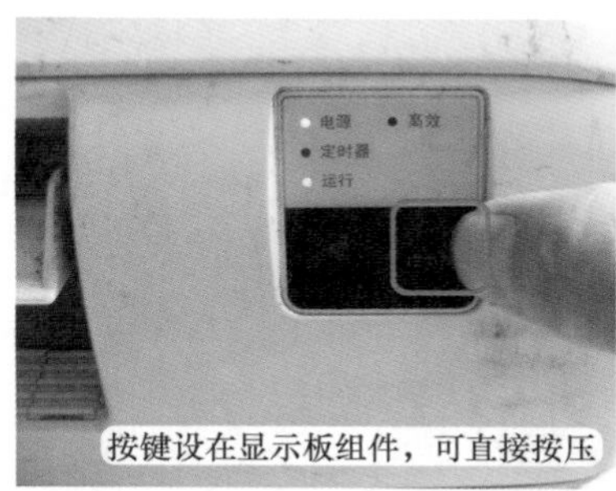

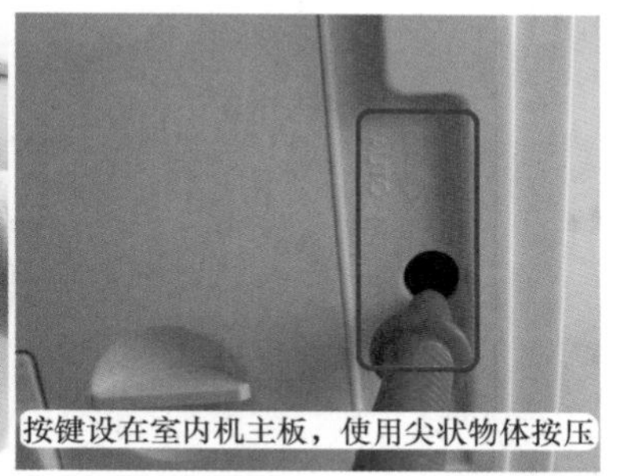

图 12-10　按键设计位置

2. 工作原理

图 12-11 为应急开关电路原理图，图 12-12 为实物图。

CPU ⑮脚为应急开关按键检测引脚，正常时为高电平直流 5V，应急开关按下时为低电平约 0.1V，CPU 根据目前状态时低电平的次数，进入相应的控制程序。

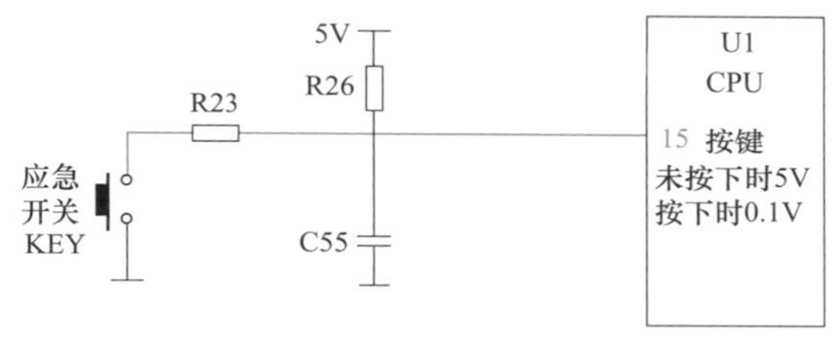

图 12-11　应急开关按键电路原理图

开机方法：在处于待机状态时，按压一次应急开关按键，空调器进入自动运行状态，CPU 根据室内温度自动选择制冷、制热、送风等模式，以达到舒适的效果。按压按键使空调器运行时，在任何状态下都可用遥控器控制，转入遥控器设定的运行状态。

关机方法：在运行状态下，按压一次应急开关按键，空调器停止工作。

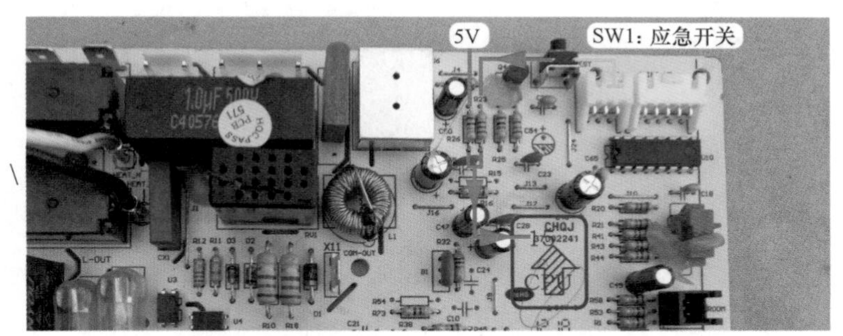

图 12-12　应急开关按键电路实物图

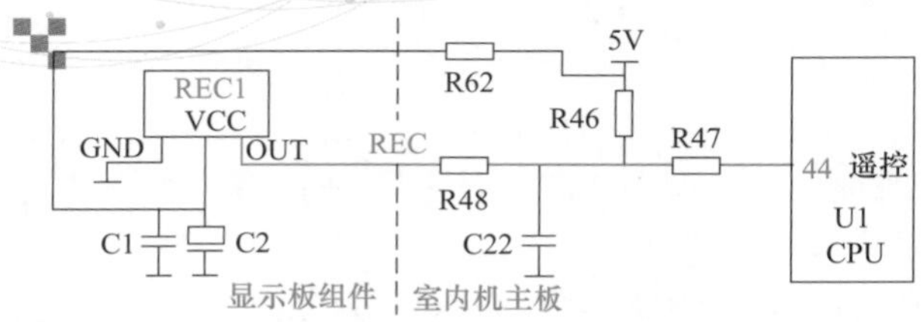

图 12-13 接收器电路原理图

三、接收器电路

图 12-13 为接收器电路原理图，图 12-14 为实物图，该电路的作用是接收遥控器发送的红外线信号，处理后送至 CPU 引脚。

遥控器发射含有经过编码的调制信号以 38kHz 为载波频率，发送至位于显示板组件上的接收器 REC1，REC1 将光信号转换为电信号，并进行放大、滤波、整形，经 R48、R47 送至 CPU ㊹脚，CPU 内部电路解码后得出遥控器的按键信息，从而对电路进行控制；CPU 每接收到遥控器信号后会控制蜂鸣器响一声给予提示。

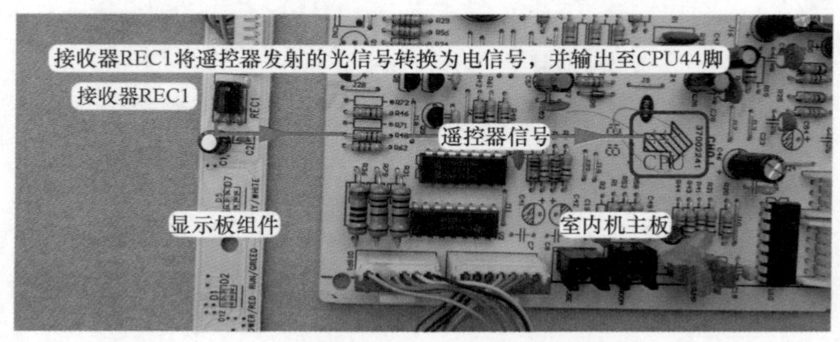

图 12-14 接收器电路实物图

四、传感器电路

1. 工作原理

图 12-15 为传感器电路原理图，图 12-16 为管温传感器电路实物图，表 12-4 为管温传感器（25℃ /20kΩ）温度、阻值与 CPU 引脚电压（分压电阻 20kΩ）对应关系。

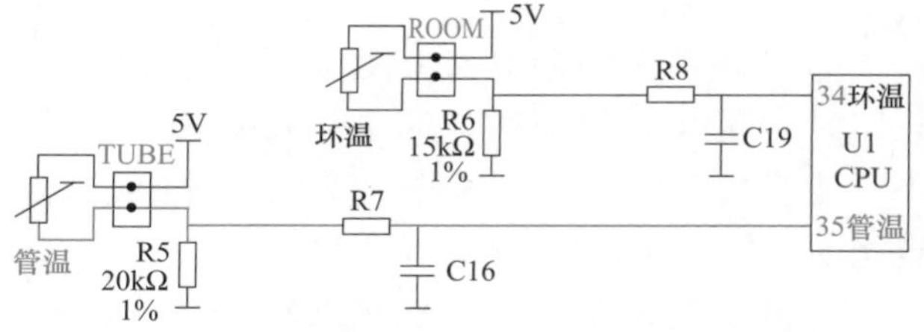

图 12-15 传感器电路原理图

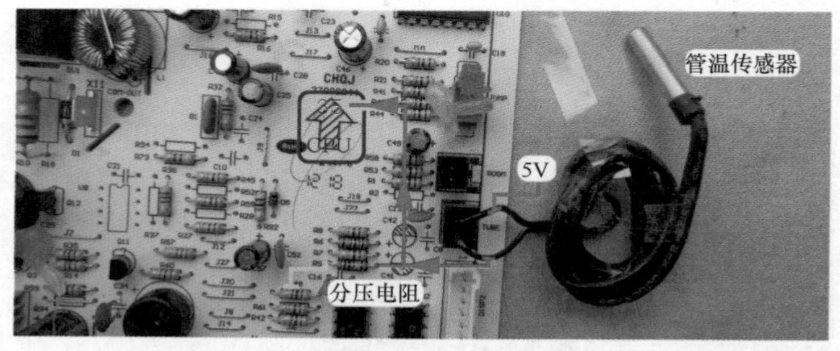

图 12-16 管温传感器电路实物图

室内环温和管温传感器电路工作原理相同，以管温传感器为例。管温传感器 TUBE（负温度系数热敏电阻）和电阻 R5 组成分压电路，R5 两端即 CPU ㉟脚电压的计算公式为：

5×R5/（管温传感器阻值 +R5）；管温传感器阻值随蒸发器温度的变化而变化，CPU ㉟脚电压也相应变化。管温传感器在不同的温度有相应的阻值，CPU ㉟脚为相对应的电压值，因此蒸发器温度与 CPU ㉟脚电压为成比例的对应关系，CPU 根据不同的电压值计算出蒸发器实际温度，对整机进行控制。假如制热模式下 CPU 检测蒸发器温度超过 62℃，则控制压缩机停机，并报出相应的故障代码。

表 12-4　管温传感器温度、阻值与 CPU 引脚电压对应关系

温度 /℃	−10	−5	0	6	25	30	50	60	70
阻值 /kΩ	110.3	84.6	65.3	48.4	20	16.1	7.17	4.94	3.48
CPU 电压 /V	0.76	0.95	1.17	1.46	2.5	2.77	3.68	4	4.25

2. 常温下测量分压点电压

由于环温和管温传感器 25℃时阻值通常和各自的分压电阻阻值相同或接近，因此在同一温度下分压点电压即 CPU 引脚电压应相同或接近。

在房间温度约 25℃时，见图 12-17，使用万用表直流电压挡，测量传感器插座电压，实测公共端为 5V，环温传感器分压点电压约为 2.5V，管温传感器分压点电压约为 2.5V。

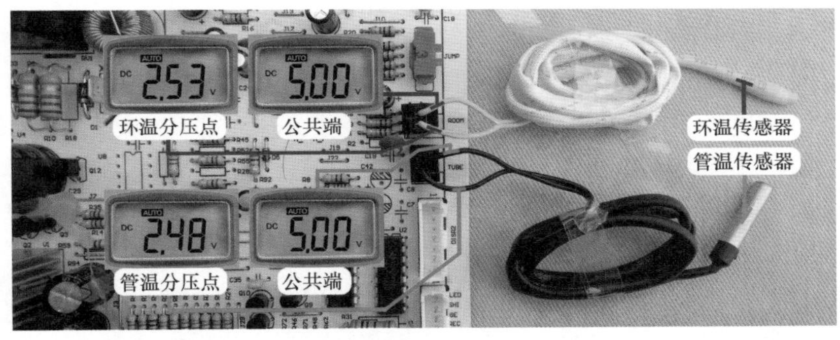

图 12-17　测量传感器电路分压点电压

第三节　输出部分单元电路

一、显示电路

1. 显示方式和室内机主板显示电路

见图 12-18 左图，格力 KFR-32GW/（32556）FNDe-3 空调器室内机使用指示灯＋数码管的方式进行显示，室内机主板和显示板组件由一束 2 个插头共 13 根的引线连接。

见图 12-18 右图，室内机主板显示电路主要由 U5 串行移位寄存器 HC164、U2 反相驱动器 2003、6 个晶体管（俗称三极管）和电阻等组成。

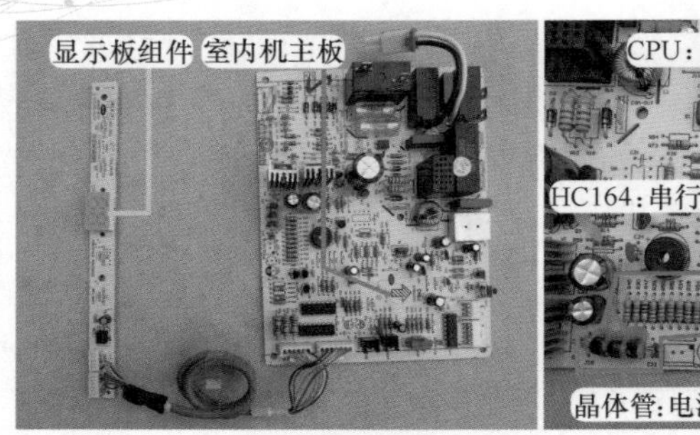

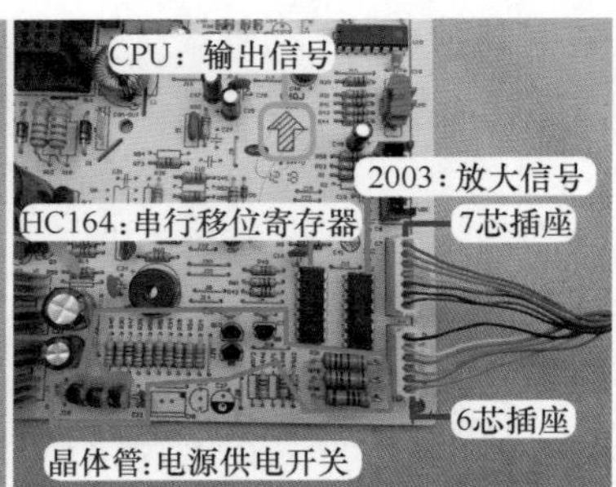

图 12-18 显示方式和室内机主板显示电路

2. 显示板组件

见图 12-19，显示板组件共设有 5 个指示灯：制热、制冷、电源 / 运行、除湿；使用一个 2 位数码管，可显示设定温度、房间温度、故障代码等。

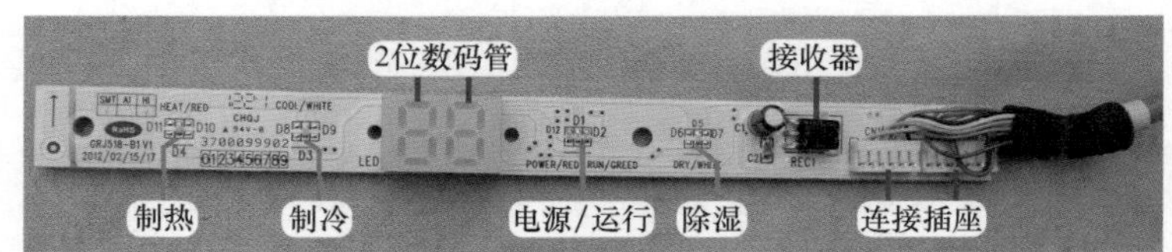

图 12-19 显示板组件主要元件

3. 74HC164 引脚功能

U5 为 HC164 集成电路，功能是 8 位串行移位寄存器，双列 14 个引脚，其中⑭脚为 5V 供电、⑦脚为地；①脚和②脚为数据输入（DATA），2 个引脚连在一起接 CPU ㊵脚；⑧脚为时钟输入（CLK），接 CPU ㊴脚；⑨脚为复位，实接直流 5V。

HC164 的③、④、⑤、⑥、⑩、⑪、⑫共 7 个引脚为输出，接反相驱动器（2003）U2 的输入侧⑦、⑥、⑤、④、③、②、①共 7 个脚，U2 输出侧⑩、⑪、⑫、⑬、⑭、⑮、⑯共 7 个引脚经插座 DISP2 连接显示板组件上 2 位数码管和 5 个指示灯。

4. 工作原理

见图 12-20，CPU ㊴脚向 U5（HC164）的⑧脚发送时钟信号，CPU ㊵脚向 HC164 的①脚和②脚发送显示数据的信息，HC164 处理后经反相驱动器 U2（2003）反相放大后驱动显示板组件上指示灯和数码管；CPU ㊸脚、㊷脚、①脚输出信号驱动 6 个晶体管，分 3 路控制 2 位数码管和指示灯供电 12V 的接通和断开。

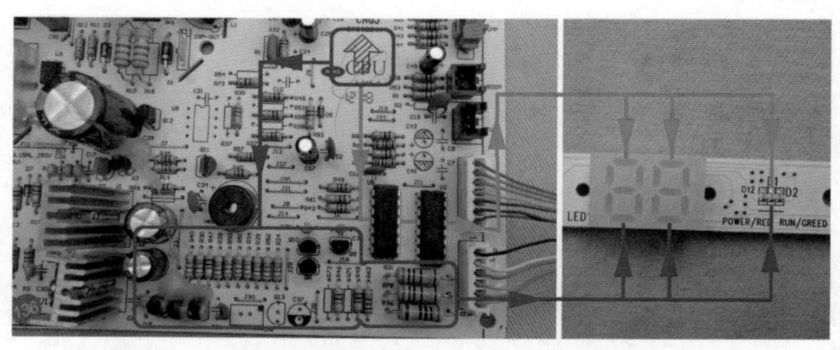

图 12-20 显示流程

二、蜂鸣器电路

图 12-21 为蜂鸣器电路原理图，图 12-22 为实物图，该电路的作用是 CPU 接收到遥控器信号且已处理，驱动蜂鸣器发出“嘀”声响一次予以提示。

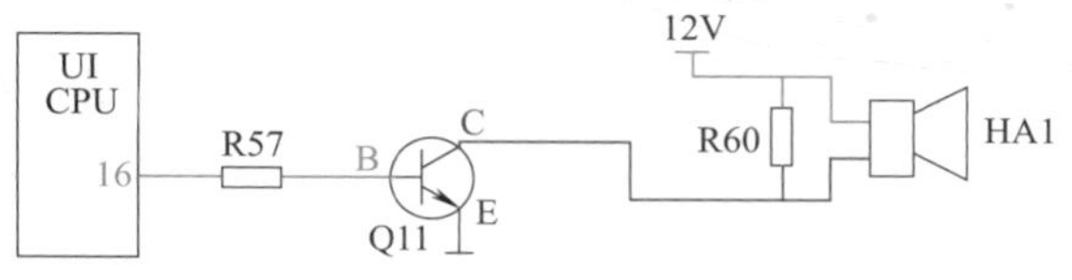

图 12-21 蜂鸣器电路原理图

CPU ⑯脚是蜂鸣器控制引脚，正常时为低电平；当接收到遥控器信号时引脚变为高电平，晶体管 Q11 基极（B）也为高电平，晶体管深度导通，其集电极（C）相当于接地，蜂鸣器得到供电，发出预先录制的“嘀”声或音乐。由于 CPU 输出高电平时间很短，万用表不容易测出电压。

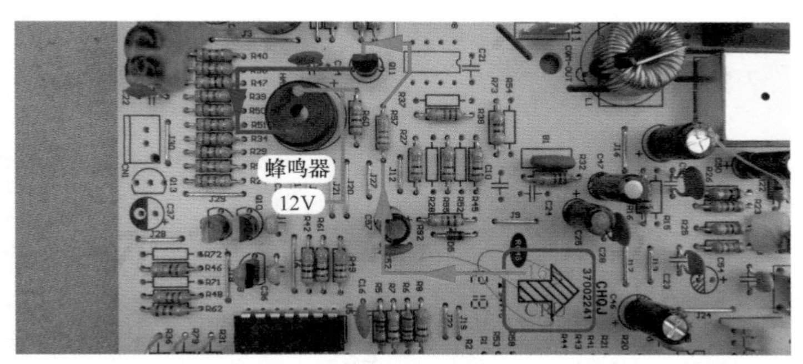

图 12-22 蜂鸣器电路实物图

三、步进电机电路

步进电机线圈驱动方式为 4 相 8 拍，共有 4 组线圈，电机每转一圈需要移动 8 次。线圈以脉冲方式工作，每接收到一个脉冲或几个脉冲，电机转子就移动一个位置，移动距离可以很小。

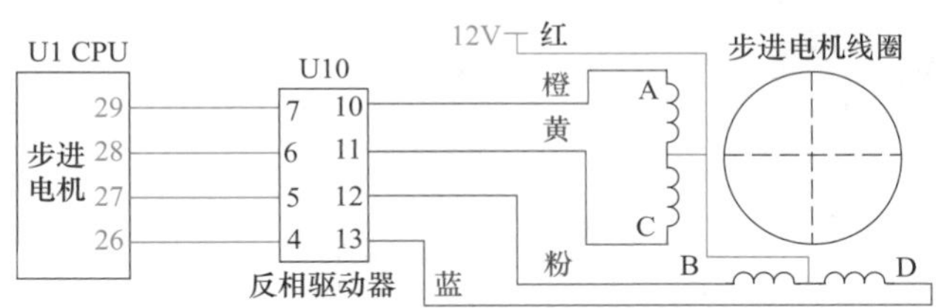

图 12-23 步进电机电路原理图

图 12-23 为步进电机电路原理图，图 12-24 为实物图，表 12-5 为 CPU 引脚电压与步进电机状态的对应关系。

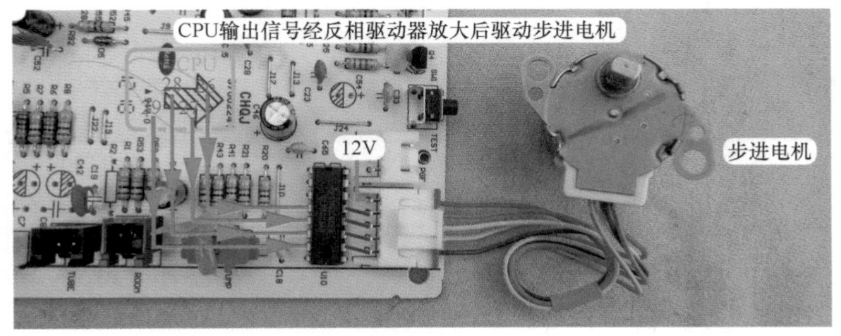

图 12-24 步进电机电路实物图

表 12-5　CPU 引脚电压与步进电机状态的对应关系

CPU：㉙－㉘－㉗－㉖	U10：⑦－⑥－⑤－④	U10：⑩－⑪－⑫－⑬	步进电机状态
1.8V	1.8V	8.6V	运行
0V	0V	12V	停止

CPU ㉙、㉘、㉗、㉖脚输出步进电机驱动信号，至反相驱动器 U10 的输入端⑦、⑥、⑤、④脚，U10 将信号放大后在⑩、⑪、⑫、⑬脚反相输出，驱动步进电机线圈，步进电机按 CPU 控制的角度开始转动，带动导风板上下摆动，使房间内送风均匀，到达用户需要的地方。

室内机主板 CPU 经反相驱动器放大后将驱动脉冲加至步进电机线圈，如供电顺序为：A—AB—B—BC—C—CD—D—DA—A…，电机转子按顺时针方向转动，经齿轮减速后传递到输出轴，从而带动导风板摆动；如供电顺序转换为：A—AD—D—DC—C—CB—B—BA—A…，电机转子按逆时针转动，带动导风板朝另外一个方向摆动。

四、主控继电器电路

主控继电器电路的作用是接通或断开室外机的供电，图 12-25 为主控继电器电路原理图，图 12-26 为继电器触点闭合过程，图 12-27 为继电器触点断开过程，表 12-6 为 CPU 引脚电压与室外机状态的对应关系。

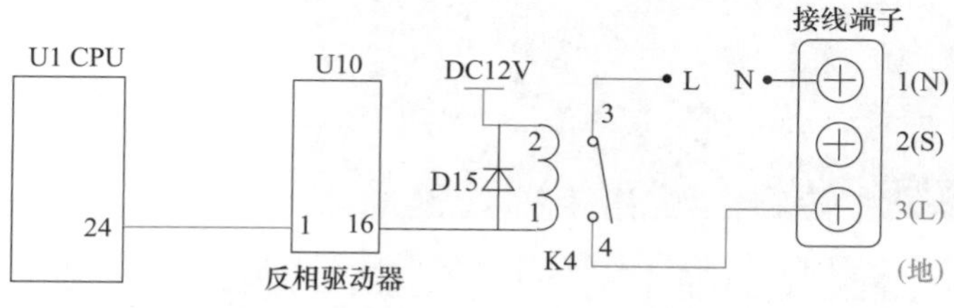

图 12-25　主控继电器电路原理图

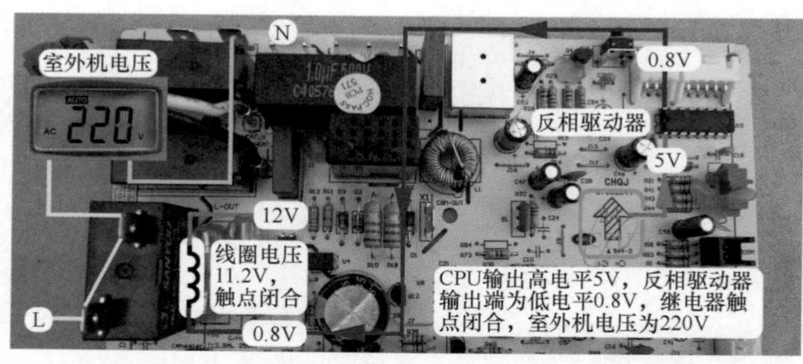

图 12-26　继电器触点闭合过程

表 12-6　CPU 引脚电压与室外机状态的对应关系

CPU ㉔脚	U10 ①脚	U10 ⑯脚	K4 线圈电压	K4 触点状态	室外机供电电压	室外机状态
直流 5V	直流 5V	直流 0.8V	直流 11.2V	导通	交流 220V	运行
直流 0V	直流 0V	直流 12V	直流 0V	断开	交流 0V	停止

1. 继电器触点闭合过程

图 12-26 为继电器触点闭合过程。

当 CPU 接收到遥控器或应急开关的指令，需要为室外机供电时，㉔脚输出高电平 5V，直接送至U10反相驱动器的①脚输入端，电压为5V，U10内部电路翻转，对应⑯脚输出端为低电平约0.8V，继电器K4线圈得到约直流11.2V供电，产生电磁力使触点3-4闭合，接线端子上3号为相线L端，与1号N端组合成为交流220V电压，为室外机供电。

2. 继电器触点断开过程

图12-27为继电器触点断开过程。

当CPU接收到遥控器或其他指令，需要断开室外机供电时，㉔脚由高电平输出改为低电平0V，U10的①脚也为低电平0V，内部电路不能翻转，其对应⑯脚输出端不能接地，K4线圈两端电压为直流0V，触点3-4断开，接线端子上3号相线L端断开，与1号N端不能构成回路，交流220V电压断开变为交流0V，室外机因而无电源而停止工作。

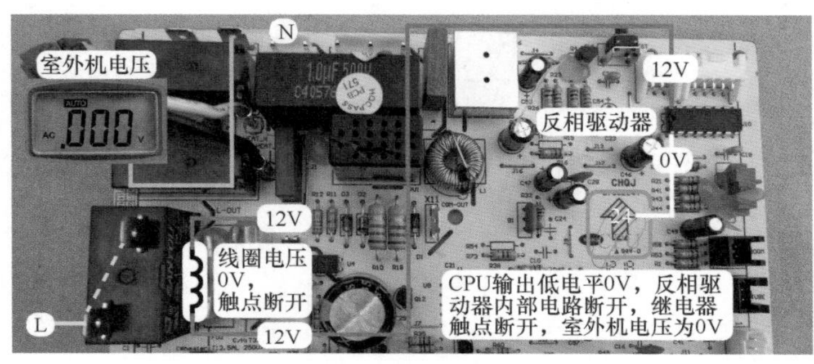

图12-27 继电器触点断开过程

五、辅助电加热继电器电路

1. 作用

空调器使用热泵式制热系统，即吸收室外的热量转移到室内，以提高室内温度，如果室外温度低于0℃以下时，空调器的制热效果将明显下降，辅助电加热就是为提高制热效果而设计的。

2. 工作原理

图12-28为辅助电加热电路原理图，图12-29为实物图，表12-7为CPU引脚电压与辅助电加热状态的对应关系。

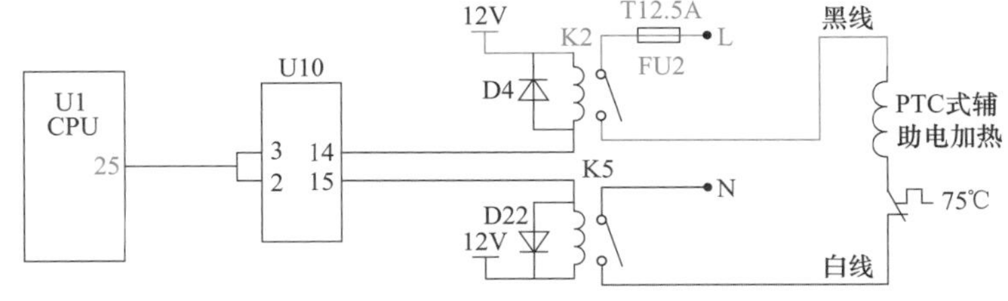

图12-28 辅助电加热电路原理图

本机主板辅助电加热电路使用2个继电器，分别接通电源L端和N端，CPU只有一个辅助电加热控制引脚，控制方式为2个继电器线圈并联。

当空调器处于制热模式，接收到遥控器或其他指令，CPU需要开启辅助电加热时，㉕脚输出高电平5V，同时送至U10反相驱动器的③脚和②脚（2个引脚相通），电压为5V，U10内部电路翻转，对应⑭脚和⑮脚输出端均为低电平约0.8V，继电器K2和K5线圈同时得到约直流11.2V供电，产生电磁力使触点闭合，同时接通L端和N端电源为交流220V，辅助电加热得到供电开始工作产生热量，和蒸发器的热量叠加吹向房间内，迅速提高房间温度。

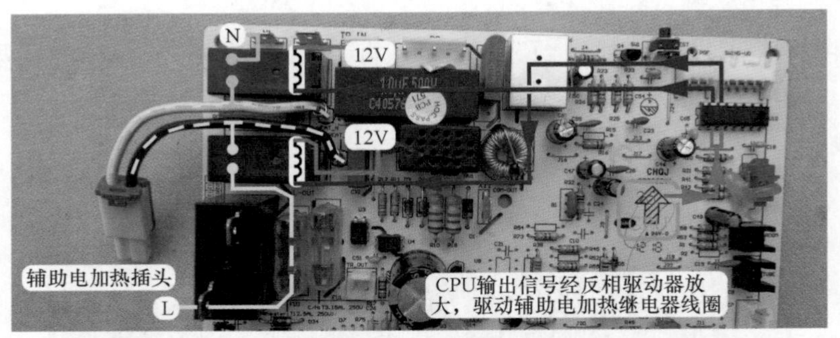

图12-29 辅助电加热电路实物图

当处于除霜过程或接收到其他指令，CPU需要关闭辅助电加热时，㉕脚输出低电平0V，U10的③脚和②脚电压也为0V，内部电路不能翻转，其对应输出端⑭脚和⑮脚不能接地，继电器线圈不能构成回路，K2和K5线圈电压为直流0V，触点断开，L端和N端电源同时断开，辅助电加热停止工作。

表12-7 CPU引脚电压和辅助电加热状态对应关系

CPU ㉕脚	U10 ③脚和②脚	U10 ⑭脚和⑮脚	K2和K5线圈电压	K2和K5触点状态	辅助电加热电压	辅助电加热状态
直流5V	直流5V	直流0.8V	直流11.2V	闭合	交流220V	产生热量
直流0V	直流0V	直流12V	直流0V	断开	交流0V	停止发热

第四节 室内风机电路

室内风机电路由2个输入部分的单元电路（过零检测电路和霍尔反馈电路）和1个输出部分的单元电路（PG电机电路）组成。

室内机主板上电，首先通过过零检测电路检查输入交流电源的零点位置，再通过PG电机电路驱动电机运行；室内风机运行后，内部输出代表转速的霍尔信号，送至室内机主板的霍尔反馈电路，供CPU检测实时转速，并与内部数据相比较，如有误差（即转速高于或低于正常值），通过改变光耦晶闸管（俗称光耦可控硅）的导通角，改变室内风机工作电压，室内风机转速也随之改变。

一、过零检测电路

1. 作用

过零检测电路可以理解为向 CPU 提供一个标准，起点是零点（零电压），光耦晶闸管导通角的大小就是依据这个标准。也就是室内风机高风、中风、低风、微风均对应一个光耦晶闸管导通角，而每个导通角的导通时间是从零点开始计算，导通时间不一样，导通角度的大小就不一样，室内风机线圈供电电压不一样，因此电机的转速就不一样。

2. 工作原理

图 12-30 为过零检测电路原理图，图 12-31 为实物图，表 12-8 为关键点电压。

变压器二次绕组输出约交流 16V 电压，经 D33 ～ D36 桥式整流输出脉动直流电，其中 1 路经 R63/R3、R4 分压，送至晶体管 Q2 基极。

当正半周时基极电压高于 0.7V，Q2 集电极 C 和发射极 E 导通，CPU ㉓脚为低电平约 0.1V；当负半周时基极电压低于 0.7V，Q2 C 极和 E 极截止，CPU ㉓脚为高电平约 5V。通过晶体管 Q2 的反复导通、截止，在 CPU ㉓脚形成 100Hz 脉冲波形，CPU 通过计算，检测出输入交流电源电压的零点位置。

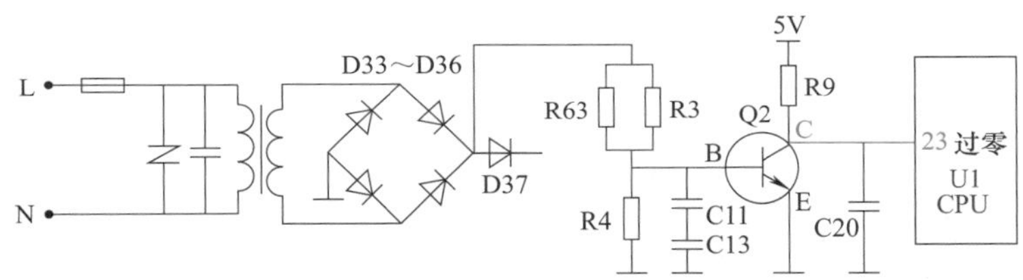

图 12-30 过零检测电路原理图

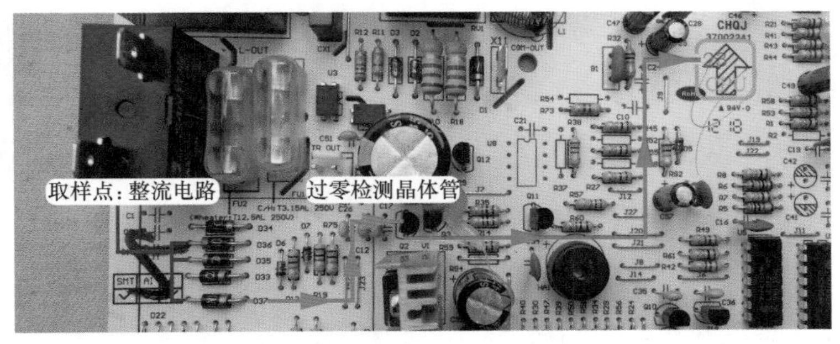

图 12-31 过零检测电路实物图

表 12-8 过零检测电路关键点电压

整流电路输出（D37 正极）	Q2：B	Q2：C	CPU ㉓脚
约直流 13.8V	直流 0.7V	直流 0.4V	直流 0.4V

二、PG 电机电路

1. 晶闸管调速原理

晶闸管调速是用改变晶闸管导通角的方法来改变电机端电压的波形，从而改变电机端电压的有效值，达到调速的目的。

当晶闸管导通角 α_1=180°时，电机端电压波形为正弦波，即全导通状态；当晶闸管导通角 α_1<180°时，即非全导通状态，电压有效值减小；α_1 越小，导通状态越少，则电压有效值越小，所产生的磁场越小，则电机的转速越低。由以上的分析可知，采用晶闸管调速其电机转速可连续调节。

2. 工作原理

图 12-32 为室内风机（PG 电机）电路原理图，图 12-33 为实物图。

CPU ㉒脚为室内风机控制引脚，输出的驱动信号经电阻 R25 送至晶体管 Q4 基极（B），Q4 放大后送至光耦晶闸管 U6 初级发光二极管的负极，U6 次级侧晶闸管导通，交流电源 L 端经扼流圈 L1 ↑ U6 次级送至室内风机线圈的公共端，和交流电源 N 端构成回路，在风机电容的作用下，室内风机转动，带动室内贯流风扇运行，室内机开始吹风。

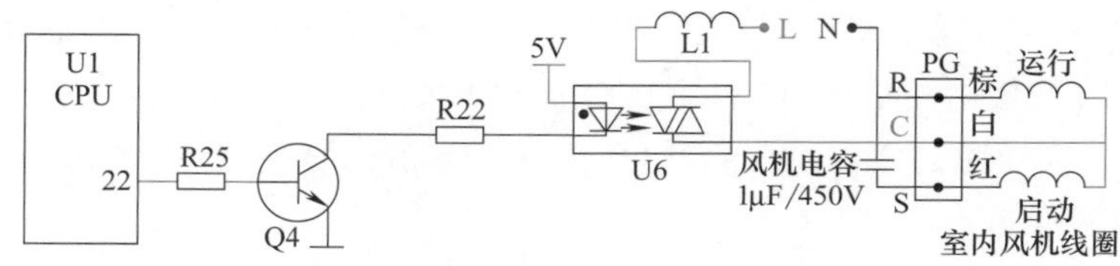

图 12-32　PG 电机电路原理图

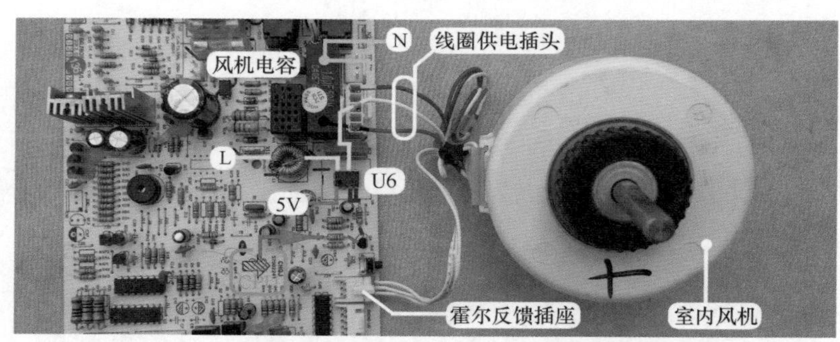

图 12-33　PG 电机电路实物图

三、霍尔反馈电路

1. 转速检测原理

室内风机内部的转子上装有磁环，见图 12-34，霍尔电路板上的霍尔与磁环在空间位置上相对应。

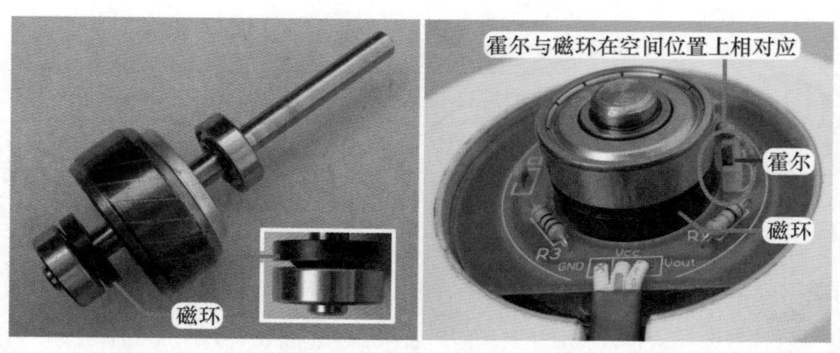

图 12-34　转子磁环和霍尔安装位置

室内风机转子旋转时带动磁环转动，霍尔将磁环的感应信号转化为高电平或低电平的脉冲电压，由输出脚输出至主板 CPU；转子旋转一圈，霍尔会输出一个脉冲信号电压或几个脉冲信号电压（厂家不同，脉冲信号数量不同），CPU 根据脉冲电压（即霍尔信号）计算出电机的实际转速，与目标转速相比较，如有误差则改变光耦晶闸管的导通角，从而改变室内风机的转速，使实际转速与目标转速相对应。

2. 工作原理

图 12-35 为霍尔反馈电路原理图，图 12-36 为实物图，表 12-9 为霍尔输出引脚电压与 CPU 引脚电压的对应关系。

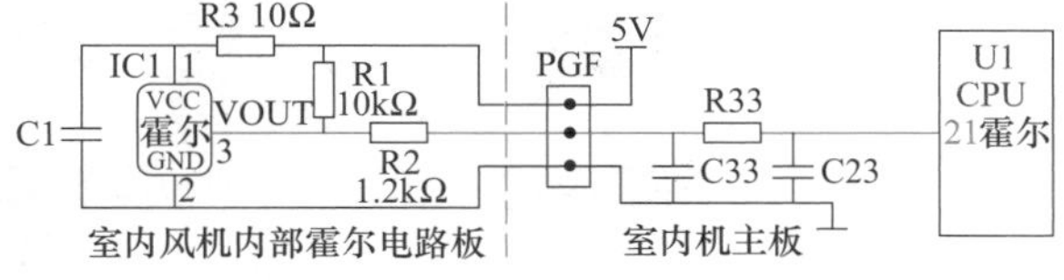

图 12-35 霍尔反馈电路原理图

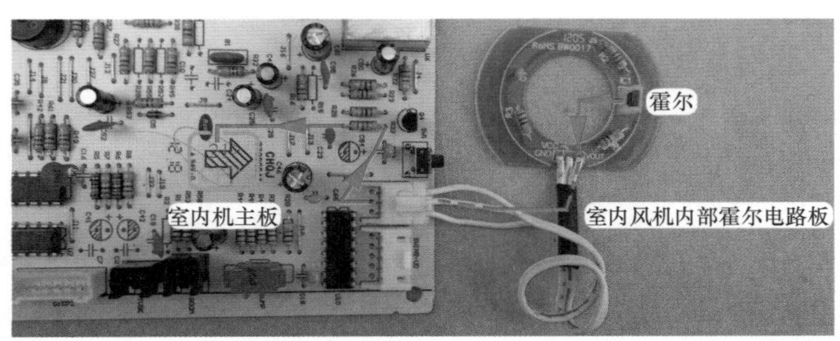

图 12-36 霍尔反馈电路实物图

表 12-9 霍尔输出引脚电压与 CPU 引脚电压的对应关系

项目	IC1：①脚供电	IC1：③脚输出	PGF 反馈引线	CPU ㉑脚霍尔
IC1 输出低电平	5V	0V	0V	0V
IC1 输出高电平	5V	4.98V	4.98V	4.98V
正常运行	5V	2.45V	2.45V	2.45V

霍尔反馈电路的作用是向 CPU 提供室内风机实际转速的参考信号。室内风机内部霍尔电路板通过标号 PGF 的插座和室内机主板连接，共有 3 根引线，即供电直流 5V、霍尔反馈输出、地。

室内风机开始转动时，内部电路板霍尔 IC1 的③脚输出代表转速的信号（霍尔信号），经电阻 R2、R33 送至 CPU 的㉑脚，CPU 通过霍尔的数量计算出室内风机的实际转速，并与内部数据相比较，如转速高于或低于正常值即有误差，CPU ㉒脚（室内风机驱动）输出信号通过改变光耦晶闸管的导通角，改变室内风机线圈供电插座的交流电压有效值，从而改变室内风机的转速，使实际转速与目标转速相同。

3. 测量转速反馈电压

遥控器关机但不拔下电源插头，室内风机停止运行，即空调器处于待机状态，见图 12-37，将手从出风口伸入，并慢慢拨动贯流风扇，相当于慢慢旋转室内风机轴。

使用万用表直流电压挡，见图 12-37，黑表笔接霍尔反馈插座中地、红表笔接反馈端子测量电压，正常时为 0V（低电平）—5V（高电平）—0V—5V 的跳变电压，说明室内风机已输出霍尔反馈信号，室内风机正常运行时反馈端电压为稳定的直流约 2.5V。

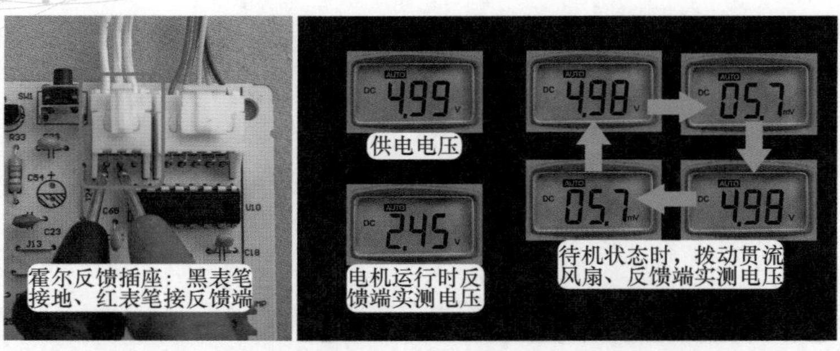

图 12-37 测量霍尔反馈插座反馈端电压

第五节 通信电路

通信电路由室内机和室外机主板两部分单元电路组成，并且在实际维修中该电路故障率比较高，因此单设一节进行详细说明。

一、电路数据和专用电源型式

1. 通信电路数据结构

室内机（副机）、室外机（主机）之间的通信数据均由 16 个字节组成，每个字节由一组 8 位二进制编码构成。室内机和室外机进行通信时，首字节先发送一个代表开始识别码的字节，然后依次发送第 1 ～ 16 字节数据信息，最后发送一个结束识别码字节，至此完成一次通信，每组通信数据见表 12-10。

表 12-10 通信数据结构

命令位置	数据内容	备 注
第 1 字节	通信源地址（自己地址）	室内机地址——0、1、2、…、255 室外机地址——0、1、2、…、255
第 2 字节	通信目标地址（对方地址）	
第 3 字节	命令参数	高 4 位：要求对方接收参数的命令 低 4 位：向对方传输参数的命令
第 4 字节	参数内容 1	
第 5 字节	参数内容 2	
⋮	⋮	⋮
第 15 字节	参数内容 12	
第 16 字节	校验和	校验和 =【∑（第 1 字节＋第 2 字节＋第 3 字节 +…+ 第 13 字节＋第 14 字节＋第 15 字节）】＋ 1

2. 通信电路参数

参数内容见表 12-11，第 4 字节至第 15 字节分别可表示 12 项参数内容，每 1 个字节主、副机所表示的内容略有差别。

表 12-11　参数内容

命令位置	室内机向室外机发送内容	室外机向室内机发送内容
第 4 字节	当前室内机的机型	当前室外机的机型
第 5 字节	当前室内机的运行模式	当前室外机的实际运行频率
第 6 字节	要求压缩机运行的目标频率	当前室外机保护状态 1
第 7 字节	强制室外机输出端口的状态	当前室外机保护状态 2
第 8 字节	当前室内机保护状态 1	当前室外机冷凝器的温度值
第 9 字节	当前室内机保护状态 2	当前室外机环境温度值
第 10 字节	当前室内机的设定温度	当前压缩机的排气温度值
第 11 字节	当前室内风机转速	当前室外机的运行总电流值
第 12 字节	当前室内的环境温度值	当前室外机的电压值
第 13 字节	当前室内机的蒸发器温度值	当前室外机的运行模式
第 14 字节	当前室内机的能级系数	当前室外机的状态
第 15 字节	当前室内机的状态	预留

二、工作原理

1. 电路组成

完整的通信电路由室内机主板 CPU、室内机通信电路、室内外机连接线、室外机主板 CPU、室外机通信电路组成。

（1）室内机和室外机主板

见图 12-38，室内机主板 CPU（位于主板反面）的作用是产生通信信号，该信号通过通信电路传送至室外机主板 CPU，同时接收由室外机主板 CPU 反馈的通信信号并作处理；室外机主板 CPU 的作用与室内机主板 CPU 相同，也是发送和接收通信信号。

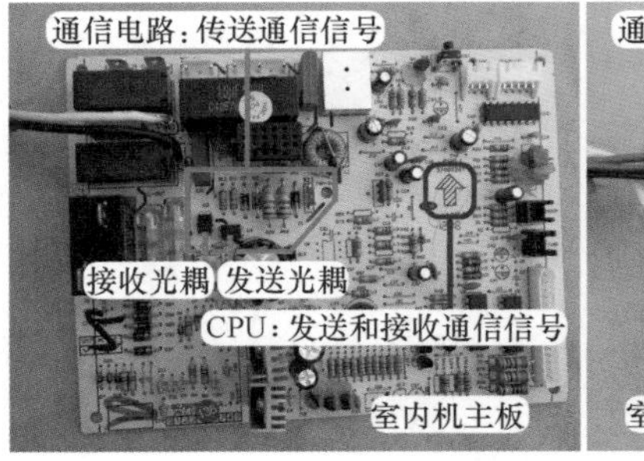

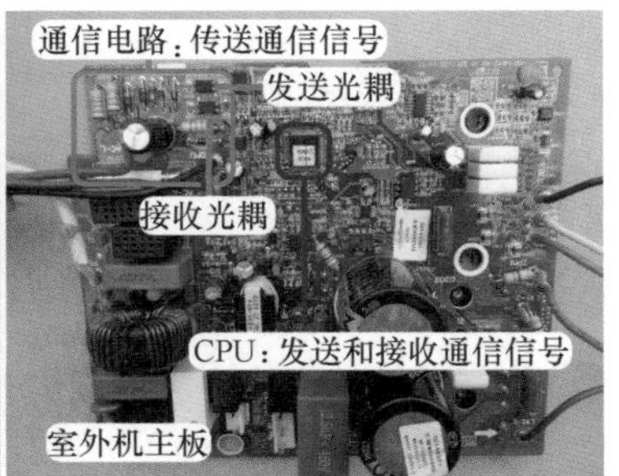

图 12-38　室内机和室外机主板通信电路

（2）室内外机连接线

变频空调器室内机和室外机共有 4 根连接线，见图 12-39，作用分别是：1 号 N（1）蓝线为零线 N，2 号黑线为通信线 COM，3 号棕线为相线 L，地线直接固定在外壳铁皮。

L 与 N 接交流 220V 电压，由室内机输出为室外机供电，此时 N 为零线；COM 与 N 为室内机和室外机的通信电路提供回路，COM 为通信线，此时 N 为通信电路专用电源（直流 56V）的负极，因此 N 同时有双重作用。

在接线时室内机主板 L 与 N 和室外机接线端子应相同，不能接反，否则通信电路不能构成回路，造成通信故障。

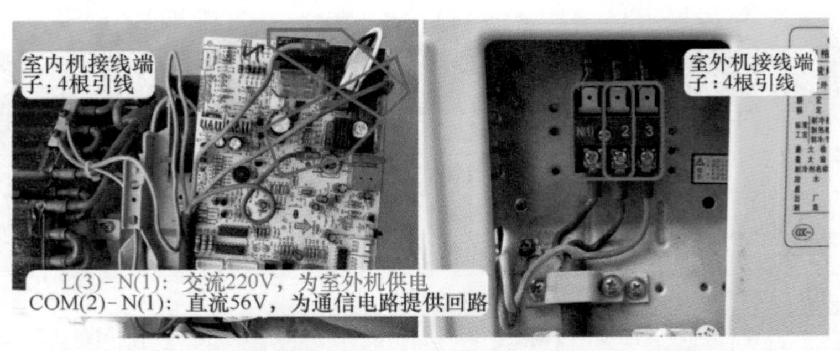

图 12-39 室内外机连接线

2. 直流 56V 电压形成电路

图 12-40 为通信电路原理图。从图中可知，室内机 CPU ㉛脚为发送引脚、U4 为发送光耦，㉚脚为接收引脚、U3 为接收光耦；室外机 CPU ㉞脚为发送引脚、U132 为发送光耦，㊵脚为接收引脚，U131 为接收光耦。

通信电路电源使用专用的直流 56V 电压，见图 12-41，设在室外机主板。电源电压相线 L 由电阻 R1311 和 R1312 降压、D134 整流、C0520 滤波、R136 分压，在稳压管 ZD134（稳压值 56V）两端形成直流 56V 电压，为通信电路供电，N 为直流 56V 电压的负极。

3. 信号流程

室内机和室外机的通信数据由编码组成，室内机和室外机的 CPU 在处理时，均会将数据转换为高电平 1 或低电平 0 的数值发给对方（例如编码为 101011），再由对方的 CPU 根据编码翻译出室外机或室内机的参数信息（假如翻译结果为室内管温为 10℃、压缩机当前运行频率为 75Hz），共同对整机进行控制。

一旦室外机出现异常状况，在相应的字节中就会出现与故障内容相对应的编码内容，通过通信电路传送至室内机 CPU，室内机 CPU 针对故障内容立即发出相应的控制指令，整机电路就会出现相应的保护动作。同样，当室内机电路检测到异常时，室内机 CPU 也会及时发出相对应的控制指令至室外机 CPU，以采取相应的保护措施。

本机室内机 CPU 为 5V 供电，高电平（1）为直流 5V，室外机 CPU 为 3.3V 供电，高电平（1）为 3.3V，低电平（0）均为 0V。

室内机和室外机 CPU 传送数据时为同相设计，即室外机 CPU 发送高电平（1）信号时，室内机 CPU 接收也同样为高电平（1）信号，室外机 CPU 发送低电平（0）信号时，室内机 CPU 接收也同样为低电平（0）信号。

（1）室外机发送高电平信号、室内机接收信号

通信电路处于室外机发送、室内机接收时，见图 12-42，室内机 CPU 发送信号，㉛脚首先输出 5V 高电平电压经电阻 R35 送至晶体管 Q12 基极 B，电压为 0.7V，集电极 C 和发射极 E 导通，U4 初级侧②脚发光二极管负极接地，5V 电压经电阻 R17、U4 初级发光二极管和地构成回路，初级侧两端电压为 1.1V，使得次级侧光电晶体管集电极④脚和发射极③脚导通，为室外机 CPU 发送通信信号提供先决条件。

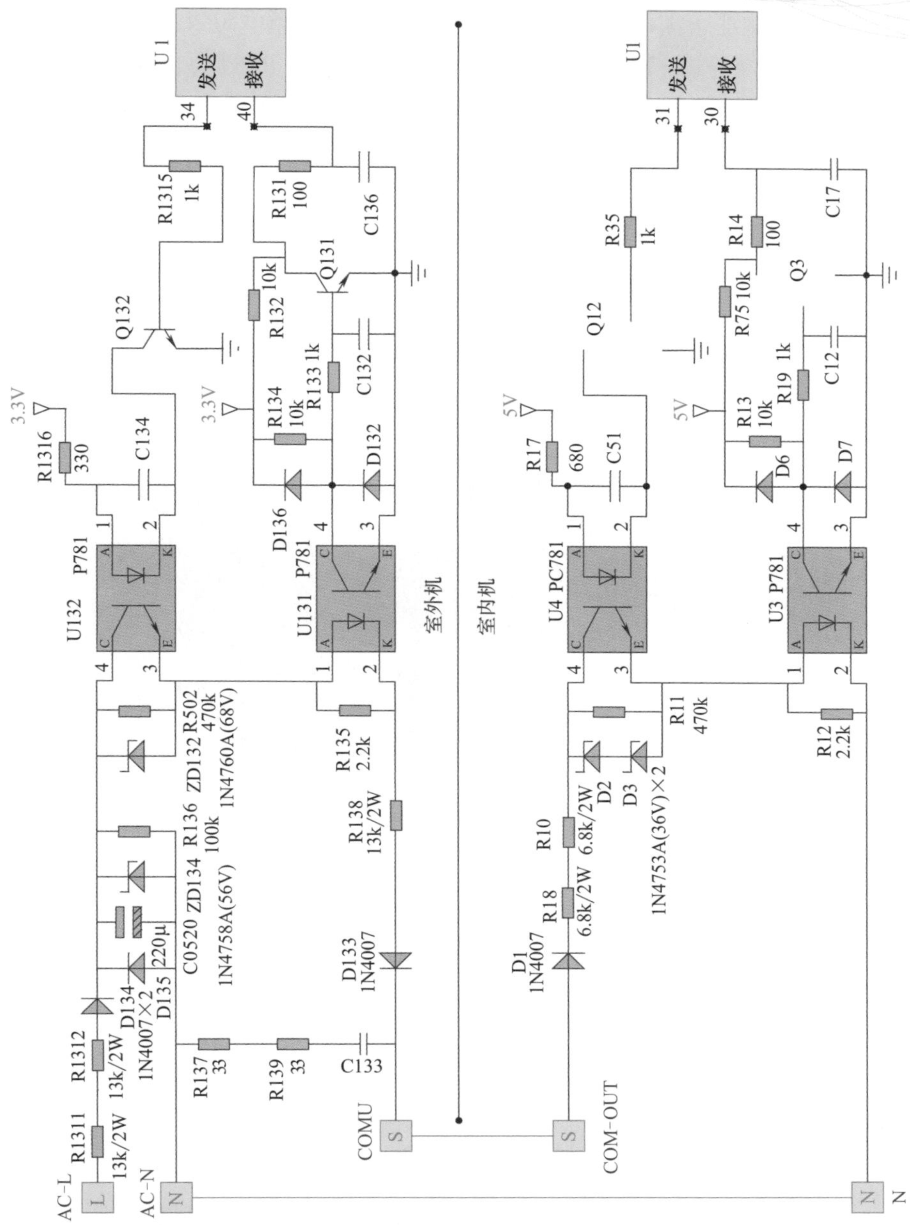

图 12-40　通信电路原理图

图 12-41　直流 56V 电压形成电路

室外机 CPU ㉞脚发送高电平信号时，输出电压 3.3V 经电阻 R1315 送至晶体管 Q132 基极，电压为 0.7V，集电极和发射极导通，3.3V 电压经电阻 R1316、U132 初级发光二极管、Q132 集电极、Q132 发射极和地构成回路，U132 初级侧两端电压为 1.1V，使得次级侧集电极和发射极导通，整个通信回路闭合，流程如下：通信电源 56V → U132 的④脚集电极→ U132 的③脚发射极→ U131 的①脚发光二极管正极→ U131 的②脚发光二极管负极→电阻 R138 →二极管 D133 →室内外机连接线→室内机主板 X11 端子（COM-OUT）→ D1 → R18 → R10 → U4 的④脚→ U4 的③脚→ U3 的①脚→ U3 的②脚→ N 端构成回路，使得 U3 初级侧两端的电压为 1.1V，次级侧④ - ③脚导通，晶体管 Q3 基极电压约为 0.1V，集电极和发射极截止，5V 电压经电阻 R75 和 R14，为 CPU 接收信号㉚脚供电，为高电平约 5V，和室外机 CPU 发送信号㉞脚的高电平相同，实现了室外机 CPU 发送高电平（1）信号、室内机 CPU 接收高电平（1）信号的过程。

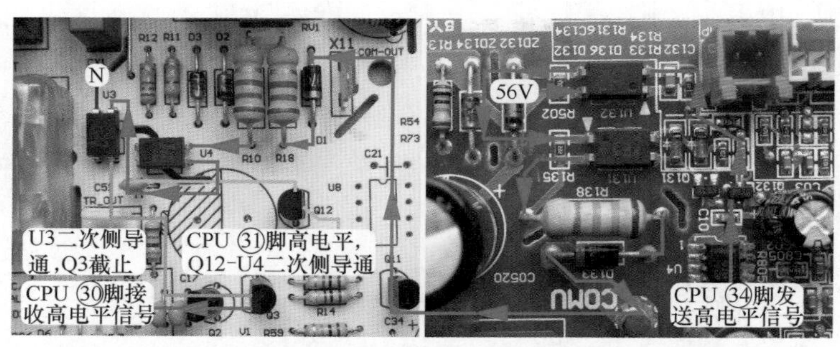

图 12-42 室外机 CPU 发送高电平信号、室内机接收信号流程

（2）室外机 CPU 发送低电平信号、室内机接收信号

见图 12-43，当室外机 CPU ㉞脚发送低电平信号，输出电压为 0V，Q132 基极电压也为 0V，集电极和发射极截止，U132 的②脚负极不能接地，因此 3.3V 电压经 R1316 不能构成回路，U132 的初级侧① - ②脚电压为 0V，次级侧④ - ③脚截止，U132 的③脚电压为 0V，此时通信回路断开，使得室内机主板 U3 初级侧两端电压为 0V，次级侧④ - ③脚截止，5V 电压经 R13、R19 为 Q3 基极供电，电压为 0.7V，集电极和发射极导通，CPU 接收信号㉚脚经 R14、Q3 集电极、Q3 发射极接地，为低电平 0V，和室外机 CPU 发送信号㉞脚的低电平相同，实现了室外机 CPU 发送低电平（0）信号，室内机 CPU 接收低电平（0）信号的过程。

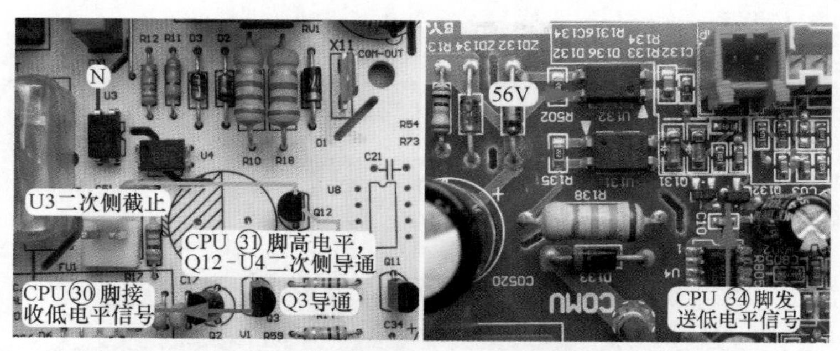

图 12-43 室外机 CPU 发送低电平信号、室内机接收信号流程

（3）室内机 CPU 发送高电平信号、室外机 CPU 接收信号

通信电路处于室内机发送、室外机接收时，见图 12-44，室外机 CPU 发送信号，㉞脚

首先输出3.3V高电平电压，经R1315送至Q132基极，电压为0.7V，集电极和发射极导通，U132初级侧②脚发光二极管负极接地，3.3V电压经R1316、U132初级发光二极管和地构成回路，初级侧两端电压为1.1V，使得次级侧④脚和③脚导通，为室内机CPU发送通信信号提供先决条件。

室内机CPU㉛脚发送高电平信号时，输出电压5V经R35送至Q12基极，电压为0.7V，集电极和发射极导通，5V电压经电阻R17、U4初级发光二极管、Q12集电极、Q12发射极和地构成回路，U4初级侧两端电压为1.1V，次级侧④脚集电极和③脚发射极导通，整个通信回路闭合，使得室外机接收光耦U131初级侧两端的电压为1.1V，次级侧④-③脚导通，Q131基极电压为0V，集电极和发射极截止，3.3V电压经R132和R131为CPU接收信号㊵脚供电，为高电平约3.3V，和室内机CPU发送信号㉛脚的高电平相同，实现了室内机CPU发送高电平（1）信号，室外机CPU接收高电平（1）信号的过程。

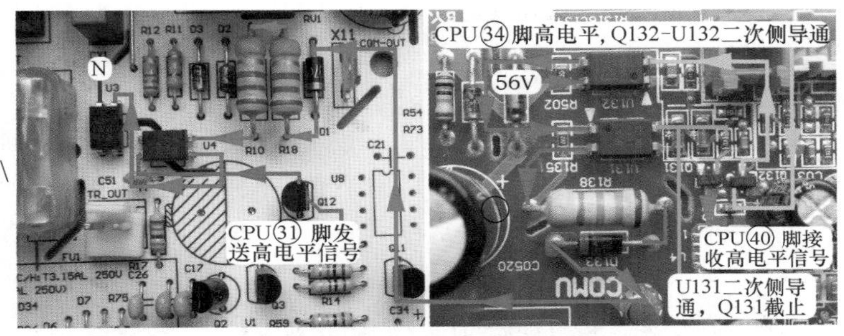

图12-44 室内机CPU发送高电平信号、室外机接收信号流程

（4）室内机CPU发送低电平信号、室外机CPU接收信号

见图12-45，当室内机CPU㉛脚发送低电平信号，输出电压为0V，Q12基极电压也为0V，集电极和发射极截止，U4的②脚负极不能接地，因此5V电压经R17不能构成回路，U4的初级侧①-②脚电压为0V，次级侧④-③脚截止，U4的③脚电压为0V，此时通信回路断开，使得室外机主板U131初级侧两端电压为0V，次级侧④-③脚截止，3.3V电压经R134、R133为Q131基极供电，电压为0.7V，集电极和发射极导通，CPU接收信号㊵脚经R131、Q131集电极、Q131发射极接地，为低电平0V，和室内机CPU发送信号㉛脚的低电平相同，实现了室内机CPU发送低电平（0）信号，室外机CPU接收低电平（0）信号的过程。

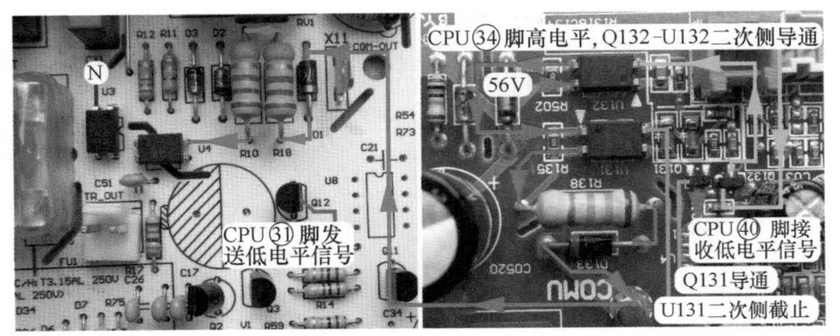

图12-45 室内机CPU发送低电平信号、室外机接收信号流程

4. 通信电压跳变范围

室内机和室外机 CPU 输出的通信信号均为脉冲电压，通常在 0 ～ 5V 之间变化。光耦初级发光二极管的电压也是时有时无，有电压时次级光电晶体管导通，无电压时次级光电晶体管截止，通信回路由于光耦次级光电晶体管的导通与截止，工作时也是时而闭合时而断开，因而通信回路工作电压为跳动变化的电压。

测量通信电路电压时，使用万用表直流电压挡，黑表笔接 1 号 N 端子、红表笔接 2 号 COM 端子。

室外机发送光耦 U132 次级光电晶体管截止、室内机发送光耦 U4 次级光电晶体管导通，直流 56V 通信电压断开，此时 N 与 COM 端子电压为 0V。

U132 次级导通、U4 次级导通，此时相当于直流 56V 电压对串联的 R_N 和 R_W 电阻进行分压。在格力 KFR-32GW/（32556）FNDe-3 空调器的通信电路中，$R_N=R_{18}+R_{10}=13.6k\Omega$，$R_W=R_{138}=13k\Omega$，此时测量 N 与 COM 端子的电压相当于测量 R_N 两端的电压，根据分压公式 $R_N/(R_N+R_W)\times 56V$ 可计算得出，约等于 28V。

U132 次级导通、U4 次级截止，此时 N 与 COM 端子电压为直流 56V。

根据以上结果得出的结论是：测量通信回路电压即 N 与 COM 端子，理论的通信电压变化范围为 0 ～ 28 ～ 56V；但是实际测量时，由于光耦次级光电晶体管导通与截止的转换频率非常快，见图 12-46，万用表显示值通常在 6 ～ 27 ～ 51V 之间循环跳动变化。

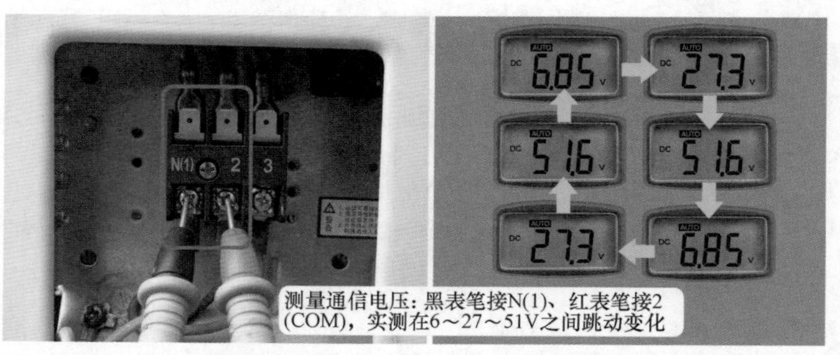

图 12-46 测量通信电路 N（1）和 2（COM）端子电压

第十三章
变频空调器室外机单元电路检修

本章以格力 KFR-32GW/（32556）FNDe-3 直流变频空调器室外机为基础，介绍室外机电控系统组成、单元电路作用等。如本章中无特别注明，所有空调器型号均默认为格力 KFR-32GW/（32556）FNDe-3。

第一节　直流 300V 电路和开关电源电路

一、直流 300V 电路

图 13-1 为直流 300V 电压形成电路原理图，图 13-2 为主板的正面实物流程，图 13-3 为主板的反面实物流程。

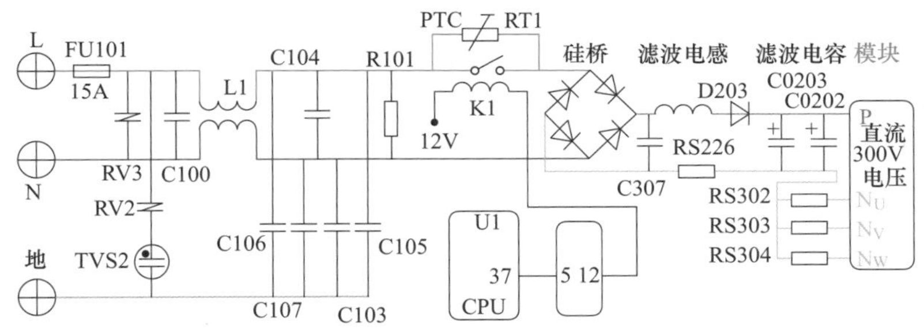

图 13-1　交流输入和直流 300V 电压形成电路原理图

1. 交流输入电路

压敏电阻 RV3 为过压保护元件，当输入的电网电压过高时击穿，使前端 15A 熔丝管（俗称保险管）FU101 熔断进行保护；RV2、TVS2 组成防雷击保护电路，TVS2 为放电管；C100、L1 交流滤波电感、C106、C107、C104、C103、C105 组成交流滤波电路，具有双向作用，既能吸收电网中的谐波，防止对电控系统的干扰，又能防止电控系统的谐波进入电网。

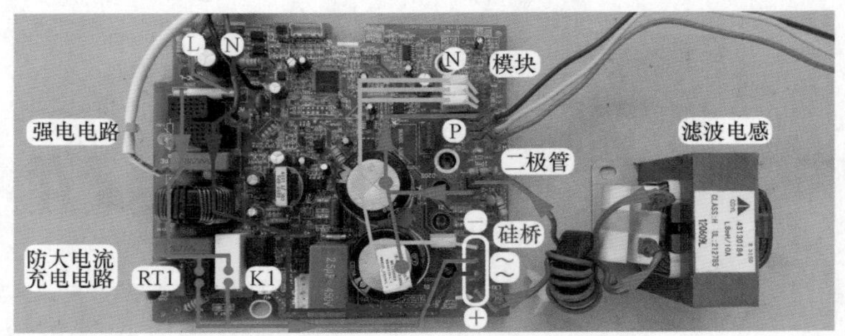

图 13-2　直流 300V 电压形成电路实物图（主板正面流程）

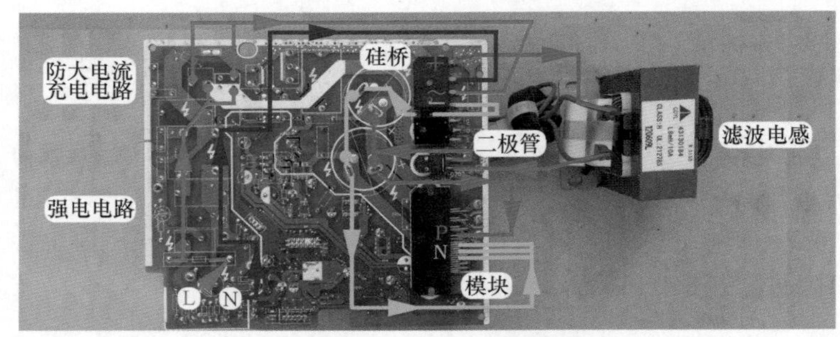

图 13-3　直流 300V 电压形成电路实物图（主板反面流程）

2. 直流 300V 电压形成电路

直流 300V 电压为开关电源电路和模块供电，而模块的输出电压为压缩机供电，因而直流 300V 电压间接为压缩机供电，所以直流 300V 电压形成电路工作在大电流状态。主要元件为硅桥和滤波电容，硅桥将交流 220V 电压整流后变为脉动直流 300V 电压，而滤波电容将脉动直流 300V 电压经滤波后变为平滑的直流 300V 电压为模块供电。

交流输入 220V 电压中棕线 L 相线经 FU101 熔丝管、交流滤波电感 L1、由 PTC 电阻 RT1 和主控继电器 K1 触点组成防大电流充电电路，送至硅桥的交流输入端，蓝线 N 零线经滤波电感 L1 直接送至硅桥的另一个交流输入端，硅桥将交流 220V 整流成为脉动直流电，正极输出经外接的滤波电感、快恢复二极管 D203 送至滤波电容 C0202 和 C0203 正极，硅桥负极经电阻 RS226 连接电容负极，滤波电容形成直流 300V 电压，正极送至模块 P 端，负极经电阻 RS302、RS303、RS304 送至模块的 3 个 N 端下桥（N_U、N_V、N_W），为模块提供电源。

3. 防大电流充电电路

由于为模块提供直流 300V 电压的滤波电容容量通常很大，如本机使用 2 个 680μF 电容并联，总容量为 1360μF，上电时如果直接为其充电，初始充电电流会很大，容易造成空调器插头与插座间打火或者断路器跳闸，甚至引起整流硅桥或 15A 供电熔丝管损坏，因此变频空调器室外机电控系统设有延时防瞬间大电流充电电路，本机由 PTC 电阻 RT1、主控继电器 K1 组成。

直流 300V 电压形成电路工作时分为 2 个步骤，第①步为初始上电，第②步为正常工作。

① 初始上电　图 13-4 为初始上电时工作流程。

室内机主板主控继电器触点闭合为室外机供电时，交流 220V 电压中 N 端直接送至硅桥交流输入端，L 端经熔丝管 FU101、交流滤波电感 L1、延时防瞬间大电流充电电路后，送至硅桥的交流输入端。

图 13-4　初始上电

此时主控继电器 K1 触点为断开状态，L 端电压经 PTC 电阻 RT1 送至硅桥的交流输入端，PTC 电阻为正温度系数的热敏电阻，阻值随温度上升而上升，刚上电时充电电流使 PTC 电阻温度迅速升高，阻值也随之增加，限制了滤波电容的充电电流，使其两端电压逐步上升至直流 300V，防止了由于充电电流过大而损坏整流硅桥等故障。

② 正常运行　图 13-5 为正常运行时工作流程。

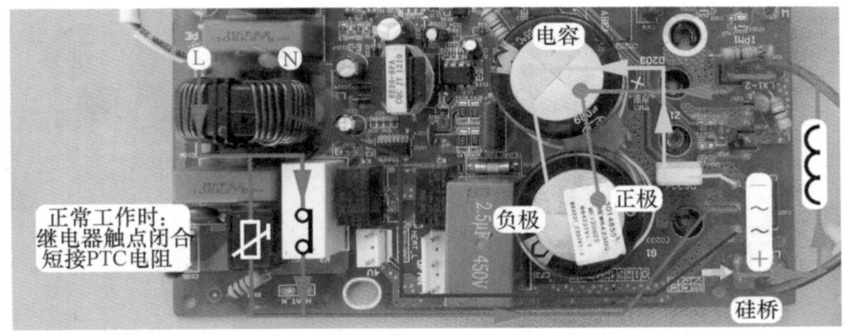

图 13-5　正常运行

滤波电容两端的直流 300V 电压一路送到模块的 P、N 端子，另一路送到开关电源电路，开关电源电路开始工作，输出支路中的其中一路输出直流 5V 电压，经 3.3V 稳压集成电路后变为稳定的直流 3.3V，为室外机 CPU 供电，CPU 开始工作，其㊲脚输出高电平 3.3V 电压，经反相驱动器放大后驱动主控继电器 K1 线圈，线圈得电使得触点闭合，L 端相线电压经触点直接送至硅桥的交流输入端，PTC 电阻退出充电电路，空调器开始正常工作。

二、开关电源电路

1. 作用

本机使用集成电路形式的开关电源电路，其也可称为电压转换电路，就是将输入的直流 300V 电压转换为直流 12V、5V、3.3V 为主板 CPU 等负载供电，以及转换为直流 15V 电压为模块内部控制电路供电。图 13-6 为室外机开关电源电路方框图。

2. 工作原理

图 13-7 为开关电源电路原理图。

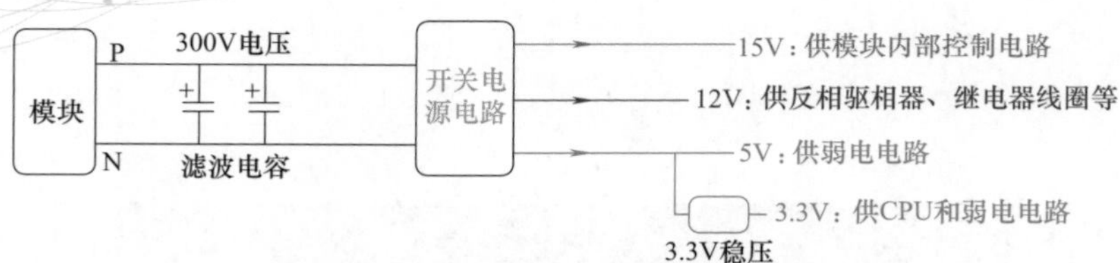

图 13-6　开关电源电路方框图

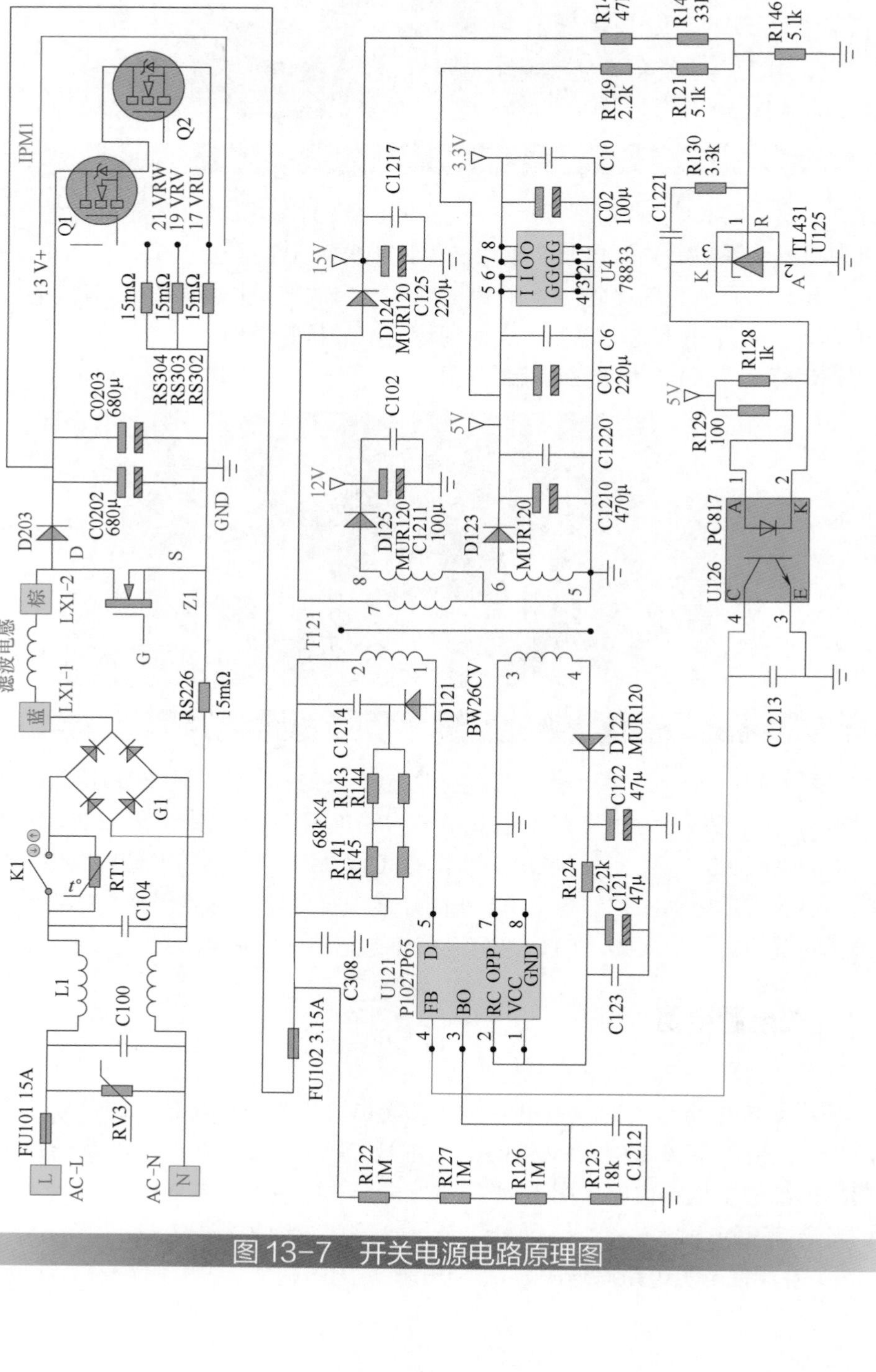

图 13-7　开关电源电路原理图

（1）直流 300V 供电

交流滤波电感、PTC 电阻、主控继电器触点、硅桥、滤波电感和滤波电容组成直流 300V 电压形成电路，输出的直流 300V 电压主要为模块 P、N 端子供电，同时为开关电源电路提供电压。

模块输出供电，使压缩机工作，处于低频运行时模块 P、N 端电压约为直流 300V；压缩机如升频运行，P、N 端子电压会逐步下降，但同时本机 PFC 电路开始工作，提高直流 300V 电压数值至约为 330V，因此室外机开关电源电路供电为直流 300V 左右。

（2）P1027P65 引脚功能

开关电源电路以开关振荡集成电路 P1027P65（主板代号 U121）为核心，双列 8 个引脚设计，引脚功能见表 13-1，其内置振荡电路和场效应开关管，振荡开关频率固定，通过改变脉冲宽度来调整占空比。其采用反激式开关方式，电网的干扰就不能经开关变压器直接耦合至二次绕组，具有较好的抗干扰能力。

表 13-1 P1027P65 引脚功能

引脚	符号	功能	电压	引脚	符号	功能	电压
①	VCC	电源	8.63V	⑤	D	开关管 - 漏极	300V
②	RC	斜坡补偿，接①脚	8.63V	⑥	空脚		
③	BO	电压检测	2.18V	⑦	OPP	过载保护，接⑧脚	0V
④	FB	输出电压反馈	0.57V	⑧	GND	地	0V

（3）开关振荡电路

见图 13-8 左图，直流 300V 电压正极经 3.15A 熔丝管 FU102、开关变压器 T121 的一次供电绕组（2-1）送至集成电路 U121 的⑤脚，接内部开关管漏极 D；直流 300V 负极接 U121 的⑧脚即内部开关管源极 S 和控制电路公共端的地。

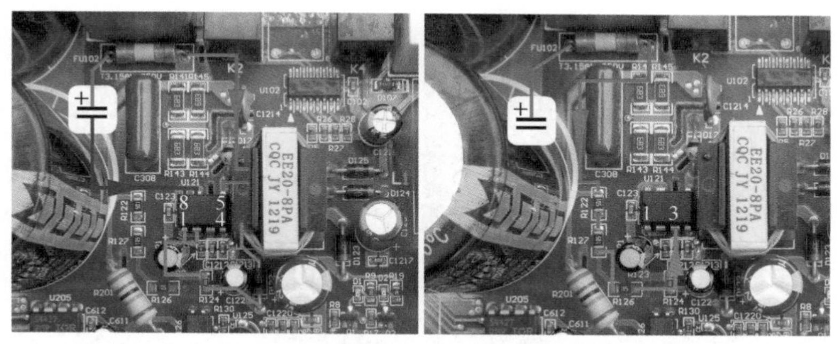

图 13-8 300V 供电 - 电源和电压检测电路

U121 内部振荡器开始工作，驱动开关管的导通与截止，由于开关变压器 T121 一次供电绕组与二次绕组极性相反，U121 内部开关管导通时一次绕组存储能量，二次绕组因整流二极管 D125、D124、D123 承受反向电压而截止，相当于开路；U121 内部开关管截止时，T121 一次绕组极性变换，二次绕组极性同样变换，D125、D124、D123 正向偏置导通，一次绕组向二次绕组释放能量。

R141、R145、R143、R144、C1214、D121 组成钳位保护电路，吸收开关管截止时加在漏极 D 上的尖峰电压，并将其降至一定的范围之内，防止过压损坏开关管。

（4）集成电路电源供电

见图 13-8 左图，开关变压器一次反馈绕组（3-4）的感应电压经二极管 D122 整流、电容 C122 和 C121 滤波、电阻 R124 限流，得到约直流 8.6V 电压，为 U121 的①脚内部电路供电。

（5）电压检测电路

U121 的③脚为电压检测引脚，见图 13-8 右图，当引脚电压高于 4V 时或等于 0V 时，均会控制开关电源电路停止工作。

电压检测电路的原理是对直流 300V 进行分压，上分压电阻是 R122、R127、R126，下分压电阻是 R123，R123 两端即为 U121 的③脚电压，U121 根据③脚电压判断直流 300V 电压是否过高或过低，从而对开关电源电路进行控制。

（6）输出负载

U121 内部开关管交替导通与截止，开关变压器二次绕组得到高频脉冲电压，在 8-5、7-5、6-5 端输出，其中⑤脚为公共端地，实物图见图 13-9 左图。

7-5 绕组经 D125 整流、C1211 和 C102 滤波，成为纯净的直流 12V 电压，为反相驱动器和继电器线圈等电路供电。

8-5 绕组经 D124 整流、C125 和 C1217 滤波，成为纯净的直流 15V 电压，为模块的内部控制电路和驱动电路供电。

6-5 绕组经 D123 整流、C1210、C1220、C01、C6、C0204 滤波，成为纯净的直流 5V 电压，为指示灯等弱电电路和 3.3V 稳压集成电路供电。

（7）稳压控制

稳压电路采用脉宽调制方式，由分压电阻、三端误差放大器 U125（TL431）、光耦 U126 和 U121 的④脚组成。取样点为直流 5V 和直流 15V 电压，R146 为下分压电阻，5V 电压的上分压电阻为 R149 和 R121，15V 的上分压电阻为 R148 和 R147，2 路取样原理相同，以 5V 电压为例说明，实物见图 13-9 右图。

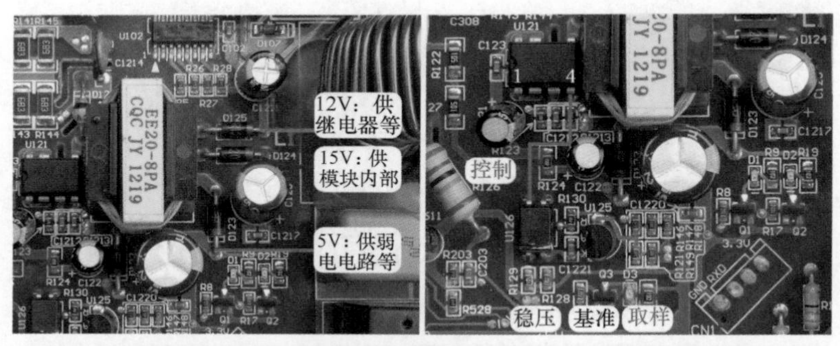

图 13-9　输出负载和稳压电路

如因输入电压升高或负载发生变化引起直流 5V 电压升高，上分压电阻（R149 和 R121）与下分压电阻（R146）的分压点电压升高，U126（TL431）的①脚参考极（R）电压也相应升高，内部晶体管导通能力加强，TL431 的③脚阴极（K）电压降低，光耦 U126 初级两端电压上升，使得次级光电三极管导通能力加强，U121 的④脚电压上升，U121 内部电路通过减少开关管的占空比，开关管导通时间缩短而截止时间延长，开关变压器储存的能量变小，输出电压也随之下降。

如直流 5V 输出电压降低，TL431 的①脚参考极电压降低，内部晶体管导通能力变弱，TL431 的③脚阴极电压升高，光耦 U126 初级发光二极管两端电压降低，次级光电三极管导通能力下降，U121 的④脚电压下降，U121 通过增加开关管的占空比，开关变压器储存能量增加，输出电压也随之升高。

3. 3.3V 电压产生电路

本机室外机 CPU 使用 3.3V 供电，而不是常见的 5V 供电，因此需要将 5V 电压转换为 3.3V，才能为 CPU 供电，实际电路使用 76633 芯片用来转换，其共用 8 个引脚，其中①、②、③、④脚相通接公共端 GND 地，⑤、⑥脚相通为输入端，接 5V 电压，⑦、⑧脚相通为输出端，输出 3.3V 电压。

电路原理图见图 13-10 左图，实物图见图 13-10 右图，板号 U4 为电压转换集成电路 76633。开关变压器 T121 二次输出 6-5 绕组经 D123 整流、C1210 滤波，产生直流 5V 电压，经 C01 和 C6 再次滤波，送至 U4 的输入端⑤、⑥脚，76633 内部电路稳压后，在⑦、⑧脚输出稳定的 3.3V 电压，为 CPU 和弱电信号电路供电。

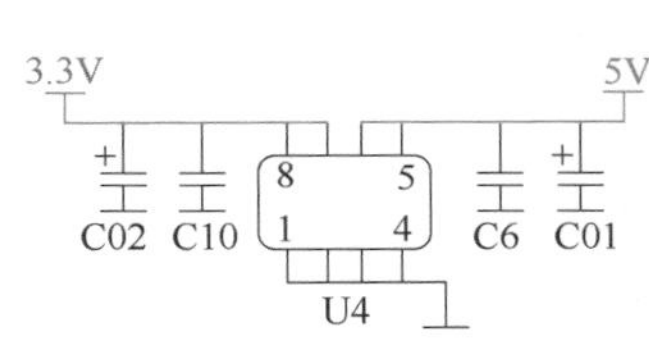

图 13-10 3.3V 电压产生电路原理图和实物图

第二节 输入部分单元电路

一、存储器电路

1. 作用

存储器电路作用是向 CPU 提供工作时所需要的参数和数据。存储器内部存储有压缩机 *U/f* 值、电流保护值和电压保护值等数据，CPU 工作时调取存储器的数据对室外机电路进行控制。

2. 工作原理

图 13-11 为存储器电路原理图，图 13-12 为实物图，表 13-2 为存储器电路关键点电压。

主板代号 U5 为存储器，使用的型号为 24C08。通信过程采用 I^2C 总线方式，即 IC 与 IC 之间的双向传输总线，存储器有 2 条线：⑥脚为串行时钟线（SCL），⑤脚为串行数据线（SDA）。

时钟线传递的时钟信号由 CPU 输出，存储器只能接收；数据线传送的数据是双向的，CPU 可以向存储器发送信号，存储器也可以向 CPU 发送信号。

图 13-11 存储器电路原理图

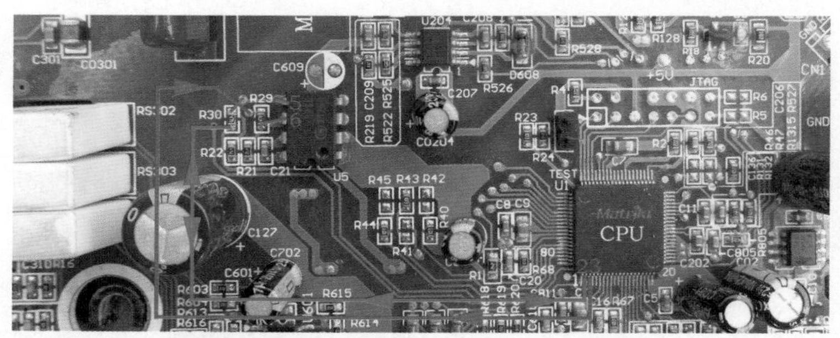

图 13-12 存储器电路实物图

表 13-2 存储器电路关键点电压

存储器 24C08 引脚				CPU 引脚	
(①-②-③-④-⑦)脚	⑧脚	⑤脚	⑥脚	②脚	③脚
0V	3.3V	3.3V	3.3V	3.3V	3.3V

二、传感器电路

1. 工作原理

图 13-13 为室外机传感器电路原理图，图 13-14 为压缩机排气传感器信号流程。

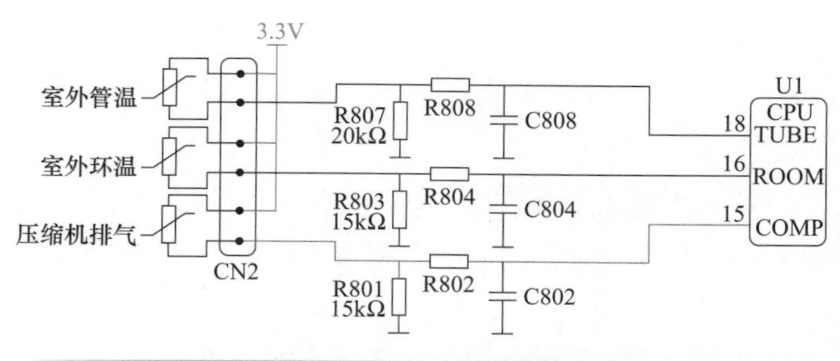

图 13-13 传感器电路原理图

说明

室外温度约 25℃时，CPU 的室外环温和室外管温引脚电压约为 1.65V，压缩机排气引脚电压约为 0.76V，当拔下传感器插头时 CPU 引脚电压为 0V。

CPU ⑯脚检测室外环温传感器温度、⑱脚检测室外管温传感器温度、⑮脚检测压缩机排气传感器温度。室外机 3 路传感器的工作原理相同，与室内机传感器电路工作原理也相同，均为传感器与偏置电阻组成分压电路，传感器为负温度系数（NTC）的热敏电阻。

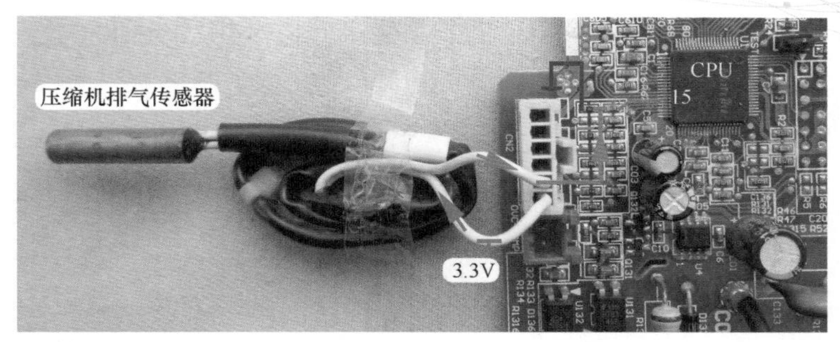

图 13-14　压缩机排气传感器电路实物图

以压缩机排气传感器电路为例，如压缩机排气管温度由于某种原因升高，压缩机排气传感器温度也相应升高，其阻值变小，根据分压电路原理，分压电阻 R801 分得的电压也相应升高，输送到 CPU ⑮脚的电压升高，CPU 根据电压值计算得出压缩机排气管温度升高，与内置的程序相比较，对室外机电路进行控制，假如计算得出的温度≥ 98℃，则控制压缩机的频率禁止上升，≥ 103℃时对压缩机降频运行，≥ 110℃时控制压缩机停机，并将故障代码通过通信电路传送到室内机主板 CPU。

2. 传感器分压点电压

（1）室外环温传感器

格力空调器室外环温传感器型号通常为 25℃ /15kΩ，分压电阻阻值为 15kΩ，本机传感器电路供电电压为 3.3V，而不是常见的直流 5V，制冷和制热模式常见温度与电压的对应关系见表 13-3。

表 13-3　室外环温传感器温度与电压对应关系

温度 /℃	−10	−5	0	5	20	25	35	50	70
阻值 /kΩ	82.7	65.5	49	38.2	18.75	15	9.8	5.4	2.6
CPU 电压 /V	0.51	0.61	0.77	0.93	1.47	1.65	2	2.43	2.8

室外环温传感器测量温度范围，制冷模式在 20 ～ 40℃之间，制热模式在 −10 ～ 10℃之间。

（2）室外管温传感器

格力空调器室外管温传感器型号通常为 25℃ /20kΩ，分压电阻阻值为 20kΩ，制冷和制热模式常见温度与电压的对应关系见表 13-4。

室外管温传感器测量温度范围，制冷模式在 20 ～ 70℃之间（包括未开机时），制热模式在 −15 ～ 10℃之间（包括未开机时）。

表 13-4　室外管温传感器温度与电压对应关系

温度 /℃	−10	−5	0	5	20	25	35	50	70
阻值 /kΩ	110	84.6	65.4	50.9	25	20	13	7.2	3.5
CPU 电压 /V	0.5	0.63	0.78	0.93	1.47	1.65	2	2.43	2.8

（3）压缩机排气传感器

格力空调器压缩机排气传感器型号通常为 25℃ /50kΩ，分压电阻阻值为 15kΩ，制冷和制热模式常见温度与电压的对应关系见表 13-5。

压缩机排气传感器测量温度范围，制冷模式未开机时在 20 ～ 40℃之间，制热模式未开机时在 −10 ～ 10℃之间，正常运行时在 80 ～ 90℃之间，制冷系统出现故障时有可能在 90 ～ 110℃之间。

表 13-5　压缩机排气传感器温度与电压对应关系

温度 /℃	−5	5	25	35	80	90	95	100	110
阻值 /kΩ	209	126	50	32.1	6.1	4.5	3.8	3.3	2.5
CPU 电压 /V	0.22	0.35	0.76	1.05	2.35	2.54	2.63	2.7	2.83

三、温度开关电路

1. 安装位置和作用

压缩机运行时壳体温度如果过高，内部机械部件会加剧磨损，压缩机线圈绝缘层容易因过热击穿发生短路故障。室外机 CPU 检测压缩机排气传感器温度，如果高于 90℃则会控制压缩机降频运行，使温度降到正常范围以内。

为防止压缩机过热，室外机电控系统还设有压缩机顶盖温度开关作为第二道保护，安装位置见图 13-15，作用是即使压缩机排气传感器损坏，压缩机运行时如果温度过高，室外机 CPU 也能通过顶盖温度开关检测。

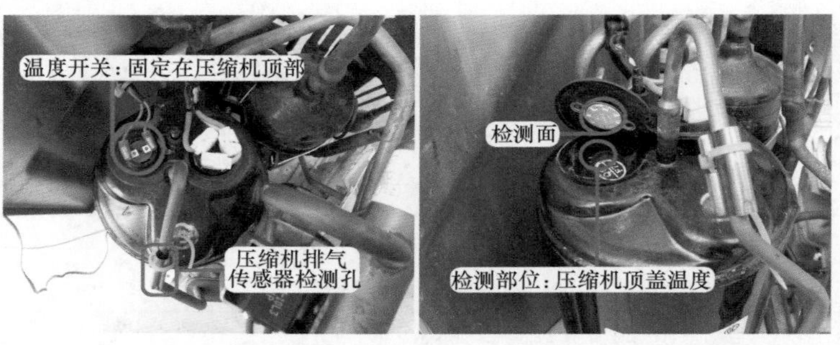

图 13-15　温度开关安装位置

顶盖温度开关实物外形见图 13-16，作用是检测压缩机顶部（顶盖）温度，正常情况温度开关触点闭合，对室外机运行没有影响；当压缩机顶部温度超过 115℃时，温度开关触点断开，室外机 CPU 检测后控制压缩机停止运行，并通过通信电路将信息传送至室内机主板 CPU，报出“压缩机过载保护或压缩机过热”的故障代码。

压缩机停机后，顶部温度逐渐下降，当下降到 95℃时，温度开关触点恢复闭合。

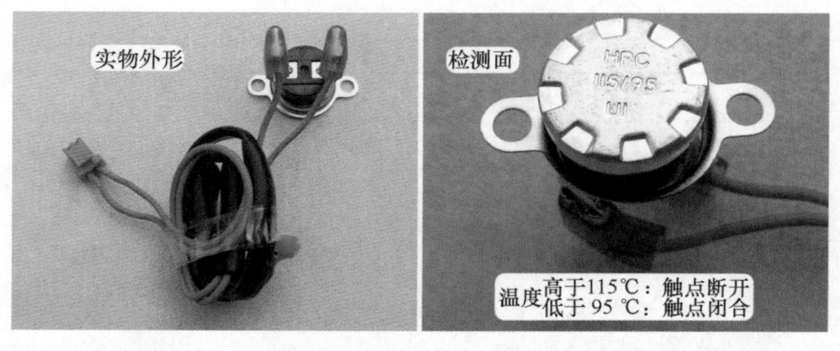

图 13-16　温度开关实物外形

2. 工作原理

图 13-17 为压缩机顶盖温度开关电路原理图，图 13-18 为实物图，表 13-6 为温度开关状态与 CPU 引脚电压的对应关系，该电路的作用是检测压缩机顶盖温度开关状态。

电路在两种情况下运行，即温度开关触点为闭合状态或断开状态，插座设计在室外机主板上，CPU 根据引脚电压为高电平或低电平，检测温度开关的状态。

制冷系统正常运行时压缩机顶部温度约 85℃，温度开关触点为闭合状态，CPU ⑥脚为高电平 3.3V，对电路没有影响。

如果运行时压缩机排气传感器失去作用或其他原因，使得压缩机顶部温度大于 115℃，温度开关触点断开，CPU ⑥脚经电阻 R810、R815 接地，电压由 3.3V 高电平变为 0.6V 的低电平，CPU 检测后立即控制压缩机停机。

从上述原理可以看出，CPU 根据⑥脚电压即能判断温度开关的状态。电压为高电平 3.3V 时判断温度开关触点闭合，对控制电路没有影响；电压为低电平 0.6V 时判断温度开关触点断开，压缩机壳体温度过高，控制压缩机立即停止运行，并通过通信电路将信息传送至室内机主板 CPU，显示“压缩机过载保护或压缩机过热”的故障代码，供维修人员查看。

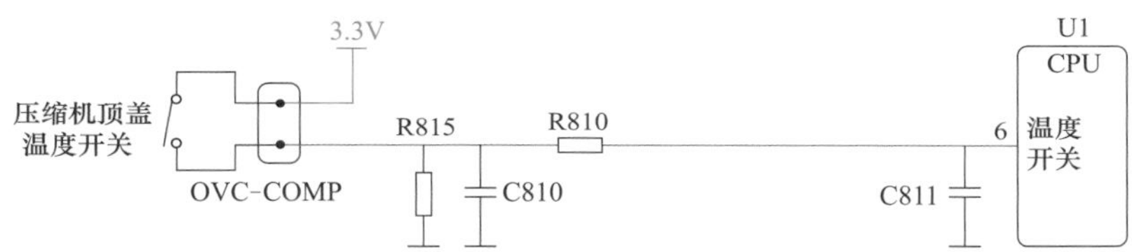

图 13-17　顶盖温度开关电路原理图

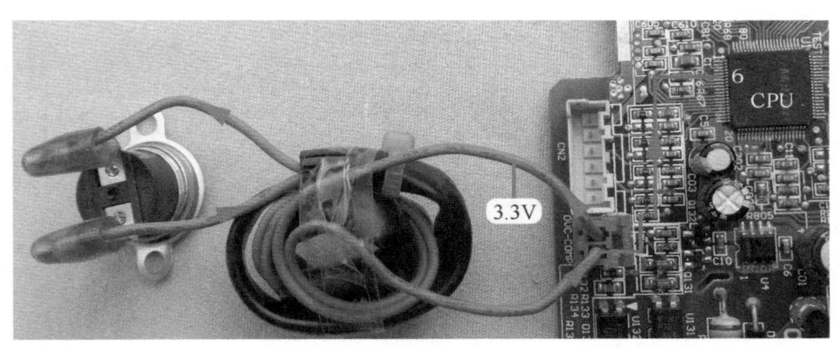

图 13-18　顶盖温度开关电路实物图

表 13-6　温度开关状态与 CPU 引脚电压对应关系

触点状态	OVC-COMP 插座下端电压	CPU ⑥脚电压
温度开关触点闭合	3.3V	3.3V
温度开关触点断开	0.6V	0.6V

3. 常见故障

电路的常见故障是温度开关在静态（即压缩机未启动、顶盖温度为常温或温度较低）时触点为断开状态，引起室外机不能运行的故障。

检测时使用万用表电阻挡测量引线插头，见图 13-19，正常阻值为 0Ω；如果测量结果为无穷大，则为温度开关损坏，应急维修时可将引线剥开，直接短路使用，等有配件时再更换。

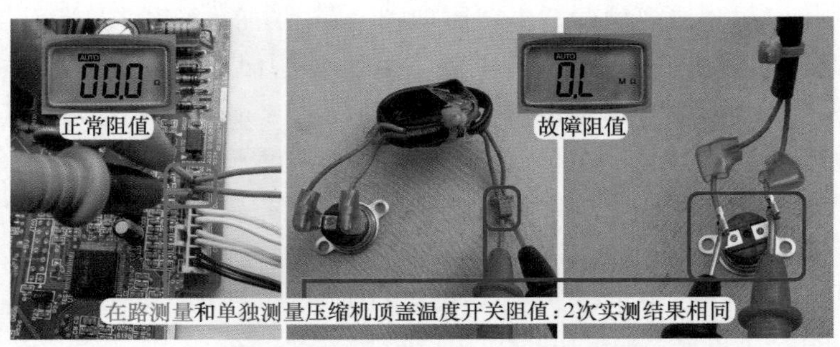

图 13-19 测量顶盖温度开关阻值

四、电压检测电路

1. 作用

空调器在运行过程中，如输入电压过高，相应直流 300V 电压也会升高，容易引起模块和室外机主板过热、过流或过压损坏；如输入电压过低，制冷量下降达不到设计的要求，并且容易损坏电控系统和压缩机。因此室外机主板设置电压检测电路，CPU 检测输入的交流电源电压，在过高（超过交流 260V）或过低（低于交流 160V）时停机进行保护。

目前的电控系统中通常使用通过电阻检测直流 300V 母线电压，室外机 CPU 通过软件计算得出输入的交流电压。

说明

早期的电控系统通常使用电压检测变压器来检测输入的交流 220V 电压。

2. 工作原理

图 13-20 为电压检测电路原理图，图 13-21 为实物图，表 13-7 为 CPU 引脚电压与交流输入电压对应关系。该电路的作用是计算输入的交流电源电压，当电压高于交流 260V 或低于 160V 时停机，以保护压缩机和模块等部件。

本机电路未使用电压检测变压器等元件检测输入的交流电压，而是通过电阻检测直流 300V 母线电压，再经软件计算出实际的交流电压值，参照的原理是交流电压经整流和滤波后，乘以固定的比例（近似 1.36）即为输出直流电压，即交流电压乘以 1.36 即等于直流电压数值。CPU 的㉙脚为电压检测引脚，根据引脚电压值计算出输入的交流电压值。

电压检测电路由电阻 R201、R203 和电容 C203、C202 组成，从图 13-20 可以看出，基本工作原理就是分压电路，取样点为直流 300V 母线电压正极，R201（820kΩ）为上偏置电阻，R203（5.1kΩ）为下偏置电阻，R203 的阻值在分压电路所占的比例约为 1/162［$R_{203}/(R_{201}+R_{203})$，即 5.1/（820+5.1）］，R203 两端电压送至 CPU ㉙脚，相当于 CPU ㉙脚电压值乘以 162 等于直流电压值，再除以 1.36 就是输入的交流电压值。

比如 CPU ㉙脚当前电压值为 1.85V，则当前直流电压值为 300V（1.85V×162），当前输入的交流电压值为 220V（300V/1.36）。

说明

压缩机在运行时，直流300V电压会逐步下降，但本机设有PFC电路，用于提高直流300V电压数值，因此CPU设有修改程序，可适时检测直流300V母线电压，以计算出交流220V电压数值。

图13-20 电压检测电路原理图

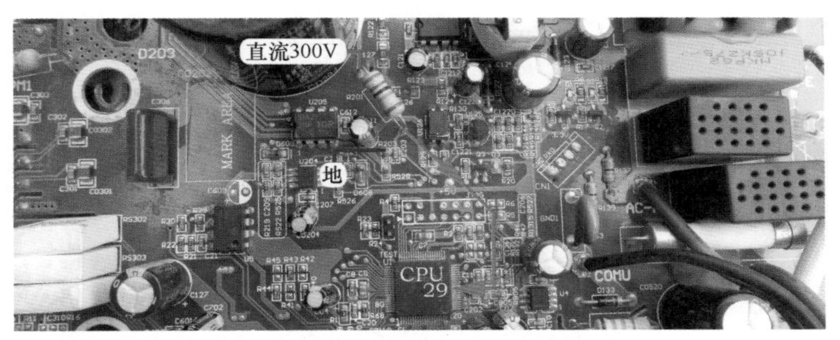

图13-21 电压检测电路实物图

表13-7 CPU引脚电压与交流输入电压对应关系

CPU ㉙脚直流电压/V	直流300V电压正极/V	对应输入的交流电压/V	CPU ㉙脚直流电压/V	直流300V电压正极/V	对应输入的交流电压/V
1.26	204	150	1.34	218	160
1.43	231	170	1.51	245	180
1.59	258	190	1.68	272	200
1.77	286	210	1.85	299	220
1.92	312	230	2.01	326	240
2.11	340	250	2.18	353	260

五、位置检测和相电流电路

1. 作用

该电路的作用是实时检测压缩机转子的位置，同时作为压缩机的相电流电路，输送至室外机CPU和模块的电流保护引脚。

CPU在驱动模块控制压缩机时，需要实时检测转子位置以便更好地控制，本机压缩机电机使用永磁同步电机（PMSM），或称为正弦波永磁同步电机，具有线圈绕组利用好、控制精度高等优点，同时使用无位置传感器算法来检测转子位置。检测原理是通过串联在三相下桥 IGBT 发射极的取样电阻，取样电阻将电流的变化转化为电压的变化，经放大后输送至 CPU，由 CPU 通过计算和处理，计算出压缩机转子的位置。

2. OPA4374 引脚功能

电路使用 OPA4374 集成电路作为放大电路，内含 4 路相同的电压运算放大器，引脚功能见表 13-8，其为双列 14 个引脚，④脚为 5V 供电、⑪脚接地。

表 13-8　OPA4374 引脚功能

①	②	③	④	⑤	⑥	⑦
输出 1	反相输入 1	同相输入 1	电源 VCC	同相输入 2	反相输入 2	输出 2
放大器 1（A）			5V	放大器 2（B）		
⑧	⑨	⑩	⑪	⑫	⑬	⑭
输出 3	反相输入 3	同相输入 3	地 VSS	同相输入 4	反相输入 4	输出 4
放大器 3（C）			0V	放大器 4（D）		

3. 工作原理

图 13-22 为相电流电路原理图，图 13-23 为 V 相电流实物图，表 13-9 为待机状态下 U601 和 CPU 引脚电压。

模块三相下桥的 IGBT 经无感电阻连接至滤波电容负极，在压缩机运行时，三相 IGBT 有电流通过，电阻两端产生压降，经运算放大器 U601 放大后分为两路：一路送到 CPU，由 CPU 经过运算和处理，分析出压缩机转子位置和三相的相电流；另一路将 3 路相电流汇总后，送至模块电流保护引脚，以防止压缩机相电流过大时损坏模块或压缩机。

模块 U 相下桥 IGBT（NU 或 Q4）发射极经 RS302、V 相下桥 IGBT（NV 或 Q5）发射极经 RS303、W 相下桥 IGBT（NW 或 Q6）发射极经 RS304，均连接至滤波电容负极，RS302、RS303、RS304 均为 0.015Ω 无感电阻，作为相电流的取样电阻。

U601（OPA4374）为 4 通道运算放大器，其中放大器 4（⑫脚、⑬脚、⑭脚）放大 U 相电流、放大器 1（①脚、②脚、③脚）放大 V 相电流、放大器 2（⑤脚、⑥脚、⑦脚）放大 W 相电流。

3 相相电流放大电路原理相同，以 V 相电流为例。由于取样电阻 RS303 阻值过小，当有电流通过时经 U601 放大后，电压依旧很低，CPU 不容易判断，因此使用 U601 的放大器 3（⑧脚、⑨脚、⑩脚）提供基准电压。3.3V 电压经 R601（10kΩ）、R602（10kΩ）进行分压，⑩脚同相输入端电压约为 1.6V，放大器 3 进行 1 ∶ 1 放大，在⑧脚输出 1.64V 电压，经 R610 送至 3 脚同相输入端（0.3V）作为基准电压。

RS303 取样电压经 R606 送至 U601 同相输入 3 脚，和基准电压相叠加，U601 放大器 1 将 RS303 的 V 相取样电流和基准电压放大约 5.54 倍，在 U601 的 1 脚输出，分为两路，一路经 R619 送至 CPU ⑭脚，供 CPU 检测 V 相电流，并依据⑫脚 U 相电流、⑬脚 W 相电流综合分析，得出压缩机转子位置；另一路经 D603 送至模块电流检测保护电路（同时还有 U 相电流经 D601、W 相电流经 D602），当 U 相或 V 相或 W 相任意一相电流过大时，模块保护电路动作，室外机停止运行。

放大倍数计算方法：（R613+R605）÷R605=（10+2.2）÷2.2≈5.54。

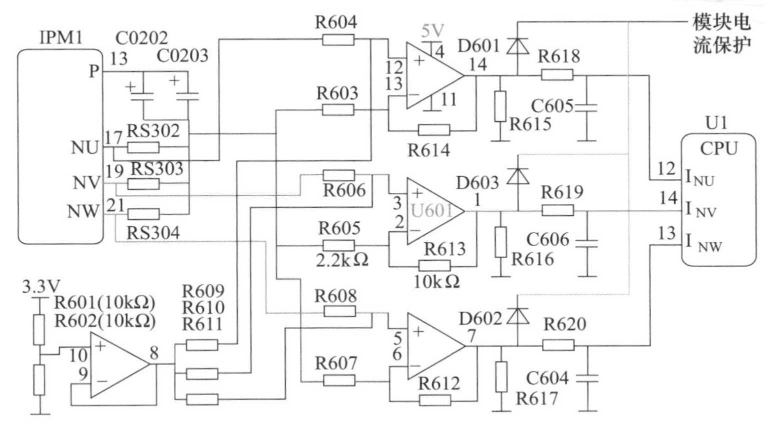

图 13-22 相电流电路原理图

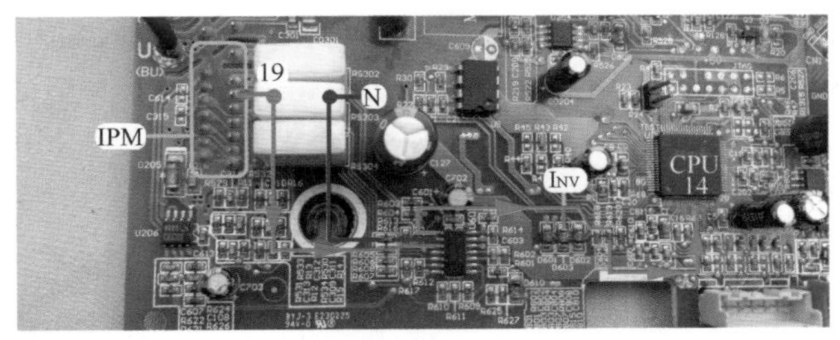

图 13-23 V 相电流电路实物图

表 13-9 待机状态下 U601 和 CPU 引脚电压

U601					U601			CPU
④	⑪	⑩	⑨	⑧	⑫	⑬	⑭	⑫
5V	0V	1.6V	1.6V	1.6V	0.3V	0.3V	1.6V	1.6V

U601			CPU	U601			CPU
③	②	①	⑭	⑤	⑥	⑦	⑬
0.3V	0.3V	1.6V	1.6V	0.3V	0.3V	1.6V	1.6V

第三节 输出部分电路

一、指示灯电路

1. 作用

该电路的作用是指示室外机的运行状态、故障显示、压缩机限频因素，以及显示通信电路的工作状况。见图 13-25 左图，设有 3 个指示灯：D1 红灯、D2 绿灯、D3 黄灯，3 个指示灯在显示时不是以亮、灭、闪的组合显示室外机状态，而是相对独立，互不干扰，在查看时需要注意。

D2 绿灯为通信状态指示灯，通信电路正常工作时其持续闪烁，熄灭时则表明通信电路出现故障。

D1 红灯和 D3 黄灯则是以闪烁的次数表示当前的故障或状态。D1 红灯最多闪烁 8 次，可指示 8 个含义，例如闪烁 7 次时为压缩机排气传感器故障；D3 黄灯最多闪烁 16 次，可指示 16 个含义，例如闪烁 9 次时为功率模块保护。

在室外机运行时通常为 3 个指示灯均在闪烁，但含义不同。D2 绿灯闪烁表示通信电路正常，D1 红灯闪烁 8 次含义为达到开机温度，D3 黄灯闪烁 1 次表示 CPU 已输出信号驱动压缩机运行。

2. 工作原理

图 13-24 为指示灯电路原理图，图 13-25 右图为实物图，表 13-10 为 CPU 引脚电压与指示灯状态的对应关系。3 路指示灯工作原理相同，以 D3 黄灯为例说明。

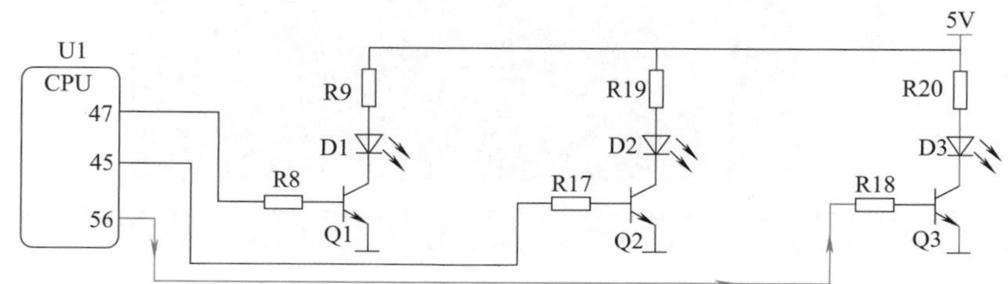

图 13-24 指示灯电路原理图

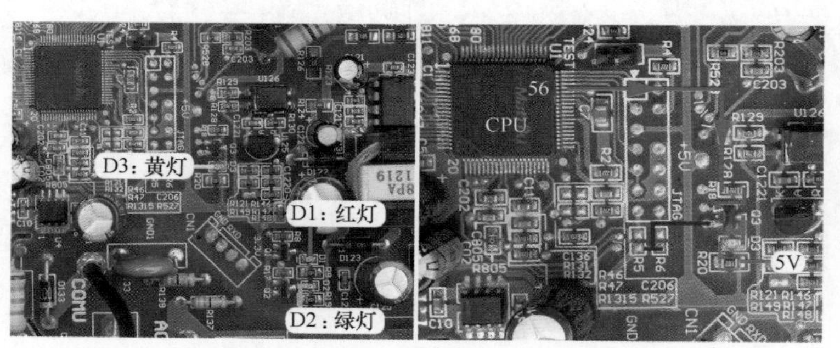

图 13-25 指示灯电路实物图和黄灯信号流程

当 CPU 需要控制 D3 点亮时，其㊹脚输出约 3.3V 的高电平电压，经 R18 限流后，送至 Q3 基极，电压约 0.7V，Q3 集电极和发射极导通，5V 电压正极经 R20、D3、Q3 集电极和发射极到地形成回路，发光二极管 D3 两端电压约 1.9V 而点亮。

当 CPU 需要控制 D3 熄灭时，其㊹脚输出 0V 的低电平电压，Q3 基极电压为 0V，集电极和发射极截止，D3 两端电压为 0V 而熄灭。

如果 CPU 持续地输出高电平（3.3V）—低电平（OV）—高电平—低电平，则指示灯显示为闪烁状态，CPU 可根据当前的状态，在一个循环周期内控制指示灯点亮的次数，从而显示相对应的故障代码或运行状态。

表 13-10 CPU 引脚电压与指示灯状态对应关系

CPU ㊻脚	Q3 基极	Q3 集电极	D3 两端	D3 状态
3.3V	0.7V	0.01V	1.9V	点亮
0V	0V	4.5V	-3V	熄灭

二、主控继电器电路

1. 作用

主控继电器为室外机供电，并与 PTC 电阻组成延时防瞬间大电流充电电路，对直流 300V 滤波电容充电。上电初期，交流电源经 PTC 电阻、硅桥为滤波电容充电，两端的直流 300V 电压其中一路为开关电源电路供电，开关电源电路工作后输出电压，其中的一路直流 5V 经集成电路转换为 3.3V 电压为室外机 CPU 供电，CPU 工作后控制主控继电器触点闭合，由主控继电器触点为室外机供电。

2. 工作原理

图 13-26 为主控继电器电路原理图，图 13-27 为实物图，表 13-11 为 CPU 引脚电压与室外机状态的对应关系。

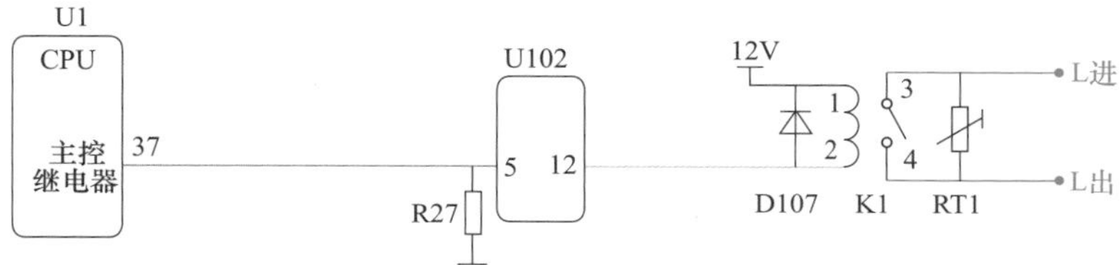

图 13-26 主控继电器电路原理图

图 13-27 主控继电器电路实物图

CPU 需要控制主控继电器 K1 触点闭合时，㊲脚输出高电平 3.3V 电压，送到反相驱动器 U102 的⑤脚，内部电路翻转，对应输出端⑫脚电压变为低电平（约 0.8V），K1 线圈两端电压为直流 11.2V，产生电磁力，使触点 3-4 闭合。

CPU 需要控制 K1 触点断开时，㊲脚为低电平 0V，U102 的⑤脚电压也为 0V，内部电路不能翻转，⑫脚为高电平 12V，K1 线圈两端电压为直流 0V，由于不能产生电磁力，触点 3-4 断开。

表 13-11 CPU 引脚电压与室外机状态对应关系

CPU ㊲脚	U102 ⑤脚	U102 ⑫脚	K1 线圈 1-2 电压	K1 触点 3-4 状态	室外机状态
直流 0V	直流 0V	直流 12V	直流 0V	断开	初始上电
直流 3.3V	直流 3.3V	直流 0.8V	直流 11.2V	闭合	正常运行

三、室外风机电路

1. 作用

室外机 CPU 根据室外环温传感器和室外管温传感器的温度信号，处理后控制室外风机运行，为冷凝器散热。

2. 工作原理

图 13-28 为室外风机继电器电路原理图，图 13-29 为实物图，表 13-12 为 CPU 引脚电压与室外风机状态的对应关系。

该电路的工作原理和主控继电器电路基本相同，需要控制室外风机运行时，CPU ㊶脚输出高电平 3.3V 电压，送至反相驱动器 U102 的③脚，内部电路翻转，对应输出端⑭脚电压变为低电平约 0.8V，继电器 K2 线圈两端电压为直流 11.2V，产生电磁力使触点 3-4 闭合，室外风机线圈得到供电，在电容的作用下旋转运行，为冷凝器散热。

室外机 CPU 需要控制室外风机停止运行时，㊶脚变为低电平 0V，U102 的③脚也为低电平 0V，内部电路不能翻转，⑭脚为高电平 12V，K2 线圈两端电压为直流 0V，由于不能产生电磁力，触点 3-4 断开，室外风机因失去供电而停止运行。

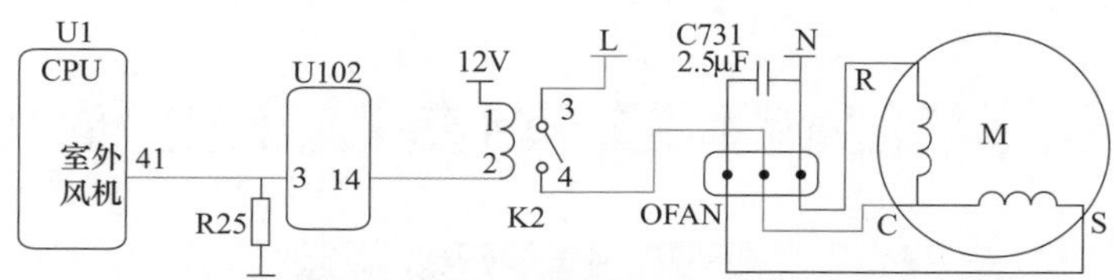

图 13-28 室外风机电路原理图

图 13-29 室外风机电路实物图

表 13-12 CPU 引脚电压与室外风机状态对应关系

CPU ㊶脚	U102 ③脚	U102 ⑭脚	K2 线圈 1-2 电压	K2 触点 3-4 状态	室外风机状态
直流 3.3V	直流 3.3V	直流 0.8V	直流 11.2V	闭合	运行
直流 0V	直流 0V	直流 12V	直流 0V	断开	停止

四、四通阀线圈电路

1. 作用

该电路的作用是控制四通阀线圈的供电和断电，从而控制空调器工作在制冷或制热模式。

2. 工作原理

图 13-30 为四通阀线圈电路原理图，图 13-31 为实物图，表 13-13 为 CPU 引脚电压与四通阀线圈状态的对应关系。

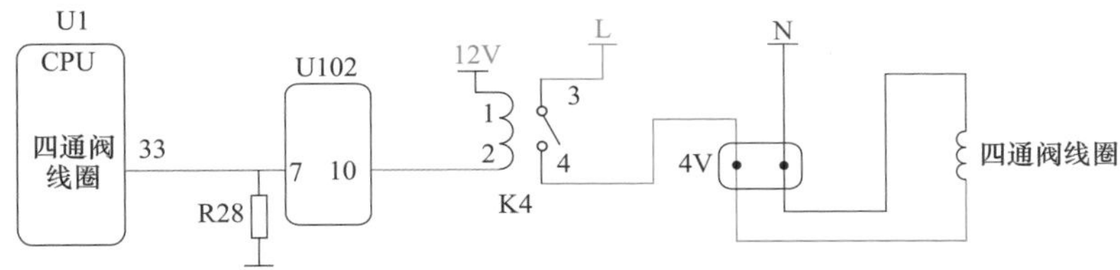

图 13-30 四通阀线圈电路原理图

图 13-31 四通阀线圈电路实物图

表 13-13 CPU 引脚电压与四通阀线圈状态对应关系

CPU ㉝脚	U102 ⑦脚	U102 ⑩脚	K4 线圈 1-2 电压	K4 触点 3-4 状态	四通阀线圈电压	空调器工作模式
直流 3.3V	直流 3.3V	直流 0.8V	直流 11.2V	闭合	交流 220V	制热
直流 0V	直流 0V	直流 12V	直流 0V	断开	交流 0V	制冷

室内机 CPU 对遥控器输入信号或应急开关模式下的室内环温传感器温度处理后，空调器需要工作在制热模式时，将控制信息通过通信电路传送至室外机 CPU，其㉝脚输出高电平 3.3V 电压，送至反相驱动器 U102 的⑦脚，内部电路翻转，对应输出端⑩脚电压变为低电平（约 0.8V），继电器 K4 线圈两端电压为直流 11.2V，产生电磁力使触点 3-4 闭合，四通阀线圈得到交流 220V 电源，吸引四通阀内部磁铁移动，在压力的作用下转换制冷剂流动的方向，使空调器工作在制热模式。

当空调器需要工作在制冷模式时，室外机 CPU ㉝脚为低电平 0V，U102 的⑦脚电压也为 0V，内部电路不能翻转，⑩脚为高电平 12V，K4 线圈两端电压为直流 0V，由于不能产生电磁力，触点 3-4 断开，四通阀线圈两端电压为交流 0V，对制冷系统中制冷剂流动方向的改变不起作用，空调器工作在制冷模式。

五、PFC电路

1. 作用

变频空调器中，由模块内部6个IGBT开关管组成的驱动电路，输出频率和电压均可调的模拟三相电驱动压缩机运行。由于IGBT开关管处于高速频繁开和关的状态，使得电路中的电流相对于电压的相位发生畸变，造成电路中的谐波电流成分变大，功率因数降低，PFC电路的作用就是降低谐波成分，使电路的谐波指标满足国家CCC认证要求。

工作时PFC控制电路检测电压的零点和电流的大小，然后通过系列运算，对畸变严重零点附近的电流波形进行补偿，使电流的波形尽量跟上电压的波形，达到消除谐波的目的。

2. S4427引脚功能

主板代号U205使用的型号为S4427，功能是IR公司生产的双通道驱动器，用于驱动MOS管或IGBT开关管的专用集成电路，引脚功能见表13-14，其为双列8个引脚，⑥脚为直流15V供电，③脚接地，本机使用时2路驱动器并联。

表13-14 S4427引脚功能

引脚	①	②	③	④	⑤	⑥	⑦	⑧
功能	空	输入1	GND	输入2	输出2	供电	输出1	空

3. 工作原理

图13-32为PFC驱动电路原理图，图13-33为实物图。

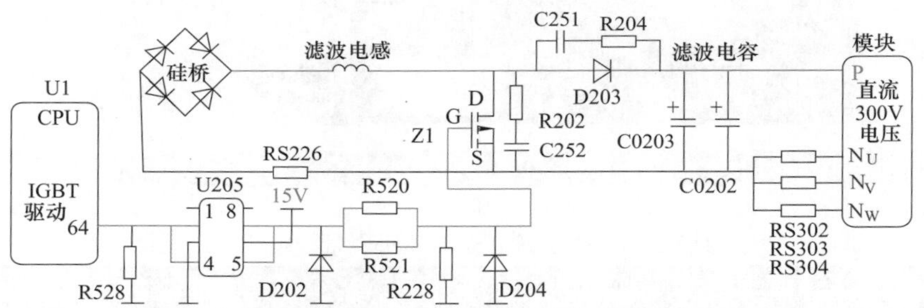

图13-32 PFC驱动电路原理图

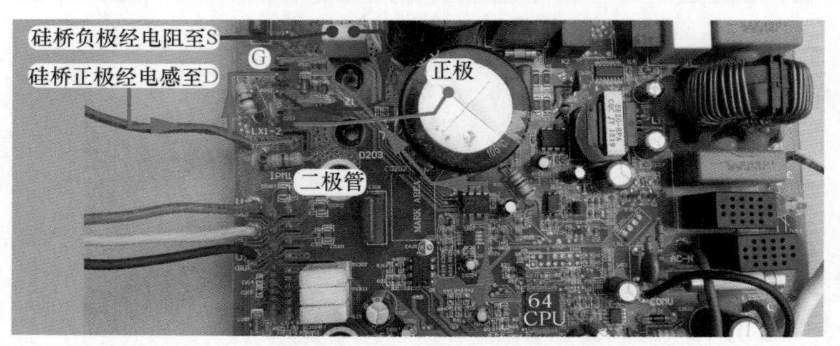

图13-33 PFC驱动电路实物图

变频空调器通常使用升压型式的PFC电路，不仅能提高功率因数，还可以提升直流300V电压数值，使压缩机在高频运行时滤波电容两端的电压不会下降很多甚至上升。PFC升压电路主要由滤波电感、IGBT开关管Z1、升压二极管（快恢复二极管）D203、滤波电容等组成。

CPU ⑭脚输出 IGBT 驱动信号，同时送至 U205 的②脚和④脚输入端，经 U205 放大信号后，在⑤脚和⑦脚输出，驱动 IGBT 开关管 Z1 的导通和截止。

当 IGBT 开关管 Z1 导通时，滤波电感储存能量，在 Z1 截止时，滤波电感产生左负右正的电压，经 D203 为 C0202 和 C0203 充电。当压缩机高频运行时，消耗功率比较大，CPU 控制 Z1 导通时间长、截止时间短，使滤波电感储存能量增加，和硅桥整流的电压相叠加，从而提高滤波电容输出的直流 300V 电压送至模块 P-N 端子。

第四节 模块电路

一、6 路信号电路

本机使用国际整流器公司（IR）生产的模块（IPM），型号为 IRAM136-1061A2，单列封装，输出功率 0.25 ～ 0.75kW、电流 10 ～ 12A、电压 85 ～ 253V。

模块内置有用于驱动 IGBT 开关管的高速驱动集成电路并且兼容 3.3V，集成自举升压二极管，减少主板外围元件；内置高精度的温度传感器并反馈至室外机 CPU，使 CPU 可以实时监控模块温度，同时具有短路、过流等多种保护电路。

1. 引脚功能

图 13-34 为 IRAM136-1061A2 实物外形，模块标称为 29 个引脚，其中③、④、⑦、⑧、⑪、⑫、⑭、⑮为空脚，实际共有 21 个引脚，引脚功能见表 13-15。

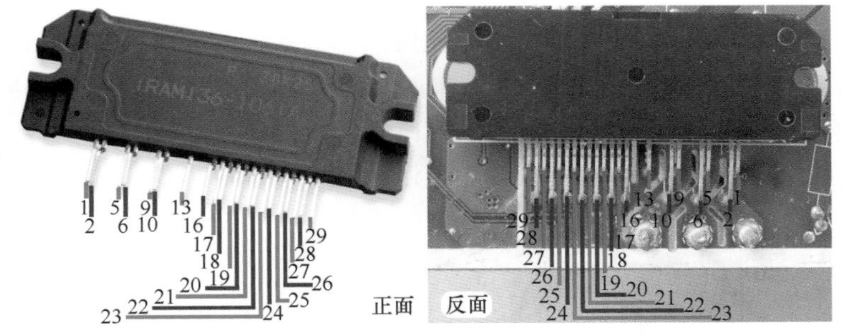

图 13-34 模块实物外形

图 13-35 为模块内部结构，主要由驱动电路、6 个 IGBT 开关管、6 个与开关管并联的续流二极管等组成，IGBT 开关管代号为 Q1、Q2、Q3、Q4、Q5、Q6。

（1）直流 300V 供电（4 个引脚）

IGBT 开关管 Q1、Q2、Q3 的集电极连在一起接 13 脚（V ＋或 P），外接直流 300V 电压正极，因此 Q1、Q2、Q3 称为上桥 IGBT。

Q4 发射极接 17 脚（VRU 或 NU）、Q5 发射极接 19 脚（VRV 或 NV）、Q6 发射极接

21 脚（VRW 或 NW），这 3 个引脚通过电阻接直流 300V 电压负极，因此 Q4、Q5、Q6 称为下桥 IGBT。

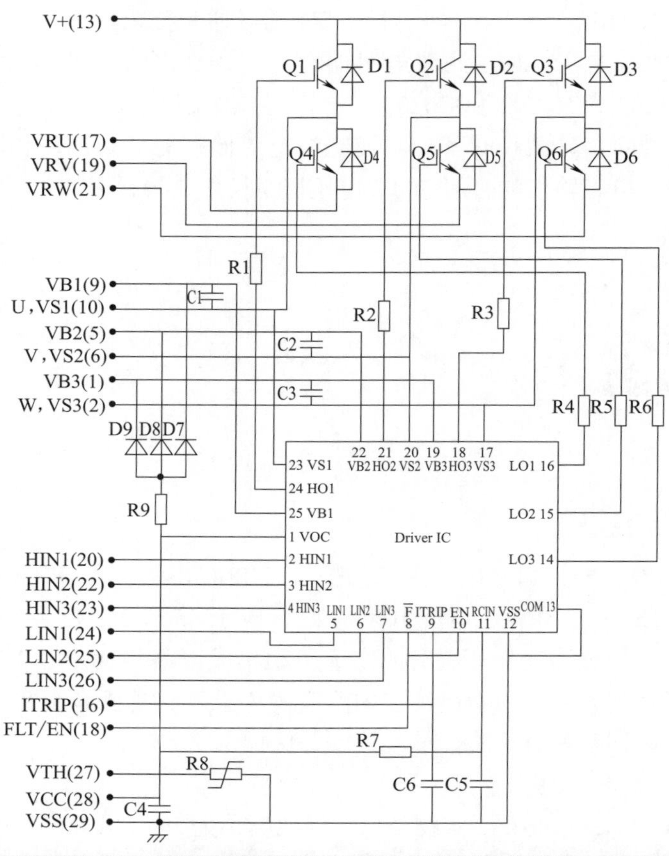

图 13-35　模块内部电路原理简图

（2）三相输出（3 个引脚和 3 个自举升压电路引脚）

上桥 Q1 的发射极和下桥 Q4 的集电极相通，即上桥和下桥 IGBT 的中点，接 10 脚（U 或 VS1），外接压缩机 U 相线圈，9 脚为 U 相自举升压电路。

同理，Q2 和 Q5 中点接 6 脚（V 或 VS2），5 脚为 V 相自举升压电路；Q3 和 Q6 中点接 2 脚（W 或 VS3），1 脚为 W 相自举升压电路。

其中 10 脚 U、6 脚 V、2 脚 W 共 3 个引脚为输出，接压缩机线圈，驱动压缩机运行。

（3）15V 供电（2 个引脚）

模块内部设有高速驱动电路，其有供电后模块才能工作，供电电压为直流 15V，28 脚 VCC 为 15V 供电正极，29 脚 VSS 为公共端接地。

（4）6 路信号（6 个引脚）

20 脚（HIN1 或 U ＋）驱动 Q1、24 脚（LIN1 或 U−）驱动 Q4、22 脚（HIN2 或 V ＋）驱动 Q2、25 脚（LIN2 或 V−）驱动 Q5、23 脚（HIN3 或 W ＋）驱动 Q3、26 脚（LIN3 或 W−）驱动 Q6。

（5）故障保护和反馈（3 个引脚）

16 脚为电流保护输入（ITRIP），由相电流电路输出至模块；18 脚为故障输出（FLT/EN

或 FO），由模块输出至 CPU；27 脚为温度反馈（VTH），由模块输出至 CPU。

表 13-15　IRAM136-1061A2 引脚功能

引脚	名称	作用	引脚	名称	作用	说明
13	V＋	300V 正极 P 端输入	17	VRU	300V 负极 U 相输入	直流 300V 电压输入
19	VRV	300V 负极 V 相输入	21	VRW	300V 负极 W 相输入	
9	VB1	U 相自举升压电路	10	U	U 输出，接压缩机线圈	U、V、W 输出
5	VB2	V 相自举升压电路	6	V	V 输出，接压缩机线圈	
1	VB3	W 相自举升压电路	2	W	W 输出，接压缩机线圈	
28	VCC	内部电路 15V 供电正极	29	VSS	内部电路 15V 供电负极	内部电路供电
20	HIN1	U 相上桥输入（U＋）	24	LIN1	U 相下桥输入（U−）	6 路信号
22	HIN2	V 相上桥输入（V＋）	25	LIN2	V 相下桥输入（V−）	
23	HIN3	W 相上桥输入（W＋）	26	LIN3	W 相下桥输入（W−）	
16	ITRIP	电流保护	18	FLT/EN	故障输出	故障保护
27	VTH	温度反馈				温度反馈

2. 驱动流程

图 13-36 为模块应用电路原理图，图 13-37 为 6 路信号驱动压缩机流程实物图。驱动流程如下：① - 室外机 CPU 输出 6 路信号→② - 模块放大→③ - 压缩机运行。

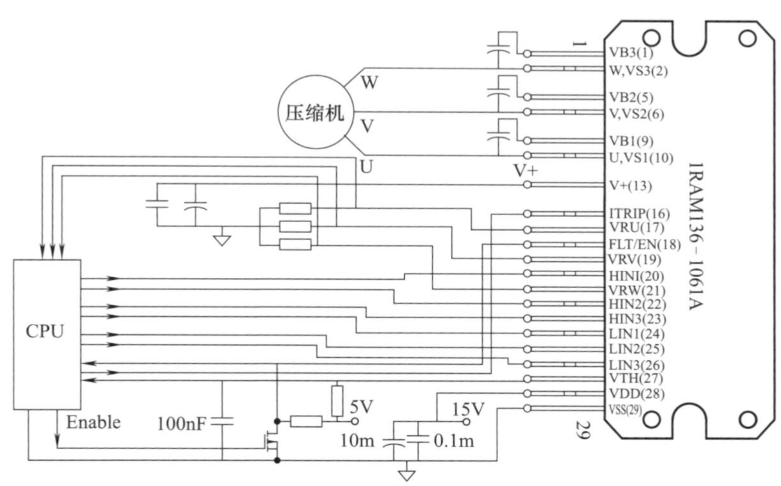

图 13-36　模块应用电路原理图

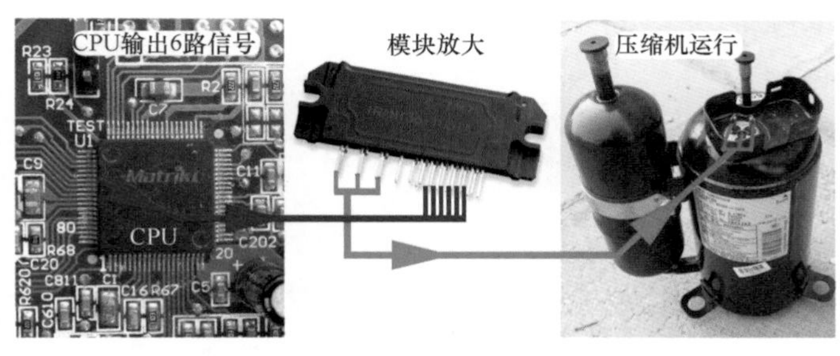

图 13-37　6 路信号驱动流程

3. 工作原理

图 13-38 为 6 路信号电路原理图，图 13-39 左图为 6 路信号电路实物图，图 13-39 右图为 U ＋驱动流程。

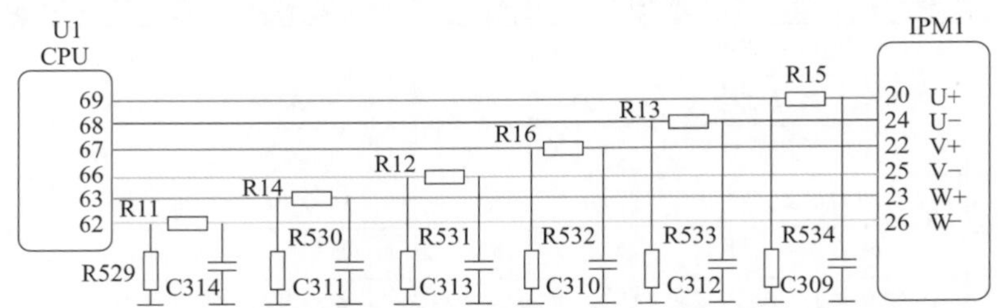

图 13-38 6 路信号电路原理图

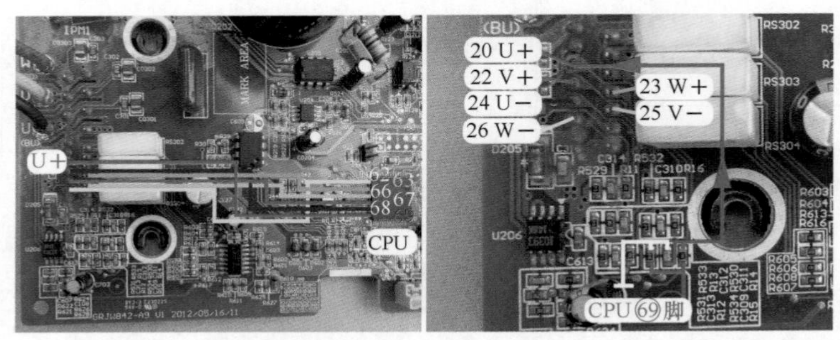

图 13-39 6 路信号电路实物图和 U+ 驱动流程

室外机 CPU 接收室内机主板的信息，并根据当前室外机的电压等数据，需要控制压缩机运行时，其输出有规律的 6 路信号，直接送至模块内部电路，驱动内部 6 个 IGBT 开关管有规律地导通与截止，将直流 300V 电转换为频率和电压均可调的三相电，输出至压缩机线圈，控制压缩机以低频或高频的任意转速运行。由于室外机 CPU 输出 6 路信号控制模块内部 IGBT 开关管的导通与截止，因此压缩机转速由室外机 CPU 决定，模块只起一个放大信号时转换电压的作用。

室外机 CPU 的⑥⑨、⑥⑧、⑥⑦、⑥⑥、⑥③、⑥②共 6 个引脚输出 6 路信号，经电阻 R15、R13、R16、R12、R14、R11（330Ω）送至模块的⑳脚（U ＋，驱动 Q1）、㉔脚（U−，驱动 Q4）、㉒脚（V ＋，驱动 Q2）、㉕脚（V−，驱动 Q5）、㉓脚（W ＋，驱动 Q3）、㉖脚（W−，驱动 Q6），驱动 IGBT 开关管有规律地导通和截止，从而控制压缩机的运行速度。

二、温度反馈电路

1. 作用

该电路的作用是向室外机 CPU 反馈模块（IPM）的实际温度，使 CPU 综合其他的数据对压缩机进行更好的控制。

2. 工作原理

图 13-40 为模块温度反馈电路原理图，图 13-41 为实物图。

模块内置高精度的温度传感器，实时检测模块表面温度，其中一个引脚接㉙脚公共端地（在电路中作为下偏置电阻），一个引脚由㉗脚（VTH）输出，经 R625 送至室外机 CPU

的⑰脚，CPU 根据电压计算出模块的实际温度，作为输入部分电路的信号，综合其他数据信号，以便对模块、压缩机、室外风机进行更好的控制。

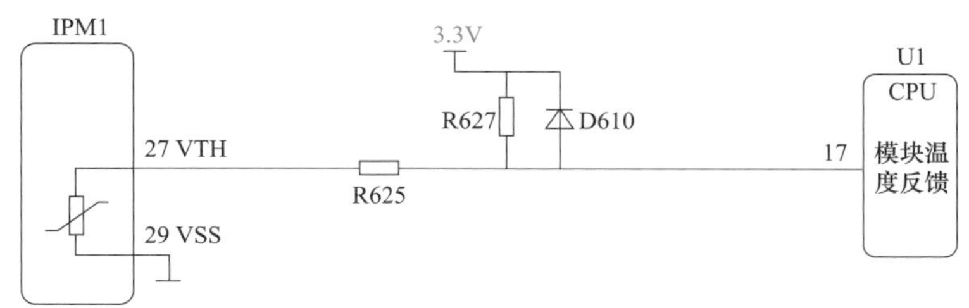

图 13-40 模块温度反馈电路原理图

图 13-41 模块温度反馈电路实物图

模块内置的传感器为负温度系数热敏电阻，温度较低时阻值较大，㉗脚的电压较高（接近 3.1V）；当模块温度上升，其阻值下降，㉗脚的电压也逐渐下降（2.7V）。

三、模块保护电路

1. 保护内容

模块内部使用智能电路，不仅处理室外机 CPU 输出的 6 路信号，同时设有保护电路，见图 13-42，当模块内部控制电路检测到直流 15V 电压过低、基板温度过高、运行电流过大、内部 IGBT 短路引起电流过大故障时，均会关断 IGBT，停止处理 6 路信号，同时 FO

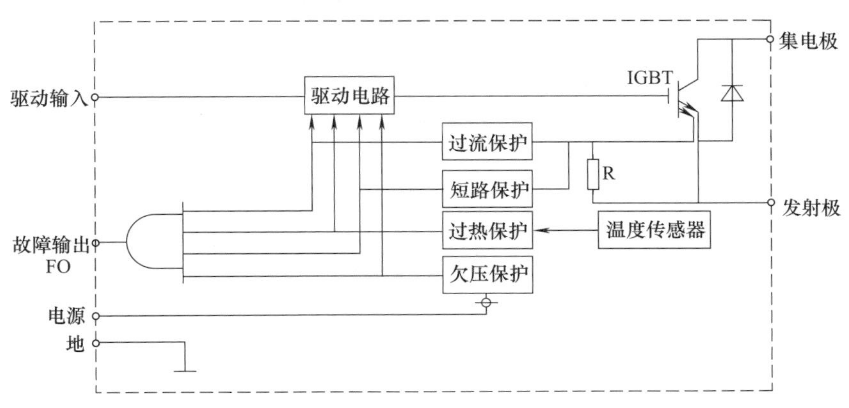

图 13-42 模块保护电路示意图

引脚变为低电平，室外机 CPU 检测后判断为“模块故障”，停止输出 6 路信号，控制室外机停机，并将故障代码通过通信电路传送至室内机 CPU。

2. 保护内容

① 供电欠压保护：模块内部控制电路使用外接的直流 15V 电压供电，当电压低于直流 12.5V 时，模块驱动电路停止工作，不再处理 6 路信号，同时输出保护信号至室外机 CPU。

② 过热保护：模块内部设有温度传感器，如果检测基板温度超过设定值（110℃），模块驱动电路停止工作，不再处理 6 路信号，同时输出保护信号至室外机 CPU。

③ 过流保护：工作时如模块内部电路检测 IGBT 开关管电流过大，模块驱动电路停止工作，不再处理 6 路信号，同时输出保护信号至室外机 CPU。

④ 短路保护：如负载发生短路、室外机 CPU 出现故障、模块被击穿时，IGBT 开关管的上、下桥同时导通，模块检测后控制驱动电路停止工作，不再处理 6 路输入信号，同时输出保护信号至室外机 CPU。

3. 工作原理

图 13-43 为模块（IPM）保护电路原理图，图 13-44 为实物图，表 13-16 为模块保护引脚和 CPU 引脚电压的对应关系。

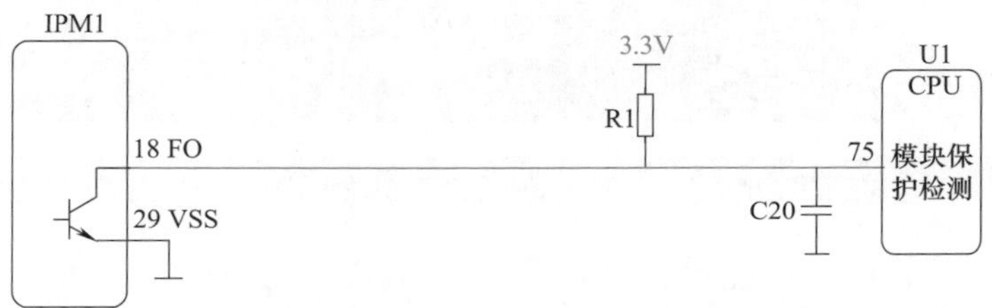

图 13-43　模块保护电路原理图

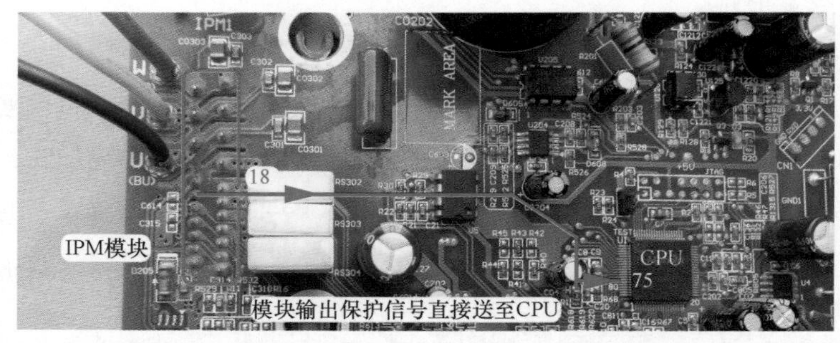

图 13-44　模块保护电路实物图

表 13-16　模块保护引脚和 CPU 引脚电压对应关系

项目	模块⑱脚	CPU ⑺脚
正常待机或运行	3.2V	3.2V
模块保护	0.01V	0.01V

本机模块⑱脚为 FO 模块保护输出，CPU 的⑺脚为模块保护检测引脚。模块保护输出引脚为集电极开路型设计，正常情况下此脚与外围电路不相连，CPU ⑺脚和模块⑱脚通过

电阻 R1（2.4kΩ）连接至电源 3.3V，因此模块正常工作即没有输出保护信号时，CPU ㉟脚和模块⑱脚的电压均约为 3.2V。

如果模块内部电路检测到 15V 电压低、温度过高、电流过大、短路共 4 种故障时，停止处理 6 路信号，同时内部晶体管导通，⑱脚和㉙脚连接地，CPU ㉟脚也与地相连，电压由高电平 3.2V 变为低电平约 0.01V，CPU 内部电路检测后停止输出 6 路信号，停机进行保护，并将代码（模块故障）通过通信电路传送至室内机 CPU，室内机 CPU 分析后显示 H5 代码。

说明

由于模块检测的 4 种保护使用同一个输出端子，因此室外机 CPU 检测后只能判断为“模块保护”，而具体是哪一种保护则判断不出来。

四、模块过流保护电路

1. 作用

该电路的作用是检测压缩机 U、V、W 三相的相电流，当相电流过大时输出保护电压至模块，模块停止处理 6 路信号，并输出保护信号至室外机 CPU，使压缩机停止工作，以保护模块和压缩机。

2. 10393 引脚功能

主板代号 U206 使用型号为 10393 的集成电路，引脚功能见表 13-17，其为双列 8 个引脚，⑧脚为 5V 供电、④脚接地。

10393 内含 2 路相同的电压比较器，本机实际只使用 1 路（比较器 2），即⑤、⑥、⑦脚，比较器 1 空闲（其中①和②为空脚、③脚和④脚相连接地）。

表 13-17 10393 引脚功能

引脚	①	②	③	④	⑤	⑥	⑦	⑧
符号	OUT1	-IN1	+ IN1	VSS	+ IN2	-IN2	OUT2	VCC
功能	输出 1	反相输入 1	同相输入 1	地	同相输入 2	反相输入 2	输出 2	电源
说明	比较器 1（A）			0V	比较器 2（B）			5V

3. 工作原理

图 13-45 为模块过流保护电路原理图，图 13-46 为实物图，表 13-18 为相电流和室外机状态的对应关系。

U206（10393）的⑥脚为比较器 2 的反相输入，由 R628（5.1kΩ）和 R626（2.2kΩ）分压，⑥脚电压为 1.5V，作为基准电压。

当压缩机正常运行时，相电流放大电路 U601 输出的 U 相电流（I_{NU}）、V 相电流（I_{NV}）、W 相电流（I_{NW}）均正常，经 D601、D602、D603、R621 输送至 U206 的⑤脚电压低于 1.5V，比较器 2 不动作，其⑦脚输出低电平 0V，模块⑯脚电压也为低电平，模块判断压缩机相电流正常，保护电路不动作，压缩机继续运行，室外机运行正常。

当压缩机、模块、相电流电路等有故障，引起U相电流（I_{NU}）、V相电流（I_{NV}）、W相电流（I_{NW}）中任意一相增加，加至U206的⑤脚电压超过1.5V时，比较器2动作，其⑦脚输出高电平5V电压，至模块⑯脚同样为5V电压，模块内部电路检测后判断压缩机相电流过大，内部保护电路迅速动作，不再处理6路信号，IGBT开关管停止工作，压缩机也停止运行，同时模块⑱脚输出约0.01V低电平电压，送至CPU的⑮脚，CPU检测后判断模块出现故障，立即停止输出6路信号，并将“模块保护或模块故障”的代码通过通信电路传送至室内机CPU，室内机CPU分析后显示H5代码。

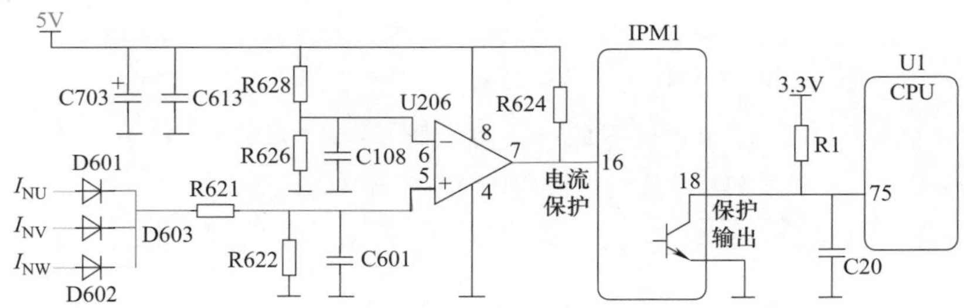

图13-45　模块过流保护电路原理图

图13-46　模块过流路保护电路实物图

表13-18　相电流和室外机状态对应关系

相电流	U206			模块		CPU	室外机状态
	⑤脚	⑥脚	⑦脚	⑯脚	⑱脚	⑮脚	
相电流正常	0.8V	1.5V	0.01V	0.01V	3.2V	3.2V	正常
相电流升高	2.9V	1.5V	4.9V	4.9V	0.01V	0.01V	停机H5

第十四章
空调器主板和电控盒更换

第一节 室内机原装主板更换

本节以格力 KFR-32GW/（32556）FNDe-3 直流变频空调器室内机为例，介绍室内机主板损坏后更换过程。

一、取下原机主板

1. 取下原机主板

断开空调器电源，使用螺丝刀取下固定螺钉，然后取下室内机外壳，见图 14-1 左图，取下电控盒盖板。

取下室内风机和变压器等插头时，见图 14-1 中图，直接按压卡扣向外拔插头时取不下来，这是由于为防止插头在运输或使用过程中脱落，卡扣部位安装有卡箍。

见图 14-1 右图，首先使用一字螺丝刀取下卡箍，再按压插头上卡扣并向外拔，可轻松取下插头。

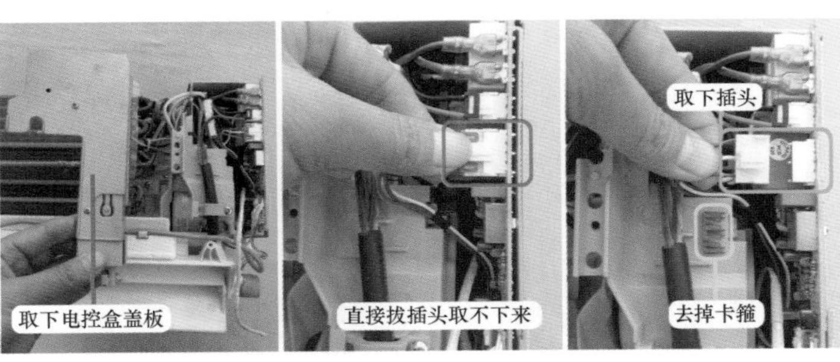

图 14-1 取下盖板和插头

取下电源供电和室内外机连接线等插头时，见图 14-2 左图，直接向外拔即使用力也取不下来。

见图 14-2 中图，这是由于连接线插头中设有固定点，相对应在主板的端子上设有固定孔，连接线插头安装到位时固定点卡在固定孔中，因此直接拔插头时不能取下。

向里按压插头顶部的卡扣，见图 14-2 右图，使固定点脱离固定孔，再向外拔连接线插头，即可轻松取下。

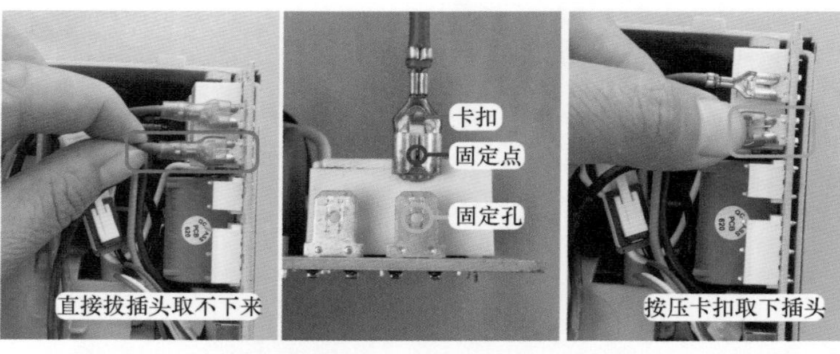

图 14-2　取下连接线插头

见图 14-3 左图和中图，再取下显示板组件等插头，待插头全部取下后，即可取出主板。

由于配件主板上未配带跳线帽，见图 14-3 右图，从原机主板上取下跳线帽并妥善保存，准备安装到配件主板。

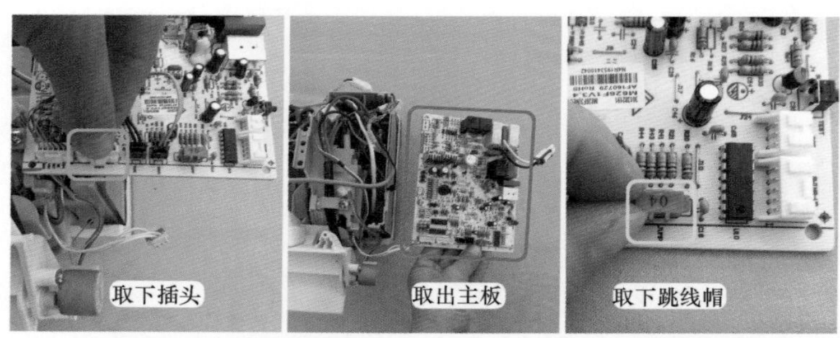

图 14-3　取出主板和取下跳线帽

2. 室内机插头和电气接线图

取下主板后，电控盒剩余的插头见图 14-4 左图，安装过程就是将这些插头安装到主板的对应位置。

常用有两种安装方法，如果对电路板不是很熟悉，可以使用第一种方法，见图 14-4 右

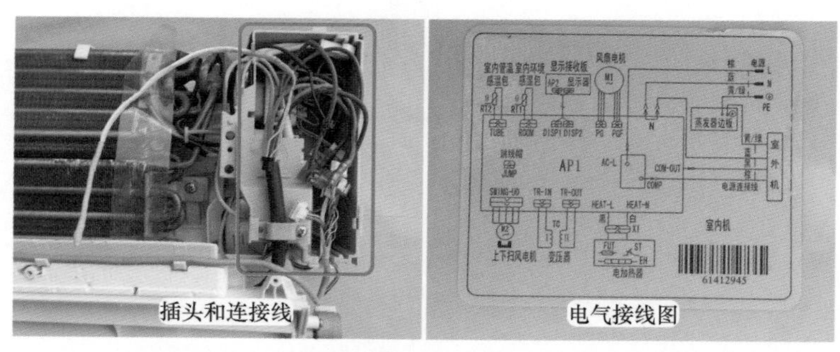

图 14-4　电控系统插头和电气接线图

图，根据粘贴于室内机外壳内部的电气接线图安装插头，也可完成主板的安装。

本书着重介绍第二种方法，即根据主板插座或端子的特征，以及外围元器件的特点进行安装。原因是各个厂家的空调器大同小异，熟练掌握一种空调器机型后，再遇到其他品牌的空调器机型，也可以触类旁通，完成室内机主板（室外机主板）或室外机电控盒的安装。

二、配件主板

配件主板实物外形见图 14-5，根据工作区域可分为强电区域和弱电区域。强电区域指工作电压为交流 220V，插座或端子使用红线连接；弱电区域指工作电压为直流 12V 或 5V，插座使用蓝线连接。

由图 14-5 可知，传感器、显示板组件等插头位于主板内侧，应优先安装这些插头，否则会由于引线不够长而不能安装至主板插座。

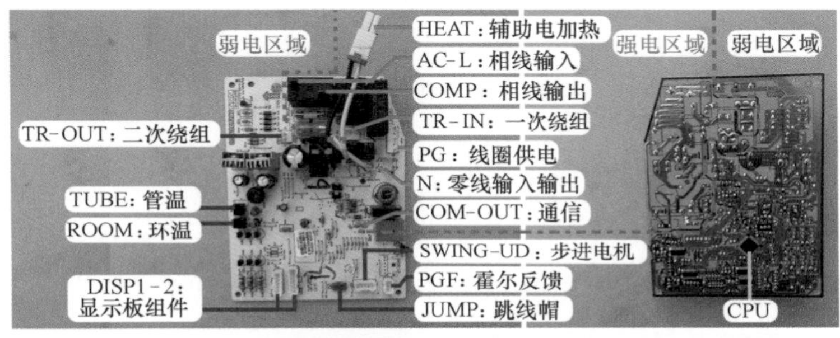

图 14-5　主板实物外形

三、安装过程

1. 跳线帽

目前空调器厂家的主板通常为通用型，即同一块主板可以适用于很多型号的空调器，为区分不同制冷量的机型，格力空调器使用跳线帽，表面的数字代表型号，比如 04 表示制冷量为 3200W 的直流变频空调器，CPU 检测后按制冷量为 3200W 的机型控制室内风机转速和步进电机角度等。跳线帽只见于格力空调器，其他品牌的空调器未设计此器件。

跳线帽为红色插座，见图 14-6 左图，位于弱电区域，主板标识为 JUMP，共设有 2 排 5 组共 10 个引针。

见图 14-6 右图，查看主板反面，插座引针一侧相通接直流 5V，另一侧和反相驱动器输入端相通接 CPU 引脚。

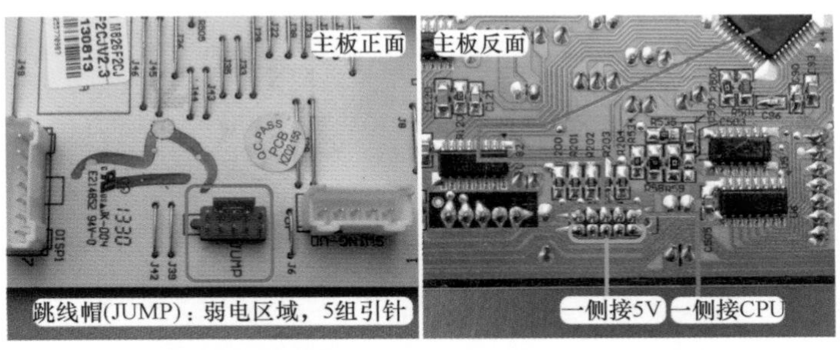

图 14-6　主板跳线帽插座正面和反面

图 14-7 左图和中图为跳线帽实物外形。见图 14-7 右图，将从原机主板拆下的跳线帽安装至配件主板。如果更换主板时忘记安装跳线帽，安装插头等完成后上电试机，室内机显示板组件显示 C5 故障代码或运行指示灯灭 3s 闪 15 次。

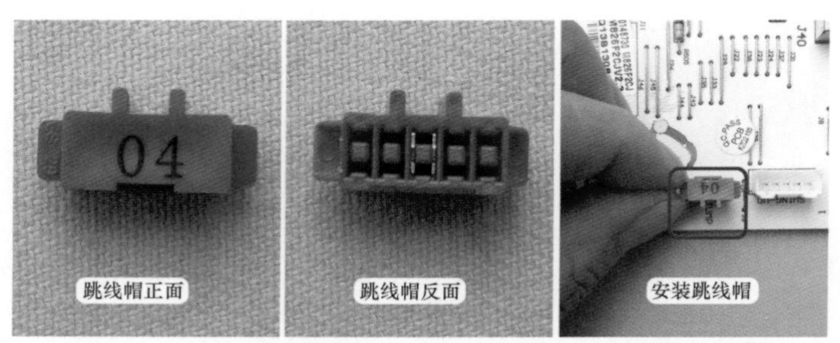

图 14-7　跳线帽实物外形和安装跳线帽

2. 环温和管温传感器

环温和管温传感器实物外形见图 14-8 左图，环温传感器使用塑封探头，管温传感器使用铜头探头，插头均只有 2 根引线。

见图 14-32 右图，环温传感器探头安装在进风口位置，需要安装室内机外壳后才能固定，作用是检测进风口相当于检测房间温度；见图 14-8 右图，管温传感器探头安装的检测孔焊接在蒸发器管壁，作用是检测蒸发器温度。

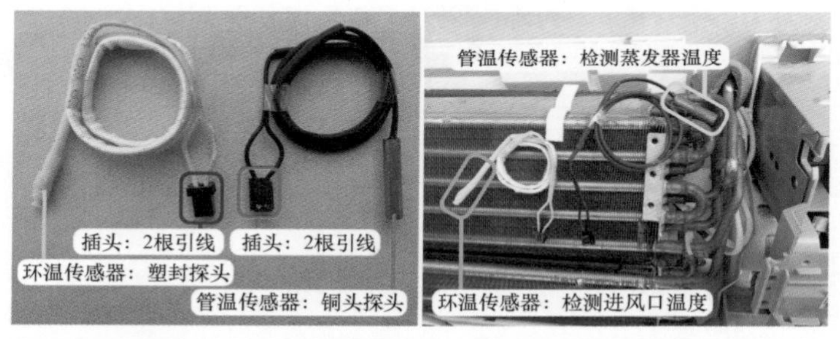

图 14-8　实物外形和作用

环温和管温传感器均为 2 针设计的黑色插座，见图 14-9 右图，位于弱电区域，环温传感器主板标识为 ROOM，管温传感器主板标识为 TUBE。

查看主板反面，见图 14-9 左图，2 个插座的其中一针连在一起接供电 5V，另一针经电阻等元件去 CPU 引脚。

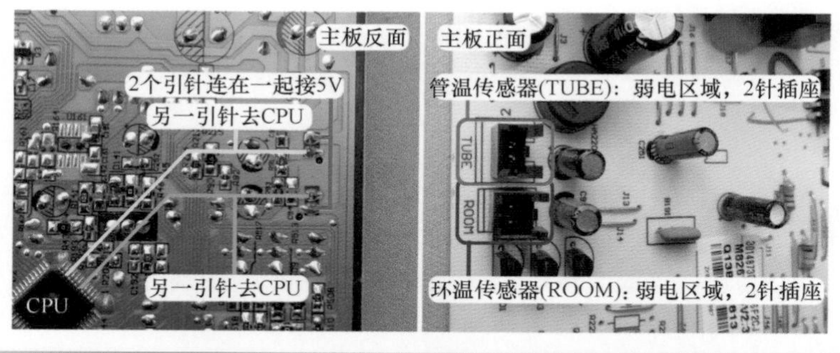

图 14-9　主板传感器插座正面和反面

见图 14-10，将环温传感器黄线插头安装至 ROOM 插座，将管温传感器黑线插头安装至 TUBE 插座。由于 2 个插头和插座形状不相同，安装插反时则安装不进去。

说明

目前格力配件主板通常标配有环温和管温传感器，更换主板时不用安装插头，只需要将探头安装到原位置即可。

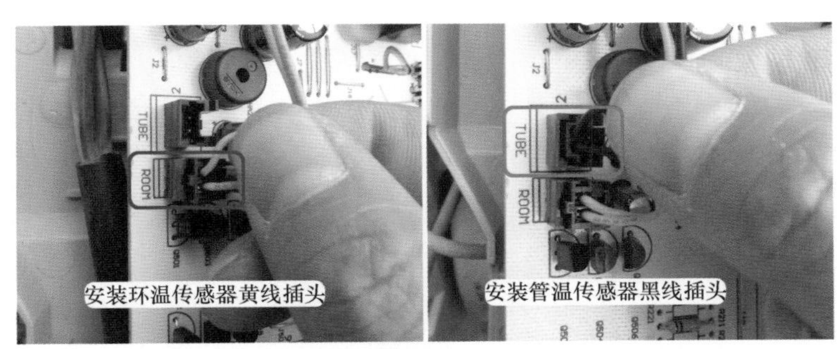

图 14-10　安装传感器插头

3. 显示板组件

显示板组件显示空调器信息和故障代码，由于本机显示窗口位于前面板下部的正中间位置，见图 14-11 左图，相对应显示板组件设计在室内机下方，固定在接水盘的中间位置。

显示板组件共设有 2 个插头，见图 14-11 右图，其中大插头共有 7 根引线，小插头共有 6 根引线。

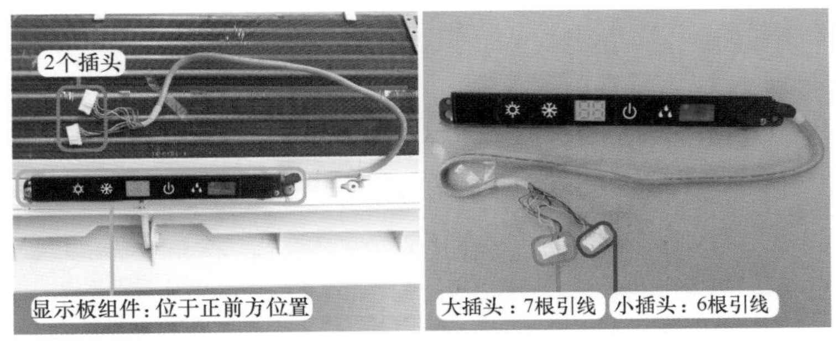

图 14-11　安装位置和实物外形

相对应主板上设有 2 个显示板组件插座，均位于弱电区域，见图 14-12 左图，一个 7 针插座标识为 DISP1，一个 6 针插座标识为 DISP2。

查看主板反面，见图 14-12 右图，7 针插座引针主要连接反相驱动器输出侧引脚，6 针插座引针主要连接 3 个电阻和电源（5V 和地）。

见图 14-13，将一个 7 根引线的大插头安装至 DISP1 插座，将一个 6 根引线的小插头安装至 DISP2 插座。2 个插头引线数量不同，插头大小也不相同，如果插反则不能安装。

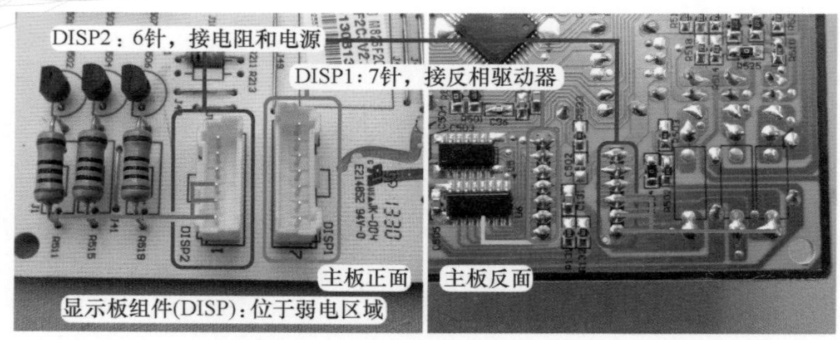

图 14-12　主板显示板组件插座正面和反面

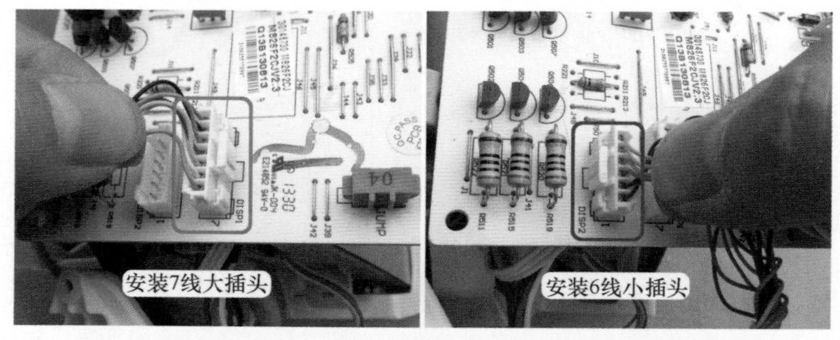

图 14-13　安装显示板组件插头

4. 变压器

变压器将交流 220V 降低至约交流 12V 为主板提供电压，设计在电控盒上方的下部。共设有 2 个插头，大插头为一次绕组（俗称初级线圈），小插头为二次绕组（俗称次级线圈）。

变压器一次绕组连接交流 220V，见图 14-14 左图，白色的 2 针插座位于强电区域，主板标识为 TR-IN。

查看主板反面，见图 14-14 右图，插座的其中一针接熔丝管（3.15A）和电源 L 端相通，一针直接接 N 端。

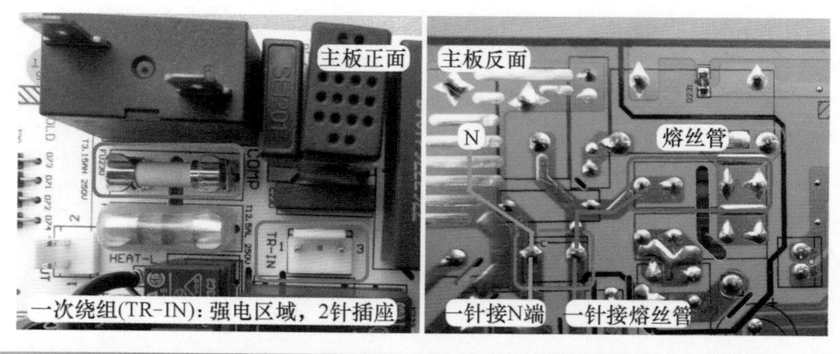

图 14-14　主板一次绕组插座正面和反面

变压器二次绕组输出约交流 12V，见图 14-15 左图，白色的 2 针插座位于弱电区域，主板标识为 TR-OUT。

查看主板反面，见图 14-15 右图，2 针均连接整流电路的 4 个二极管。

见图 14-16，将变压器二次绕组小插头安装至主板 TR-OUT 插座，将一次绕组大插头安装至 TR-IN 插座。

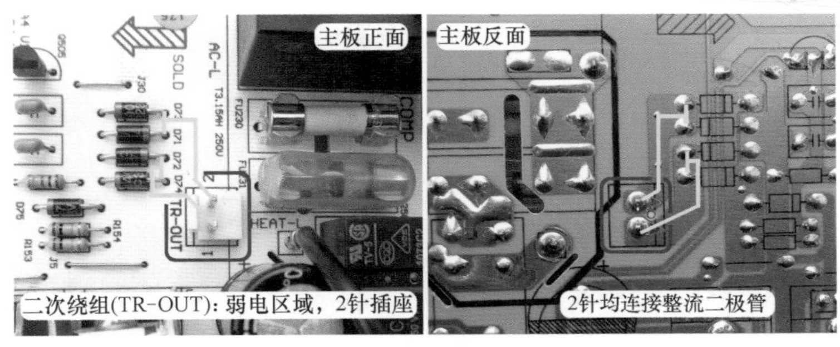

图 14-15　主板二次绕组插座正面和反面

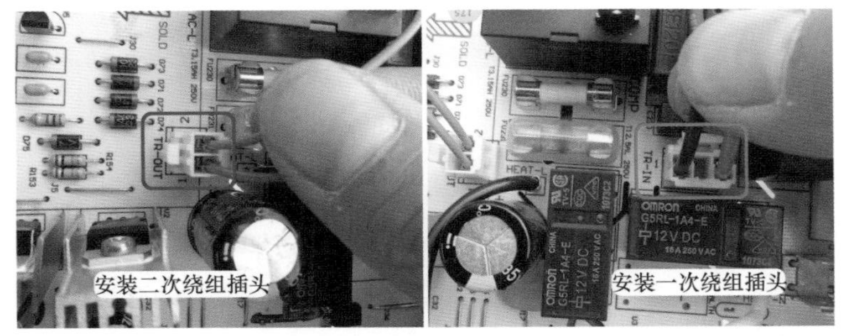

图 14-16　安装变压器插头

5. 电源输入引线

电源输入引线共设有 3 根，见图 14-19 左图，棕线为相线 L、蓝线为零线 N、黄绿线为地线，其中黄绿线地线直接固定在蒸发器上面，在更换主板时不用安装，只需要安装棕线和蓝线。

主板没有专门设计相线的输入和输出端子，见图 14-17，而是直接安装在主控继电器上方的 2 个端子，端子相通的焊点位于强电区域。说明：继电器线圈焊点位于弱电区域。

标识为 AC-L 的端子为相线输入，下方焊点和 2 个熔丝管（3.15A 和 12.5A）相通为主板提供 L 端供电，端子接电源输入引线中的棕线；标识为 COMP 的端子为相线输出，下方焊点接阻容元件（或为空脚），端子接室内外机连接线中的棕线（相线）。

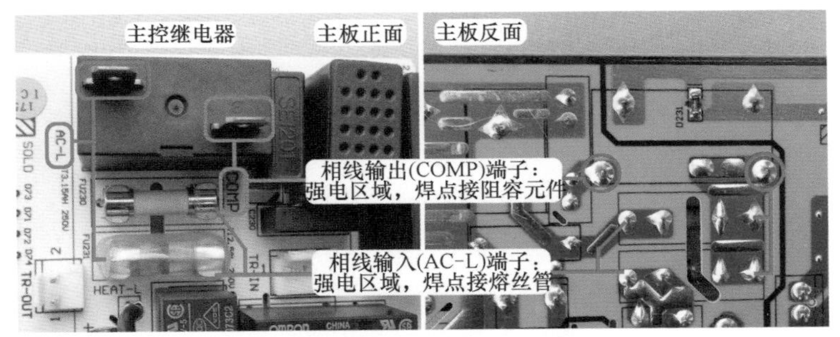

图 14-17　主板相线输入输出端子正面和反面

主板强电区域中标识 N 的端子共有 2 片相通，见图 14-18，为零线输入和输出端子，端子连接电源输入引线中的蓝线和室内外机连接线中的蓝线，焊点连接室内风机和变压器一次绕组等。

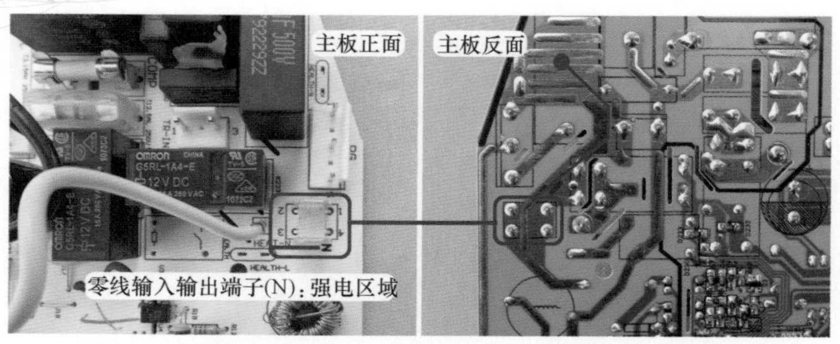

图 14-18 主板零线输入输出端子正面和反面

见图 14-19 中图，将电源输入引线中的棕线插在主控继电器上方对应为 AC-L 的端子，为主板提供相线 L 端供电；见图 14-19 右图，将蓝线插在 N 端子一侧，为主板提供零线 N 端供电。

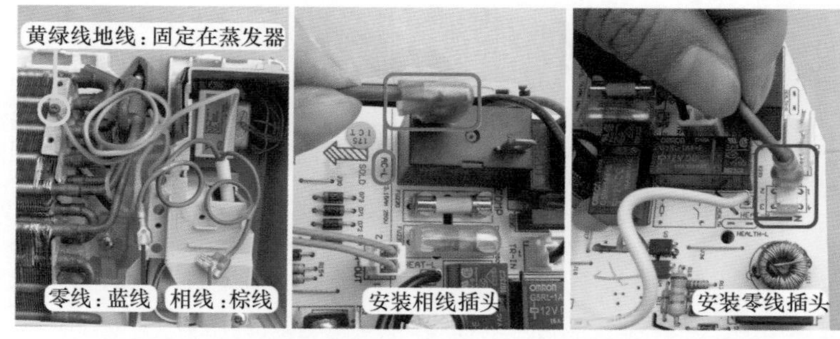

图 14-19 安装电源输入引线插头

6. 室内外机连接线

室内外机连接线共有 4 根引线，见图 14-21 左图，棕线为相线、蓝线为零线、黑线为通信线、黄绿线为地线。其中黄绿线地线直接固定在蒸发器上面，在更换主板时不用安装，只需要安装棕线、蓝线、黑线。

通信端子位于强电区域，见图 14-20，主板标识为 COM-OUT，端子焊点经二极管和电阻等电路连接至光耦。

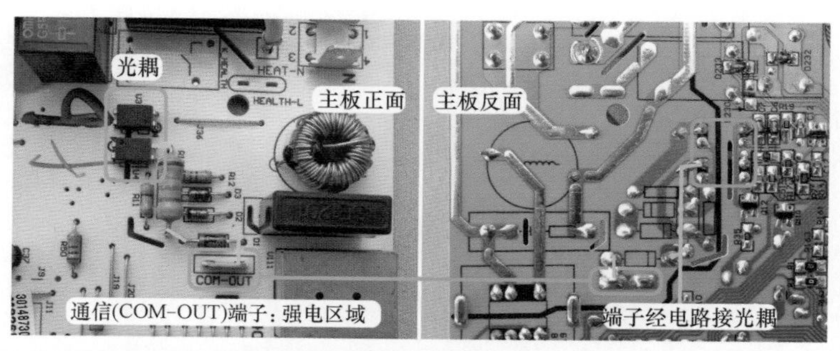

图 14-20 主板通信端子正面和反面

见图 14-21 右图，将棕线插在主控继电器上方对应为 COMP 的端子，通过室内外机连接线为室外机提供相线 L 端供电。

将蓝线插在主板上标识为 N 的端子另一侧，见图 14-22 左图，为室外机提供零线 N 端供电。

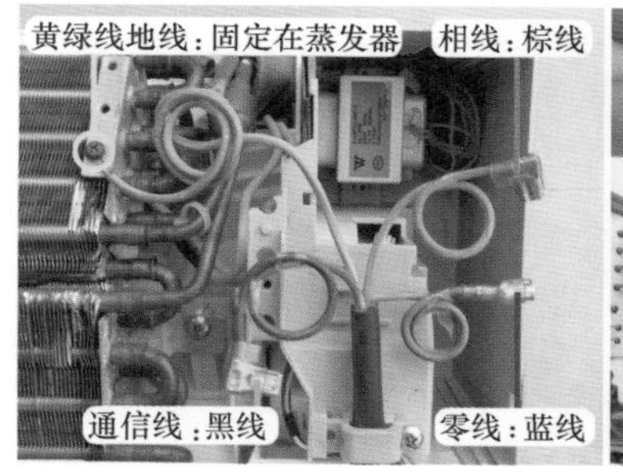

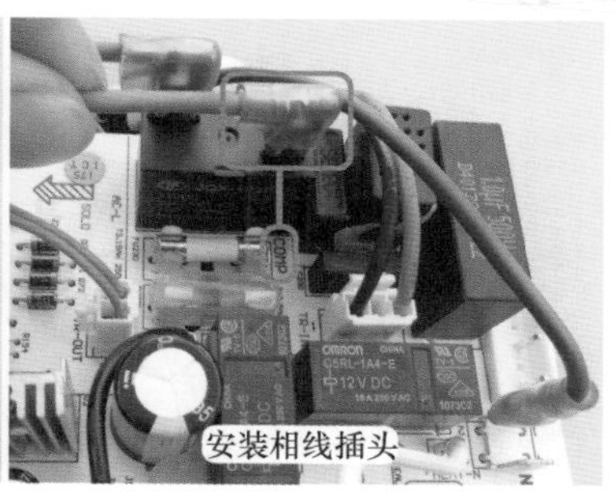

图 14-21　室内外机连接线和安装相线插头

将黑线插在主板上标识为 COM-OUT 的端子，见图 14-22 右图，为室内机和室外机提供通信回路。

7. 室内风机

室内风机驱动室内风扇（贯流风扇）运行，见图 14-23 左图，引线从室内机右侧电控盒下方引出。

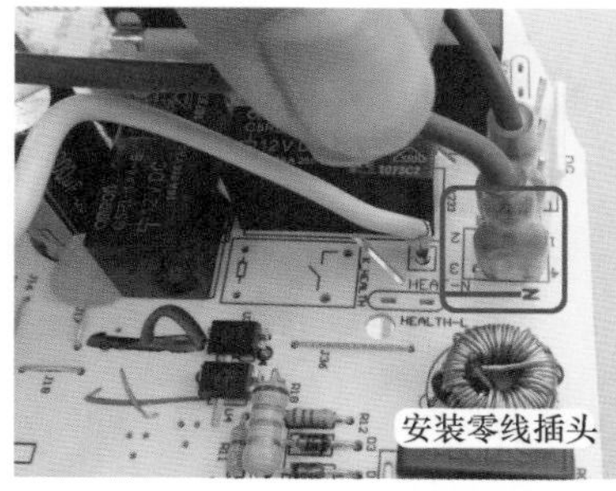

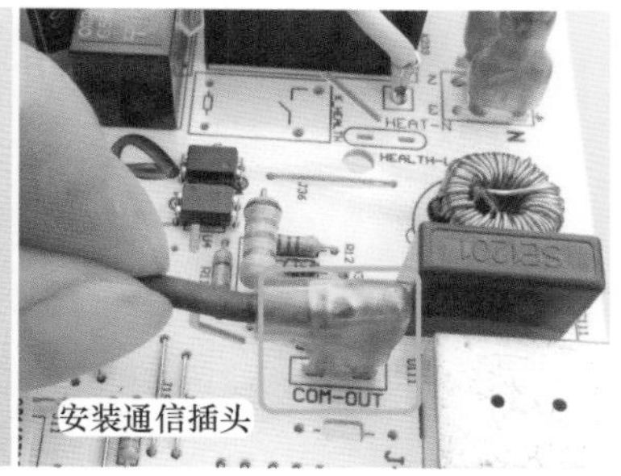

图 14-22　安装零线和通信插头

室内风机共设有 2 个插头，见图 14-23 右图，大插头为线圈供电，由主板输出为室内风机提供电源；小插头为霍尔反馈，由室内风机输出，为主板 CPU 提供代表转速的霍尔信号。

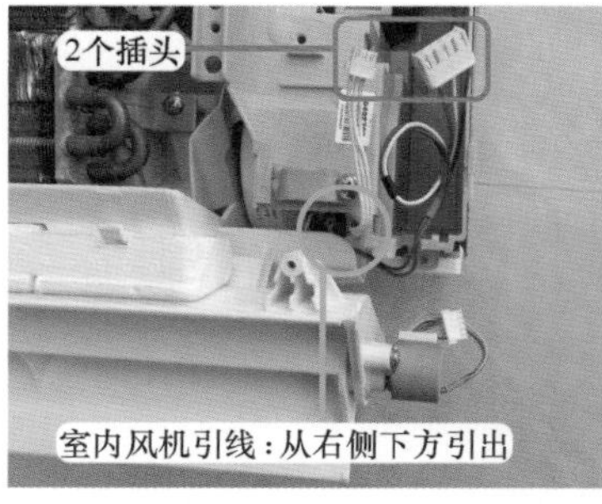

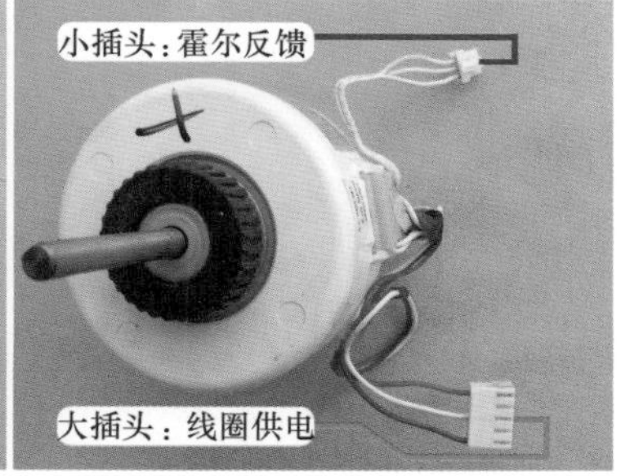

图 14-23　室内风机引线和实物外形

线圈供电插头连接交流 220V 电源，见图 14-24 左图，体积较大的白色 3 针插座位于强电区域，主板标识为 PG。

查看主板反面，见图 14-24 右图，插座焊点一针接零线 N 端和电容、一针经光耦晶闸管次级侧和电感接相线 L 端、一针只接电容。

霍尔反馈插头使用直流 5V 供电，见图 14-25 左图，体积较小的白色 3 针插座位于弱电

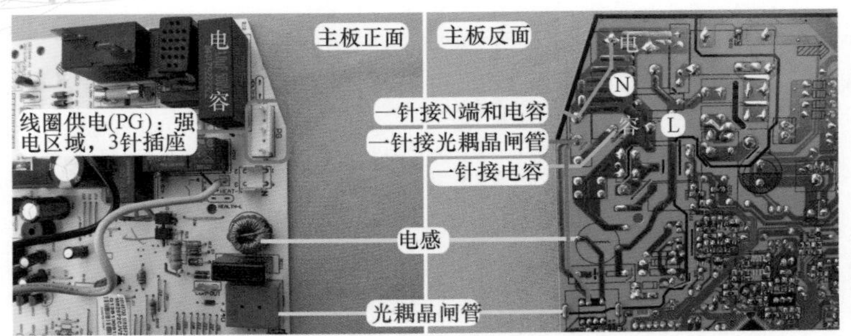

图 14-24　主板室内风机线圈供电插座正面和反面

区域，主板标识为 PGF。

查看主板反面，见图 14-25 右图，插座焊点一针接地、一针接 5V、一针经电阻等元件接 CPU 相关引脚。

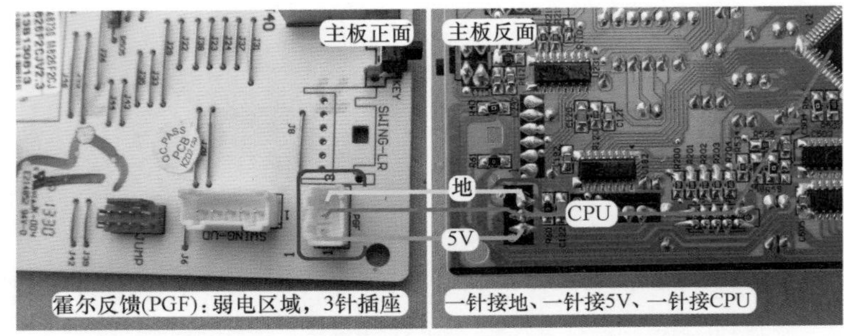

图 14-25　主板室内风机霍尔反馈插座正面和反面

见图 14-26，将大插头线圈供电安装至主板标识为 PG 的插座，将小插头霍尔反馈安装至主板标识为 PGF 的插座。

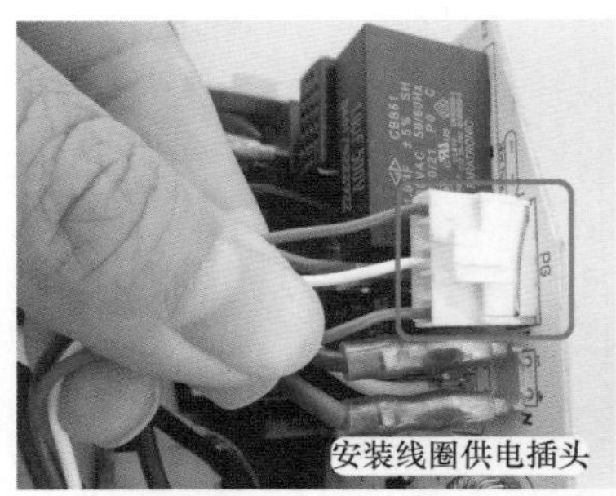

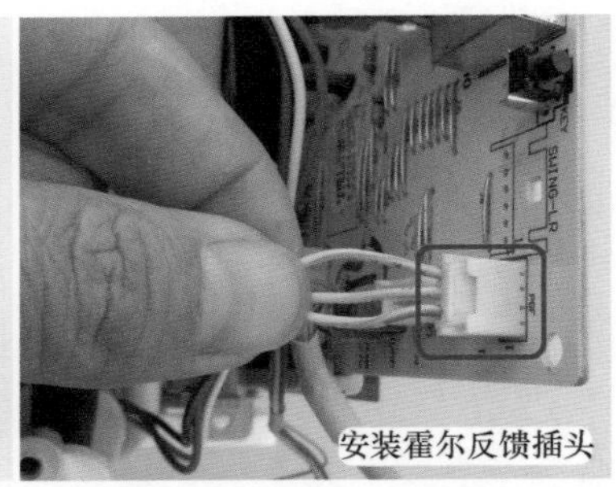

图 14-26　安装室内风机插头

8. 步进电机

步进电机位于室内机右侧下方，见图 14-27 左图，作用是驱动导风板上下旋转运行。共设有 1 个插头，见图 14-27 右图，插头为 5 根引线。

步进电机为直流 12V 供电，见图 14-28 左图，白色的 5 针插座位于弱电区域，主板标识为 SWING-UD。

查看主板反面，见图 14-28 右图，插座的 4 针焊点均连接反相驱动器输出侧，1 针接直流 12V。

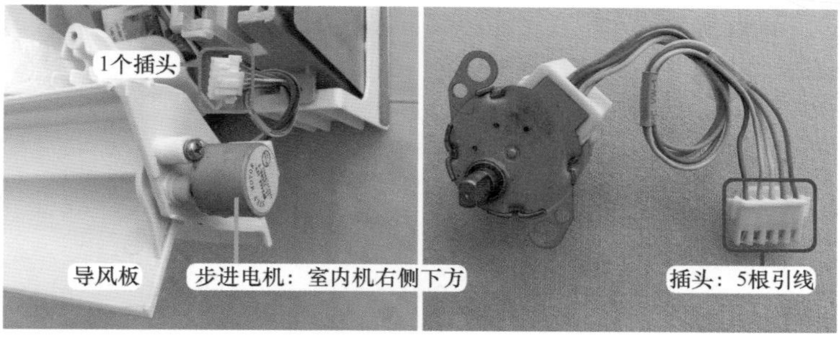

图 14-27　步进电机安装位置和实物外形

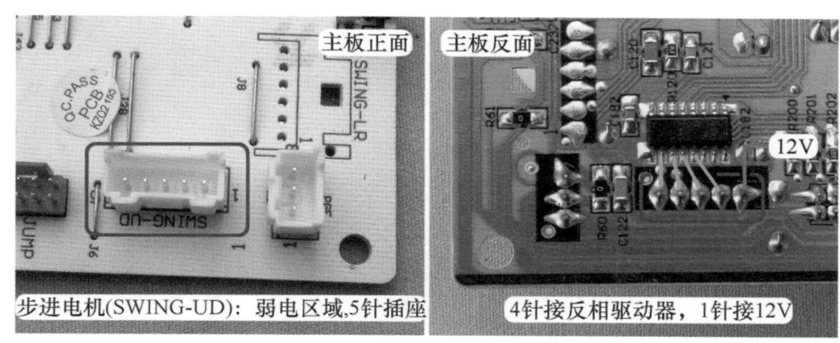

图 14-28　主板步进电机插座正面和反面

见图 14-29 左图，将步进电机插头安装至主板标识为 SWING-UD 的插座。

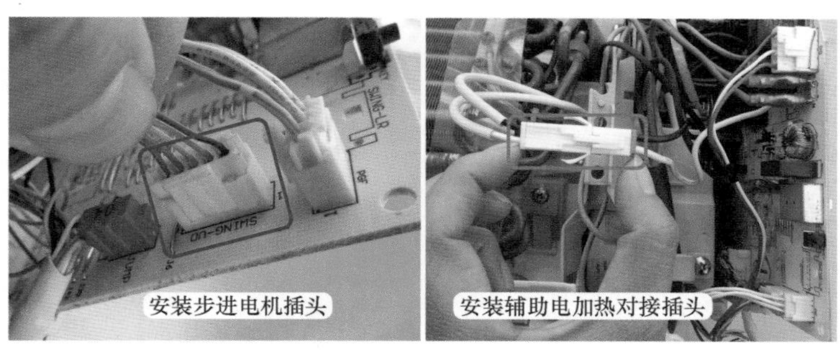

图 14-29　安装步进电机和辅助电加热插头

9. 辅助电加热

辅助电加热作用是制热模式下提高出风口的温度，见图 14-30 左图，引线从蒸发器右侧的中部引出。

辅助电加热安装在蒸发器下部，长度较长接近蒸发器的长度，见图 14-30 右图，设有 1 个对接插头，插头连接 2 根较粗的引线。

辅助电加热供电为交流 220V，见图 14-31 左图，强电区域中 2 根较粗的引线组成对接插头，主板标识为 HEAT（黑线对应 L 为相线，白线对应 N 为零线）。

查看主板反面，见图 14-31 右图，白线焊点（HEAT-N）经继电器触点接零线 N 端，黑线焊点 (HEAT-L) 经继电器触点和熔丝管（12.5A）接相线 L 端。

见图 14-29 右图，将辅助电加热引线的对接插头和主板的对接插头安装在一起。

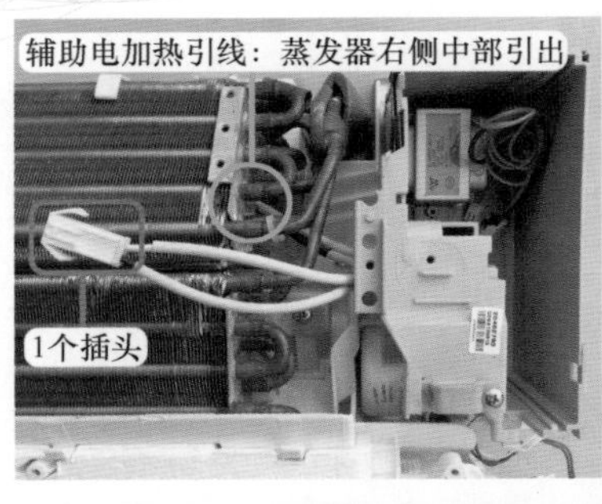

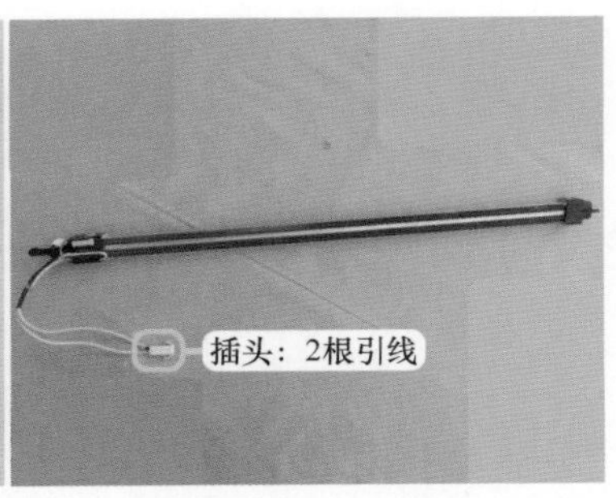

图 14-30　辅助电加热引线和实物外形

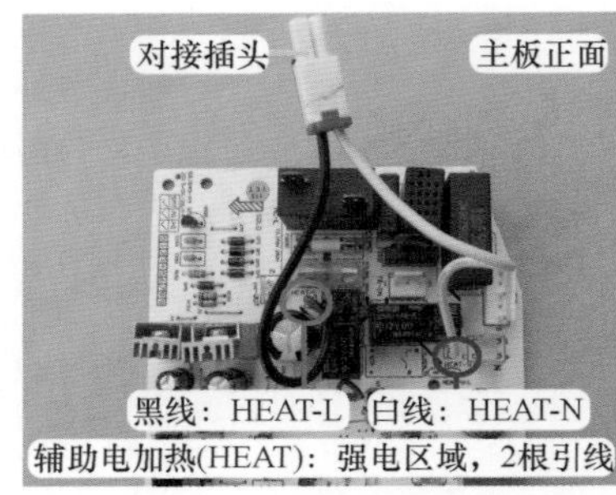

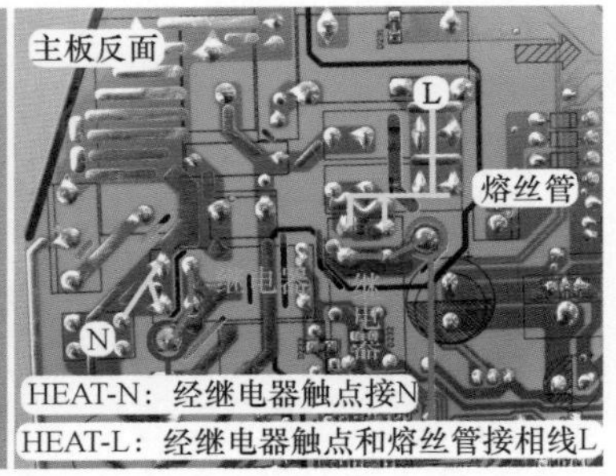

图 14-31　主板辅助电加热引线正面和反面

10. 安装完成

至此，电控盒的连接线和元器件插头均已经安装至室内机主板，见图 14-32 左图，将主板安装至电控盒内部卡槽。

然后安装电控盒盖板、室内机外壳等并拧紧固定螺钉，见图 14-32 右图，再将环温传感器探头放置在进风口位置，再安装过滤网，更换室内机主板过程结束。

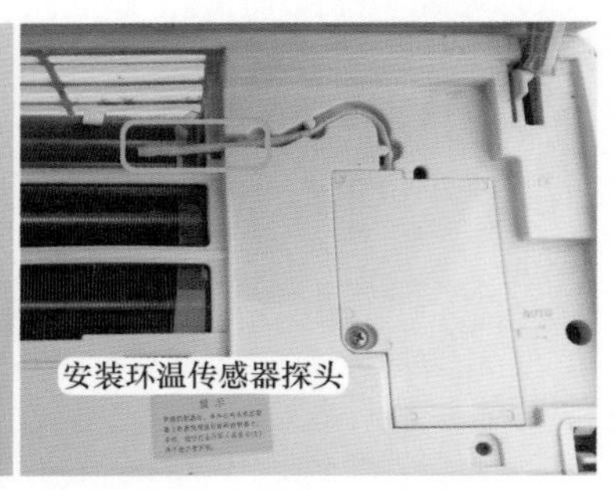

图 14-32　主板安装至电控盒和安装环温传感器探头

第二节　室外机通用电控盒更换

本节以格力 KFR-32GW/（32556）FNDe-3 直流变频空调器室外机为例，介绍电控盒损

坏后更换过程。

一、取下原机电控盒

1. 室外机和接线图

在判断室外机电控盒损坏后，需要更换时，取下室外机上盖和前盖，见图 14-33 左图，电控盒垂直安装在挡风隔板上部，滤波电感位于电控盒上部。

图 14-33 右图为粘贴于接线盖内侧的电气接线图。

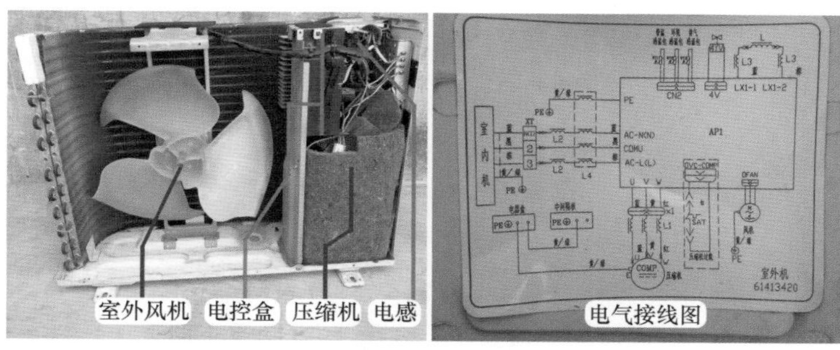

图 14-33 室外机主要元器件位置和电气接线图

2. 取下室外机电控盒

见图 14-34 左图，取下电控盒上方的盖板，及固定支架的螺钉（滤波电感安装在固定支架的下部），再挑出位于电控盒卡槽的传感器引线。

从室外机接线端子取下上方的 3 根连接线（下方的室内外机连接线不用取下），见图 14-34 右图，再取下固定支架的螺钉。

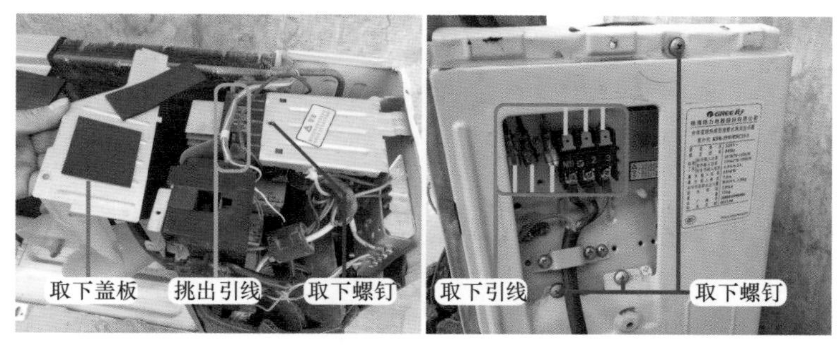

图 14-34 取下盖板和螺钉

见图 14-35 左图，再取下固定支架前方的地线螺钉（共有 4 个一块取下）。

由于传感器和温度开关的插头卡扣位于内侧并在下方，用手按压不是很方便，见图 14-35 右图，可使用尖嘴钳夹住卡扣再向外拉即可取下插头。

扶住电控盒和固定支架同时向上提约 10cm，见图 14-36 左图，待电控盒下部有一定的空间时，再取下室外风机、四通阀线圈插头，并取下电控盒卡槽上的室外风机线束，以及压缩机引线的对接插头。

将电控盒和固定支架继续向上提起，快要顶住传感器引线时，见图 14-36 右图，再一只手扶住电控盒、另一只手扶住固定支架向右移动直至分离。

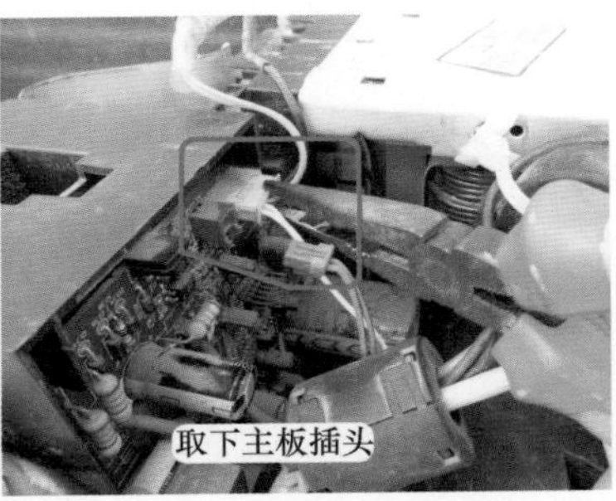

图 14-35 取下地线螺钉和主板插头

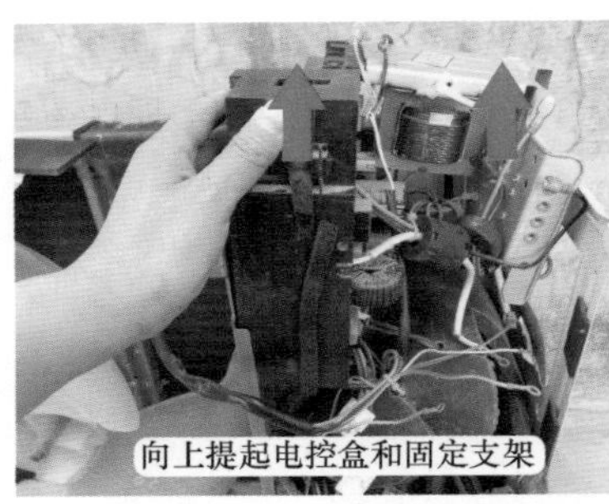

图 14-36 取下固定支架

翻开固定支架，见图 14-37，拔下滤波电感端子的 2 根引线，再向上提起电控盒即可取下。

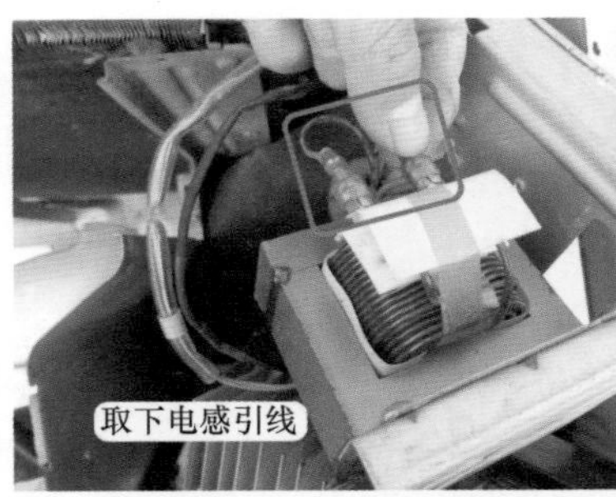

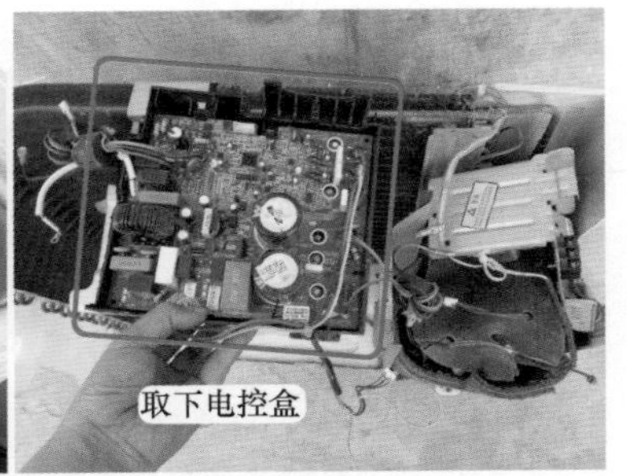

图 14-37 取下电感引线和电控盒

二、配件电控盒

目前格力空调器配件电控盒基本上为通用型，实物外形见图 14-38，简称 0208 型电控盒，可适配很多型号的室外机。电控盒包括室外机主板、塑料外壳、位于反面的散热片等。室外机主板为一体化设计，即只有一块电路板，包含 CPU、控制电路、整流硅桥、滤波电容、模块等所有电路，这样设计简化了电路，减少连接线和插座。

连接线和插座有：连接室外机接线端子的 4 根引线、压缩机的对接插头、2 根滤波电感引线，以及室外风机、四通阀线圈、温度开关、传感器插座。

根据工作电压分类，见图 14-39，主板可分为强电区域和弱电区域，交流 220V 和直流 300V 为强电区域，直流 12V、5V、3.3V 为弱电区域。

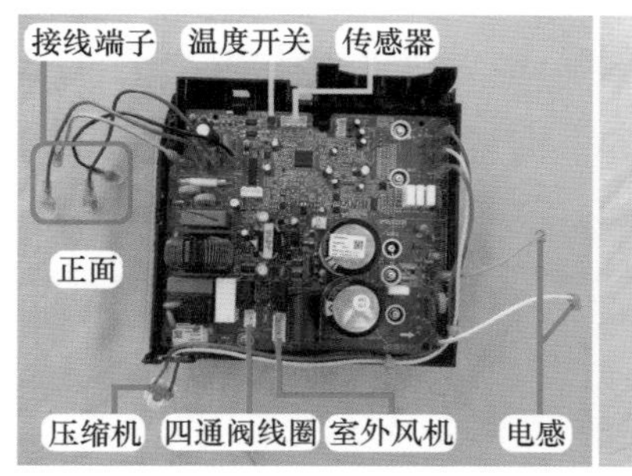

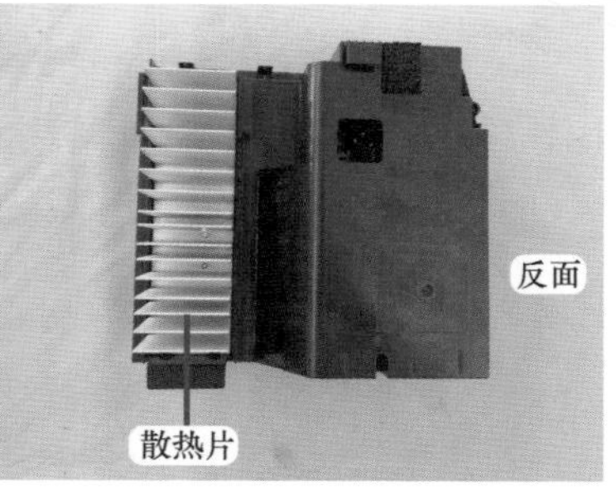

图 14-38 配件电控盒实物外形

说明

室外机电控系统为热地设计，即强电区域直流300V的地和弱电区域直流5V的地是相通的，弱电区域和强电区域没有隔离，使得弱电区域比较危险，维修时严禁触摸，否则将造成触电事故。

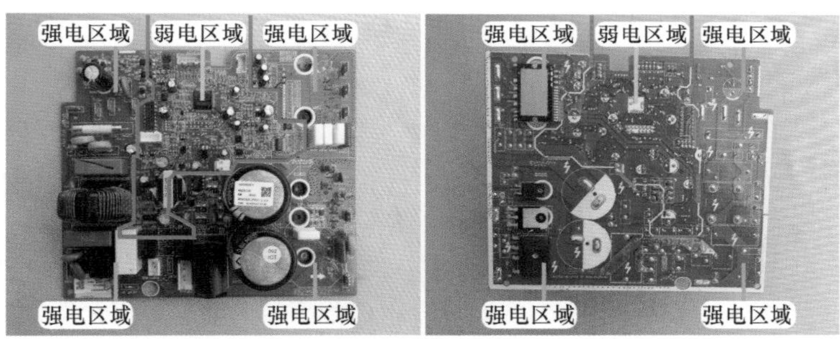

图 14-39 室外机主板强电和弱电区域

三、安装过程

在安装电控盒过程中，滤波电感位于电控盒上方，室外风机和四通阀线圈插座位于电控盒最下部，应首先安装滤波电感引线，再安装室外风机和四通阀线圈插座。

1. 安装电控盒

由于传感器引线安装在电控盒顶部的卡槽内，在安装电控盒前，见图14-40左图，应首先将传感器引线跨过固定支架。

拿出配件电控盒，见图14-40右图，将左侧的卡槽安装至挡风隔板，再将固定支架和电控盒大致对应安装。

2. 滤波电感

滤波电感连接直流300V，2根引线位于强电区域，见图14-41左图，主板标识为LX（LX1-1为白线、LX1-2为橙线）。

查看主板反面，见图14-41右图，一根引线（白线）焊点连接硅桥正极、一根引线（橙线）焊点连接开关管集电极和二极管正极。

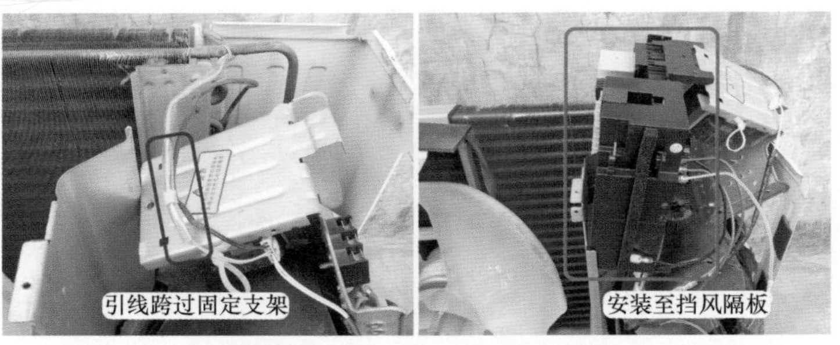

图 14-40　跨过引线和初步安装

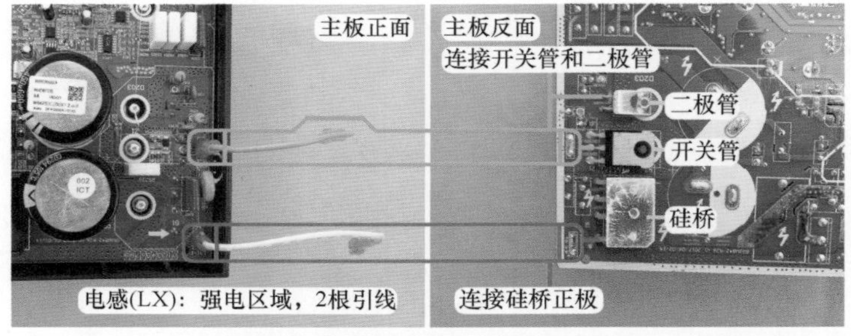

图 14-41　主板滤波电感端子正面和反面

滤波电感安装在固定支架上面，见图 14-42 左图，共有 2 个端子。

见图 14-42 右图，将主板的 2 根电感引线插头（白线和橙线）安装至电感的 2 个端子。安装时不分反正，随意安装即可，注意引线插头要安装到位，不要接触不良。

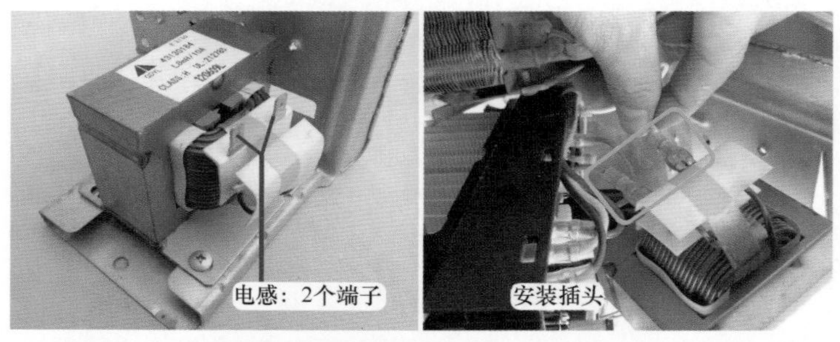

图 14-42　滤波电感端子和安装插头

3. 室外风机

室外风机供电为交流 220V，见图 14-43，白色的 3 针插座位于强电区域，主板标识为 OFAN，查看主板反面，插座中的上方引针焊点只接电容、中间引针焊点经继电器触点接相线 L 端、下方引针焊点接零线 N 端和电容。

室外风机的作用是驱动室外风扇运行，见图 14-44 左图，设有一个插头和一根地线，其中插头为 3 根引线，地线安装在固定支架的地线安装孔。

安装滤波电感引线后，将电控盒上方右侧的塑料支撑部位套在固定支架内，见图 14-44 中图，用手向下轻轻按压，使电控盒和固定支架同时向下移动（注意不要完全安装到位，否则由于空间太小不容易安装插头），再将室外风机线束安装至电控盒的卡槽里面。

见图 14-44 右图，将室外风机插头安装至主板标识为 OFAN 的插座。

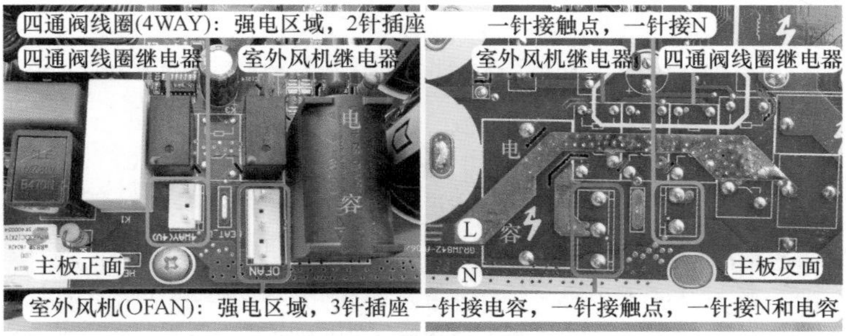

图 14-43 主板室外风机及四通阀线圈插座正面和反面

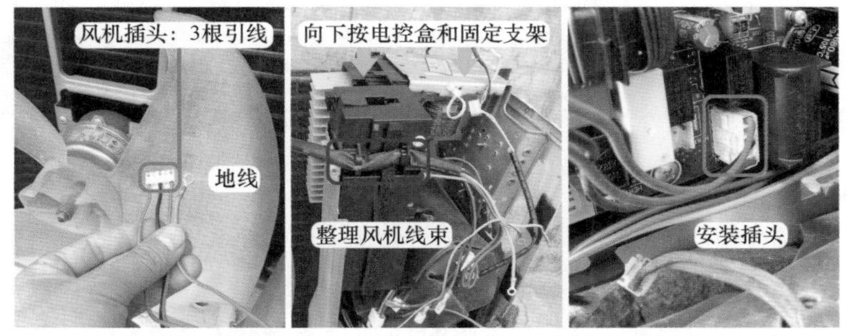

图 14-44 室外风机引线和安装插头

4. 四通阀线圈

四通阀线圈供电为交流 220V，见图 14-43，白色的 2 针插座位于强电区域，主板标识为 4WAY（4V）。查看主板反面，插座中的上方引针焊点经继电器触点接相线 L 端，下方引针焊点直接接零线 N 端。

四通阀的作用是转换制冷和制热模式，线圈安装在四通阀上面，见图 14-45 左图，只设有 1 个插头，共 2 根引线。

见图 14-45 右图，将四通阀线圈插头安装至主板标识为 4WAY（4V）的插座。安装后再用手同时按压电控盒和固定支架，将电控盒下方的卡扣安装至挡风隔板卡槽，使电控盒安装到位。

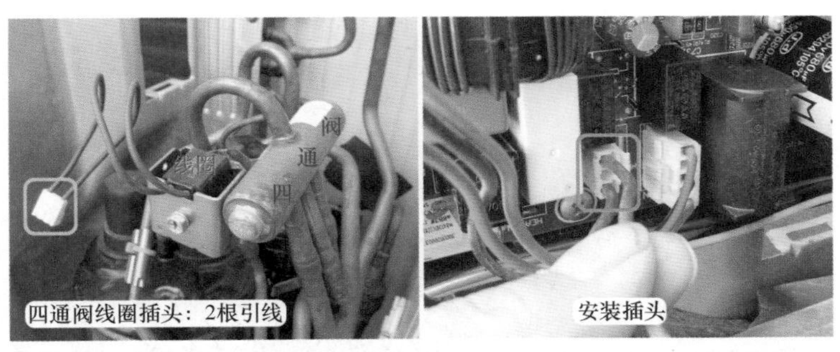

图 14-45 四通阀线圈和安装插头

5. 传感器

室外机设有 3 个传感器，室外环温传感器检测室外环境温度，室外管温传感器检测冷凝器温度，排气传感器检测压缩机排气管温度，见图 14-47 左图，3 个传感器共用一个插头。

见图 14-46，灰色的 6 针传感器插座位于弱电区域，查看主板反面，插座的 3 个引针焊点连在一起接电源（直流 3.3V），另外 3 针焊点经电阻等元件接 CPU 引脚。

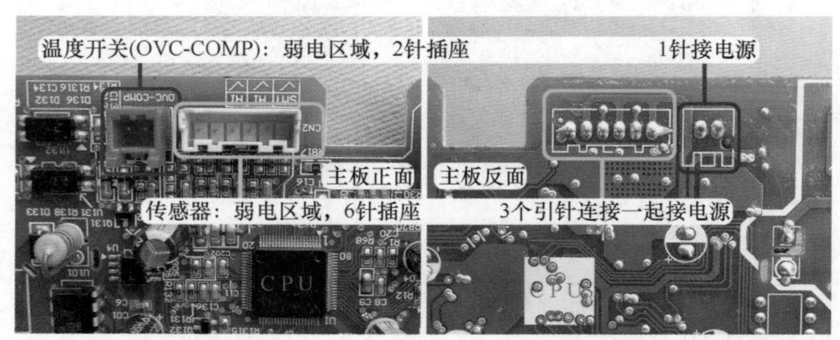

图 14-46　主板传感器及温度开关插座正面和反面

见图 14-47 中图，将室外环温和室外管温传感器引线放入电控盒卡槽内并顺好引线；见图 14-47 右图，再将传感器插头安装至主板上方的灰色 6 针插座。

图 14-47　传感器实物外形和安装插头

6. 温度开关

压缩机顶部温度开关的作用是检测压缩机顶部温度，当温度过高触点断开进行保护，红色的 2 针插座位于弱电区域，见图 14-46，主板标识为 OVC-COMP；查看主板反面，一针焊点接电源直流 3.3V，另一针经电阻等元件接 CPU 引脚。

温度开关安装位置见图 14-48 左图，位于压缩机顶部，和压缩机连接线一起设计在接线盖内侧，设有一个插头（红色），共有 2 根引线。

见图 14-48 右图，将顶部温度开关插头安装至主板上方标识为 OVC-COMP 的插座，插座分正反两面，插反时安装不进去。

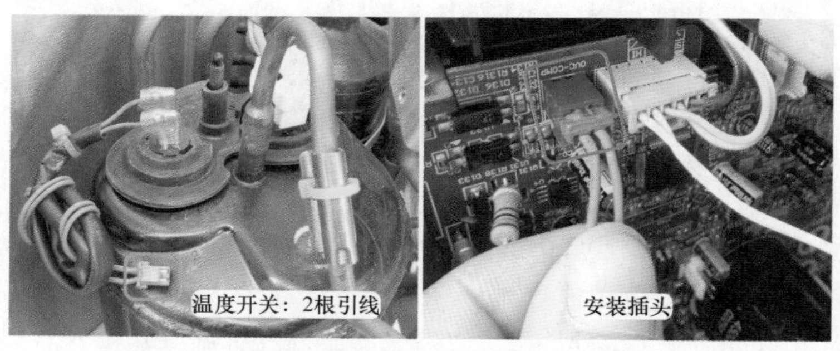

图 14-48　温度开关和安装插头

7. 压缩机

压缩机的作用是使制冷剂在制冷系统中保持流动和循环，其线圈供电由IPM模块提供，模块供电为直流300V，因而压缩机的3个接线端子位于强电区域，见图14-49左图和中图，主板标识为U、V、W，查看主板反面，可见U、V、W3个端子均和模块引脚直接相连。

见图14-49右图，配件电控盒在出厂时已经配备3根连接线，并且已经对应安装至U、V、W端子。

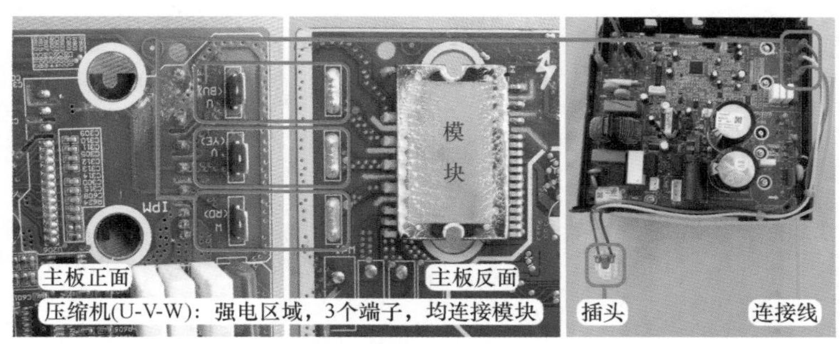

图14-49 主板压缩机端子正反面和压缩机引线

见图14-50左图，电控盒配备的3根连接线另一端为对接插头；压缩机共使用3根连接线，一端连接位于接线盖内侧的接线端子，见图14-50中图，另一端为对接插头。

见图14-50右图，将模块输出的压缩机3根引线的对接插头和压缩机的对接插头安装到位。

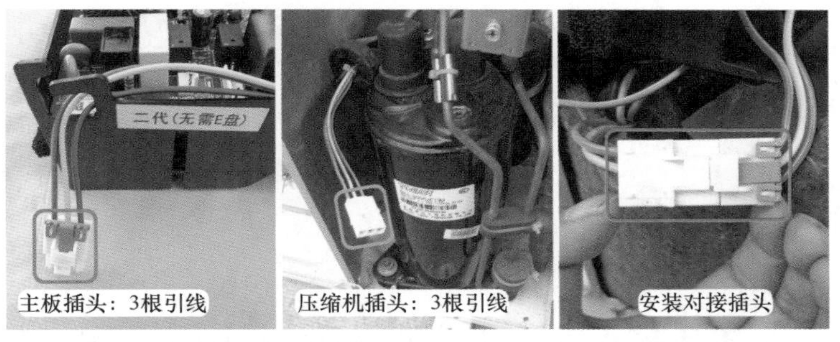

图14-50 主板与压缩机对接插头及其安装

8. 室内外机连接线

室内外机的4根连接线连接室内机和室外机主板，提供交流220V供电和通信回路，见图14-51，连接线或接线端子位于强电区域。

主板标识AC-L为相线L端输入，配件电控盒出厂时端子安装棕线，主板反面的焊点经15A熔丝管和电感后为主板负载供电。

主板标识N为零线N端输入，端子安装蓝线，主板反面的焊点经电感后为负载供电。

主板标识COMU为通信，端子安装黑线，为室内机和室外机提供通信回路，主板反面的焊点经电阻和二极管等元件连接通信电路的光耦。

主板标识PE为地，端子安装黄绿线，主板反面的焊点连接防雷击电路。

室内外机共有4根连接线，见图14-52右图，其中1根黄绿线为地线，固定在铁壳位置，3根位于接线端子下方：1号蓝线为零线N端、2号黑线为通信、3号棕线为相线L端。

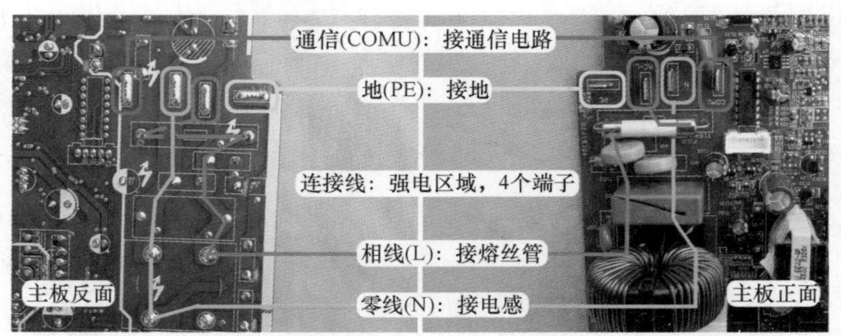

图 14-51　主板室内外机连接线接线端子正面和反面

见图 14-52 左图，相对应主板也设有 4 根引线和接线端子相连：黄绿线 PE 为地线，接固定支架中地线安装孔，蓝线为零线 N 端，接 1 号端子上方，黑线为通信 COMU，接 2 号端子上方、棕线为相线 L 端，接 3 号端子上方。

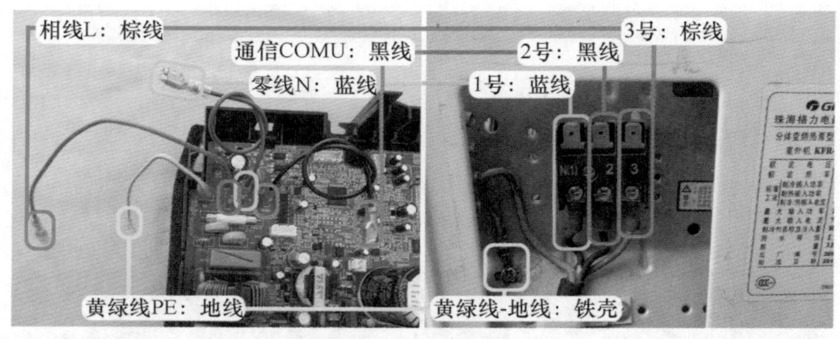

图 14-52　主板引线和接线端子

见图 14-53，将主板连接线中蓝线插头安装至接线端子的 N(1) 端子上方，将黑线插头安装至 2 端子上方，将棕线插头安装至 3 端子上方。

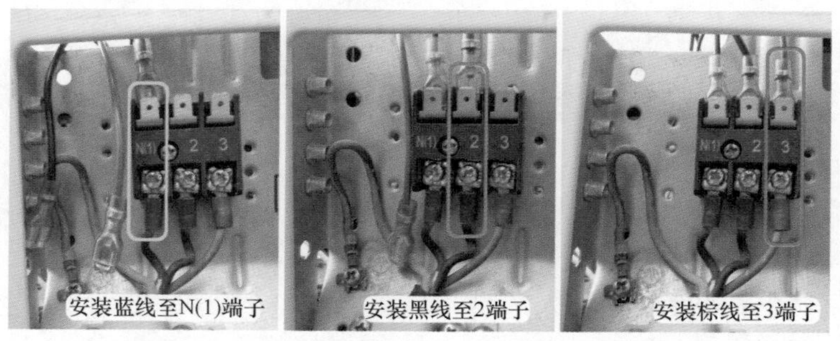

图 14-53　安装主板连接线

9. 安装完成

至此，室外机电控系统中的连接线插头和元器件插头均已经安装至电控盒。见图 14-54 左图，将固定支架安装到位后，拧紧固定螺钉。

固定支架前方的地线螺丝孔共有 4 个：1 根为电控盒地线、1 根为室外风机地线、1 根为压缩机地线、1 根为挡风隔板的地线，见图 14-54 中图，将 4 根地线安装到位。

安装电控盒和固定支架连接处的螺丝，再将电控盒盖板安装到位，见图 14-54 右图，更换电控盒的过程全部完成，试机完成后再安装室外机前盖和顶盖。

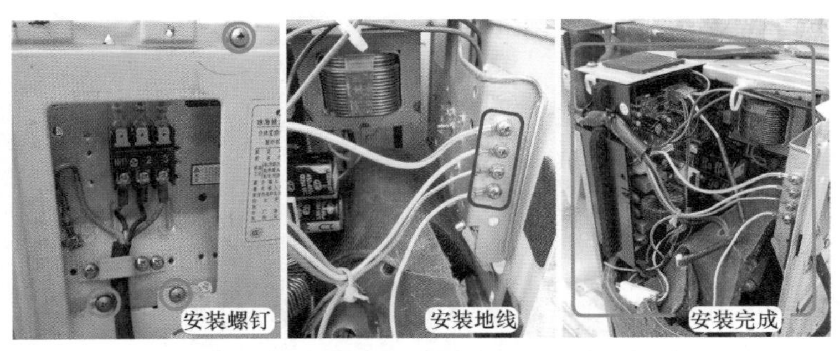

图 14-54 安装完成

10. 未使用插座

由于 0208 型为通用型电控盒，设计较多的插座以适应更多型号的空调器，根据机型设计不同，有些插座在电控盒安装完成后处于空置状态即不需要安装插头。

0208 型为第二代电控盒，CPU 或存储器中已经储存较多空调器的数据，并可根据室内机主板跳线帽信息进行自动识别，因此无需外接 E 盘（相当于外置的存储器 EEPROM），见图 14-55 左图，位于弱电区域的灰色 4 针、主板标识为 EEPROM 的存储器插座为空置状态。

示例机型制冷系统使用毛细管作为节流元件，未使用电子膨胀阀元器件，见图 14-55 中图，位于弱电区域的白色 5 针、插座的 4 针焊点均连接反相驱动器的电子膨胀阀插座为空置状态。

示例机型压缩机只使用顶部温度开关，未使用排气管压力开关，见图 14-55 右图，位于弱电区域的白色 2 针、主板标识为 OVC-COMP1 的压力开关插座为空置状态。

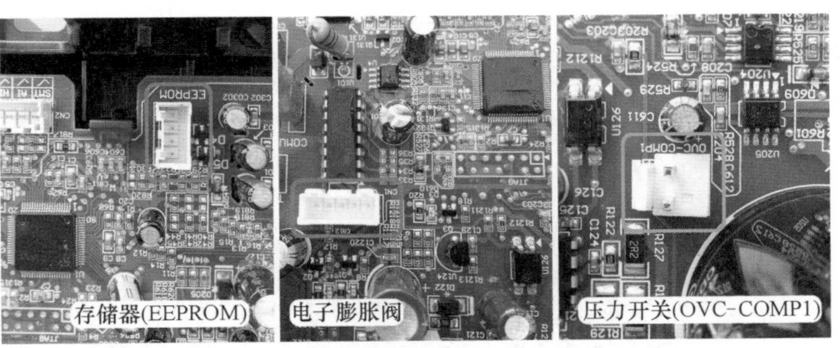

图 14-55 未使用插座

第十五章 变频空调器故障维修实例

第一节 变频空调器制冷系统故障

一、室外机散热差

故障说明：格力 KFR-50LW/（50579）FNCb-A3 柜式直流变频空调器，用户反映制冷效果差，房间内降温速度比较慢。

1. 感觉出风口温度和查看二通阀、三通阀温度

上门检查，用户正在使用空调器，一进门能感觉到房间温度较低，但用户反映温度下降较慢，查看遥控器设定模式为制冷、温度为16℃，设定温度已经是最低温度。见图 15-1 左图，将手放在室内机出风口，感觉吹出的风较凉，也初步说明制冷系统基本正常。

到室外机检查，见图 15-1 右图，查看二通阀干燥、三通阀结露，手摸二通阀温度接近于常温、三通阀温度较低。

图 15-1　感觉出风口温度和二三通阀状态

2. 测量系统压力和查看冷凝器

在室外机三通阀检修口接上压力表测量系统运行压力，见图 15-2 左图，实测约为 1.0MPa，略高于正常压力；使用万用表交流电流挡，钳头卡在接线端子 3 号棕线测量室外机电流，实测约为 7.2A，在正常范围以内。

根据二通阀干燥和运行压力略高于正常值，判断冷凝器散热不好，查看室外机反面和侧面即冷凝器进风面，见图 15-2 右图，发现基本干净，没有脏堵现象，用户也反映室外机前一段时间刚用高压水泵清洗过，排除冷凝器脏堵故障。

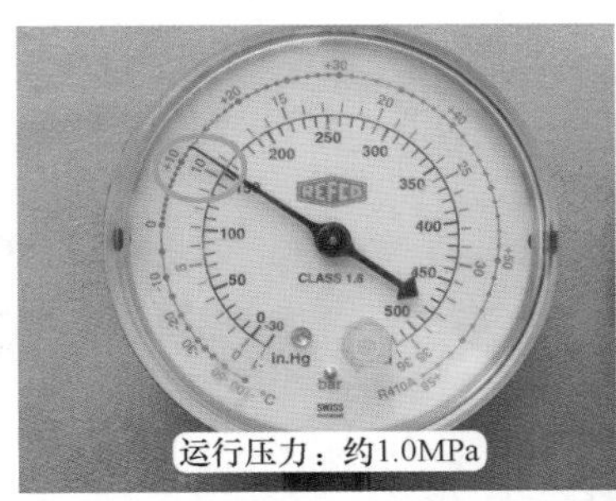

图 15-2　测量运行压力和冷凝器干净

3. 查看检测仪数据和出风框遮挡

使用遥控器关机，并断开空调器电源，将格力空调器专用检测仪的 3 根引线接在室外机接线端子，再使用遥控器开机，待运行约 10min 后查看检测仪数据，见图 15-3 左图，内管温度（室内管温）为 11℃，说明蒸发器温度较低，制冷基本正常；查看外管温度（室外管温）为 49℃，说明冷凝器温度较高；外环温度（室外环温）为 36℃，略高于实际的室外温度；外管温度减外环温度的差值为 13℃，也说明冷凝器散热不好。

见图 15-3 右图，查看本机室外机安装在专用的安装孔内，其右侧和反面（即冷凝器进风面）为实墙，左侧（连接管）为阳台玻璃，均不能顺利通过室外机的自然空气，只能通过前方和室外空气进行热交换，但由于空间较为狭小，室外机为斜放安装，最重要的是前方为百叶窗，室外风机吹出的较热空气一部分通过百叶窗的间隙吹向室外，但部分由于百叶窗阻挡，较热的空气重新被吸入至进风面为冷凝器散热（热风短路），因而制冷效果变差。

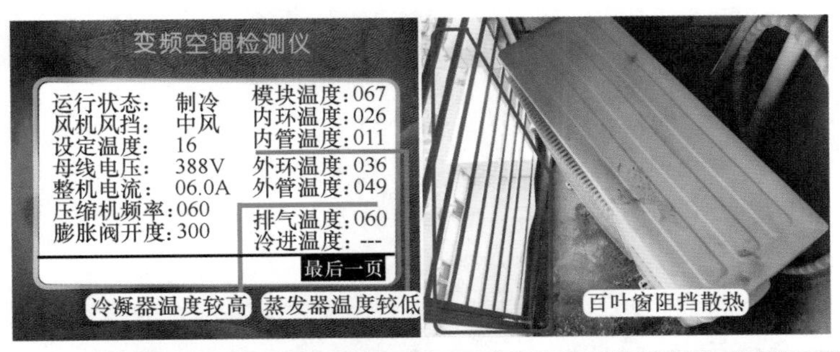

图 15-3　检测仪数据和百叶窗

4. 拆除或掀开百叶窗

出现此类故障最彻底的方法是移动室外机至室外，使冷凝器进风面吸入室外自然空气、出风口吹出的热风无阻挡，冷凝器散热变好，但由于小区内楼房通常为统一管理，物业不让室外机移至室外，应急维修方法见图 15-4 左图，拆除室外机出风口对应的百叶窗片，以及拆除整个百叶窗；或者如图 15-4 右图，向上掀开百叶窗。

5. 测量室外机电流和查看数据

本例在维修时拆除整个百叶窗，再重新上电试机并运行约 15min 后，见图 15-5 左图，

图 15-4 拆除和掀开百叶窗

查看室外机电流约为 6.7A，低于拆除前的约 7.2A 电流。

查看检测仪数据，见图 15-5 右图，外管温度为 39℃，外环温度为 33℃接近实际室外温度；外管温度减外环温度的差值为 6℃，说明冷凝器散热良好；内管温度为 8℃，说明蒸发器温度较低，室内制冷效果也较好，房间温度下降速度相对较快。

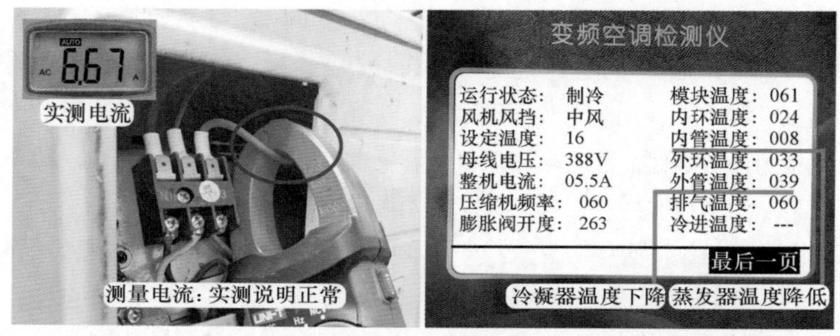

图 15-5 测量电流和检测仪数据

维修措施：拆除百叶窗。

总 结

① 本例由于百叶窗阻挡，冷凝器散热不好，制冷效果下降，用户感觉房间温度下降不明显，因而反映制冷效果较差，在拆除百叶窗后数据和实际效果恢复正常。此类故障也多出现在室外温度较高，如果室外温度较低，冷凝器散热不好表现出的制冷效果下降则不明显，或者是用户感觉不出来。

② 有些室外机即使拆掉百叶窗，冷凝器散热依然不好，这是由于室外机侧面和后面均为实墙，不能吸入室外自然空气，只能依靠前面的空间吸入自然空气，但同时此空间也为室外机出风口向外吹出的热风。这样前面的百叶窗拆掉后，如果空间没有足够大，室外机吹出的热风仍旧被冷凝器重新吸入，使得制冷效果依旧较差。

二、冷凝器脏堵

故障说明：格力 KFR-35GW/（35559）FNAd-A3 挂式直流变频空调器（智享），用户反映制冷效果差，运行一段时间后显示 H4 代码。查看代码含义为系统异常或过负荷保护。

1. 感觉出风口温度和测量系统压力

上门检查，将格力变频空调器专用检测仪的 3 根引线接在室外机接线端子，再将空调器上电开机，室内风机运行，见图 15-6 左图，约 5min 后将手放在出风口感觉温度，吹出的风不是很凉，略低于房间温度，说明制冷效果比较差。

到室外机检查，压缩机和室外风机均在运行，在三通阀检修口处接上压力表，见图 15-6 右图，测量系统运行压力约为 1.4MPa，明显高于正常值（0.9MPa）。

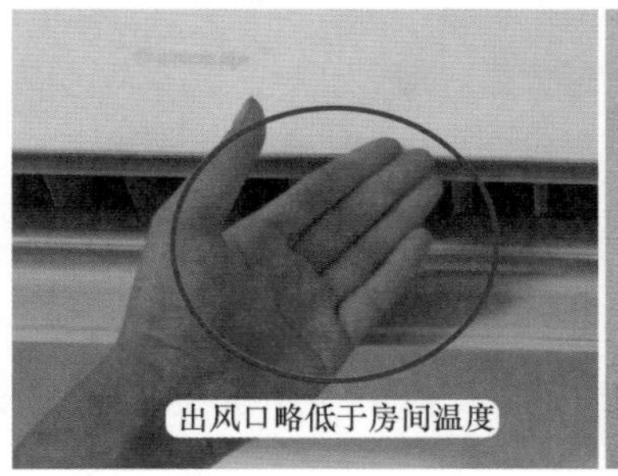

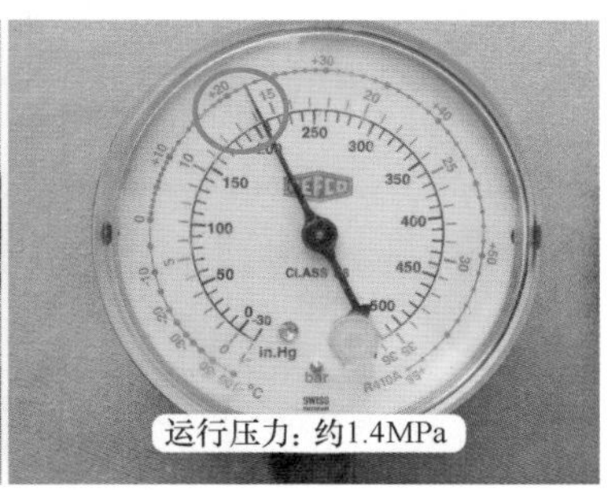

图 15-6　感觉出风口温度和运行压力

2. 查看二通阀、三通阀温度和测量电流

查看室外机二通阀细管和三通阀粗管，在室外机刚开始运行时手摸二通阀和三通阀温度均较凉，见图 15-7 左图，在运行约 10min 时查看二通阀干燥、三通阀结露，手摸二通阀接近于室外温度、三通阀温度较凉。

使用万用表交流电流挡，见图 15-7 右图，钳头卡在接线端子 3 号棕线（本机加长线为红线）测量室外机电流，实测约为 3A，也明显低于正常值（约 6A）。根据运行时压力高、电流低，判断压缩机没有高频运行，处于低频状态。

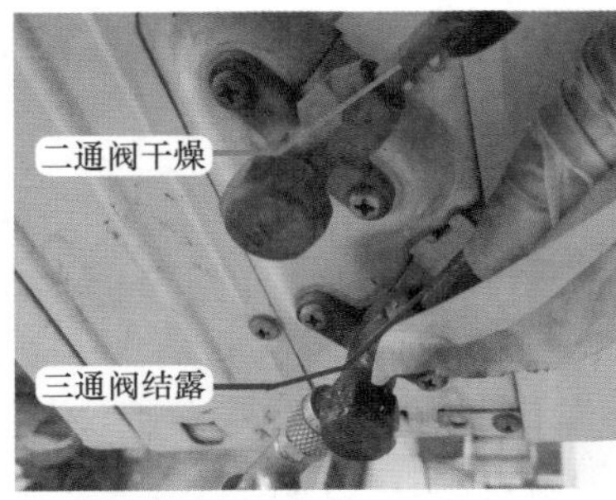

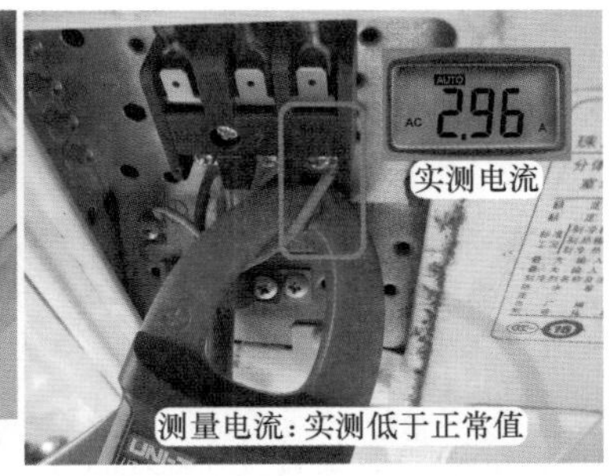

图 15-7　二通阀、三通阀状态和测量电流

3. 检测仪数据和冷凝器脏堵

查看检测仪数据，见图 15-8 左图，内管温度（室内管温）为 20℃，说明蒸发器温度较高，间接说明制冷效果很差；外环温度（室外环温）为 33℃，而外管温度（室外管温）为 53℃，说明冷凝器温度较高；外管温度减外环温度的差值为 20℃，说明冷凝器散热不良；压缩机运行频率为 36Hz，说明工作在低频状态，判断为 CPU 检测冷凝器温度较高控制压缩机限频运行。继续运行一段时间，查看外管温度继续上升，最终室外风机和压缩机均停止运行，室内机显示屏显示 H4 代码，根据数据可知，H4 代码含义为过负荷保护。

外管温度较高，常见为冷凝器脏堵或室外风机转速慢。查看室外机反面和侧面，见图15-8右图，发现毛絮将冷凝器堵死，已看不到翅片。

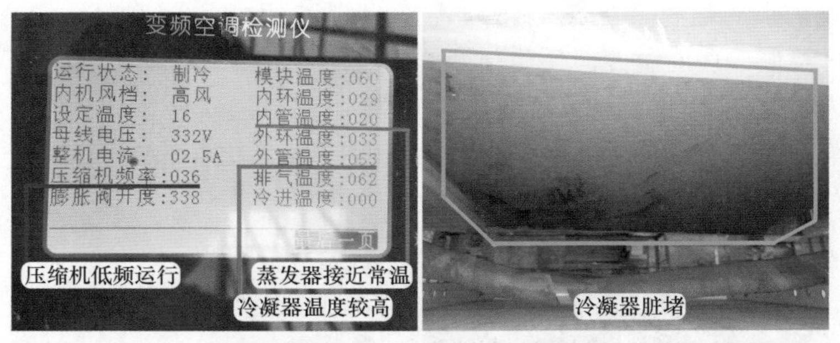

图15-8　检测仪数据和冷凝器脏堵

4. 清除毛絮

使用遥控器关机，断开空调器电源，见图15-9，使用毛刷从上到下轻轻刷掉表面的毛絮，将整个冷凝器包括侧面的毛絮全部清除。

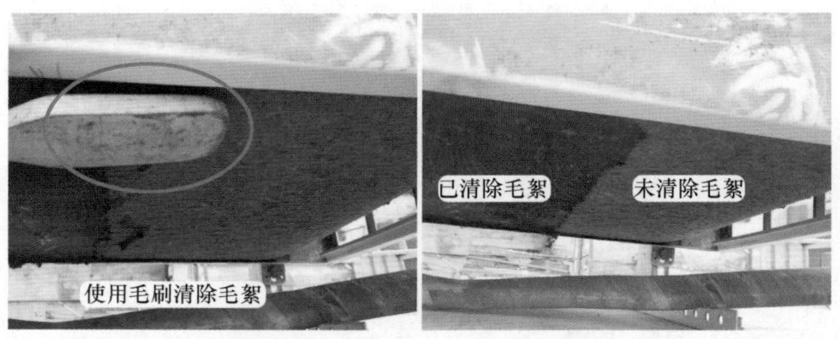

图15-9　清除毛絮

5. 高压水泵清洗冷凝器

使用洗车用的高压水泵，见图15-10，将水泵出水口调成雾状，顺着冷凝器翅片冲洗内部的尘土，以确保清洗干净，注意不要将翅片吹倒。

图15-10　使用高压水泵清洗冷凝器

6. 查看检测仪数据

等待约3min使冷凝器翅片的积水基本流出，再将空调器通上电源，使用遥控器开机，室内机和室外机均开始运行，约2min后查看检测仪数据，见图15-11左图，压缩机运行频率为46Hz，说明正在升频运行，外管温度为35℃，由于刚使用高压水泵清洗过冷凝器，翅片表面还带有水分，外管温度刚开始时会相对低一些；外环温度为26℃，低于实际的室外温度，也是由于翅片水分的影响；内管温度为15℃，说明蒸发器温度正在逐步下降。

等待室外机运行约10min后，冷凝器翅片表面的水分早已蒸发，制冷系统处于正常的循环状态，再查看检测仪数据，见图15-11右图，压缩机运行频率为80Hz，说明没有限制为高频运行；外管温度为40℃，明显低于冷凝器清洗之前的53℃较多，略高于室外环温；外环温度为32℃，和实际的室外温度相接近，外管温度减外环温度的差值为8℃，也在正常的范围以内；内管温度为11℃，说明蒸发器温度较低，室内制冷效果也较好。

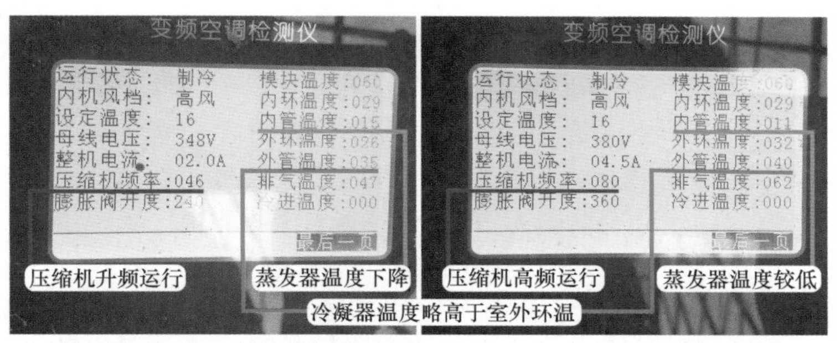

图15-11 检测仪数据

7. 查看运行压力和二通阀、三通阀状态

在压缩机和室外风机开始运行以后，查看系统运行压力逐步下降，见图15-12左图，运行一段时间后查看压力稳定约为0.9MPa。

运行约10min后查看二通阀结露、三通阀结露，见图15-12右图，手摸二通阀和三通阀的温度均较凉，也说明制冷系统恢复正常。

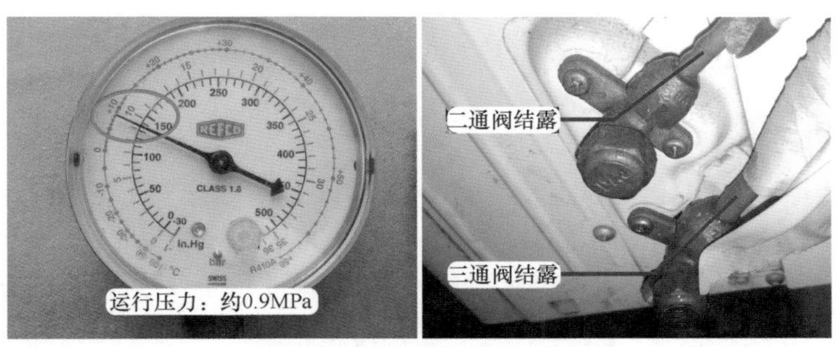

图15-12 运行压力和二通阀、三通阀结露

维修措施：清洗冷凝器。

总　　结

① 本例空调器长时间工作，室外风机运行强制使室外空气为冷凝器散热，毛絮或空气中的脏物经过冷凝器时，积聚翅片表面并逐渐增加，最终堵死冷凝器。

② 室外环境的质量和冷凝器脏堵有很大关系，有些用户可能使用几年也不会脏堵，但有些用户使用一年以后就会脏堵；有些新安装的空调器使用在商业或公共场所，最快两个月左右毛絮就会将冷凝器完全堵死。

③ 冷凝器脏堵使得冷凝器热量散不出来温度较高，常见于室外温度较高时出现故障，假如室外温度相对较低（30℃以下时），通常不会出现故障代码，或者用户反映制冷效果差故障。

④ 清洗完冷凝器后，要待一会使翅片内部的水分充分流出，再上电开机。由于冷凝器表面附着水分会使散热较好，刚开机时系统压力和电流均较低，容易引起误判，因此需要运行时间长一些，再查看数据比较准确。

⑤ 冷凝器脏堵后，室外风机运行时，室外空气不能通过翅片为冷凝器有效散热，冷凝器温度升高，CPU 检测后为防止压缩机过负荷运行，控制压缩机降频运行进行保护，使得制冷效果明显下降；压缩机降频以后假如 CPU 检测冷凝器温度继续上升，运行一段时间后则会控制室外机停机，室内机显示 H4 代码。

⑥ 冷凝器脏堵后变频空调器 CPU 检测冷凝器温度较高，可控制压缩机低频运行；而定频挂式空调器由于保护电路相对较少，压缩机由于负载过大使得内部的温度开关触点断开而停止工作，表现为不制冷故障，室外风机运行而压缩机不运行；如果为柜式空调器，增加电流检测电路和压力开关电路，冷凝器脏堵引起高压压力上升，压力开关触点断开，则表现为室外机停机，显示高压压力开关断开的故障代码（如格力空调器显示 E1）；冷凝器脏堵同样引起运行电流升高，假如主板 CPU 检测到电流过高，也会停止室外机运行，显示运行电流过高的代码（如美的空调器显示 E4，含义为 4 次电流过高保护）。同一故障现象，由于电路设计不同，表现的故障现象差别也很大，因而在维修空调器时，要根据电路特点检修，可快速排除故障。

三、电子膨胀阀线圈开路

故障说明：格力 KFR-35GW/（35556）FNDc-3 挂式直流变频空调器，用户反映不制冷，要求上门检查。

1. 测量系统压力

上门检查，遥控器制冷模式开机，室内风机运行，但不制冷，出风口为自然风。到室外机检查，室外风机和压缩机均在运行，见图 15-13 左图，在三通阀检修口接上压力表，查看运行压力为负压，常见原因有系统缺少制冷剂或堵塞。

区分系统缺少制冷剂或堵塞的简单方法是，使用遥控器关机，室外风机和压缩机停止工作，查看系统的静态压力（本机制冷剂为 R410A），如果为 0.8MPa 左右，说明系统缺少制冷剂；如果为 2MPa 左右，则故障可能为系统堵塞。本例压缩机停止工作后，见图 15-13 右图，系统压力逐渐上升至 1.8MPa，初步判断为系统堵塞。

说明

遥控器关机压缩机停止运行，系统静态压力将逐步上升，如果为系统堵塞，恢复至平衡压力的时间较长，一般约为 3min，为防止误判，需要耐心等待。

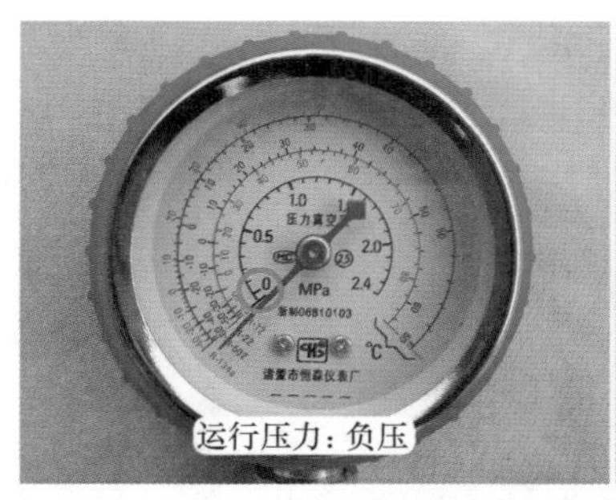

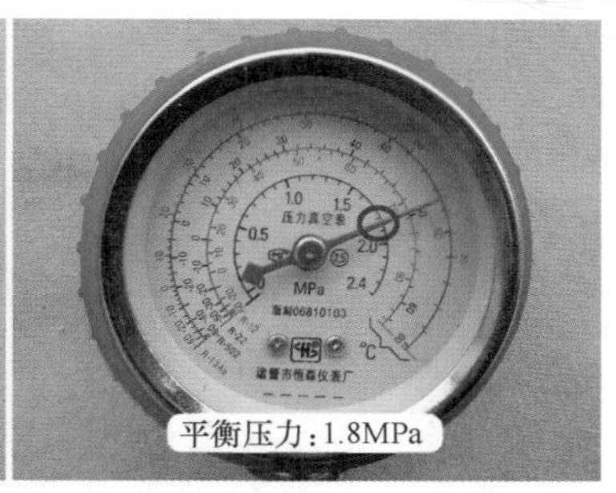

图 15-13 系统运行压力和平衡压力

2. 重新上电复位和手摸膨胀阀温度

断开空调器电源，约 3min 后再次上电开机，见图 15-14 左图，室外机主板 CPU 工作后首先对电子膨胀阀进行复位，手摸阀体有振动的感觉，但没有“哒哒”的声音。

电子膨胀阀复位结束，压缩机和室外风机运行，系统压力由 1.8MPa 迅速下降直至负压，手摸二通阀为常温没有冰凉的感觉，见图 15-14 右图，再手摸电子膨胀阀的进管和出管，也均为常温，判断系统制冷剂正常，故障为电子膨胀阀堵塞，即其阀针打不开处于关闭位置，常见原因有线圈开路、阀针卡死、室外机主板驱动电路损坏等。

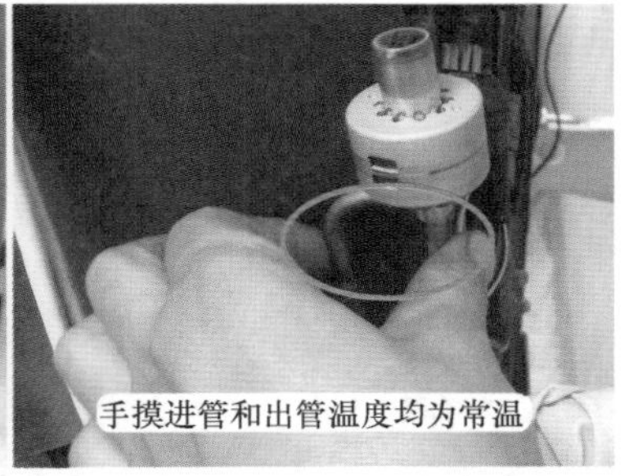

图 15-14 重新上电复位和手摸进出管温度

3. 测量线圈阻值

断开空调器电源，拔下电子膨胀阀的线圈插头，查看共有 5 根引线，其中蓝线为公共端，接直流 12V 供电；黑线、黄线、红线、橙线共 4 根引线为驱动，接反相驱动器。

使用万用表电阻挡，见图 15-15，测量线圈阻值，红表笔接公共端蓝线，黑表笔接黑线实测约为 47Ω、黑表笔接黄线实测为无穷大、黑表笔接红线实测约为 47Ω、黑表笔接橙线实测约为 47Ω，根据测量结果说明黄线开路。

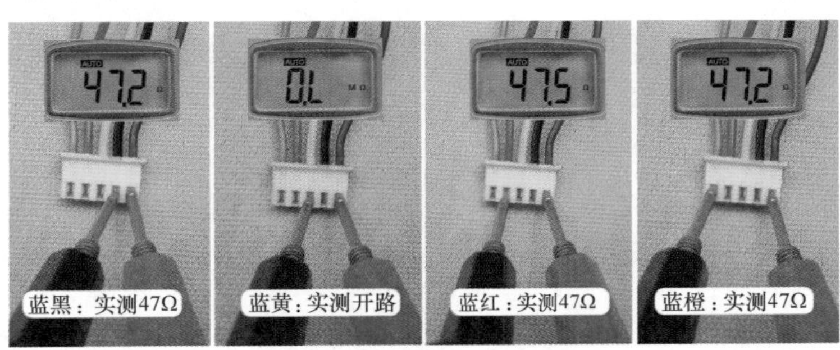

图 15-15 测量线圈公共端和驱动引线阻值

4. 测量驱动引线之间阻值

依旧使用万用表电阻挡，见图 15-16，测量驱动引线之间阻值，实测黄线和红线阻值为无穷大、黄线和黑线阻值为无穷大，而正常阻值约为 95Ω，也说明黄线开路损坏。

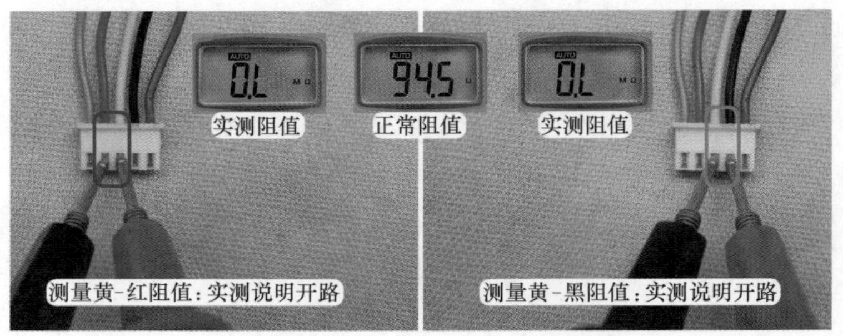

图 15-16　测量黄线和驱动引线阻值

5. 查看黄线断开

从膨胀阀阀体上取下线圈，翻到反面，见图 15-17，查看连接线中黄线已从根部断开，断开的原因为连接线固定在冷凝器的管道上面（见图 15-14 左图），从固定端到线圈的引线距离较短，在室外机运行时因振动较大，引起线圈中黄线断开。

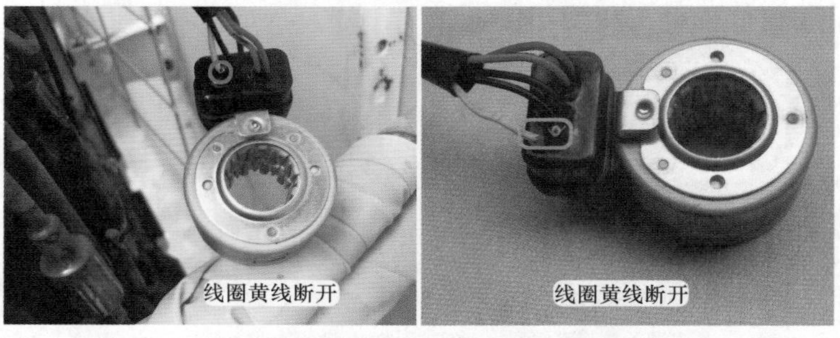

图 15-17　线圈中驱动黄线断开

维修措施：本机电子膨胀阀组件由三花公司生产，线圈型号为 Q12-GL-09，申请配件的型号为 PQM01055，见图 15-18，将线圈安装在阀体上面，并将下部的卡扣固定到位，再整理顺好连接线的线束，使引线留有较长的距离。

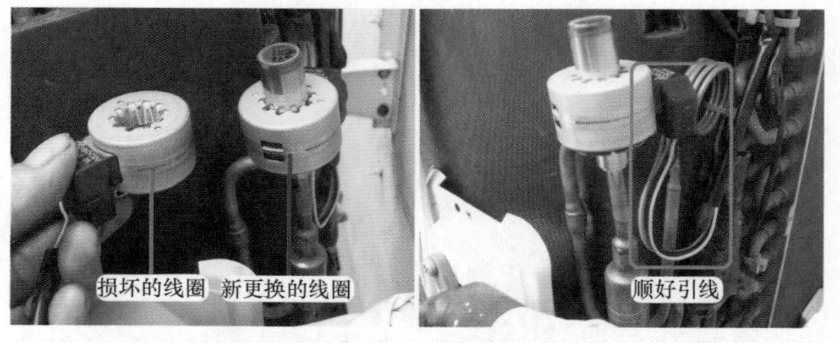

图 15-18　更换电子膨胀阀线圈和顺好引线

再次上电开机，室外机主板对膨胀阀复位时，手摸阀体有振动感觉，同时能听到“哒哒”的声音，复位结束室外风机和压缩机运行，系统压力由 1.8MPa 缓慢下降至约 0.85MPa，手摸电子膨胀阀的进管温度略高于常温、出管温度较凉，说明其正在节流降压，同时制冷也恢复正常。

总　　结

例由于线圈引线和固定部位的距离过短，室外机运行时振动导致挣裂，再次开机压缩机运行后，系统运行压力由平衡压力直线下降至负压，此故障表现的现象和系统缺少制冷剂有相同之处，维修时应注意区分。

四、电子膨胀阀阀体卡死

故障说明：格力 KFR-72LW/（72522）FNAb-A3 柜式直流变频空调器（鸿运满堂），用户反映不制冷，长时间运行房间温度不下降，室内风机一直运行，不显示故障代码。

1. 感觉出风口温度和手摸二通阀、三通阀温度

上门检查，将空调器重新通上电源，使用遥控器开机，室内风机运行，见图 15-19 左图，将手放在出风口感觉温度为自然风。

到室外机检查，室外风机和压缩机正在运行，见图 15-19 右图，用手摸二通阀和三通阀温度均为常温，说明制冷系统出现故障，常见原因为缺少制冷剂（缺氟）。

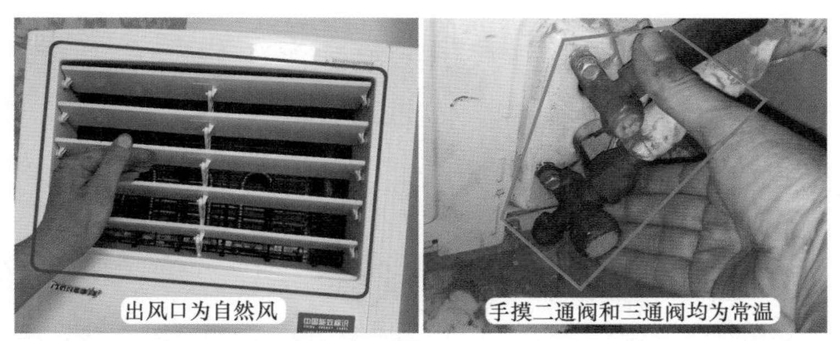

图 15-19　感觉出风口和手摸二通阀、三通阀温度

2. 测量系统压力

在三通阀检修口接上压力表测量系统运行压力，见图 15-20 左图，查看为负压，确定制冷系统有故障。询问用户故障出现时间，回答说是正常使用时突然不制冷，从而排除系统慢漏故障，可能为无制冷剂或系统堵。

为区分是无制冷剂或系统堵故障，将空调器关机，压缩机停止运行，见图 15-20 右图，查看系统静态（待机）压力逐步上升，1min 后升至约 1.7MPa，说明系统制冷剂充足，初步判断为系统堵，查看本机使用电子膨胀阀作为节流元件而不是毛细管。

3. 手摸膨胀阀阀芯和重新安装线圈

断开空调器电源，待 2min 后重新上电开机，见图 15-21 左图，在室外机上电时用手摸电子膨胀阀阀芯，感觉无反应，正常时应有轻微的振动感；同时细听也没有发出轻微的“哒哒”声，说明膨胀阀或电路出现故障。

在室外机上电时开始复位，主板上 4 个指示灯 D5（黄）、 D6（橙）、 D16（红）、

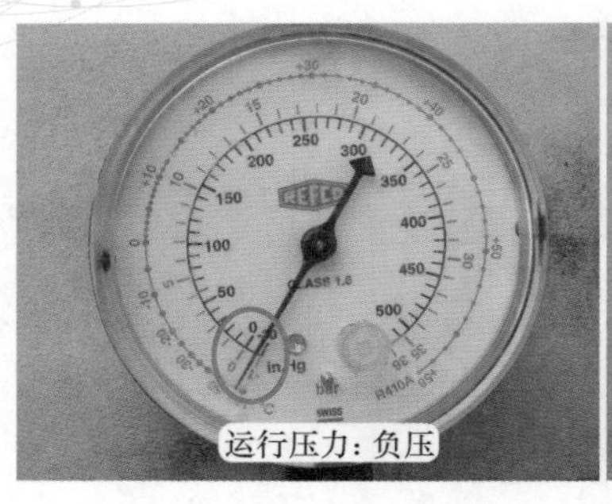

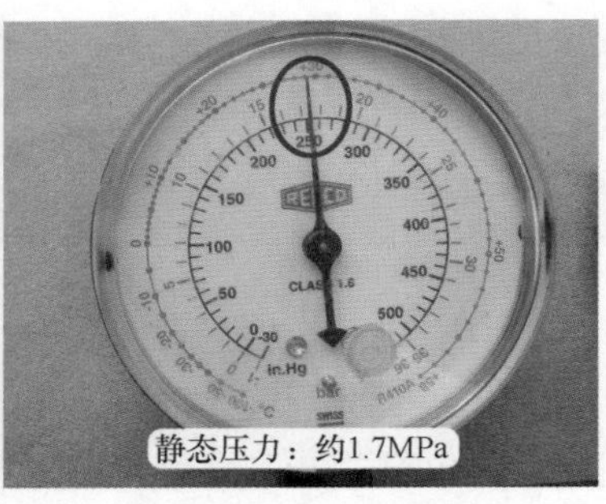

图 15-20 运行压力和待机静态压力

D30（绿）同时点亮，35s 时室外风机开始运行，45s 时压缩机开始运行，再次查看系统运行压力直线下降，由 1.7MPa 直线下降至负压，同时空调器不制冷，室外机运行电流为 3.1A，2 分 55 秒时压缩机停止运行，电流下降至 0.7A，系统压力逐步上升，主板上指示灯 D5 亮、D6 闪、D16 亮、D30 亮，但查看故障代码表没有此项内容，3 分 10 秒时室外风机停机，此时室内风机一直运行，出风口为自然风，显示屏不显示故障代码。

为判断是否由电子膨胀阀线圈在室外机运行时振动引起移位，见图 15-21 右图，取下线圈后再重新安装，同时断开空调器电源 2min 后再次上电开机，室外机主板复位时手摸膨胀阀阀芯仍旧没有振动感，压缩机运行后系统压力由 1.7MPa 直线下降至负压，排除线圈移位造成的阀芯打不开故障。

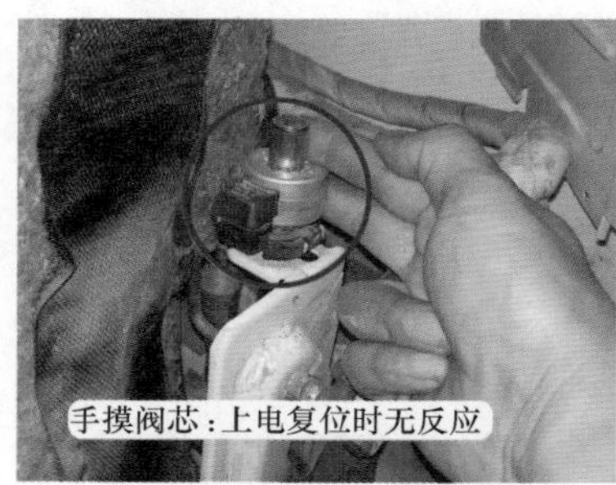

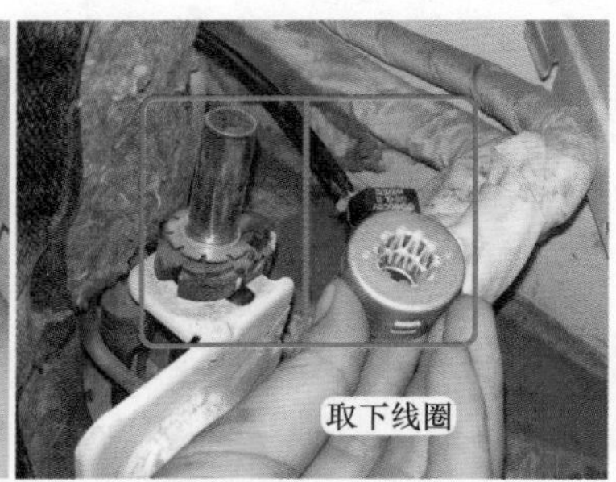

图 15-21 手摸阀芯和取下线圈

4. 测量线圈阻值和驱动电压

为判断线圈是否开路损坏，使用万用表电阻挡测量阻值。线圈共有 5 根引线：蓝线为公共端接直流 12V，黑线、黄线、红线、橙线为驱动线接反相驱动器。见图 15-22 左图，红表笔接公共端蓝线，黑表笔接 4 根驱动线黑线、黄线、红线、橙线时阻值均约为 48Ω，4 根驱动引线之间阻值分别约为 96Ω，说明线圈阻值正常。

使用万用表直流电压挡，表笔接驱动引线，见图 15-22 右图，红表笔接黄线、黑表笔接橙线，在室外机上电主板 CPU 复位时测量驱动电压，主板刚上电时为直流 0V，约 5s 时变为 -5—5V 跳动变化的电压，约 45s 时电压变为 0V，说明室外机主板已输出驱动线圈的脉冲电压，故障为电子膨胀阀阀芯卡死损坏。

5. 取下膨胀阀

再次断开空调器电源，慢慢松开二通阀上细管螺母和压力表开关，系统的制冷剂 R410A

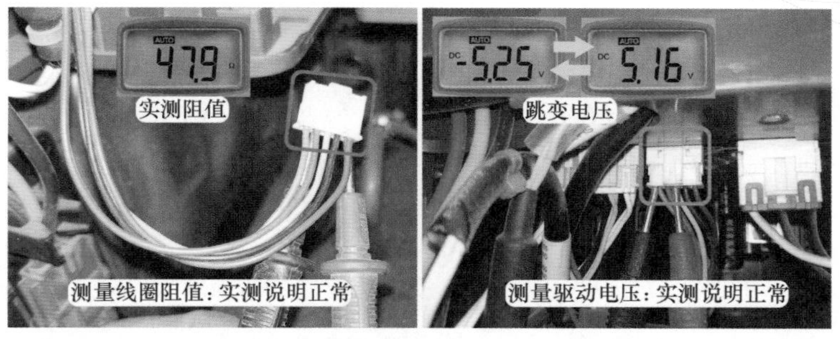

图 15-22　测量线圈阻值和电压

从接口处向外冒出，等待一段时间使制冷剂放空后，取下膨胀阀线圈，见图 15-23 左图，松开膨胀阀的固定卡扣，扳动膨胀阀使连接管向外移动。

由于松开细管螺母和打开压力表开关后，系统内仍存有制冷剂 R410A，在焊接膨胀阀管口时，有毒气体（异味）将向外冒出，此时可将细管螺母拧紧，在压力表处连接真空泵，抽静系统内的制冷剂，在焊接时管口不会有气体冒出，见图 15-23 右图，可轻松取下膨胀阀阀体。

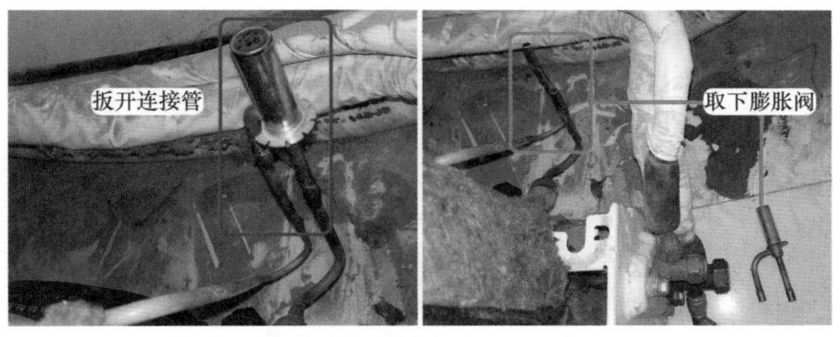

图 15-23　扳开连接管和取下膨胀阀

6. 更换膨胀阀

见图 15-24 左图，查看取下的损坏膨胀阀，该膨胀阀由三花公司生产，型号为 Q0116C105，新膨胀阀由盾安公司生产，型号为 DPF1.8C-B053。

取下旧膨胀阀时，应记录管口对应的管道，以防止安装新膨胀阀时管口装反。见图 15-24 右图，将膨胀阀管口对应安装到管道，本例膨胀阀横管（侧方管口）经过滤器连接冷凝器、竖管（下方管口）经过滤器连接二通阀。

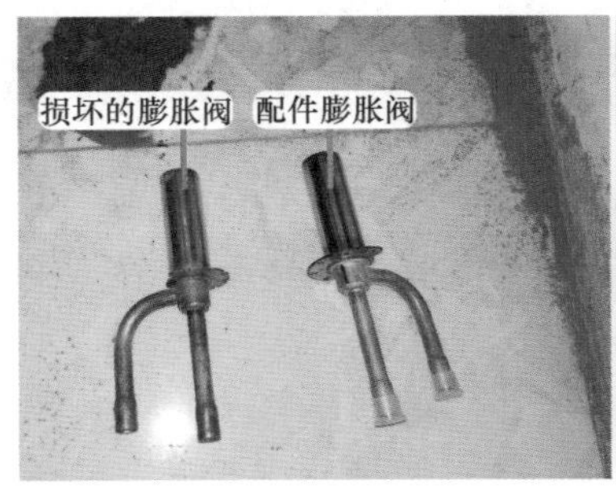

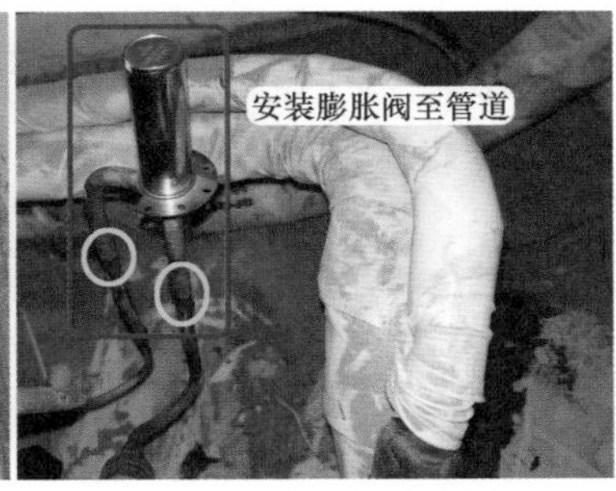

图 15-24　更换膨胀阀

将膨胀阀管口安装至管道后，见图 15-25 左图，再找一块湿毛巾，以不向下滴水为宜，包裹在膨胀阀阀体表面，以防止焊接时由于温度过高损坏内部器件。

见图 15-25 中图，使用焊炬焊接膨胀阀的 2 个管口，焊接时速度要快，焊接后再将自来水倒在毛巾表面，毛巾向下滴水时为管口降温，待温度下降后，取下毛巾。

向系统充入制冷剂提高压力以用于检查焊点，见图 15-25 右图，再使用洗洁精泡沫涂在管道焊点，仔细查看接口处无气泡冒出，说明焊接正常。

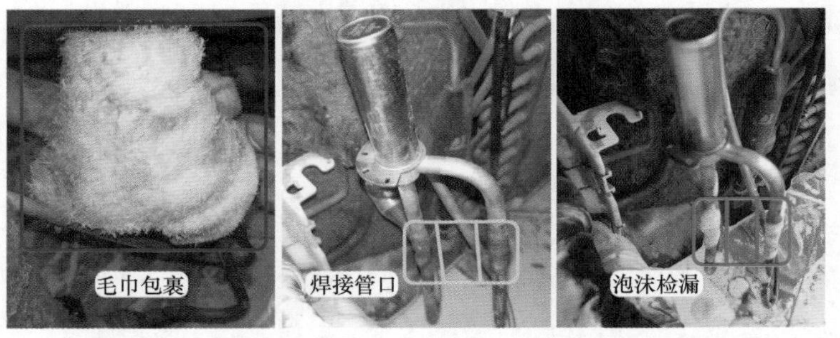

图 15-25　焊接管口和检漏

7. 上电试机

将膨胀阀阀体固定在原安装位置，安装线圈后上电开机，见图 15-26 左图，室外机主板复位时手摸膨胀阀有振动感，同时能听到阀体发出的“哒哒”声，说明新膨胀阀内部阀针可上下移动，测试膨胀阀正常后断开空调器电源。

使用活动扳手拧紧细管螺母，再使用真空泵对系统抽真空约 20min，定量加注制冷剂 R410A 约 1.8kg，系统压力平衡后再上电试机，见图 15-26 右图，查看系统运行压力逐步下降至约 0.9MPa 时保持稳定，手摸二通阀和三通阀温度也开始变凉，运行一段时间后在室内机出风口感觉吹出的风较凉，说明制冷恢复正常，故障排除。

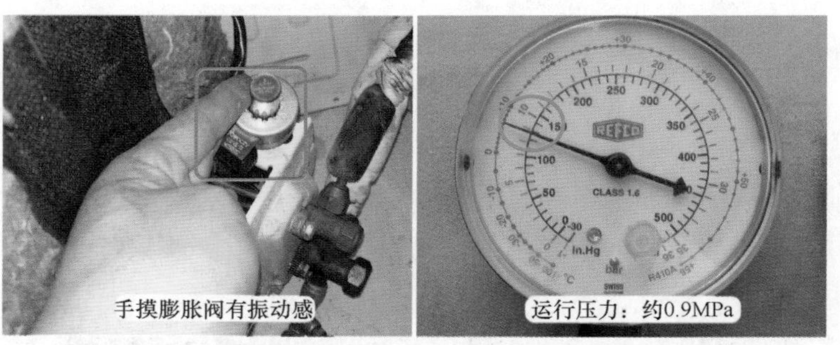

图 15-26　手摸膨胀阀和运行压力

维修措施：更换电子膨胀阀阀体。

总　结

① 电子膨胀阀损坏常见原因有线圈开路、膨胀阀卡死。其中膨胀阀卡死故障率较高，故障现象为正在制冷时突然不制冷；或者关机时正常，在开机时不制冷。

② 膨胀阀阀芯卡死故障压缩机运行时压力为负压，和系统无制冷剂表现相同，应注意区分故障部位。方法是关机查看静态压力，如压力仍旧较低（约 0.1 ~ 0.8MPa），为系统无制冷剂故障；如压力较高（约 1.8MPa），为膨胀阀阀芯卡死。

第二节 变频空调器电控系统故障

一、光电开关损坏

故障说明：格力 KFR-50LW/（50579）FNAa-A3 柜式直流变频空调器（T 派），用户反映不能开机，显示屏显示 FC 代码。

1. 故障现象

上门检查，室内机出风口滑动门处于半关闭（或半开）的位置，重新将空调器通上电源，室内机主板和显示板上电复位，见图 15-27 左图，滑动门开始向上移动准备处于关闭状态，但约 10s 时停止移动，显示屏显示 FC 代码，再使用遥控器开机，室内机和室外机均不能运行。

见图 15-27 右图，查看 FC 代码含义为滑动门故障或导风机构故障。根据上电时不能完全关闭，说明滑动门出现故障。正常上电复位时滑动门应完全关闭。

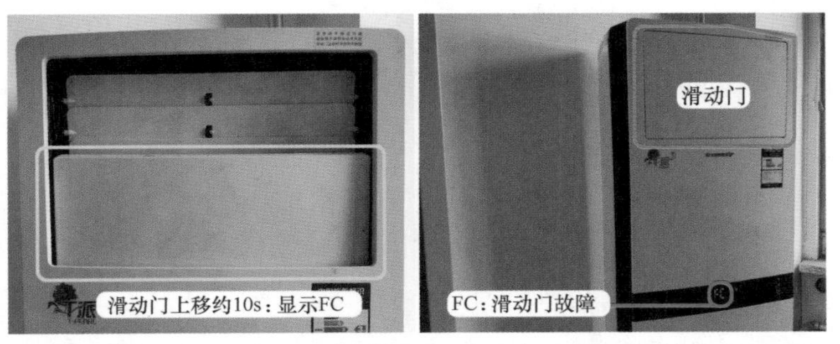

图 15-27 滑动门故障和显示代码

2. 滑动门机构

（1）机构组成

滑动门由机械机构和电路两部分组成。

机械机构见图 15-28 左图，主要由驱动部分（减速齿轮、连杆）、滑道、道轨、滑动门等组成。

电路见图 15-28 右图，主要由用于驱动旋转的电机、检测位置的上下光电开关、室内机主板单元电路等组成。

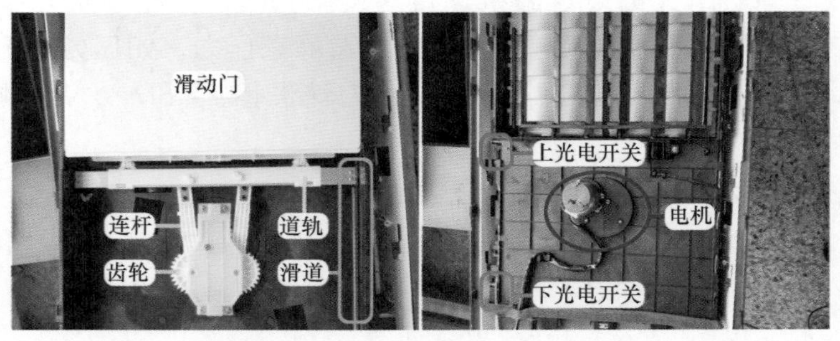

图 15-28 机械机构和电路主要元件

（2）电机线圈供电插头

滑动门机构共有 2 个插头，见图 15-29 左图，相对应在室内机主板上共有 2 个插座，即电机和光电开关插座。

电机用于驱动滑动门向上或向下移动，见图 15-29 右图，插头共有 3 根引线，安装在主板 CN1 插座，插座标识为 SLIPPAGE（滑动门）；其中白线为公共端，接电源零线 N 端；红线为电机正向旋转，经继电器触点接 L 端供电，滑动门向上移动（UP）；黑线为电机反向旋转，经继电器触点接 L 端供电，滑动门向下移动（DOWN）。

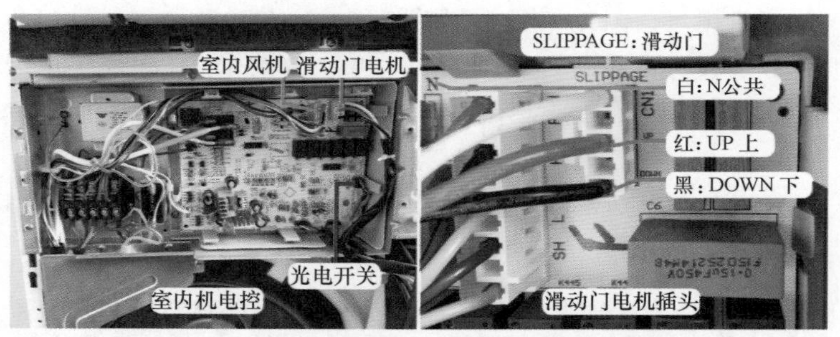

图 15-29 室内机主板插头和电机线圈插头

（3）光电开关安装位置

见图 15-30，滑道设计有 2 个，外侧为滑动门道轨滑道，用于道轨上下移动，从而带动滑动门向上关闭或向下打开；内侧为位置检测滑道，在上方和下方各安装一个光电开关。

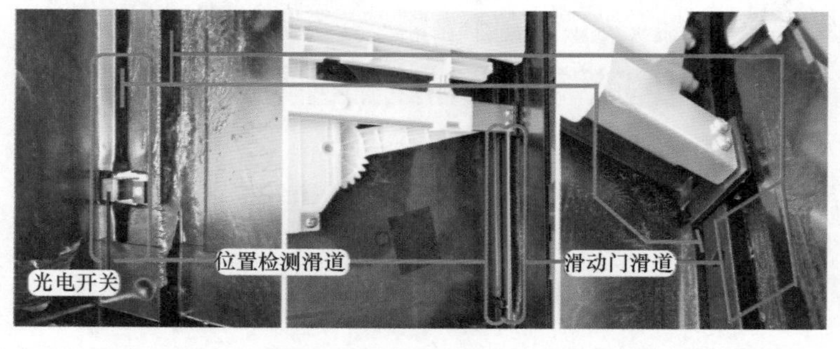

图 15-30 光电开关安装位置和滑道

（4）光电开关实物外形和插头

光电开关设有上和下共 2 个，实物外形见图 15-31 左图，用于检测道轨的位置，其功能近似于触点的闭合和断开。

本机将上和下 2 个光电开关合并成一个插头，见图 15-31 右图，安装在主板 CN9 插座，共有 4 个引针。2 根绿线连在一起，接 3.3V 供电；2 根红线连在一起，接 5V 供电；黑线 UP 为上光电开关的信号输出，最下方的黑线 DOWN 为下光电开关的信号输出。

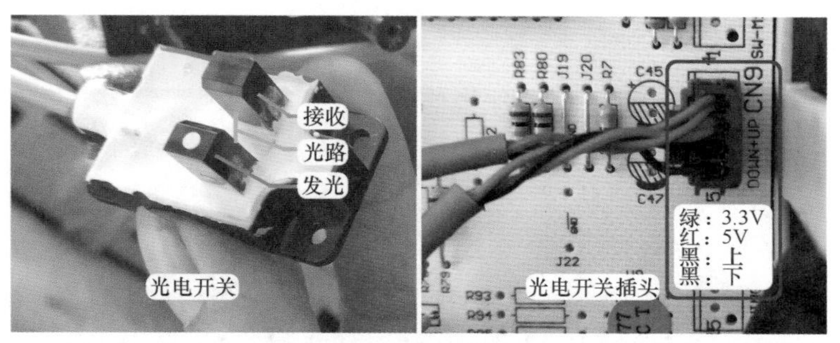

图 15-31　光电开关实物外形和插头

（5）光电开关的工作原理

使用万用表直流电压挡，黑表笔接主板直流地、红表笔接黑线测量电压，见图 15-32 左图，在光电开关中间位置无遮挡即光路相通时，黑线实测约为 4.4V 高电平电压，相当于触点开关闭合。

见图 15-32 右图，找一个面积合适的纸片，放入光电开关中间位置，纸片遮挡使光路断开，黑线实测约为 0.2V（171mV）低电平电压，相当于触点断开。

当道轨在最上方位置（滑动门完全关闭）和最下方位置（滑动门完全打开），道轨连接的黑色塑料支撑板位于光电开关中间位置，光路断开，黑线电压约为 0.2V；当道轨位于其他位置，光电开关的光路相通，黑线电压约为 4.4V；CPU 根据时间和黑线的高电平或低电平电压，来判断道轨位置，如有异常停机显示 FC 代码进入保护。

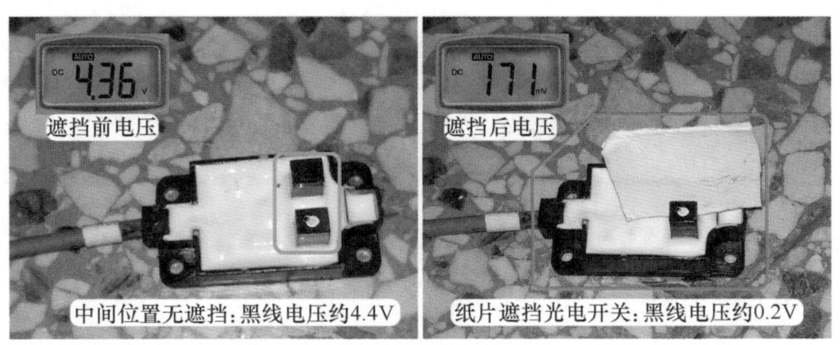

图 15-32　不遮挡和遮挡光电开关时测量黑线电压

3. 测量电机线圈供电

使用万用表交流电压挡，见图 15-33 左图，红表笔接电机线圈插头中公共端白线 N 端、黑表笔接红线（向上）测量电压，将空调器通上电源，实测为 223V，室内机主板已输出滑动门关闭的电压，说明正常。

见图 15-33 右图，红表笔不动依旧接白线、黑表笔改接黑线（向下）测量电压，实测约为 0V，由于电机不可能同时向上或向下移动，说明正常。

◦ **说明**

由于滑动门向上移动时只有约 10S 的时间，测量电机线圈电压时应先接好表笔再通电测量。

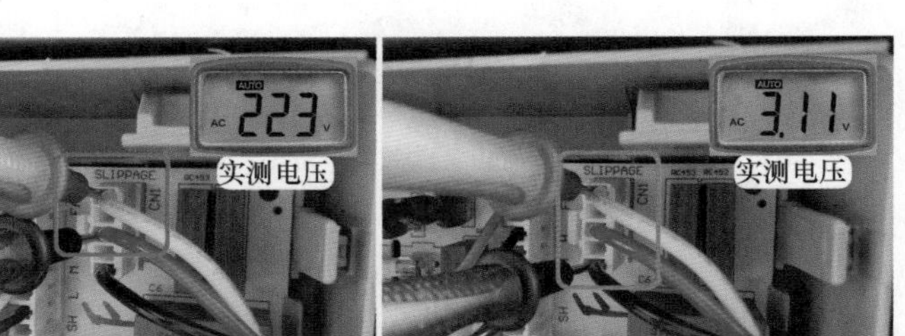

图 15-33　测量电机线圈供电

4. 测量电机线圈阻值

在室内机主板上拔下电机线圈插头，使用万用表电阻挡，见图 15-34 左图，红表笔接公共端白线、黑表笔接红线测量阻值，实测约为 6.9kΩ。

见图 15-34 右图，红表笔不动依旧接公共端白线、黑表笔接黑线测量阻值，实测约为 6.9kΩ，根据 2 次测量结果说明电机线圈正常。

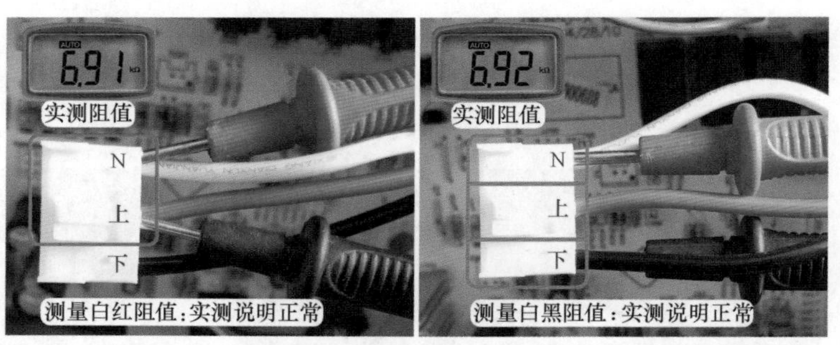

图 15-34　测量电机线圈阻值

5. 强制为电机线圈供电

为判断电机和机械机构是否正常，简单的方法为强制供电。从电机线圈插头中抽出红线，再将插头安装至主板插座（公共端白线接零线 N），见图 15-35 左图，再将红线接主板熔丝管（俗称保险管）外壳，相当于为红线强制提供相线 L 端，电机线圈电压为交流 220V，其正向旋转，滑动门一直向上移动直至完全关闭。

拔下电机线圈插头，将红线安装至插头中间位置，再抽出黑线，并安装插头至主板插座，见图 15-35 右图，再将黑线接熔丝管外壳，电机反向旋转，滑动门一直向下移动直至完全打开。根据 2 次强制供电，滑动门可以完全关闭和打开，判断电机和机械机构正常，故障为光电开关或主板有故障。

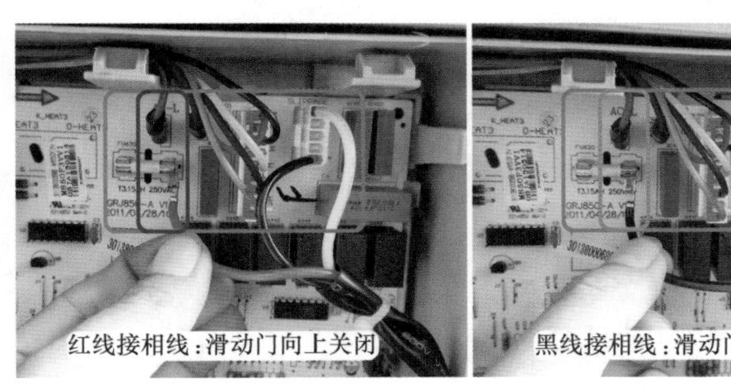

图 15-35 强制为电机线圈供电

◦ **说明**

在强制为电机供电时，应注意用电安全，防止触电。

6. 测量光电开关插头电压

使用万用表直流电压挡，黑表笔接 7805 稳压块铁壳相当于接地、红表笔接 CN9 光电开关插头引线测量电压，红表笔接绿线实测为 3.3V 说明正常，红表笔接红线实测为 5V 说明正常。

见图 15-36 左图，红表笔接 UP（向上）对应的黑线测量电压，滑动门位于中间位置和最下方（打开）位置时，实测电压均约为 4.4V；滑动门位于最上方（关闭）位置时，实测电压由约 4.4V 变为约 0V（12mV），说明上方的光电开关正常。

见图 15-36 右图，将红表笔接 DOWN（下方）对应的黑线（位于插头最下方）测量电压，滑动门位于中间和最上方（关闭）位置时，实测电压均约为 2.5V；滑动门位于最下方（打开）位置时，实测电压由约 2.5V 变为约 0V（16mV），说明光电开关转换时正常，但滑动门在中间位置时电压约为 2.5V，明显低于正常值的约 4.4V 电压，判断下方的光电开关损坏。

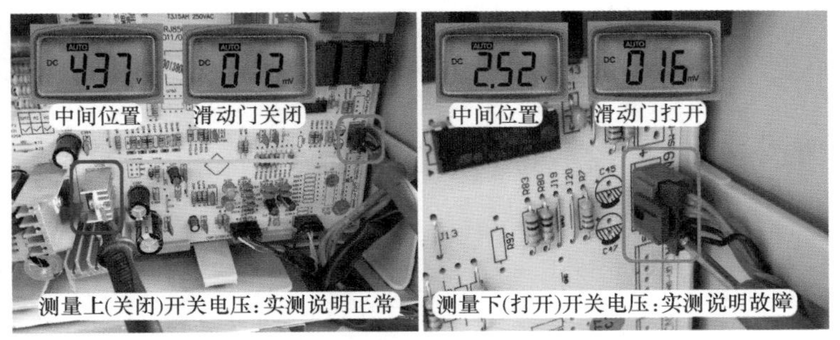

图 15-36 测量光电开关插头电压

7. 更换光电开关

按空调器型号和室内机条码申请同型号光电开关组件，见图 15-37 左图，配件为上和下共 2 个光电开关，和原机损坏的光电开关实物外形相同。

2 个光电开关一个引线长、一个引线短，见图 15-37 右图，引线长的光电开关安装在上方（检测滑动门关闭），引线短的光电开关安装在下方（检测滑动门打开）。安装完成后顺好引线，再次上电试机，复位时滑动门向上移动直至完全关闭，使用遥控器开机，滑动门向下移动直至完全打开，室内风机开始运行，不再显示 FC 代码。使用遥控器关机，并断开空调器电源，将前面板组件安装至室内机外壳，再次上电试机，制冷恢复正常。

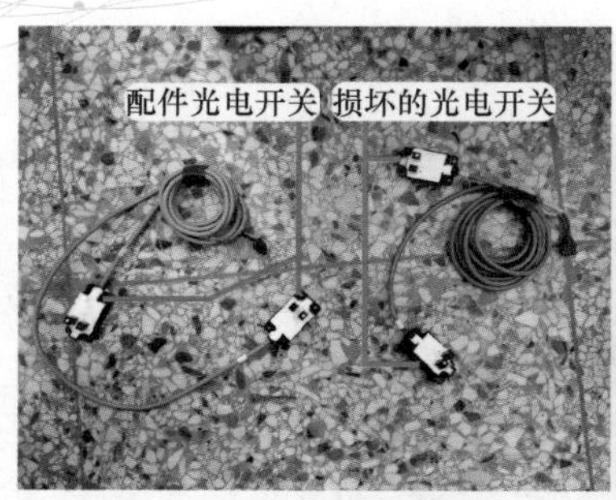

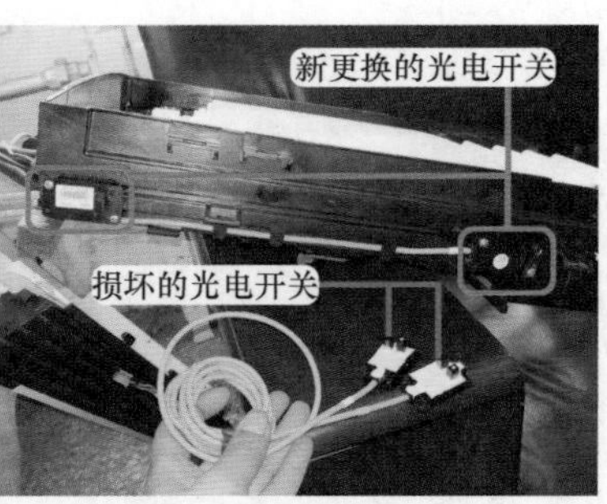

图 15-37 更换光电开关

维修措施：更换光电开关。

总　结

① 本例下方的光电开关损坏，滑动门位于中间位置时黑线电压较低，CPU 检测后判断滑动门位于最下方位置即打开位置，输出电机向上移动的交流电压，约 10s 后检测仍位于最下方位置，CPU 判断为滑动门机构出现故障，停止电机供电，并显示代码为 FC。

② 室内机上电复位时滑动门关闭流程：上下导风板（直流 12V 供电的步进电机驱动）向上旋转收平（一条直线），左右导风板向右侧旋转，约 8s 时滑动门由最下方位置向上移动，约 23s 时移动至最上方位置完全关闭，电机运行 15s 后停止供电。假如 CPU 输出滑动门电机向上移动供电 35s 后，检测上方光电开关黑线仍为高电平 4.4V 电压（正常最多约 15s 应转换为低电平约 0.2V 电压），也判断为滑动门机构有故障，显示 FC 代码。

③ 遥控器制冷模式开机后滑动门打开流程：滑动门向下移动直至最下方位置（完全打开），上下导风板向下旋转处于水平状态（或根据遥控器角度设定），左右导风板向左侧旋转处于中间位置，室内风机开始运行，出风口有风吹出，进入正常运行流程。假如 CPU 输出滑动门电机向下移动供电 35s 后，检测下方的光电开关仍为高电平 4.4V（相当于滑动门没有向下移动到位），则停机显示 FC 代码。

二、存储器电路电阻开路

故障说明：格力 KFR-26GW/（26556）FNDe-3 挂式直流变频空调器（凉之静），用户反映开机后室内机吹自然风，显示屏显示“EE”代码。

1. 显示屏代码和检测仪故障

上门检查，将空调器通上电源，使用遥控器开机，室内风机开始运行，见图 15-38 左图，约 15s 后显示屏显示“EE”代码，同时制热指示灯间隔 3s 闪烁 15 次，查看代码含义为室外机存储器故障。

到室外机检查，室外风机和压缩机均不运行，在接线端子接上格力变频空调器专用检测仪的检测线，选择第 1 项：数据监控，显示如下内容，见图 15-38 右图，故障：EE（外机记忆芯片故障）。

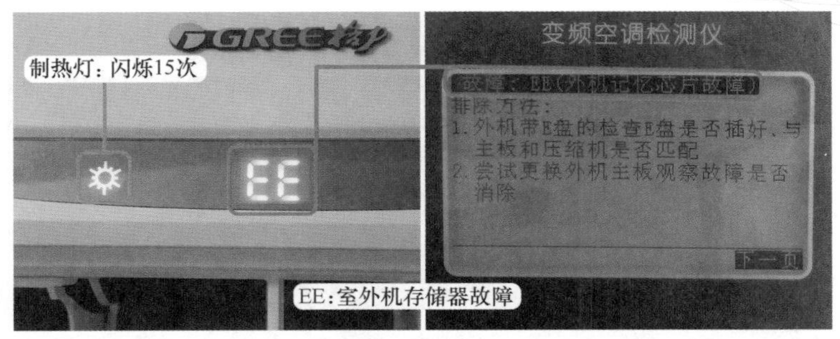

图 15-38 显示代码和检测仪故障

2. 查看室外机指示灯和存储器电路

取下室外机外壳，查看室外机主板指示灯状态，见图 15-39 左图，绿灯 D2 持续闪烁，说明通信电路工作正常；红灯 D1 闪烁 8 次，含义为达到开机温度，说明室外机 CPU 已处理室内机传送的通信信号；黄灯 D3 闪烁 11 次，含义为记忆芯片损坏，说明室外机 CPU 检测存储器电路损坏，控制室外风机和压缩机均不运行进行保护。

存储器电路作用是向 CPU 提供工作时所需要的参数和数据。存储器内部存储有压缩机 *U/f* 值、电流和电压保护值等数据。实物图见图 15-39 右图，电路原理图见图 15-40，主要由 CPU 的时钟和数据引脚、U5 存储器 (24C08)、电阻等组成。24C08 为双列 8 个引脚，其中①～④脚接地、⑧脚为电源 5V 供电、⑤脚数据和⑥脚时钟接 CPU 引脚。

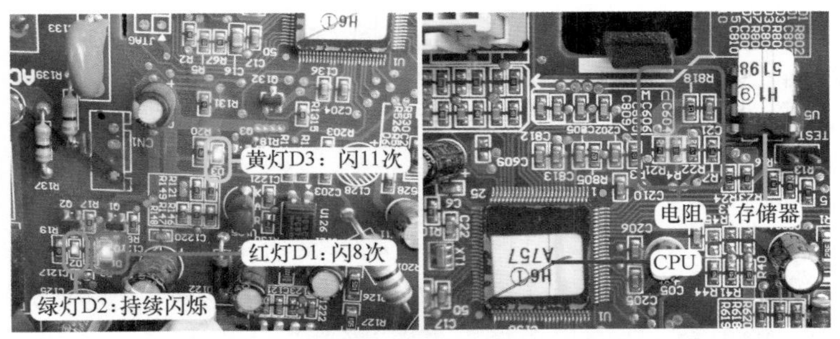

图 15-39 指示灯状态和存储器电路

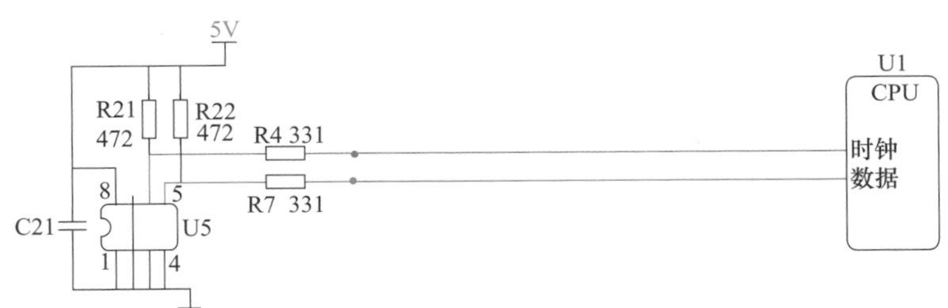

图 15-40 存储器电路原理图

3. 测量存储器电压

U5 存储器 24C08 中①脚为地，测量时使用万用表直流电压挡，黑表笔接①脚相当于接地，见图 15-41 左图，红表笔首先接⑧脚测量供电电压，实测约 4.9V，说明正常。

见图 15-41 中图，红表笔接 U5 中⑤脚数据测量电压，实测约 4.9V，说明正常。

见图 15-41 右图，红表笔接 U5 中⑥脚时钟测量电压，实测约 4.9V，说明正常。

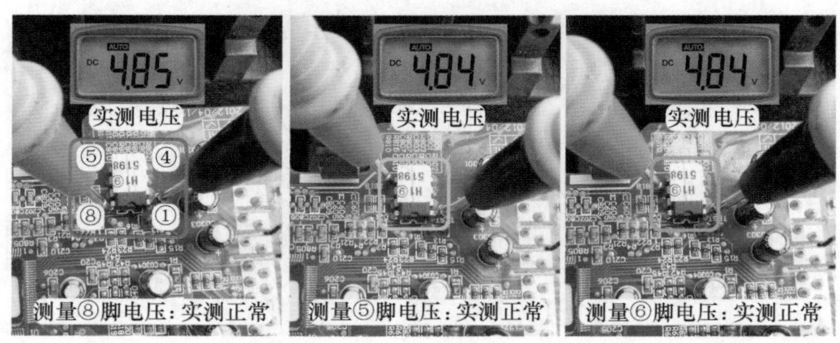

图 15-41 测量存储器电压

4. 测量 CPU 电压

存储器引脚电压正常，应测量 CPU 相关引脚电压，但由于 CPU 引脚较为密集、距离过近，且不容易判断引脚位置，测量时可接和存储器与 CPU 引脚之间电阻相通的焊点。

依旧使用万用表直流电压挡，见图 15-42 左图，黑表笔不动依旧接①脚地、红表笔接和 R7 下端相通的焊点相当于测量 CPU 数据电压，实测约 4.9V，说明正常。

见图 15-42 右图，红表笔改接和 R4 下端相通的焊点相当于测量 CPU 时钟电压，实测约 1.8V，和正常的 4.9V 相差较大，说明故障在 CPU 时钟引脚。

说明

图中 R7 和 R4 上端焊点接存储器引脚，测量时红表笔接上端焊点相当于测量存储器电压。

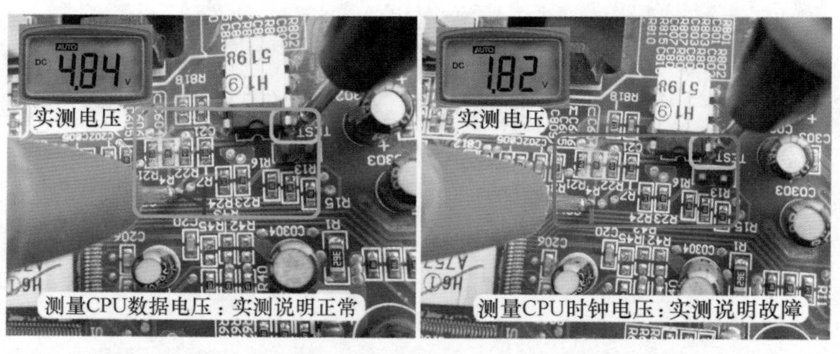

图 15-42 测量 CPU 电压

5. 在路测量阻值

断开空调器电源，待约 60s 后滤波电容直流 300V 电压基本释放完毕，使用万用表电阻挡，测量存储器电路中电阻阻值。见图 15-43 左图，表笔接 R21 两端实测阻值为 4.68kΩ，说明正常。

见图 15-43 右图，测量电阻 R4 阻值为无穷大，正常约 330Ω，实测说明开路损坏。测量 R22 阻值为 4.69kΩ、测量 R7 阻值为 332Ω（0.332kΩ），均说明正常。

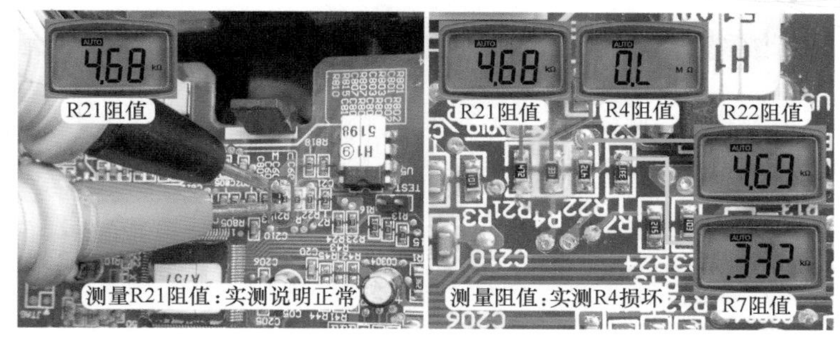

图 15-43 在路测量阻值

6. 单独测量阻值

R4 为贴片电阻，标号 331，见图 15-44 左图，第 1 位 3 和第 2 位 3 为数值，第 3 位 1 为 0 的个数，331 阻值为 330Ω。

见图 15-44 中图，使用万用表电阻挡，单独测量阻值，实测仍为无穷大，确定开路损坏。

见图 15-44 右图，测量型号相同（标号 331）的电阻阻值，实测为 0.330kΩ（330Ω）。

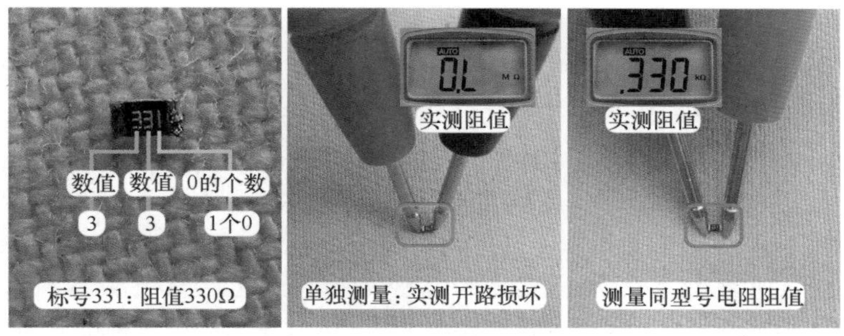

图 15-44 单独测量阻值

维修措施：见图 15-45 左图和中图，使用标号相同（331）的贴片电阻进行更换。更换后空调器上电开机，室外机主板得到供电，查看绿灯 D2 持续闪烁表示通信正常，红灯 D2 闪烁 8 次表示达到开机温度，约 60s 后室外风机和压缩机开始运行，黄灯 D3 闪烁 1 次表示压缩机启动，此时室内机显示屏也不再显示“EE”代码。见图 15-45 右图，使用万用表直流电压挡，再次测量 R4 下端 CPU 时钟电压约为 4.9V，和数据电压相同，说明故障排除，空调器制冷也恢复正常。

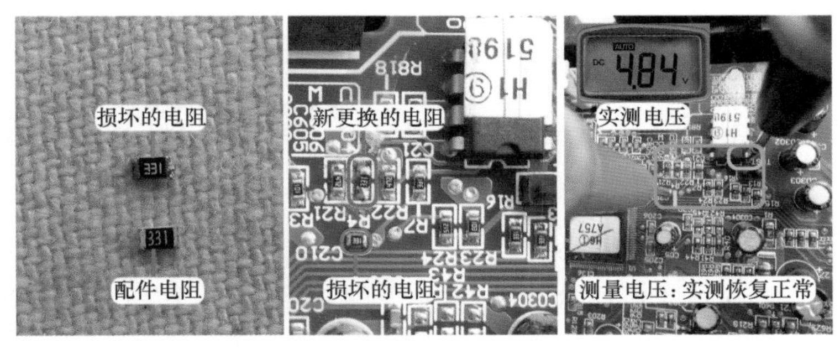

图 15-45 更换电阻和测量电压

总　结

室外机主板上电后，CPU 复位结束首先检测压缩机顶盖温度开关、传感器、存储器等信号，如果检测到有故障，不再驱动室外风机和压缩机运行，故障现象表现为开机后室外机不运行。

三、电压检测电阻开路

故障说明：海信 KFR-26GW/11BP 挂式交流变频空调器，遥控器开机后室外机有时根本不运行，有时可以运行一段时间，但运行时间不固定，有时 10min，有时 15min 或更长。

1. 故障代码

在室外机停止运行后，取下室外机外壳，见图 15-46 左图，观察模块板指示灯闪 8 次报出故障代码，查看含义为“过欠压”故障；在室内机按压遥控器上“传感器切换”键 2 次，室内机显示板组件上“定时”指示灯亮报出故障代码，含义仍为“过欠压”故障，室内机和室外机同时报“过欠压”故障，判断电压检测电路出现故障。

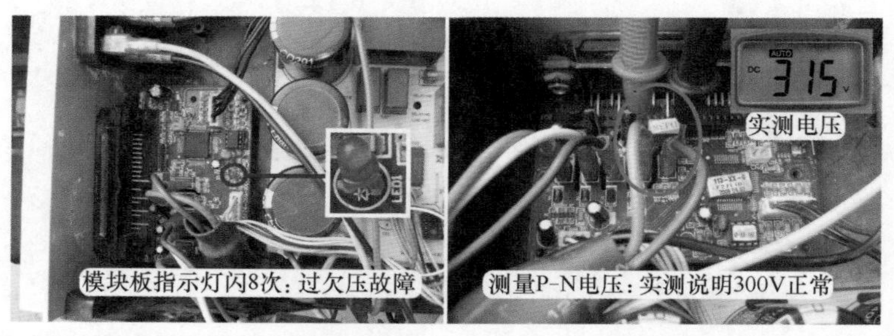

图 15-46　故障代码和测量 300V 电压

2. 电压检测电路工作原理

本机电压检测电路使用检测直流 300V 母线电压的方式，电路原理图见图 15-47，工作原理为电阻组成分压电路，上分压电阻为 R19、R20、R21、R12，下分压电阻为 R14，经 R22 输出代表直流 300V 的参考电压，室外机 CPU㉝ 脚通过计算，得出输入的实际交流电压，从而对空调器进行控制。

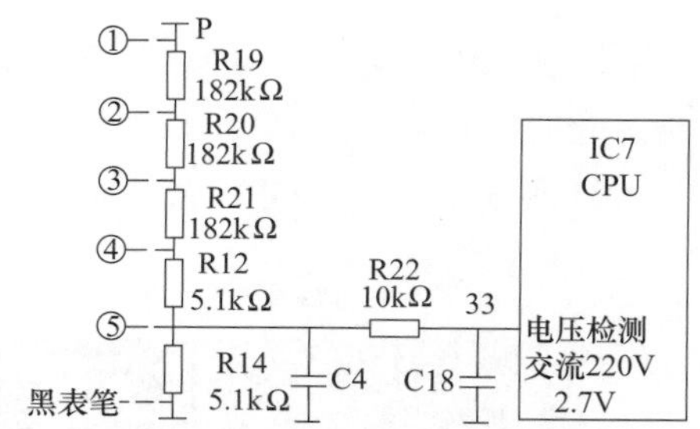

图 15-47　海信 KFR-26GW/11BP 室外机电压检测电路原理图

3. 测量直流 300V 电压

出现过欠压故障时应首先测量直流 300V 电压是否正常，使用万用表直流电压挡，见图 15-46 右图，黑表笔接模块板上 N 端子、红表笔接 P 端子测量电压，正常为 300V，实测为 315V 也正常，此电压由交流 220V 经硅桥整流、滤波电容滤波得出，如果输入的交流电压高，则直流 300V 也相应升高。

4. 测量直流 15V 和 5V 电压

由于模块板 CPU 工作电压 5V 由室外机主板提供，因此应测量电压是否正常，使用万用表直流电压挡，见图 15-48，黑表笔不动接模块 N 端子、红表笔接 3 芯插座 CN4 中左侧白线测量电压，实测为 15V，此电压为模块内部控制电路供电；红表笔接右侧红线测量电压，实测为 5V，判断室外机主板为模块板提供的直流 15V 和 5V 电压均正常。

说明

本机模块板为热地设计，即直流 300V 负极地（N 端）和直流 15V、5V 的负极地相通。

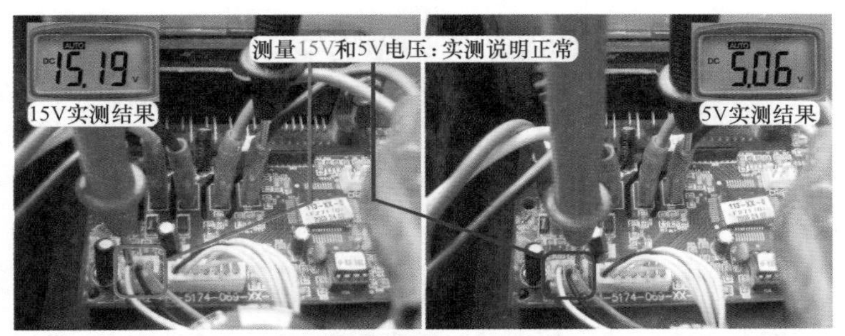

图 15-48 测量直流 15V 和 5V 电压

5. 测量电压检测电路电压

在室外机不运行即待机状态时，使用万用表直流电压挡，见图 15-49，黑表笔接模块 N 端子不动，红表笔测量电压检测电路的关键点电压。

红表笔接 P 接线端子（①处），测量直流 300V 电压，实测为 315V，说明正常。

红表笔接 R19 和 R20 相交点（②处），实测电压在 150 ～ 180V 跳动变化，由于 P 接线端子电压稳定不变，判断电压检测电路出现故障。

红表笔接 R20 和 R21 相交点（③处），实测电压在 80 ～ 100V 跳动变化。

红表笔接 R21 和 R12 相交点（④处），实测电压在 3.9 ～ 4.5V 跳动变化。

红表笔接 R12 和 R14 相交点（⑤处），实测电压在 1.9 ～ 2.4V 跳动变化。

红表笔接 CPU 电压检测引脚即㉝脚，实测电压也在 1.9 ～ 2.4V 跳动变化，和⑤处电压相同，判断电阻 R22 阻值正常。

使用遥控器开机，室外风机和压缩机均开始运行，直流 300V 电压开始下降，此时测量 CPU 的㉝脚电压也逐渐下降；压缩机持续升频，直流 300V 电压也下降至约 250V，CPU ㉝脚电压约为 1.7V，室外机运行约 5min 后停机，模块板上指示灯闪 8 次，报故障代码为“过欠压”故障。

6. 测量电阻阻值

静态和动态测量均说明电压检测电路出现故障，应使用万用表电阻挡测量电路容易出现故障的分压电阻阻值。

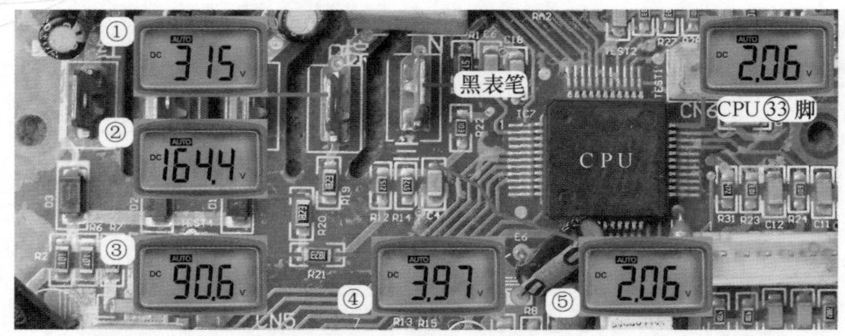

图 15-49　测量电压检测电路电压

断开空调器电源，待室外机主板开关电源电路停止工作后，使用万用表电阻挡测量电路中分压电阻阻值，见图 15-50，测量电阻 R19 阻值无穷大为开路损坏，电阻 R20 阻值为 182kΩ 判断正常，电阻 R21 阻值无穷大为开路损坏，电阻 R12、R14、R22 阻值均正常。

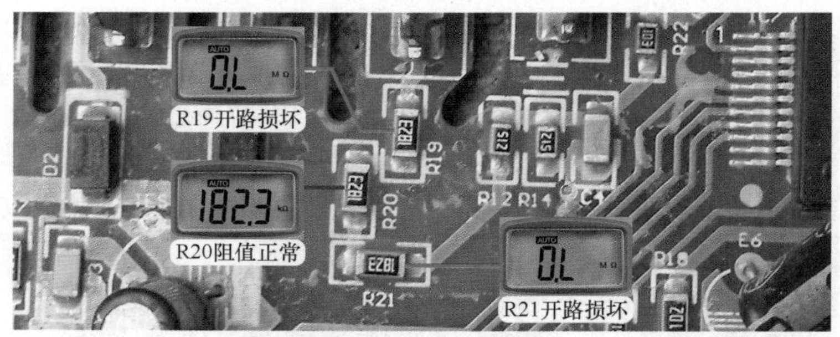

图 15-50　测量电压检测电路电阻阻值

7. 电阻阻值

见图 15-51，电阻 R19、R21 为贴片电阻，表面数字 1823 代表阻值，正常阻值为 182kΩ，由于没有相同型号的贴片电阻更换，选择阻值接近（180kΩ）的五环精密电阻进行代换。

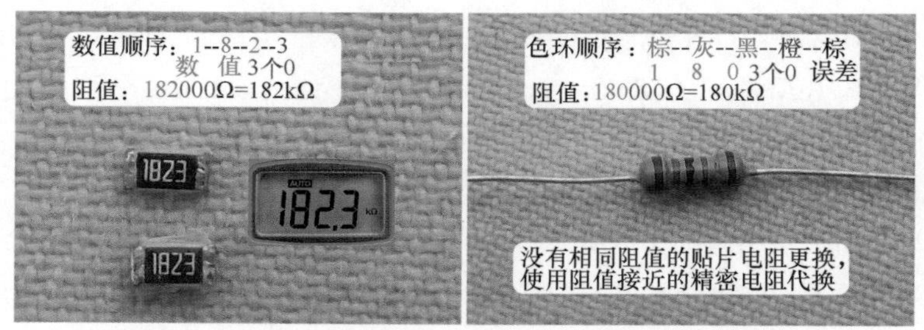

图 15-51　182kΩ 贴片电阻和 180kΩ 精密电阻

维修措施：见图 15-52，使用 2 个 180kΩ 的五环精密电阻，代换阻值为 182kΩ 的贴片电阻 R19、R21。

拔下模块板上 3 个一束的传感器插头，然后再使用遥控器开机，室内机主板向室外机供电后，室外机主板开关电源电路开始工作向模块板供电。由于室外机 CPU 检测到室外环温、室外管温、压缩机排气传感器均处于开路状态，因此报出相应的故障代码，并且控制室外风机和压缩机均不运行，此时为处于待机状态。使用万用表直流电压挡，测量电压检测电路电压 , 见图 15-53，实测均为稳定电压不再跳变，直流 300V 电压实测为 315V 时，CPU

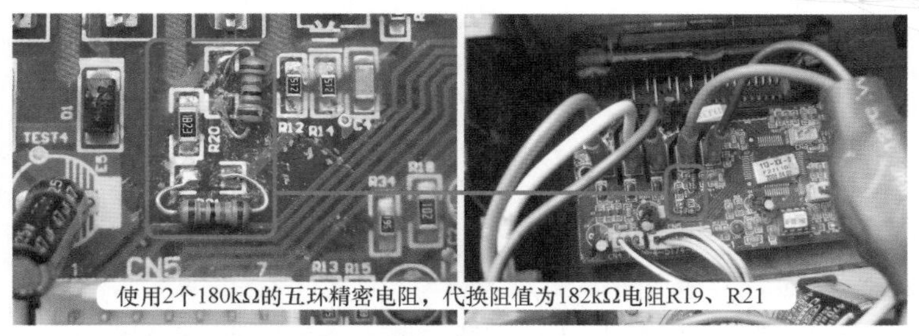

图 15-52　使用 180kΩ 精密电阻代换 182kΩ 贴片电阻

电压检测㉝脚实测为 2.88V。恢复线路后再次使用遥控器开机，室外风机和压缩机均开始运行，当直流 300V 电压降至直流 250V 时，实测 CPU ㉝脚电压约 2.3V，长时间运行不再停机，制冷恢复正常，故障排除。

图 15-53　待机状态测量正常的电压检测电路电压

总　结

① 电压检测电路中电阻 R19 上端接模块 P 端子，由于长时间受直流 300V 电压冲击，其阻值容易变大或开路，在实际维修中由于 R19、R20、R21 开路或阻值变大损坏，占到一定比例，属于模块板上的常见故障。

② 本例电阻 R19、R21 开路，其下端电压均不为直流 0V，而是具有一定的感应电压，CPU 电压检测㉝脚分析处理后，判断交流输入电压在适合工作的范围以内，因而室外风机和压缩机可以运行；而压缩机持续升频，直流 300V 电压逐渐下降，CPU 电压检测㉝脚电压也逐渐下降，当超过检测范围，则控制室外风机和压缩机停机进行保护，并报出“过欠压”的故障代码。

③ 在实际维修中，也遇到过电阻 R19 开路，室外机上电后并不运行，模块板直接报出“过欠压”的故障代码。

④ 如果电阻 R12（5.1kΩ）开路，CPU 电压检测㉝脚的电压约为直流 5.7V，室外机上电后室外风机和压缩机均不运行，模块板指示灯闪 8 次报出“过欠压”的故障代码。

四、相电流电路电阻开路

故障说明：格力 KFR-35GW/（35556）FNDe-3 挂式直流变频空调器（凉之静），用户反映不制冷，室内机一直吹自然风，一段时间以后显示 H5 代码，查看含义为 IPM（模块）电流保护。

1. 室外机运行状况和测量电流

上门检查，重新上电开机，到室外机检查，室内机主板向室外机主板供电，见图 15-54 左图，约 15s 时室外风机运行，45s 时停止（运行 30s），3min15s 时室外风机再次运行（间隔 2min30s），3min45s 时停止（运行 30s），但查看压缩机始终不运行。

使用万用表交流电流挡，见图 15-54 右图，钳头夹在接线端子上 N（1）端子蓝线，测量室外机电流，室内机主板向室外机供电，待机电流约 0.1A，室外风机运行时电流约为 0.4A，室外风机运行 30s 停止时电流又下降至约 0.1A，从室外机电流数值较低也可以判断压缩机没有运行。

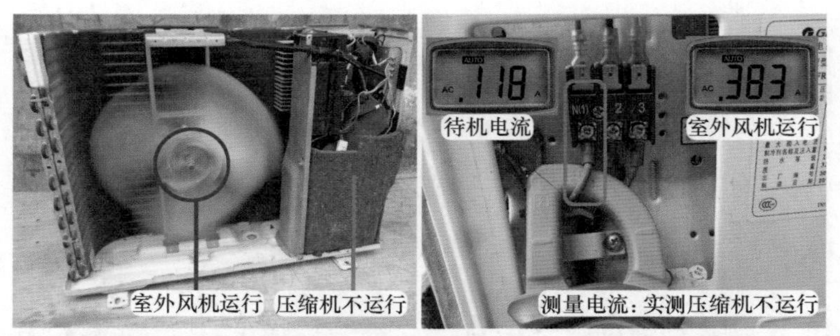

图 15-54 室外机状况和测量电流

2. 故障代码

室外风机运行 30s 后停止，间隔 2min30s 再次运行 30s，室内机显示屏一直显示设定温度。在 15min45s 时、室外风机间断运行 6 次停止后，见图 15-55 左图，显示屏才显示 H5 代码，同时制热指示灯闪烁 5 次，查看室内机主板向室外机一直供电，但室外风机也不再运行。

使用格力变频空调器专用检测仪的第 1 项数据监控功能，显示见图 15-55 右图，故障：H5（模块电流保护）。

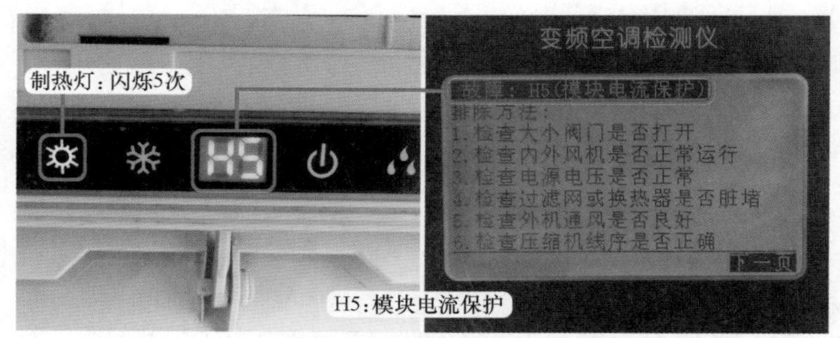

图 15-55 显示代码和检测仪故障

3. 查看指示灯和电流检测电路

在室外机主板上电室外风机开始运行、室内机显示屏未显示代码时，查看室外机主板指示灯，见图 15-56 左图，绿灯 D2 持续闪烁，表示通信正常；红灯 D1 闪 8 次，表示达到开机温度；黄灯 D3 闪烁 4 次，表示 IPM（模块）过电流保护，和 H5 代码内容含义相同，说明室外机 CPU 在刚上电运行时即检测到模块电流不正常，停止驱动压缩机进行保护。

相电流检测电路见图 15-56 右图，电路原理图见图 15-57，其作用是实时检测压缩机转子的位置，同时作为压缩机的相电流电路，输送至室外机 CPU 和模块保护电路。电路主要由 IPM 模块部分引脚、电流检测放大集成电路 U601（OPA4374）、二极管、CPU 电流检测引脚等组成。

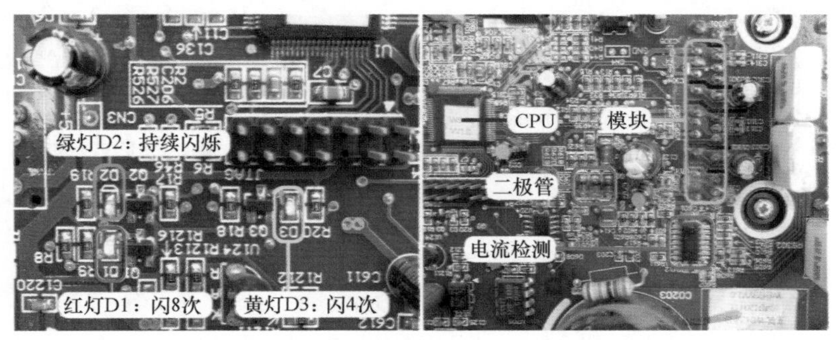

图 15-56　指示灯状态和相电流检测电路

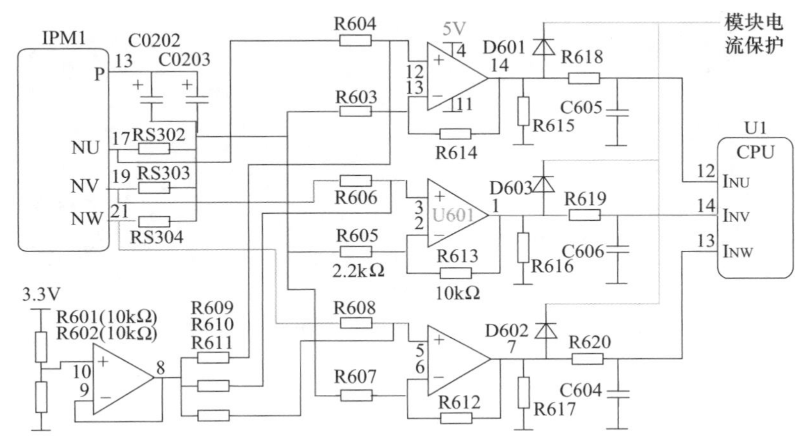

图 15-57　相电流检测电路原理图

4. 测量二极管电压

二极管 D601、D602、D603 正极经电阻接 CPU 电流检测引脚，其负极相通接模块电流保护电路，测量二极管正极电压接近于测量 CPU 电流检测引脚电压。测量时使用万用表直流电压挡，见图 15-58，黑表笔接公共端地（实接电容 C614 地脚，或者接 D205 正极），待机状态下测量相电流检测电路电压。

红表笔接 D603 正极测量电压，实测约 1.6V，说明压缩机 V 相电流支路正常。

红表笔接 D602 正极测量电压，实测约 1.6V，说明压缩机 W 相电流支路正常。

红表笔接 D601 正极测量电压，实测约 0.3V，说明压缩机 U 相电流支路出现故障。

5. 测量 U601 引脚电压

U601 电流检测放大集成电路使用型号为 OPA4374，共有 14 个引脚，④脚为 5V 电源、⑪脚接地。内部设有 4 路相同的放大器，放大器 1A（①脚、②脚、③脚）检测压缩机 V 相电流，放大器 2B（⑤脚、⑥脚、⑦脚）检测 W 相电流，放大器 4D（⑫脚、⑬脚、⑭脚）检测 U 相电流，放大器 3C（⑧脚、⑨脚、⑩脚）为放大器 1、2、4 提供基准电压。

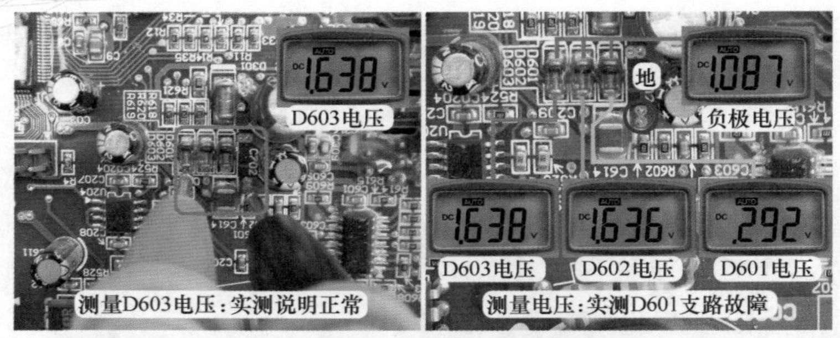

图 15-58　测量二极管电压

见图 15-59，黑表笔不动依旧接地，红表笔接 4 个放大器的输出端测量电压，首先接①脚测量电压，实测约为 1.6V，说明放大器 1 工作正常。

红表笔接⑦脚测量电压，实测约为 1.6V，说明放大器 2 工作正常。

红表笔接⑧脚测量电压，实测约为 1.6V，说明放大器 3 工作正常。

红表笔接⑭脚测量电压，实测约为 0.3V，和 D601 正极电压相同，说明放大器 4 有故障。

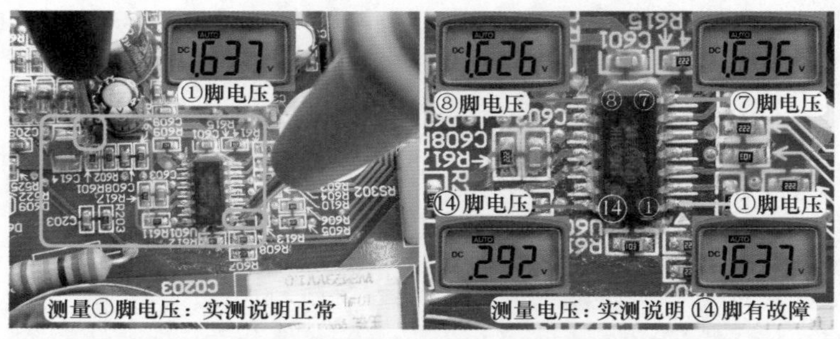

图 15-59　测量 U601 引脚电压

6. 测量放大器 4 电压

见图 15-60 左图，黑表笔不动依旧接地，红表笔测量放大器 4 引脚电压。红表笔接⑫脚同相输入端＋，实测约为 0.3V；红表笔接⑬脚反相输入端－，实测约为 0.3V，⑫脚、⑬脚、⑭脚电压均相同，说明放大器 4 未工作。

测量正常的放大器 1 引脚电压作为比较，见图 15-60 右图，实测③脚同相输入端＋约 0.3V，②脚反向输入端－约 0.3V，①脚输出端约 1.6V，也可说明放大器 4 未工作。

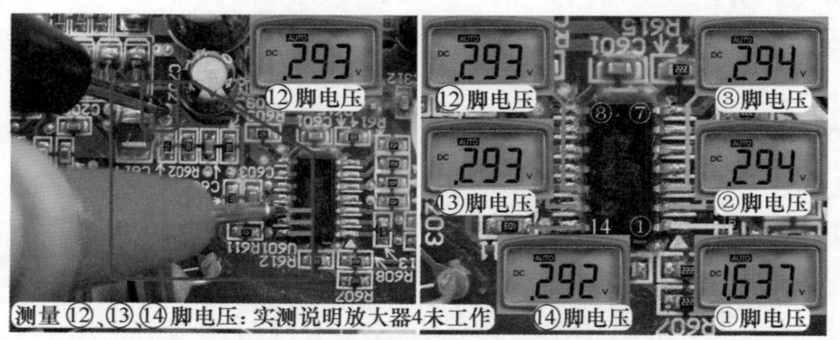

图 15-60　测量放大器 4 和放大器 1 引脚电压

7. 在路测量阻值

断开空调器电源，待约 1min 后直流 300V 电压下降至约 0V 时，使用万用表电阻挡，见图 15-61，测量放大器 4 的引脚外围电阻阻值。

表笔接电阻 R611（标号 103、10kΩ）两端测量阻值，实测约为 4.5kΩ，判断正常。

R608（标号 222、2.2kΩ）实测阻值约为 1.9kΩ，判断正常。

R612（标号 103、10kΩ）实测阻值约为 10kΩ，判断正常。

R607（标号 222、2.2kΩ）实测阻值约为 17MΩ，大于正常值较多，判断开路损坏。

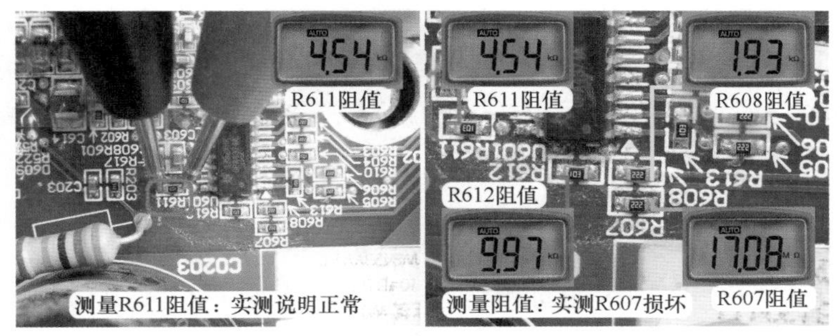

图 15-61　在路测量阻值

8. 单独测量阻值

R607 为贴片电阻，标号 222，见图 15-62 左图，第 1 位 2 和第 2 位 2 为数值，第 3 位 2 为 0 的个数，222 阻值为 2200Ω=2.2kΩ。

见图 15-62 中图，使用万用表电阻挡，单独测量阻值，实测仍为无穷大，确定开路损坏。

见图 15-62 右图，测量型号相同（标号 222）的电阻阻值，实测约为 2.2kΩ。

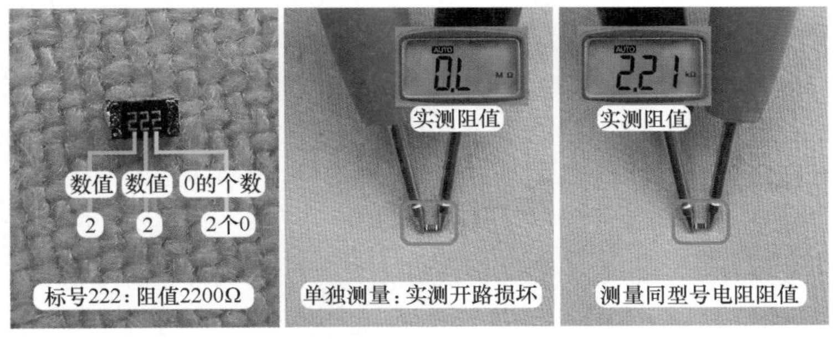

图 15-62　单独测量阻值

维修措施：见图 15-63 左图和中图，将标号 222 的配件贴片电阻，焊至主板 R607 焊点，更换损坏的电阻。更换后上电试机，使用万用表直流电压挡，见图 15-63 右图，在压缩机

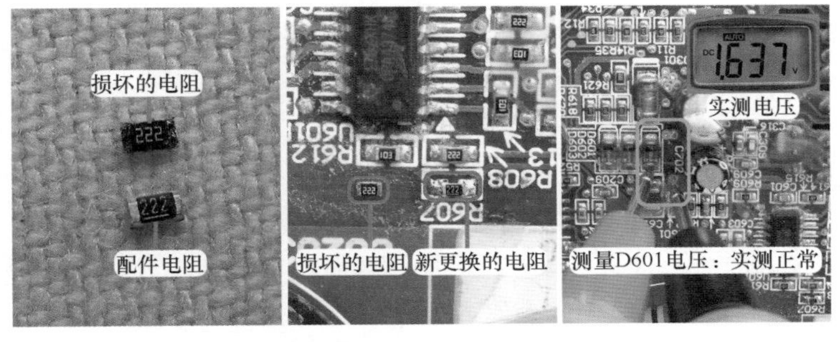

图 15-63　更换电阻和测量电压

未运行时，测量 U601 的⑭脚和 D601 正极电压均约为 1.6V，和 D602、D603 的正极电压相同，约 15s 后室外风机运行，压缩机也随之运行，查看黄灯 D3 闪烁 1 次，表示压缩机启动，说明故障已排除，制冷也恢复正常。

总　结

① 本例 R607 开路损坏，放大器 4 未工作，压缩机的 3 相电流检测电路电压不相同，CPU 检测后判断有故障，不启动压缩机进行保护，约 15min 后显示 H5 代码。

② 室外机主板 CPU 启动运行时检测压缩机 3 相电流不正常时，即通过黄灯 D3 闪烁 4 次显示代码内容，但由于程序设定，室外风机间隔运行 6 次后，约 15min 时室内机显示屏才显示 H5 代码。

③ 在实际维修中，假如压缩机始终不启动，显示屏显示 H5 代码，通常为电控系统故障，可更换室外机电控盒或检修相电流检测电路。

五、相电流电路电阻开路

故障说明：格力 KFR-35GW 挂式变频空调器，用户反映不制冷，显示屏显示 H5 代码，查看代码含义为模块电流保护。

1. 测量室外机电流和电流检测电路

上门检查，重新上电开机，室内机吹风为自然风。到室外机检查，见图 15-64 左图，使用万用表交流电流挡，钳头卡在 3 号端子棕线测量室外机电流，三通阀检修口接上压力表测量系统静态压力约 1.7MPa，在室内机主板向室外机供电约 15s 时，室外风机运行，查看电流由上电时约 0.1A 上升至 0.4A，查看压力不变依旧约为 1.7MPa，手摸二通阀和三通阀均为常温，室外风机运行约 30s 后停止运行，室外机电流下降至约 0.1A，根据压力、温度、电流判断压缩机未启动运行。取下室外机外壳，查看室外机主板指示灯，绿灯持续闪烁含义为通信正常，红灯闪烁 8 次含义为达到开机温度，黄灯闪烁 4 次含义为 IPM 模块过电流，和 H5 代码内容相同，但此时室内机显示屏显示设定温度未显示代码。室外风机停止后，间隔 2min30s 后再次启动，运行 30s 后再次停止，压缩机仍不运行；间隔 2min30s 后室外风机再次运行，压缩机仍然不运行，室内机显示屏显示 H5 代码，室外风机运行 30s 停止运行后不再启动。

室内机显示屏和室外机主板指示灯均报代码为 IPM 模块过电流，说明室外机 CPU 判断为压缩机相电流过大、3 相电流不相等，或者模块输出故障信号（低电平电压），应检查电流检测电路。见图 15-64 右图，电路主要由 IPM 模块部分引脚、电流检测放大集成电路 U601（OPA4374）、二极管、CPU 电流检测引脚等组成。

2. 测量二极管电压和 U601 输出端电压

使用万用表直流电压挡，见图 15-65 左图，黑表笔接公共端地（接 15V 过压保护二极管 D205 正极），红表笔接二极管负极（D603、D601、D602 的负极相通）测量电压，实测约为 4V，说明压缩机三相相电流检测放大电路有故障。红表笔接二极管 D603 正极，测量 V 相电流基准电压，实测约 1.6V，说明正常；红表笔接二极管 D601 正极，测量 U 相电流

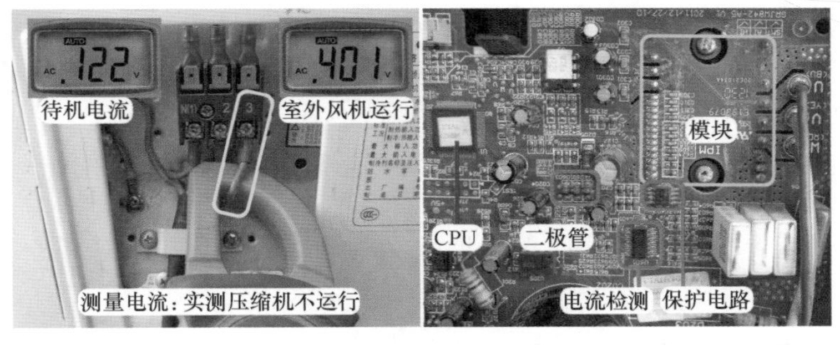

图 15-64 测量电流和相电流检测电路

基准电压，实测约 4.6V，超过 1.6V 正常值较多，说明有故障；红表笔接二极管 D602 正极，测量 W 相电流基准电压，实测约 1.6V，说明正常。

见图 15-65 右图，黑表笔接地不动，红表笔依次接 U601 的 4 个放大器输出端测量电压，实测放大器 1（A）的①脚约为 1.6V，说明正常；实测放大器 2（B）的⑦脚约为 1.6V，说明正常；放大器 3(C）的⑧脚提供基准电压，实测约为 1.6V，说明正常；实测放大器 4(D）的⑭脚为 4.6V，和 D601 正极电压相等，说明放大器 4 有故障。

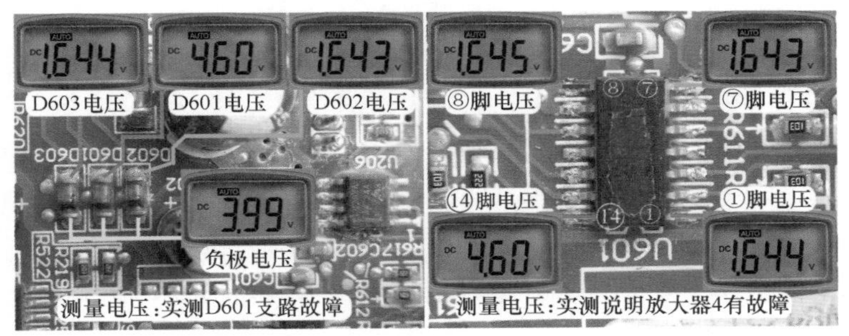

图 15-65 测量二极管电压和 U601 引脚电压

3. 测量故障和正常的放大器电压

放大器 4 的引脚为⑫脚、⑬脚、⑭脚，见图 15-66 左图，黑表笔不动依旧接地，测量放大器 4 的引脚电压。红表笔接⑫脚同相输入＋，实测约为 1.6V；红表笔接⑬脚反相输入－，实测约为 0.8V ；已知⑭脚输出端电压为 4.6V，初步判断 12 脚电路有故障。

测量正常的放大器 1 电压作为对比，见图 15-66 右图，红表笔接③脚同相输入＋，实测约 0.3V；红表笔接②脚反相输入－，实测约 0.3V；红表笔接①脚输出端，实测约 1.6V。

图 15-66 测量故障和正常的放大器电压

4. 在路测量阻值

断开空调器电源，待 1min 后滤波电容直流 300V 电压下降至约为 0V 时，使用万用表电阻挡，见图 15-67，测量放大器 4（⑫脚、⑬脚、⑭脚）外围电阻阻值。

表笔接电阻 R614（标号 103、10kΩ）两端测量阻值，实测约为 3kΩ，判断正常。

R615（标号 222、2.2kΩ）实测阻值约为 1.8kΩ，判断正常。

R604（标号 222、2.2kΩ）实测阻值约为 22kΩ 大于标称值，判断有故障。

R603（标号 222、2.2kΩ）实测阻值约为 1.8kΩ，判断正常。

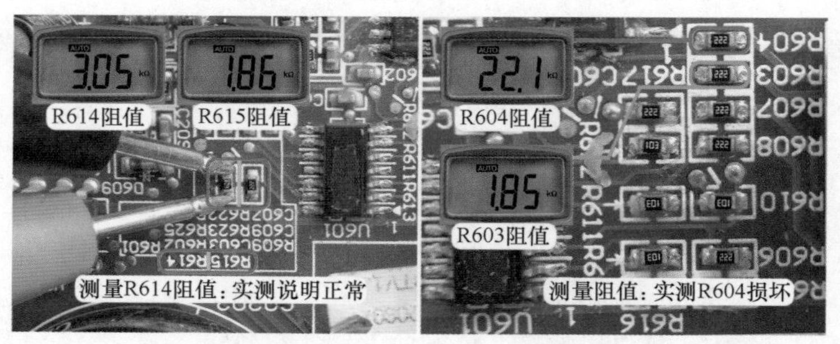

图 15-67 在路测量电阻阻值

5. 单独测量电阻和测量电压

使用烙铁取下 R604 贴片电阻，选择万用表电阻挡，见图 15-68 左图，表笔接两端单独测量阻值，实测约为 6MΩ，说明接近于开路损坏；正常的配件电阻，实测阻值约为 2.2kΩ。

见图 15-68 中图，使用正常配件贴片电阻，焊至主板 R604 焊点，更换损坏的电阻。

更换后上电试机，在室外风机和压缩机均未运行时，使用万用表直流电压挡，见图 15-68 右图，黑表笔接地、红表笔接⑭脚测量电压，实测约为 1.6V，说明已恢复正常。随即室外风机和压缩机开始运行，黄灯 D3 只闪烁 1 次，含义为压缩机启动，查看压力逐步下降至约 0.9MPa，同时制冷恢复正常。

图 15-68 单独测量电阻和测量电压

维修措施：更换电阻 R604。

总 结

本例由于 R604 接近开路，U601 的⑭脚输出电压升高至约 4.6V，对应的二极管 D601 正极约 4.6V、二极管负极约 4V 电压输送至保护电路 U206（10393）的

⑤脚，内部的比较器 2 翻转，⑦脚输出高电平约 5V 至模块电流输入保护引脚，模块内部电路检测后判断压缩机电流过大，其故障输出引脚接地，电压由高电平转为低电平约 0V，室外机 CPU 检测后判断模块电流过大，因而控制压缩机不启动运行，同时室外机指示灯（黄灯 D3 闪 4 次）和室内机显示屏（显示 H5）均显示 IPM 模块过电流代码。

六、IGBT 开关管短路

故障说明：三菱重工 KFR-35GW/QBVBp（SRCQB35HVB）挂式全直流变频空调器，用户反映不制冷。遥控器开机后，室内风机运行，但指示灯立即显示代码为“运行灯点亮、定时灯每 8 秒闪 6 次”，查看代码含义为通信故障。

1. 测量室外机接线端子电压

到室外机检查，发现室外机不运行。使用万用表交流电压挡，见图 15-69 左图，红表笔和黑表笔接接线端子上 1 号 L 端和 2(N) 端测量电压，实测为交流 219V，说明室内机主板已输出供电至室外机。

将万用表挡位改为直流电压挡，见图 15-69 右图，黑表笔接 2(N) 端、红表笔接 3 号通信 S 端测量电压，实测约为直流 0V，说明通信电路出现故障。

说明

本机室内机和室外机距离较远，中间加长了连接管道和连接线，其中加长连接线使用 3 芯线，只连接 L 端相线、N 端零线、S 端通信线，未使用地线。

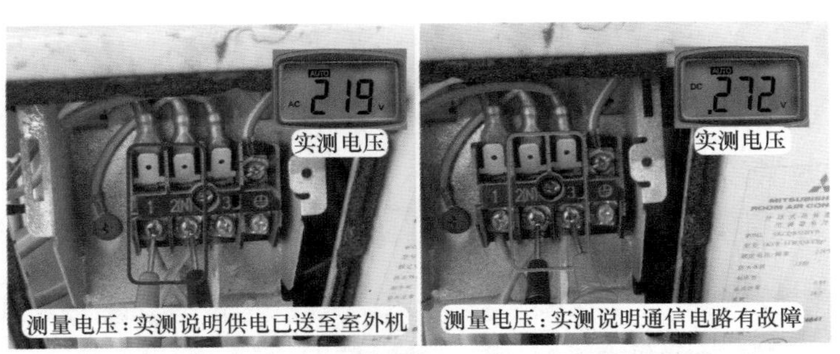

图 15-69　测量电源和通信电压

2. 断开通信线测量通信电压

为区分是室内机故障或室外机故障，断开空调器电源，见图 15-70 左图，取下 3 号端子上的通信线，依旧使用万用表直流电压挡，再次上电开机，同时测量通信电压，实测结果依旧约为直流 0V，由于通信电路专用电源由室外机提供，确定故障在室外机。

取下室外机顶盖和电控盒盖板，见图 15-70 右图，发现室外机主板为卧式安装，焊点在上面，元件位于下方。

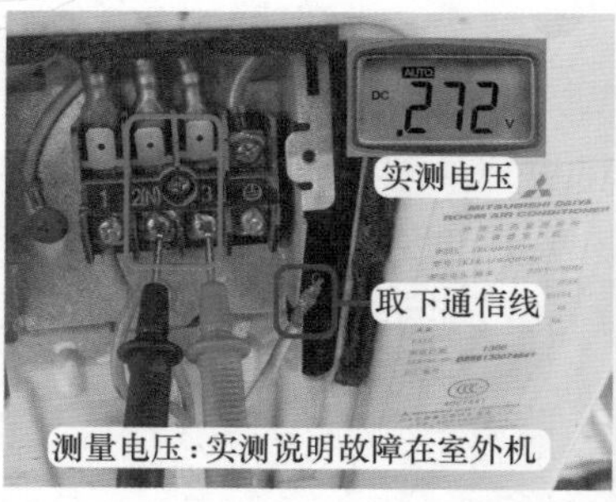

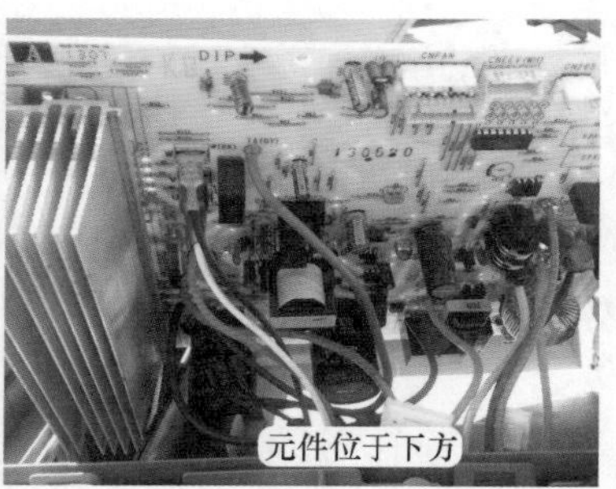

图 15-70　取下连接线后测量通信电压和室外机主板下方元件

3. 室外机主板

室外机强电通路电路原理简图见图 15-71，实物图见图 15-72，主要由扼流圈 L1、PTC 电阻 TH11、主控继电器 52X2、电流互感器 CT1、滤波电感、PFC 硅桥 DS1、IGBT 开关管 Q3、熔丝管 F4（10A）、整流硅桥 DS2、滤波电容 C85 和 C75、熔丝管 F2（20A）、模块 IC10 等组成。

室外机接线端子上 L 端相线（黑线）和 N 端零线（白线）送至主板上扼流圈 L1 滤波，L 端经由 PTC 电阻 TH11 和主控继电器 52X2 组成的防瞬间大电流充电电路，由蓝色跨线 T3-T4 至硅桥的交流输入端、N 端零线经电流互感器 CT1 一次绕组后，由接滤波电感的跨线 (T1 黄线 -T2 橙线) 至硅桥的交流输入端。

L 端和 N 端电压分为两路，一路送至整流硅桥 DS2，整流输出直流 300V 经滤波电容滤波后为模块、开关电源电路供电，作用是为驱动压缩机和室外机提供电源；一路送至 PFC 硅桥 DS1，整流后输出端接 IGBT 开关管，作用是提高供电的功率因数。

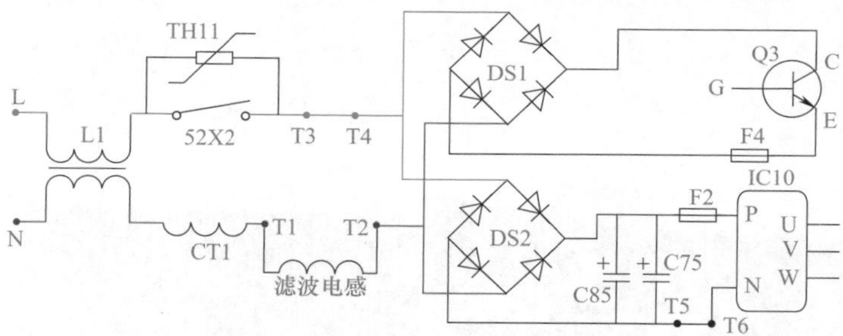

图 15-71　室外机强电通路电路原理简图

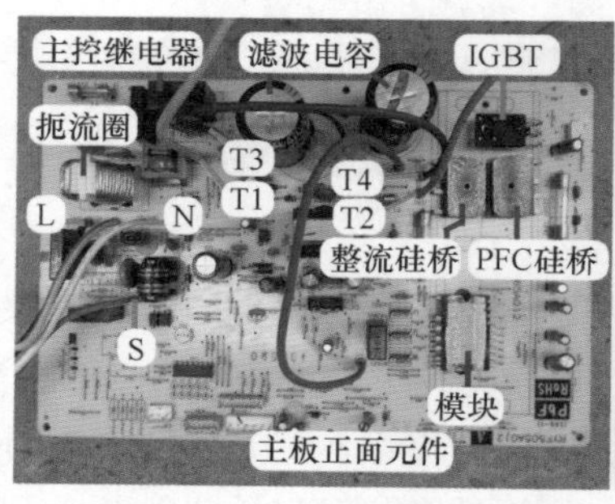

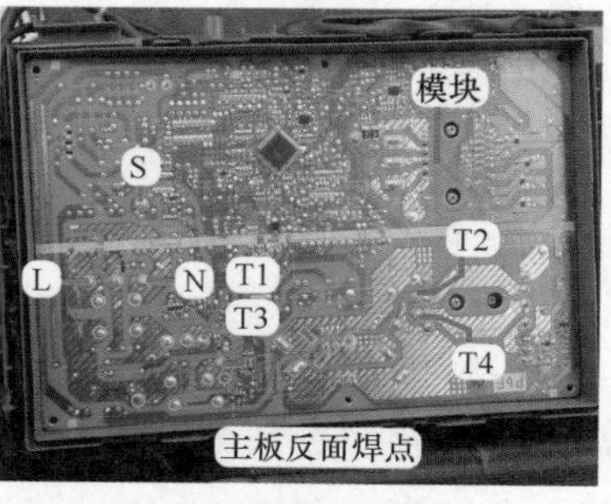

图 15-72　室外机主板正面元件和反面焊点

4. 测量直流 300V 和硅桥输入端电压

由于直流 300V 为开关电源电路供电，间接为室外机提供各种电源，使用万用表直流电压挡，见图 15-73 左图，黑表笔接滤波电容负极（和整流硅桥负极相通的端子）、红表笔接正极（和整流硅桥正极相通的端子）测量直流 300V 电压，实测约为 0V，说明室外机强电通路有故障。

将万用表挡位改为交流电压挡，见图 15-73 右图，测量硅桥交流输入端电压，由于 2 个硅桥并联，测量时表笔可接和 T2-T4 跨线相通的位置，正常电压为交流 220V，实测约为 0V，说明前级供电电路有开路故障。

说明

本机室外机主板表面涂有防水胶，测量时应使用表笔尖刮开防水胶后，再测量和连接线或端子相通的铜箔走线。

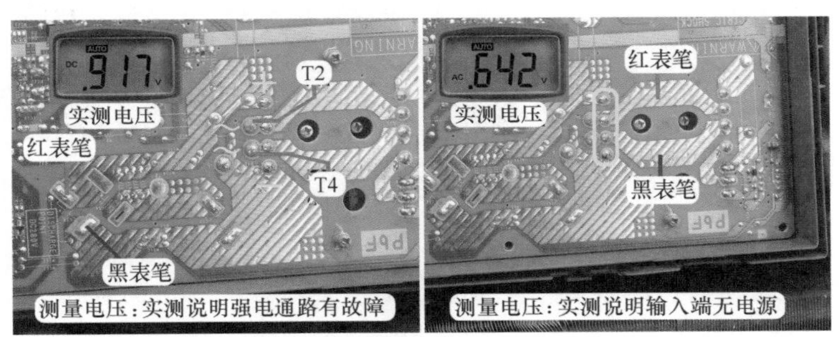

图 15-73　测量直流 300V 和硅桥输入端电压

5. 测量主控继电器输入和输出端交流电压

向前级检查，仍旧使用万用表交流电压挡，见图 15-74 左图，测量室外机主板输入 L 端相线和 N 端零线电压，红表笔和黑表笔接扼流圈 L1 焊点，实测为交流 219V，和室外机接线端子相等，说明供电已送至室外机主板。

见图 15-74 右图，黑表笔接电流互感器后端跨线 T1 焊点、红表笔接主控继电器后端触点跨线 T3 焊点测量电压，实测约为交流 0V，初步判断 PTC 电阻因电流过大断开保护，断开空调器电源，手摸 PTC 电阻发烫，也说明后级负载有短路故障。

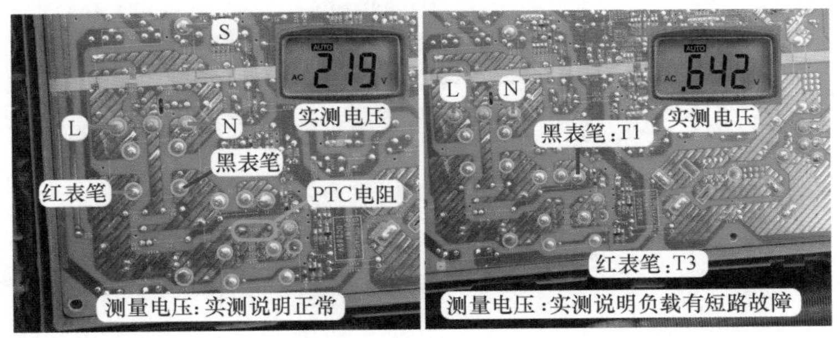

图 15-74　测量主控继电器输入和输出端交流电压

6. 测量模块和整流硅桥

引起 PTC 电阻发烫的主要原因为直流 300V 短路，后级负载主要有模块 IC10、整流硅桥 DS2、PFC 硅桥 DS1、IGBT 开关管 Q3、开关电源电路短路等。

断开空调器电源，由于直流 300V 电压约为 0V，因此无需为滤波电容放电。拔下压缩机和滤波电感的连接线，使用万用表二极管挡，见图 15-75 左图，首先测量模块 P、N、U、V、W 共 5 个端子，红表笔接 N 端、黑表笔接 P 端时为 471mV，红表笔不动接 N 端、黑表笔接 U、V、W 时均为 462mV，说明模块正常，排除短路故障。

使用万用表二极管挡测量整流硅桥 DS2，见图 15-75 右图，红表笔接负极、黑表笔接正极，实测结果为 470mV；红表笔不动接负极、黑表笔分别接 2 个交流输入端，实测结果均为 427mV，说明整流硅桥正常，排除短路故障。

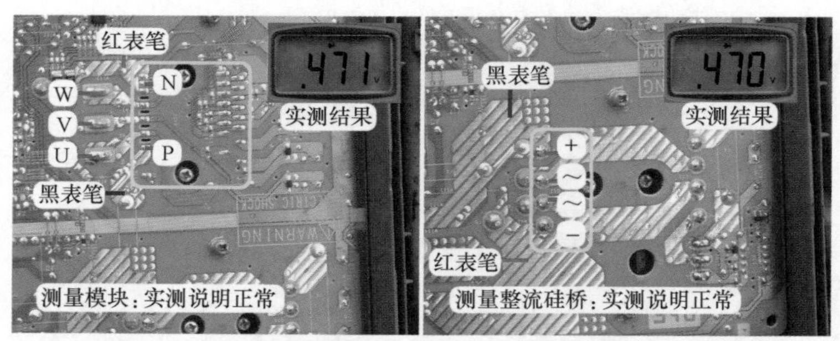

图 15-75　测量模块和整流硅桥

7. 测量 PFC 硅桥

再使用万用表二极管挡测量 PFC 硅桥 DS1，见图 15-76，红表笔接负极、黑表笔接正极，实测结果为 0mV，说明 PFC 硅桥有短路故障，查看 PFC 硅桥负极经 F4 熔丝管（10A）连接 IGBT 开关管 Q3 的 E 发射极（相当于源极 S）、硅桥正极接 Q3 的 C 集电极（相当于漏极 D），说明硅桥正负极和 IGBT 开关管的 CE 极并联，由于 IGBT 开关管损坏的比例远大于硅桥，判断 IGBT 开关管的 C-E 极击穿。

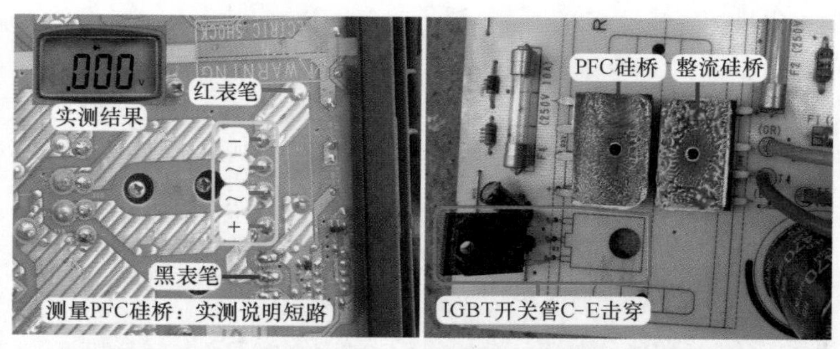

图 15-76　测量 PFC 硅桥和 IGBT 开关管击穿

维修措施：本机维修方法是应当更换室外机主板或 IGBT 开关管（型号为东芝 RJP60D0），但由于暂时没有室外机主板和配件 IGBT 开关管更换，而用户又着急使用空调器，见图 15-77，使用尖嘴钳子剪断 IGBT 的 E 极引脚（或同时剪断 C 极引脚、或剪断 PFC 硅桥 DS1 的 2 个交流输入端），这样相当于断开短路的负载，即使 PFC 电路不能工作，空调器也可正常运行在制冷模式或制热模式，待有配件时再更换即可。

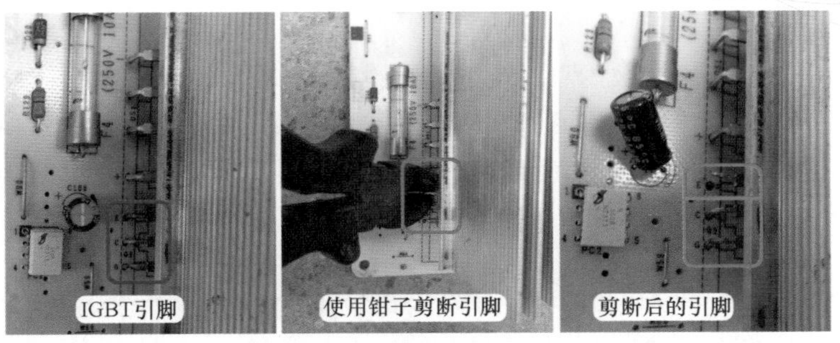

图 15-77　剪断 IGBT 开关管引脚

总　结

本机设有 2 个硅桥，整流硅桥的负载为直流 300V，PFC 硅桥的负载为 IGBT 开关管，当任何负载有短路故障时，均会引起电流过大，PTC 电阻在上电时阻值逐渐变大直至开路，后级硅桥输入端无电源，室外机主板 CPU 不能工作，引起室内机报故障代码为通信故障。

七、直流电机电路 15V 熔丝管开路

故障说明：三菱重工 SRCQI25H（KFR-25GW/QIBp）挂式全直流变频空调器，用户反映开机后不制冷。

1. 室外风机不运行和室外机主板视图

上门检查，将空调器重新通上电源，使用遥控器制冷模式开机，室内风机运行，但吹风为自然风，到室外机检查，待室外机主板上电对电子膨胀阀复位后，压缩机开始运行，手摸细管已经开始变凉，见图 15-78 左图，但室外风机始终不运行，一段时间以后压缩机也停止运行。

再到室内机检查，室内机依旧吹自然风，显示板组件报出故障代码：运转指示灯点亮、定时指示灯每 8 秒闪 7 次，查看含义为“室外风扇电机异常”。

取下室外机外壳，见图 15-78 右图，室外机主板为一体化设计且倒扣安装（焊点位于上方），即室外机电控系统的单元电路均集成在一块电路板上面，电源电路使用开关电源型式，输出部分设有 7815 稳压块。

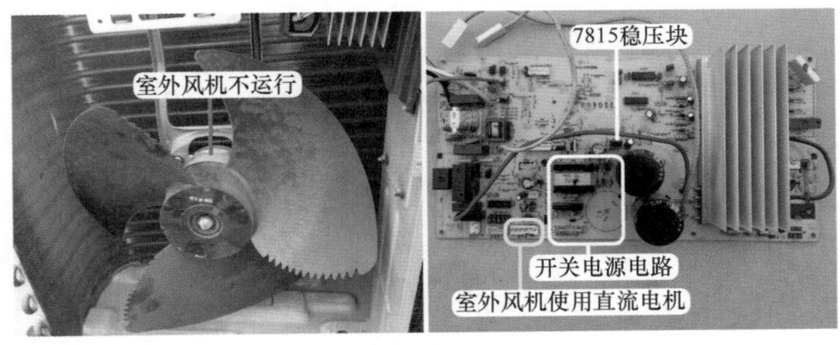

图 15-78　室外风机不运行和室外机主板正面视图

2. 室外风机引线

见图 15-79，本机室外风机为直流电机，共设有 5 根引线，室外机主板设有一个 5 针的室外风机插座。风机引线和主板插座焊点的功能相对应：红线对应最左侧焊点为直流 300V 供电、黑线对应焊点为地、白线对应焊点为 15V 供电、黄线对应焊点为驱动控制、蓝线对应焊点为转速反馈。

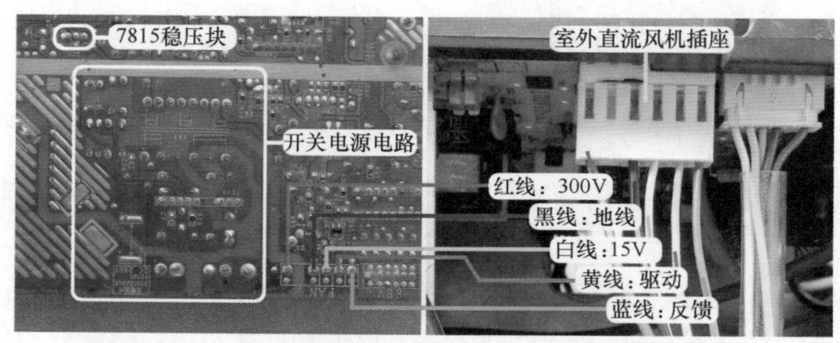

图 15-79 室外风机插座焊点和引线

3. 测量 300V 和 15V 电压

由于室外风机始终不运行，使用万用表直流电压挡，测量插座焊点电压。见图 15-80 左图，黑表笔接黑线焊点地、红表笔接红线焊点测量 300V 电压，实测为 315V，说明正常。

见图 15-80 右图，黑表笔不动仍旧接黑线焊点地、红表笔改接白线焊点测量 15V 电压，正常应为 15V，实测为 0V，说明 15V 供电支路有故障。

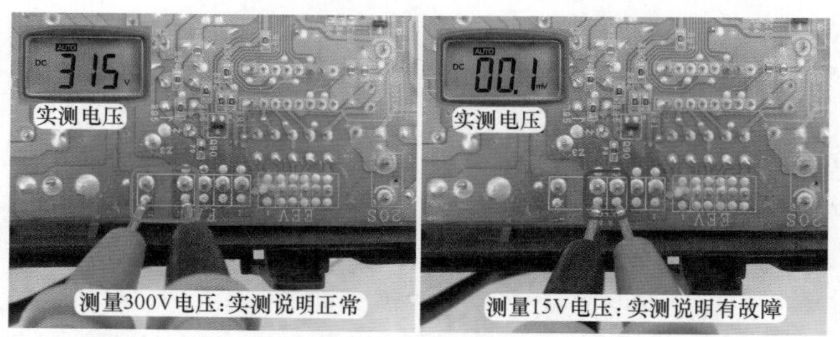

图 15-80 测量 300V 和 15V 电压

4. 测量驱动黄线和 7815 输出端电压

为判断室外机主板是否输出驱动电压，依旧使用万用表直流电压挡，见图 15-81 左图，黑表笔不动接黑线焊点地、红表笔接黄线焊点测量驱动电压，将空调器重新上电开机，室外机主板对电子膨胀阀复位结束后，驱动电压由 0V 逐渐上升至 1V、2V，约 40s 时上升至最大值 3.2V，再约 10s 后下降至 0V。驱动电压由 0V 上升至 3.2V，说明室外机主板已输出驱动电压，故障为 15V 供电支路。

查看室外风机 15V 供电，由开关电源电路输出部分 15V 支路的 15V 稳压块 7815 输出端提供，使用万用表直流电压挡，见图 15-81 右图，黑表笔接 7815 中间引脚焊点地、红表笔接输出端焊点测量电压，实测为 15V，说明开关电源电路正常。

5. 测量 F9 前端电压和阻值

查看室外机主板上 7815 输出端 15V 至室外风机 15V 白线焊点的铜箔走线，只设有一

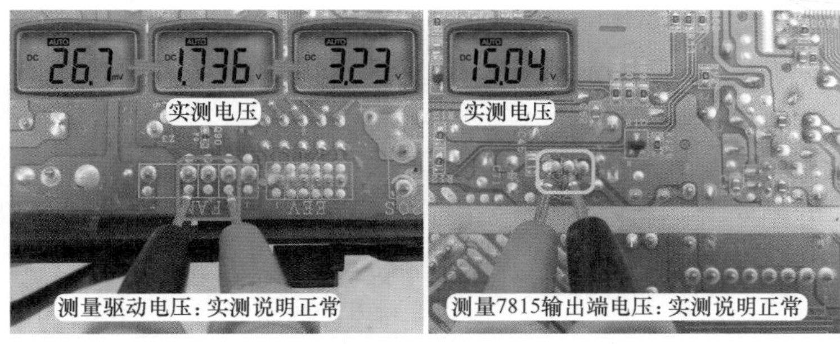

图 15-81　测量驱动电压和 7815 输出端电压

个标号 F9 的贴片熔丝管（保险管）。使用万用表直流电压挡，见图 15-82 左图，黑表笔接室外风机插座黑线焊点地、红表笔接 F9 前端焊点测量电压，实测为 15V，说明 15V 电压已送至室外风机电路，故障可能为 F9 熔丝管损坏。

断开空调器电源，待室外机主板 300V 电压下降至约为 0V 时，使用万用表电阻挡，见图 15-82 右图，在路测量 F9 熔丝管阻值，正常应为 0Ω，实测为 28kΩ，说明开路损坏。

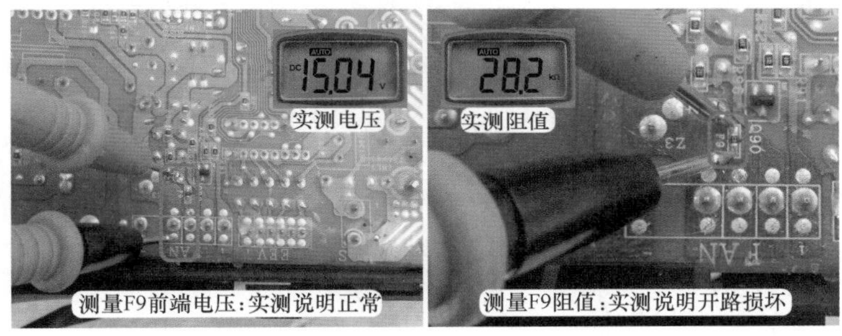

图 15-82　测量 F9 前端电压和阻值

维修措施：F9 熔丝管表面标注 CB，表示额定电流约 0.35A，由于没有相同型号的配件更换，见图 15-83，维修时使用阻值为 0Ω 的电阻代换，代换后上电开机，使用万用表直流电压挡，黑表笔接黑线焊点地、红表笔接白线焊点测量 15V 电压，实测为 15V 说明正常，同时室外风机和压缩机均开始运行，制冷恢复正常，故障排除。

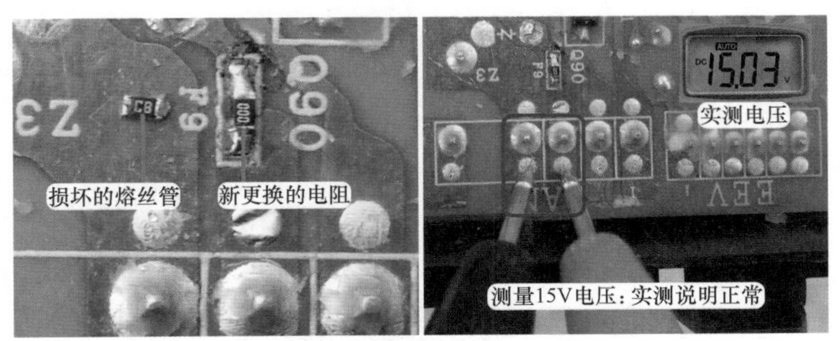

图 15-83　代换熔丝管和测量 15V 电压

八、直流电机损坏

故障说明：卡萨帝（海尔高端品牌）KFR-72LW/01B（R2DBPQXFC）-S1 柜式全直流

变频空调器，用户反映不制冷。

1. 查看室外机主板指示灯和直流电机插头

上门检查，使用遥控器开机，室内风机运行但不制冷，出风口为自然风。到室外机检查，室外风机和压缩机均不运行，取下室外机外壳和顶盖，见图 15-84 左图，查看室外主板指示灯闪 9 次，查看代码含义为室外或室内直流电机异常。由于室内风机运行正常，判断故障在室外风机。

本机室外风机使用直流电机，用手转动室外风扇，感觉转动轻松，排除轴承卡死引起的机械损坏，说明故障在电控部分。

见图 15-84 右图，室外直流电机和室内直流电机的插头相同，均设有 5 根引线，其中红线为直流 300V 供电、黑线为地线、白线为直流 15V 供电、黄线为驱动控制、蓝线为转速反馈。

图 15-84 室外机主板指示灯闪 9 次和室外直流电机引线

2. 测量 300V 和 15V 电压

使用万用表直流电压挡，见图 15-85 左图，黑表笔接黑线地线、红表笔接红线测量 300V 电压，实测为 312V，说明主板已输出 300V 电压。

见图 15-85 右图，黑表笔不动依旧接黑线地线、红表笔接白线测量 15V 电压，实测约为 15V，说明主板已输出 15V 电压。

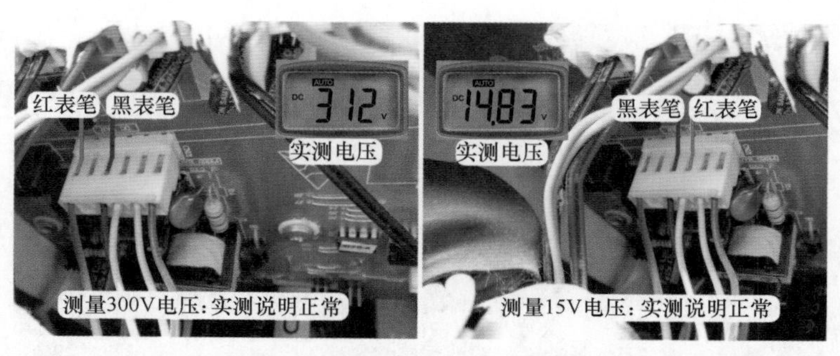

图 15-85 测量 300V 和 15V 电压

3. 测量反馈电压

见图 15-86，黑表笔不动依旧接黑线地线、红表笔接蓝线测量反馈电压，实测约 1V，慢慢用手转动室外风扇，同时测量反馈电压，实测约为 1V—15V—1V—15V 跳动变化，说明室外风机输出的转速反馈信号正常。

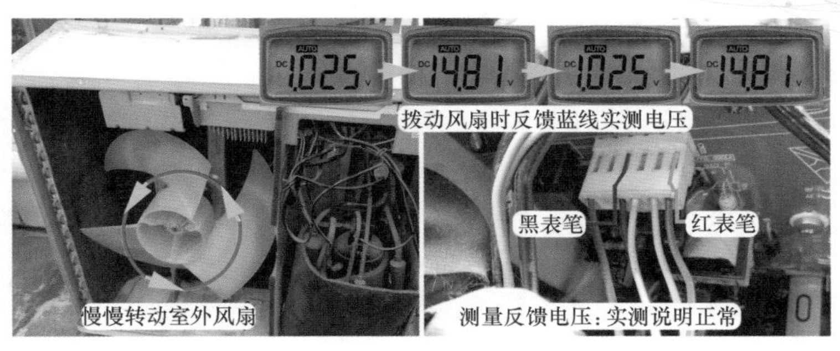

图 15-86 转动室外风扇和测量转速反馈电压

4. 测量驱动电压

将空调器重新上电开机，见图 15-87，黑表笔不动依旧接黑线地线、红表笔接黄线测量驱动电压，电子膨胀阀复位后，压缩机开始运行，约 1s 后黄线驱动电压由 0V 上升至 2V，再上升至 4V，最高约为 6V，再下降至 2V，最后降至约 0V，但同时室外风机始终不运行，约 5s 后压缩机停机，室外机主板指示灯闪 9 次报出故障代码。

根据上电开机后驱动电压由 0V 上升至最高约 6V，同时在直流 300V 和 15V 供电电压正常的前提下，室外风机仍不运行，判断室外风机内部控制电路或线圈开路损坏。

说明

由于空调器重新上电开机，室外机运行约 5s 后即停机保护，因此应先接好万用表表笔，再上电开机。

图 15-87 测量驱动电压

维修措施：本机室外风机由松下公司生产，型号为 EHDS31A70AS，见图 15-88，申请同型号电机，将插头安装至室外机主板，再次上电开机，压缩机运行，室外机主板不再停机保护，也确定室外风机损坏，经更换室外风机后上电试机，室外风机和压缩机一直运行不再停机，制冷恢复正常。

在室外风机运行正常时，使用万用表直流电压挡，黑表笔接黑线地线、红表笔接黄线测量驱动电压为 4.2V，红表笔接蓝线测量反馈电压为 10.3V。

说明

本机如果不安装室外风扇，只将室外风机插头安装在室外机主板试机（见图 15-88 左图），室外风机运行时抖动严重，转速很慢且时转时停，但不再停机显示代码；将室外风机安装至室外机固定支架，再安装室外风扇后，室外风机运行正常，转速较快。

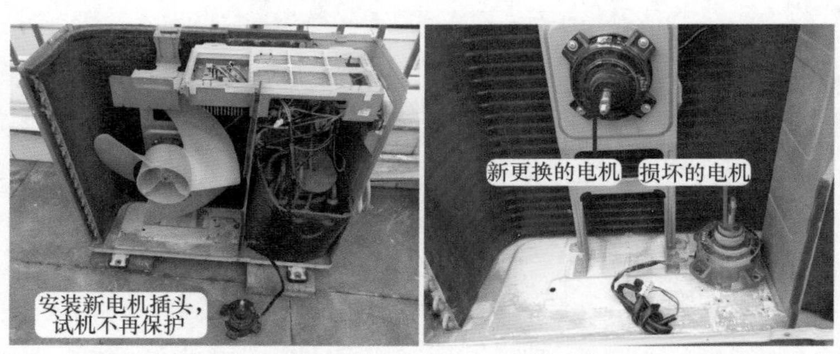

图 15-88　更换室外风机

收氟

排空

测试压缩机吸排气能力(2)

电子膨胀阀阀杆上下移动过程

测量 R410A 制冷系统压力

测量室内交流风机线圈阻值

测量室外交流风机线圈阻值

测量变频压缩机线圈阻值

测量 24V 通信电压

测量 56V 通信电压

测量 3 线室外直流风机电压

测量 5 线室外直流风机电压

测量直流变频压缩机电压

使用手机检测遥控器
发射功能

检测接收器输出端电压

不接收遥控信号故障

使用数字万用表测量
模块

模块常见故障

格力空调器室外机
指示灯含义

美的空调器室外机
指示灯含义